프렌즈 시리즈 13

프렌즈
하와이

이미정 지음

Hawaii

중앙books

하와이에 살면 무엇이 가장 좋은가요?

지인들이 간혹 제게 이런 질문을 합니다. 두근거리는 가슴을 안고 오는 여행자들의 밝은 표정을 보는 것도 즐겁고, 사시사철 뜨거운 태양과 시원한 바람이 공존하는 적당한 날씨도 좋고, 클랙슨 한 번 울리지 않고 언제나 양보 운전이 습관화된 하와이안의 따뜻한 마음씨 역시 언제나 감동입니다. 하지만 가장 좋은 것은 바로 하늘입니다. 매일 다른 표정으로, 그러나 그때마다 어떻게 이렇게 아름다울 수 있을까 감탄이 쏟아져 나오는 하와이의 하늘은 하루하루를 바쁘게 살며 여유라고는 찾아볼 수 없었던 저에겐 선물과 같습니다.

서른 살을 맞이하던 해 잡지사 기자를 때려치우고 런던으로 떠난 적이 있었습니다. 당시 저에게 주어진 시간은 단 일 년. 그 일 년 동안 혼자 치열하게 놀고, 공부하면서 남긴 기록들을 모아 『런던 프리 London Free』라는 한 권의 책을 출간했습니다. 그리고 정확히 5년 만에 하와이 가이드북에 도전하게 되었습니다. 출장으로 오게 된 하와이에서 운명적인 남자를 만나 하와이에서 함께 살게 되지 않았다면 아마도 불가능했을 일이지요. 하와이에 살게된 지도 5년 남짓. 거짓말처럼 매달 하와이를 방문해준 지인들 덕분에 함께 즐길 거리를 찾으면서 자연스럽게 좋은 여행 정보들이 모이기 시작했습니다.

하와이 여행을 계획하는 독자분들께 이곳에 사는 사람으로서 도움말을 드리자면, 팁을 하나의 문화로 생각해 스트레스 안 받았으면 좋겠고, 과속은 금물이며, 교통법규는 언제나 꼭 지켜야 하는 필수 항목이라는 점을 기억했으면 합니다. 길을 잃었을 때는 주변의 하와이안에게 "알로하 Aloha"라는 인사와 함께 손을 내밀면 아마도 따뜻한 도움을 받을 수 있을 거예요. 마지막으로 하와이 여행에서 빼놓을 수 없는 것은 바로 시간을 즐기는 여유입니다. 온 김에 다 보겠다는 생각에 빡빡하게 일정을 잡아 피곤에 지쳐 잠드는 건 하와이를 제대로 즐기지 못하는 거예요. 하와이의 태양, 바람, 바다를 온몸으로 즐기며 자연의 일부가 되어보세요. 독자분들 모두 하와이의 시간을 마음껏 즐길 수 있길 바랍니다.

Thanks To

저를 『프렌즈 하와이』의 저자가 될 수 있도록 추천해준 이미종 님과 처음 호흡을 맞춰가며 서로의 의견을 조율했던 조서연 님, 바통을 이어받아 제 책의 편집을 맡아주신 박근혜, 김민경, 문주미 편집자님께 진심으로 감사의 말을 전합니다. 나를 이 아름다운 세상에 태어나게 해주신 사랑하는 아버지 이재철과 어머니 이광희, 마음 가득 안아드리고 싶은 시어머니 정제춘, 하와이로 나를 이끌어준, 하와이에서 알콩달콩 살자며 용감하게 프러포즈를 해준 남편 김종호와 하와이에서 시누이가 아닌 큰언니와 친정엄마 역할을 마다않고 해주신 형님 김종애, 그리고 사랑하는 이민경과 제부 김동언을 비롯해 모든 식구들, 늘 이모가 최고라고 말해주는 우리 지유, 빅 아일랜드에서 일주일 동안 취재를 함께 해준 내 인생의 멘토 문영애 팀장님과 권기호 사장님, 선배 여행작가로서의 조언을 아끼지 않는 백주희, 오아후에 맛있는 집이 생길 때마다 나의 취재를 위해 늘 동행해준 Shelly 언니, 희정이와 새롬이 모두 진심으로 감사합니다. 항상 나를 하늘에서 지켜봐주고 계신 그 누구보다 사랑하는 우리 외할머니 임입분 여사님에게도 감사와 사랑의 말을 전합니다. 나의 딸 유나에게도.

Special Thanks To

메리어트 계열의 리조트 취재를 협조해주신 데비 이사님과 언제나 반가운 얼굴로 인사해주시고 많은 도움을 주시는 쉐라톤 와이키키 김정훈 총지배인님, 코로나 이후 이웃 섬 취재를 진행하면서 가장 큰 도움이 되었던 익스피디아 그룹 정경륜 상무님, 그리고 호텔스닷컴 관계자분들에게도 감사드립니다. 하와이에서 가장 맛있는 리얼 텍사스 바비큐를 선보이는 선셋 스모크하우스의 제임스 킴, S.O.S.에 항상 도움을 주는 해피 파머시의 라이먼 림, 알라 모아나 센터와 포 시즌스 리조트 라나이, 루스 크리스 스테이크 하우스를 비롯해 하와이의 무수히 많은 곳의 홍보를 담당하고 있는 팩림의 제니에게도 감사의 메시지를 보냅니다. 또한 방대한 양의 정보를 정리 · 취합하는 도중 부족한 빅 아일랜드 취재에 큰 도움을 준 강지유씨와 송상헌 선생님 가족에게도 고마움이 전달되기를 바랍니다(정말 빅 아일랜드는 취재를 해도 해도 끝이 없는 느낌이에요 ^^;).

이 책을 집필하는 중에도 이전에 제작된 『프렌즈 하와이』를 들고 하와이를 찾아온 여행자들을 쉽게 만날 수 있었습니다. 다른 책에 비해 꼼꼼해서 좋다고, 여행을 가게 되면 프렌즈 시리즈만 들고 간다는 마니아분들도 계셨습니다. 그런 분들에게 실망을 끼쳐드리지 않으려고 노력했으나 아마도 시시각각 물가가 변하는 탓에 가격이나 기타 작은 오차가 있다면 너그럽게 이해해주시길 부탁드립니다.

『프렌즈 하와이』 일러두기

하와이 소개는 이렇게

『프렌즈 하와이』는 여행자들이 하와이를 지역적으로 잘 파악하고 가고 싶은 목적지를 찾아갈 수 있도록, 크게 4개의 섬을 지리적으로 구분해 소개한다. 여행자들이 가장 많이 방문하는 오아후 섬부터 마우이, 빅 아일랜드(하와이 섬), 카우아이까지 4개 지역으로 크게 나누고 라나이 섬과 몰로키니 섬 등 함께 가면 좋은 작은 섬도 추가했다. 그동안 찾기 어려웠던 이웃 섬들에 대한 정보가 풍부하다.

추천 여행 일정은 이렇게

'하와이 추천 여행 플랜'에서는 오아후를 베이스캠프로 잡고, 이웃 섬을 잠깐 다녀오는 여행 트렌드를 반영했다. 한국인이 가장 많이 잡는 일주일 일정을 기준으로, 오아후 4박 6일이나 추가로 이웃 섬 2박 3일 일정을 추천한다. 섬별 세부 일정은 '나만의 여행 코스'를 테마별로 참고하면 된다. 추천 일정을 참고해 개인의 일정, 예산, 취향에 맞춰 스케줄을 짜보자.

섬별로 이렇게 보세요

하와이는 섬별로 색다른 매력을 가졌다. 크게 4개의 섬에 대한 개요와 함께 베스트 테마 · 쇼핑 아이템 · 추천 코스 · 여행 노하우 · 대중교통 이용법 · 숙박을 친절하게 제안한다. 섬에서 다시 세부 지역으로 나누어 공항에서 가는 방법 · 볼거리 · 해변 · 즐길 거리 · 레스토랑 · 쇼핑 등을 소개한다.

▶ **Sightseeing 볼거리:** 주요 명소의 주소 · 가는 방법 · 전화번호 · 홈페이지 · 운영시간 · 요금 등 여행 정보를 꼼꼼히 소개한다.

▶ **Beach 해변:** 하와이에서 빠질 수 없는 해변은 별도로 소개한다. 기본 여행 정보와 적합한 해양 스포츠도 추천한다.

▶ **Activity 즐길 거리:** 하와이에는 흥미진진한 액티비티들이 즐비하다. 지역별로 유명한 액티비티 정보를 소개한다.

▶ **Restaurant 레스토랑:** 여행의 성패를 좌우할 수도 있는 맛집을 입맛, 시간대, 분위기를 고려해 다양하게 소개한다.

▶ **Shopping 쇼핑:** 하와이가 아니면 살 수 없는 아이템을 취급하는 상점부터 유명 대형 쇼핑몰까지 쇼핑 정보를 소개한다.

▶ **Accommodation 숙박:** 숙소 정보는 섬별로 마지막에 소개한다. 위치와 예산 등을 고려해 선택할 수 있도록 돕는다.

* 스폿마다 붙은 ★★★★★ 표시에 주목하세요. 여행작가가 강력 추천하는 곳이랍니다.

세심한 팁 정보도 놓치지 마세요

▶ **알아두세요:** 놓치지 말아야 할 정보나 상식을 추가로 제공.
▶ **Travel Plus:** 추가로 여행하면 좋을 곳, 여행 노선 등 여행과 관련된 플러스 정보.
▶ **Mia's Advice:** 현지에 거주하는 작가가 알려주는 야무진 여행 노하우.

찾아가는 방법 이해하기

『프렌즈 하와이』는 목적지까지 시간을 절약하고 편하게 갈 수 있는 교통편
과 길을 안내한다. 오아후의 경우는 와이키키를 중심으로 도보 혹은 버스
를 이용해 목적지까지 가는 방법을 소개한다. 이웃 섬의 경우는 공항을 중
심으로 렌터카를 이용해 이동하는 방법을 소개한다. 간혹 몇몇 해변은 주
소가 명확하지 않아 내비게이션이 인식하지 못하는 경우가 있
다. 그럴 경우를 감안해 스폿마다 근처 다른 관광지의 주소로
찾거나 스트리트 번지수를 1로 하고, 스트리트 이름을 입력해
출발하다 보면 찾을 수 있게 했다.

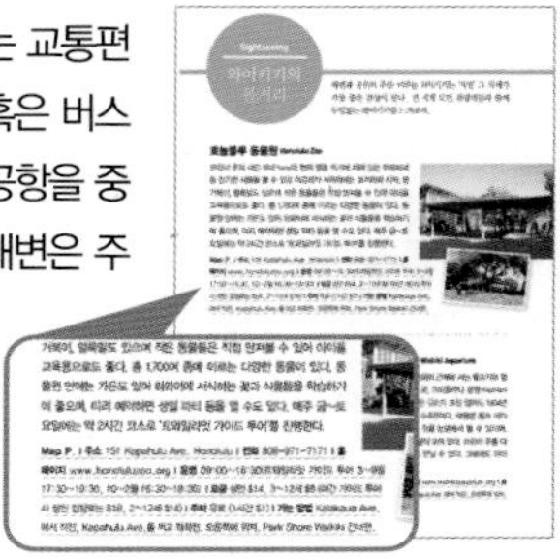

상세 지도로 위치 파악하기

주요 지역의 지도 이외에도 타운별 지도가 필요한 경우 간략하게 지도를 추가로 첨부했다.

▶지도에 사용한 기호 및 약물

🏖 비치	Hwy. 하이웨이(Highway)	Ⓟ 펍	Ⓒ 카페
🏫 학교	Ave. 애비뉴(Avenue)	St. 스트리트(Street)	Ⓓ 디저트
🔭 전망대	✈ 공항	Rd. 로드(Road)	Pwy. 파크웨이(Parkway)
Ⓐ 액티비티	🅱🅺 은행	♜ 박물관 · 전시관	Pl. 플레이스(Place)
Ⓖ 골프	H-1 하이웨이	🗽 동상	Blvd. 블러바드
Ⓢ 스파	Ⓡ 레스토랑	�92 도로명	(Boulevard)
	Ⓗ 숙박	Ⓢ 쇼핑 센터	

★ 주의 사항

하나, 이 책에 실린 정보는 2022년 7월까지 수집한 정보를 바탕으로 하고 있습니다. 현지 물가와 볼거리의 개관 시간,
입장료, 호텔·레스토랑의 요금, 교통비 등은 수시로 변경되므로 현지에서 발생할 만약의 상황을 위해서 출발 전이나
현지에서 여행 정보를 재확인하는 것이 바람직합니다. 이 점을 감안하여 여행 계획을 세워주세요.
의견 및 변동사항 제보 : redfox0812@naver.com
둘, 이 책에 소개된 음식과 액티비티 비용, 숙박료 등 모든 가격은 하와이 주세(6.4%)가 불포함된 가격입니다.
셋, 『프렌즈 하와이』의 글과 사진은 저작권법에 따라 보호받는 저작물입니다. 비영리적인 개인 블로그일지라도 일부
내용을 인용하는 경우 반드시 출처(『프렌즈 하와이』, 중앙북스)를 밝혀주세요. 그 외의 경우 법적인 책임을 물을 수 있
음을 알립니다.

차 례

Travel Plus

하와이라서 가능한 즐길 거리

Post-pandemic Hawaii

마우이는 호텔 먼저, 카우아이는 렌터카 먼저!

코로나19 이후 하와이는 미국 전역에서 가장 사랑받는 여행지가 되었다. 이전에는 일본 관광객이 많았다면 요즘에는 미국 전역에서 오는 여행객들이 많아졌다. 때문에 객실 점유율은 여전히 높은 편. 그중에서도 가장 주목해야 하는 것이 바로 마우이의 숙박비. 오른 물가와 더불어 여행객이 증가하면서 마우이의 숙박료는 코로나19 이전과는 비교할 수 없을 정도로 올랐다. 웬만한 호텔은 1박당 무려 $1000에 육박할 정도다. 게다가 카우아이의 경우 호텔 예약보다 더 어려운 것이 바로 렌터카 예약. 여행 2주 전 예약 시 $200 정도는 기본인데, 렌터카가 있으면 그나마 다행이다. 따라서 이웃 섬을 여행할 예정이라면 마우이는 호텔을, 카우아이는 렌터카 예약을 먼저 알아보는 것이 현명하다.

하나우마 베이, 다이아몬드 헤드 등 입장객 제한 실시

코로나19 이전과 가장 크게 달라진 점은 어디에서 무엇을 하든 가능하면 '예약'을 먼저 해야 한다는 것이다. 하나우마 베이는 이틀 전, 다이아몬드 헤드는 방문하기 90일 전부터 홈페이지 예약이 가능하다. 티켓을 예약하지 않으면 입장이 힘들 수 있으니 비행기 티켓을 구매했다면, 세부 일정 스케줄을 정하고 예약해두어야 하는 것들은 체크해 두고 놓치지 말도록 하자. 하나 더! 하나우마 베이와 다이아몬드 헤드보다 더 어려운 예약이 있는데, 그것은 바로 쿠알로아 랜치다. 이곳에서 무비 사이트 투어나 UTV 혹은 집라인 등의 액티비티를 즐기고 싶다면 무조건 빠른 예약이 필수다. 티켓을 구하는 경우보다 구하지 못하는 경우가 더 많을 정도로 치열하니 정말 원한다면 지금 당장 예약하자.

미리 알아두면 훨씬 편리한 정보들을 추려 소개한다. 하와이에 도착해 당황하지 말고 여행을 떠나기 전 체크해두자.

렌터카 VS 차량 공유 기업

이전에는 와이키키 곳곳에 렌터카 업체가 즐비했다. 전날 예약하면 다음 날 오전 일찍 와이키키에서 렌터카를 받을 수 있던 시절은 끝났다. 호텔 로비에 렌터카 사무실이 남아 있는 곳도 있지만 대부분 렌터카 픽업과 반납은 호놀룰루 국제공항으로 장소가 바뀌었다. 따라서 여행 일정 내내 렌터카만 이용할지, 렌터카와 함께 우버 또는 리프트 같은 차량 공유 기업을 적당히 섞어서 이용할지 미리 정하는 것이 좋다. 또한 전 일정 렌터카를 이용할 예정이라면 와이키키 숙소의 주차비를 체크하는 것도 잊지 말 것.

미식가라면 레스토랑 예약은 필수

유명한 레스토랑일수록 예약은 선택이 아닌 필수다. 특히 관광객들이 코로나19 이전처럼 몰려들고 있어 와이키키 내 맛집들은 미리 예약하지 않으면 이야스메 무수비 같은 간편 음식으로 대충 때우거나, 마루카메우동 같은 체인점만 방문해야 할지도 모른다. 영어가 익숙하지 않다면 오픈테이블 홈페이지(www.opentable.com)에서 예약이 가능하니 참고하자.

짧아진 영업 시간

24시간 운영하던 슈퍼마켓 월마트, 돈키호테, 타깃 모두 영업 시간을 축소했고, 레스토랑이나 카페 등도 영업 시간을 대폭 축소했다. 이른 아침 또는 늦은 저녁에 방문할 수 있는 곳이 더 한정적이게 된 셈. 따라서 어디를 가든 영업 시간을 먼저 체크하는 것이 좋다.

Hawaii Best of Best

하와이에서 꼭 봐야 하는 곳, 꼭 먹어봐야 하는 음식, 그리고 커플이라면 놓치지
말아야 할 테마 여행지와 하와이 오리지널 브랜드까지. 여행 전 이 페이지만 읽
어도 당신은 하와이 여행 빠꼼이가 될 수 있다.

꼭 도전해봐야 할 해양 액티비티!

하나우마 베이(P.193)는 화산 폭발로 인해 자연스럽게 생긴 만으로, 바다거북과 열대어 등이 서식한
다. 매주 화요일은 지정 휴무일로 정해놓을 만큼 생태계 보호가 잘 이뤄져 있어 주변 환경이 깨끗한
것은 물론이고 간단한 스노클링 장비만 있으면 쉽게 바다 생물을 만날 수 있다. 코로나 이후 방문
이틀 전 홈페이지에서 티켓을 예약해야 하니 계획을 짤 때 유의하자.

꼭 먹어봐야 할 음식!

하와이 전통 음식을 딱 꼽을 수는 없지만 하와이에서 꼭
먹어봐야 하는 먹거리는 많다. 레스토랑 메뉴에 대부분
있는 아히 포케(참치 샐러드)와 오랜 시간 줄 서서 먹는
수고쯤은 감수해야 하는 포르투갈 전통 도넛 말라사다.
건강 디저트인 아사이 볼과 와이키키 이야스메 무수비
에서 판매하는 스팸 무수비는 꼭 먹어보자.

신혼부부라면 꼭 해야 하는, 허니문 스냅

최근 하와이를 찾는 신혼부부들이라면 와이키키 거리에서의 스냅 촬영은 '필수'일 만큼
입소문이 나 있다. 반나절 촬영은 하와이 여행 일정에 다소 부담스러울 수 있다. 하와이
대표 스냅업체인 하와이 슈팅 스타(@hawaii_shooting_star)와 함께 와이키키 거리에서
한 시간 정도면 충분! 둘만의 특별한 기념 촬영을 놓치지 말자.**(P.581)**

ⓒ 이진화

커플들이라면 이것은 꼭!

연인들에게 더할 나위 없는 로맨틱한 섬 하와이. 잊지 못할 여행의 추억
을 간직하고 싶은 커플이라면 스타 오브 호놀룰루의 크루즈 투어(P.173)
는 필수! 저녁식사와 함께 훌라 쇼를 감상해보자. 모험심이 넘치는 커플
이라면 하와이의 전경을 감상할 수 있는 헬기 투어도 강력 추천.

하와이에서만 접할 수 있는 그것!

하와이에서 빼놓을 수 없는 즐거움 쇼핑. 한국으로 돌아가도 여전히 하와이의 느낌을
간직하고 싶다면 세계 3대 커피 중 하나인 100% 코나 커피, 천연 소재로 아기에게도
사용할 수 있는 쿠쿠이오일, 하와이 로컬에서 직접 만든 꿀도 좋다. 그 밖에도 음악에
관심이 있다면 인터넷을 통해 손쉽게 배울 수 있는 우쿨렐레 악기에 도전해보자.

All About
Hawaii Reports

하와이는 레포츠의 천국이다. 하와이의 아름다운 풍경을 다른 시각으로 감상할 수 있는 레포츠들이 다양하다. 여행 계획 단계에서 미리 알아보고 익사이팅한 하와이 여행을 만끽하자.

★ ★ ★
커플추천

하늘 위에서 벌어지는 레포츠 Fly to the sky

헬기 투어는 짧은 시간에 하와이의 전경을 감상할 수 있다는 장점이 있다. 특히 빅 아일랜드의 화산 국립공원은 헬기 투어로 보는 게 가장 효율적. 그 밖에도 오아후에서는 무동력 글라이더, 스카이다이빙, 패러세일링 등이 스릴 만점 액티비티로 손꼽힌다.

★ ★ ★
커플추천

거북이 스노클링
Turtle Snorkeling

와이키키 앞바다에서 야생 거북이와 함께 수영할 수 있다면? 하와이 여행이 보다 특별할 것이다. 수족관에 갇혀 있거나, 모래사장에서 낮잠 자고 있는 거북이가 아닌 눈앞에서 헤엄치는 야생 거북이와 함께 즐거운 한때를 보낼 수 있다.

목장 투어

꾸미지 않은 대자연의 하와이를 느끼고 싶다면 쿠알로아 목장 Kualoa Ranch이 정답! ATV(오프로드 사륜차), 승마 투어 등 와일드한 액티비티는 물론, 아이들과 함께 즐길 수 있는 투어 버스(Movie Sites & Ranch Tour)를 타고 거대한 산과 들판을 오가며 가슴까지 시원해지는 영화 배경을 직접 느껴볼 수 있다.

폴리네시안 문화 센터
Polynesian Cultural Center

섬나라 특유의 부족문화를 엿볼 수 있는 곳. 하와이의 민속촌으로 이해하면 쉽다. 다양한 체험이 가능하며 식사와 훌라 등의 다채로운 쇼를 겸비한 루아우 쇼는 폴리네시안 문화 센터의 하이라이트다.

집라인 Zipline

최근 쿠알로아 목장에서 뜨고 있는 집라인은 양쪽 나무나 지주대 사이에 와이어를 설치한 뒤, 그 와이어를 몸에 연결해 빠른 속도로 반대편으로 이동하는 액티비티. 그야말로 공중을 나는 것과 같은 비행 체험이 가능해 스릴과 스피드를 동시에 경험할 수 있다.

© Piiholo Ranch Adventures

바디보딩 Bodyboarding

보드 위에 올라서서 파도를 타는 게 서핑이라면, 바디보딩은 비교적 작고 가벼운 보드 위에 엎드린 상태로 파도를 타는 레포츠다. 1970년 하와이에서 휴가를 지내던 톰 모리가 고안한 것으로, 서핑이 부담스러운 여행자라면 바디보딩에 도전해 보는 것도 좋을 듯. 보드는 와이키키 ABC 스토어에서 판매할 정도로 누구나 쉽게 도전할 수 있다.

서핑 Surfing

보드 위에 몸을 싣고 파도 속을 재빠르게 빠져나가는 레포츠. 서프보드 위에 올라서서 몸의 균형을 잡는 것이 포인트다. 와이키키와 할레이바에서 대규모 서핑대회가 열릴 만큼 하와이에서는 대표 레포츠다. 초보자들도 2시간 정도 수업을 받으면 충분히 즐길 수 있다.

© 하와이 관광청

웨일 워칭(고래 관찰하기) Whale Watching

하와이에선 겨울에 꼭 즐겨야 할 액티비티다. 크루즈를 타고 바다 한가운데로 나가 고래를 감상하는 것으로, 특히 마우이에서 많은 고래를 감상할 수 있다. 수면 위로 튀어 오르는 돌고래 무리를 감상하다 보면 저절로 환호가 터져 나온다.

골프 Golf

하와이에서 놓치기 아까운 액티비티가 있다면 바로 골프다. 드라마틱한 뷰가 펼쳐지는 하와이에서의 골프는 레저 그 이상이다. 그중에서도 라나이의 로지 앳 코엘레는 잭 니클라우스가 디자인한 곳으로, 18홀 모두 태평양을 배경으로 즐길 수 있으며 세계 골퍼들의 성지로 유명하다. 특히 잭 니클라우스의 '시그니처 홀'인 12번 홀은 46m의 바다 위 절벽에서 장타를 쳐야 한다. 이 곳은 1994년 빌 게이츠의 비밀 결혼식이 이뤄지며 유명해진 곳이기도 하다.

The Ultimate Guide to Camping in Hawaii

남들과 다른 특별한 하와이 여행을 원한다면 여행 중 캠핑을 빼놓을 수 없다. 한국에는 시설 좋은 캠핑장이 많지만 하와이의 캠핑은 시설은 다소 아쉬울 수 있지만 자연이 주는 감동을 고스란히 느낄 수 있다는 장점이 있다. 산과 바다, 어디에서든 캠핑을 즐길 수 있으며 예약만 하면 저렴한 가격으로 주말 숙박도 가능하다. 물론 텐트와 간단한 캠핑 도구가 있어야 하지만 웬만한 것들은 하와이에서도 준비가 가능하다. 남들과 똑같은 패턴의 하와이 여행을 피하고 싶다면 하와이 캠핑 플랜을 짜보자.

1. 예약하기

오아후의 대표 캠핑 예약 사이트는 두 곳이다. camping.honolulu.gov와 camping.ehawaii.gov. 두 곳 모두 가입을 해야 예약이 가능하다. camping. honolulu.gov의 경우 금~일요일 주말에만 캠핑이 가능하며 방문 2주 전 금요일 오후 5시부터 예약이 가능하다. 예약금은 $32~52선. 캠핑 자리를 예약하는 비용으로 1박을 하든, 2박을 하든 지불하는 금액은 같다. 호오말루히아 보태니컬 가든이나 벨로스 비치가 인기가 높다.

호오말루히아 보태니컬 가든

벨로스 비치

호오말루히아 보태니컬 가든의 경우 오후 3시 이전에 입장해야 하며, 다음 날 오전 9시가 넘어야 외출이 가능하다. 입구에서 직원이 지키고 있어 안전하다. 다만 여기에 주차하고 캠핑할 예정이라면 예약 시 입력한 자동차 번호판을 체크한다는 단점이 있으니, 3시 이전에 택시로 이동해서 들어가는 방법을 생각해볼 수 있다. 대부분의 장소는 자동차 번호판을 체크하는 경우가 드물다. 벨로스 비치는 오아후에서 가장 아름다운 비치 중 하나인 와이마날로 비치와 같은 선상에 있는데, 근처에 군부대가 있어 안전하다.
camping.ehawaii.gov에서 자유롭게 예약할 수 있고, 평일에도 캠핑을 즐길 수 있다. 예약금은 1박에 $30~50로 몇 박을 하느냐에 따라 금액이 다르며 캠핑뿐 아니라 캐빈도 예약이 가능하다. 자동차도 몇 대가 주차할 예정인지만 표시하면 되기 때문에 더 편리하다.

2. 캠핑 준비하기
월마트나 롱스 드럭 또는 돈키호테와 같은 슈퍼마켓에서 손쉽게 캠핑 장비를 구매할 수 있다. 운이 좋으면 로스 Ross에서도 저렴하게 장비를 구매할 수 있다. 캠핑하려면 텐트와 캠핑 의자와 침낭, 차콜과 그릴, 밤에 필요한 손전등, 자그마한 사이즈의 아이스박스와 각종 식료품 정도가 필요하다. 간혹

캠핑 장소에 따라 야외 테이블과 의자가 있는 경우도 있으니 장소를 정할 때 미리 알아 두는 것이 좋다. 또한 캠핑 예약 후 홈페이지에 뜨는 캠핑 허가서를 함께 프린트해서 캠핑 시 주차한 차 대시 보드 위에 올려두어야 한다는 점도 잊지 말자.

3. 캠핑 떠나기
아이러니하게도 하와이 캠핑의 매력은 불편한 데 있다. 특이한 것은 한 번 이 불편한 매력에 빠지면 헤어 나올 수 없다는 것. 하와이 대부분의 캠핑장 근처에는 마트가 없다. 따라서 꼭 필요한 아이템들은 반드시 챙기되 그 외의 물건들은 없으면 없는 대로 즐겨보자. 캠핑장에 따라 샤워 시설을 갖춘 곳도 있지만 온수는 나오지 않는다. 한국의 캠핑장을 생각하면 낙후된 시설이라고 볼 수 있지만 자연환경만큼은 어디에도 뒤지지 않는다.

Top Trails and Hikes in Hawaii

여행 마니아들이 사랑하는, 라니카이 필박스 Lanikai Pillbox

여행 마니아들 사이에서 필수 여행 코스로 통하며 아름다운 비치로 유명한 카일루아에 있다. 미드 퍼시픽 컨트리 클럽 Mid-Pacific Country Club 골프장 입구 건너편에 있는데 입구가 작다. 총 거리는 1.8마일, 트레킹 난이도는 쉬운 정도다. 아이들도 함께 갈 수 있지만 코스 곳곳이 미끄러울 수 있으므로 주의해야 한

다. 총 세 개의 벙커가 있으며, 벙커와 벙커 사이의 간격이 있어 세 개의 벙커를 모두 통과하고 돌아올 경우 2시간 30분가량 소요된다. 시원한 바람과 더불어 파노라마 오션뷰를 만끽할 수 있는 코스다. 필박스 위에서 보이는 하와이 전경은 SNS에 단골로 등장하는 하와이 여행 사진이기도 하다.

주소 265 Kaelepulu Dr. Kailua

온 가족이 함께 도전하기 좋은, 아이에아 루프 트레일헤드 Aiea Loop Trailhead

하와이 주립공원에 위치한 트레킹 코스. 울창한 나무 사이를 거닐다 보면 곳곳에 야생화를 발견하는 기쁨까지 누릴 수 있다. 아이들도 즐길 수 있는 무난한 난이도의 트레킹 코스다. 특히 주말에는 가족 단위로 트레킹을 즐기러 온 이들이 많다. 출발점과 도착점이 다르기 때문에 주차 시 도착하는 곳에 미리 주차를 한

뒤, 걸어서 출발점으로 가서 트레킹을 시작하는 것이 편리하다. 중간에 H3고속도로가 보이는 허니 크리퍼 뷰 포인트 Honey Creeper View Point는 SNS에서 '아이에아 루프 트레일'을 검색하면 가장 많이 등장하는 곳으로 인기 포토 스폿이다. 한 바퀴를 도는 코스로 총 길이 7.7km, 소요 시간은 2시간 30분이다.

주소 99-1849 Aiea Heights Dr. Aiea

하와이 하면 '비치'를 떠올리기 쉽지만 곳곳의 트레킹 코스를 걷다 보면 하와이의 새로운 매력에 빠지게 된다. 가벼운 마음으로 반나절 정도 하와이 숲길을 걸어보자. 걷다 보면 파노라마 오션뷰가 눈앞에 펼쳐지기도 하고 숲속에서 색다른 뷰 포인트를 만나기도 한다. 시원한 물과 간단한 스낵을 준비해 하와이의 진짜 자연을 마주해보자.

로컬들이 아끼고 사랑하는, 호오말루히아 보태니컬 가든 Hoomaluhia Botanical Garden

하와이 현지인들이 전통의상을 입고 기념 촬영을 가장 많이 하는 곳 중 하나다. 비지터 센터 근처 거대한 잉어들이 살고 있는 와아켈레 연못, 캠핑 사이트는 물론 카후아 레후아 Kahua Lehua, 카후아 쿠쿠이 Kahua Kukui 등 하이킹 코스로도 유명하다. 식물원 입구는 SNS 인기 포토 스폿이기도 하다. 경비원이 지키고 있고, 안전을 이유로 입구에 주정차 금지는 물론이고 사진 촬영도 금지되어 있지만, 차량 진입이 금지된 오후 3시 이후에 도전해 보아도 좋다.

주소 45-675 Luluku Rd. Kaneohe(근처)

코코 크레이터 보태니컬 가든 Koko Crater Botanical Garden

이곳을 찾는 이들은 보타니컬 가든 내 윌스 선인장 정원을 둘러보기 위함이 크다. 입구에서 20~30분 정도만 걷다 보면 대형 선인장을 마주할 수 있다. 한국에서 보기 힘든 선인장을 마주하고 있으면 웅장함이 절로 느껴진다. 사진 촬영 후에는 3.2km의 루프 트레일도 함께 즐겨보자.

주소 7491 Kokonani St. Honolulu

Oahu One Day Drive Guide

오아후를 여행하는 이들이라면 하루 정도 렌터카에 몸을 싣고 동부 해안도로를 달려보자. 가슴까지 시원한 기분을 만끽할 수 있다.

하나우마 베이
Hanauma Bay

하와이 통틀어 스노클링으로 가장 유명한 곳. 화산으로 인해 생겨난 독특한 지형 덕분에 특별한 뷰를 선사한다. 하와이 내 유일하게 입장료($25)가 있는 비치이면서, 매주 월, 화요일을 휴무일로 지정할 정도로 생태계를 잘 보호하고 있다. 꼭 스노클링을 하지 않더라도 주차장 근처에 피크닉 공원이 함께 있으니 도시락을 준비해도 좋다. 다만 홈페이지를 통해 이틀 전 예약을 해야 하므로 여행을 계획 중이라면 이 점을 유념하자.

라나이 전망대 Lanai Lookout

신혼부부들의 특별한 스냅 촬영지로 빠지지 않는 곳. 어디서도 볼 수 없는 바다 절벽의 뷰를 감상할 수 있다. 날씨가 화창하면 이곳에서 라나이뿐 아니라 몰로카이와 마우이 등도 볼 수 있다. 하나우마 베이에서 동부 해안을 따라 5~7분 정도 운전하다 우측의 Scenic Point라는 표지판을 따라 진입하면 된다.

샌디 비치 Sandy Beach

높은 파도 덕분에 서퍼들이 사랑하는 비치로 유명하다. 관광객들에게는 그저 보는 것만으로 족해야 할 만큼 파도가 다소 위험할 수 있다.
모래사장이 부드럽고, 비치가 아름다워 이곳에 누워 여유롭게 태닝을 즐기는 이들도 많다.

마카푸우 포인트
Makapuu Point

하와이의 동부 해안을 한눈에 감상할 수 있는 곳. 특히 11월에서 5월 사이에는 산란기를 맞아 새끼를 낳기 위해 따뜻한 해류를 찾아오는 혹등고래 떼도 발견할 수 있다. 이곳에서는 하늘 위를 날며 패러글라이딩을 즐기는 이들도 큰 볼거리 중 하나다.

Course 🚗4

쿠알로아 리조널 파크 Kualoa Regional Park & 차이나 맨즈 햇 China man's Hat

카네오헤 지역에 위치하며, 왼쪽에는 쿠알로아 목장이, 오른쪽에는 쿠알로아 리조널 파크가 있다. 조용하게 해변을 즐기고 싶다면 이곳이 적당하다. 바다 사이에 덩그러니 있는 섬은 중국 모자와 비슷하다고 하여 차이나 맨즈 햇이라고 불린다.

Course 🚗5

선셋 비치(노스 쇼어)
Sunset Beach

하와이에서 가장 아름다운 석양을 바라볼 수 있는 곳. 바다와 육지 사이로 해가 사라지는 명장면을 볼 수 있다. 여름에는 주로 오후 6시에서 6시 30분 사이, 겨울에는 오후 5시 30분에서 6시 사이 선셋을 감상할 수 있다. 북쪽에서 가장 아름다운 해변으로 그래서 노스 쇼어의 대표 비치로 불린다.

Course 🚗6

Mia's Advice

선셋 비치를 오른쪽에 두고 차로 10분 정도를 달리면 거북이 비치라는 별명을 가진 라니케아 비치 Lanikea Beach가 나와요. 운이 좋으면 낮 시간대에 일광욕을 하기 위해 모래사장으로 나온 거북이도 만날 수 있어요. 물론 야생동물 보호단체의 엄격한 보호 아래 거북이를 만지는 것은 금물이지만, 바닷속에서 거북이와 함께 수영은 가능해요.

주소 61-635 Kamehameha Hwy. Haleiwa

Hawaii Local Food

여행지의 음식이 입맛에 맞지 않는다면 그것만큼 괴로운 것도 없다. 다행히 하와이는 다인종이 사는 곳이라 음식 역시 종류가 많고, 대부분 한국인의 입맛에도 잘 맞는다. 오리지널 전통 메뉴보다는 오히려 퓨전 메뉴가 사랑을 많이 받는다.

갈릭 슈림프 Garlic Shrimp

노스 쇼어의 새우 양식장 덕분에 발달하게 된 메뉴. 버터에 마늘을 넣고 새우를 함께 볶아 고소하면서도 담백하다. 칠리 소스를 더한 스파이시 갈릭 슈림프는 한국의 양념통닭의 맛이다.

옥스테일 수프 Oxtail Soup

푹 우려낸 소꼬리 수프로 꼬리곰탕쯤 되는 시원한 국물 요리. 와이키키 초입에 있는 24시간 카페 와일라나 커피 하우스가 유명하다. 런던 스필탈필즈에서 발명된 것이 시초다.

아히 포케 Ahi Poke

아히는 하와이어로 참치, 포케는 무침이라는 뜻. 한국식 참치회 무침 정도. 참치회를 깍두기 모양으로 썰어 하와이산 해조류와 함께 소금, 간장, 참기름, 레몬즙 등으로 간을 맞췄다.

로코모코 Locomoco

밥 위에 돈가스와 달걀 프라이를 얹은 뒤 그레이비 소스를 뿌린 요리. 1949년 빅 아일랜드 힐로의 한 레스토랑에서 10대 손님들의 요청으로 만들어진 것. 그중 한 명의 닉네임이 로코여서 이름이 로코모코가 되었다.

스팸 무수비
Spam Musubi

얇게 썬 스팸을 간장 소스를 발라 구운 뒤 초밥 위에 얹어 김으로 싼 것. 편의점에서 볼 수 있으며, 버락 오바마 전 미국 대통령도 좋아한다는 메뉴다. 달걀 프라이를 얹는 등의 옵션도 가능.

말라사다 Malasada

겉은 바삭하고 속은 촉촉한 도넛. 포르투갈어로 '덜 익혀진'이란 뜻이다. 베이직, 커스터드, 코코넛, 구아바, 초코 등의 크림을 선택할 수 있다. 쫄깃한 식감이 매력이며, 레오나즈 베이커리의 말라사다가 유명하다.

셰이브 아이스 Shave Ice

얼음을 갈아 만든 빙수의 일종. 40여 가지 시럽 중에 골라 뿌려먹으며, 떡이나 팥을 추가할 수도 있다. 레인보 셰이브 아이스가 가장 인기가 좋고, 오아후 할레이바 지역 마츠모토 상점의 셰이브 아이스가 유명하다.

마카다미아 너트
Macadamia Nut

땅콩과 아몬드보다 부드러우면서 고소한 맛이 매력적인 견과류. 전 세계 마카다미아 중 90%가 하와이에서 생산된다. 빅 아일랜드 힐로 지역에 유명 브랜드 마우나 로아 공장이 있다.

마이타이 Maitai

럼에 갖가지 열대과일 주스를 믹스한 트로피컬 칵테일. 열대 꽃과 파인애플이 함께 세팅되어 나오며 미국인들이 가장 좋아하는 칵테일이자 하와이 대표 칵테일 중 하나다. 타히티어로 '좋다'는 뜻.

아사이 볼 Acai Bowl

항산화 기능과 함께 콜레스테롤 수치를 조절하는 데 효과적이이라는 아사이 베리. 아사이 볼은 아사이 베리 스무디 위에 그라놀라와 갖가지 과일을 올린 뒤 꿀을 뿌려먹는 요리. 식사 대용으로도 가능하다.

바나나 브레드
Banana Bread

바나나를 주재료로 한 빵. 자그마한 파운드케이크 모양으로, 한 입 물으면 바나나 향이 입안 가득 퍼진다. 빅 아일랜드 '하나로 가는 길'의 바나나 브레드가 가장 유명하다.

사이민 Saimin

마른 새우로 국물을 낸 뒤 간장으로 간을 맞춘 하와이 스타일의 라면. 일본의 라멘, 중국의 중화면, 필리핀의 빤싯에서 좀 더 발전된 형태다. 편의점에서 컵라면으로도 판매된다.

하와이 전통 음식으로 **칼루아 피그 Kalua Pig**가 있다. 칼루아는 하와이 전통 요리법으로 땅속 오븐에서 서서히 익히는 요리법. 땅을 파서 화산석을 쌓아두고 일정 온도가 될 때까지 불을 지핀 뒤 끄고 그 속에 주먹만 한 돼지고기를 타로 잎으로 여러 겹 싸고 티라는 넓은 열대 차나무 잎사귀에 다시 감싸 4시간가량 훈제시키는 요리다. 하와이 원주민의 전통 음식으로, 루아우 축제 때 등장한다. 비슷한 요리로, **라우라우 Laulau**는 불에 달군 화산석에 바나나 잎을 깔고 고기를 얹은 뒤 바나나 잎으로 덮고 화산석을 올리고는 6시간가량 쪄낸 음식이다. 하와이 전통 음식을 맛볼 수 있는 레스토랑으로 **오노 하와이안 푸드 Ono Hawaiian Food**가 유명하다.

A Foodie's Guide to Hawaii

미식가라면 하와이 여행이 더없이 반가울 것이다. 하와이는 전 세계 여행자들이 찾는 곳인 만큼 디저트부터 해산물, 스테이크 등 다양한 맛집이 고루 분포된 곳이기 때문이다. 하와이 미식 여행을 즐기기 전 알아두면 좋은 키워드를 소개한다.

해피 아워 Happy Hour

하와이에서 진짜 해피 아워의 즐거움을 만끽하고 싶다면 고급 스테이크 레스토랑을 공략하는 것이 좋다. 오후 시간대(대략 16:30~18:30)에 스테이크나 시푸드 등의 메인 요리를 50% 할인된 가격으로 먹을 수 있기 때문이다. 분위기 좋은 곳에서 고급 요리를 더욱 저렴한 가격에 먹어보고 싶다면 시그니처 프라임 스테이크 & 시푸드 Signature Prime Steak & Seafood의 해피 아워를 놓치지 말자. 와이키키의 유명 스테이크 맛집인 울프강 스테이크하우스 Wolfgang's Stakehouse 역시 부담스러운 가격 때문에 해피 아워 시간대(15:00~18:30)에 방문하는 사람들이 많다. 마이타이 칵테일은 $8, 시푸드 콤보는 $18, 아히 타르타르는 $16이며, 대표 스테이크 메뉴인 테이스트 오브 뉴욕 Taste of New York은 $64.95에 즐길 수 있다. 단, 고급 레스토랑은 해피 아워라 하더라도 복장을 갖춰야 하니 되도록 슬리퍼와 반바지 차림은 피하도록 하자.

로컬 Local

하와이에서 인기 있는 로컬 음식의 특징은 뚜렷하다. 맛있으면서 가격도 저렴하거나 양이 많거나. 그 중에서도 하와이 대표 음식인 포케의 맛집을 꼽는다면 오노 시푸드 Ono seafood를 들 수 있다. 참치나 연어를 간장이나 마요네즈 또는 스파이시 소스에 버무려서 내놓는데 술안주로도, 한 끼 식사로도 손색이 없다. 무엇보다 한국인 입맛에도 잘 맞아 적극 추천하는 음식이다.

푸드 트럭 Food Truck

하와이 대표 푸드 트럭을 꼽는다면 노스 쇼어의 지오반니를 떠올리기 쉽다. 코로나19 이후 와이키키에 많은 레스토랑이 문을 닫으면서 오히려 푸드 트럭 수가 늘어났는데, 하와이 로컬에게 사랑받는 닭꼬치 맛집 토리 톤 Tori Ton 또한 와이키키 푸드 트럭에 합류했다. 카페 브루 앤 폼 Brew & Foam 역시 토리 톤 옆 자리에 새롭게 선보이면서 브런치를 푸드 트럭에서 즐길 수 있게 되었다. 여행 중 식비가 부담스럽다면 적당히 푸드 트럭의 메뉴를 섞어도 좋다.

위치 208 Kapuni St.

디저트 Desert

하와이 대표 디저트를 추천한다면 단연 셰이브 아이스다. 노스 쇼어의 마츠모토 셰이브 아이스가 유명하지만, 더욱 화려하고 다양한 맛을 자랑하는 셰이브 아이스가 와이키키에도 있다. 바로 아일랜드 빈티지 셰이브 아이스 Island Vintage Shave Ice로 로열 하와이안 쇼핑 센터의 케이트 스페이드 매장 앞 키오스크에서 판매하고 있다. 줄을 서서 기다려야 주문할 수 있을 정도로 인기가 높다. 최근에는 와이키키 비치 메리어트 리조트 & 스파 1층에도 매장을 오픈해 편리하게 매장 내에서도 셰이브 아이스를 맛볼 수 있다.

@Island Vintage Shave

선셋 Sunset

와이키키에서 아름다운 석양을 배경으로 칵테일 한 잔을 즐기기 좋은 선셋 맛집이 두 곳 있다. 차가 있다면 발레 파킹이 가능한 로열 하와이안 리조트 1층 마이 타이 바 Mai Tai Bar, 자동차 없이 대중교통을 이용한다면 모아나 서프라이더 리조트 1층 비치 바 Beach Bar를 추천한다. 하와이에 도착한 첫날 여행자의 기분을 가득 안고 이곳을 찾는다면 와이키키 비치 중심에서 인생 선셋을 마주할 수 있을 것이다. 와이키키 비치에 모인 여행자들이 하나같이 카메라나 휴대폰을 들고 선셋을 촬영하는 진풍경이 펼쳐진다.

What's New

시간이 흘러도 자연 그대로의 아름다움을 간직한 섬. 동시에 색다른 액티비티와 쇼핑과 먹는 즐거움으로 쉼 없이 변화하며 여행자들을 유혹하는 하와이. 최근 오픈한 숍과 액티비티 등의 뉴스를 담았다.

알라 모아나 센터에
더 서치 포 스누피 The Search For Snoopy 오픈!

스누피를 사랑하는 이들이라면 환호할 만한 곳이다. 2022년 7월에 문을 연 이곳은 마치 내가 스누피 속에 함께 있는 기분마저 든다. 여러 가지 단서를 통해 찰리 브라운이 사랑하는 강아지, 스누피를 찾는 게임. 찰리 브라운의 침실을 둘러볼 수 있고, 교실과 댄스 클럽, 갤러리 등 다양한 룸을 만들어 직접 체험하는 것은 물론이고 캐릭터와의 사진 촬영도 가능하다. 방문 전 홈페이지를 통해 예약해야 한다.
홈페이지 www.searchforsnoopy.com **운영** 목~금 13:00~17:30, 토 10:00~18:30, 일 11:00~16:30(월~수요일 휴무) **요금** 1인 $32

로컬이 사랑하는 릴리하 베이커리 Liliha Bakery를 와이키키에서!

이른 시간에 식사가 가능하며 양이 많은 데다 메뉴의 종류도 다양해 로컬의 사랑을 듬뿍 받는 레스토랑, 릴리하 베이커리. 최근 이 레스토랑이 와이키키 중심 인터내셔널 마켓플레이스 내 3층에 오픈했다. 미소 버터 피시나 머시룸 오믈렛 등의 메뉴가 인기 있으며, 한국인 입맛에 잘 맞는 김치볶음밥도 있다. 하와이 여행 중 로컬이 사랑하는 레스토랑을 경험하고 싶다면 이곳으로 향하자.
전화 808-922-2488 **영업** 07:00~22:00

여행 중 당이 필요할 땐
딜런의 캔디바 Dylan's Candy Bar

와이키키에서 달콤한 간식을 먹고 싶다면 하얏트 리젠시 와이키키 리조트 & 스파 내에 오픈한 딜런의 캔디바로 가자. 여러 종류의 캔디와 초콜릿을 판매하는 곳이다. 또한 도넛, 컵케이크 모양의 쿠션, 팝한 컬러감이 돋보이는 의류 등 다양한 아트 상품도 여행자의 발길을 붙잡는다. (Map P.104-C3)

와이키키 중심에서 만나는
퀸스 와이키키 루아우 Queens Waikiki Luau

인터내셔널 마켓 플레이스 중앙 정원에서 새로운 루아우 쇼를 선보이고 있다. 해가 질 무렵 식사를 하며 꽃목걸이를 만드는 등 하와이의 전통도 체험할 수 있다. 화려한 훌라 공연은 물론이고 루아우의 대미를 장식할 불쇼는 한순간도 눈을 떼기 힘들다. 문의 및 예약은 홈페이지에서 진행하면 된다.

홈페이지 queenswaikikiluau.com **영업** 화 · 목 · 토 · 일 17:00 시작(2시간 30분 소요) **입장료** 성인 $107~157, 2~11세 $87~137(좌석의 위치에 따라 금액 상이)

스페인과 이탈리아 요리를 한자리에서!
리고 Rigo

다이아몬드 헤드 지역에 뜨고 있는 레스토랑으로, 현지인들 사이에서 먼저 입소문이 난 곳이다. 스페인의 새우 요리 감바스 알 아히요 Gambas al Ajillo, 이탈리아 전통 가지 요리 멜란자네 Melanzane, 우리나라로 치면 조개로 만든 죽인 클램 칼도소 Clam Caldoso 등의 메뉴를 맛볼 수 있다. 가격대가 저렴하고, 요리에 곁들여 먹으면 좋을 와인도 다양하게

갖추고 있어 인기가 많다. 저녁시간에 방문한다면 예약을 해야 한다. (Map P.75—E3)

텍사스의 바비큐 맛을 하와이에서!
선셋 텍사스 바비큐 Sunset Texas Barbecue

선셋 텍사스 바비큐는 바비큐의 본고장으로 알려진 텍사스 방식을 그대로 고수, 하와이에서 재현한 레스토랑이다. 푸드 트럭으로 시작해 입소문이 나면서 지금의 레스토랑으로 확장 오픈했다. 텍사스에서 공수한 대형 스모커를 이용해 낮은 온도에서 간접적으로 장시간 가열해 스모크 향을 입히는데 이때 소금과 후추만을 사용해 고기 본연의 맛을 충실히 살린다. 차돌, 양지 부위인 비프 브리스킷이 대표 메뉴이며 한국인 입맛에는 스페어 립스도 잘 맞는다. (Map P.167—D3)

주소 443 Cooke St. Honolulu **전화** 808-476-1405 **홈페이지** www. sunsetq.com **인스타그램** @sunsettxbbq

The Best Romantic Getaways in Hawaii

하와이는 인기 신혼여행지로 손꼽힌다. 신혼부부라면 더욱 여행사에서 맞춰 준 흔한 코스가 아닌 둘 만을 위한 특별한 여행 코스를 원할 터. 신혼부부, 연인을 위한 로맨틱 여행법을 소개한다.

소중한 순간을 기록하는 하와이 스냅

최근 한국 여행객들 사이에서 스냅 촬영이 붐이다. 와이키키, 카할라 비치 1시간은 물론이고 동부 해안가를 돌며 반나절을 할애해 스냅 촬영에 올인하기도 한다. 허니무너들을 위한 여행사 중에서는 포함 상품으로 스냅이 들어 있기도 하다. 여행사 스냅의 경우 단독 진행이 아닌, 여러 커플과 함께 진행하니 이 점을 미리 알아두면 좋다. 부담스럽지 않은 가격에 개인 맞춤 스냅 촬영을 원한다면 하와이 슈팅스타 Hawaii Shooting Star를 추천한다. 맞춤형으로 진행하는 1인 스냅 회사로 와이키키나 카할라 1시간 스냅을 메인으로 하고 있다. 무엇보다 하와이 슈팅스타의 장점은 계약금이 없다는 것. 카카오톡 오픈 채팅으로 주말, 휴일 상관없이 실시간 상담이 가능하고 중간에 1회 의상을 갈아 입을 수 있어 다양한 스타일의 사진을 남길 수 있다. 원본 150~200장에 정밀 수정본을 70장까지 제공하고 있어 다른 업체에 비해 제공되는 컷 수가 많은 편이다. 와이키키 1시간 $300.
인스타그램 @hawaiishootingstar(카카오톡 오픈 채팅 '하와이슈팅스타')

로컬도 방문하기 힘든 샹그리 라 Shangri-La

매주 목 · 금요일에만 오픈하며 방문하기 2~3주 전에 예약해야만 갈 수 있는 샹그리 라를 주목해보자. 인원 제약이 있어 현지인들도 가기 어려울 정도이지만 그만큼 가치가 있는 곳이다. 뉴욕 도리스 듀크 재단이 설립한 샹그리 라는 다이아몬드 헤드에 위치한 저택으로 이슬람 예술품의 집합체다. 인테리어나 이슬람 양식에 관심이 많거나 외부와 단절된, 조용한 휴

식처를 찾는 여행자라면 이곳이 제격이다. 총 2400여 점의 다양한 이슬람 작품들은 보는 이로 하여금 감탄을 자아낸다. 오스만 제국, 무굴 제국, 사파위 왕조, 카자르 왕조의 예술을 감상할 수 있다. 그 밖에도 인도의 타지마할에 영향을 받은 미니어처 정원과 23m의 해수풀도 감탄을 자아낸다. 둘만의 특별한 기념 사진도 찍을 수 있다. 호놀룰루 뮤지엄에서 셔틀버스를 타고 단체로 이동해 둘러보고 오는 코스로, 샹그리 라 입장권 소유자는 호놀룰루 뮤지엄 무료 입장이 가능하다.

입장료 $25 **홈페이지** www.shangrilahawaii.org

커플들에게 매우 특별한 레스토랑, 와이키키 레이아 Waikiki Leia

2022년 오픈한 레스토랑. 다이아몬드 헤드 주택가에 자리 잡은 이곳은 웨딩홀과 아일랜드 스타일의 퓨전 프렌치 레스토랑을 함께 운영하고 있다. 셀카에 능숙한 커플이라면 정원에서 둘만의 특별한 순간을 사진으로 남길 수 있다. 단, 레스토랑 영업시간이 매우 짧아 가기 전 예약이 필수다. 특히 디너의 경우 48시간 전에 예약해야만 식사가 가능하다. 대부분 오가닉 재료를 사용한 건강한 요리들이 많다. 이뿐만 아니라 꽃과 과일로 장

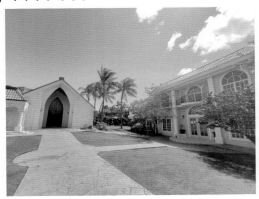

식한 화려한 비주얼도 이집 만의 자랑이다.

주소 3050 Monsarrat Ave. **전화** 808-735-5500 **홈페이지** www.waikikileia.com **영업** 목~월 브렉퍼스트 08:00~11:00, 런치 11:00~14:00, 금~토 디너 17:30~20:00

Best Beaches in Hawaii

하와이의 바다가 아름다운 이유는 하나다. 바다가 보여줄 수 있는 가장 아름다운 색을 지니고 있기 때문. 걷기 좋은 백사장과 시원한 파도까지 어우러지면 감탄사가 절로 나온다. 하와이에는 누구나 아는 와이키키 비치 외에도 아름다운 비치들이 가득하다. 남들은 모르는 프라이빗한 비치부터 물놀이하기 좋은 비치까지. 하와이 최고의 비치들을 소개한다.

카할라 비치 Kahala Beach

카할라 비치의 가장 큰 장점은 사람이 많이 없다는 것. 한산한 분위기를 가지고 있다 보니 여기서 스몰 웨딩을 하거나 신혼부부들의 단골 스냅 장소로 사용되고 있다. 간혹 낚시를 즐기거나, 일광욕을 즐기는 이들도 찾아볼 수 있다. 조용한 곳에서 오롯이 자연의 소리에 귀 기울이고 싶다면 카할라 비치로 향해보자. 물놀이를 즐긴 후에는 근처 카할라 리조트의 돌고래를 만나보는 것도 좋다. 투숙객이 아니어도 자유롭게 카할라 리조트에서 돌고래를 구경할 수 있다.

와이마날로 비치 Waimanalo Beach

부기보드 하나만 있으면 재미있게 즐길 수 있는 비치다. 적당한 파도와 바람이 있어 바다에서 제대로 액티비티를 즐기고 싶다면 이곳 와이마날로 비치가 안성맞춤이다. 오아후에서 가장 긴 백사장을 가진 비치로도 유명하다. 도로에서 비치까지 가는 길에는 숲이 우거져 있어 하와이의 자연을 온몸으로 만끽할 수 있는 곳이기도 하다. 근처에 식당이 맥도날드와 로컬 식당 한두 곳밖에 없어 도시락을 준비해 가도 좋다.

카일루아 비치 Kailua Beach

아이가 있는 여행자라면 꼭 가봐야 하는 비치. 파도의 높이가 얕고 백사장이 아름답다. 라니카이 비치가 더 아름답다고 소문났지만 렌터카를 이용해 이동한다면 편리한 주차장이 있는 카일루아 비치가 훨씬 편리하다(라니카이 주변에는 길거리 주차가 불법이라 견인되기 쉽다). 카약을 타고 무인도를 왕복하는 액티비티도 있어 온종일 놀아도 부족함이 없다. 사진 촬영 시 가장 예쁘게 나오는 비치이기도 하다.

샌디 비치 Sandy Beach

이름대로 백사장이 아름다운 곳이다. 높은 파도가 특징인 곳이라 바디보딩과 서핑의 명소로도 인기가 많은 곳이다. 샌디 비치는 지리적으로도 관광하기 좋은 곳에 위치한다. 여행자들에게 베스트 드라이브 코스로 알려진 72번 해안 도로를 끼고 있기 때문. 근처에 할로나 블로우 홀, 시라이프 파크 등의 관광 명소가 있다. 2014년 호놀룰루 시의회에서 샌디 비치 이름을 하와이가 고향인 버락 오바마 전 미국 대통령의 이름을 따 '버락 오바마 샌디 비치 파크'로 바꿀 것을 제안하기도 했다.

Hawaii Festival

하와이는 365일 축제의 도시다. 축제가 열리면 와이키키의 메인 도로인 칼라카우아 애비뉴 Kalakaua Ave.의 교통이 통제되며, 개성 넘치는 퍼레이드가 펼쳐지기도 하고 레스토랑마다 작은 부스를 설치해 맛있는 요리를 판매하며 먹거리 장터를 이룬다.

4월

스팸 잼 페스티벌 Spam Jam Festival

스팸 무수비가 하와이 대표 음식이듯이, 하와이는 미국 내 스팸 소비량이 가장 높은 도시다. 페스티벌 기간에는 칼라카우아 애비뉴에 스팸 모양의 인형이나, 도시락 케이스 혹은 가방 등 다양한 팬시 아이템을 판매하고, 각 레스토랑에서는 스팸을 이용한 각종 메뉴들을 선보인다.

10월

프라이드 페스티벌
Pride Festival

전 세계 곳곳에서 행해지는 게이, 레즈비언, 트랜스젠더 등 성소수자들의 인권 향상을 위한 날이다. 주로 6월 초 주말에 열린다. 이날 오전에는 칼라카우아 애비뉴에서 빨간 스포츠카에 신랑, 신부 코스프레를 하고 행진하거나, 대형 차량에서 여러 명이 음악을 크게 틀어놓고 춤을 추는 등 그야말로 한 편의 버라이어티 쇼를 보는 것 같은 착각마저 든다.

7월

프린스 랏 훌라 페스티벌
Prince Lot Hula Festival

하와이 최대 비경연 훌라 페스티벌로 아이부터 성인에 이르기까지 다양한 훌라 공연은 물론, 하와이 수공예품과 전통 문화를 선보인다. 하와이 문화를 제대로 경험할 수 있는 축제인 셈. 참고로 하와이에서 가장 큰 훌라 경연 대회는 빅 아일랜드에서 열리는 메리 모나크 페스티벌 Merrie Monarch Festival로 4월 중에 열린다.

8~9월

알로하 페스티벌 Aloha Festival

오프닝 세리머니와 함께 훌라쇼, 퍼레이드 등이 열린다. 와이키키 한복판에는 여러 레스토랑이 다양한 음식을 저렴하게 판매하고 이동식 무대에서 공연이 펼쳐지는 등 볼거리와 즐길 거리가 풍성한 축제. 뿐만 아니라 로열 하와이안 센터 마당에서는 디제이 부스가 만들어져 여행자와 현지인이 어울려 댄스를 즐기기도 한다.

10월

할로윈 Halloween

10월 31일 저녁, 칼라카우아 애비뉴에서 즐거운 할로윈 파티가 시작된다. 다양한 코스프레를 한 주민들과 여행자들이 거리에 나와 서로 기념사진을 찍으며 돌아다닌다. 한국의 홍대나 강남의 할로윈과는 달리 술에 취한 사람은 거의 찾아보기 힘들다. 슈퍼마리오부터 디즈니 캐릭터 등의 다양한 코스프레가 시선을 잡는다.

Hawaii It Spot

호노카아의 상징적인 장소, 호노카아 피플즈 시어터

하와이언 레시피(호노카아 보이)
Honokaa Boy, 2009

소원을 이뤄준다는 달 무지개를 보기 위해 하와이 북쪽 호노카아 마을을 찾은 레아와 여자 친구 카오루는 여행지에서 다투고 이별을 맞이한다. 이후 호노카아를 다시 찾은 레오는 그곳의 주민들과 함께 소소한 에피소드를 겪게 된다. 영화 속에 등장하는 말라사다는 실제 현지인들이 좋아하는 디저트이고, 영화 촬영이 이뤄진 빅 아일랜드의 호노카아(P.368) 지역은 사탕수수 공장이 있던 곳으로, 특히 일본인 이주민의 비중이 높은 곳으로 알려져 있다.

ホノカアボーイ

마우이의 그랜드 와일레아 아 월도프 애스토리아 리조트

저스트 고 위드 잇
Just Go With It, 2011

바람둥이 성형외과 의사인 대니가 새롭게 사귄 여자 친구와의 관계를 위해 시작한 사소한 거짓말이 결국 하와이행 비행기에 몸을 싣게 만든다. 영화 대부분은 하와이와 LA에서 촬영되었다. 극중 이들이 묵는 호텔은 마우이의 그랜드 와일레아 아 월도프 애스토리아 리조트(P.351)로, 리조트의 규모가 워낙 커 각종 액티비티를 호텔에서 모두 즐길 수 있을 정도. 그 밖에도 울창한 정글탐험 장면을 촬영한 장소는 카우아이의 킬라우에아 폭포다.

Just Go With It

film brain

bad movie beatdown

아름다운 영상과 다양한 스토리로 하와이에 대한 애정이 듬뿍 담긴 영화들이 있다. 그 촬영 장소, 비하인드 스토리를 공개한다. 여행 전이라면 설레는 기분을, 여행 후라면 여행의 여운을 만날 수 있다.

쥬만지 게임 속 세상의 배경이 되었던 쿠알로아 목장

영화의 주 배경이 된 카우아이의 나팔리 코스트

쥬만지
Jumanji, 2018

네 명의 아이들은 학교 창고 청소를 하던 중 비디오 게임인 '쥬만지'를 발견한다. 게임이 플레이되는 순간 화면 속으로 빨려 들어간 아이들은 거구를 자랑하는 고고학자, 슈퍼 여전사, 저질 체력의 동물학 전문가, 중년의 지도 연구학 교수로 변해버린다.

이들은 자신의 아바타가 가진 능력을 이용해 게임 속 세계를 구해야만 현실로 돌아올 수 있다는 미션을 받게 된다. 게임 속 가상현실의 배경이 되는 곳은 바로 쿠알로아 목장. 실제 무비 사이트 & 랜치 투어 Movie Sites & Ranch Tour 프로그램을 신청하면 쥬만지 촬영 장소를 마주할 수 있다.

쥬라기 월드 : 도미니언
Jurassic World : Domonion , 2022

공룡들의 주거지인 이슬라 누블라 섬이 파괴된 후 공룡들은 섬 밖의 세상으로 뛰어든다. 인간에게 위협적인 존재인 공룡을 마주한 인간들은 인류 역사상 최대 위기를 맞이하는데. 영화 속 이슬라 누블라 섬은 가상의 공간으로, 실제는 하와이 카우아이 섬의 나팔리 코스트에서 촬영했다. 뾰족하게 솟아오른 산봉우리와 절벽이 만들어낸 나팔리 코스트의 일품 절경을 영화 속에서도 만나볼 수 있다.

CAUTION
SIGNALS
MODIFIED

RALPH LAUREN

©이진화

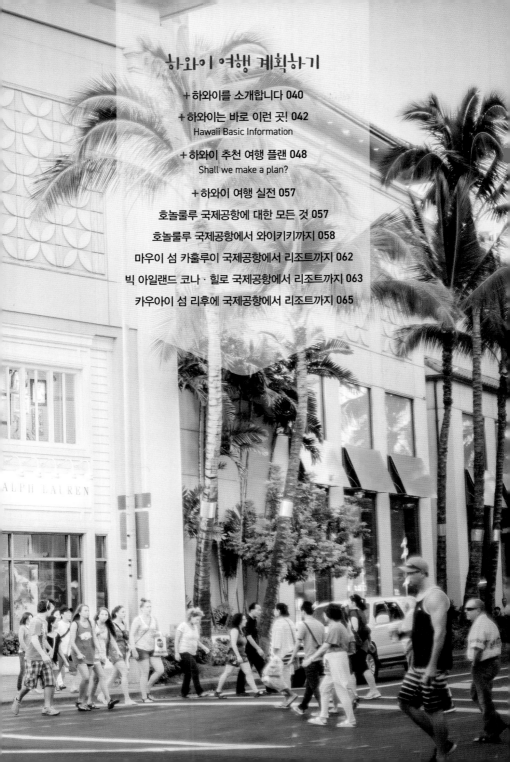

하와이 여행 계획하기

하와이를 소개합니다

하와이는 천혜의 자연경관을 자랑하며, 오감을 자극하는 액티비티가 있다. 뿐만 아니라 전 세계인들의 최고의 휴양지답게 다양한 먹거리도 이곳만의 자랑이다. 140여 개의 화산섬 가운데 여행이 가능한 곳은 단 여섯 곳뿐이라는 것이 안타까울 정도. 하와이는 와이키키 비치가 있는 오아후 섬을 메인으로, 그 밖의 섬들을 '이웃 섬'이라고 통칭한다.

카우아이

오아후

카우아이 섬 Kauai

'정원의 섬'이라고 불리는 곳. 에메랄드빛의 와이메아 캐니언(P.467)과 깎아지르듯 솟아오른 나 팔리 코스트 절벽(P.542), 포이푸 비치 파크(P.493)에서 하날레이 베이(P.532)까지 80km에 달하는 아름다운 해변까지. 상상 이상의 자연경관을 자랑한다.

자연이 주는 선물 이외에도 와일루아 강(P.512)에서의 카약, 포이푸 비치의 스노클링, 코케에 주립공원의 트레킹 등 다양한 어드벤처도 즐길 수 있다.

오아후 섬 Oahu

하와이 전체 인구의 80%가 사는 오아후는 '모임의 장소'라는 의미를 가지고 있다. 자연과 도시가 조화를 이룬 이곳은 와이키키 비치 이외에도 아름다운 해안 풍경을 감상할 수 있는 누우아누 팔리 전망대(P.198), 서핑의 고수들이 즐비한 노스 쇼어(P.205) 등과 이올라니 궁전(P.169), 보물이 소장되어 있는 비숍 박물관(P.170) 등 역사적인 장소도 모여 있으며, 23:00까지 영업하는 와이키키 쇼핑 센터들이 여행 만족도를 높인다.

몰로카이 섬 Molokai

훌라의 발생지. 코코넛 나무보다 더 높은 건물은 물론이고 신호등조차 찾아볼 수 없는, 옛 하와이의 모습을 가장 잘 느낄 수 있는 섬이다. 길이 61km, 폭 16km의 작은 섬으로, 북동쪽에는 세계에서 제일 높은 해안 절벽이, 남쪽 해안에는 하와이에서 가장 긴 산호지대(45km)가 있다. 도보, 자전거, 4륜구동 등을 즐기며 섬을 돌아보면 마치 시간이 멈춘 것 같은 착각마저 드는 곳.

마우이 섬 Maui

15년 이상 '콘데 나스트 트래블러' 독자가 최고의 섬으로 손꼽는 곳. 그림 같은 풍경을 선사하는 카아나팔리 비치(P.259)와 해돋이를 감상 포인트인 할레아칼라 국립공원(P.335), 겨울에 등장하는 수천 마리의 혹등고래 등 감탄이 쏟아지는 자연경관. 게다가 180도 굽어진 길을 따라 장관을 연출하는 폭포를 만날 수 있는 하나(P.338)까지. 하와이에서 두 번째로 큰 섬인 마우이는 생각보다 인구가 많지 않아 여행자들에게 힐링의 장소가 되어줄 것이다.

몰로카이

라나이

마우이

빅 아일랜드(하와이 섬) Big Island

하와이 제도의 다른 섬들을 전부 합친 것보다 거의 2배가량 커 하와이 섬이라고도 부르나, 현재 하와이 주의 이름과 혼동하지 않기 위해 대부분 빅 아일랜드로 부르는 편이다. 전 세계에서 가장 활발히 활동하는 화산 킬라우에아(P.523), 해저부터의 높이가 1만 580m가 넘어 세계에서 가장 높은 산 마우나 케아(P.445), 미국 최대 규모의 하와이 화산 국립공원(P.426) 등이 있으며, 카메하메하 대왕 탄생지(P.387), 카일루아 유적 마을의 하와이 최초 교회(P.397) 등이 있다.

빅 아일랜드
(하와이 섬)

라나이 섬 Lanai

빌 게이츠가 결혼식을 올린 섬. 마우이로부터 14km 떨어진 곳으로, 두 이미지가 공존한다. 하나는 세계 정상급 호텔 시설과 챔피언십 수준의 골프 코스이며, 다른 하나는 4륜구동을 타고 케아히아카웰로(신들의 정원)과 홀리후아 비치 등을 배경으로 달릴 수 있는 자연. 실제로 이곳의 포장도로는 총 48km에 지나지 않는다.

하와이는 바로 이런 곳!

역사
HISTORY

하와이는 약 2,800년 전 화산 폭발로 인해 8개의 큰 섬을 포함, 140여 개의 크고 작은 섬과 산호초로 이뤄졌다. 1778년 1월 영국 탐험가 제임스 쿡 선장이 우연히 하와이를 발견하면서 하와이의 역사는 바뀌게 되었다. 당시 하와이는 건장한 사람들이 각각의 섬을 지키며 서로 패권을 다투는 시기였다. 그때 빅 아일랜드에는 사람들의 신망을 얻으며 세력을 넓혀가던 왕족 출신 청년이 있었는데, 바로 하와이를 하나로 통일시킨 카메하메하 대왕이다. 그는 백인 선원들을 수하에 두고 서양의 새로운 무기를 흡수해 하와이 왕국의 발전을 도모했다. 결국 빅 아일랜드를 중심으로 마우이, 몰로카이를 거쳐 오아후의 누우아누 팔리에서 벌어진 전투까지 승리로 이끌면서 통일의 기초를 확립했다. 하지만 그가 죽고 이후 하와이에는 혼란과 평화의 시대가 반복되었으며 제8대 여왕인 릴리우오칼라니에 이르러 백인 기득권층이 왕권 포기 서명을 받아냄으로써 하와이 왕조시대는 막을 내리고 백인 주류의 하와이 공화국(1894~1898년)이 탄생했다.

인구 및 인종
PEOPLE

현재 하와이 거주 인구는 140만 1,709명(2022년 기준, worldpopulationreview. com 참고)이다. 1980년 이래 계속 증가하다 최근들어 감소세를 보이고 있으며 현재 아시아계가 37.64%, 백인은 24.15%, 하와이 원주민이 10.4%, 혼혈이 24.29% 등을 차지한다. 미국령이지만 여러 인종이 사이 좋게 어울려 사는 곳이 바로 하와이다.

하와이 주
ISLAND

하와이의 정식 명칭은 State of Hawaii, 1959년 미국의 50번째 주가 되었다. 주도 州都는 정치, 경제, 문화가 밀집된 오아후 섬의 호놀룰루다. 하와이 하면 떠올리는 와이키키 해변이 있는 곳으로, 하와이 여행을 계획한 이들이 가장 많이 몰리는 곳이기도 하다. 140여 개의 화산섬으로 이루어져 있지만 그 가운데 오로지 여섯 개의 섬(오아후, 카우아이, 몰로카이, 라나이, 마우이, 빅 아일랜드)만이 관광객의 입장을 허락한다.

미국 전자여행 허가제
ESTA

미국 방문목적이 여행이며 체류 기간이 90일 이내일 경우, 대한민국 전자여권을 소지하고 있는 국민이라면 누구나 비자 면제 프로그램을 신청할 수 있다. 이 프로그램은 인터넷 상으로 간단하게 생년월일과 여권번호 등을 기입해 비자 없이 미국 여행 허가를 받는 것으로 기록 후 신용카드로 $14를 계산하면 쉽게 신청할 수 있다. 포털사이트에 ESTA를 검색하면 공식 사이트 이외에도 추가 수수료를 받고 진행하는 대행업체 사이트가 있으나 개인 신상을 입력해야 하는 만큼 만약의 위험을 대비해 반드시 공식 사이트를 통해 신청하자. 공식 사이트는 https://esta.cbp.dhs.gov/이며 홈페이지 상단에 한국어로 언어를 선택할 수 있어 불편함이 없다. 유효기간은 2년이며, 홈페이지 상으로는 미국 출발 72시간 전에 신청할 것을 권유하고 있으나 만일에 대비해 미국 여행 15일 전에 신청을 완료하는 것이 좋다(자세한 내용은 P.552 참고).

시차
TIME DIFFERENCE

한국과의 시차는 19시간. 하와이가 한국보다 19시간 느리다. 즉 하와이에서 한국의 시간을 계산하려면 현재 시간에서 5시간을 뺀 다음 하루를 더하면 된다. 반대로 한국에서 하와이의 시간을 알고 싶다면 19시간을 더하거나 5시간을 더한 뒤 하루를 빼면 된다. 하와이는 미국 본토와 달리 서머타임을 적용하지 않는다.

코로나19
COVID 19

2022년 6월 12일 기준으로 미국을 방문하는 모든 해외 여행객들의 코로나 검사 결과에 대한 제출 의무가 중단된다. 다만 미국행 항공편을 이용하는 항공 승객은 백신 접종을 완료해야 하고, CDC 홈페이지(korean.cdc.gov)에서 CDC 승객서약서 및 CDC 연락처 제공 양식을 미리 다운로드받아 작성한 후 공항 티켓 카운터에 제시해야 한다.

비행 시간
FLIGHT TIME

인천–호놀룰루 직항의 경우 약 9시간 정도 소요된다. 대한항공, 아시아나항공, 하와이안항공 등에서 한국과 하와이를 오가는 항공편을 운항 중이지만, 2022년 7월 기준 코로나19 이슈로 항공 노선에 변화가 많은 상황이다. 정확한 스케줄은 항공사로 문의하자.

언어
LANGUAGE

하와이어가 있긴 하지만 영어를 공통어로 사용한다. 호텔에 따라 일본어가 능숙한 담당자들도 있다. 하와이어로 '알로하 Aloha'는 '안녕하세요, 반갑습니다, 사랑합니다' 등 환대와 애정 등이 담겨 있다. 하와이어로 '마할로 Mahalo'는 주로 '감사합니다'의 의미로 사용된다.

전압
VOLTAGE

하와이의 전압은 110V로, 주파수는 60Hz. 전기 플러그는 구멍이 2개 혹은 3개인 것을 이용한다. 한국의 220V 제품을 이용하려면 휴대용 변압기나 멀티 플러그를 가져가는 것이 좋다.

교통
TRAFFIC

오아후 섬에서 많이 이용되는 대중 교통수단은 더 버스 The Bus다. 호놀룰루와 와이키키를 포함해 대부분 버스로 연결되지만 06:00~09:00, 16:00~18:00에는 교통정체가 심하다. 여행자들을 위해 유명 쇼핑 센터와 유적지 등을 순회하는 와이키키 트롤리 Waikiki Trolli가 있으며 렌터카를 이용하는 여행자들도 많다. 그밖에도 자전거나 오토바이를 개조한 모페드 등의 대여가 가능하다. 이웃 섬에도 버스가 있긴 하나 짧은 여정으로 여행할 경우에는 렌터카를 추천한다.

화폐와 환전
MONEY

미국 달러($)를 사용한다. 지폐는 $1, $5, $10, $20, $50, $100 총 6종류가 있고, 동전은 €25(쿼터), €10(다임), €5(니켈), €1(페니) 4종류가 있다. 대부분의 레스토랑과 쇼핑 센터에서 신용카드를 이용할 수 있다. 현금인출기도 곳곳에 비치되어 있으며 오아후에서 급하게 한화를 달러로 환전을 하고 싶다면 T 갤러리아 내 환전소를 이용하는 것이 좋다.

쿼터

다임

니켈

페니

인터넷
INTERNET

대부분 리조트와 호텔 로비에서 무료로 인터넷 사용이 가능하며, 투숙객의 경우 객실에서도 무료로 이용할 수 있는 곳이 많다(리조트 요금에 인터넷 사용료가 포함된 경우도 있지만, 간혹 리조트 요금이 없는 경우 따로 지불해야 한다).
인천공항에서 포켓 와이파이를 대여하거나, 유심 칩을 구입하는 방법이 있다. 포켓 와이파이의 경우 와이파이 도시락(www.wifidosirak.com)에서 대여 시 최저 1일 약 5천 원이다. 유심 칩의 경우 공항 유심 센터(airportusim.com)에서 최저 18,900원(한국 발신 100분, 미국 발신 3,000분)부터 구입할 수 있다(하와이 기준).

통화 TELEPHONE	하와이 주의 지역번호는 808. 하와이에서 사용되는 휴대폰 앞 번호와도 동일하다. 편의점에서 국제 전화 카드를 구입해 사용할 수 있으나 호텔에서 이를 사용할 경우에는 아무리 국제 전화 카드를 이용한다 하더라도 추가 요금이 발생된다. 따라서 공중전화를 이용하거나 한국에서 가져온 휴대전화를 이용하는 편이 보다 저렴하다. 현지에서 한국으로 전화할 땐, 011(국제전화코드)+82(한국 국가번호)를 누른 뒤에 앞자리 0을 제외한 번호를 누른다. 서울에 전화할 경우 역시 0을 뺀 2부터 번호를 누르면 된다. 예) 휴대전화 010–123–4567 경우, 011–82–10–123–4567 　　서울 02–123–4567 경우, 011–82–2–123–4567

날씨 WEATHER	하와이는 사시사철, 연중 방문해도 좋다. 다만 4~11월의 기온이 다소 높고(평균 23~31℃), 12~3월의 겨울은 약간 선선하다(평균 20~27℃). 고래를 관찰할 수 있는 웨일 와칭Whale Watching 투어는 하와이 전역을 통틀어 12월 말~5월 초까지 계속된다. 11~2월에는 오아후 노스 쇼어의 서핑 시즌이다. 11~4월 우기가 있긴 하나 잠깐 비가 지나가는 정도라 크게 걱정하지 않아도 된다.

흡연 SMOKING	하와이는 강력한 '금연법'에 따라 공공장소에서의 흡연이 전면 금지다. 호텔을 비롯해 택시, 레스토랑, 쇼핑 센터 등 공공장소에서 흡연하면 벌금이 부과된다.

면세 FREE	하와이로 입국 시 술은 약 1L, 종이담배는 200개비, 토산품 100달러까지 면세 혜택을 받고 판매를 목적으로 하지 않는 화장품이나 귀금속류 등이 면세 범위에 해당된다. 단, 과일이나 식물, 육류, 동식물은 반입금지다.

팁
TIP

영수증에 팁이 제시되어 있기도 하다.

하와이는 관광 도시인 만큼 본토 못지않게 팁 문화가 발달되어 있다. 한국인들에게는 다소 낯설지만 이 또한 서비스에 대한 비용이라고 이해할 필요가 있다. 레스토랑은 요금의 15~25%, 택시는 요금의 10~15%, 발레파킹 파킹은 $1~2, 호텔에서 직원에게 서비스를 요청하거나 셔틀버스 역시 $1~2, 호텔 벨보이에게는 짐 한 개당 $1씩 지불하면 된다.

단 레스토랑에서 테이크아웃을 하거나, 패스트푸드점은 별도의 팁을 지불하지 않아도 된다. 레스토랑에서는 신용카드로도 팁을 지불할 수 있는데 신용카드로 팁을 지불하려면 명세서의 팁 기입란에 총 금액의 15%를 적고 팁과 식사금액을 합한 총금액을 적어 제출하면 된다. 간혹 와이키키의 경우 영수증에 이미 팁을 더하기도 한다. 실수로 팁을 두 번 지불하지 않도록 잘 체크하자.

축제 FESTIVAL

공휴일(2022~ 2023년) HOLIDAY

2022년 9월 5일
노동자의 날 Labor Day

2022년 11월 11일
상이용사의 날 Veterans Day

2022년 11월 24일
추수감사절 Thanksgiving Day

2022년 12월 25일
크리스마스 Christmas

2023년 1월 1일
새해 New year's Day

2023년 1월 16일
마틴 루터 킹 목사의 날
Dr. Martin Luther King, Jr. Day

2023년 2월 20일
대통령의 날 Presidents' Day

2023년 3월 26일
호나 쿠히오 칼라니아나올레
왕자의 날 Prince Honah Kuhio
Kalanianaole Day

2023년 4월 7일
성금요일 Good Friday

2023년 4월 9일
부활절 Easter

2023년 5월 29일
현충일 Memorial Day

2023년 6월 11일
카메하메하 대왕 1세 기념일
King Kamehameha I day

2023년 7월 4일
독립기념일 Independence Day

1월
- ▶ 차이니즈 뉴 이어 Chinese New Year
- ▶ 하와이 소니 오픈 The Sony Open in Hawaii
  www.sonyopeninhawaii.com

2월
- ▶ 마우이 고래 축제 Maui Whale Festival
  www.mauiwhalefestival.org
- ▶ 그레이트 알로하 런 Great Aloha Run www.greataloharun.com

3월
- ▶ 호놀룰루 페스티벌 Honolulu Festival www.honolulufestival.com
- ▶ 코나 맥주 축제 Kona Brewer's Festival
  www.konabrewersfestival.com
- ▶ 더 그레이트 하와이안 러버 더키 레이스(3월 마지막 주)
  The Great Hawaiian Rubber Duckie Race

4월
- ▶ 스팸 잼 페스티벌 Spam000 Jam Festival www.spamjamhawaii.com
- ▶ 메리 모나크 축제 Merrie Monarch Festival
  www.merriemonarch.com
- ▶ 하와이 인터네셔널 필름 페스티벌 Hawaii International Film Festival
  www.hiff.org

5월
- ▶ 레이 데이 Lay Day
- ▶ 호놀룰루 트라이애슬론 Honolulu Triathlon
  www.honolulutriathlon.com

6월
- ▶ 카메하메하 대왕 데이 King Kamehameha Day
  www.kamehamehafestival.org
- ▶ 환태평양 페스티벌 Pan-Pacific Festival
  www.pan-pacific-festival.com

7월
- ▶ 프린스 랏 훌라 페스티벌 Prince Lot Hula Festival
  www.moanaluagardensfoundation.org
- ▶ 우쿨렐레 페스티벌 Ukulele Festival
  www.ukulelefestivalhawaii.org

8월
- ▶ 메이드 인 하와이 페스티벌 Made in Hawaii Festival
  www.madeinhawaiifestival.com
- ▶ 듀크스 오션페스트 Duke's Oceanfest www.dukesoceanfest.com

8~9월
- ▶ 알로하 페스티벌 Aloha Festival
  www.alohafestival.com

10월
- ▶ 하와이 푸드 & 와인 페스티벌 Hawaii Food & Wine Festival
  www.hawaiifoodandwinefestival.com
- ▶ 할로윈 Halloween 10월 31일
- ▶ 프라이드 페스티벌 Pride Festival www.honolulupff.org

11월
- ▶ 트리플 크라운 오브 서핑 Triple Crown of Surfing
  www.vanstriplecrownofsurfing.com
- ▶ 코나 커피 컬처럴 페스티벌 Kona Coffee Cultural Festival
  www.konacoffeefest.com
- ▶ 블랙 프라이데이 Black Friday 11월 추수감사절 다음날

12월
- ▶ 호놀룰루 마라톤 Honolulu Marathon www.honolulumarathon.org
- ▶ 징글벨 런 Jingle Bell Run
- ▶ 호놀룰루 시티라이트 퍼레이드 Honolulu Citylight Parade
  honolulucitylights.org

Mia's Advice

1 현지 일정은 여유 있게!

일정이 너무 빡빡하면 여행 내내 스트레스를 받을 수 있어요. 뿐만 아니라 차가 막히거나, 예기치 못한 문제로 시간을 낭비하는 일도 생긴답니다. 욕심이 앞선 계획보다 전체적으로 여유 있는 스케줄로 하와이를 즐기세요.

2 하와이에서 시차 적응은 아주 중요해요

하와이는 한국보다 19시간이 늦어요. 여행 첫날 시차 적응을 제대로 하지 않으면 일정 내내 고생할 수 있죠. 첫날은 여유 있게 일정을 잡고, 저녁 늦게 잠드는 것이 좋아요.

3 하와이 해변은 24시간 운영이 아닙니다

한국과는 달리 하와이의 해변은 24시간 오픈되어 있지 않아요. 심지어 음주는 엄격히 금하고 있죠(공원에서도 음주는 불법이에요). 해변 운영 시간이 명시되어 있지 않더라도 일몰 후에는 머물지 않는 것이 좋아요.

4 렌터카를 탈 땐 도난을 조심하세요

렌터카 여행 시 차 안의 지도나 가이드북, 혹은 내비게이션은 소매치기의 표적이 될 수 있어요. 차에서 내리기 전 카메라 등 귀중품과 내비게이션, 지도 등은 눈에 띄지 않는 곳에 넣어두거나 휴대하는 게 좋아요.

5 술을 주문할 때 신분증이 필요해요

편의점에서 알코올을 구입할 때도, 바에서 칵테일 한 잔을 주문하더라도 신분증은 반드시 필요해요. 여행 시 신분증은 꼭 지참하세요.

6 하와이에서 자외선 차단제는 필수!

와이키키 곳곳에 위치한 ABC 스토어에서는 자외선 차단제의 SPF 지수가 100인 제품도 있을 정도랍니다. 이동 시 자외선 차단제를 꼼꼼히 바르는 게 좋고, 특히 서핑이나 트레킹 등 액티비티를 즐길 예정이라면 더욱더 자주 발라주는 게 좋아요. 또한 해변에서 태닝하다 깜빡 잊고 잠들어 화상을 입는 경우도 있으니 그 역시 주의해 주세요.

7 유명 레스토랑은 해피 아워를 공략!

와이키키 내 울프강 스테이크하우스나 하드 록 카페, 야드 하우스, 피에프 창스, 탑 오브 와이키키 등 레스토랑에서는 해피 아워 Happy Hour에 칵테일이나 맥주, 스테이크를 할인된 가격에 제공합니다. 해피 아워를 공략해 맛 좋은 메뉴를 좀 더 저렴하게 즐겨 보세요.

Shall we make a plan?

최근 하와이 여행 트렌드는 오아후를 베이스캠프로 잡고, 이웃 섬을 잠깐 다녀오는 루트다. 선호도가 가장 높은 일주일 안팎으로 다녀오는 일정을 추천한다. 이웃 섬별 세부 일정은 각 섬을 소개하면서 따로 정리했다.

Mia's Advice

일정을 짜기 전 알아두세요!

하와이의 전체 여행 일정이 4박 6일이나 5박 7일이라면, 2개의 섬을 둘러보기엔 다소 부담스러운 일정이 될 수 있어요. 차라리 오아후 섬에 전 일정을 투자하는 것이 좋아요. 그 외 6~9박 이상의 일정을 계획한다면, 오아후의 기본 4박 6일 일정에 이웃 섬 2박 3일 정도를 덧붙이는 것이 좋아요. 이웃 섬은 오아후에서 비행기로 40~50분 정도 소요되며, 비행편은 05:00~21:00에 시간대별로 있기 때문에 이동이 자유로워요.

PLAN 1

하와이 클래식 여행, 오아후 일주 4박 6일

1 day

오아후 도착 → 숙소 → 와이키키 비치 산책 →
이올라니 궁전 → 카메하메하 대왕 동상

- 소요시간: 5~6시간
- 교통편: 셔틀버스, 버스

• 일정 어드바이스

대부분의 항공편이 오전에 호놀룰루에 도착해 12:00쯤 와이키키에 도착한다. 오아후 호텔의 체크인은 대부분 15:00. 숙소에 짐을 맡기고 가볍게 와이키키 비치 파크(P.109)를 산책한다. 다운타운 지역의 이올라니 궁전(P.169)이나 카메하메하 대왕 동상(P.169) 등 인기 명소를 돌아보자. 저녁에는 호텔 근처 바에서 칵테일 한 잔 한다. 첫날에는 숙소 근처 ABC 스토어 등 주변 시설을 미리 파악하자.

하나우마 베이(스노클링) →
할로나 블로우 홀 → 샌디 비치 →
마카푸우 등대

- 소요시간: 7~8시간
- 교통편: 렌터카

2 day

• 일정 어드바이스

07:00~08:00에 렌터카를 픽업해 오아후 동쪽 하나우마 베이(P.193)에서 진정한 하와이안 스타일의 스노클링을 즐기자. 자연 보호가 엄격한 곳이라 맑고 깨끗한 물에 열대어들을 쉽게 마주할 수 있다. 샤워 후에는 오아후의 동부 코스트 라인(할로나 블로우 홀, 샌디 비치, 마카푸우 등대)을 드라이브하자.

3 day

할레이바 올드 타운 → 돌 플랜테이션 →
알라 모아나 센터 or 와이켈레 아웃렛 →
탄탈루스 언덕 or 나이트 쇼

- 소요시간: 10~12시간
- 교통편: 렌터카

· 일정 어드바이스

할레이바 올드 타운(P.209)에서 유명한 대표
먹거리인 새우 트럭과 디저트로 셰이브 아이
스크림을 즐긴다. 근처 돌 플랜테이션(P.208)
을 둘러본 뒤, 오아후로 들어오는 길에 와이
켈레 프리미엄 아웃렛(P.221)이나 알라 모아
나 센터(P.158)에서 쇼핑을 즐기자. 저녁에는
탄탈루스 언덕(P.186)에서 야경을 보거나 다
양한 나이트쇼를 관람하자. 홀리데이 인 리조
트 와이키키 비치코머에서는 매직 오브 폴리
네시아 쇼를, 쉐라톤 프린세스 카이올라니에
서는 크리에이션 쇼를 감상할 수 있다.

· 교통 어드바이스

렌터카를 셋째 날 반납할 예정이라면 렌터카
사무실이 문을 닫는 20:00 이전에 반납을 마
친 뒤 탄탈루스 야경 대신 저녁 식사가 곁들
여진 나이트쇼를 추천한다.

4 day

다이아몬드 헤드(트레킹) →
와이키키(서핑 or 쇼핑) → 와이키키 트롤리
투어 → 선셋 크루즈

- 소요시간: 10~12시간
- 교통편: 렌터카 or 트롤리

· 일정 어드바이스

이른 아침 다이아몬드 헤드(P.107)로 트레킹
을 다녀오자. 그 후 와이키키 해변에서 서핑
레슨을 받아도 좋고, 못 다한 쇼핑을 즐겨도
좋다. 혹, 또 다른 하와이를 느끼고 싶다면 와
이키키 트롤리에서 마음에 드는 라인을 타고
반나절가량 트롤리 여행을 즐겨보자. 마지막
으로 식사가 포함된 선셋 크루즈(P.173)에서
로맨틱한 마지막 밤을 보내자

· 교통 어드바이스

선셋 크루즈는 대부분 호텔에서 16:30에 픽
업해 17:30에 크루즈를 탑승하는 스케줄이다.
호텔로 돌아오는 시간은 대략 20:00~21:00.
렌터카를 넷째 날 반납할 예정이라면 선셋
크루즈 탑승 전에 반납하자.

5 day

와이키키 비치 → 호놀룰루 국제공항 출발

- 소요시간: 30~50분
- 교통편: 셔틀버스

· 일정 어드바이스

하와이에서 한국으로 출발하는 항공편은 대
부분 오전 출발이다. 조금만 부지런을 떨어
이른 아침 와이키키 비치에서 일출을 감상한
뒤 공항으로 출발한다.

6 day

인천 국제공항 도착

다양한 쇼핑 여행, 오아후 5박 7일

1~4 day

노드스트롬 랙 → 티제이 맥스 → 사우스 쇼어 마켓

- 소요시간: 6~7시간
- 교통편: 버스

5 day

하와이 클래식 여행 코스(P.048)

와이키키 비치 → 호놀룰루 국제공항 출발

- 소요시간: 30~50분
- 교통편: 셔틀버스

· 일정 어드바이스

알라 모아나 근처에는 저렴하게 쇼핑할 수 있는 매장들이 모여 있다. 특히 노드스트롬 랙(P.156)과 티제이 맥스(P.155)는 운이 좋다면 명품 브랜드를 저렴하게 구입할 수 있다. 키즈 제품도 다수 비치되어 있다. 쇼핑몰 근처의 팡야 비스트로(P.152)나 스크래치 키친(P.154)에서 간단히 식사를 즐겨도 좋다. 시간이 남는다면 새롭게 오픈한 사우스 쇼어 마켓을 들러보자.

6 day

· 일정 어드바이스

하와이에서 한국으로 출발하는 항공편은 대부분 오전에 출발한다. 조금만 부지런을 떨어 이른 아침 와이키키 비치의 일출을 감상해보자. 쇼핑에 아쉬움이 남는다면 가까운 마트나 ABC 스토어를 방문해 마지막 쇼핑을 즐기자. 단 비행 시간을 염두해 여유롭게 공항으로 출발한다.

7 day

인천 국제공항 도착

역사와 문화 여행, 오아후 5박 7일

1~4 day

진주만 or 폴리네시안 문화 센터 or 비숍 박물관

- 소요시간: 5~6시간
- 교통편: 버스 or 폴리네시안 문화 센터 픽업 셔틀

하와이 클래식 여행 코스(P.048)

문화를 경험할 수 있는 폴리네시안 문화 센터(P.200)를 둘러보자. 두 곳 모두 반나절 이상 넉넉하게 시간을 준비하는 편이 좋다. 교통편이 자유롭지 못하다면 와이키키 근처인 비숍 박물관(P.170)에서 하와이의 문화를 느껴보는 것도 좋다.

5 day

· 일정 어드바이스

공항 근처에 위치한 2차 세계대전의 상처를 엿볼 수 있는 진주만(P.216)이나 하와이 토속

PLAN 3

아이가 있는 가족 여행, 오아후 5박 7일

1~4 day

코 올리나 라군 or 카할라 리조트 or
시 라이프 파크 → 티제이 맥스나 노드스트롬
랙
- 소요시간: 5~6시간
- 교통편: 버스 or 렌터카

하와이 클래식 여행 코스(P.048)

5 day

와이키키 비치 → 호놀룰루 국제공항 출발
- 소요시간: 30~50분
- 교통편: 셔틀버스

6 day

· 일정 어드바이스

비교적 여행자들의 발길이 적은 코 올리나
라군(P.213)이 있는 서부 해안에서 시간을 보
내보자. 아이가 돌고래 체험 프로그램에 관
심이 많다면 카할라 리조트의 돌핀 퀘스트
(P.181)나 동부 해안 시 라이프 파크의 돌고래
체험 프로그램을 신청할 것. 액티비티가 끝난
뒤 유아용품을 구입하고 싶다면 티제이 맥스
(P.155)나 노드스트롬 랙(P.156)에 들르자.

· 일정 어드바이스

하와이에서 한국으로 출발하는 항공편은 대
부분 오전에 출발한다. 조금만 부지런을 떨어
이른 아침 와이키키 비치의 일출을 감상하고
공항으로 출발할 수 있다.

7 day

인천 국제공항 도착

와이키키 비치 → 호놀룰루 국제공항 출발
- 소요시간: 30~50분
- 교통편: 셔틀버스

6 day

· 일정 어드바이스

하와이에서 한국으로 출발하는 항공편은 대
부분 오전에 출발한다. 조금만 부지런을 떨어
이른 아침 와이키키 비치의 일출을 감상하고
공항으로 출발할 수 있다.

7 day

인천 국제공항 도착

바다와 자연을 마음껏 즐기는 오아후+마우이 7박 9일

1~4 day

마우이 도착 → 숙소 → 라하이나 항구
- 소요시간: 6~7시간
- 교통편: 비행기, 렌터카

하와이 클래식 여행 코스(P.048)

5 day

일정 어드바이스

마우이의 호텔 체크인 역시 대부분 15:00로 정해져 있다. 따라서 마우이로 향하는 비행기를 대략 12:00 전후로 잡으면 편리하다. 공항에서 렌터카를 픽업한 뒤 먼저 호텔에 들러 체크인을 한다. 저녁에 일몰 감상과 함께 근사한 저녁을 먹고 싶다면 과거 하와이의 수도였던 라하이나 하버(P.273)를 찾자. 크게 무리하지 않으면서도 분위기를 내기 좋다.

할레아칼라 국립공원 → 알리 쿨라 라벤더 → 마카와오 or 파이아 → 하나 드라이브 코스
- 소요시간: 10시간
- 교통편: 렌터카

6 day

일정 어드바이스

새벽에 할레아칼라 국립공원(P.335)의 일출(홈페이지에서 미리 예약)을 감상한 뒤 쿨라 지역의 알리 쿨라 라벤더 농장(P.330)과 카우보이들의 마을이었으나 예술가의 마을로 재탄생한 마카와오(P.325)를 둘러보자. 새벽 기상에 자신 없다면 윈드서핑의 메카인 파이아(P.319)에서 식사한 뒤 마우이 대표 어드벤처 드라이브 코스인 하나 지역(P.338)을 탐험해보자.

교통 어드바이스

하나 지역은 길이 꼬불거리고, 고지대를 통과해야 하기에 다소 힘든 드라이브 코스다.

7 day

카아나팔리(웨일러스 빌리지 쇼핑 센터 → 블랙 락 → 카아나팔리 비치)
- 소요시간: 10시간
- 교통편: 렌터카

8 day

마우이 출발 → 오아후 도착 → 호놀룰루 국제공항 출발
- 소요시간: 40분~1시간 • 교통편: 비행기

일정 어드바이스

액티비티와 쇼핑을 동시에 만족시킬 수 있는 카아나팔리에서 남은 여정을 마무리 한다. 웨일러스 빌리지 쇼핑 센터(P.264)는 물론이고 다이나믹한 다이빙도 구경할 수 있다. 스노클링 지역으로도 유명한 블랙 락(P.258)과 마우이 대표 비치인 카아나팔리 비치(P.259)에서도 시간을 보내자.

일정 어드바이스

비행 시간은 대략 30분. 마우이 공항은 다른 이웃 섬에 비해 항상 사람이 많아 2시간 이상 소요된다. 게다가 호놀룰루 국제공항에 적어도 2시간 전부터 수속 준비를 하는 것이 좋으니 한국행 비행기 시간을 잘 체크해 마우이에서 일찍 출발하자.

9 day

인천 국제공항 도착

PLAN 6

화산과 별자리 찾아 떠나는 여행, 오아후+빅 아일랜드 7박 9일

1~4 day

빅 아일랜드 도착 → 숙소 →
카일루아-코나로 이동 → 훌리헤 궁전 →
모쿠아이카우아 교회 → 로스 or 타깃

- 소요시간: 7~8시간
- 교통편: 비행기, 렌터카

하와이 클래식 여행 코스(P.048)

5 day

• 일정 어드바이스

빅 아일랜드의 호텔 체크인 역시 대부분 15:00. 따라서 빅 아일랜드행 비행기는 대략 12:00 전후로 잡는 것이 좋다. 공항에서 렌터카를 픽업 후 호텔에서 체크인을 먼저 한다. 그런 뒤 카일루아 항구(P.398)를 끼고 있는 카일루아-코나 지역으로 이동한다. 해 질 무렵 분위기가 좋아 첫날 가볍게 둘러보기 좋다. 훌리헤에 궁전(P.396)과 모쿠아이카우아 교회(P.397) 등을 둘러보며 산책하자. 저녁에는 근처에 로스나 타깃 등 쇼핑몰을 방문하는 것도 좋다.

사우스 코나 → 푸우호누아 오 호나우나우
국립 역사공원 → 마우나 케아

- 소요시간: 10시간
- 교통편: 렌터카

6 day

• 일정 어드바이스

오전에 사우스 코나 지역(P.413)에서 커피 농장 투어를 경험해보자. 시간이 넉넉하다면 푸우호누아 오 호나우나우 국립 역사공원(P.414)까지 둘러보면 좋다. 오후에는 별자리를 관측할 수 있는 마우나 케아(P.445)로 향하자. 마우나 케아의 액티비티 투어를 참가하는 것이 좋지만 무리라면 비지터 센터에서도 충분히 별자리를 감상할 수 있다.

7 day

화산 국립공원 or 힐로 파머스 마켓

- 소요시간: 4~5시간
- 교통편: 헬리콥터, 렌터카

• 일정 어드바이스

절경이 한눈에 보이는 헬기 투어(P.430)로 하와이 화산 국립공원 돌아보거나 수요일과 일요일에 열리는 힐로의 파머스 마켓 투어(P.437)를 떠나보자.

빅 아일랜드 출발 → 오아후 도착 →
호놀룰루 국제공항 출발

- 소요시간: 1시간
- 교통편: 비행기

8 day

• 일정 어드바이스

빅 아일랜드에서 오아후까지의 비행 시간은 대략 50분. 호놀룰루 국제공항에 적어도 2시간 전부터 수속 준비를 하는 것이 좋으니 한국으로 향하는 비행 시간을 잘 체크해 적어도 빅 아일랜드에서 4~5시간 전에 출발하자.

9 day

인천 국제공항 도착

소박한 하와이의 옛 멋을 즐기는 오아후+카우아이 7박 9일

1~4 day

카우아이 도착 → 숙소 →
하나페페 올드 타운

- 소요시간: 5~6시간
- 교통편: 비행기, 렌터카

하와이 클래식 여행 코스(P.048)

5 day

· 일정 어드바이스

카우아이의 호텔 체크인은 대부분 15:00. 따라서 카우아이행 비행기를 대략 12:00 전후로 잡으면 편리하다. 카우아이의 공항에서 렌터카를 픽업 후 호텔 체크인을 먼저 한 뒤 하나페페 올드 타운(P.477)으로 향한다. 꼭 뭔가를 하지 않아도 곳곳의 오래된 건축과 상점들을 둘러보는 것 자체가 독특한 경험이 될 수 있다. 특히 금요일 밤에는 프라이데이 아트 나이트로 작은 장터가 열리고 갤러리마다 소규모의 파티가 준비된다.

와이메아 캐니언 →고사리 동굴 투어 →
카우아이 커피 컴퍼니 →포트 알렌 하버

- 소요시간: 5~6시간
- 교통편: 비행기, 렌터카

6 day

· 일정 어드바이스

카우아이의 명소 와이메아 캐니언(P.467)을 둘러보고 고사리 동굴 투어에 참여해보자. 보트를 타고 와일루아 강가를 지나며 현지인들의 춤과 음악을 라이브로 감상할 수 있다. 시간이 남는다면 카우아이 커피 컴퍼니(P.475)를 둘러보아도 좋다. 피곤한 하루 일정은 포트 알렌 하버의 카우아이 아일랜드 브루어리 & 그릴(P.475)에서 맥주 한 잔과 함께 마무리하자.

7 day

올드 콜로아 타운 →킬라우에아 등대 →
하날레이 베이

- 소요시간: 8시간
- 교통편: 렌터카

· 일정 어드바이스

아름다운 드라이브 코스를 만끽할 수 있는 올드 콜로아 타운(P.482)을 둘러본 뒤 킬라우에아 등대를 거쳐 소설가 무라카미 하루키가 좋아한다는 하날레이 베이(P.532)에서 일정을 마무리하자.

카우아이 출발 → 오아후 도착 →
호놀룰루 국제공항 출발

- 소요시간: 1시간
- 교통편: 비행기

8 day

· 일정 어드바이스

카우아이에서 오아후까지의 비행 시간은 대략 40분. 호놀룰루 국제공항에 적어도 2시간 전부터 수속 준비를 하는 것이 좋으니 한국으로 향하는 비행 시간을 잘 체크해 적어도 빅 아일랜드에서 3~4시간 전에 출발하자.

9 day

인천 국제공항 도착

크루즈 타고 하와이 정복 7박 9일

1 day

하와이 도착 → 호놀룰루 → 다운타운 → 크루즈 탑승

- 소요시간: 1시간
- 교통편: 택시 혹은 대중교통

· 일정 어드바이스

호놀룰루 국제공항 도착 후 다운타운(P.164)으로 이동한다. 19:00에 크루즈를 탑승해(P.173) 수속 절차를 밟은 뒤 19:00에 출발한다.

3 day

유람선 → 마우이 출발 → 빅 아일랜드 도착 → 힐로

- 소요시간: 7~9시간
- 교통편: 크루즈, 렌터카

· 일정 어드바이스

마우이에서 자유 여행을 즐기거나 유람선 투어(P.275)를 선택한다. 18:00에 마우이에서 빅 아일랜드의 힐로 지역으로 출발한다.

5 day

코나 → 유람선 투어 → 빅 아일랜드 출발 → 카우아이 도착

- 소요시간: 7~9시간
- 교통편: 렌터카

· 일정 어드바이스

유람선 투어를 이용하거나 자유 일정을 즐긴 뒤 17:30에 카우아이로 출발한다.

마우이 섬 도착 → 이아오 밸리 → 라하이나 → 할라아칼라 국립공원

- 소요시간: 7~9시간
- 교통편: 렌터카 혹은 관광버스

2 day

· 일정 어드바이스

08:00에 마우이 섬 카훌루이 항구에 도착. 이 아오 밸리(P.311)와 라하이나(P.266), 할레아칼라 국립공원(P.335)을 둘러본 뒤 다시 크루즈에 탑승한다. 개인적으로 렌터카를 이용해 다닐 수 있으며, 원한다면 크루즈 업체에서 진행하는 관광 상품을 이용해도 된다. 단, 추가 요금이 발생되며 프로그램에 따라 마우이의 경우 1인당 $60~300 정도다.

4 day

힐로 → 아카카 폭포 주립공원 → 하와이 화산 국립공원 → 퀸 릴리우오 칼라니 공원

- 소요시간: 7~9시간
- 교통편: 크루즈, 렌터카 혹은 관광버스

· 일정 어드바이스

08:00에 빅 아일랜드 힐로(P.435)에 도착해 자유 일정을 시작한다. 빅 아일랜드의 아카카 폭포 주립공원(P.375), 힐로 다운타운, 하와이 화산 국립공원(P.426), 퀸 릴리우오칼라니 공원(P.440) 등을 둘러본다. 18:00에 코나 지역으로 이동한다.

· 교통 어드바이스

개인적으로 렌터카로 다닐 수 있으며, 크루즈 업체에서 진행하는 관광 상품을 이용해도 된다. 단, 추가 요금이 발생되며 프로그램에 따라 빅 아일랜드의 경우 1인당 $50~800다.

6 day

자유여행 or 유람선 투어 →
카우아이 출발 → 오아후 도착

- 소요시간: 5~6시간
- 교통편: 렌터카

나윌리윌리 → 와이메아 캐니언 →
포이푸 비치 파크 → 스파우팅 호른

- 소요시간: 5~6시간
- 교통편: 비행기, 렌터카

7 day

• 일정 어드바이스

카우아이의 둘째 날은 자유 여행 또는 유람선 투어를 한다. 보트를 타고 하와이의 낭만을 즐길 수 있는 고사리 동굴 탐험을 즐겨보자. 시간이 여유가 있다면 예술가의 마을인 하나페페와 올드 콜로아 타운에서 소박한 즐거움을 느껴보자. 14:00에 원한다면 나팔리 코스트의 크루즈를 추가로 즐길 수 있다(유료).

• 일정 어드바이스

08:00에 카우아이 나윌리윌리로 이동해 자유 일정을 시작한다. 근처 와이메아 캐니언(P.467), 포이푸 비치 파크(P.493), 스파우팅 호른(P.491) 등을 둘러보자.

• 교통 어드바이스

렌터카로 자유 여행을 하거나, 크루즈 업체의 관광 상품을 이용해도 된다. 단, 추가 요금이 발생되며 프로그램에 따라 1인당 $60~150다.

8 day

와이키키 비치 → 호놀룰루 국제공항 출발

- 소요시간: 30~50분
- 교통편: 셔틀버스

• 일정 어드바이스

크루즈가 오아후에 도착하는 시간은 07:00. 와이키키 비치에서 브런치를 먹고 해변을 산책한 뒤 공항으로 출발한다.

9 day

인천 국제공항 도착

Mia's Advice

1 크루즈에는 객실과 레스토랑이 포함되어 있으며 크루즈 내 수영장과 자쿠지, 스포츠 시설과 피트니스, 인터넷 센터, 할리우드 극장 등의 이용이 가능해요. 크루즈로 하와이를 둘러보는 이 상품은 홈페이지(www.ncl.com)를 통해 예약할 수 있으며 가격은 대략 $1400~6000 사이랍니다.

2 라나이 섬을 투어한다면 십렉 비치, 신들의 정원, 라나이 시티, 먼로 트레일, 홀로페에 베이 순으로, 하루면 모두 둘러볼 수 있습니다.

– 하와이 여행 실전 –

호놀룰루 국제공항에 대한 모든 것

호놀룰루 국제공항의 정식 명칭은 Daniel K. Inouye International Airport다. 이곳은 총 3개의 터미널로 나뉘는데, 국제선이 다니는 오버시 터미널 Oversea Terminal과 주내선이 다니는 인터 아일랜드 터미널 Inter-island Terminal, 코뮤터 터미널 Commuter Terminal로 나뉜다. 공항이 전체적으로 크지 않고, 복잡하지 않아 이정표만 잘 보면 무사히 이동하고 도착할 수 있다.

1. 호놀룰루 공항에 도착

비행기 착륙→입국심사대→수화물 찾기→세관신고→게이트(그룹/개인)로 나가기

▶입국 심사

국제선을 타고 호놀룰루 국제공항에 도착하면 제일 먼저 입국심사를 받는다. 인천 국제공항에서 하와이안항공을 선택했다면 입국심사대(Immigration checkpoint)로 바로 연결되어 있으며, 대한항공이나 아시아나항공, 진에어를 택했다면 입국심사대까지 15분가량 도보해야 한다.

미국 비자가 있다면 입/출국 기록서(I-94 Form)와 세관신고서(U.S. Customs and Border Protection)를 함께 작성해야 하고, 비자 면제 프로그램 ESTA으로 미국을 방문한다면 세관 신고서만 작성하면 된다. 세관 신고서는 기내에서 승무원들이 미리 나눠주므로 착륙 전에 작성해두자.

입국심사대에 도착하면 왼쪽에는 여행자, 오른쪽에는 미국 시민권을 가진 이들을 위한 입국심사대로 나누어 있다. 왼쪽으로 가서 줄을 서서 차례를 기다렸다가 비행기에서 승무원들에게 건네받은 세관 신고서와 함께 여권을 내민다. 체류 목적, 체류 장소 등 간단한 질문에 답한 후 세관 신고서를 돌려받으면 OK!

Mia's Advice

인천 국제공항을 출발해 하와이에 도착하는 비행기들은 주로 오전에 몰려 있어요. 입국 심사가 지연될 수 있으므로 입국 심사장으로 빨리 움직이는 것이 좋아요!

▶수화물 찾기

입국심사대를 통과하면 바로 계단이 보인다. 와이키키 해변 사진 아래 'Welcome to the United States'라는 문구가 보이고, 그 계단으로 한 층 아래 내려가면 바로 짐을 찾을 수 있다. 입국 심사를 마치고 나면 수화물이 이미 나와 있는 경우가 다반사. 자신의 항공사가 어느 레일에 수하물을 놓는지 확인 후, 그곳에서 수하물을 찾으면 된다.

입국 심사가 끝나고 한 층 내려오면 수화물을 찾을 수 있다.

▶세관 신고

입국심사대에서 다시 건네받은 세관 신고서를 공항 직원에게 건네고 게이트를 통과하면 하와이 땅을 밟을 수 있다. 호놀룰루 국제공항의 게이트는 개인 게이트 Individual Gate와 그룹 게이트 Group Gate로 나뉜다. 개인 여행을 위해 하와이를 찾았다면 개인 게이트로 나가야 하고, 여행사를 통해 가이드와 미팅하기로 되어 있다면 그룹 게이트로 나가야 한다.

:::::::::: *Mia's Advice* ::::::::::

1 배기지 클레임 근처에 수화물 카트가 있다면 그걸 이용해도 좋고, 짐이 너무 많다면 짐을 운반해주는 포터 Porter에게 부탁해도 돼요. 짐 1개당 $2~3 정도의 팁을 지불하면 된답니다.

2 세관을 통과할 때 라면, 과일, 육류 등은 반입금지거나 검역대상이니 각별히 주의하는 것이 좋아요. 하지만 말린 제품 Dried Food은 세관 통과가 가능하니 세관 신고서 항목을 꼼꼼히 살펴보고 작성하세요.

3 수화물이 도착하지 않았을 경우에는 탑승한 항공사 안내 데스크에 수하물표를 제시하고 지정된 서식에 내용물, 가방의 상표, 외관상의 특징과 연락처 등을 작성하는 게 좋아요. 수하물 지연은 21일 이내에, 수하물 파손 또는 내용품 분실은 7일 이내 항공사에 신고해야 해요.

---

2. 오아후에서 바로 이웃 섬으로 환승하기

오아후 도착하자마자, 바로 이웃 섬으로 향하는 비행기에 탑승할 예정이라면 짐을 찾고 우선 그룹 게이트나 개인 게이트를 통과해 공항 밖으로 나온다. 이웃 섬으로 향하는 비행기가 하와이안항공인 경우에는 인터아일랜드 터미널 Interisland Terminal을, 그 외 저가항공사인 경우에는 코뮤터 터미널 Commuter Terminal 표지판이 가리키는 방향으로 향하면 된다. 표지판에 '이웃 섬 비행기'라고 한국말이 적혀있기도 하고, 이웃 섬 티켓을 보여주면 공항 직원들이 친절하게 터미널 위치를 알려주기도 한다.

한국어 안내 표지판을 쉽게 찾아볼 수 있다.

▶인터아일랜드 터미널 Interisland Termina (하와이안항공으로 환승)

오아후에서 이웃 섬으로 가기 위해선 인터 아일랜드 터미널의 하와이안항공 데스크에서 발권 및 티케팅을 새로 해야 한다. 이때에는 수하물 개수 당 추가 비용이 있다. 단, 하와이안항공의 경우 국제선 이용 승객은 1인당 23kg짜리 1개까지 맡길 수 있으며 그 경우를 제외하고는 수화물의 개수에 따라 비

인터아일랜드 터미널로 나가는 표시판

용을 지불해야 한다. 오아후에서 이웃 섬을 오가는 다른 저가 항공사도 수화물의 개수에 따라 비용을 지불하기는 마찬가지. 수화물을 맡길 경우 캐리어 한 개당 가격은 $23~35 정도며, Hawaiian Miles 회원일 경우 $15~20로 할인받을 수 있다.

▶ 코뮤터 터미널 Commuter Terminal (기타 저가 항공사로 환승)

모쿠렐레 항공 등 저가 항공을 이용해 이웃 섬으로 이동하는 경우에는 코뮤터 터미널로 이동해 다시 체크인을 하고 수하물을 보내야 한다. 코뮤터 터미널에서 출발하는 항공사의 경우 부치는 짐의 개수에 따라 별도의 비용을 청구한다. 이는 하와이안항공과 비슷하다.

코뮤터 터미널은 저가 항공사 탑승 터미널

Mia's Advice

호놀룰루 국제공항에서 마우이의 카훌루이 국제공항이나 카우아이의 리후에 국제공항까지 소요되는 시간은 약 30분 남짓. 빅 아일랜드의 코나 국제공항이나 힐로 국제공항까지는 40~50분가량 소요된답니다. 이웃 섬행 비행기를 놓친다면 해당 항공 데스크에서 다음 비행기로 티켓 교환을 요청해 보는 것도 방법입니다.

3. 오아후 여행 후, 이웃 섬으로 넘어 가기

와이키키에서 택시나 셔틀버스를 이용해 호놀룰루 국제공항으로 향한다. 하와이안항공 이용자는 인터아일랜드 터미널 Interisland Terminal로, 모쿠렐레 항공 등 저가 항공 이용자는 코뮤터 터미널 Commuter Terminal로 향한다. 해당 항공사 카운터에서 e티켓(전자 티켓)과 여권을 제시한 뒤 짐을 부치고 비행기에 탑승하면 된다. 특히 저가 항공사의 경우 연착, 지연 등이 빈번하게 일어나므로 만일의 경우에 대비해 탑승 시간보다 2시간 정도 미리 공항에 나가는 것이 좋다.

Mia's Advice

이웃 섬으로 가는 저렴한 티켓 찾기
이웃 섬으로 가는 항공 요금은 저가항공과 하와이안항공이 차이가 있으며, 대략 왕복 10~30만 원 사이이다.

+ 카약 www.kayak.com
전 세계 여행자들이 항공권을 예약하는 사이트. 다양한 시간대와 가격대를 한 번에 비교 분석할 수 있어요. 항공권뿐 아니라 호텔, 렌터카 등 다양한 상품도 구매 가능. 다만 대표 저가 항공사인 사우스웨스트 항공(www.southwest.com) 등은 검색에서 제외되니 따로 가격을 비교해야 해요.

+ 스카이스캐너 www.skyscanner.kr
저가 항공사 가격까지 저렴한 티켓을 가장 빨리 알아볼 수 있는 사이트. 검색 후 항공사의 홈페이지로 바로 연결되며, 해당 홈페이지에서 결제하면 돼요. 한국어 서비스도 제공된답니다.

호놀룰루 국제공항에서 와이키키까지

공항에서 와이키키 시내로 이동하기 위해선 택시나 공항 셔틀버스, 렌터카 등을 이용할 수 있다. 그중 가장 많이 이용하는 수단이 바로 택시와 셔틀버스. 택시를 이용할 경우 20~30분 내외로 와이키키에 진입할 수 있다.

셔틀 Shuttle

▶스피디 셔틀 Speedi Shuttle

호놀룰루 국제공항 정식 셔틀버스로, 공항에서 와이키키의 호텔까지 소요시간은 40분 내외. 호텔 앞에 바로 내릴 수 있어서 편리하며 여러 곳 정차하지 않아 좋다. 공항을 나오면 개인 게이트 Individual Gate 앞에 스피디 셔틀 피켓을 들고 있는 직원을 만날 수 있다. 직원에게 문의하면 탑승 장소를 안내받을 수 있다. 홈페이지를 통해 미리 예약할 수 있으며, 정확한 탑승 위치도 다운받을 수 있다. 1인당 수화물 2개까지 무료이며, 추가 시 개당 $9,680이다.

- **가격** 편도 $17.60~(하차 장소에 따라 다름, 캐리어 1개당 팁 $1)
- **전화** 877-242-5777
- **홈페이지** www.speedishuttle.com
- **영업** 07:00~22:00(사무실)
- **주요 정류장** 알라 모아나 호텔, 아쿠아 일리카이 호텔 & 스위트, 할레쿨라니, 힐튼 하와이안 빌리지 와이키키 비치 리조트, 하얏트 리젠시 와이키키 비치 리조트 & 스파, 아웃리거 리프 온 더 비치, 쉐라톤 와이키키, 더 모던 호놀룰루 등

▶로버츠 하와이 Roberts Hawaii

스피디 셔틀보다는 가격이 저렴한 대신, 공항에서 대기 시간이 길고 정차하는 호텔도 많아 그만큼 소요시간이 길다는 단점이 있다. 홈페이지를 통해 미리 예약해야 공항 입국장까지 직원이 픽업 나오며, 와이키키 지역 내 원하는 호텔까지 데려다준다. 편도보다 왕복 요금이 조금 더 저렴하다. 그룹 게이트 Group Gate로 나오면 로버츠 하와이 안내 부스를 찾아볼 수 있다.

- **가격** 편도 $21(캐리어 1개당 팁 $1)
- **전화** 808-441-7800
- **홈페이지** www.robertshawaii.com
- **주요 정류장** 알라 모아나 호텔, 애스톤 와이키키 비치 호텔, 엠버시 스위트-와이키키 비치 워크, 할레쿨라니, 힐튼 하와이안 빌리지 와이키키 비치 리조트, 홀리데이 인 리조트 와이키키 비치코머, 아쿠아 일리카이 호텔 & 스위트, 오하나 이스트, 아웃리거 리프 온 더 비치, 쉐라톤 와이키키, 더 모던 호놀룰루 등

택시 Taxi

가장 쉽게 이용할 수 있는 교통수단. 공항 개인 게이트 Individual Gate로 나와 건너편에 택시 승강장이 있다. 기사에게 목적지를 보여주거나 호텔 이름만 말하면 알아서 목적지까지 데려다준다. 기본 요금은 $3~3.5로, 대략 공항에서 와이키키까지 $40~50 내외. 택시 요금의 10~15% 정도를 팁으로 지불하면 된다. 잔돈이 없더라도 걱정하지 말 것. 팁까지 포함한 금액을 말하고 잔돈을 거슬러 받으면 된다. 다른 여행지에서 바가지 요금이나 주행거리 사기 경험이 있을지라도 하와이에서는 안심해도 좋다.

렌터카 Rent a Car

공항 밖으로 나오면 바로 도로가 보인다. 도로를 마주하고 오른쪽 끝까지 걷다보면 'Car Rental'이라는 표지판이 보인다. 렌터카 셔틀버스 정차하는 곳이 있다. 이곳에서 예약한 렌터카 셔틀버스를 타고 영업점으로 이동해 차량을 픽업하면 된다. 하와이에서 렌터카 차량 픽업 시 여권과 한국운전면허증, 신용카드가 필요하며, 반납은 픽업한 장소와 같다. 렌터카 반납 후 셔틀버스를 타고 공항으로 이동할 수 있다. 자세한 내용은 P.566 참고.

▶오아후 주요 렌터카 업체

+달러 렌터카 Dollar Rent a Car
www.dollarrentacar.kr
808-831-2331(호놀룰루 국제공항)

+ 알라모 렌터카 Alamo Rent a Car
www.alamo.co.kr
808-833-4585(호놀룰루 국제공항),
808-947-6112(디스커버리 베이 센터, 코로나19 관계로 휴업 중)

+허츠 렌터카 Hertz Rent a Car
www.hertz.co.kr
808-529-6800(호놀룰루 국제공항),
808-971-3535(하얏트 리젠시 와이키키)

+버짓 렌터카 Budget Rent a Car
808-836-1700(호놀룰루 국제공항),
808-672-2368(인터내셔널 마켓플레이스)

마우이 섬 카훌루이 국제공항에서 리조트까지

마우이의 카훌루이 공항은 국제공항이긴 하나 규모가 작아서 초행길이라도 누구나 헤매지 않고 이용할 수 있다. 공항에서 직접 픽업해 바로 주행할 수 있는 렌터카 이외에도 스피디 셔틀이나 택시로 원하는 리조트까지 이동할 수 있다.

마우이 에어포트 셔틀 Maui Airport Shuttle

호텔이나 리조트까지 가장 저렴하게 이동할 수 있는 교통수단은 바로 로버츠 하와이에서 운영하고 있는 마우이 에어포트 셔틀이다. 버스가 있긴 하나 여행자가 이용하기엔 불편할 수 있다. 마우이 에어포트 셔틀은 대부분 지역의 호텔과 리조트까지 운행되고, 비용은 하차 장소에 따라 다르며, 편도는 $19부터 호텔에 따라 가격이 상이하다. 홈페이지에서 목적지까지 운행 시간 및 요금을 알 수 있으며 미리 예약하는 것이 좋다. 다만 여행자가 2인 이상일 경우, 택시와 비교해 더 저렴한 교통수단을 택하는 것이 좋다. 1인당 수화물 2개까지 무료이며, 추가 시 개당 $9.68이다.

- **위치** 공항에서 나와 배기지 클레임 Baggage 표지판 방향으로 나간다. 마우이 에어포트 셔틀 ClaimMaui Airport Shuttle이라고 적힌 셔틀버스를 만날 수 있다.
- **문의** 808-954-8640, www.airportshuttle hawaii.com

택시 Taxi

렌터카 없이 여행할 때 택시는 가장 편리하게 리조트까지 이동할 수 있는 교통수단이다. 다만 하와이에서는 택시비가 워낙 비싼 편인 게 단점. 마우이 정부에서 제시하는 적정 가격은 공항에서 카아나팔리까지 $120, 카팔루아까지는 $110~140 라하이나까지는 $80~100, 와일레아까지는 $570이다. 팁은 택시 금액의 10~15%를 더해야 한다.

- **위치** 공항에서 나와 배기지 클레임 Baggage Claim 표지판이 보인다. 짐을 찾고 직진해서 도로 쪽으로 나가면 택시 탑승장이다.
- **문의** CB Taxi Maui 808-243-8294, Maui Airport Taxi Shuttle 808-877-2002 Christopher Luxury Sedan Service 808-757-8775

렌터카 Rent a Car

마우이 섬의 렌터카 시스템은 조금 색다르다. 공항에서 짐을 찾고 나와 트레인에 탑승하면 1~2분 이내로 공항 인근의 렌터카 건물로 이동한다. 그곳에서 예약한 업체를 찾아 운전면허증과 보증금, 여행사에서 받은 바우처를 제시하고 차를 인도받으면 된다. 미리 예약하지 않았다면 해당 렌터카 카운터

에서 이용 가능한 차량이 있는지 문의하면 된다. 하지만 여행지에서 렌터카를 예약하는데 시간을 허비할 수 없는 일. 게다가 미국 휴일인 경우 당일 렌터카 예약은 쉽지 않으므로 국내에서 미리

• **위치** 공항 배기지 클레임 Baggage Claim에서 나오면 바로 길 건너편에 트레인 승차장이 보인다.

예약하자. 렌터카 건물은 트레인 대신 도보로도 이동이 가능하며 3~5분 소요된다.

▶ **마우이 섬의 주요 렌터카 업체**

+ **달러 렌터카** Dollar Rent a Car
• **위치** 946 Mokuea Pl. Kahului
• **문의** 866-434-2226, www.dollar.com

+ **알라모 렌터카** Alamo Rent a Car
• **위치** 905 W Mokuea Pl. Kahului
• **문의** 888-826-6893, www.alamo.com

- 하와이 여행 실전 -

빅 아일랜드 코나·힐로 국제공항에서 리조트까지

빅 아일랜드는 다른 이웃 섬과 달리 국제공항이 2개다. 코나와 힐로 두 지역에 있으며, 두 지역의 거리가 차량으로 편도 3시간가량 걸리기 때문에 공항을 헷갈리지 않도록 주의하자.

하와이 아일랜드 에어포트 셔틀
Hawaii Island Airport Shuttle

코나 국제공항에서 와이콜로아에 위치한 호텔인 힐튼 와이콜로아 빌리지, 와이콜로아 비치 메리어트, 킹스 랜드 바이 힐튼 그랜드 베케이션 등 세 곳만 서비스하고 있으며 가격은 $70. 1인당 수화물 2개까지 무료이며, 수화물 추가 시 개당 $9.68이다.

• **위치** 코나 국제공항 내 짐을 찾는 배기지 클레임 (Baggage Claim)에서 직원 대기(따로 부스가 없으며, 사전 예약만 가능)
• **문의** 808-439-8800, www.airportshuttlehawaii.com

┈┈┈┈ *Mia's Advice* ┈┈┈┈

힐로 국제공항에는 셔틀버스가 별도로 운행되지 않아요. 힐로 국제공항에서 리조트로 이동할 때는 택시와 렌터카만 이용이 가능해요. 또한 코나에서 와이콜로아 이외 지역에 투숙한다면 스피디셔틀(www.speedishuttle.com)을 이용하세요.

택시 Taxi

코나 국제공항에서 택시를 탑승할 때 대략적인 비용은 코나에서 카일루아 코나 타운까지 $30~40, 힐튼 와이콜로아 빌리지까지 $70~85, 킹스 숍스까지 $70~85이다. 힐로에는 총 17개의 택시 업체가 있으며 공항에서 하와이 화산 국립공원까지 $70~85이다. 모두 팁은 금액의 10~15%를 추가해야 한다.

> • **위치** 코나 국제공항의 경우 배기지 클레임 A와 B 맞은편에서 택시 승차가 가능하며, 힐로 국제공항 역시 배기지 클레임 맞은편에서 택시 승차가 가능하다. 힐로 국제공항 역시 배기지 클레임 맞은편 도로에서 택시 승차가 가능하다.
> • **문의** Kona Taxicab LLC 808-324-4444, Taxi Joe's Kona 808-329-9090, AA Marxhsll's Taxi 808-936-2654

렌터카 Rent a Car

공항 밖으로 나오면 주요 렌터카 업체 카운터가 있다. 미리 예약했다면 이곳에서 해당 렌터카 업체를 찾아 체크인과 서류 작업을 한 뒤 해당 업체의 셔틀버스를 탄다. 근처 렌터카 업체 사무실로 이동해 운전면허증과 보증금, 여행사에서 받은 바우처를 제시하고 차를 인도받는다. 미리 예약하지 않았다면 렌터카 카운터에서 이용 가능한 차량이 있는지 문의하면 된다. 하지만 여행지에서 렌터카를 예약하는 데 시간을 허비할 수는 없는 일. 국내에서 미리 예약하는 것이 훨씬 편리하다. 다만 힐로 국제공항의 경우에는 직접 공항 건너편의 렌터카 부스에서 픽업과 반납이 가능하다. 자세한 렌터카 이용 방법은 P.566 참고.

> • **위치** 코나 국제 공항에서 나오면 바로 도로 건너편에 Car rental라는 표지판이 보인다. 그 표지판을 따라 길을 건너면 바로 렌터카 셔틀버스 정류장이 보인다. 그곳에서 예약한 렌터카 업체의 셔틀버스를 탑승, 근처 렌터카 회사 사무실로 이동해 운전면허증과 보증금 Deposit, 여행사에서 받은 바우처를 제시하고 차를 인도받는다. 힐로 국제 공항은 터미널 건너편에 바로 렌터카 부스가 보인다.

▶ 빅 아일랜드 주요 렌터카 업체

+ 달러 렌터카 Dollar Rent a Car
- **위치** 2355 Kekuanaoa Pl. Hilo(힐로)
- **운영** 06:00~21:00(힐로)
- **문의** 808-961-6056(힐로), www.dollar.com

+ 알라모 렌터카 Alamo Rent a Car
- **위치** 73-193 Aulepe St. Keahole-kona Airport Kailua Kona(코나), 131 Kekuanaoa St. Hilo(힐로)
- **운영** 05:30~22:30(코나), 05:30~21:00(힐로)
- **문의** 808-329-8896(코나), 808-961-3343(힐로), www.alamo.com

+ 엔터프라이즈 렌터카 Enterprise Rent a Car
- **위치** 73-196 Aulepe St. Keahole-kona Airport Kailua Kona(코나), 1363 Kekuanaoa St. Hilo(힐로)
- **운영** 07:00~22:30(코나) 06:00~20:30(힐로)
- **문의** 808-334-1810(코나), 808-933-9683(힐로), www.enterprise.com

---

Mia's Advice

빅 아일랜드에선 밤 운전을 피하세요. 가로등이 거의 없고, 간혹 비포장도로를 만나는 경우도 있어요. 안전을 위해 해가 진 뒤의 운전은 삼가세요.

카우아이 섬 리후에 국제공항에서 리조트까지

카우아이의 리후에 공항은 규모가 작아서 초행길이라도 헤매지 않고 이용할 수 있다. 공항에서 직접 픽업해 바로 주행할 수 있는 렌터카 이외에도 스피디 셔틀이나 택시로 원하는 리조트까지 이동할 수 있다.

셔틀 Shuttle & 카우아이 에어포트 셔틀
Kauai Airport Shuttle

메리어트 호텔 투숙객은 배기지 클레임 Baggage Claim 근처 야외 그룹투어 장소에서 15~30분마다 셔틀버스를 탑승할 수 있으며 전화(808-245-5050)를 통해 미리 문의하는 것이 좋다. 워낙 이용객이 적기 때문에 미리 예약해야 탑승이 가능하다. 그 외, 카우아이 에어포트 셔틀을 이용할 경우 배기지 클레임 근처에서 픽업한다. 편도는 $20부터 호텔에 따라 가격이 상이하다. 인당 수화물 2개까지 무료이며, 수화물 추가 시 개당 $9.68이다.

- **위치** 배기지 클레임으로 셔틀 직원이 직접 마중 나오기도 하며 배기지 클래임 건너편에서 탑승이 가능하다.
- **문의** 808-439-8800, www.airportshuttle hawaii.com

택시 Taxi

카우아이 리후에 공항에서 포이푸까지 $60~75, 리후에 쿠쿠이 그루브까지 $15~19, 프린스빌까지

는 $110~140 정도다. 팁으로 요금의 10~15%를 추가해야 한다.

- **위치** 리후에 공항의 배기지 클레임 근처, 공항 전화기를 이용해 택시 회사에 픽업을 요청한다.
- **문의** Aloha ride and tours 808-278-3947, Pono Taxi and Kauai Tours 808-634-4744, Kauai Taxi Company 808-246-9554

렌터카 Rent a Car

공항 밖으로 나오면 주요 렌터카 업체 카운터가 있다. 미리 예약했다면 해당 렌터카 업체의 셔틀버스를 탄다. 근처 사무실로 이동해 운전면허증과 보증금, 여행사에서 받은 바우처를 제시하고 차를 인도받는다. 미리 예약하지 않았다면 렌터카 카운터에서 이용 가능한 차량이 있는지 문의하면 된다.

- **위치** 공항에서 나오면 바로 'Car rental'이라는 표지판이 보인다. 그 표지판을 따라 직진하면 'Welcome to Kauai'가 보인다(우측에는 인포메이션 센터 위치). 그곳을 통해 길을 건너면 바로 렌터카 셔틀버스 정류장이 있다.

> ## ▶ 카우아이 주요 렌터카 업체

+ 달러 렌터카 Dollar Rent a Car
- **주소** 3273 Hoolimalima Pl. Lihue
- **운영** 05:00~23:00
- **문의** 866-434-2226, www.dollar.com

+ 알라모 렌터카 Alamo Rent a Car
- **주소** 3276 Hoolimalima Pl. Lihue
- **운영** 05:15~22:45
- **문의** 808-246-0645, www.alamo.com

Mia's Advice

라나이 섬에는 리조트가 포 시즌스뿐이라 투숙객들은 포 시즌스 셔틀버스로 리조트까지 이동할 수 있어요. 렌터카는 라나이 칩 지프(lanaicheapjeeps.com, 808-563-0630)를 통해 예약 가능하며, 가격은 1일 기준 $285~295입니다.

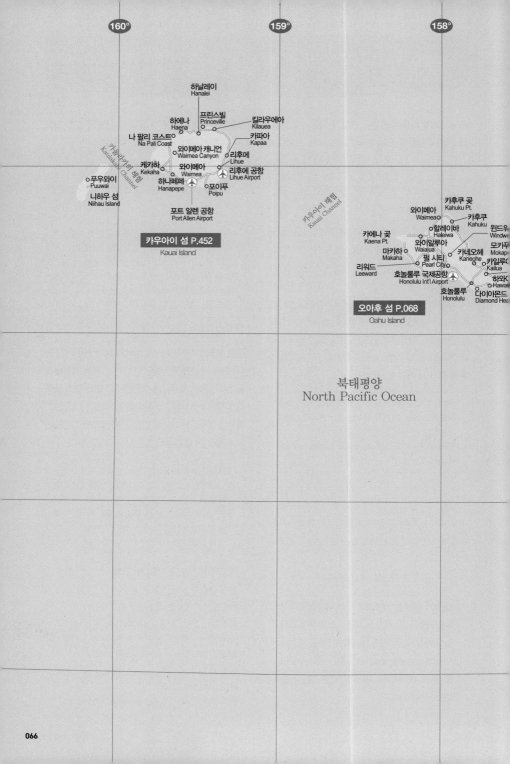

하날레이
Hanalei

하에나
Haena

프린스빌
Princeville

킬라우에아
Kilauea

나 팔리 코스트
Na Pali Coast

와이메아 캐니언
Waimea Canyon

카파아
Kapaa

리후에
Lihue

키울라우기 해협
Kaulakah Channel

케카하
Kekaha

와이메아
Waimea

리후에 공항
Lihue Airport

푸우와이
Puuwai

하나페페
Hanapepe

포이푸
Poipu

니하우 섬
Niihau Island

포트 알렌 공항
Port Allen Airport

카우아이 섬 P.452
Kauai Island

카우아이 해협
Kauai Channel

카후쿠 곶
Kahuku Pt.

와이메아
Waimea

카후쿠
Kahuku

할레이바
Haleiwa

윈드워
Windwa

카에나 곶
Kaena Pt.

와이알루아
Waialua

마카하
Makaha

카네오헤
Kaneohe

모카푸
Mokapu

펄 시티
Pearl City

카일루아
Kailua

리워드
Leeward

호놀룰루 국제공항
Honolulu Int'l Airport

하와
Hawaii

호놀룰루
Honolulu

다이아몬드
Diamond Hea

오아후 섬 P.068
Oahu Island

북태평양
North Pacific Ocean

157° 156° 155°

하와이 제도
HAWAII ISLANDS

1:2,400,000

0 _____ 50km

22°

21°

20°

19°

날로
Hanalo

카우이 해협
Kauwi Channel

몰로카이 섬
Molokai Island

호올레후아 공항
Hoolehua Airport

루아코이
Kaluakoi

카우나카카이
Kaunakakai

킬라우파파
Kalaupapa

할라바
Halawa

파이크로 해협
Pailolo Channel

와일루쿠
Wailuku

마우이 섬 P.232
Maui Island

웨스트 마우이 공항
West Maui Airport

카이아팔리
Kaanapali

카홀루이 공항
Kahului Airport

와이알루아
Waialua

카에나 곶
Kaena Pt.

라나이시티
Lanai City

라하이나
Lahaina

카홀루이
Kahului

마카와오
Makawao

하나
Hana

카우말라파우
Kaumalapau

아우우 해협
Auau Channel

라나이 공항
Lanai Airport

키헤이
Kihei

▲ 3055

할레아칼라
Haleakala

라나이 섬 P.283
Lanai Island

칼로히 해협
Kalohi Channel

케아라이카히키 해협
Kealaikahiki Channel

와일레아
Wailea

카홀라웨 섬
Kahoolawe Island

알라라케이키 해협
Alalakeiki Channel

알레누이하하 해협
Alenuihaha Channel

몰로키니 섬 P.348
Molokini Island

우폴루 곶
Upolu Pt.

하위
Hawi

노스 코할라
North Kohala

호노카아
Honokaa

카와이하에
Kawaihae

와이메아
waimea

노스 힐로
North Hilo

호노무
Honomu

사우스 코할라
South Kohala

4260 ▲ 마우나 케아 산
Mauna Kea

힐로만
Hilo Bay

코나(케아홀레) 국제공항
Kona(Keahole) International Airport

코나
Kona

빅 아일랜드 섬 P.354
Big Island

힐로
Hilo

힐로 공항
Hilo Airport

카일루아-코나
Kailua-Kona

케아아우
Keaau

캡틴 쿡
Captain Cook

마우나로아 산
Mauna Loa

▲ 4169

사우스 힐로
South Hilo

파호아
Pahoa

케아우호우
Keauhou

사우스 코나
South Kona

킬라우에아 화산
Kilauea

▲ 1248

푸나
Puna

칼라파나
Kalapana

호케나
Hookena

카우
Kau

푸날루우
Punaluu

카우나 곶
Kauna Pt.

니알레후
Naalehu

카라에 곶
Ka Lae Pt.

알로하 영혼이 숨 쉬는 태평양의 파라다이스

하와이의 상징이자 하와이를 찾는 여행자들이 제일 많이 들르는 오아후. 그만큼 여행 산업
이 잘 발달되어 있는 곳이기도 하다. 습하지 않으면서 따뜻한 온도와 가끔씩 불어오는 시
원한 바람, 그리고 섬 곳곳에 숨어 있는 보물 같은 여행지를 발견하다보면 어느새 오아후의
여행이 짧게만 느껴질 것이다. 하와이의 상징과도 같은 와이키키, 대형 쇼핑 센터인 알라
모아나 센터가 있는 호놀룰루, 역사적으로 가치 있는 곳들이 모여 있는 다운타운, 오아후의
명소인 하나우마 베이와 대형 테마파크인 시 라이프 파크가 있는 하와이 카이, 관광객들에
게는 다소 덜 알려져 있지만 보석같은 비치가 숨어 있는 카일루아, 전 세계 서퍼들이 모이
는 서핑의 메카 노스 쇼어. 새우 트럭과 셰이브 아이스크림의 먹거리를 빼놓을 수 없는 올
드 타운인 할레이바, 2차 세계대전의 잔해가 남아 있는 진주만 등 손에 꼽기가 벅찰 정도로
볼거리, 즐길 거리가 많다. 하와이 여행이 처음이라면 너무 욕심내지 말고 와이키키 주변에
서 이틀 정도 시간을 보내고, 나머지 일정은 외곽으로 나가는 방향으로 잡는 것이 좋다. 운
전에 자신 있다면 렌터카를 이용하는 편이 시간을 절약할 수 있고, 느긋하게 흐르는 시간을
온몸으로 느끼고 싶다면 용기내서 현지인처럼 버스를 타도 좋다. It's up to you!

오아후 섬
기본 정보

ALL ABOUT OAHU

'알로하 아일랜드 Aloha Island' 혹은 '더 개더링 플레이스 The Gathering Place' 라고 불리는 오아후는 하와이 여행의 중심이다. 24시간 관광객이 깨어 있는 와이키키를 비롯해, 화산 활동으로 생긴 천혜의 자연을 감상할 수 있는 하나우마 베이, 전 세계 유명인사들이 찾는 최고급 리조트가 있는 카할라, 오아후 북단의 할레이바 지역으로 더 유명해진 노스 쇼어까지 오감만족 여행을 즐겨보자.

노스 쇼어 P.205
와이메아
할레이바 P.209
와이알루아
돌 플랜테이션
카알라 산
와이켈레 프리미엄 아웃렛
와히오
마일리
팔리케아 피크
리워드 P.212
코 올리나
진주만 P.2
다운타운 P.164

지형 마스터하기

오아후는 쉽게 동서남북으로 나누어 설명할 수 있다. 남쪽에는 와이키키, 다운타운, 차이나타운, 팔리, 알라 모아나가 있고 북쪽에는 노스 쇼어, 터틀 베이, 할레이바, 모쿨레이아가 있다. 또 북동쪽에는 윈드 워드, 동쪽에는 하나우마 베이, 와이마날로, 하와이 카이가 있으며, 서쪽에는 펄 하버(진주만), 와이켈레, 코 올리나 등이 있다.

날씨

하와이의 여름은 5~10월로 평균 29℃를 웃도는 반면, 겨울인 11~4월에는 평균 온도가 25.6℃이다. 밤 평균 기온은 대체적으로 5~6℃ 낮다. 겨울 가운데에서도 11~3월 사이에는 특히 비가 많이 내리는데 강수량이 60~80mm 정도로 꽤 높은 편이다. 하지만 세차게 비가 내리다가도 언제 비가 내렸냐는 듯 금방 맑게 개는 날씨 때문에 무지개를 흔하게 볼 수 있다.
계절에 상관없이 수온은 연평균 22~24℃로 언제나 바다 수영이 가능한 환경이어서 연중무휴로 오아후를 즐길 수 있다.

공항

오아후에는 호놀룰루 국제공항 HNL이 있다. 대부분의 여행자들이 하와이를 방문할 때 오아후의 호놀룰루 국제공항을 통해 입국한다. 이웃 섬을 가기 위해 주내선으로 갈아타는 곳 역시 호놀룰루 국제공항이다(P.057 참고).

공항에서 주변까지 소요시간

편도로 시간을 체크한다면 호놀룰루 공항에서 와이키키까지 차로 20~30분이면 도착한다. 대부분 관광을 와이키키에서 시작한다고 가정한다면, 렌터카를 이용해 와이키키에서 다이아몬드 헤드까지 10분, 하나우마 베이까지는 20분 정도 소요되고, 와이켈레 프리미엄 아웃렛의 경우 30분, 유명한 새우 트럭과 원조 셰이브 아이스크림

여행 시 챙겨야 하는 필수품

여름 옷을 준비하되 각종 쇼핑몰과 공연장 내부는 에어컨 가동으로 다소 추울 수 있다. 가벼운 카디건 하나 정도는 챙기는 것이 좋다. 또 디너 크루즈나 칵테일 파티를 즐길 계획이라면 세미 캐주얼의 의상을 준비하면 좋을 듯. 오아후에서 해돋이 장소로 유명한 다이아몬드 헤드를 오를 예정이라면 슬리퍼보다 운동화가 훨씬 편할 수 있다.

오아후 섬 1일 예산

- **숙박비(2인)** $300~600
- **교통비(소형 렌터카)** $200
- **식사(1인 3식)**
  브렉퍼스트 $25, 런치 $25 디너 $60
- **액티비티(1인)** $150~
- **예상 1인 총 경비**(쇼핑 예산 제외)
  약 $760(한화 약 98만 8,380원, 2022년 7월 기준)

가게가 있는 할레이바까지는 50분, 폴리네시안 문화 센터까지는 1시간 남짓 소요된다. 단, 위의 시간은 교통이 막히지 않는 경우를 가정한 것이며 오아후에서 출퇴근 시간의 경우 고속도로의 교통 체증이 심한 편이라 만약의 경우를 대비해서 계획을 짜는 것이 좋다.

누구와 함께라면 즐거울까

이웃 섬의 경우 각 섬마다 개성이 달라 여행자의 성격이나 취향에 따라 호불호가 확실하게 구분되는 반면, 오아후의 경우는 신혼부부뿐 아니라 아이가 함께 하는 가족여행, 부모님과 함께 떠난 힐링 여행이나 친구와 함께 떠나는 액티비티 여행 등 갖가지 테마를 가지고 입맛대로 즐길 수 있다는 장점이 있다.

알아두세요 오아후의 역사

하와이 왕조 시대였던 1845년, 마우이 섬 라하이나를 대신해 정치·경제의 중심지가 된 곳이 바로 호놀룰루예요.
1893년 백인들이 일으킨 쿠데타로 릴리우오칼라니 여왕이 미국 내 유일한 궁전인 이올라니 궁전에 유배된 다음 해에 여왕이 항복을 하면서 하와이 왕조는 그 역사의 막을 내리게 되었죠. 그 뒤 1959년 하와이가 아메리카 합중국의 50번째 주(州)로 인정됨과 동시에 호놀룰루는 하와이의 주도(州都)가 되어 현재에 이르고 있답니다.

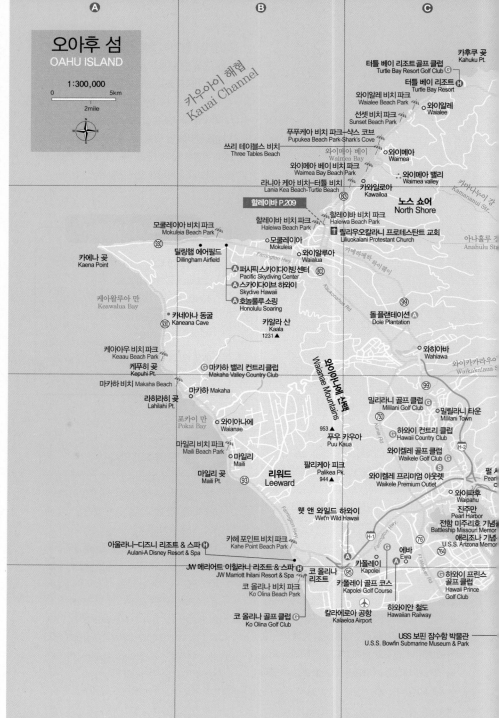

오아후 섬
OAHU ISLAND

1:300,000

0 .... 5km
2mile

카우아이 해협
Kauai Channel

터틀 베이 리조트 골프 클럽
Turtle Bay Resort Golf Club

카후쿠 곶
Kahuku Pt.

터틀 베이 리조트
Turtle Bay Resort

와이알레 비치 파크
Waialae Beach Park

와이알레
Waialee

선셋 비치 파크
Sunset Beach Park

푸푸케아 비치 파크-샥스 코브
Pupukea Beach Park-Shark's Cove

쓰리 테이블스 비치
Three Tables Beach

와이메아 베이
Waimea Bay

와이메아
Waimea

와이메아 베이 비치 파크
Waimea Bay Beach Park

와이메아 밸리
Waimea valley

라니아 케아 비치-터틀 비치
Lania Kea Beach-Turtle Beach

카와일로아
Kawailoa

카마나누이 Str.
Kamananui Str.

할레이바 P.209

할레이바 비치 파크
Haleiwa Beach Park

할레이바 비치 파크
Haleiwa Beach Park

노스 쇼어
North Shore

릴리우오칼라니 프로테스탄트 교회
Liliuokalani Protestant Church

아나훌루 Str.
Anahulu Str.

모쿨레이아 비치 파크
Mokuleia Beach Park

모쿨레이아
Mokuleia

와이알루아
Waialua

카에나 곶
Kaena Point

딜링햄 에어필드
Dillingham Airfield

퍼시픽 스카이다이빙 센터
Pacific Skydiving Center

스카이다이브 하와이
Skydive Hawaii

카메하메하 하이웨이
Kamehameha Hwy.

호놀룰루 소링
Honolulu Soaring

돌 플랜테이션
Dole Plantation

케아왈루아 만
Keawalua Bay

카네아나 동굴
Kaneana Cave

카알라 산
Kaala
1231 ▲

와히아바
Wahiawa

와이카카라우아
Waikakalaua Str.

케아아우 비치 파크
Keaau Beach Park

케푸히 곶
Kepuhi Pt.

마카하 비치 Makaha Beach

라히라히 곶
Lahilahi Pt.

마카하 밸리 컨트리클럽
Makaha Valley Country Club

마카하 Makaha

와이아나에 산맥
Waianae Mountains

밀리라니 골프 클럽
Mililani Golf Club

밀릴라니 타운
Mililani Town

포카이 만
Pokai Bay

와이아나에
Waianae

953 ▲

푸우 카우아
Puu Kaua

하와이 컨트리 클럽
Hawaii Country Club

마일리 비치 파크
Maili Beach Park

마일리
Maili

팔리케아 피크
Palikea Pk.
944 ▲

와이켈레 골프 클럽
Waikele Golf Club

마일리 곶
Maili Pt.

리워드
Leeward

와이켈레 프리미엄 아웃렛
Waikele Premium Outlet

펄 시
Pearl

와이파후
Waipahu

진주만
Pearl Harbor

웻 앤 와일드 하와이
Wet'n Wild Hawaii

전함 미주리호 기념관
Battleship Missouri Memor

애리조나 기념
U.S.S. Arizona Memor

아울라니-디즈니 리조트 & 스파
Aulani-A Disney Resort & Spa

카헤 포인트 비치 파크
Kahe Point Beach Park

에바
Ewa

하와이 프린스
골프 클럽
Hawaii Prince
Golf Club

JW 메리어트 이힐라니 리조트 & 스파
JW Marriott Ihilani Resort & Spa

코 올리나
리조트

카폴레이
Kapolei

코 올리나 비치 파크
Ko Olina Beach Park

카폴레이 골프 코스
Kapolei Golf Course

코 올리나 골프 클럽
Ko Olina Golf Club

칼라에로아 공항
Kalaeloa Airport

하와이안 철도
Hawaiian Railway

USS 보핀 잠수함 박물관
U.S.S. Bowfin Submarine Museum & Park

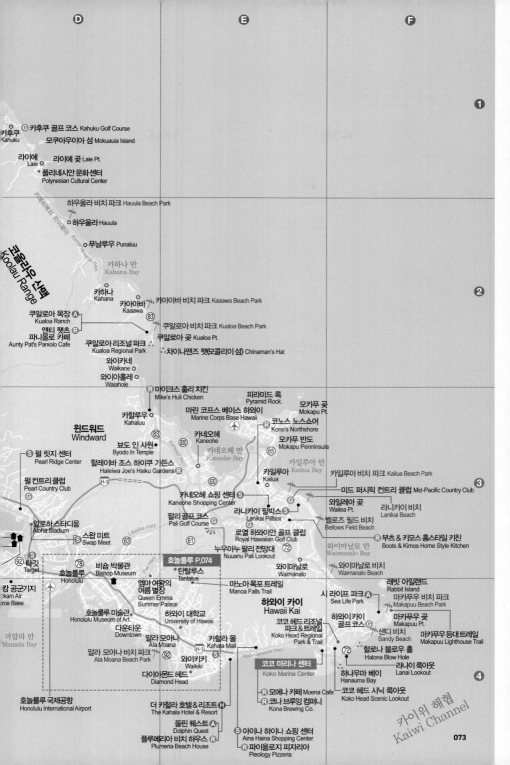

D   E   F

1

카후쿠 골프 코스 Kahuku Golf Course
카후쿠 Kahuku
모쿠아우이아 섬 Mokuauia Island
라이에 Laie
라이에 곶 Laie Pt.
폴리네시안 문화센터 Polynesian Cultural Center

하우울라 비치 파크 Hauula Beach Park
하우울라 Hauula
푸날루우 Punaluu

코올라우 산맥 Koolau Range

카하나 만 Kahana Bay

카하나 Kahana
카이아바 Kaaawa
카이아바 비치 파크 Kaaawa Beach Park

쿠알로아 목장 Kualoa Ranch
앤티 팻츠 파니올로 카페 Aunty Pat's Paniolo Cafe
쿠알로아 비치 파크 Kualoa Beach Park
쿠알로아 리조널 파크 Kualoa Regional Park
쿠알로아 곶 Kualoa Pt.
차이나맨즈 햇(모콜리이 섬) Chinaman's Hat
와이카네 Waikane
와이아홀레 Waiahole

마이크스 홀리 치킨 Mike's Huli Chicken
피라미드 록 Pyramid Rock.
모카푸 곶 Mokapu Pt.

2

카할루우 Kahaluu
마린 코프스 베이스 하와이 Marine Corps Base Hawaii
코노스 노스쇼어 Kono's Northshore

윈드워드 Windward

보도 인 사원 Byodo In Temple
카네오헤 Kaneohe
모카푸 반도 Mokapu Penninsula

펄 릿지 센터 Pearl Ridge Center
할레이바 조스 하이쿠 가든스 Haleiwa Joe's Haiku Gardens
카네오헤 만 Kaneohe Bay
카일루아 만 Kailua Bay

펄 컨트리 클럽 Pearl Country Club
카네오헤 쇼핑 센터 Kaneohe Shopping Center
카일루아 Kailua
카일루아 비치 파크 Kailua Beach Park

3

알로하 스타디움 Aloha Stadium
팔리 골프 코스 Pali Golf Course
라니카이 필박스 Lanikai Pillbox
미드 퍼시픽 컨트리 클럽 Mid-Pacific Country Club

스왑 미트 Swap Meet
로열 하와이안 골프 클럽 Royal Hawaiian Golf Club
와일레아 곶 Wailea Pt.
라니카이 비치 Lanikai Beach

타깃 Target
누우아누 팔리 전망대 Nuuanu Pali Lookout
벨로즈 필드 비치 Bellows Field Beach

히캄 공군기지 Hickam Air Force Base
호놀룰루 Honolulu
비숍 박물관 Bishop Museum
호놀룰루 P.074
탄탈루스 Tantalus
와이마날로 Waimanalo
와이마날로 비치 Waimanalo Beach
부츠 & 키모스 홈스타일 키친 Boots & Kimos Home Style Kitchen

엠마 여왕의 여름 별장 Queen Emma Summer Palace
마노아폭포 트레일 Manoa Falls Trail
하와이 카이 Hawaii Kai
시 라이프 파크 Sea Life Park
래빗 아일랜드 Rabbit Island
마카푸우 비치 파크 Makapuu Beach Park

호놀룰루 미술관 Honolulu Museum of Art
하와이 대학교 University of Hawaii
코코 헤드 리조널 파크 & 트레일 Koko Head Regional Park & Trail
하와이카이 골프 코스 Koko Head Golf Course
마카푸우 곶 Makapuu Pt.
마카푸우등대트레일 Makapuu Lighthouse Trail

다운타운 Downtown
알라 모아나 Ala Moana
카할라 몰 Kahala Mall
샌디 비치 Sandy Beach

알라 모아나 비치 파크 Ala Moana Beach Park
와이키키 Waikiki
할로나 블로우 홀 Halona Blow Hole
라나이 룩아웃 Lanai Lookout

다이아몬드 헤드 Diamond Head
코코 마리나 센터 Koko Marina Center
코코 헤드 시닉 룩아웃 Koko Head Scenic Lookout

4

호놀룰루 국제공항 Honolulu International Airport
더 카할라 호텔 & 리조트 The Kahala Hotel & Resort
모에나 카페 Moena Cafe
코나 브루잉 컴퍼니 Kona Brewing Co.

돌핀 퀘스트 Dolphin Quest
플루메리아 비치 하우스 Plumeria Beach House
아이나 하이나 쇼핑 센터 Aina Haina Shopping Center
파이올로지 피자리아 Pieology Pizzeria
하나우마 베이 Hanauma Bay

카이위 해협 Kaiwi Channel

펄 시티

G 모아날루아 골프 코스
Moanalua Golf Course

솔트 레이크
Salt Lake

솔트 레이크 디스트릭트 파크
Salt Lake District Park

G 호놀룰루 컨트리 클럽
Honolulu Country Club

G 포트 샤프터 골프 코스
Fort Shafter Golf Course

63

호알로하 파크
Hoaloha Park

모아날루아 고등학교
Moanalua High Sch.

모아날루아 가든
Moanalua Gardens

카메하메하 고등학교
Kamehameha High School

G 네이비 마린 골프 코스
Navy Marine Golf Course

78

카메하메하 하이웨이
Kamehameha Hwy

사이클 시티 Cycle City
(할리 데이비슨 렌탈숍)

알로하
스타디움

H-1

92

비숍 박물관
Bishop Museum

다미안 메모리얼 학교
Damian Memorial School

팔라마
Palama

태평양전쟁 기념관
Pacific War Memorial

칼리하-팔라마
Kalihi-Palama

케에히 라군 비치 파크
Keehi Lagoon Beach Park

호놀룰루 국제공항
Honolulu International Airport

케에히 라군
Keehi Lagoon

C 라이온 커피
Lion Coffee

아이윌레이
Iwilei

포스터 보태니컬 가든
Poster Botanical Garden

라군 드라이브 Lagoon Dr.

A 마카니 카이 헬리콥터스
Makani Kai Helicopters

A 와신 에어
Washin Air

A 헬리 USA 에어웨이즈
Heli USA Airways

카팔라마 만
Kapalama Basin

R 니코스 피어 38
Nico's Pier 38

카하카아울라나 섬
Kahakaaulana Island

연안 경비대
U.S. Coast Guard

호놀룰루 하버
Honolulu Harbor

다운타운
Downtown

모쿠오에오 섬
Mokuoeo Island

모카우에아 섬
Mokauea Island

샌드 아일랜드
Sand Island

알로하 타워
Aloha Tower

이올라니 궁전
Iolani Palace

샌드 아일랜드 주립휴양지
Sand Island State Recreation Area

다운타운·
차이나타운 P.166

92

카카아코 워터프런트 공원
Kakaako Waterfront Park

S

마말라 만
Mamala Bay

워드 센터
Ward Center

R 53 바이 더 시
53 By the Sea

와이메아 • • 라이에

와일루아 •
• 마카하

카일루아

펄 시티 •

A   **B**   **C**

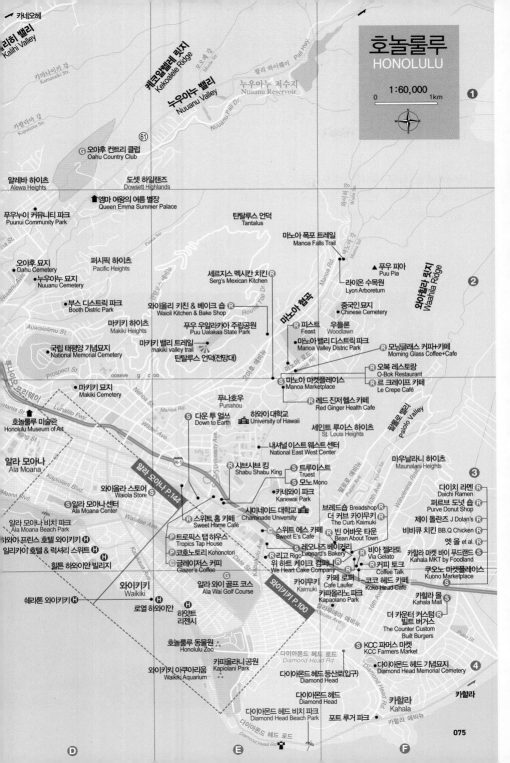

오아후 섬에서 꼭 즐겨야 할 BEST 11

오아후에서는 하와이 특유의 문화를 다양하게 즐길 수 있다. 놓치면 후회하는 것들, 여행 계획을 세우기 전에 미리 알아두면 좋을 것들만 모아봤다.

재미있는 악기, 우쿨렐레

가만히 연주를 듣다보면 어느새 마음까지 편안해지는 묘한 악기가 있다. 하와이의 상징과도 같은 우쿨렐레는 19세기 후반 포르투갈계 이민자들이 가져 온 '브라기냐'라는 4현의 작은 기타에서 변형된 악기다. 한국에도 이미 다수의 마니아층이 있다.

BEST 1

BEST 2

하와이의 자연과 정신을 담은 훌라 춤

훌라는 성스러운 춤으로 고대 하와이에서 제사나 의식을 거행할 때 신에게 기도를 드리기 위해 추던 춤이다. 또한 문자가 없었던 하와이 사람들이 역사와 민족의 기록을 전승하기 위해 사용하기도 했다. 훌라의 동작 하나하나가 모두 의미를 담고 있으며 신께 바치는 노래인 '멜레 mele'의 뜻을 정확히 이해하지 못하면 춤을 출 수 없다고 한다.

하와이 스타일의 바비큐, 루아우

'루아우 Luau'란 하와이식 파티를 일컫는다. 하와이 여행에서 빼놓을 수 없는 문화로 호화로운 음식과 화려한 볼거리가 곁들여지는데, 이 파티의 묘미는 뭐니뭐니해도 음식이다. 전통 화덕에서 요리한 돼지고기인 칼루아 포크와 타로 잎으로 싼 각종 육류 또는 생선 라우 라우, 타로 가루로 만든 폴리네시안 주식 포이 등이 준비된다. 음식을 맛보면서 하와이 전통 음악과 노래, 훌라 댄서들의 공연을 즐겨보자.

하루 만에 서핑 정복

하와이를 대표하는 스포츠를 꼽자면 바로 서핑이다. 하와이는 서퍼들의 천국이라고 불릴 만큼 전 세계 서퍼들이 즐겨 찾는 곳이다. 와이키키에서는 수준 높은 서핑 강습을 들을 수 있는데 처음 시도해보는 사람들이라도 2시간의 초급 코스를 이수하고 나면 어느 정도 감각을 익힐 수 있다.

알로하 정신을 담은 레이

하와이의 모든 행사에서 빠지지 않는 레이 Lei. 훌라 댄서들이 착용하는 레이는 장식품이 아니라 자연의 마나(영력)를 몸에 불어넣고자 하는 바람을 담은 것이다. 현재 레이는 애정과 감사, 축복 등의 마음을 담은 선물로 생일이나 졸업식 등 하와이의 일상 생활에 스며들어 있다. 매년 5월 1일 와이키키 근처 카피올라니 공원에서 레이 축제가 열리고 이날만큼은 수백 가지의 레이를 구경할 수 있다.

영화 촬영지를 따라서!

하와이를 배경으로 한 영화들을 보고 나면 어쩐지 하와이가 한걸음 더 가까이 있는 것처럼 느껴진다. 그중에서도 쿠알로아 목장은 〈쥬라기 공원〉, 〈고질라〉, 〈킹콩〉, 〈진주만〉, 〈첫 키스만 50번 째〉 등이 촬영되었던 곳으로 영화 촬영지를 둘러보는 무비 사이트 액티비티 프로그램이 따로 있을 정도.

재미있는 먹거리 투어

하와이는 멀티 컬처라고 해도 좋을 만큼 전 세계 인종들의 대표 먹거리를 열린 마음으로 받아들이고 있다. 이곳 사람들은 숙취 해소로 베트남 쌀국수를 즐겨 먹고, 쌀이 주식이며 때때로 김치를 먹기도 한다. 일본식 샤부샤부와 중국 딤섬도 별미로 통한다. 하와이에 머무는 동안은 하루 세끼도 부족하다.

BEST 7

©하와이 관광청

BEST 8

천혜의 자연에서 즐기는 스노클링

산호초가 살아 숨 쉬는 하나우마 베이는 바다에서 멀리 나가지 않아도 손쉽게 스노클링을 할 수 있는 곳이다. 하와이어로 하나우마는 '만으로 이뤄진 은신처'를 뜻하는데 이 지역이 특별한 것은 1967년부터 법에 의해 해양생물 보호구역으로 지정되었기 때문. 그런 까닭에 해양생물들이 더 증가해 스노클러들을 즐겁게 하고 있다. 하나우마 베이를 마주보고 왼쪽 끝부분에서는 더 많은 열대어를 볼 수 있다.

BEST
10

스카이다이빙부터 웨일 와칭까지, 액티비티가 가득

오아후에서 와이키키 앞 바다만 즐기고 가기에는 너무 아쉬운 것들이 많다. 다이내믹한 성격이라면 오아후를 하늘 위에서 감상하는 스카이다이빙이나 시 라이프 파크에서 두 마리 돌고래의 등지느러미를 붙잡고 헤엄치는 돌핀 로열 스윔을, 액티비티가 다소 부담스럽다면 크루즈에서 혹등고래를 관찰하는 웨일 워칭 Whale Watching이나 일몰을 감상하는 디너 크루즈를 즐겨도 좋다.

BEST
9

쇼핑 인 더 오아후

미국은 주마다 조금씩 세금이 다른데 하와이는 다른 주에 비해 주세가 4% 대로 낮다. 그래서인지 하와이에는 미국 전역에서도 손가락 안에 꼽히는 대형 쇼핑몰인 알라 모아나 센터를 비롯해 와이켈레 프리미엄 아웃렛 Waikele Premium Outlet과 노드스트롬 랙 Nordstorm Rack 등의 아웃렛이 있다. 그보다 더 저렴한 쇼핑몰인 티제이맥스 T.J.maxx와 로스 Ross 등 의류와 액세서리, 지인들의 선물을 구입할 수 있는 루트가 다양하다.

BEST
11

1년 365일, 페스티벌 천국!

하와이는 한 달에 1회 이상 페스티벌이 열린다. 와이키키 앞 칼라카우아 애비뉴에 들어서면 언제나 북적거리며 살아있는 느낌을 받는다. 대표 축제로는 4월에 열리는 스팸 잼 페스티벌과 8~9월 사이에는 하와이의 문화를 대표하는 알로하 페스티벌 등이 있다. 축제 기간에는 와이키키 메인거리의 교통을 통제하고 퍼레이드를 진행하거나, 유명 레스토랑에서 부스를 설치해 먹거리를 판매한다.

오아후 섬 쇼핑 아이템

BEST ITEM

지인들을 위한 선물로 실패 확률이 적으면서 여행의 만족도를 높여주는 쇼핑 목록을 소개한다. 하와이에서 놓치면 한국에 돌아가 후회할 것들 중에 내 입맛에 맞는 아이템을 미리 체크해보는 것도 좋다.

쿠쿠이 오일 Kukui Oil

하와이에서 나는 재료를 이용해 만든 오일로, 건조할 때 바르면 높은 효과를 볼 수 있다. 아이들에게 사용해도 될 정도로 순하며, 대신 유통기한이 짧아 개봉한 뒤에는 한 달 안에 사용하는 것이 좋다. 돈키호테나 ABC 스토어에서 구입할 수 있다. 118㎖에 $20~30 정도.

호놀룰루 쿠키 Honolulu Cookie

초코와 마카다미아 등 다양한 종류의 맛을 가지고 있으며, 낱개 포장되어 있어 고급스럽다. 구매 시 스탬프 카드를 함께 받자. 지인들의 선물을 사다 보면 금세 스탬프 카드를 완성해 보너스 선물을 받을 수 있다. 18개 세트에 $16.96.

마카다미아 너트
Macadamia Nut

마우나 로아 브랜드의 마카다미아가 가장 유명하다. 마우나 로아 공장은 빅 아일랜드 힐로 지역에 위치해 있다. 용량에 따라 가격이 다르며 돈키호테나 ABC 스토어, 월마트에서 판매된다. 226g에 $13.99.

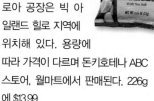

하와이안 호스트 초콜릿 Hawaiian Host

초콜릿 속에 들어 있는 마카다미아 너트 크기에 따라 가격이 다른 것이 특징이다. 홀 마카다미아 너트의 가격대가 가장 높으며, 돈키호테나 ABC 스토어, 월마트에서 판매된다. 16개에 $13.68(홀 마카다미아 너트).

아사이베리 Acai Berry

슈퍼 푸드 중 하나로 디저트로 만들어 먹거나 영양제 혹은 주스 형태로 유통되고 있다. 항산화 작용을 하며, 다이어트용으로도 이용되고 있다. 선물용으로는 분말이나 알약 크기로 판매되는 것이 좋다. 용량과 브랜드에 따라 가격이 천차만별. 아사이베리 파우더는 돈키호테에서, 아사이베리 주스는 코스트코에서 구입할 수 있다.

노니 Noni

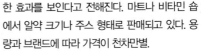

신의 열매라고도 불리는 노니는 열대지방에서 나는 열매다. 하와이를 포함한 남태평양 지역에서 만병통치약으로 통하며, 주로 체내 면역력을 높여주고 항암에 탁월한 효과를 보인다고 전해진다. 마트나 비타민 숍에서 알약 크기나 주스 형태로 판매되고 있다. 용량과 브랜드에 따라 가격이 천차만별.

코나 커피 Kona Coffee

빅 아일랜드 코나 지역에서 나고 자란 커피콩을 이용해 만든 것으로 코나 커피 함유량에 따라 가격이 다르다. 포장 겉면에 10~100%까지 코나 커피 함유량이 알기 쉽게 적혀 있다. 용량과 브랜드에 따라 가격이 천차만별이나 198g 기준 $20~30 정도. 코나 커피는 ABC 스토어, 돈키호테, 월마트에서 구입할 수 있다.

영양제

센트룸이나 GNC 등 한국에서도 인지도가 높은 브랜드의 영양제는 한국보다 하와이가 저렴하다. 알라 모아나 센터에 GNC 매장이 있으며, 센트룸은 코스트코나 월마트에서 판매하고 있다. 용량과 브랜드에 따라 가격이 천차만별.

나만의 여행 코스
BEST COURSE

예산과 취향에 맞게 오아후의 곳곳을 즐겨보자. 4박 6일을 기준으로 정리한 추천 코스를 토대로, 내 입맛에 맞게 프로그램을 직접 구성해도 좋겠다.
(여행 코스에서 제시된 예상 비용은 2022년 7월 기준으로 다소 변동이 있을 수 있습니다)

연인, 친구와 함께 다이나믹 투어

1 Day

와이키키 해변 → 호놀룰루 디너 크루즈 → 훌라쇼 감상

와이키키 해변에서 시간을 보낸 뒤 오후에는 스타 오브 호놀룰루의 디너 크루즈에 탑승한다. 첫날 늦게 잠들지 않으면 다음날 시차 적응 하는 데 무리가 있다. 다소 힘들더라도 첫 날은 일찍 쉬기보다 선상 위에서 일몰을 감상하며 훌라 쇼를 즐겨보자.

예상 비용(1인) 스타 오브 호놀룰루 디너 크루즈 $99~201(와이키키에서 셔틀버스로 픽업 & 드롭 $15 추가)

2 Day

하나우마 베이 → 스노클링 → 쿠알로아 목장(ATV · 승마 · 무비투어 액티비티) → 드라이브(마카푸우 포인트~할로나 블로우 홀~누우아누 팔리 전망대) → 탄탈루스 언덕

아침 일찍 하나우마 베이로 향한다. 하나우마 베이에서 스노클링으로 시간을 보낸 뒤 쿠알로아 목장에서 간단히 식사를 한 뒤 ATV나 승마투어 혹은 무비투어 액티비티를 한다. 그런 다음 돌아오는 길에 마카푸우 포인트, 할로나 블로우 홀을 지나 누우아누 팔리 전망대 등을 돌아보며 드라이브를 즐긴다. 해질 무렵에는 탄탈루스 언덕에서 야경을 감상하는 것도 좋다.

예상 비용(1인) 렌터카 $200(소형차 보험 & 내비게이션 포함), 하나우마 베이 입장료 $25, 쿠알로아 목장 액티비티 $51.95~144.95

3 Day

와이키키 해변(서핑) → 폴리네시안 문화 센터(선상 카누 쇼)

오전에 와이키키 해변에서 2시간의 서핑 수업을 한 뒤 오후 12시경, 호텔 근처에서 셔틀버스에 탑승해 폴리네시안 문화 센터로 향한다. 오후 입장권과 루아우 쇼가 패키지로 되어 있는 티켓을 구입하자. 오후 2시 30분에 시작하는 선상 카누 쇼는 각 섬의 대표 춤을 볼 수 있는 공연으로 폴리네시안 문화 센터의 백미니 놓치지 말 것.

예상 비용(1인) 서핑 강습비 $90(그룹 레슨일 경우), 폴리네시안 문화 센터 입장료 + 쇼 $69.95~242.95

다이아몬드 헤드(트레킹) → KCC 파머스 마켓

오전 일찍 다이아몬드 헤드를 방문해 트레킹을 즐겨보자. 근처 KCC에서는 토요일 오전 7시 30분~11시까지 파머스 마켓이 열리니 일정이 가능하다면 KCC 파머스 마켓을 들러 끼니를 때워도 좋다.

예상 비용(1인) 버스 편도 $2.75

5~6 Day 호놀룰루 출발~인천 도착

여자들끼리 쇼핑 투어

1 Day 칼라카우아 거리 산책 → T 갤러리아 · Ross 쇼핑

첫 날이니만큼 무리하지 않게 일정을 잡을 것. 와이키키 주변 Kalakaua Ave.를 산책하며 면세점인 T 갤러리아와 로스 Ross 등을 둘러보고 와이키키에서 저녁 식사를 해결한다.

2 Day 와이켈레 프리미엄 아웃렛

아침 일찍 일어나 호텔에 픽업 온 와이켈레 프리미엄 아웃렛 셔틀 버스를 탑승한다. waikeleoutletsshuttle.com에서 미리 티켓을 예약해야 하며 호텔 픽업은 08:45과 10:45, 와이켈레에서 와이키키로 돌아오는 버스 탑승은 15:00와 18:00에 있다.

예상 비용(1인) 셔틀버스 왕복 $24.95

3 Day 사우스 쇼어 마켓 → 노드스트롬 랙 → 티제이 맥스

개성 강한 하와이 디자이너들의 작품을 만날 수 있는 사우스 쇼어 마켓, 백화점 아웃렛인 노드스트롬 랙과 티제이 맥스 T.J.maxx는 최근 오하우에서 떠오르는 쇼핑 스폿이다. 한국인들이 좋아하는 브랜드가 많으며 두 쇼핑몰이 이웃해 있어 편리하다. 사우스 쇼어 마켓 내 브런치 레스토랑인 스크래치 키친 앤 미터리 Scratch Kitchen & Meatery에서 간단하게 식사를 해결해도 좋다.

예상 비용(1인) 택시 왕복 $25~30

알라 모아나 센터

와이키키에서 핑크 트롤리를 타고 알라 모아나 센터로 향해 쇼핑과 식사를 해결한다. 백화점 네 곳과 단독 매장들이 모두 연결되어 있어 하루 종일 둘러봐도 부족한 느낌이 든다.

예상 비용(1인) 핑크 트롤리 왕복 $5

5~6 Day 호놀룰루 출발~인천 도착

1 Day

와이키키 해변

첫날에는 와이키키 해변에서 간단한 수영과 물놀이를 즐긴다.

2 Day

하나우마 베이(스노클링) → 시 라이프 파크(돌핀 코브 쇼 등 관람)

오전에는 하나우마 베이에서 스노클링을 즐기며, 오후에는 시 라이프 파크로 이동해 돌핀 코브 쇼나 코로헤 카이 시 라이온 쇼 등 무료 쇼를 관람한다.

예상 비용(1인) 렌터카 $200(소형차 보험 & 내비게이션 포함), 하나우마 베이 입장료 $25(어른, 12세 미만 무료), 시 라이프 파크 입장료 $41.87(어른), $26.17(3~12세).

3 Day

노스 쇼어 → 라니아 케아 비치 → 할레이바 새우 트럭 → 마츠모토 글로서리 스토어 → 돌 플랜테이션 → 와이켈레 프리미엄 아웃렛

렌터카를 이용해 노스 쇼어의 명소들을 둘러보자. 선셋 비치와 거북이 비치로 알려진 라니아 케아 비치를 지나 할레이바 새우 트럭에서 점심을 먹은 뒤 근처 마츠모토 그로서리 스토어에서 셰이브 아이스크림을 디저트로 먹는다. 돌 플랜테이션을 둘러보고 와이켈레 프리미엄 아웃렛을 들렀다 저녁에 숙소로 돌아온다.

예상 비용(1인) 렌터카 $200(소형차 보험 & 내비게이션 포함)

4 Day

진주만(보트 투어, USS 애리조나 기념관)

하루 일정을 진주만에 투자해도 전혀 부족함이 없다. 아이들에게 역사적인 유적지를 감상할 수 있는 좋은 기회가 되기 때문. 입장 후 인포메이션 데스크에서 USS 애리조나 기념관으로 향하는 보트 투어의 티켓을 받자. 티켓에는 보트 탑승 시간이 적혀져 있으니 그 시간을 지키도록 한다. 진주만 입장료뿐 아니라 보트 투어 역시 무료다.

예상 비용(1인) 버스 편도 $2.75 또는 택시 왕복 약 $100~140

5~6 Day 호놀룰루 출발~인천 도착

오아후 섬을 즐기는 노하우

HOW TO ENJOY OAHU

1 대중교통을 이용할 예정이라면 구글 맵을 이용할 것

시간이 여유롭다면 오아후를 버스로 돌아다녀보는 것도 좋다. 단, 워낙 버스가 다양하고 같은 번호여도 행선지가 달라 조금 복잡한 것이 사실. 이때에는 구글 홈페이지(www.google.com)에 들어가 검색 창에 목적지의 지명이나 주소를 입력한 뒤 지도가 나오면 'Get Direction'을 클릭해 지금 나의 위치에서 버스로 어떻게 가는지, 혹은 걸어서 어떻게 가는지 도움을 받으면 훨씬 편리하다. 정류장에 버스 도착 예정 시간까지 표시되어 있어 계획을 세우기 좋다(자세한 내용 P.093 참조).

2 오픈 테이블 사이트를 활용할 것

와이키키에는 유명한 셰프들의 이름을 내건 맛집이 가득하다. 미식가들의 오감을 충족시켜주기 충분하지만, 워낙 유명 관광지인 까닭에 미리 예약하지 않으면 대기 시간이 길다. 필히 예약하는 것이 좋은데 영어로 예약하기 불편하다면 오픈 테이블 사이트(www.opentable.com)를 이용하자.

3 호텔 조식만 고집하지 말 것

아이가 있거나 몸이 불편해 호텔에서 조식을 반드시 먹어야 하는 상황이 아니면 꼭 호텔 조식만 고집할 필요는 없다. 와이키키에는 에그스 앤 띵스(P.115)나 치즈버거 인 파라다이스(P.124), 아일랜드 빈티지 커피(P.122) 등 조식이 가능한 곳이 많다. 뿐만 아니라 맥도날드, 버거킹 등 패스트푸드점에서도 오전에는 밥과 스팸을 메뉴로 제공한다.

4 ABC 스토어를 잘 활용할 것

와이키키에는 한 집 건너 ABC 스토어가 있을 정도로 매장이 많다. 간단한 먹거리와 기념품, 구급약, 물놀이 관련 제품들, 휴대폰 충전기, 우쿨렐레 CD 등 그야말로 없는 게 없는 만물상으로, 대형 마트의 축소판이라고 생각해도 좋다. 원하는 것이 있다면 숙소 근처 ABC 스토어에서 그 해답을 얻을 수 있다(P.141).

오아후 섬 대중교통 A to Z

하와이 여행의 꽃이라고 할 수 있는 오아후는 렌터카 혹은 가이드와 함께 움직여야 하는 다른 섬에 비해 교통수단이 다양하고 이용하기 쉽다. 다른 여행지에 비해 비교적 쉽고 간편한 노선도를 가지고 있는 더 버스, 여행자들을 위한 오아후만의 교통수단 와이키키 트롤리, 자전거와 오토바이를 개조한 모페드도 렌트가 가능하고 또 워낙 한국인 여행자가 많아 한국인 콜택시도 쉽게 이용할 수 있다.

와이키키 트롤리 Waikiki Trolley

오아후 내 쇼핑 센터와 주요 관광 명소만을 골라 정차하는 트롤리는 여행자들에게 편리한 손과 발이 되어주고 있다. 특히 시내를 돌며 관광하기에 좋다. 와이키키 트롤리는 역사적인 관광지를 도는 레드 라인, 하와이 남동쪽 해안가를 오가는 블루 라인, 거대한 쇼핑 센터인 알라 모아나 센터와 와이키키를 오가는 핑크 라인이 있다. 렌터카 없이 하와이를 여행하고 싶다면 와이키키 트롤리의 2일 혹은 4일 자유승차권을 구입해 며칠에 나눠서 하와이를 둘러보는 것도 좋은 방법이다.

- **위치** 와이키키 쇼핑 플라자 메인 로비(2250 Kalakaua Ave.)
- **문의** 808-465-5543, waikikitrolley.com

▶요금

핑크 라인은 알라 모아나 센터에서 와이키키를 오가는 트롤리로 1일 자유승차권으로 판매되며 가격은 $5이다. 그 외 라인별 티켓 가격은 성인 $25, 3~11세 $15이며, 하루 종일 어떤 트롤리든 이용할 수 있는 1일 자유승차권의 경우 성인 $45, 3~11세 $25이다.

2일 자유승차권은 성인 $55, 3~11세는 $30, 4일 자유승차권은 성인 $64, 3~11세는 $40, 7일 자유승차권은 성인 $75, 3~11세는 $50로 홈페이지에서 판매되고 있다. 와이키키 쇼핑 플라자 로비 메인 데스크에서 현장 구매도 가능하다.

▶이용 방법

라인별 트롤리가 출발을 시작하는 곳은 와이키키 쇼핑 플라자가 있는 곳이다. 각 트롤리는 탑승객이 원하는 정류장에 내려 관광한 뒤, 다시 탑승을 이어갈 수 있다.

트롤리 라인별로 분류되는 주요 관광지

※ F: 첫차 출발 시간, L: 막차 출발 시간
⊙: 간단한 사진 촬영만 가능(하차 불가)
※ 2022년 9월 기준

+ 레드 라인(호놀룰루 역사 유적지 투어)
Red Line(Historic Honolulu Sightseeing Tour)

오아후에서 역사적으로 의미있는 곳들과 박물관을 둘러보는 투어. 와이키키 쇼핑 플라자에서 시작해 호놀룰루 미술관과 와이키키 대표 명소인 주정부 청사, 이올라니 궁전과 차이나타운, 솔트 앳 아워 카카아코 등을 순회한다(1시간 간격 운행, 총 소요시간 1시간 50분. 매일 1회 일리카이 호텔&스위트 09:20, 트럼프 타워 09:25 정차).

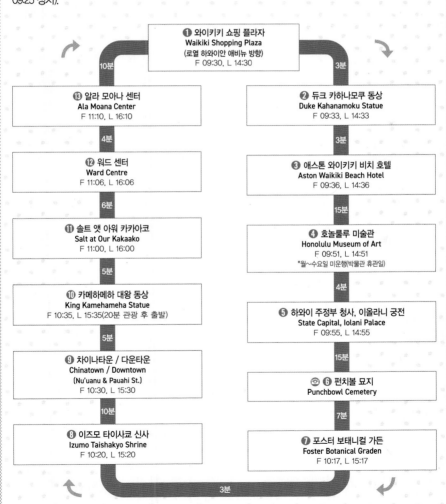

❶ 와이키키 쇼핑 플라자
Waikiki Shopping Plaza
(로열 하와이안 애비뉴 방향)
F 09:30, L 14:30

10분 / 3분

❸ 알라 모아나 센터
Ala Moana Center
F 11:10, L 16:10

❷ 듀크 카하나모쿠 동상
Duke Kahanamoku Statue
F 09:33, L 14:33

4분 / 3분

⓬ 워드 센터
Ward Centre
F 11:06, L 16:06

❸ 애스톤 와이키키 비치 호텔
Aston Waikiki Beach Hotel
F 09:36, L 14:36

6분 / 15분

⓫ 솔트 앳 아워 카카아코
Salt at Our Kakaako
F 11:00, L 16:00

❹ 호놀룰루 미술관
Honolulu Museum of Art
F 09:51, L 14:51
*월~수요일 미운행(박물관 휴관일)

5분 / 4분

❿ 카메하메하 대왕 동상
King Kamehameha Statue
F 10:35, L 15:35(20분 관광 후 출발)

❺ 하와이 주정부 청사, 이올라니 궁전
State Capital, Iolani Palace
F 09:55, L 14:55

5분 / 15분

❾ 차이나타운 / 다운타운
Chinatown / Downtown
(Nu'uanu & Pauahi St.)
F 10:30, L 15:30

⊙ ❻ 펀치볼 묘지
Punchbowl Cemetery

10분 / 7분

❽ 이즈모 타이샤쿄 신사
Izumo Taishakyo Shrine
F 10:20, L 15:20

❼ 포스터 보태니컬 가든
Foster Botanical Graden
F 10:17, L 15:17

3분

+ 핑크 라인(와이키키/알라 모아나 쇼핑 셔틀)
Pink Line(Waikiki/Ala Moana Shopping Shuttle)

와이키키 쇼핑 플라자와 알라 모아나 센터 사이를 운행한다. 와이키키에서 출발, 알라 모아나 센터를 지나 다시 와이키키로 돌아온다(20분 간격 운행, 총 소요시간 1시간).

+ 그린 라인(다이아몬드 헤드 전경/로컬 음식 투어)
Green Line(Local Dining & Diamond Head Sightseeing Tour)

오아후의 상징인 다이아몬드 헤드와 로컬 음식점들을 둘러보는 투어. 와이키키 쇼핑 플라자에서 시작해 듀크 카하나모쿠 동상, 호놀룰루 동물원, 와이키키 아쿠아리움을 거쳐 각종 로컬 음식점들을 순회한다(90분 간격 운행, 총 소요시간 1시간 30분. 매일 일리카이 호텔 07:50, 트럼프 인터내셔널 호텔 07:55 정차).

① 와이키키 쇼핑 플라자
Waikiki Shopping Plaza
(로열 하와이안 애비뉴 방향)
F 10:00, L 20:20

4분 / 4분

⑬ 트럼프 인터내셔널 호텔
Trump International Hotel
(사라토가 로드 Saratoga Rd.)
F 10:56, L 20:16

② 듀크 카하나모쿠 동상
Duke Kahanamoku Statue
F 10:04, L 20:24

8분 / 3분

⑫ 할레 코아 호텔
Hale Koa Hotel
F 10:53, L 20:13

③ 애스톤 와이키키 비치 호텔
Aston Waikiki Beach Hotel
F 10:07, L 19:27

5분 / 3분

⑪ 일리카이 호텔
Ilikai Hotel
F 10:48, L 20:08

④ 힐튼 와이키키 비치 호텔
Hilton Waikiki Beach Hotel
F 10:10, L 19:30

5분 / 3분

⑩ 알라 모아나 센터
Ala Moana Center
(바다 방향, 도착 장소)
F 10:43, L 20:03

⑤ 마루카메 우동
Marugame Udon
F 10:13, L 19:33

16분 / 2분

⑨ 아쿠아 팜스 와이키키
Aqua Palms Waikiki
F 10:27, L 19:47

⑥ 코트야드 바이 메리어트
Courtyard by Marriott
F 10:15, L 19:35

5분 / 3분

⑦ 호텔 라 크로아
Hotel La Croix
F 10:18, L 19:38

⑧ 호쿨라니 호텔
Hokulani Hotel
F 10:22, L 19:42

4분

① 와이키키 쇼핑 플라자
Waikiki Shopping Plaza
(320 로열 하와이안 애비뉴 방향)
F 08:00, L 14:00

4분

⑫ 레인보 드라이브 인 / 낸딩스 베이커리
Rainbow Drive Inn / Nanding's Bakery
F 09:10, L 15:10

② 듀크 카하나모쿠 동상
Duke Kahanamoku Statue
F 08:04, L 14:04

1분 / 2분

⑪ 다 오노 하와이안 푸드 / 구아바 스모크드
Da Ono Hawaiian Food / Guava Smoked
F 09:09, L 15:09

③ 호놀룰루 동물원 / 와이키키 비치
Honolulu Zoo / Waikiki Beach
F 08:06, L 14:06

2분 / 2분

⑩ 레오나드스 베이커리 / 스위트 에스 카페
Leonard's Bakery / Sweet E's Cafe
F 09:07, L 15:07

④ 와이키키 아쿠아리움 / 카피올라니 공원
Waikiki Aquarium / Kapi'olani Regional Park
F 08:08, L 14:08

12분 / 17분

⑨ 카이무키 슈퍼렛 / 주시 브루
Kaimuki Superette / Juicy Brew
F 08:55, L 14:55

⑤ 다이아몬드 헤드 크레이터 하이크
Diamond Head Crater Hike
F 08:25, L 14:25

3분 / 5분

⑧ 파이프라인 베이크숍 & 크리머리 / 누즈 라멘
Pipeline Bakeshop & Creamery / Noods Ramen
F 08:52, L 14:52

⑥ 카할라 시닉 룩아웃
Kahala Scenic Lookout
F 08:30, L 14:30

20분

⑦ 카할라 마켓 / 푸드랜드
Kahala Market / Foodland
F 08:50, L 14:50

2분

+ 블루 라인(파노라마 해안선 투어)
Blue Line(Panoramic Tour)

오아후 동남쪽 해안가를 도는 코스로, 와이키키 쇼핑 플라자에서 출발. 할로나 블로우 홀, 시 라이프 파크, 카할라 몰 등을 순회한 뒤 다시 와이키키 쇼핑 플라자로 돌아온다(40분 간격 운행, 총 소요시간 1시간 50분. 매회 청소 10분. 매일 1회 일리카이 호텔&스위트 08:20, 트럼프 타워 08:25 정차).

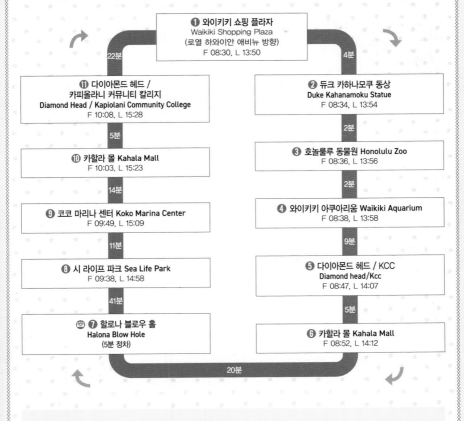

❶ 와이키키 쇼핑 플라자
Waikiki Shopping Plaza
(로열 하와이안 애비뉴 방향)
F 08:30, L 13:50

22분

⓫ 다이아몬드 헤드 / 카피올라니 커뮤니티 칼리지
Diamond Head / Kapiolani Community College
F 10:08, L 15:28

❷ 듀크 카하나모쿠 동상
Duke Kahanamoku Statue
F 08:34, L 13:54

4분

5분

⓿ 카할라 몰 Kahala Mall
F 10:03, L 15:23

❸ 호놀룰루 동물원 Honolulu Zoo
F 08:36, L 13:56

2분

14분

❾ 코코 마리나 센터 Koko Marina Center
F 09:49, L 15:09

❹ 와이키키 아쿠아리움 Waikiki Aquarium
F 08:38, L 13:58

2분

11분

❽ 시 라이프 파크 Sea Life Park
F 09:38, L 14:58

❺ 다이아몬드 헤드 / KCC
Diamond head/Kcc
F 08:47, L 14:07

9분

41분

❼ 할로나 블로우 홀
Halona Blow Hole
(5분 정차)

❻ 카할라 몰 Kahala Mall
F 08:52, L 14:12

5분

20분

Mia's Advice

1 일본 여행사에서 자체 운영하는 트롤리도 있어 헷갈릴 수 있어요. 가장 많이 탑승하는 핑크 트롤리는 차량 앞에 핑크 깃발이 있거나 차량에 핑크 라인 표시가 있습니다. 블루 라인, 레드 라인은 와이키키 쇼핑 플라자 앞의 탑승 정류장을 이용하는 게 좋아요.
2 캐리어는 들고 탈 수 없으며 무릎 위에 올려놓을 수 있을 정도의 짐만 가능합니다.
3 탑승 시 음료수 등은 손에 들고 탑승할 수 없답니다.

더 버스 The Bus

오아후 구석구석을 운행하는 오아후의 버스는 현지인들뿐 아니라 여행자들도 노선 체크만 잘하면 저렴한 가격으로 관광지를 오갈 수 있다. 사실 더 버스는 오아후 전체를 거미줄처럼 연결하고 있는

데, 초행자라면 노선도를 보지 않고서는 좀처럼 알기 어렵다. 홈페이지에서 버스 노선도를 찾아볼 수 있다.

1회 버스 요금은 $3이며, 하루 종일 버스를 이용할 수 있는 종일권(1일)은 $7.50이다. 원하는 날짜만큼 종일권을 미리 구매할 수 있는 Holo 버스 카드는 와이키키 내 ABC 스토어에서 판매하고 있다.

- **전화** 808-848-5555
- **홈페이지** www.thebus.org(한국어 지원)
- **운행시간** 05:30~22:00(노선에 따라 약간씩 차이가 있다)
- **요금** 1회 $3, 1일 $7.50(운전사가 거스름돈을 따로 준비하지 않으며, 1일권은 Holo 카드 사용자만 가능)

와이키키 버스 정류장

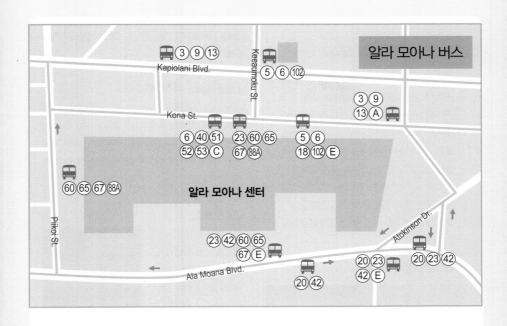

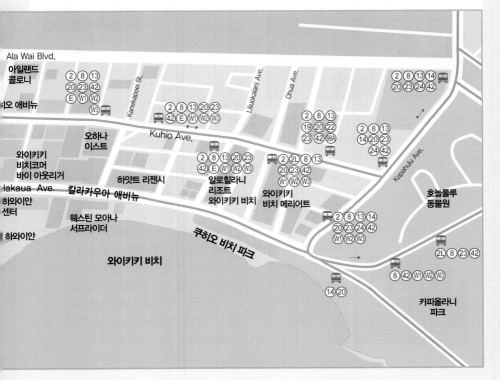

Mia's Advice

1 스마트폰 무제한 데이터 요금을 신청하고 왔다면 구글 맵을 100% 활용해 보세요. 목적지를 구글 창에 입력하고, Get Direction을 클릭! 현재 위치를 입력하면 자동차, 버스, 도보 등의 경우 각각 소요시간과 정류장 위치, 혹은 버스 도착시간까지 알 수 있어요.
2 'Dabus'라는 애플리케이션 역시 다운로드 받아두면 편리해요. 근처 버스 정류장의 위치와 버스 스케줄 등을 알 수 있기 때문이죠.

▶ 버스 정류장의 위치

버스가 그려져 있는 간판이 인상적인데 시내에는 지붕이 있는 버스정류장도 있다. 하지만 교외에서는 표지판이 전신주 등에 붙어있는 경우가 있으니 못 보고 지나치지 않도록 주의하자. 타려는 버스가 올 때 손을 들어 의사 표시를 해야 한다.

▶ 목적지 확인

버스가 오면 차량의 정면 윗부분에 버스 번호와 목적지가 표시 되어 있다. 단, 번호가 같은 버스라도 운행 노선이나 목적지가 다른 경우도 있으니 반드시 체크해야 한다.

▶ 버스 탑승

앞문으로 승차하고 운전석 옆 요금 통에 돈을 넣는다. 목적지에 상관없이 요금은 1회 $3, 1일 $7.50(Holo 버스 카드 이용 시에만 이 금액이 적용된다. 버스 카드가 없다면 승차할 때마다 $3을 지불해야 한다).

▶ 버스 하차

정류장을 알려주는 안내방송을 들어보면 근처 유명한 지역 이름을 말하기보다 거리 이름을 말해주는 경우가 많다. 내릴 때는 창문에 부착되어 있는 끈을 잡아당기거나 버스 뒷문 손잡이의 버튼을 누르면 'Stop Requested' 표지판에 불이 켜진다. 뒷문으로 내리게 되어 있지만 앞문으로 내려도 상관없다. 뒷문의 경우 내릴 사람이 직접 문에 달린 바를 가볍게 밀면 문이 열리는 수동식이다.

▶ 와이키키 근처 버스 정류장

와이키키에서는 두 블록마다 버스정류장이 있는 Kuhio Ave.가 더 버스의 기점이다. 또한 알라 모아나 센터는 모든 버스가 모이는 호놀룰루 최대의 터미널이다. 만약 더 버스를 이용해 와이키키에서 호놀룰루 교외로 나갈 경우 8번 버스를 타고 알라 모아나 센터로 이동 후 그곳에서 다른 노선으로 갈아타야 한다. 돌아올 때도 마찬가지로 알라 모아나 센터를 경유하는 경우 'Waikiki Beach & Hotels'이 표시된 버스를 타고 와이키키로 오는 방법이 있다. 버스 정류장은 지도를(P.090) 참고하자.

인터넷을 이용한 버스 활용법

오아후의 버스는 같은 번호라고 하더라도 최종 목적지가 조금씩 다르고 시간대에 따라 운행하는 버스의 번호도 다른 경우가 있어요. 물론 오아후 편에서 각 지역별로 버스를 이용한 이동경로를 소개하고 있긴 하나, 가장 활동이 활발한 평일 12:00를 기준으로 소개하고 있기에 인터넷을 통해 미리 내가 이동하는 시간대의 버스 번호를 한 번 더 정확하게 체크하는 것이 좋아요.

+ 버스 노선 찾기

1 구글(www.google.com) 메인 화면에서 내가 원하는 목적지의 이름이나 주소를 입력한 뒤 검색 버튼을 누른다.
2 검색 결과의 약도 버튼을 누른다.
3 출발지에 현재 위치의 주소나 근처 건물명을 입력한다(현재 위치 정보를 승인한 뒤 출발지에 '내 위치' 버튼을 클릭해도 된다). 그런 뒤 이동 수단에 자동차와 버스, 도보와 자전거 중 버스를 클릭한다.
4 출발 날짜와 시간을 입력, 화살표를 클릭.
5 추천하는 루트 중 버스 탑승 시간과 도보 시간을 계산해 원하는 추천 루트를 클릭하면 화면 하단에 버스 정류장의 ID와 도착 시간 등이 자세히 명기되어 있다(버스 정류장에는 각 고유의 ID가 있는데 모두 숫자로 표시되어 있다. 정류장마다 ID가 붙어 있긴 하지만 내가 탑승해야 할 정류장의 위치를 정확히 모르겠다면, Da bus 애플리케이션으로 버스 정류장을 찾을 수 있다).

+ Da Bus로 정류장 찾는 법

1 스마트폰 애플리케이션 마켓에서 Da Bus를 다운받는다.
2 근처 정류장을 원한다면 'Find Nearby Bus Stops'를 클릭해 내가 서 있는 곳 주변 정류장을 클릭한다. 정류장 표시를 누르면 정류장 ID와 스트리트 이름이 적혀 있다.
Google 검색을 통해 내가 탑승해야 하는 정류장의 ID를 체크한 뒤, Da Bus 애플리케이션을 통해 보다 자세히 정류장 위치를 알아낼 수 있다.

▶구글로 버스 정류장 찾기

▶오아후를 버스로 돌아보기

+ 볼거리

목적지	버스 노선
하와이 칠드런스 디스커버리 센터 Hawaii Children's Discovery Center	20, 42
쿠알로아 목장 Kualoa Ranch	13번 버스 탑승 후 알라 모아나 센터에서 60번으로 환승
시 라이프 파크 Sea Life Park	23(다이아몬드 헤드를 지남)
와이메아 밸리 Waimea Valley	13번 버스 탑승 후 알라 모아나 센터에서 60번으로 환승
와이키키 아쿠아리움 Waikiki Aquarium	14, 20

+ 해변

목적지	버스 노선
알라 모아나 비치 파크/매직 아일랜드 Ala Moana Beach Park/Magic Island	2, 2L, 8, 13, 20, 23, 42
벨로스 비치 Bellows Beach, 와이마날로 비치 파크 Waimanalo Beach Park	13번 버스 탑승 후 알라 모아나 센터에서 67번으로 환승
하나우마 베이 Hanauma bay	2, 13번 탑승 후 알라 모아나 센터에서 1L(하나우마 베이 월 · 화요일 휴무)
할레이바 Haleiwa	13번 버스 탑승 후 알라 모아나 센터에서 52번으로 환승
샌디 비치/마카푸우 비치 Sandy Beach/ Makapuu Beach	2, 13번 버스 탑승 후 알라 모아나 센터에서 23번으로 환승

+ 박물관과 미술관

목적지	버스 노선
비숍 박물관 Bishop Museum	2, 2L
하와이 주립 미술관 Hawaii State Art Museum	2, 13
호놀룰루 미술관 Honolulu Museum of Arts	2

+ 문화 즐기기

목적지	버스 노선
다운타운 Downtown	2, 13, 20, 42
하와이 플랜테이션 빌리지 Hawaii Plantation Village	13번 버스 탑승 후 알라 모아나 센터에서 43번으로 환승
이올라니 궁전 Iolani Palace	2, 13, 20
폴리네시안 문화 센터 Polynesian Cultural Center	13번 버스 탑승 후 알라 모아나 센터에서 60번으로 환승(일요일 휴무)
엠마 여왕의 여름 별장 Queen Emma Summer Place	13번 버스 탑승 후 알라 모아나 센터에서 121번으로 환승(일 · 월요일 휴무)

+ 쇼핑 센터

목적지	버스 노선
알라 모아나 센터 Ala Moana Center	2, 8, 13, 20
알로하 스타디움 & 스왑 미트 Aloha Stadium & Swap Meet	2,13번 버스 탑승 후 알라 모아나 센터에서 40번으로 환승 (수 · 토 · 일요일 운영)
알로하 타워 마켓플레이스 Aloha Tower Marketplace	2, 3, 9, 13, 60, 65, 67
카할라 몰 Kahala Mall	22
펄 릿지 센터 Pearl Ridge Center	2,13번 버스 탑승 후 알라 모아나 센터에서 40번으로 환승
워드 센터 Ward Center	13
와이켈레 프리미엄 아웃렛 Waikele Premium Outlets	E

더 버스 이용할 때 주의할 점

1 무릎에 올려놓을 수 없는 서핑보드나 골프백 등은 가지고 탈 수 없어요. 단, 유모차의 경우는 접이식만 가능합니다.

2 차내에서는 음식물을 먹을 수 없어요.

3 버스 앞쪽의 'Courtesy Seating'은 나이 드신 분들과 몸이 불편한 사람들을 위한 자리니 비워두로록 해요.

4 이어폰을 꽂지 않고 음악을 듣는 것은 금지! 주행 중 좌석을 이동하거나 운전사에게 말을 거는 것 역시 금지되어 있어요.

택시 Taxi

더 버스나 와이키키 트롤리로 가기 힘든 장소나 저녁에 외출할 때에는 편리하고 안심할 수 있는 택시를 이용하자. 요금 시스템이 잘 되어 있어 불미스러운 일이 생길 염려가 적다.

▶이용 방법

택시를 잡고 싶다면 호텔이나 쇼핑 센터의 택시 승강장에서 탄다. 빈 차가 없을 경우 'TAXI'라고 표시된 전용 전화에 "Taxi Please"라고 말한 뒤 자신의 이름을 말해두면 택시가 온다. 개인 휴대전화나 공중전화를 사용할 경우 자신이 있는 곳과 이름을 말한 뒤 택시를 기다려야 한다.

영어가 부담스럽다면 본인의 휴대전화를 이용해 한국인 콜택시를 불러도 좋다. 금액은 비슷하다.

• 문의
포니택시(한국인 콜택시) 808-944-8282
노팁택시(한국인 콜택시, 팁 없음)
808-945-7777
더 캡 808-422-2222

▶요금

요금을 낼 때는 소액 지폐를 준비하는 것이 좋다. 팁은 일반적으로 요금의 15%를 준다. 트렁크에 짐을 실은 경우 트렁크 1개당 $1를 더 낸다. 기본 요금은 $3.100이며, 1km당 $2.25씩 추가된다. 호놀룰루 공항에서 와이키키까지는 약 $40 정도이며, 와이키키에서 알라 모아나 센터까지는 약 $35, 와이키키에서 카할라 리조트까지는 약 $25, 와이키키에서 와이켈레 프리미엄 아웃렛까지는 $60 정도 된다. 택시 요금을 낼 때 15%의 추가 팁을 함께 지불해야 한다.

렌터카 Rent a Car

렌터카를 이용하면 시간을 효율적으로 사용할 수 있어 짧은 기간에도 오아후 전역을 누빌 수 있다. 공항의 대형 렌터카 영업소에서 빌리거나 반납할 수 있고, 와이키키 내에도 업체가 있어 여행 일정 중 일부분만 이용이 가능하다(렌터카에 대한 자세한 내용은 P.566 참고).

▶요금

요금은 업체에 따라 조금씩 다르나 대부분 24시간 기준으로 대략 $200 내외를 웃돈다. 내비게이션과 보험이 포함된 가격이며, 불포함 시 가격 차이가 있을 수 있다. 차량은 소형차부터 중형차, 컨버터블, SUV 등으로 차량의 규모에 따라 가격이 다르며, 픽업 & 반납 시 24시간 기준으로 가격이 정해진다.

그밖의 교통

▶리무진 Limousine

호화로운 대형 리무진. 영화에나 나올 법한 리무진도 일행이 많다면 생각보다 저렴하게 이용할 수 있다. 2시간 이상 이용이 원칙으로, 이메일을 통해 미리 예약해야 한다. 가격은 이동 시간, 인원, 거리에 따라 측정된다.

> • 문의
> 808-725-3135
> www.viplimohawaii.com

▶모페드 & 바이크 Moped & Bike

좁은 길에서는 역시 50cc 스쿠터인 모페드(보통면허 필요)과 자전거가 최고. 렌털 숍이 많아 쉽게 빌릴 수 있지만 자전거의 경우 자동차 도로를 이용해야 하며 와이키키의 메인 도로인 칼라카우아 애비뉴 Kalakaua Ave. 진입이 금지되어 있으니 주의할 필

요가 있다. 대여료는 조금씩 차이가 있으나 24시간 기준으로 모페드는 $30~45, 스쿠터는 $75~119 사이다.

애스톤 와이키키 비치 뒤편에 위치한 모페드 렌트 업체. 하와이에서 가장 유명하다.

> • 문의
> 866-916-6733
> www.hawaiianstylerentals.com

Mia's Advice

1 최근에는 우버(Uber)나 리프트(Lyft)를 이용해 여행하는 경우도 많아요. 미리 요금을 알 수 있다는 점과 휴대폰으로 간단하게 픽업 장소 등 운전자와 채팅이 가능해 편리하죠. 다만 이용자가 몰리는 피크 타임에는 일반 택시보다 가격이 더 높을 수 있어요.

2 하와이에서는 최근 렌터카 가격이 상승함에 따라 자동차 공유 서비스 중 하나인 투로(www.turo.com)나 서브코 퍼시픽과 토요타가 공동 서비스로 운영하는 후이(www.drivehui.com)의 이용이 높아지고 있어요. 다만 픽업하는 곳까지 직접 이동해야 하며, 후이의 경우 반납 시 주유의 25% 이상 채워야 하거나 정해진 시간을 넘어갈 경우 150% 금액이 추가되는 등(투로의 경우 늦은 반납 시 100% 금액 추가)의 유의사항이 있답니다.

자전거로 와이키키 한 바퀴, 비키 biki

자전거 셰어 프로그램 비키 biki는 하와이의 새로운 즐길 거리이자 대중교통 수단으로 자리 잡고 있다. 와이키키와 알라 모아나센터 근처에는 태양열 에너지로 운영되는 대략 100개의 자전거 대여소가 있고, 약 1,000대의 자전거가 운용되고 있어 언제든 픽업과 반납이 간편하다. 와이키키에서 알라 모아나 센터까지 또는 와이키키 초입에서 호놀룰루 동물원까지 가는 코스라면 부담 없이 이용해보자.

와이키키 해변 앞에 설치되어 있는 biki 대여소

+ 자전거 도로

하와이에서 자전거는 도로교통법상 인도가 아닌 차도를 이용해야 한다. 와이키키 메인 도로인 칼라카우아 에비뉴와 도로 곳곳에 자전거 전용 도로가 조성되어있으나, 간혹 자전거 도로가 없는 경우라면 차도를 이용해야하기 때문에 특히 주의가 필요하다.

+ 요금

보관소에 설치된 기계에 이용 시간을 입력하고 신용카드로 요금을 결재할 수 있다. 대여 방법은 총세 가지. 원 웨이(One way, 30분)는 $4.50, 더 점퍼(The jumper, 24시간 동안 30분씩 무제한 이용) $12, 멀티 스톱(Multi Stop, 1년 동안 300분 이용) $300이다. 1회 탑승 시 보증금 개념으로 $50이 함께 결제되는데, 이는 2~3일 후 다시 돌려받을 수 있다. 자세한 문의는 웹사이트(gobiki.org)를 참고하자.

+ 대여 순서

1 신용카드를 기계에 넣고, 원하는 사용 시간을 선택한 뒤개인 전화번호와 우편번호 등을 입력(와이키키 우편번호96813)한다. 뒤이어 1, 2, 3 숫자로 조합된 5개의 비밀번호가 화면에 뜨면 기억한다.
2 주차된 자전거 중 하나를 선택해 왼쪽의 버튼에 비밀번호를 누른다. 녹색불이 켜지면 재빠르게 자전거의 브레이크부분을 잡고 힘차게 꺼내면 된다.
3 반납할 때도 마찬가지로 브레이크 부분을 잡고 앞바퀴를자전거 파킹 랏에 맞게 끼운 뒤 녹색불이 켜지면 완료.

Mia's Advice

1 24시간 이용권을 구매하는 경우, 기기에 신용카드를 입력하면 화면에 비밀번호가 뜹니다. 신용카드한 개당 자전거 한 대를 대여할 수 있으므로 대여하는 자전거의 개수만큼 신용카드가 필요해요. 또한매번 자전거를 대여할 때마다 새로운 코드를 입력해야 합니다. 메인 화면에서 'I have a biki plan'을 터치, Get New Release Code를 터치하면 새로운 비밀번호를 부여 받을 수 있어요.
2 원 웨이 One Way로 30분 이용 후 시간 추가 시 30분당 $4.50의 비용이 추가됩니다.

하와이 여행의 중심
와이키키

오아후의 중심, 호놀룰루 시에서도 가장 유명하며 전 세계의 여행객들이 모이는 와이키키는 1901년, 하와이 최초의 호텔인 모아나 서프라이더가 해변에 들어서면서 사람들에게 알려졌다. 하와이 언어로 '용솟음치는 물'이라는 뜻을 가지고 있는 와이키키 해변은 로큰롤 스타인 엘비스 프레슬리가 사랑했던 곳으로도 유명하다. 각종 유명한 레스토랑과 쇼핑몰이 밀집되어 있는 관광지로, 코로나9 이후로도 변함없이 이른 아침부터 오후 11시까지 쇼핑몰과 레스토랑에 사람들의 발걸음이 끊이지 않는다. 와이키키 대표 교통수단인 트롤리나 지역 주민들의 든든한 두 발 역할을 해주는 버스를 활용해 관광에 나서보는 것도 좋다. 와이키키

Mia's Advice

와이키키 곳곳에는 형광색 티셔츠를 입은 도우미들이 서 있어요. 길을 잃었을 때나 원하는 정보가 있을 때 그들에게 말을 걸면 친절히 답변해 준답니다!

비치 앞의 메인 도로인 칼라카우아 애비뉴 Kalakaua Ave.는 일방통행으로, 초입에 힐튼 하와이안 빌리지, 알라 모아나 호텔, 일리카이 호텔 & 스위트 등이 모여 있고 와이키키 끝 쪽에는 메리어트 리조트 & 스파, 애스톤 계열의 리조트와 파크 쇼어가 있다. Kalakaua Ave. 뒤쪽으로는 쌍방향으로 통행하는 쿠히오 애비뉴 Kuhio Ave.가 있으며 그 도로에 버스 정류장들이 밀집해 있다. 와이키키 내에는 렌터카 업체(달러 렌터카, 엔터프라이즈 렌터카)가 여럿 있어 하루 이틀 정도 렌터카를 대여해 보다 알차게 오아후의 구석 구석을 돌아다니는 것도 좋다.

윌로우즈
The Willows ®

유니버시티 애버뉴
University Ave.

유니버시티 애버뉴
Kapiolani Blvd.

카피올라니 블러바드

Kaipuu St.

Mahai St.

Olokele Ave.

데이트 스트리트
Date St.

Summer Villa

아이젠베르그 아베
Isenberg Ave.

Coolidge St.

Hausten St.

유니버시티 볼 오드롬
University Bowl O-Drome

Kamoku St.

이올라니 학교
Iolani School

알라 와이 골프 코스
Ala Wai Golf Course ⑥

Sixteen Regents

●Ala Wai Plaza

Marco Polo

알라 와이 코브
Ala Wai Cove

● Karmana Lanai

Hihiwai St.

Manoa-Palolo Canal

마노아 팔롤로 운하

알라 와이 파크
Ala Wai Park

🏫알라 와이 초등학교
Ala Wai Elm. Sch.

알라 와이 운하 Ala Wai Canal

알라와이 불러바드   Ala Wai Blvd.

캐슬 아일랜드 콜로니
Castle Island Colony ⑭

아쿠아알로하서프와이키키
Aqua Aloha Surf Waikiki ⑭

트윈 타워즈
Twin Tower's

212 알라와이

서프 잭 호텔 & 스윔 클럽
Surf Jack Hotel & Swim Club ⑭

일리마 호텔 ⑭
Ilima Hotel

Lewers St.

와이키키
타운 하우스
Waikiki
Town House

앰버서더 호텔 ⑭

홀리데이 인 익스프레스 와이키키 ⑭
Holiday Inn Express Waikiki

하얏트 센트릭 와이키키 비치 ⑭
Hyatt Centric Waikiki Beach

노드스트롬 랙
Nordstrom Rack

힐튼 가든 인 와이키키 비치 ⑭
Hilton Garden Inn Waikiki Beach

아쿠아 뱀부 와이키키
Aqua Bamboo Waikiki ⑭

와이키키 게이트웨이 ⑭

Kaiolu St.

코트야드 바이 메리어트
와이키키 비치 ⑭
Courtyard by
Marriott Waikiki Beach

인터내셔널 마켓 플레이스
International Market Place

킹스 빌리지
King's Village

킹 칼라카우아 플라자 ⑤

로스 ⑤
Ross

쉐라톤 프린세스 카이울라니
Sheraton Princess Kaiulani ⑤

더 리츠 칼튼 레지던스, 와이키키 비치 호텔 ⑭
The Ritz-Carlton Residence, Waikiki Beach

딘 & 델루카 ®Dean & Deluca

Saratoga Rd.

아웃리거
루아나 와이키키 ⑭
Outrigger
Luana Waikiki

와이키키 게이트웨이 파크
Waikiki Gateway Park

칼라카우아 왕 동상
King Kalakaua Statue

와이키키 쇼핑 플라자 ⑤
Waikiki Shopping Plaza

와이키키 비치코머 바이 아웃리거 ⑭
Waikiki Beachcomber by Outrigger

하얏트 리젠시 와이키키 비치
리조트 & 스파 ⑭
Hyatt Regency Waikiki Beach
Resort & Spa

쿠로다 필드
Kuroda Field

로열 하와이안 센터 ⑤
Royal Hawaiian Center

듀크 카하나모쿠
Duke Kahanamok

Beachwalk

와이키키 시티 경찰
Waikiki City Police Stati

Kalia Rd.

트럼프 인터내셔널 호텔
-와이키키 비치 워크 ⑭
Trump International Hotel
-Waikiki Beach Walk

엠버시 스위트 바이 힐튼 와이키키 비치 워크 ⑭
Embassy Suites by Hilton Waikiki Beach Walk

할레푸나 와이키키
바이 할레쿨라니 ⑭
Halepuna Waikiki by Halekulani

로열 하와이안 ⑭
Royal Hawaiian

모아나 서프라이더 웨스틴
리조트 & 스파 ⑭
Moana Surfrider A Westin
Resort & Spa

할레 코아 호텔
Hale Koa Hotel

아웃리거 리프 온 더 비치
Outrigger Reef On The Beach

쉐라톤 와이키키 ⑭
Sheraton Waikiki

아웃리거와이키키온더비치 ⑭
Outrigger Waikiki On the Beach

할레쿨라니
Halekulani

U.S. 하와이 육군박물관 ⑭
U.S. Army Museum of Hawaii

와이키키 쇼어 ⑭
Waikiki Shore

에이치앤엠 H&M ⑤

빅토리아 시크릿 ⑤
Victoria Secret

웨스트 와이키키 P.102

세포라 Sephora ⑤

포트 드루시 비치 파크
Fort Derussy Beach Park

룰루레몬 Lululemon ⑤

스카이 라운지 Sky Lounge ®

마말라 만
Mamala Bay

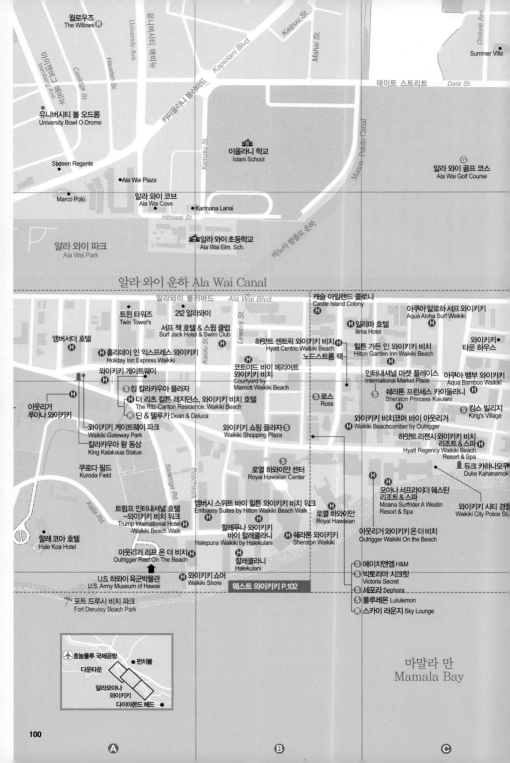

✈호놀룰루 국제공항

● 펀치볼

다운타운

알라모아나
와이키키

다이아몬드 헤드

Ⓐ   Ⓑ   Ⓒ

와이키키
WAIKIKI

1:10,000

0　　　　　　　200m

Winam Ave.

Hoolulu St.

Kilauea Ave.

BK 하와이 은행

카파훌루
Kapahulu

Fairway House

Ekela Ave.

Hunter St.

Willow St.

Mooheau St.

Martha St.

Herbert St.

Castle St.

Brokaw St.

오노 하와이안 푸드
Ono Hawaiian Foods R

ⓒ 스타벅스

R 레인보우 드라이브 인
Rainbow Drive In

Duval St.

Esther St.

Francis St.

Hayden St.

Hinano St.

Makini St.

Campbell Ave.

카피훌루 에비뉴
Kapahulu Ave.

● 클럽 하우스
Club House

Kanaina Ave.

사우스 쇼어 그릴 R
South Shore Grill

Kaunao St.

와이키키 도서관

서스턴 서클

힐튼 와이키키 비치 호텔
Hilton Waikiki Beach Hotel

Liliuokalani Ave.

Ohua Ave.

Ainakea Way

파키 애비뉴
Paki Ave.

Hinano St.

Makini St.

카페 모레이
Cafe Morey R

파이어니어 살롱
Pioneer Saloon

보거츠 카페 R
Bogart's Cafe

Diamond Head Sands

Diamond Head Vista ●

H 애스톤 앳 더 와이키키 반얀
Aston at the Waikiki Banyan

퀸 카피올라니 가든
Queen Kapiolani Garden

와이키키 학교
Waikiki School

Kuhio Ave.

쿠히오 애비뉴
Papakalani Ave.

와이키키 리조트 호텔
Waikiki resort Hotel

H 퍼시픽 비치 호텔

와이키키 비치 메리어트
리조트 & 스파
Waikiki Beach Marriott
Resort & Spa

H 하얏트 플레이스 와이키키 비치
Hyatt Place Waikiki Beach

호놀룰루 동물원
Hónolulu Zoo

Monsarrat Ave.

Leahi Ave.

H 퀸 카피올라니 H

칼라카우아 애비뉴
Kalakaua Ave.

와이키키 그랜드 호텔
Waikiki Grand Hotel

동물원 입구

모사리트 애비뉴

P

와이키키 셸
Waikiki Shell

H H

애스톤 와이키키 비치 호텔
Aston Waikiki Beach Hotel

파크 쇼어 와이키키
Park Shore Waikiki

쿠히오 비치 파크
Kuhio Beach Park

이스트 와이키키 P.104

카피올라니 밴드스탠드
Kapiolani Bandstand

S 아트페스트
Artfest

카피올라니 공원
Kapiolani Park

바레풋 비치 카페 R
Barefoot Beach Cafe

카피올라니 비치 파크 R
Kapiolani Beach Park

칼라카우아 애비뉴 Kalakaua Ave.

퀸즈 서프 비치
Queen's Surf Beach

카피올라니 테니스 코트
Kapiolani Tennis Court

와이키키 아쿠아리움
Waikiki Aquarium

하우 트리 라나이 R
Hau Tree Lanai

R 미셸즈
Michel's

D E F

1 2 3 4

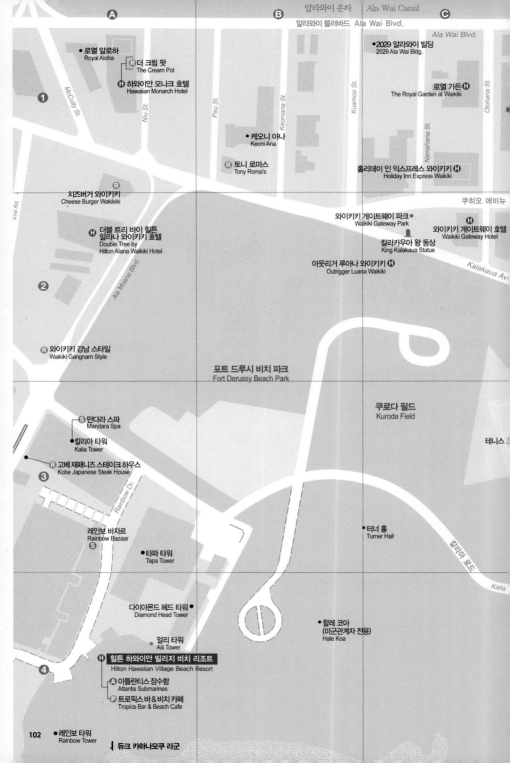

알라와이 운하 Ala Wai Canal

알라와이 블러바드 Ala Wai Blvd.

Ala Wai Blvd.

A B C

● 로열 알로하
Royal Aloha

R 더 크림 팟
The Cream Pot

H 하와이안 모나크 호텔
Hawaiian Monarch Hotel

● 2029 알라와이 빌딩
2029 Ala Wai Bldg.

로열 가든 H
The Royal Garden at Waikiki

● 케오니 아나
Keoni Ana

R 토니 로마스
Tony Roma's

홀리데이 인 익스프레스 와이키키 H
Holiday Inn Express Waikiki

쿠히오 애비뉴

R 치즈버거 와이키키
Cheese Burger Wakikiki

H 더블 트리 바이 힐튼
알라나 와이키키 호텔
Double Tree by
Hilton Alana Waikiki Hotel

와이키키 게이트웨이 파크 ●
Waikiki Gateway Park

와이키키 게이트웨이 호텔 H
Waikiki Gateway Hotel

칼라카우아 왕 동상
King Kalakaua Statue

아웃리거 루아나 와이키키 H
Outrigger Luana Waikiki

Kalakaua Av

R 와이키키 강남 스타일
Waikiki Gangnam Style

포트 드루시 비치 파크
Fort Derussy Beach Park

쿠로다 필드
Kuroda Field

테니스

S 만다라 스파
Mandara Spa

● 칼리아 타워
Kalia Tower

R 고베 재패니즈 스테이크 하우스
Kobe Japanese Steak House

레인보 바자르
Rainbow Bazaar

● 타파 타워
Tapa Tower

● 터너 홀
Turner Hall

칼리아 로드

Kalia

다이아몬드 헤드 타워 ●
Diamond Head Tower

● 할레 코아
(미군관계자 전용)
Hale Koa

알리 타워
Alii Tower

H 힐튼 하와이안 빌리지 비치 리조트
Hilton Hawaiian Village Beach Resort

A 아틀란티스 잠수함
Atlantis Submarines

P 트로픽스 바 & 비치 카페
Tropics Bar & Beach Cafe

● 레인보 타워
Rainbow Tower

↓ 듀크 카하나모쿠 라군

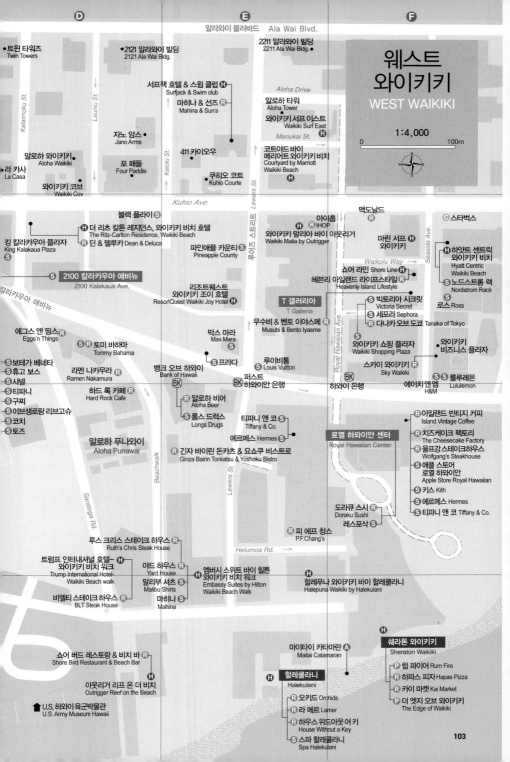

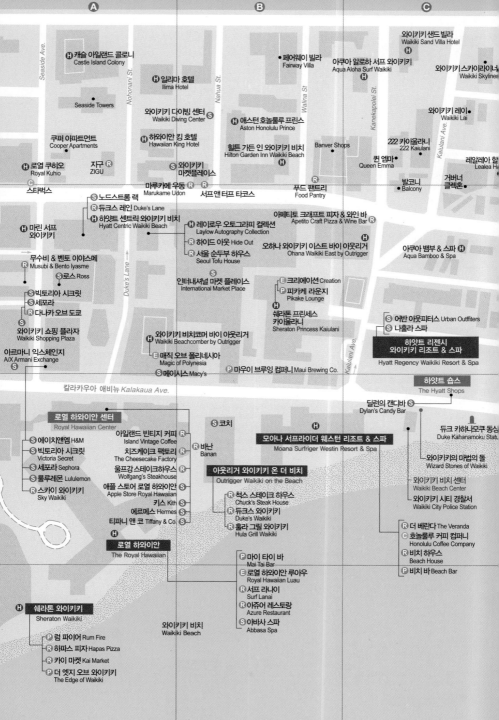

A · B · C

Seaside Ave.
Nohonani St.
Nahua St.
Walina St.
Kanekapolei St.
Kaiulani Ave.

캐슬 아일랜드 콜로니
Castle Island Colony

와이키키 샌드 빌라
Waikiki Sand Villa Hotel

페어웨이 빌라
Fairway Villa

아쿠아 알로하 서프 와이키키
Aqua Aloha Surf Waikiki

와이키키 스카이라이너
Waikiki Skyliner

일리마 호텔
Ilima Hotel

Seaside Towers

와이키키 다이빙 센터
Waikiki Diving Center

애스턴 호놀룰루 프린스
Aston Honolulu Prince

와이키키 레이
Waikiki Lai

쿠퍼 아파트먼트
Cooper Apartments

하와이안 킹 호텔
Hawaiian King Hotel

힐튼 가든 인 와이키키 비치
Hilton Garden Inn Waikiki Beach

Banver Shops

222 카아울라니
222 Kaiulani

레일레아 합
Lealea Ha

로열 쿠히오
Royal Kuhio

지구
ZIGU

와이키키 마켓플레이스

퀸 엠마
Queen Emma

발코니
Balcony

거버너
클렉혼

스타벅스

마루카메 우동
Marukame Udon

서프앤터프 타코스

푸드 팬트리
Food Pantry

노드스트롬 랙
Nordstrom Rack

듀크스 레인 Duke's Lane

하얏트 센트릭 와이키키 비치
Hyatt Centric Waikiki Beach

레이로우 오토그라피 컬렉션
Laylow Autography Collection

아페티토 크래프트 피자 & 와인 바
Apetito Craft Pizza & Wine Bar

마린 서프
와이키키

하이드 아웃 Hide Out

서울 순두부 하우스
Seoul Tofu House

오하나 와이키키 이스트 바이 아웃리거
Ohana Waikiki East by Outrigger

아쿠아 뱀부 & 스파
Aqua Bamboo & Spa

무수비 & 벤토 이야스메
Musubi & Bento Iyasme

로스 Ross

Duke's Lane

인터내셔널 마켓 플레이스
International Market Place

크리에이션
Creation

피카케 라운지
Pikake Lounge

쉐라톤 프린세스
카이울라니
Sheraton Princess Kaiulani

어반 아웃피터스 Urban Outfitters

나훌라 스파

빅토리아 시크릿

세포라

다나카 오브 도쿄

와이키키 쇼핑 플라자
Waikiki Shopping Plaza

와이키키 비치코머 바이 아웃리거
Waikiki Beachcomber by Outrigger

하얏트 리젠시
와이키키 리조트 & 스파
Hyatt Regency Waikiki Resort & Spa

아르마니 익스체인지
A/X Armani Exchange

매직 오브 폴리네시아
Magic of Polynesia

마우이 브루잉 컴퍼니 Maui Brewing Co.

메이시스 Macy's

하얏트 숍스
The Hyatt Shops

칼라카우아 애비뉴 Kalakaua Ave.

딜런의 캔디바
Dylan's Candy Bar

로열 하와이안 센터
Royal Hawaiian Center

코치

아일랜드 빈티지 커피
Island Vintage Coffee

모아나 서프라이더 웨스턴 리조트 & 스파
Moana Surfrider Westin Resort & Spa

듀크 카하나모쿠 동상
Duke Kahanamoku Statu.

에이치앤엠 H&M

빅토리아 시크릿
Victoria Secret

바난
Banan

치즈케이크 팩토리
The Cheesecake Factory

와이키키의 마법의 돌
Wizard Stones of Waikiki

세포라 Sephora

룰루레몬 Lululemon

울프강 스테이크하우스
Wolfgang's Steakhouse

아웃리거 와이키키 온 더 비치
Outrigger Waikiki on the Beach

와이키키 비치 센터
Waikiki Beach Center

스카이 와이키키
Sky Waikiki

애플 스토어 로열 하와이안
Apple Store Royal Hawaiian

키스 Kith

와이키키 시티 경찰서
Waikiki City Police Station

척스 스테이크 하우스
Chuck's Steak House

에르메스 Hermes

티파니 앤 코 Tiffany & Co.

듀크스 와이키키
Duke's Waikiki

훌라 그릴 와이키키
Hula Grill Waikiki

더 베란다 The Veranda

호놀룰루 커피 컴퍼니
Honolulu Coffee Company

비치 하우스
Beach House

로열 하와이안
The Royal Hawaiian

마이 타이 바
Mai Tai Bar

로열 하와이안 루아우
Royal Hawaiian Luau

비치 바 Beach Bar

서프 라나이
Surf Lanai

아쥬어 레스토랑
Azure Restaurant

쉐라톤 와이키키
Sheraton Waikiki

아바사 스파
Abbasa Spa

럼 파이어 Rum Fire

하파스 피자 Hapas Pizza

카이 마켓 Kai Market

와이키키 비치
Waikiki Beach

더 엣지 오브 와이키키
The Edge of Waikiki

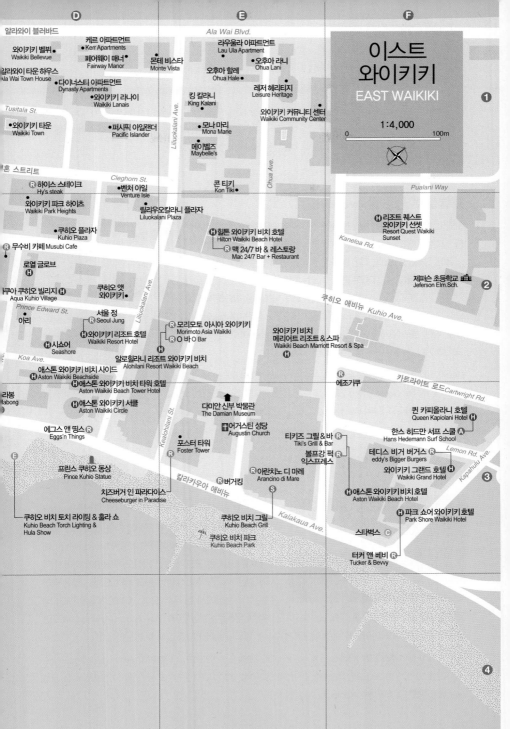

알라와이 블러바드

D

케르 아파트먼트
Kerr Apartments

와이키키 벨뷰
Waikiki Bellevue

페어웨이 매너
Fairway Manor

칼라와이 타운 하우스
Ala Wai Town House

다이너스티 아파트먼트
Dynasty Apartments

와이키키 라나이
Waikiki Lanais

Tusitala St.

와이키키 타운
Waikiki Town

퍼시픽 아일랜더
Pacific Islander

혼 스트리트

Cleghorn St.

하이스 스테이크
Hy's steak

벤처 아일
Venture Isle

와이키키 파크 하이츠
Waikiki Park Heights

쿠히오 플라자
Kuhio Plaza

릴리우오칼라니 플라자
Liliuokalani Plaza

무수비 카페 Musubi Cafe

로열 글로브

아쿠아 쿠히오 빌리지
Aqua Kuhio Village

쿠히오 앳
와이키키

Prince Edward St.

아리

서울 정
Seoul Jung

와이키키 리조트 호텔
Waikiki Resort Hotel

시쇼어
Seashore

Koa Ave.

애스톤 와이키키 비치 사이드
Aston Waikiki Beachside

라봉
Rabong

애스톤 와이키키 비치 타워 호텔
Aston Waikiki Beach Tower Hotel

애스톤 와이키키 서클
Aston Waikiki Circle

에그스 앤 띵스
Eggs'n Things

E

프린스 쿠히오 동상
Pince Kuhio Statue

치즈버거 인 파라다이스
Cheeseburger in Paradise

쿠히오 비치 토치 라이팅 & 훌라 쇼
Kuhio Beach Torch Lighting &
Hula Show

Ala Wai Blvd.

라우울라 아파트먼트
Lau Ula Apartment

몬테 비스타
Monte Vista

오후아 라니
Ohua Lani

오후아 할레
Ohua Hale

레저 헤리티지
Leisure Heritage

킹 칼라니
King Kalani

와이키키 커뮤니티 센터
Waikiki Community Center

모나 마리
Mona Marie

메이벨즈
Maybelle's

콘 티키
Kon Tiki

Ohua Ave.

힐튼 와이키키 비치 호텔
Hilton Waikiki Beach Hotel

맥 24/7 바 & 레스토랑
Mac 24/7 Bar + Restaurant

Liliuokalani Ave.

모리모토 아시아 와이키키
Morimoto Asia Waikiki

O 바 O Bar

와이키키 비치
메리어트 리조트 & 스파
Waikiki Beach Marriott Resort & Spa

알로힐라니 리조트 와이키키 비치
Alohilani Resort Waikiki Beach

Kealohilani St.

다미안 신부 박물관
The Damian Museum

어거스틴 성당
Augustin Church

포스터 타워
Foster Tower

칼라카우아 애비뉴

버거킹
Burger King

아란치노 디 마레
Arancino di Mare

치키즈 그릴 & 바
Tiki's Grill & Bar

불꽃강 펑
익스프레스

쿠히오 비치 그릴
Kuhio Beach Grill

쿠히오 비치 파크
Kuhio Beach Park

Kalakaua Ave.

F

이스트
와이키키
EAST WAIKIKI

1:4,000

0   100m

1

Pualani Way

리조트 퀘스트
와이키키 선셋
Resort Quest Waikiki
Sunset

Kaneloa Rd.

제퍼슨 초등학교
Jeferson Elm.Sch.

2

쿠히오 애비뉴 Kuhio Ave.

카트라이트 로드 Cartwright Rd.

에조가쿠

퀸 카피올라니 호텔
Queen Kapiolani Hotel

한스 히드만 서프 스쿨
Hans Hedemann Surf School

테디스 비거 버거스
eddy's Bigger Burgers

Lemon Rd.

와이키키 그랜드 호텔
Waikiki Grand Hotel

Kapahulu Ave.

애스톤 와이키키 비치 호텔
Aston Waikiki Beach Hotel

3

파크 쇼어 와이키키 호텔
Park Shore Waikiki Hotel

스타벅스

터커 앤 베비
Tucker & Bevvy

4

와이키키의 볼거리

해변과 공원이 주를 이루는 와이키키는 '자연' 그 자체가 가장 좋은 감상이 된다. 전 세계 모인 관광객들과 함께 꾸밈없는 와이키키를 느껴보자.

호놀룰루 동물원 Honolulu Zoo

하와이 주의 새인 네네 Nene와 현재 멸종 위기에 처해 있는 아파파네 등 진기한 새들을 볼 수 있고 아프리카 사파리에는 코끼리와 사자, 땅거북이, 얼룩말도 있다. 작은 동물들은 직접 만져볼 수 있어 아이들 교육용으로도 좋다. 총 900여 종에 이르는 다양한 동물이 있다. 동물원 안에는 가든도 있어 하와이에 서식하는 꽃과 식물들을 학습하기에 좋으며, 미리 예약하면 생일 파티 등을 열 수도 있다. 뿐만 아니라 어린이들을 위한 캠프(데이 투어 일정이며, 영어로 의사소통이 가능해야 함)도 진행한다.

Map P.101-E3 | **주소** 151 Kapahulu Ave. Honolulu | **전화** 808-926-3191 | **홈페이지** www.honoluluzoo.org | **운영** 10:00~16:00(마지막 입장 15:00) | **요금** 성인 $19, 3~12세 $11 | **주차** 유료(1시간 $1.50) | **가는 방법** Kalakaua Ave.에서 직진, Kapahulu Ave.를 끼고 좌회전. 오른쪽에 위치. Park Shore Waikiki 건너편.

와이키키 아쿠아리움 Waikiki Aquarium

마히마히 Mahimahi 등 하와이 근해에 사는 물고기와 열대어, 산호초가 가득한 곳. 카피올라니 공원 Kapiolani Park 내에 위치한 이곳은 규모가 크진 않아도 1904년에 지어져 역사가 깊은 수족관이다. 태평양 몽크 바다 표범도 있어 먹이주는 것을 눈앞에서 볼 수 있으며, 총 400여 종의 해양 생물이 모여 있다. 하와이 주를 대표하는 물고기인 후무후무누쿠누쿠아푸아아 Humuhumunukunukuapuaa도 만날 수 있다. 그밖에도 아이들을 위한 이벤트가 수시로 열리니 홈페이지를 검색 후 방문하자.

Map P.101-E4 | **주소** 2777 Kalakaua Ave. Honolulu | **전화** 808-923-9741 | **홈페이지** www.waikikiaquarium.org | **운영** 09:00~16:30 | **요금** 성인 $12, 4~12세 $5 | **주차** 무료(2시간), 인근 유료 주차 가능 | **가는 방법** Kalakaua Ave.에서 직진, 오른쪽에 위치. Kapiolani Park 건너편.

©하와이 관광청

다이아몬드 헤드 Diamond Head

10만 년 전 화산 폭발로 생겨난 곳. 1825년 이 섬을 발견한 쿡 선장이 멀리 분화구 정상에서 반짝거리는 암석을 보고 다이아몬드로 착각해 다이아몬드 헤드라는 이름이 지어졌다는 에피소드를 가지고 있다. 용암 동굴과 오래 전 전쟁 때 요새로 사용한 벙커 등을 지나 정상에 오르면 와이키키의 바다와 거리가 내려다보이는 360도 파노라마 뷰를 감상할 수 있다. 차로 등산로 입구 부분까지 갈 수 있으며, 해발 232m 높이로 가파른 코스는 아니지만 슬리퍼보다 운동화를 챙기는 것이 좋다. 용암 동굴과 계단을 통과해 정상에 도달하며, 1시간 30분~2시간가량 소요된다. 홈페이지(gostateparks.hawaii.gov)를 통해 미리 예약해야만 입장이 가능하다.

Map P.075-E4 | **주소** 4200 Diamond Head Rd. Honolulu | **전화** 808-587-0300 | **홈페이지** www.hawaiistateparks.org | **운영** 06:00~16:00(마지막 입장 15:00, 추수감사절·크리스마스·새해 휴무) | **요금** 성인 각 $5 | **주차** 유료($10) | **가는 방법** Kalakaua Ave.에서 직진하다 Monsarrat Ave. 방향으로 약간 좌회전 해 다시 직진. Diamond Head로 진입해 직진. 오른쪽에 위치.

카피올라니 공원 Kapiolani Park

하와이에서 가장 먼저 만들어진 공원. 칼라카우아 대왕이 아내의 이름을 따 카피올라니 공원이라 정했다. 주말이면 가족 단위로 피크닉을 즐기는 사람이 많고 파머스 마켓이나 소소한 공연 등이 열린다. 매주 일요일 14:00~15:00에는 카피올라니 밴드 스탠드에서 로열 하와이안 밴드의 무료 라이브 공연이 열리기도 하고, 셋째 주 주말(우기 시즌에는 제외)마다 지역 예술가들의 핸드 메이드 제품을 판매하는 아트 페스트도 볼 만하다.

Map P.101-E3 | **주소** 2805 Monsarrat Ave. Honolulu | **전화** 808-768-4626 | **운영** 05:00~24:00 | **요금** 무료 | **주차** 무료(호놀룰루 동물원에 유료 주차 가능, 1시간 $1.50) | **가는 방법** Kalakaua Ave.에서 직진, 호놀룰루 동물원 Honolulu Zoo을 지나 와이키키 비치를 마주보고 왼쪽에 위치.

★★★★★

듀크 카하나모쿠 동상
Duke Kahanamoku Statue

와이키키 비치 근처에는 1890년 태어나 두 번의 올림픽에서 자유형 금메달을 획득해 하와이의 영웅이 된 듀크 카하나모쿠의 동상이 있다. 할리우드 영화에도 출연하면서 전 세계에 하와이와 서핑을 알린 하와이의 위대한 영웅을 기리는 동상 뒤로는 서핑 보드가 있고, 양손에는 하와이안 꽃 목걸이인 레이가 걸려 있다. 매년 8월에는 듀크를 기념하기 위한 Duke's Oceanfest가 열린다.

Map P.104-C3 | **주소** 2425 Kalakaua Ave. Honolulu(주소 불분명, 근처 와이키키 경찰서 주소) | **주차** 불가 | **가는 방법** Kalakaua Ave.에서 호놀룰루 동물원 Honolulu Zoo 방향으로 직진. 와이키키 경찰서 옆 쿠히오 비치 Kuhio Beach 내 위치.

Mia's Advice

하와이에서 보다 특별한 볼거리를 찾는다면 U.S. 하와이 육군 박물관 U.S. Army Museum of Hawaii을 추천해요. 하와이에서 일어난 전쟁뿐 아니라 베트남전과 한국전에 참여한 영웅들에 대한 스토리를 들을 수 있답니다. 화~토요일 10:00~17:00에 전시관을 둘러볼 수 있으며 입장료는 따로 없지만 약간의 기부금을 받고 있어요. 코로나19로 인해 실내 전시는 휴관 중이나 야외 전시는 관람할 수 있다.

Map P.103-D4 | **문의** 808-438-2821, www.hiarmymuseumsoc.org | **주차** $3.50(1시간 기준, 이후 시간당 $2씩 추가)

와이키키의 해변

와이키키의 해변은 오아후 관광의 최대 거점 지역이다. 특히 넓은 백사장에는 1년 365일 여행자들의 발걸음이 끊이지 않는다. 대형 축제가 열린 것 같은 착각마저 든다.

★★★★★

와이키키 비치 Waikiki Beach

와이키키에는 해변가를 중심으로 호텔과 레스토랑, 쇼핑몰이 모여 있다. 힐튼 하와이안 빌리지부터 카피올라니 공원까지 3㎞가량 이어진 10개의 해변을 통틀어 '와이키키 비치'라고 부른다. 해변에는 각종 렌탈 숍도 많아 서핑, 부기보딩 등의 해양 스포츠를 언제든지 즐길 수 있다.

그중에서도 힐튼 하와이안 빌리지 앞의 해변은 카하나모쿠 비치 Kahanamoku Beach로 불리는데, 파도가 잔잔해 아이들과 함께 물놀이하기 좋고, 매주 금요일 오후 7~8시(계절에 따라 조금씩 시간이 바뀜) 불꽃놀이가 진행되어 인기가 많다. 로열 하와이안 호텔에서 모아나 서프라이더 호텔 앞까지 펼쳐진 해변은 센트럴 와이키키 비치 Central Waikiki Beach로 사람들이 가장 많이 붐비는 곳이다. 파도를 따라 서핑이나 보디 보딩을 즐기는 사람이 많은 것이 특징. 애스톤 와이키키 비치 호텔에서 파크 쇼어 호텔 앞까지의 해변 거리는 쿠히오 비치 파크 Kuhio Beach Park로 방파제가 파도를 인공적으로 막아 아이들이 놀기 적당하다. 이곳에서는 '쿠히오 토치 & 훌라 쇼'가 무료로 열린다. 매주 수·토요일 오후 18:30~19:30에 열리며, 겨울 시즌인 11~1월에는 18:00~19:00에 열린다. 쿠히오 비치 파크 시작점 부근에는 프린스 쿠히오 동상이 세워져 있어 찾기 쉽다. 또한 코로나19로 잠시 중단되었던 힐튼 하와이안 빌리지 앞의 불꽃놀이가 2022년 6월 다시 재개되었다. 매주 금요일, 와이키키 비치 앞의 불꽃놀이 관람도 놓치지 말자.

Map P.105-C3 | **주소** Kalakaua Ave. Honolulu | **운영** 05:00~다음날 02:00 | **주차** 불가 | **가는 방법** Kalakaua Ave.에서 호놀룰루 동물원 Honolulu Zoo 방향으로 직진. 하얏트 리젠시 건너편에 있는 와이키키 파출소를 마주보고 왼쪽으로 걷다 보면 해변으로 진입할 수 있다.

듀크 카하나모쿠 라군

Duke Kahanamoku Lagoon

인공적으로 만든 해변으로, 수심이 얕고 파도가 없어 보드 위에 서서 타는 스탠드 업 서핑보드를 즐기는 이들을 많이 볼 수 있다. 라군 바로 옆에 마련되어 있는 안내 데스크에서 스노클링, 스탠드 업 서핑보드와 비치 우산, 비치 의자 등을 대여해준다. 바다에서 유입된 물고기 떼들이 있어 아이들이 스노클링 하기에도 적당하다. 스노클링 클래스는 따로 없지만, 근처 ABC 스토어나 월마트에서 $20~30에 스노클링 장비를 구입할 수 있다.

Map P.102-A4 | **주소** Holomoana St. Honolulu | **운영** 특별히 명시되진 않았지만 이른 오전과 늦은 저녁은 피하는 것이 좋다. | **주차** 모던 호놀룰루와 패밀리 레스토랑인 레드 랍스터 사이, Hobron Lane 사잇길로 들어오면 라군을 끼고 왼쪽 주차장 무료(오른쪽 공영 주차장 1시간 $2) | **가는 방법** Kalakaua Ave.에서 알라 모아나 센터 방향의 Ala Moana Blvd.로 진입, Kalia Rd. 방향으로 좌회전 후 첫 번째 Rainbow Dr. 골목으로 우회전. 힐튼 하와이안 빌리지 비치 리조트 & 스파 Hilton Hawaiian Village Beach Resort & Spa 레인보 타워 뒤편에 위치.

요즘 와이키키에서 뜨고 있는, 거북이 스노클링 Turtle Snorkeling

하와이의 대표 스노클링 장소는 하나우마 베이. 그러나 방문 이틀 전 홈페이지를 통해 예약해야 하며, 와이키키에서 25분가량 소요되는 이동 거리가 부담스럽다면 와이키키에서 진행되는 매우 특별한 액티비티, 거북이 스노클링에 도전해보자. 와이키키 앞바다로 나가 야생 거북이와 함께 수영하며, 특별한 순간을 가슴에 담을 수 있다. 호텔 앞까지 픽업/드롭 서비스가 제공되며 스노클링 이외에도 시드스쿠터, 패들보드, 카약 등 다양한 레저 스포츠도 즐길 수 있다. 뿐만 아니라 선상에서 하와이 대표 음식인 무스비를 비롯해 컵라면, 음료와 스낵 등 먹거리도 이용료에 포함돼 있다. 단, 뱃멀미가 있는 사람이라면 한국에서 미리 멀미약을 준비하는 것이 좋다. 총 소요시간은 4시간이며, 프로그램은 오전에만 이뤄진다.

문의 waikikiturtle.co.kr | **요금** 예약금 3만 원+현장 지불 $90

와이키키의 즐길 거리

와이키키 비치에서는 서핑, 스탠드 업 패들, 바디 보드, 스노클링 등 액티비티가 연중 펼쳐지고 있다. 특히 서핑은 짧은 시간 내에 배울 수 있어 누구나 시도해볼 수 있다.

한스 히드만 서프 스쿨
Hans Hedemann Surf School
★★★★★

한스 히드만은 하와이에서 태어난 서핑 선수로, 하와이뿐 아니라 호주, 남아프리카 등지에서 유명세를 떨치다가 1995년 서프 스쿨을 론칭했다. 수영에 능숙하지 않아도 2시간 동안 충분히 서핑을 배울 수 있으며, 그룹 레슨과 세미 프라이빗 레슨, 프라이빗 레슨으로 나뉘어 있다. 서핑 이외에도 바디 보드, 스탠드 업 패들, 카누와 피싱 투어 등이 있다. 현재 와이키키 앞뿐만 아니라 노스 쇼어에서도 운영 중이다. 수영복, 타월, 자외선 차단제는 필수(래시가드는 레슨 시 무료 대여).

Map P.105-F3 | 주소 150 Kapahulu Ave. | 전화 808-924-7778 | 홈페이지 http://hhsurf.com | 운영 레슨 09:00, 12:00, 15:00 | 요금 그룹 레슨(2시간) $90, 프라이빗 레슨(2시간) $170 | 주차 불가 | 가는 방법 Kalakaua Ave. 끝, 쿠히오 비치 파크 Kuhio Beach Park를 지나 스타벅스 끼고 좌회전. 파크 쇼어 호텔 Park Shore Hotel 1층에 위치.

카타마란 Catamaran

카타마란이란 2개의 선체를 가진 배로 와이키키에서 출발. 바다 한 가운데에서 신나는 음악과 함께 오션뷰를 감상하는 액티비티. 탑승 시간은 75~90분가량 되며 칵테일과 맥주, 샴페인과 와인, 주스 등을 판매한다. 그중에서도 특히 17:00에 출발하는 선셋 프로그램은(Sunset Mai Tai Sail) 배 위에서 태평양의 일몰을 감상하는 것은 물론이고 알코올 포함 음료가 무료로 제공된다. 매주 금요일 선셋 프로그램은 불꽃놀이도 함께 감상할 수 있어 일찍 매진된다. 홈페이지에서 예약 시 할인된다.

Map P.103-F4 | 주소 2199 Kalia Rd. Honolulu (Halekulani), 2255 Kalakaua Ave. Honolulu (Sheraton Waikiki) | 전화 808-922-5665 | 홈페이지 www.maitaicatamaran.com | 운영 11:30~17:00(선셋) | 요금 $49~79 | 주차 유료(로열 하와이안 쇼핑 센터 내 주차 가능, 1시간에 $6) | 가는 방법 할레쿨라니 호텔 Halekulani Hotel, 쉐라톤 와이키키 Sheraton Waikiki 앞의 와이키키 비치에서 카타마란 탑승.

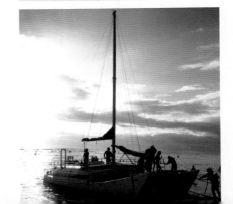

퍼시픽 스카이다이빙 센터
Pacific Skydiving Center

©Pacific Skydiving

멋진 하와이의 절경을 하늘에서도 즐길 수 있다. 랜드 투어와는 또 다른 재미와 설레임을 갖게 한다. 단, 24시간 전 스쿠버다이빙을 해선 안 되고, 근처 매점이 없는 관계로 간단하게 음료와 스낵을 챙겨 가는 것이 좋다. 탑승 시 여권이 필요하며, 기상 악화로 비행이 취소될 경우에는 환불이 가능하다.

Map P.072-B2 | 주소 68-760 Farrington Hwy. Waialua | 전화 808-637-7472 | 홈페이지 www.pacificskydivinghonolulu.com | 운영 08:30~11:00(수~일 운영. 월·화요일 휴무) | 요금 $259~279(연료비 $30 추가) | 주차 무료 | 가는 방법 버스를 타고 가기엔 무리다. 렌터카를 이용하는 것을 추천한다. 48시간 전에 취소하거나 약속 장소에 나타나지 않는 경우 $100이 부과된다.

호놀룰루 소링(무동력 글라이더)
Honolulu Soaring

글라이더는 오아후의 지상 위를 누비는 가장 와일드한 액티비티다. 그 가운데에서 가장 유명한 업체로, 1970년부터 시작해 역사가 깊다. 특히 이 액티비티가 MBC 예능 프로그램 〈무한도전〉에 등장한 이후로 부쩍 찾는 이들이 많아졌다. 동력 없이 하늘 위를 나는 아찔함을 느끼기 위해 필요한 것은 용기뿐인 듯. 에어로바틱이 가장 인기가 좋으며, 와이키키에서 업체 셔틀버스를 이용하면 $45가 추가된다.

Map P.072-B2 | 주소 69-132 Farrington Hwy. Waialua | 전화 808-637-0207 | 홈페이지 www.honolulusoaring.com | 운영 10:00~17:30 | 요금 시간에 따라, 기종에 따라 가격이 천차만별. 대략 $85~315(1인 기준) | 주차 무료 | 가는 방법 이곳까지 가는 버스 노선이 없다. 업체의 픽업 셔틀버스를 이용하거나 렌터카로 직접 방문해야 한다.

Mia's Advice

여행 중 아플 땐 한인 약국으로!
해피 파머시 Happy Pharmercy
하와이 여행 중 약국을 찾아야 할 땐 한인 약사가 상주하고 있는 알라 모아나 센터의 해피 파머시로 향하자. 친절한 상담과 함께 여행 중 필요한 의약품을 구매하거나 이와 관련한 도움을 받을 수 있다. 참고로 약국 한편에는 핏플랍 신발을 구매할 수 있는 SAS 매장이 함께 있어 신발 쇼핑도 가능하다. 알라 모아나 센터 겐키 스시 Kenki Sushi 건너편에 위치하며 운영 시간은 월~금요일 08:30~17:00, 토요일 08:30~13:00, 일요일은 휴무다.

와이키키의 먹거리

모두 들르기 어려울 정도로 와이키키에는 소문난 맛집과 분위기 좋은 레스토랑이 모두 모여 있다. 인기 있는 곳은 줄서서 기다려야 하니 붐비는 시간대는 피해 가자.

더 크림 팟 The Cream Pot
★★★★★

프로방스 스타일의 레스토랑으로 일식과 프렌치 퓨전 요리를 선보이는 곳이다. 브런치 카페로도 유명한 이곳은 프랑스에서 수입한 카카오, 마우이에서 재배한 신선한 딸기 등 재료 선택에 신중하다. 오믈렛, 베네딕트, 와플, 팬케이크 등의 메뉴가 메인이다. 그중에서도 오토로 에그 베네딕트, 크랜베리&레몬 커스터드 수플레 팬케이트 등이 유명하다. 야외에도 테이블이 놓여 있어 하와이 속의 프랑스를 마주한 듯한 착각마저 든다.

Map P.102-A1 | 주소 444 Niu St. Honolulu | 전화 808-429-0945 | 영업 08:00〜14:00(화·수요일 휴무) | 가격 $12〜39(오토로 에그 베네딕트 $39) | 주차 유료(호텔 내 주차, 1시간 $3.5) | 예약 필요 | 가는 방법 Kalakaua Ave.에서 Niu St. 방향으로 진입, 도로 끝 하와이안 모나크 호텔 Hawaiian Monarch Hotel 1층에 위치.

지구 ZIGU

하와이의 식재료를 이용해 창의적인 일본 요리 및 사케와 어울릴 수 있는 회와 튀김, 초밥 등을 만날 수 있는 곳이다. 요즘 와이키키에서 가장 핫한 일본 레스토랑으로 입소문이 난 곳. 신혼부부라면 저녁 시간 야외 테라스에서 낭만적인 분위기를 즐길 수 있으며, 아이를 둔 가족이라면 아이의 입맛에 맞는 계란말이나 달콤한 연어 구이 등의 메뉴가 눈길을 끌 것이다.

Map P.104-A1 | 주소 413 Seaside Ave. Honolulu | 전화 808-212-9252 | 홈페이지 www.zigu.us | 영업 일〜목 16:00〜23:00, 금〜토 16:00〜24:00(해피 아워 16:00〜18:00) | 가격 $5.5〜26(새우튀김 5PC $19, 튜나 커틀릿 $23) | 주차 무료(식당 내에서 $30 이상 식사할 경우 하얏트 센트릭 와이키키 비치 Hyatt Centric Waikiki Beach 건물 내 2시간) | 예약 필요 | 가는 방법 Kuhio Ave.와 Seaside Ave. 사이에 위치. 하얏트 센트릭 와이키키 비치 Hyatt Centric Waikiki Beach 호텔 길 건너편에 위치.

딘 앤 델루카 Dean And Deluca

와이키키 지역의 럭셔리 리조트인 리츠 칼튼 레지던스, 와이키키 비치 호텔에 위치한 카페. 1층에서는 식재료와 디저트, 음료를 판매하고 2층에서는 주말 10:00~14:00에만 브런치를 판매한다. 메뉴는 비프 와규 로코모코, 아히 타르트 위드 카루가 캐비아, 하와이안 허니 와플 등 다섯 가지. 메뉴가 적어도 고급스러운 분위기를 즐기는 데 부족함이 없다. 또한 이곳에서 메시 소재의 딘 앤 델루카 하와이 토트백은 인기 상품 중 하나다.

Map P.103-D2 | 주소 383 Kalanimoku St. Honolulu | 전화 808-729-9720 | 홈페이지 www. deandeluca-hawaii.com | 영업 07:00~17:00 | 가격 $20~28(브런치·하와이안 허니 와플 $20)) | 주차 무료 (호텔 내 발레파킹 가능, 영수증 제시) | 예약 필요 | 가는 방법 Kalakaua Ave. 초입, 왼쪽 샤넬 매장을 지나기 전 좌회전, 오른쪽에 위치.

레드 랍스터 Red Lobster

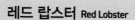

1968년에 오픈해 전 세계에 698개의 매장을 두고 있는 프렌차이즈 패밀리 레스토랑. 시푸드를 메인으로 하고 있다. 특히 크랩과 랍스터, 연어를 재료로 한 메뉴가 많은 편이다. 연어의 경우 훈제로 구워 식욕을 높였으며, 크랩과 랍스터는 마늘을 넣고 굽거나 버터를 이용해 쪄내 해산물 특유의 비린내를 없애며 풍미를 더했다. 수프 혹은 샐러드와 메인 요리가 세트인 3 From the sea와 랍스터 러버스

등이 인기가 많다.

Map P.145-E3 | 주소 1765 Ala Moana Blvd. Honolulu | 전화 808-955-5656 | 홈페이지 www.redlobster.com | 영업 일~목 11:00~22:00, 금~토 11:00~23:00 | 가격 $4.99~134.99(랍스터 러버스 $47.99) | 주차 유료 (10시간 $7) | 예약 필요 | 가는 방법 Kalakaua Ave.에서 Ala Moana Blvd. 방향으로 진입. 하와이 프린스 호텔 Hawaii Prince Hotel 옆에 위치.

차터 하우스 와이키키
Charter House Waikiki

와이키키에 오래된 레스토랑으로 알라 모아나 해변을 바라보고 있어 운치가 좋다. 관광객 못지않게 현지인들에게도 입소문이 자자한 곳. 스테이크와 해산물, 볶음밥과 버펄로 윙 등 다양한 메뉴가 있어 선택의 폭이 자유롭다. 토·일요일 09:00~14:00 사이에는 오믈렛, 와플, 팬케이크와 로코모코 등 브런치 메뉴를 주문할 수 있다.

Map P.145-E3 | 주소 1765 Ala Moana Blvd. Honolulu | 전화 808-941-6669 | 홈페이지 https://charthousewaikiki.com | 영업 월~목 15:30~24:00, 금 15:30~02:00, 토 09:00~02:00, 일 09:00~24:00(해피 아워 15:30~17:30) | 가격 $6~57(찹스테이크 $13, 프레시 슈크드 오이스터 6PC

$29) | **주차** 유료(4시간 $5) | **가는 방법** Kalakaua Ave.
에서 Ala Moana Blvd. 방향으로 진입. 하와이 프린스 호
텔 Hawaii Prince Hotel 옆에 위치.

서울 순두부 하우스
Seoul Tofu House

와이키키 지역 최초의 순두부 전문점이다. 24시간
동안 푹 우린 고기 육수를 사용해 시원한 국물 맛
을 자랑한다. 고기, 해산물, 채소 등 토핑을 기호에
맞게 선택할 수 있어 더욱 좋다. 모든 메뉴는 1인 1
트레이에 깔끔하게 세팅되어 나온다. LA갈비, 오징
어볶음, 떡갈비 등의 메뉴에 순두부 1가지가 제공
되는 세트 메뉴도 있다(런치 한정). 해물파전, 돼지
고기 김치전, 육전, 냉메밀국수도 일품이다.

Map P.104-A2 | **주소** 2299 Kuhio Ave. Space C.
Honolulu | **전화** 808-376-0018 | **영업** 월~목
11:00~21:00, 금~일 11:00~21:30 | **가격** $11.99~
27.99(석어순두부 $14.99) | **가는 방법** 인터내셔널 마켓플
레이스 후문에 위치. 레이로우 Laylow 호텔 1층.

에그스 앤 띵스 Eggs'n Things
★ ★ ★ ★ ★

오믈렛과 팬케이크 등 달걀을 이용한 요리가 유명
한 레스토랑. 달걀 3개를 넣어 만든 오믈렛이 대표
메뉴로 시금치와 베이컨, 치즈, 버섯 등을 취향에
따라 곁들여 먹을 수 있다. 하와이 현지식인 로코

모코도 맛볼 수 있으며 대
부분의 메뉴가 양이 많은
편이다. 1974년에 오픈해
지금까지 호놀룰루에 총 3
개의 지점을 두고 있으며
사라토가 로드에 있는 곳
이 오리지널 매장이다. 아침부터 저녁까지 길게 줄
이 늘어서 있다.

Map P.105-D3 | **주소** 339 Saratoga Rd. Honolulu
| **전화** 808-923-3447 | **홈페이지** www.eggsnthings.
com | **영업** 07:00~14:00 | **가격** $11.95~22.95(스피
니치 베이컨&치즈 오믈렛 $13.95, 시그니처 레인보 팬케이
크 $19.95) | **주차** 불가 | **예약** 불가 | **가는 방법** Kalakaua
Ave 초입. Saratoga Rd. 방향으로 직진. 왼쪽에 위치.

비엘티 스테이크 하우스
BLT Steak House

와이키키에서 럭셔리한 식사를 원한다면 이곳을
빼놓을 수 없을 듯. 미국 정통 스테이크에 프렌치
스타일의 요리가 가미되어 고급스러운 맛을 선보
이는 곳으로 고급 쇠고기, 신선한 해산물 및 지역
특산물 메뉴를 제공한다. 스테이크 외에도 지역 특
선 요리인 버터 피시나 레몬 로즈메리 치킨, 햄버
거 등의 메뉴가 인기가 많으며 각종 셔벗 아이스
크림과 피넛버터 초콜릿 무스 등의 디저트도 일품
이다.

Map P.103-D4 | **주소** 223 Saratoga Rd. Honolulu |

전화 808-683-7440 | 영업 화~목 17:00~22:00, 금~토 17:00~23:00(월요일 휴무, 해피 아워 16:30~18:30) | 가격 $14~132(립아이 스테이크 $67) | 주차 무료(발레파킹, 4시간) | 예약 필요 | 가는 방법 Kalakaua Ave. 초입, 포트 드루시 비치 파크 Fort Derussy Beach Park 지나 Saratoga St.를 끼고 우회전, 우체국 건너편 트럼프 인터내셔널 호텔 Trump International Hotel 1층에 위치.

하드 록 카페 Hard Rock Cafe

1층은 하드 록 로고가 새겨진 티셔츠부터 컵 등 각종 기념품들을 판매하며, 천장의 수많은 기타 장식이 인상적인 2층으로 올라가면 비로소 하드 록 카페를 만날 수 있다. 샌드위치나 핫 윙 등 핑거 푸드와 함께 시각적인 즐거움이 가득한 칵테일 메뉴를 주문할 수 있으며 운이 좋으면 18:00~21:00에 라이브 공연을 감상할 수 있다(홈페이지 이벤트 참고). 유명한 가수들의 소장품들을 전시해놓아 보는 즐거움을 더한다. 금~토요일 저녁에는 예약 필수! 와플, 에그 베네딕트, 오믈렛 등 아침 메뉴도 인기가 높다.

Map P.103-D3 | 주소 280 Beachwalk Honolulu | 전화 808-955-7383 | 홈페이지 www.hardrock.com

| 영업 일~목 12:00~22:00, 금~토 12:00~23:00 | 가격 $13.99~150 | 주차 맞은편 뱅크 오브 하와이 건물. 유료(4시간 $7) | 예약 필요 | 가는 방법 Kalakaua Ave. 초입, 포트 드루시 비치 파크 Fort Derussy Beach Park 지나 뱅크 오브 하와이 Bank of Hawaii 지나기 전, 오른쪽 Beachwalk 골목으로 우회전 후 바로 오른쪽에 위치.

긴자 바이린 돈카츠 & 요쇼쿠 비스트로
Ginza Bairin Tonkatsu & Yoshoku Bistro

두툼한 두께에 육즙이 살아있는 돈카츠를 맛볼 수 있는 곳. 본점은 일본에 있으며 한국에도 이미 지점을 오픈한 체인점이다. 질 좋은 흑돼지를 사용, 25개 접시만 판매하는 포크 로인 카츠가 유명하며 그 외에도 덮밥이나 튀김류 등의 메뉴가 있다. 디저트로 녹차 아이스크림 등을 곁들이면 좋다. 고기는 물론이고 밥, 샐러드에 사용되는 양배추, 소스 등 모두 1등급만 사용해 다소 가격이 높은 편이다.

Map P.103-E3 | 주소 255 Beachwalk Honolulu | 전화 808-926-8082 | 홈페이지 www.ginzabairinhawaii.com | 영업 일~목 11:00~21:30, 금~토 11:00~22:30 | 가격 $6~36(포크 텐더로인 카츠 $24) | 주차 불가 | 가는 방법 Kalakaua Ave. 초입, 포트 드루시 비치 파크 Fort Derussy Beach Park 지나 뱅크 오브 하와이 Bank of Hawaii 지나기 전, 오른쪽 Beachwalk 골목으로 우회전. 아웃리거 리젠시 온 비치워크 호텔 Outrigger Regency on Beachwalk 건물 1층에 위치.

라멘 나카무라 Ramen Nakamura

와이키키 초입에 위치한 이곳은 늘 관광객이 줄서서 기다리는 진풍경을 자아내는 곳이다. 와이키에서 좀처럼 보기 드물게 가격대가 저렴하다. 라면과 볶음밥이 함께 제공되는 콤보 세트, 한국인들의 취향을 저격한 김치볶음밥 등 여행 중 간단하게 한 끼 해결하고 싶다면 이곳으로 향하자.

Map P.103-D2 | 주소 2141 Kalakaua Ave. #1 honolulu | 전화 808-922-7960 | 영업 11:00~22:45 | 가격 $6.60~23.40(스파이시 라멘 $11.40) | 주차 없음 | 예약 불가 | 가는 방법 Kalakaua Ave. 초입, 포트 드루시 비치 파크 Fort Derussy Beach Park 지나 뱅크 오브 하와이 Bank of Hawaii 지나기 전, 오른쪽 Beachwalk 골목 초입에 위치.

아이홉 IHOP

부드럽고 두툼한 팬케이크로 인기를 끌고 있는 레스토랑이다. 초코 칩, 딸기 & 바나나 등 내용물을 달리해 각자 취향에 맞게 팬케이크를 즐길 수 있으며 오믈렛과 스테이크 역시 양이 많아 여러 명이 나눠먹기 좋다. 특히 월드 페이머스 팬 케이크 콤보 세트가 유명한데, 팬케이크에 베이컨과 소시지 등을 곁들일 수 있다. 브렉퍼스트 메뉴로는 팬케이크와 함께 해시 브라운, 베이컨, 소시지, 햄이 곁들여진 브렉퍼스트 샘플러가 유명하다.

Map P.103-E2 | 주소 2211 Kuhio Ave. Honolulu | 전화 808-921-2400 | 홈페이지 www.ihop.com | 영업 24시간 | 가격 $3.99~20(오리지널 버터밀크 팬케이크 $13.39, 브렉퍼스트 샘플러 $16.99) | 주차 유료(2시간 빌레파킹 $2, 이후 30분당 $2) | 가는 방법 T 갤러리아 뒤쪽 Kuhio Ave.에 위치, 오하나 와이키키 말리아 호텔 Ohana Waikiki Malia 1층에 위치.

울프강 스테이크하우스
Wolfgang's Steakhouse

뉴욕 3대 스테이크하우스에 꼽히는 피터 루거에서 40여 년간 헤드 웨이터로 근무한 울프강 즈위너가 새로 오픈한 레스토랑. 이곳의 소고기는 특별하다.

미국 상위 3%에 해당하는 최고급 USDA 프라임 등급의 블랙 앵거스 품종 소고기만을 사용하며, 28일 동안 드라이 에이징을 거쳐 테이블에 올려진다. 워낙 양이 많아 사이드 메뉴는 최소한만 주문하는 것이 좋다. 런치(해피 아워) 메뉴가 좀 더 저렴하나, 예약을 잡기 어렵기로 유명하다.

Map P.103-F3 | 주소 2301 Kalakaua Ave. Honolulu | 전화 808-922-3600 | 홈페이지 www.wolfgangssteakhouse.net | 영업 일~목 07:00~23:00, 금~토 07:00~23:30(해피 아워 15:00~18:30) | 가격 런치 $13~55(울프강 스테이크 샌드위치 $36), 디너 $9.95~79.95(울프강 크랩 케이크 $29.95) | 주차 로열 하와이안 센터 내 유료(매장에서 상품 구매 시 주차 티켓 제시, 3시간 $4, 이후 시간당 $6) | 예약 필요 | 가는 방법 Kalakaua Ave. 중심 로열 하와이안 센터 Royal Hawaiian Center C빌딩 3층에 위치.

야드 하우스 Yard House

전 세계의 다양한 생맥주를 판매해 항상 여행자들로 북적거리는 펍. 하와이 맥주인 마우이 브로잉 비키니 블론드는 맛보자. 함께 곁들이는 메뉴로는 맥앤치즈 Mac & Cheese가 대표적이다. 피자와 샐러드, 수프 등 간단한 런치 메뉴는 물론이고 해피 아워의 칵테일과 맥주, 피자와 애피타이저 등 대부분의 메뉴를 $10의 가격으로 즐길 수 있다.

Map P.103-E3 | 주소 226 Lewers St. Honolulu | 전화

808-923-9273 | 홈페이지 www.yardhouse.com/HI/honolulu-restaurant | 영업 일~목 11:00~13:00. 금~토 11:00~01:20 | 가격 푸드 $3.29~43.99(맥앤치즈 $15.49, 스리 피즈 피자 $15.49) | 주차 4시간 $6(호텔 셀프 주차) | 예약 필요 | 가는 방법 Kalakaua Ave. 초입, 버거킹 매장 건너편 Beach Walk. 골목으로 우회전. 엠버시 스위트 바이 힐튼 와이키키 비치 워크 Embassy suites by Hilton Waikiki Beach Walk 1층에 위치.

루스 크리스 스테이크 하우스
Ruth's Chris Steak House

하와이 대표 스테이크 레스토랑 중 하나. 뉴욕 스트립 스테이크, 필렛, 립아이 등 다양한 종류의 스테이크를 만날 수 있는 곳. 토마호크와 함께 스테이크 하우스 샐러드와 갈릭 매시드 포테이토, 크림드 스피니치와 초콜릿 케이크가 서빙되는 토마호크 디너 스페셜 메뉴(2인용)가 추천 메뉴. 랍스터테일이나 그릴스 슈림프 등 해산물 요리도 훌륭하다. 생일인 경우 특별한 케이크도 서비스로 받을 수 있으니 예약 시 미리 말해두면 좋다.

Map P.103-E3 | 주소 226 Lewers St. Honolulu | 전화 808-440-7910 | 홈페이지 www.ruthschris.com | 영업 월~토 16:00~22:00, 일 16:00~21:00 | 가격 $15~195(필렛 $64, 토마호크 디너 포 투 $195) | 주차 4시간 $6(호텔 셀프 주차) | 예약 필요 | 가는 방법 Kalakaua Ave. 초입, 버거킹 매장 건너편 Beach Walk. 골목으로 우회전. 엠버시 스위트 바이 힐튼 와이키키 비치 워크 Embassy suites by Hilton Waikiki Beach Walk 2층에 위치.

피에프 창스 P.F.Chang's

미국 전역에 체인을 두고 있는 모던 스타일의 차이
니즈 레스토랑. 광둥 지방과 상하이 등 중국 5대 도
시의 요리를 다양하게 접목시킨 퓨전 요리를 맛볼
수 있는 곳이다. 아몬드 캐슈넛 치킨 요리와 칸톤
스타일의 오리 요리, 페퍼 스테이크와 몽골리안 비
프 등이 있다. 야외 테라스와 실내로 좌석이 나뉘어
져 있으며, 입구에서 원하는 좌석을 요청할 수 있다.

Map P.103-E3 | 주소 2201
Kalakaua Ave. Honolulu |
전화 808-628-6760 | 홈페이
지 www.pfchangshawaii.
com | 영업 일~목 11:00~22:00,
금~토 11:00~23:00(해피 아워 16:00~18:00) | 가
격 $9.50~90(크리스피 허니 슈림프 $24.50) | 주차 로
열 하와이안 센터 내 유료(매장에서 상품 구매 시 주차 티켓
제시, 3시간 $4, 이후 시간당 $6) | 예약 필요 | 가는 방법
Kalakaua Ave. 초입, 로열 하와이안 센터 A빌딩 1층에
위치(막스마라 Maxmara 매장 건너편 Lewer St. 골목으
로 우회전, 펜디 건물 옆에 위치).

스카이 와이키키 Sky Waikiki

와이키키의 야경을 한눈에 보고 싶다면 단연코 최
근 새로 오픈한 이곳이 진리다. 와이키키 중심에
위치한 루프탑으로, 해가 질 무렵 삼삼오오 스타일
리시한 사람들이 모이는 곳이다. 칵테일 한 잔 즐

기며 와이키키의 밤을 만끽하자. 매주 화요일에는
선셋튜즈데이로 타코를 $4, 해피 아워에는 오이스
터를 $2에 맛볼 수 있다.

Map P.103-F3 | 주소 2270 Kalakaua Ave. Honolulu
| 전화 808-979-7590 | 홈페이지 skywaikiki.com |
영업 월~목 16:00~22:00, 금 16:00~다음 날 01:30,
토~일 10:00~14:00, 16:00~23:00(해피 아워
16:00~17:00) | 가격 푸드 $6~140(시푸드 샘플러
$100), 칵테일 $14 | 주차 옆 건물 와이키키 쇼핑 플라자 주
차(레스토랑 결제 시 주차 티켓 제시, 무료 이용) | 예약 필
요 | 가는 방법 Kalakaua Ave. 중심 로열 하와이안 센
터 Royal Hawaiian Center 건너편. 비즈니스 플라자
Business Plaza 홀과 홀리데이 인 비치코머 Holiday Inn
Beachcomber 사이 건물 19층에 위치.

치즈케이크 팩토리
Cheesecake Factory
★★★★★

메뉴를 결정하는 것만 해도 오랜 시간이 걸릴 정도
로 여러 스타일의 요리를 맛볼 수 있는 레스토랑.
미국 전역에 체인점이 있는 레스토랑으로, 파스타

와 스테이크 등 기본 메뉴 이외에도 또띨라에 고기를 넣고 매운 소스를 뿌린 멕시코 요리인 치킨 엔칠라다, 송아지를 이용한 이탈리안 스타일의 치킨 피카타, 오븐에 구운 모로칸 치킨 등 전 세계 각국의 요리들을 모두 만날 수 있다. 그밖에도 다양한 종류의 아이스크림과 유명한 치즈케이크 등 디저트의 가짓수만 해도 엄청나다. 와이키키 중심에 위치한 랜드 마크이기도 하다.

Map P.103-F3 | 주소 2301 Kalakaua Ave. Honolulu | 전화 808-924-5001 | 홈페이지 www. thecheesecakefactory.com | 영업 월~금 11:00~23:00, 토~일 10:00~23:00(해피 아워 15:00~17:00) | 가격 $5.95~23.95(타이 레터스 랩 $16.50) | 주차 로열 하와이안 센터 내 유료(매장에서 상품 구매 시 주차 티켓 제시, 3시간 $4, 이후 시간당 $6) | 예약 불가 | 가는 방법 Kalakaua Ave. 중심, 로열 하와이안 센터 Royal Hawaiian Center C빌딩 1층에 위치. 아웃리거 와이키키 온 더 비치 Outrigger Waikiki On the Beach와 포에버 21 Forever21 사이.

도라큐 스시 Doraku Sushi

유명 레스토랑 창업자인 Rocky Aoki의 아들이 론칭한 브랜드로 스시 전문점이다. 모던 스타일의 레스토랑으로 신선한 메뉴를 사용하는 것을 기본으로 하며 퓨전 일본식 메뉴를 맛볼 수 있다. 덮밥과 롤, 사시미 등의 메뉴가 많으며, 최근 점심에는 스시&롤이 세트로 들어있는 런치 벤또 박스를 판매하고 있다. 알라 모아나 센터 근처에도 분점이 있다.

Map P.103-F3 | 주소 2233 Kalakaua Ave. Honolulu | 전화 808-922-3323 | 홈페이지 www. dorakusushi.com | 영업 일~목 11:30~22:00, 금~토 11:30~23:00 | 가격 $4~280(갓 오브 파이어 롤 $20, 런치 벤또 박스 $25~28) | 주차 로열 하와이안 센터 내 유료(매장에서 상품 구매 시 주차 티켓 제시, 3시간 $4, 이후 시간당 $6) | 예약 필요 | 가는 방법 Kalakaua Ave. 중심, 로열 하와이안 센터 Royal Hawaiian Center B빌딩 내 3층에 위치. 케이트 스페이드 Kate Spade 건물 옆 에스컬레이터 이용.

원헌드레드 세일즈 100 SAILS

현지인들에게 소문난 맛집. 오션뷰를 바라보며 탁 트인 곳에서 하와이의 여유를 만끽해보자. 목~일요일 디너 뷔페에서는 스노 크랩, 프라임 립 등의 메뉴를 맛볼 수 있으며 일요일 브런치 뷔페가 인기가 좋다.

Map P.145-D3 | 주소 100 Holomoana St. Honolulu | 전화 808-944-4494 | 홈페이지 www. princewaikiki.com/eat-and-drink/100-sails | 영업 월~토 브렉퍼스트 07:00~10:30, 디너 월~수 17:00~21:00, 목~일 17:00~21:30, 일 브런치 07:00~13:30(브런치 뷔페 09:00~13:30) | 가격 브렉퍼스트 $11~22(뷔페 성인 $89, 어린이 $44.50), 디너 $19~70(뷔페 성인 $79, 어린이 $39.50) | 주차 무료 | 예약 필요 | 가는 방법 Kalakaua Ave.에서 Ala Moana Blvd. 방향으로 진입. 하와이 프린스 호텔 Hawaii Prince Hotel 내 3층에 위치.

서프 앤 터프 타코스 Surf N Turf Tacos

멕시칸 대표 메뉴인 타코 전문점. 하와이에서 가장 많이 잡히는 참치로 참치회 타코를 만들어 관광객들의 입맛을 사로잡았다. 메뉴가 심플하면서도 가볍게 먹을 수 있다는 장점 때문에 매장의 규모는 작아도 늘 사람들로 붐빈다. 야외에도 테이블을 만들어 규모를 넓혔다. 와이키키 외에도 다이아몬드 헤드 근처에 매장이 있다.

Map P.104-B1 | 주소 2310 Kuhio Ave. Honolulu | 전화 808-922-8226 | 영업 10:00~21:00 | 가격 $9.45~19 | 주차 없음 | 예약 불가 | 가는 방법 Kuhio Ave.에 위치. 오하나 와이키키 웨스트 Ohana Waikiki West를 등지고 오른쪽에 위치.

마루카메 우동 Marukame Udon
★★★★★

와이키키에서 점심과 저녁 시간 때 가장 긴 줄이 서 있는 곳으로, 저렴한 가격이 매력적인 우동집이다. 물론 맛은 말할 것도 없다. 기계를 이용해 뽑아

내는 면발을 눈앞에서 볼 수 있는 즐거움도 있고, 우동 이외에도 스팸 무수비, 유부초밥, 튀김 등이 있어 한국인들도 즐겨 찾는 곳 중 하나다. 우동이 짠 편이기 때문에 평소 싱겁게 먹는 사람이라면 반숙 계란 토핑을 추가해서 먹는 것을 추천한다.

Map P.104-B1 | 주소 2310 Kuhio Ave. #124 Honolulu | 전화 808-931-6000 | 영업 11:00~22:00 | 가격 $2~10.45(가케 우동 $4.75) | 주차 불가 | 예약 불가 | 가는 방법 Kuhio Ave.에 위치. 힐튼 가든 인 와이키키 비치 Hilton Inn Waikiki Beach를 등지고 오른쪽에 위치.

듀크스 와이키키
Duke's Waikiki

유명 서퍼의 이름을 딴 레스토랑으로 신선한 생선 요리와 스테이크, 립 등이 있다. 특히 오전에는 에그 스크램블, 에그 베네딕트, 프렌치 토스트 등이 있는 브렉퍼스트 뷔페가, 목·일요일 디너에는 시그니처 프라임 립, 훌리훌리 치킨, 라비올리 등이 제공되는 프라임 립 뷔페를 스페셜로 선보인다. 타코를 좋아한다면 생맥주와 와인이 저렴하게 판매되는 화요일 타코 튜즈데이를 놓치지 말자.

Map P.104-B3 | 주소 2335 Kalakaua Ave. #116 Honolulu | 전화 808-922-2268 | 홈페이지 www.dukeswaikiki.com | 영업 07:00~23:00(브렉퍼스트 뷔페 07:00~11:00, 런치 11:15~15:00, 디

너 16:45~22:00) | **가격** 브렉퍼스트 뷔페 $21.5,
런치 $11~26(포케 타코 $21), 디너 $11~57(필
레미뇽 $47), 프라임 립 뷔페 성인 $64, 어린
이 $24 | **주차** 30분당 $4(호텔 내 발레파킹, 오하
나 이스트 호텔에 영수증 제출 시 4시간 $6) | **가는
방법** Kalakaua Ave. 중심, 로열 하와이안 센터 Royal
Hawaiian Center를 지나 오른쪽 아웃리거 와이키키 호텔
Outrigger Waikiki Hotel 내 위치.

아일랜드 빈티지 커피
Island Vintage Coffee

카페이긴 하나 커피보다 아사이 볼 디저트가 더 유
명한 곳. 브렉퍼스트 역시 놓치기 아깝다. 전형적
인 하와이안 아침식사 스타일로 포르투갈 소시지
와 달걀 프라이, 파파야 등을 곁들인 아일랜드 스
타일 플레이트나 커다란 새우를 마늘에 볶은 갈릭
슈림프, 김치볶음밥 등이 맛있다. 호텔 조식 대신
이곳에서 아침식사를 먹어보자.

Map P.103-F3 | **주소** 2301 Kalakaua Ave.
Honolulu | **전화** 808-923-3383 | **홈페이지**
www.islandvintagecoffee.com | **영업** 월~토
08:00~20:00, 일 08:00~19:00(푸드 08:00~09:30)
| **가격** 브렉퍼스트 $6.50~28.95(김치 프라이드 라이
스 $18.95, 오리지널 아사이 볼 $12.95) | **주차** 로열 하
와이안 센터 내 유료(매장에서 상품 구매 시 주차 티켓 제
시, 3시간 $4, 이후 시간당 $6) | **예약** 불가 | **가는 방법**
KalakauaAve. 중심에 위치한 로열 하와이안 센터 Royal
Hawaiian Center C빌딩 2층에 위치.

더 베란다 The Veranda

여행객들에게는 애프터눈 티로 더 유명하다. 비주
얼부터 화려한 애프터눈 티는 마카롱, 스콘, 컵케
이크, 타르트 등의 디저트 등으로 구성되어 있다.
티는 7가지 중에서 선택할 수 있고 추가로 샴페인
을 주문할 수도 있다. 와이키키 해변을 바라보며
연인과 분위기 있는 시간을 보내고 싶다면 이곳을
추천한다. 저녁 메뉴는 단품은 없고 3코스 혹은 4
코스 메뉴로 정해져 있다.

Map P.104-B3 | **주소** 2365 Kalakaua Ave.
Honolulu | **전화** 808-922-4601 | **홈페이지** www.
moana-surfrider.com/dining/veranda/ | **영업**
06:30~22:30, 토~일 11:30~14:30(애프터눈 티) |
가격 브렉퍼스트 $7~41, 런치 $97~117, 애프터눈 티
$65~135 | **주차** 발레파킹(4시간 무료) | **예약** 필요 | **가는
방법** Kalakaua Ave. 중심에 위치한 로열 하와이안 센터
Royal Hawaiian Center를 지나 모아나 서프라이더 웨스
틴 리조트&스파 Moana Surfrider A Westin Resort &
Spa 1층에 위치.

비치 바 Beach Bar

100년 이상 같은 자리를 지키고 있는 반얀 트리가
인상적인 펍. 1950년대에 오픈해 지금까지 그 명성
을 유지하고 있다. 칵테일과 간단한 생맥주를 즐기

기 좋은 곳으로 피자나 샐러드 등 간단하게 요기할 수 있는 메뉴들을 갖추고 있다.

서프라이더 타이, 릴리코이 앤 코코넛 모히토, 큐컴버 진저 쿨러, 모아나 쿨러, 비치바 프랜테이션 등 리프레싱 칵테일도 눈에 띈다. 오후에는 하와이안 스타일의 라이브 뮤직과 훌라 공연을 감상할 수 있다.

Map P.104-B3 | 주소 2365 Kalakaua Ave. Honolulu | 전화 808-922-3111 | 홈페이지 www.moana-surfrider.com/dining/beachbar | 영업 11:00~22:00 | 가격 $13~39 (모아나 마이 타이 $18) | 주차 유료(발레파킹 $15) | 가는 방법 Kalakaua Ave. 중심에 위치한 로열 하와이안 센터 Royal Hawaiian Center를 지나 모아나 서프라이더 웨스틴 리조트 & 스파 Moana Surfrider A Westin Resort & Spa 1층, 와이키키 비치 쪽에 위치.

마이 타이 바 Mai Tai Bar
★★★★★

하와이 풍의 라이브 뮤직과 함께 와이키키 비치를 앞에 두고 분위기를 내기 좋은 펍. 로열 마이타이와 로열 마가리타가 유명하며, 하루 2회 14:00, 18:30~19:00에 엔터테인먼

트 프로그램이 있다. 또한 매주 월요일과 목요일 17:30~20:00에는 바로 옆에서 진행하는 루아우쇼도 라이브로 감상할 수 있다.

Map P.104-A3 | 주소 2259 Kalakaua Ave. Honolulu | 전화 808-923-7311 | 영업 11:00~23:00 | 가격 $6~38(로열 마이 타이 $20) | 주차 무료(발레파킹, 결제 시 주차 티켓 제시) | 가는 방법 Kalakaua Ave. 초입, 포트 드루시 비치 파크 Fort Derussy Beach Park를 지나 오른쪽 로열 하와이안 Royal Hawaiian 1층, 와이키키 비치 쪽에 위치

아란치노 디 마레 Arancino di Mare

이탈리안 패밀리 스타일의 다이닝으로 화덕에서 구운 피자와 스파게티를 맛보면 마치 나폴리에 와 있는 기분이 들 정도. 특히 파스타의 종류가 많은데 그중에서도 토마토 소스에 성게가 들어간 스파게티 아이 리치 디마레나 날치알과 오징어를 재료로 한 스파게티 콘 토비코 에 칼라마리가 인상적이다.

Map P.105-E3 | 주소 2552 Kalakaua Ave. Honolulu | 전화 808-931-6273 | 홈페이지 arancini. com | 영업 17:00~21:00 | 가격 $17~44 | 주차 무료 (4시간, 와이키키 비치 메리어트 리조트 & 스파 Waikiki Beach Marriott Resort & Spa 내 주차장) | 가는 방법 Kalakaua Ave. 초입에서 쿠히오 비치 파크 Kuhio Beach Park 지나 왼쪽에 위치.

토미 바하마 Tommy Bahama

패션 브랜드인 토미 바하마에서 운영하는 곳. 1층은 의류 전문점, 2층은 레스토랑이다. 야외에서 칵테일을 즐기고 싶다면, 3층 루프탑을 추천한다. 런치 타임에는 트리플 초콜릿 케이크, 피나 콜라다 케이크, 멜티드 초콜릿 파이, 파인애플 크림 뷔릴레 등 메인 메뉴보다 화려한 디저트 메뉴가 더 인기 있다.

Map P.103-D2 | 주소 298 Beach Walk, Honolulu | 전화 808-923-8785 | 홈페이지 www.tommybahama. com/restaurants-and-marlin-bars/ locations/waikiki | 영업 14:00~21:00(해피 아워 14:00~17:00) | 가격 런치 $9~48(코나 커피 크러스티드 립아이 $48), 디너 $9~48(타이 슈림프 & 스칼럽 $39) | 주차 맞은편 뱅크 오브 하와이 건물 Bank of Hawaii, 유료(4시간 $7) | 예약 필요 | 가는 방법 Kalakaua Ave. 초입, 포트 드루시 비치 파크 Port Derussy Beach Park를 지나 뱅크 오브 하와이를 지나기 전, 오른쪽 Beachwalk 골목으로 우회전 후 오른쪽에 위치.

무수비 카페 이야스메
Musubi Cafe Iyasume
★★★★★

하와이에서 꼭 먹어봐야 하는 무수비. 스팸을 위에 올려놓은 초밥스타일로 쉽고 간편하게 먹을 수 있는 데다 맛도 좋아 하와이에서 또 다른 식문화를 만들어 낸 아이템. 그중에서도 이야스메 무수비는 워낙 마니아가 많아 무수비 대표 브랜드로 자리 잡았다. 최근 무수비 카페를 오픈해 테이크아웃 위주로 판매했던 이전에 비해 보다 쾌적한 환경에서 식사가 가능해졌다.

Map P.105-D2 | 주소 2427 Kuhio Ave. Honolulu | 전화 808-921-0168 | 영업 07:00~20:00 | 가격 $1.98~10 | 주차 불가 | 예약 불가 | 가는 방법 Kuhio Ave.에 위치. 아쿠아 퍼시픽 모나크 호텔 Aqua Pacific Monarch 1층에 위치.

치즈버거 인 파라다이스
Cheeseburger in Paradise

치즈버거를 메인으로 하는 레스토랑. 홈메이드 스타일의 두툼한 패티가 인상적인 곳으로 한 끼 식사로도 충분하다. 와이키키 비치 메리어트 근처뿐 아니라 힐튼 하와이안 빌리지 호텔 근처와 엠버시 호텔 2층에 위치한 비치워크점 등 와이키키에만 총 세 곳에 매장이 있다. 다른 레스토랑과 달리 점심

료로 제공된다. 특히 팬케이크, 달걀프라이, 감자와 베이컨, 소시지가 함께 나오는 M.A.C. 어택 메뉴의 인기가 높다.

과 저녁식사의 가격대가 동일한 것이 특징. 창가에 앉아 와이키키 해변을 바라보며 먹는 햄버거와 칵테일의 맛을 잊을 수 없을 것이다. 하루 종일 활기가 넘쳐 흐르는 점원들도 한몫!

Map P.105-E3 | 주소 2500 Kalakaua Ave, Honolulu | 전화 808-923-3731 | 홈페이지 www. cheeseburgerland.com | 영업 08:00~22:00 | 가격 브렉퍼스트 $15~18, 런치&디너 $13~22(치즈버거인 파라다이스 $17) | 주차 불가 | 예약 필요 | 가는 방법 Kalakaua Ave. 초입에서 쿠히오 비치 파크 Kuhio Beach Park 가기 전에 왼쪽.

Map P.105-E2 | 주소 2500 Kuhio Ave. Waikiki Beach Honolulu | 전화 808-921-5564 | 홈페이지 mac247waikiki.com | 영업 06:00~22:00(해피 아워 14:00~17:00) | 가격 $6~38 (M.A.C. 어택 $19) | 주차 호텔 내 발레파킹 $3 | 예약 필요 | 가는 방법 Kalakaua Ave. 끝쪽, 퍼시픽 비치 뒤쪽 Kuhio Ave.에 위치. 힐튼 와이키키 비치 호텔 Hilton Waikiki Beach 1층 위치.

하이스 스테이크 Hy's steak
★★★★★

와이키키에서 스테이크 전문점으로 전통과 명성이 높은 곳. 〈자갓 ZAGAT〉, 〈호놀룰루 매거진〉 등에서도 높은 점수를 받았다. 신선한 고기를 구워내 육즙이 풍부한 스테이크도 일품이지만 이곳에서 빼놓을 수 없는 것이 있다면 서버가 눈앞에서 직접 조리하는 디저트인 체리 주빌레다. 간이 가스렌지 위에 팬을 달궈 약간의 알콜에 체리를 익힌 다음, 아이스크림 위에 뿌려주는 독특한 경험을 누릴 수 있다. 슬리퍼에 반바지, 티셔츠 차림이면 입장이 거절된다. 커버드 슈즈, 컬러 있는 셔츠는 필수!

맥 24/7 바 & 레스토랑
Mac 24/7 Bar + Restaurant

공휴일 없이 24시간 운영되는 바 겸 레스토랑. 이곳의 포인트는 무엇보다도 거대한 크기의 팬케이크다. MBC 예능 프로그램인 〈무한도전〉에서 출연진들이 도전한 바 있다. 대형 크기의 팬케이크는 한 사람이 도전해 제한 시간(90분) 안에 먹으면 무

Map P.105-D1 | 주소 2440 Kuhio Ave, Honolulu | 전화 808-922-5555 | 홈페이지 www.hyshawaii,

com | 영업 17:00~21:00(해피 아워 17:00~18:30) |
가격 디너 $16~120(프라임 필레 미뇽 $69, 체리 주빌레
$20) | 주차 무료(발레파킹 팁 $2~3) | 예약 필요 | 가는 방
법 Kuhio Ave.에 위치, 아쿠아 퍼시픽 모나크 호텔 Aqua
Pacific Monarch Hotel 도로 건너편에 위치.

마우이 브루잉 컴퍼니
Maui Brewing Co.

하와이만큼 다
양한 맥주 맛
을 자랑하는 곳
도 없을 것이
다. 하와이 현
지에서 직접 만
든 수제 맥주의 깊은 맛을 느껴보자. 가장 인기있
는 맥주는 목넘김이 부드러운 비키니 블론드다. 여
러 종류의 맥주를 각각 작은 잔에 담아주는 샘플러
로 주문도 가능하다.

Map P.104-B2 | 주소 2300 Kalakaua Ave. | 전
화 808-843-2739 | 영업 일~목 11:30~22:00, 금
~토 11:30~23:00(해피 아워 15:30~16:30) | 가격
$7.50~23.50(로컬 캐치 피시 타코 $23.50) | 가는 방법
Kalakaua Ave. 중심 인터내셔널 마켓 플레이스 바로 옆에
위치.

터커 앤 베비 Tucker & Bevvy

전체적으로 화이트 톤의 심플한 인테리어가 매력
적인 카페다. 샌드위치와 파니니 등 피크닉 푸드
전문점으로 베이컨과 에그 & 체다 치즈를 재료로
한 브렉퍼스트 파니니와 세 가지 치즈를 혼합한 런
치 파니니 등으로 메뉴가 나뉘어져 있다. 또 오픈
냉장고에는 샌드위치가 전시되어 있어 마음에 드
는 메뉴를 선택하기 편리하다. 이곳에서 테이크 아

웃 해 가까운 와이키키 비치를 향해도 좋을 듯.

Map P.105-F3 | 주소 2586 Kalakaua Ave.
Honolulu | 전화 808-922-0099 | 홈페이지 tucker
andbevvy.com | 영업 06:30~14:00 | 가격 $7.99~
12.49(치킨 페스토 $9.99) | 주차 건너편 호놀룰루 동물원
에 유료(1시간 $1.50) | 가는 방법 Kalakaua Ave. 끝, 쿠
히오 비치 파크 Kuhio Beach Park를 지나 스타벅스를 끼
고 좌회전. 파크 쇼어 Park Shore 호텔 내 위치.

테디스 비거 버거스
Teddy's Bigger Burgers

오너인 테드와 리치가 패스트푸드
레스토랑에서도 퀄리티가 좋은 홈메
이드 버거를 먹고 싶었다. 1950년대 버거가 처음
등장했던 그 시기를 공부해 오리지널 버거, 프라
이, 셰이크만 판매하는 햄버거 전문점을 오픈한 것
이 시초다. 퀄리티 높은 고기를 사용하고, 데리야
끼 소스를 만들기 시작하는 등의 노력 끝에 하와이
에만 12개의 버거 가게를 오픈했다. 육즙이 풍부한
햄버거 패티는 원하는 정도로 익힐 수 있어 더욱
매력적이다. 특히 매콤한 할라페뇨가 매력적인 볼

케이노 버거는 한국인의 취향을 제대로 저격했다.

Map P.105-F3 | 주소 134 Kapahulu Ave. Honolulu
| 전화 808-926-3444 | 홈페이지 www.teddysbb.
com | 영업 10:00~23:00 | 가격 $2.59~15.89(볼케이
노 버거 $10.99) | 주차 건너편 호놀룰루 동물원에 유료(1시
간 $1.50) | 가는 방법 Kalakaua Ave. 끝, 쿠히오 비치
파크 Kuhio Beach Park를 지나 스타벅스를 끼고 좌회전,
와이키키 그랜드 호텔 Waikiki Grand Hotel 1층에 위치.

바난 Banan

와이키키 중심의, 서프보드가 걸려있는 골목길로
들어가는 길은 와이키키 비치로 가는 사잇길이다.
그 길 한가운데 디저트 숍 바난이 있다. 여러 과일
을 믹스해 얼린 부드러운 맛의 아이스크림을 맛볼
수 있어 와이키키 비치를 오가는 사람들의 발길을
붙잡는다. 바나나를 기본으로 아사이, 릴리코이, 마
카다미아 넛 등 재료에 따라 맛이 달라진다. 혹은
토핑을 선택할 수도 있다. 크기, 재료 등 입맛에 맞
게 골라먹어 보자.

Map P.104-B3 | 주소 2301 Kalakaua Ave. Honolulu
| 전화 800-200-1640 | 홈페이지 bananbowls.com |
영업 08:00~20:00 | 가격 $3~16 | 주차 불가 | 가는 방
법 로열 하와이안 센터 Royal Hawaiian Center와 아웃
리거 리프 와이키키 비치 리조트 Outrigger Reef Waikiki
Beach Resort 사잇길에 위치.

사우스 쇼어 그릴
South Shore Grill

피시 타코와 BBQ 치킨, 부리토, 샌드위치와 홈메
이드 버거를 만날 수 있는 곳. 그릴드 케이준 오노
피시 타코는 기본적으로 많이 주문하는 메뉴이며,
그 외에도 갈비와 BBQ 치킨, 피시 타코가 함께 세
팅되어 나오는 SSG 믹스 플레이트가 인기가 많다.

Map P.101-F2 | 주소 3114 Monsarrat Ave.
Honolulu | 전화 808-734-0229 | 홈페이지www.
southshoregrillhawaii.com | 영업 월~토 10:30~
20:30, 일 12:00~20:30 | 가격 $3.95~19.95(그릴
드 케이준 오노 피시 타코 $4.60) | 주차 불가 | 가는 방법
Kalakaua Ave.에서 호놀룰루 동물원 Honolulu Zoo를
끼고 Monsarrat Ave. 방향으로 진입. 왼쪽에 위치.

헤븐리 아일랜드 라이프스타일
Heavenly Island Lifestyle

도쿄의 멋스러운 카페를 그대로 옮겨놓은 듯한 레
스토랑. 에그 베네딕트, 프렌치토스트, 오믈렛, 로
코모코 등 어떤 메인 메뉴를 주문해도 후회하지 않
을 정도로 맛있다. 하와이 대표 디저트인 아사이

볼도 놓치지 말 것! 쇼어 라인의 조식 레스토랑으로도 운영되고 있다.

Map P.103-F2 | 주소 342 Seaside Ave. Honolulu | 전화 808-923-1100 | 홈페이지 www.heavenly-waikiki.com | 영업 07:00~14:00, 16:00~22:00 | 가격 브렉퍼스트&런치 $13~20(로컬 에그 베네딕트 토마토&아보카도 $20), 디너 $10.50~34(카우아이 갈릭 슈림프 $20.50) | 주차 불가 | 예약 필요 | 가는 방법 Kalakaua Ave.에서 호놀룰루 동물원 Honolulu Zoo 방향으로 걷다가 와이키키 쇼핑 플라자 Waikiki Shopping Plaza를 끼고 좌회전한다. Seaside Ave. 방향으로 걷다보면 왼쪽에 위치. 로스 Ross 건너편.

파이어니어 살롱 Pioneer Saloon

도쿄 스타일의 카페를 그대로 재현, 하와이에서 보기 드문 코지한 분위기가 매력적이다. 메뉴로는 일본 감성을 기반으로 한 하와이 로컬 스타일을 선보이는데 스테이크와 치킨 카츠, 커리와 덮밥 등의 메뉴가 있다. 근처 다이아몬드 헤드에 오를 예정이라면 이곳에서 도시락을 준비해도 좋을 듯하다.

Map P.101-F2 | 주소 3046 Monsarrat Ave. Honolulu | 전화 808-732-4001 | 영업 11:00~20:00 | 가격 $7~18(립아이 스테이크 $15) | 주차 무료(공간 협소) | 가는 방법 Kalakaua Ave.에서 호놀룰루 동물원 Honolulu Zoo을 끼고 Monsarrat Ave. 방향으로 진입. 왼쪽에 위치.

보거츠 카페 Bogart's Cafe

오믈렛, 베네딕트, 와플 & 팬케이크 등 브런치 메뉴 위주로 판매하고 있는 카페. 하지만 이곳이 유명한 이유는 푸짐한 아사이 볼 때문이다. 하와이에서 꼭 한 번 먹어봐야 하는 디저트로 신선한 블루베리와 딸기, 바나나와 꿀이 가득 들어 있는 건강식인데, 하와이 사람들이 아사이 볼을 먹고 싶을 때 이곳을 찾는다. 그밖에도 홈메이드 하우피아 소스가 곁들여진 하와이안 와플, 햄 베네딕트가 유명하다.

Map P.101-F2 | 주소 3045 Monsarrat Ave. Honolulu | 전화 808-739-0999 | 홈페이지 www.bogartscafe. webs.com | 영업 07:00~15:00 | 가격 $6.50~25(아사이 볼 $13) | 주차 건물 앞 무료 | 가는 방법 Kalakaua Ave.에서 호놀룰루 동물원 Honolulu Zoo을 끼고 Monsarrat Ave. 방향으로 진입. 파니어니어 살롱 Pioneer Saloon 건너편에 위치.

Mia's Advice

레스토랑에서 주문 시 알아두면 편리한 단어 간혹 레스토랑에서 발견하는 하와이어 때문에 주문하기 어려울 때가 있어요. 그중에서도 가장 자주 볼 수 있는 단어는 '케이키 메뉴 keiki menu'인데 이 뜻은 '어린이 메뉴'란 뜻이에요. '푸푸스 Pupus'도 자주 보이는데요. '애피타이저'란 뜻입니다. 간단하게 핑거 푸드나 혹은 식전 메뉴를 주문하고 싶다면 푸푸스를 이용해보세요.

Shopping

와이키키의 쇼핑

오아후에서 가장 큰 쇼핑 골목을 꼽으라면 단연코 와이키키다. 게다가 로컬의 분위기를 느낄 수 있는 프리마켓과 파머스 마켓도 열려 색다른 쇼핑의 재미를 느낄 수 있다.

말리부 셔츠 Malibu Shirts

유행을 타지 않으면서 퀄리티가 좋은 티셔츠를 생산하는 곳. 빈티지 티셔츠 마니아라면 꼭 들러야 하는 숍으로 아일랜드 특유의 프린트가 새겨진 티셔츠는 물론이고 후드점퍼와 토트백, 모자 등을 판매하며 가격대는 $20 내외로 저렴한 편이다. 마우이 웨일러스 빌리지 쇼핑몰에도 매장이 있다.

Map P.103-E4 | **주소** 2335 Kalakaua Ave. Honolulu | **전화** 808-926-2911 | **홈페이지** www. malibushirts.com | **영업** 11:00~19:00 | **주차 불가** | **가는 방법** Kalakaua Ave.의 아웃리거 와이키키 비치 리조트 내 위치.

마히나 Mahina

마우이에서 시작해 오아후 와이키키와 할레이바에도 분점이 생길 정도로 인기가 많은 하와이안 스타일 의류 숍. 편안하면서도 멋스러운 비치웨어가 위주며, 스타일리시한 신발이나 가방, 액세서리 등도

판매하고 있다. 안쪽 코너에는 이월상품을 저렴하게 판매하고 있으니 눈 여겨 보자. 저렴한 가격으로 '득템' 할 수 있다.

Map P.103-E4 | **주소** 226 Lewers St. #136, Honolulu | **전화** 808-924-5500 | **홈페이지** shop mahina.com | **영업** 11:00~21:00 | **주차 불가** | **가는 방법** Kalakaua Ave. 초입에서 Lewers St. 방향으로 진입. 오른쪽 엠버시 스위트 와이키키 비치 워크 Embassy Suites Waikiki Beach Walk 1층에 위치.

노드스트롬 랙 Nordstorm Rack

2016년에 와이키키 중심에 새롭게 오픈한 아웃렛. 노드스트롬 랙은 노드스트롬 백화점의 아웃렛으로, 명품을 보다 저렴하게 구입할 수 있다. 신발과 가방, 의류 등 다양한 품목이 비치되어 있으며 운이 좋으면 고가의 명품도 부담 없는 가격으로 '득템'할 수 있다.

Map P.104-A2 | **주소** 2255 Kuhio Ave, Honolulu | **전화** 808-275-2555 | **영업** 월~토 10:00~21:00, 일

10:00~20:00 | **주차** 무료(매장에서 상품 구매 시 2시간 무료, 결제 시 주차 티켓 제시) | **가는 방법** Kalakaua Ave.에서 호놀룰루 동물원 Honolulu Zoo 방향으로 가다가 와이키키 쇼핑 플라자 Waikiki Shopping Plaza를 끼고 좌회전한다. Seaside Ave. 방향으로 가다가 골목 끝에서 우회전하면 오른쪽에 위치.

인터내셔널 마켓 플레이스
International Market Place

와이키키에서 알라 모아나 센터로 이동이 번거롭다면 이곳에서 쇼핑과 식사를 한 번에 해결하는 것도 방법이다. 와이키키 중심에 있어 접근성이 좋다. 1~2층에는 로렉스와 버버리, 3.1 필립 림 등 명품 브랜드와 아베크롬비, 홀리스터, 앤트로폴로지, 프리피플 등 여성들이 좋아하는 의류 브랜드, 조 말론, 이솝 등 화장품 브랜드 등이 모여 있다. 3층에는 지중해 스타일의 레스토랑 헤링본, 브릭 오븐 피자 레스토랑인 플라워 앤 벌리 등이 있다. 뿐만 아니라 푸드코트인 더 스트리트, 일본식 도시락이나 신선한 초밥이 맛있는 일본 슈퍼마켓 미츠와, 커피와 크루아상이 유명한 코나 커피 카페가 있다. 최근에 1층 정원에서 저녁식사와 훌라쇼를 함께하는 퀸스 루아우(Queen's Luau)를 새롭게 선보였다.

Map P.104-B2 | **주소** 2330 Kalakaua Ave. Honolulu | **전화** 808-921-0536 | **홈페이지** www.shopinternationalmarketplace.com | **영업** 11:00~20:00 | **주차** 매장에서 상품 구매 시 1시간 무료(결제 시 주차 티켓 제시, 시간당 $2, 4시간 이후 30분 $3) | **가는 방법** Kalakaua Ave. 중심에 위치. 쉐라톤 프린세스 카이울라니 리조트 옆.

Mia's Advice

와이키키에서 명품 쇼핑하기!

1 영업이 시작되자마자 매장으로 달려가는 것을 뜻하는 '오픈 런'이라는 신조어가 생긴 요즘, 하와이에서는 보다 편하게 매장을 둘러보며 쇼핑할 수 있어요. 코로나19 이후 매장 내 입장 인원에 제한을 두고 있지만 대기 시간이 길지 않고 한국처럼 '차려입고' 쇼핑하지 않아도 되어 부담이 덜하죠. 샤넬이나 에르메스, 구찌, 루이비통, 이브생로랑 등의 명품 매장 문턱이 낮아서 편하게 쇼핑할 수 있어요. 세관 신고와 환율을 생각하면 가격 메리트는 없지만 편하게 원하는 제품을 구매할 수 있다는 장점이 있답니다.

2 미국은 주마다 세금(Tax)이 다른데 하와이는 4%로 비교적 저렴한 편입니다. 하지만 한국으로 입국 시 1인당 $600까지만 면세가 적용 되기 때문에 그 외 금액은 추가로 세금을 지불해야 해요. 자진신고를 하면 최대 15만 원의 범위 내에서 세액의 30%를 감면받을 수도 있습니다. 따라서 명품 가방이나 시계 등 명품 구매 시 세관 신고 금액까지 계산해보는 것이 좋아요. 인천공항에서 내는 세금이 궁금하면 홈페이지(https://www.customs.go.kr)에 구매한 아이템과 금액을 입력해 납부 예상 세금을 알아볼 수 있어요.

키스 Kith

한국에서는 직구로만 구매할 수 있었던 개성 있는 편집 숍 키스의 대형 매장이 2021년 여름, 와이키키에 문을 열었다. 뉴발란스, 나이키, 코카콜라 등 유명 브랜드와의 컬래버레이션으로도 유명하다. 특히 매장 밖의 키스 트리츠 Kith Treats 코너에서 디저트를 맛보는 것도 색다른 경험이 될 것이다. 하와이에서만 한정 판매하는 신발과 티셔츠도 있으니 눈여겨볼 것.

Map P.103-F3 | **주소** 2301 Kalakaua Ave. Honolulu | **홈페이지** kith.com | **영업** 11:00~22:00 | **주차** 로열 하와이안 센터 내 유료(매장에서 상품 구매 시 주차 티켓 제시, 3시간 $6, 이후 시간당 $6) | **가는 방법** Kalakaua Ave. 중심에 위치한 로열 하와이안 센터 Royal Hawaiian Center C빌딩 1층에 위치.

에이치 앤 앰 H&M

급하게 휴양지 의상이 필요하다면 이곳으로 향하자. 규모가 넓어 비교적 다양한 아이템을 구비해놓은 것이 특징. 1층에는 여성복은 물론이고 언더웨어와 수영복 이외에도 액세서리를, 2층은 남성복 중심으로 진열했다. 쇼핑 시간을 절약하고 싶다면 원하는 카테고리 위주로 둘러보는 것이 좋다.

Map P.103-F2 | **주소** 2270 Kalakaua Ave. Honolulu | **전화** 855-466-7467 | **영업** 10:00~21:00 | **주차 불가** | **가는 방법** Kalakaua Ave. 중심에 위치. 로열 하와이안 센터 Royal Hawaiian Center 건너편.

로스 Ross

캐주얼 브랜드의 이월상품을 제일 저렴한 가격에 구입할 수 있는 곳. 2층으로 되어 있어 매장 규모도 크고 T 갤러리아 면세점 근처라 찾기도 쉽다. 단, 워낙 상품구성이 다양하고 많아 제품을 천천히 제대로 살펴보려는 노력이 필요하다. 인내심을 가지고 살펴보면 띠어리 Theory, 마이클 코어스, DKNY, 캘빈클라인, 7 Jeans 등의 브랜드를 만날 수 있다. 신발과 액세서리, 화장품과 주방용품 등이 모여 있으며 최대 90%까지 할인받을 수 있다.

Map P.103-F2 | **주소** 333 Seaside Ave. Honolulu | **전화** 808-922-2984 | **홈페이지** www.rossstores.

com | **영업** 08:00~22:00 | **주차** 로스에서 제품 구매 시 2시간 무료, 이후 30분 $3 | **가는 방법** Kalakaua Ave.에서 호놀룰루 동물원 Honolulu Zoo 방향으로 걷다, 와이키키 쇼핑 플라자 Waikiki Shopping Plaza 끼고 좌회전. Seaside Ave. 방향으로 걷다 오른쪽에 위치.

로열 하와이안 센터
Royal Hawaiian Center

에르메스, 페라가모, 펜디, 지미추 등 명품관과 애플 매장, 하와이안 기프트 숍들이 모여 있는 대형 쇼핑 센터. 쇼핑과 식사, 엔터테인먼트를 한 곳에서 즐길 수 있다. 야외무대에서는 훌라와 우쿨렐레, 하와이안 밴드 공연은 물론이고, 그밖에도 퀼트와 레이를 만드는 강좌 등이 진행 중에 있다. 매달 스케줄이 바뀌기 때문에 자세한 레슨 강좌는 홈페이지의 'EVENTS' 칼럼을 참조할 것.

Map P.103-F3 | **주소** 2201 Kalakaua Ave. Honolulu | **전화** 808-922-2299 | **홈페이지** www.royalhawaiian center.com | **영업** 11:00~20:00 | **주차** 매장에서 상품 구매 시 2시간 무료(결제 시 주차 티켓 제시, 3시간 $4, 이후 시간당 $6) | **가는 방법** Kalakaua Ave.에서 까르띠에 Cartier 매장부터 치즈케이크 팩토리 The Cheesecake Factory까지가 로열 하와이안 센터.

와이키키 쇼핑 플라자
Waikiki Shopping Plaza

세포라와 빅토리아 시크릿, 아르마니 익스체인지 등 쇼핑 매장이 모여 있으며 마리에 오가닉 카페, 코리안 & 하와이안 BBQ, 키사텐 라멘, 다나카 오브 도쿄 등의 레스토랑도 있다. 쇼핑몰 내에서 $32의 키트를 구입하면 무료로 하와이안 퀼트 레슨을 들을 수 있으며, 화~금요일 17:30에 진행된다.

Map P.103-F2 | **주소** 2250 Kalakaua Ave. Honolulu | **전화** 808-923-1191 | **홈페이지** waikikishopping plaza.com | **영업** 09:30~22:00 | **주차** 유료(30분당 $3, 5시간 정액제 $7.50) | **가는 방법** Kalakaua Ave. 중심에 위치. T 갤러리아 옆 빅토리아 시크릿부터 아르마니 익스체인지 매장까지 와이키키 쇼핑 플라자 건물.

빅토리아 시크릿 Victoria Secret

우리나라 20~30대 여성들 사이에서 이미 두터운 마니아층을 거느리고 있는 언더웨어 브랜드. 1층에는 신상품 위주로 세팅되어 있으며, 2층에는 세일

상품과 젊은 연령대를 위한 언더웨어 및 홈웨어가
모여 있다. 그밖에도 샤워코롱이나 향수, 바디 로
션 등 여성들이 좋아하는 뷰티 제품들도 다수 구비
해놓았다.

Map P.103-F2 | **주소** 2230 Kalakaua Ave. Honolulu
| **전화** 808-922-6565 | **홈페이지** www.victoriassecret.
com | **영업** 11:00~20:00 | **주차** 유료(30분당 $3, 5시간
정액제 $7.50) | **가는 방법** Kalakaua Ave. 중심, T 갤러리
아 옆 와이키키 쇼핑 플라자 Waikiki Shopping Plaza 1층
에 위치.

세포라 Sephora

1970년대 프랑스에서 오픈한 뷰티 전문 숍으로 스
킨케어, 컬러, 향수, 바디, 헤어 등에 관련된 모든
제품들이 총 망라되어 있다. 27개국 1,300개의 점
포 중 하나로 한 눈에 뷰티 트렌드를 알 수 있는 것
은 물론 특히 카운터 근처에는 유명 브랜드의 트래
블 사이즈 제품을 저렴한 가격에 구입할 수 있다.
여성의 경우 여행지에서 급하게 필요한 제품이 있
다면 세포라가 도움이 될 듯. 와이키키 외에 알라
모아나 센터에도 매장이 있다.

Map P.103-F2 | **주소** 2250 Kalakaua Ave. #153
Honolulu | **전화** 808-923-3301 | **홈페이지** www.
sephora.com | **영업** 11:00~21:00 | **주차** 유료(30분당
$3, 5시간 정액제 $7.50) | **가는 방법** Kalakaua Ave. 중
심, 와이키키 쇼핑 플라자 Waikiki Shopping Plaza 1층
에 위치. 빅토리아 시크릿 옆.

어반 아웃피터스 Urban Outffiters

패션, 뷰티, 인테리어 소품을 포함한 다양한 잡화
가 모두 모여있는 개성 강한 숍. 2030 남녀가 좋아
할 만한 아이템들로 큰 인기를 얻어, 미국 전역의
핫한 거리라면 모두 이 매장을 만날 수 있을 정도
로 많은 지점을 확장했다. 특히 2층 코너에는 세일
품목들이 진열되어 있어 알뜰한 쇼핑을 할 수 있
다. 저녁 식사 후 가볍게 둘러보기 좋다.

Map P.104-C2 | **주소** 2424 Kalakaua Ave,
Honolulu | **전화** 808-922-7970 | **홈페이지** www.
urbanoutfitters.com | **영업** 10:00~20:00 | **가는 방법**
Kalakaua Ave. 중심에 위치. 와이키키 경찰서 건너편.

아트페스트 Artfest

하와이 예술가들이 모여 직접 만든 작품들을 판매
하는 마켓이다. 1~11월 사이, 한 달에 두 번 열리는

것으로 돈을 들이지 않고 발품 팔아서 현지의 문화를 접할 수 있다. 수공예품과 하와이 전통 액세서리, 기념 티셔츠와 하와이의 명물인 셰이브 아이스크림 등을 판매한다. 관광객뿐 아니라 현지인들도 재미삼아 들르는 곳이다.

Map P.101-E3 | **주소** 3840 Paki Ave. Honolulu | **홈페이지** www.facebook.com/HAAHawaii | **영업** 09:00~16:00 | **주차** 호놀룰루 동물원에 유료 주차(1시간 $1.50) | **가는 방법** Kalakaua Ave.에서 호놀룰루 동물원 Honolulu Zoo 방향으로 직진, 호놀룰루 동물원 건너편에 위치한 카피올라니 공원 Kapiolani Park 내 위치.

KCC 파머스 마켓
KCC Farmers Market

현지인들이 집에서 재배한 바나나, 망고 등 과일이나 채소 이외에도 홈메이드 꿀 등을 판매하는 하와이에서 가장 유명한 주말 마켓이다. 마트보다 저렴하면서도 질이 좋은 물건들이 많아 여행자보다도 현지인들이 더 열광한다. 소시지 바비큐나 스팸 무

수비, 레모네이드 등 그야말로 종류와 국적을 불문하고 누구나 먹고 즐길 수 있는 메뉴가 많으며 근처에 다이아몬드 헤드가 있다. 여행자들에겐 두 가지를 모두 살펴볼 수 있어 일석이조인 곳이다.

Map P.075-F4 | **주소** 4303 Diamond Head Rd. Honolulu | **전화** 808-840-2074 | **영업** 매주 토 07:30~11:00 | **주차** 무료(협소) | **가는 방법** Kalakaua Ave.에서 호놀룰루 동물원 Honolulu Zoo를 끼고 좌회전, Monsarrat Ave. 방향으로 직진하다 왼쪽 카피올라니 커뮤니티 칼리지 Kapiolani Community College 주차장 내 위치.

Mia's Advice

와이키키에서 '쇼핑'하면 사실 가장 먼저 떠오르는 것이 ABC 스토어에요. 간단한 식료품부터 비상약, 생필품, 기념품은 물론이고 휴대폰 충전기까지 그야말로 없는 것이 없는 만물상이죠. 게다가 와이키키에서 한 집 건너 한 집이 ABC 스토어라고 해도 과언이 아닐 만큼 매장수가 어마어마해요. 재미있는 것은 규모나 인테리어, 비치해놓은 제품들이 매장마다 조금씩 다르다는 거죠. 매장별로 세일 상품도 다르고요. 와이키키에서 필요한 것이 있다면 제일 먼저 근처 ABC 스토어부터 살펴보세요. (→P.141)

LOCAL FEVER
현지인들에게 사랑받는 곳만 쏙쏙!

하와이 현지인들에게 사랑받는 곳들만 모았다. 색다른 분위기를 맛보고 싶거나, 현지인들이 좋아하는 장소가 궁금하다면 이곳에 관심을 가져보자.

EAT	
먹거리	

레오나즈 베이커리 Leonard's Bakery

스노우 플레이크에서 일하던 레오나드가 1952년 레오나즈 베이커리를 오픈. 엄마의 제안으로 포르투갈 도넛인 말라사다 Malasada를 만들어 대히트를 시켰다. 무엇보다 이곳의 트레이드 마크인 오리지널 말라사다는 주문 즉시 기름에 튀긴 뒤 설탕을 입힌 도넛으로 최고 인기 아이템. 그밖에도 말라사다 안에 커스타드, 초콜릿과 구아바 크림 등이 가미된 메뉴도 있으며, 도넛 이외에도 커피 케이크, 파이 등이 있고, 스위트 브레드인 LG PAO DOCE 등도 유명하다. 테이크아웃만 가능하다. 매장 앞 벤치에 앉아 먹는 이들이 더 많다.

Map P.075-E3 | **주소** 933 Kapahulu Ave. Honolulu | **전화** 808-737-5591 | **홈페이지** www.leonardshawaii. com | **영업** 05:30~19:00 | **가격** $1.50~50.89(오리지널 말라사다 $1.50) | **주차** 무료(공간 협소) | **가는 방법** 와이키키 초입 Kalakaua Ave.에서 Pau St. 골목으로 진입. Ala Wai Blvd.를 끼고 좌회전 후, McCully St. 방향으로 우회전, 다시 Kapiolani Blvd.를 끼고 우회전 후, Kaimuki Ave.를 끼고 우회전해 Kapahulu Ave. 방향으로 우회전.

53 바이 더 시 53 By The Sea

1층은 고급 레스토랑, 2층은 프라이빗 웨딩홀을 겸하고 있다. 고급스러운 외관 못지않게 레스토랑 내부에는 넓게 펼쳐진 오션뷰가 가슴까지 시원하게 한다. 와이키키는 물론이고 다이아몬드 헤드까지 보인다. 식전 빵과 셰프의 전채요리마저 정성이 가득하며 점심 메뉴인 점보타이거 슈림프 샐러드나 해산물 스파게티, 클럽 샌드위치 등 모두 푸짐하고 맛있다.

Map P.074-C3 | **주소** 53 Ahui St. Honolulu | **전화** 808-536-5353 | **홈페이지** www.53bythesea.com | **영업** 화~금 17:00~21:00, 토~일 10:00~13:30, 17:00~21:00 | **가격** 브런치 $12~45(53 브렉퍼스트 샌드위치 $22), 디너 $15~115 | **주차** 무료 | **예약** 필요 | **가는 방법** 와이키키 초입 Al Moana Blvd.를 타고 알라 모아나 센터 방향으로 직진 후, 왼쪽 Ward Ave.를 끼고 좌회전. 다시 왼쪽에 Ahui St.를 끼고 좌회전.

스위트 에스 카페 Sweet E's Cafe

외관은 평범한 식당같이 보이지만, 문을 열고 들어서면 브런치를 즐기는 사람들로 가득 차 있다. 심지어 늦으면 기다려야 할 정도로 현지인들의 브런치 장소로 유명한 곳. 에그베네딕트, 오믈렛 등도 유명하지만 그중에서도 블루베리 스터프 프렌치 토스트가 제일 인기가 높다.

Map P.075-E3 | **주소** 1006 Kapahulu Ave. Honolulu | **전화** 808-737-7771 | **홈페이지** www.sweetescafe.com | **영업** 07:00~14:00 | **가격** $7.95~13.95(블루베리 앤 크림 치즈 프렌치 토스트 $10.95). | **주차** 무료 | **예약** 불가 | **가는 방법** 와이키키 초입 Kalakaua Ave.에서 Kapiolani Blvd.를 타고 직진하다 오른쪽에 Kaimuki Ave.로 진입. 직진 후 사거리에서 왼쪽에 위치.

야키토리 하치베이 Yakitori Hachibei

1983년 후쿠오카에서 최초로 오픈했다. 일본에 8곳의 매장이 있으며, 하와이뿐 아니라 방콕에도 매장이 있다. 글로벌한 야키도리(일본식 꼬치구이)집답게 모던한 인테리어가 눈에 띈다. 꼬치구이와 함께 하치베이 푸아그라, 포크 벨리 등이 현지인들이 즐겨 찾는 메뉴다. 뿐만 아니라 개성 강한 칵테일과 일본 술도 경험해볼 수 있다.

Map P.166-A2 | **주소** 20 N Hotel St., Honolulu | **전화** 808-369-0088 | **홈페이지** hachibei.com | **영업** 화~토 17:00~22:00, 일 16:30~22:00(월요일 휴무) | **가격** $10~60 | **주차** 불가 | **예약** 필요 | **가는 방법** 와이키키에서 13번 버스 탑승, S hotel St. + Bethel St.에서 하차. 도보 1분.

아르보 Arvo

하와이에서 가장 핫한 카페 중 하나. 호주식 표현으로 아르보는 '오후'라는 뜻이다. 이곳에서는 커피 외에도 아보카도 토스트, 뉴텔라 토스트 등 개성강한 토스트 메뉴를 맛볼 수 있다. 야외 테라스가 독특한 분위기를 자아낸다. 솔트 앳 아워 카카아코 Salt at Our Kakaako 내 위치해 있다.

Map P.167-C4(솔트 앳 아워 카카아코 내) | **주소** 324 Coral St. Honolulu | **전화** 808-537-2021 | **홈페이지** www.arvocafe.com | **영업** 월~금 07:30~17:00, 토~일 08:30~17:00 | **가격** $3~13.38(아보카도 토스트 $7.80) | **주차** 1시간 무료(계산 시 티켓 제시, 2시간 $1, 3시간 $3, 이후 시간당 $6) | **가는 방법** 와이키키에서 20번 버스 탑승 후 Ala Moana Bl+Coral St.에서 하차. 도보 1분.

덕 벗 Duck Butt

한국식 치킨과 참치회무침, 스테이크, 튀김 등 한국인 입맛에 맞는 술안주가 가득한 펍. 2개의 룸 안에는 노래방 기계가 설치되어 있으며 홀 내부는 바와 테이블로 꾸며져 있다. 저녁 시간이 되면 자리가 없을 만큼 현지인들에게 사랑받는 술집이다. 수박 소주와 치킨, 포키 등이 인기가 좋다.

Map P.166-D3 | 주소 901 Kawaiahao St. Honolulu | 전화 808-593-1880 | 영업 17:00~다음날 02:00(해피 아워 17:00~20:00) | 가격 $11~30(갈비 타코 $12) | 주차 발레파킹(약간의 팁) | 예약 가능 | 가는 방법 Kalakaua Ave.에서 Ala Moana Blvd.로 진입. 직진 후 오른쪽 Queen St.로 우회전 후 다시 Waimanu St.로 좌회전. Kamakee St.를 끼고 우회전 후 다시 Kawaiahao St.를 끼고 좌회전. 직진하면 왼쪽에 위치.

와이올리 키친 & 베이크 숍 Waioli Kitchen & Bake Shop

마노아 지역의 동네 사랑방이라고 표현하면 딱 좋을 듯. 이른 아침부터 브런치를 즐기려는 동네 주민들로 붐비는 곳이다. 최근에 리노베이션을 거쳐 보다 쾌적한 공간을 자랑한다. 무엇보다 이곳으로 향하는 길이 꽤 멋스러워 드라이브 코스로도 안성맞춤이다. 매장에서 직접 구운 빵 맛도 일품.

Map P.075-E2 | 주소 2950 Manoa Rd. Honolulu | 전화 808-744-1619 | 홈페이지 waiolikitchen.com | 영업 수일 08:00~13:00 | 가격 블랙퍼스트 $7.50~14 | 주차 무료 | 가는 방법 와이키키에서 Ala Wai Blvd.로 진입해 직진하다 오른쪽 Kalakaua Ave.를 끼고 우회전. Philip St.를 끼고 우회전 후 다시 왼쪽 Punahou St.를 끼고 좌회전. 직진하다 도로명이 Manoa Rd.로 바뀌고 계속 직진하면 왼쪽에 위치.

아이 나바 I-naba

하와이에서 가장 유명한 소바집. 소박한 일본 가정식을 맛볼 수 있다. 소바 외에도 스시나 사시미, 튀김 등의 메뉴는 물론, 정성 가득한 밑반찬도 개별 주문이 가능하다. 소바를 먹고 나면 국수를 삶았던 물이 담긴 주전자를 주는데 소바를 담가 먹었던 소스에 부어 차처럼 마시는 것도 별미다.

Map P.145-D1 | 주소 1610 S King St. Honolulu | 전화 808-953-2070 | 홈페이지 inabahonolulu.com 영업 목~월 11:00~14:00, 17:00~20:00, 화 11:00~14:00(수요일 휴무) | 가격 런치 $14~28(바라 치라시 볼 &소바 $25, 자루소바 $17), 디너 $8.50~42.50(점보 슈림프 뎀푸라 소바 $20) | 주차 무료 | 예약 필요 | 가는 방법 와이키키 초입 알라와이 블러버드 Ala Wai Blvd.에서 와이키키와 반대 방향의 Kalakaua Ave.로 진입. 직진 후 오른쪽 S king St.를 끼고 우회전 하자마자 왼쪽에 위치.

케이크 M Cake M

수제 케이크의 맛이 일품인 곳. 특히 일본 관광객들에게 입소문이 나 있다. 장소가 협소하고, 자리도 매장 가운데에 놓인 기다란 테이블 하나뿐이라 그 자리가 꽉 차면 바 테이블에 앉아야 하지만 그마저도 감수할 만큼 퀄리티 높은 디저트를 맛볼 수 있다. 특별한 날을 위한 케이크를 주문하고 싶다면 바로 이곳이다.

Map P.144-C2 | 주소 808 Sheridan St. Suite 308, Honolulu | 전화 808-722-5302 | 홈페이지 cakemhawaii.com | 영업 화~토 10:00~17:00(일·월 휴무) | 가격 조각 케이크 $5.5~7 | 주차 유료(1시간당 $2) | 예약 불가 | 가는 방법 Kalakaua Ave.에서 kanunu St.를 끼고 좌회전. Kaheka St.를 끼고 우회전 후 Rycroft St.를 끼고 다시 좌회전. 오른쪽 건물 3층에 위치.

호놀룰루 커피 체험 센터
Honolulu Coffee Experience Center

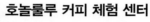

100% 코나 커피를 판매하는 호놀룰루 커피에서 만든 박물관 형태의 디저트 카페. 커피 볶는 향이 가득한 곳으로, 기프트숍과 커피 체험관 등이 있으며 매장 내에서 판매되고 있는 베이커리 제작 과정을 직접 관람할 수 있다.

Map P.145-F2 | 주소 1800 Kalakaua Ave. Honolulu | 전화 808-202-2562 | 홈페이지 www.honolulucoffee.com | 영업 07:00~15:00 | 가격 ~$15 | 주차 무료 | 가는 방법 와이키키 초입 Kalakaua Ave.에서 하와이 컨벤션 센터 Hawaii Convention Center 건너편에 위치.

와이올라 스토어 Waiola Store

와이키키에서 10분 정도 거리에 위치한 디저트 카페. 마을 주택가 사이에 아담하게 자리하고 있음에도 불구하고 항상 지역 주민들과 관광객들이 줄을 서서 주문하는 곳. 자그마한 마트도 함께 운영하고 있지만 마트보다 아이스크림이 더 유명하다. 대부분 셰이브 아이스크림을 주문하거나 혹은 한국 스타일의 팥빙수를 많이 먹는 편. 노스 쇼어의 셰이브 아이스크림과 함께 스팸 무수비 등도 판매하고 있다.

Map P.145-F1 | 주소 2135 Waiola St. Honolulu | 전화 808-949-2269 | 홈페이지 www.waiolashaveice.com | 영업 11:00~18:00 | 가격 $2.50~7 | 주차 불가 | 가는 방법 와이키키 초입 Kalakaua Ave.에서 Pau St.로 진입, 직진 후 좌회전해 Ala Wai Blvd.로 진입. 첫 번째 McCully St.에서 우회전해 직진 후 Waiola St.를 끼고 우회전. 오른쪽에 위치.

니코스 피어 38 Nico's Pier 38

항구를 배경으로 캐주얼한 하와이 음식을 맛볼 수 있는 곳. 예약을 따로 받지 않으며 한쪽 코너에 포케 카운터(오전 9시부터 운영)가 있어 신선한 참치회를 맛볼 수 있다. 런치에는 갈릭 페스토 슈림프와 크랩 케이크 샐러드를, 디너에는 포케 샘플러, 슈림프 스캄피 파스타 등의 메뉴가 있다. 매주 금요일에는 하와이안 플레이트를 선보이는데 칼루아 피그와 로미 살몬 등이 곁들여진 하와이 전통 음식을 맛볼 수 있다. TV프로그램 〈스트리트 푸드 파이터〉에 소개된 바 있다.

Map P.074-C2 | 주소 1129 N Nimitz Hwy., Honolulu | 전화 808-540-1377 | 홈페이지 nicospier38.com | 영업 월~토 06:30~21:00, 일 10:00~21:00(해피 아워 16:00~17:00) | 가격 브렉퍼스트 $9~16.50, 런치 $9.25~21, 디너 $7.75~35(하와이안 플레이트 $19~25) | 주차 무료 | 가는 방법 와이키키에서 20번 버스 탑승, Nimitz Hwy.+Opp Pier 36에서 하차 후 도보 3분.

카페 모레이 Cafe Morey

다이아몬드 헤드 지역에 자리한 브런치 맛집. 볶음밥과 와플, 팬케이크, 스크램블 에그, 치아바타 샌드위치, 에그 베네딕트, 프렌치 토스트 등이 있다. 이 집의 시그니처 메뉴는 볶음밥. 김치볶음밥과 비건을 위한 볶음밥도 있다. 볶음밥과 에그, 갈릭 슈림프와 참치 타다키가 함께 나오는 마키 스페셜은 꼭 주문해보자.

Map P.101-F2 | 주소 3106 Monsarrat Ave. Honolulu | 전화 808-200-1995 | 홈페이지 cafe-moreys.com | 영업 08:00~14:00 | 가격 $8.75~18(마키 스페셜 $18) | 주차 무료 | 가는 방법 Kalakaua Ave.에서 호놀룰루 동물원 Honolulu zoo을 끼고 Mansarrat Ave. 방향으로 진입. 왼쪽에 위치.

야야스 촙하우스 & 시푸드 Ya-Ya's Chophouse & Seafood

하와이 로컬 피플들이 결혼기념일이나 생일 같은 특별한 날에 방문하는 레스토랑. 스테이크 맛도 일품이지만 해산물을 좋아하는 이들이라면 화려한 비주얼을 자랑하는 오션 타워를 놓치지 말아야 한다. 랍스터 꼬리와 점보 카우아이 슈림프, 오이스터와 가리비, 아히 포케 등이 함께 나온다.

Map P.167-C3 | 주소 508 Keawe St. Honolulu | 전화 808-725-4187 | 홈페이지 yayachophouse.com | 영업 17:00~22:00 | 가격 $14~95~140(오션 타워 2인용 $94.95, 프라임 토마호크 $125) | 주차 무료 | 가는 방법 와이키키에서 20번 버스 탑승, South St.+Halekauwila St.에서 하차. 도보 2분.

트루이스트 TRUEST

운동화 멀티숍. 일반 운동화 매장에서 보기 힘든 리미티드 아이템 위주라 마니아들이 즐겨 찾는다. 자그마한 매장 내 전시된 운동화만 해도 수백 컬레일 정도.

Map P.075-E3 | **주소** 2011 S King St. Honolulu | **전화** 808-946-4202 | **영업** 월~토 12:00~18:00(일요일 휴무) | **주차** 매장 앞 도로 유료(1시간 $1.50) | **가는 방법** 와이키키 초입 Kalakaua Ave.에서 Pau St.로 진입. 직진 후 왼쪽에 Ala Wai Blvd.로 진입. 다시 직진 후 McCully St.로 우회전해 직진, 오른쪽에 S king St.를 끼고 우회전. 오른쪽에 위치.

모노 MONO

문구와 리빙 소품 등 유니크한 디자인의 생활 소품들이 모여 있는 곳. 심플한 인테리어가 시선을 끈다. 특별한 사람에게 필요한 선물이나 기념품, 혹은 아트 제품에 관심이 많은 여행자라면 들러보자.

Map P.075-E3 | **주소** 2013 S King St. Honolulu | **전화** 808-955-1595 | **영업** 월~토 11:00~16:00(일요일 휴무) | **주차** 매장 앞 도로 유료(1시간 $1.50) | **가는 방법** 와이키키 초입 Kalakaua Ave.에서 Pau St.로 진입. 직진 후 왼쪽에 Ala Wai Blvd.로 진입. 다시 직진 후 McCully St.로 우회전해 직진, 오른쪽에 S king St.를 끼고 우회전. 오른쪽에 위치(트루이스트 옆).

앳 다운. 오아후 at Dawn. O'AHU

화려하지 않으면서 입기에도 편안한 캐주얼 룩 위주로 선보이고 있다. 의류 외에도 가방이나 신발, 액세서리 등의 잡화도 있다. 특히 에코백으로 유명한 BAGGU와 컬래버레이션한 하와이 에디션 백($21)은 선물용으로도 손색이 없다.

Map P.144-A4 | **주소** 1108 Auahi St. Honolulu | **전화** 808-946-7837 | **영업** 월~목 11:00~18:00, 금~토 11:00~19:00, 일 11:00~17:00 | **홈페이지** theatdawn.com | **주차** 불가(근처 홀 푸드에 주차) | **가는 방법** 와이키키에서 13번 버스 탑승, Kapiolani Bl+Opp Kamakee St.에서 하차. 도보 4분.

없는 게 없는 와이키키 슈퍼마켓! ABC 스토어 완전정복

하와이 여행에서 필요한 것은 모두 있다고 해도 과언이 아닌 ABC 스토어. 한 건물 건너 하나씩 있을 정도로 와이키키에서 가장 흔하게 볼 수 있는 상점 또한 ABC 스토어. 간단한 먹거리부터 비상약, 휴대전화 충전기와 물놀이 필수품 방수팩, 아이디어가 돋보이는 기념품과 심지어 돗자리까지. 오전 6시 30분부터 밤 11시까지 영업하는 이곳은 그야말로 온종일 돌아봐도 지치지 않는다.

 ⅠMARVIS 치약 치약계의 샤넬이라 불릴 정도로 럭셔리한 치약. 50년 전통을 지닌 이탈리아의 마비스 치약은 인체에 유해한 색소와 계면활성제를 사용하지 않아 디자인에 건강까지 챙긴 기특한 제품이다. 36g $8.99 ② 애드빌 무리한 일정에 근육통이 생겼거나 다른 진통으로 고생할 때 유용한 비상약. $4 ③ 민트 전·현 대통령 관련 아이템은 언제나 인기! 가격이 저렴하면서도 기념품으로 구입하기 좋은 민트. $3.49 ④ MULVADI 100% 코나 커피 낱개 포장 되어 있으며, 상온의 물에도 잘 섞여 쉽게 코나 커피를 즐길 수 있다. $12 ⑤ 마우이 베라 뜨거운 태양에 손상된 피부를 빠르게 회복시켜주는 애프터 선 모이스처. 오가닉 제품으로 알로에, 페퍼민트, 노니 등을 사용해 효과를 높였다. $12.99 ⑥ 마우이 칩 하루 일정을 마치고 숙소에서 맥주 한 잔 즐길 예정이라면 하와이에서만 맛볼 수 있는 마우이 칩을 선택하자. $2.75 ⑦ 코나 시 솔트 코나 지역의 바닷가에서 만들어낸 소금. 하와이 하면 커피와 마카다미아 너트만 떠올리는 지인들에게 선물하기 좋다. $5 ⑧ 방수팩 스노클링 등 해양 레포츠를 즐길 때 휴대폰과 지갑 등을 소중히 보관할 수 있다. 없으면 은근히 불편한 아이템. $19.99 ⑨ 오가닉 보드카 ABC 스토어의 가장 큰 장점은 미니어처 제품이 많다는 것. 샴푸, 샤워젤뿐 아니라 보드카 등 양주도 미니어처 사이즈로 판매된다. $5.99 ⑩ 뉴트로지나 자외선 차단제 SPF 100 하와이에서 흔하게 만날 수 있는 자외선 차단제. 그중 SPF 100인 제품도 어렵지 않게 구매할 수 있다. 소중한 피부를 보호하기 위한 필수품. $14.492 ⑪ 오일즈 오브 알로하 마카다미아 에센셜을 첨가한 신제품으로 건조한 피부에 바르면 최고의 효과를 발휘한다. 한 번 사용하면 매력에 빠지게 되는 아이템. $12.99

Ala Moana

대형 쇼핑몰을 만날 수 있는

알라 모아나

알라 모아나 비치 파크와 그 북쪽에 펼쳐진 약 1.5km 일대가 바로 알라 모아나다. 남쪽의 알라 모아나 빌딩을 따라 쇼핑 천국으로 유명한 알라 모아나 센터, 6개의 쇼핑몰이 모여 있는 워드 센터 등 이 지역을 대표하는 건물들이 몰려 있다. 와이키키에 여행자들을 위한 레스토랑과 각종 숍들이 모여 있다면, 알라 모아나는 여행자뿐 아니라 현지인들도 즐겨 찾는 곳이다. 알라 모아나 근처에 위치한 월마트 Wallmart와 샘스 클럽 Sam's Club, 그밖에도 프랜차이즈 형태의 일본 마트인 돈키호테 Don Quijote나 로스 Ross 등 저렴하게 생활

+ 공항에서 가는 방법

공항에서 택시나 렌터카를 이용하면 20분가량 소요된다. 공항에서 20번 버스를 탑승하면 40여 분 소요된다.

+ 와이키키에서 가는 방법

힐튼 하와이안 빌리지 건너편의 Aqua Palms Waikiki 앞에서 8번 버스를 탑승하면 10분가량 소요되며, Kalakaua Ave. 초입의 토니 로마스 패밀리 레스토랑 앞에서 13번 버스를 탑승하면 12분가량 소요된다. 와이키키 초입, 포트 드루시 비치 파크에서 도보로 20~30분 정도 소요되는데, Kalakaua Ave.에서 Ala Moana Blvd.로 진입해 도로를 따라 걸으면 왼쪽에는 알라 모아나 파크가, 오른쪽에는 알라 모아나 센터가 나온다.

+ 알라 모아나의 교통 정보

와이키키에서 출발하는 트롤리 핑크 라인의 최종 목적지인 알라 모아나 센터는 그야말로 교통의 요지다. 알라 모아나 센터를 기준으로 오션 사이드와 마운틴 사이드가 있다. 오션 사이드에는 Ala Moana Blvd.가, 마운틴 사이드에는 Kapiolani Blvd.가 있다. 양쪽 모두 주요 버스가 오가는 정류장이 있는데, 호놀룰루에서 외곽으로 나갈 계획이라면 대부분 이곳 알라 모아나 센터에서 버스를 탑승하면 된다.

+ 알라 모아나에서 볼 만한 곳

알라 모아나 센터, 알라 모아나 비치 파크, 월마트, 티제이 맥스, 노드스트롬 랙

용품과 식재료를 판매하는 대형 마트들이 모여 있다.
또 현지인들이 아침에는 조깅 코스로, 오후에는 가족과 함께 바비큐 장소로 즐겨 찾는 알라 모아나 비치 파크는 알라 모아나 센터의 오션 사이드에 위치해 있는데 바닷가를 끼고 대규모의 공원이 조성되어 있어 한적하게 시간을 보내기 좋다. 공원에서 오아후의 상징이라고 할 수 있는 다이아몬드 헤드도 감상할 수 있어 안성맞춤이다.

알라 모아나
ALA MOANA

1:10,000

0   200m

23번 출구

Luna Liho Towers

카트라이트 경기장
Cartwright Field

Mat Lock St.   Kinau St.   Makiki St.   Beretania St.

타임즈 슈퍼마켓 Ⓢ
Times Supermarket

세이프 웨이
Safe Way Ⓢ

농림청
Department of Agriculture

Interstate Bldg.

마우이 다이버스
주얼리 디자인 센터
Maui Diver's
Jewelry Design Center Ⓢ

Keeaumoku St.   Liona St.

Kahaka St.

버거킹
맥도날드 Ⓡ

Kinau St.   Young St.   King St.   Piikoi St.   Sheridan St.   Cedar St.

서라벌 코리안 레스토랑 Ⓡ
Sorabol Korean Restaurant

Kapiol
Terra

Ⓗ 파고다 호
Pagoda Ho

Victoria St.   Pensacola St.   Piikoi St. 피아코이 스트리트

Medical Arts Bldg.

The Elms

셰리던 파크
Sheridan Park

Elm St.

케이크 M Ⓡ
Cake M

리케리케 드라이브 인 Ⓡ
Like Like Drive Inn

로스 Ⓢ Ross

Kanunu St.

Rycroft St.   Birch St.   Alder St.

Piikoi Plaza

Sam Sun Plaza

키킨 케이준 Ⓡ
Kickin Kajun

매키리 고등학교
Mckinley High School 🏫

Kamaile St.

월마트 Ⓢ
WalMart

형제 레스토랑
Hyung Jae Restaurant

Makaloa St.

하와이 오페라 시어터
Hawaii Opera Theatre

615 피아코이 빌딩

킹 레스토랑 & 바 Ⓡ
King restaurant & Bar

하와이 은행 ⒷⓀ

Kona St.

닐 S. 브레이스델 센터
Neal S. Blaisdell Center

AS Tower

버거킹 Ⓡ Buger King
영이기 딤섬 Ⓡ
Yung Yee Kee Dim Sum

Ⓡ 셰프 차이 Chef Chai

타이료 Ⓡ
Tairyo

더 리퍼블릭
The Republik

Ⓢ 알라 모아나 센터 P.15
Ala Moana Center

Ⓖ 블루 트리
Blue Tree

Kapiolani Blvd.
카피오라니 블러바드

에그스 앤 띵스
Egg's n Things

이치리키 Ⓡ
Ichiriki

메이시스 Ⓢ
Macy's

니만 마커스 Ⓢ
Neiman Marcus

Waimanu St.

Universal Bldg.

코닥

Piikoi Parkway Bldg.

Ala Moana Plaza

Kawaiahao St.

GASCO

Kona St.

버니니 Ⓡ
Bernini

하와이키 타워 Ⓗ

92 Ala Moana

Ⓡ 덕 벗 Duck Butt

홀 푸드 Ⓢ
Whole Foods

Ⓡ 한 노 다이도코로
Han no Daidokoro

스크래치 키친 & 미터리
Scratch Kitchen & Meatery

키사텐
Kissaten

디앤비 Ⓡ
Dave & Buster's

부카 디 베포 Ⓡ
Buca di Beppo

워드 시어터 Ward Theater

팡야 비스트로 Ⓖ
Panya Bistro

Kamakee St.

티제이 맥스 Ⓒ
T.J maxx

탱고 컨템포러리 카페
Tango Contemporary Cafe

워드 엔터테인먼트 센터
Ward Entertainment Center

앳 다운. 오아후 Ⓢ
at Dawn. O'AHU

알라 모아나 비치 파크
Ala Moana Beach Park

푸켓 타이 Ⓢ
Phuket Thai

노드스트롬 랙
Nordstrom Rack

사우스 쇼어 마켓 Ⓢ
South Shore Market

이스탄불 하와이 Ⓡ
Istanbul Hawaii

Auahi St.

Ⓢ 카카이코 파머스 마켓

워드 센터
Ward Centre

워드 웨어하우스
Ward Warehouse

긴자 스시 Ⓡ Ginza Sushi

피기 스몰스 Ⓡ Piggy Smalls

키즈 시티 어드벤처
Kids City Adventure

Ⓐ 하와이 해적선 어드벤처
Hawaii Pirate Ship Adventure

케왈로 만 하버
Kewalo Basin Harbor

Ⓐ   Ⓑ   Ⓒ

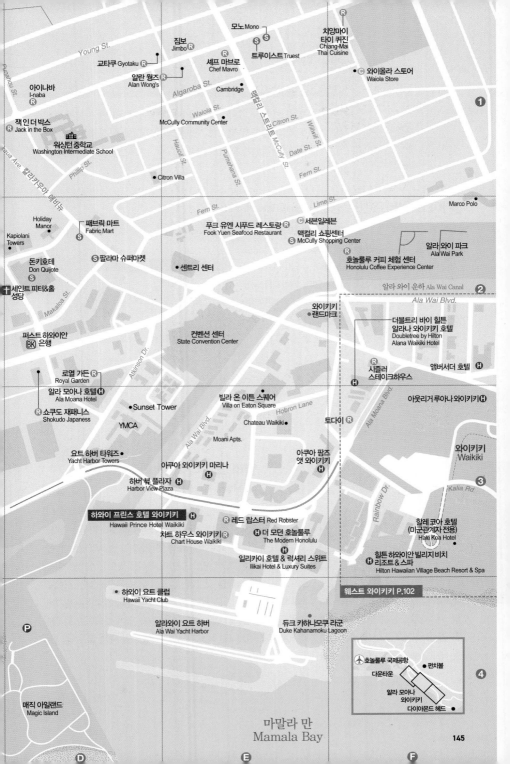

마말라 만
Mamala Bay

알라 모아나의 해변

알라 모아나 비치 파크는 와이키키 근처이지만 여행자들로 붐비지 않아서 좋으며, 워낙 넓은 까닭에 아침에는 현지인들의 산책로가 되기도 한다.

카카아코 워터프런트 공원 Kakaako Waterfront Park

'호놀룰루가 바다를 만나는 곳'이라는 캐치프레이즈를 갖고 있는 공원. 다운타운의 동쪽, 부두에 세워진 공원으로, 근처 카카아코 비치 파크와 함께 있어 수영이나 낚시를 즐기는 현지인들을 곳곳에서 볼 수 있다. 매립지를 공원으로 바꾼 곳으로, 공원 한 쪽 잔디 언덕에서 썰매를 타는 아이들도 눈에 띈다. 관광객들에게 잘 알려진 곳은 아니지만 푸른 잔디밭에서 아름다운 노을을 볼 수 있다.

Map P.167-C4 | 주소 102 Ohe St. Honolulu | 전화 808-594-0300 | 운영 10:00~22:00 | 주차 무료 | 가는 방법 Kalakaua Ave.에서 알라 모아나 센터 방향의 Ala Moana Blvd.로 진입. 왼쪽의 Ilalo St. Ward Ave. 방향으로 좌회전 후 직진, 다시 왼쪽의 Cooke St. 방향으로 좌회전 후 직진.

알라 모아나 비치 파크
Ala Moana Beach Park

평일과 주말 관계없이 여행자보다 현지인들에게 더 많이 사랑 받는 곳. 주말이면 곳곳에 고기 굽는 냄새가 진동하고, 아이들의 웃음소리가 끊이지 않는다. 진정한 하와이안 스타일의 휴식을 맛보고 싶다면 이곳을 들러볼 것. 웨딩 촬영을 위해 공원을 찾는 커플도 자주 볼 수 있다. 알라 모아나 센터 건너편에 위치해 있어 여행자들도 쉽게 찾아갈 수 있으며, 매주 금요일 밤에는 힐튼 하와이안 빌리지에서 주최하는 불꽃놀이를 감상하기에도 좋고, 바비큐도 즐길 수 있다. 매년 7월 4일 독립기념일과 12월 31일 자정, 혹은 1월 1일에는 대규모 불꽃 쇼가 화려하게 펼쳐진다.

Map P.144-C4 | 주소 1201 Ala Moana Blvd. Honolulu | 전화 808-768-4611 | 운영 04:00~22:00 | 주차 무료 | 가는 방법 Kalakaua Ave.에서 알라 모아나 센터 방향의 Ala Moana Blvd.로 진입. 18분가량 도보 후, 왼쪽에 위치.

알라 모아나의 즐길 거리

하와이에서 만날 수 있는 액티비티 가운데 스토리텔링을 접목시킨 해적선 어드벤처는 나이에 관계없이 즐길 수 있는 곳이다. 성인을 위한 클럽 버전이 눈에 띈다.

하와이 해적선 어드벤처 Hawaii Pirate Ship Adventure

태평양을 향해 가로지르는 해적의 기분을 느껴볼 수 있는 액티비티. 총 1시간 30분이 소요되는 이 프로그램은 해적 분장을 한 스태프들과 함께 바다를 항해하게 된다. 낮에는 해적선의 테마로 진행되며, 저녁에는 이브닝 크루즈로 클럽 스타일의 음악과 함께 색다른 나이트 라이프를 즐길 수 있다.

Map P.144-A4 | 주소 1085 Ala Moana Blvd., Honolulu | 전화 808-593-2469 | 홈페이지 www.hawaii
pirateship.com | 영업 첫 해적선 출발 10:00, 마지막 해적선 출발 19:00(요일에 따라 약간씩 차이가 있음. 화·목요일 휴
무) | 요금 성인 및 13세 이상 $44, 12세 이하 $33(이브닝 크루즈의 경우 21세 이상 성인만 가능 $44) | 주차 무료 | 가는 방법
Kalakaua Ave.에서 알라 모아나 센터 방향의 Ala Moana Blvd.로 진입. 왼쪽에 배가 선적해 있는 항구 쪽에 위치.

Mia's Advice

외국인 강사의 서핑 레슨이 부담스럽다면 한국인이 운영하는 서프 클라우드 나인 Surf Cloud Nine을 이용해 보자. 그룹 레슨(최대 강습 인원 3명), 프라이빗 레슨, 선셋 서핑 레슨 등 다양한 종류의 레슨이 있으며 10세 미만 어린도 프라이빗 레슨으로 서핑 수업을 들을 수 있다. 수업료는 $160~240. 서핑 후에는 전문 작가가 촬영한 스냅 사진도 구매할 수 있는데 가격은 $80. $60의 추가 요금을 내면 서핑 보드에 카메라(고프로)를 장착해 촬영도 가능하다.

예약 및 문의 surfcloudnine.com

알라 모아나의 먹거리

근사한 곳에서 분위기를 내고 싶다면 단연코 알라 모아나 센터다. 유명 레스토랑이 모두 모여 있으며, 다양한 스타일의 메뉴를 만날 수 있다.

쇼쿠도 재패니즈 레스토랑 & 바
Shokudo Japanese Restaurant & Bar

튀김과 사시미, 스시와 누들 등을 메뉴로 하는 일본 음식 전문점. 높은 천장과 빨간색이 포인트로 들어간 인테리어가 인상적이라 알라 모아나 센터 가는 길에 한 눈에 들어온다. 캐주얼한 분위기에서 비교적 저렴하게 일본 음식을 즐길 수 있는 곳으로 무엇보다 늦은 시간까지 영업해 여행자들에게 반갑다.

Map P.144-D2 | 주소 1585 Kapiolani Blvd. Honolulu | 전화 808-941-3701 | 홈페이지 www.shokudojapanese.com | 영업 11:30~22:00 | 가격 $5~35(쇼쿠도 지기리 세트 9pcs $18, 벤또 $11.99) | 주차 레스토랑 뒤 Kona st.에 무료 주차 | 예약 필요 | 가는 방법 Kalakaua Ave.에서 알라 모아나 센터 방향의 Kapiolani Blvd.로 진입, 왼쪽에 위치.

더 리퍼블리크 The Republik

하와이 트렌드 세터들에게 유명한 클럽. 입구에 그려진 페인팅만 봐도 이 클럽이 얼마나 개성 있는지를 말해준다. 라이브 뮤지션들의 공연장 이외에도 라운지 스타일의 'SAFE HOUSE'에서는 각종 음료와 간단한 핑거 푸드를 판매한다. 대부분 공연은 20:00~21:00 사이에 시작되며 공연은 홈페이지를 통해 미리 공지한다.

Map P.144-C3 | 주소 1349 Kapiolani Blvd. #30, Honolulu | 전화 808-941-7469 | 홈페이지 http://jointherepublik.com | 영업 화~금 10:00~18:00(박스 오피스) | 가격 공연 입장료는 그날에 따라 조금씩 다르다. 대략 $5~300 사이(푸드 $8~14) | 주차 발레파킹(1회 $15) | 가는 방법 Kalakaua Ave.에서 알라 모아나 센터 방향의 Kapiolani Blvd.로 진입. 오하나 퍼시픽 뱅크 옆 건물 3층.

이치리키 Ichiriki

샤부샤부 전문점. 특히 점심에는 창코 플래터가 인기가 높다. 샤부샤부와 비슷한 메뉴로 쇼유베이스나 스파이스 쇼유 등 기본 육수의 종류를 선택한 뒤, 고기와 야채를 함께 넣고 끓여먹는 메뉴로 이치리키의 주요 메뉴다. 저녁 시간에는 다소 가격대가 높은 편이지만 21:30 이후로는 보다 저렴하게 나베 메뉴를 즐길 수 있다.

Map P.144-B3 | 주소 510 Piikoi St. Honolulu | 전화 808-589-2299 | 영업 일~목 11:00~21:30, 금~토 11:00~23:00 | 가격 런치 $7~33.50(창코 플래터 $16.95), 디너 $7~45(미나모토 코스 $45) | 주차 무료(평일 18:00 이후와 주말 낮에는 1시간당 $1) | 예약 필요 | 가는 방법 도보 시 Kalakaua Ave.에서 알라 모아나 센터 방향의 Kapiolani Blvd.로 진입. 왼쪽에 Piikoi St. 방향으로 좌회전.

킹 레스토랑 & 바
King Restaurant & Bar

중식 레스토랑. 한국인들이 좋아하는 랍스터, 슈림프, 던지니스 크랩 등의 메뉴가 유명하다. 특히, 핫 앤 스파이스 던지니스 크랩과 솔트 앤 페퍼 랍스터가 맛있는데 마켓 가격에 따라 금액이 측정되기 때문에 가격이 정해져 있지 않다. 블랙 빈 클램도 추천 메뉴. 볶음밥을 같이 주문해 블랙 빈 클램 양념에 비벼 먹어보자.

Map P.144-C2 | 주소 1340 kapiolani Blvd. Honolulu | 전화 808-957-9999 | 영업 11:00~22:00 | 가격 $7.95~30(허니 월넛 슈림프 $19.95, 치킨 위드 칠리 페퍼 $14.94) | 주차 무료 | 예약 가능 | 가는 방법 Kalakaua Ave.에서 알라 모아나 센터 방향의 Kapiolani Blvd.로 진입.직진 후 오른쪽에 위치.

알로하 비어 컴퍼니
Aloha Beer Company

1900~1960년대까지 하와이에서 맥주 붐이 일었던 시절을 그리워하며 최근에 오픈한 맥주 회사 겸 펍이다. 라거, 레드, IPA, 허니 포터 등을 직접 양조하며, 그밖에 다양한 맥주를 보유하고 있어 골라 먹는 재미가 있다. 특히 우리나라 사람들 입맛에는 라거가 제격! 피자와 나초, 샐러드뿐 아니라 포케볼(참치덮밥) 등 식사 대용 메뉴도 있다. 최근 와이키키 초입에도 새롭게 매장을 오픈했다.

Map P.167-D3 | 주소 700 Queen St., Honolulu | 전화 808-544-1605 | 홈페이지 www.alohabeer.com | 영업 월~목 12:00~22:00, 금 12:00~23:00, 토 10:00~23:00, 일 10:00~22:00 | 가격 $9~22(치즈 피자 $15) | 주차 유료(발레파킹, 약간의 팁 필요) | 가는 방법 와이키키에서 13번 탑승 후 Kapiolani Bl+Cooke St. 하차, 도보 4분.

블루 트리 Blue Tree

개성 있는 인테리어도 눈에 띄지만, 이 카페가 현지인들에게 사랑받는 진짜 이유는 따로 있다. '의식 있는 소비'를 위해 유기농 재료와 순수 로컬 재료만을 이용하기 때문이다. 디톡스 음료를 통해 '해독 효과'를 기대하는 이들도 다수. 커피와 신선한 과일 주스 이외에도 간단하게 끼니를 때울 수 있는 샐러드와 스무디, 베이글과 오가닉 스콘, 요거트 등을 판매한다.

Map P.144-A3 | 주소 1009 Kapiolani Blvd. Honolulu | 전화 808-591-2033 | 영업 08:00~15:00

| 가격 $3.50~10.95(블루트리 아사이 볼 $9.50) | 주차 무료 | 가는 방법 Kalakaua Ave.에서 알라 모아나 센터 방향의 Kapiolani Blvd.로 진입, 직진하다 왼쪽에 위치.

셰프 차이 Chef Chai

하와이 재료를 이용해 태국 요리를 선보이는 레스토랑. 태국 스타일의 꼬리곰탕 수프, 마카다미아 너트가 가미된 블랙 타이거 새우 레인보우 샐러드, 레드 커리 등이 그것. 전체적으로 은은한 조명을 사용해 조용히 대화하기 좋으며, 단체보다 2인이 식사하기에 적합하다. 참고로 레스토랑을 운영하는 셰프 차이는 하와이안항공의 수석 셰프이기도 하다.

Map P.144-A3 | 주소 1009 Kapiolani Blvd. Honolulu | 전화 808-585-0011 | 홈페이지 chefchai.com | 영업 수~일 16:00~22:00(월·화요일 휴무) | 가격 $18~59(셰프 차이 시그니처 애피타이저 플래터 $56) | 주차 무료 | 예약 필요 | 가는 방법 도보 시 Kalakaua Ave.에서 알라 모아나 센터 방향의 Kapiolani Blvd.로 진입한다. 직진 후 왼쪽에 위치. 블루 트리 Blue Tree 옆.

푸크 유엔 시푸드 레스토랑 Fook Yuen Seafood Restaurant

로컬들에게 사랑받는 중국 해산물 레스토랑. 살아 있는 랍스터와 던지니스 크랩을 즉석에서 요리해준다. 블랙빈과 솔트 앤 페퍼 두 가지 맛 중 선택할

수 있다. 한국인 입맛에는 블랙빈이 더 친근하다. 인원수에 맞는 세트 메뉴 구성도 훌륭해 대가족 식사에 최적화된 곳이다.

Map P.145-E2 | 주소 1960 Kapiolani Blvd. Honolulu | 전화 808-973-0168 | 홈페이지 www. fookyuenrestaurant.com | 영업 11:00~14:00, 17:00~22:00 | 가격 $8.50~45(라이브 랍스터 $20.99, 라이브 던지니스 크랩 파운드당 $30) | 주차 무료 | 예약 필요 | 가는 방법 와이키키에서 13번 버스 탑승 후 Kalakaua Ave.+Pau St.에서 하차. 도보 7분.

푸켓 타이 Phuket Thai

매년 하와이 유명 잡지에 '베스트 타이 퀴진'으로 꼽히는 곳. 소박한 외관과는 달리 늘 사람들로 붐빈다. 팟 타이, 파인애플 볶음밥, 타이 스타일의 커리, 타이 비프 샐러드 등의 메뉴들이 있으며, 특히

타이 크리스피 프라이드 치킨이나 파파야 샐러드는 한국인들의 입맛에도 잘 맞는다.

Map P.144-A4 | 주소 401 Kamakee St. #102 Honolulu | 전화 808-591-8421 | 홈페이지 www. phuketthaihawaii.com | 영업 수~일 11:00~21:30, 월 11:00~16:00(화요일 휴무) | 가격 $5.95~15.95(팟타이 $11.50) | 주차 유료 | 가는 방법 도보 시 Kalakaua Ave.에서 알라 모아나 센터 방향의 Kapiolani Blvd.로 직진. 왼쪽 Kamakee St. 방향으로 좌회전.

영이기 딤섬 Yung Yee Kee Dim Sum

알라 모아나 센터 근처에 자리한 딤섬 맛집. 규모가 작고 딤섬의 종류가 많지 않지만 가게 내부가 청결하고 맛이 좋아 늘 대기 줄이 길게 늘어선 맛집이다. 특히 슈림프 덤플링과 시푸드 빈 커드 롤은

꼭 맛보자. 맛깔스럽고 담백한 맛 덕분에 끊임없이 들어간다.

Map P.144-C3 | 주소 1411 Kapiolani Blvd. Honolulu | 전화 808-955-7478 | 홈페이지 yungyee keedimsum.com | 영업 월~금 10:00~ 21:00, 토 ~일 09:00~21:00 | 가격 $4.50~ 5.95(슈림프 덤플링 $4.95, 시푸드 빈 커드 롤 $4.95) | 주차 무료 | 예약 필요 | 가는 방법 와이키키에서 13번 버스 탑승 후 Kapiolani Blvd.+Keeaumoku St.에서 하차. 도보 1분.

팡야 비스트로 Panya Bistro

피시 소스가 들어간 타이 스테이크 샐러드와 스팀 피시, 파스타, 만두, 햄버거, 볶음밥 등을 판매하는 레스토랑. 뭐니 뭐니 해도 이곳에서 꼭 맛봐야 하는 건 디저트다. 매장 한 쪽에 진열된 베이커리와 조각 케이크 등의 맛이 일품이다. 뉴욕 치즈 케이크와 일본 스타일의 치즈 케이크, 코나 커피를 이용한 다크 브라우니 등이 있으며 커피 못지않게 과일 티 역시 맛이 좋다.

Map P.144-B4 | 주소 1288 Ala Moana Blvd. Honolulu | 전화 808-946-6388 | 홈페이지 panyabistro.com | 영업 화~일 10:30~22:00(월요일 휴무, 해피 아워 15:00~18:00) | 가격 $9.50~34 | 주차 무료(2시간) | 예약 필요 | 가는 방법 도보 시 Kalakaua Ave.에서 알라 모아나 센터 방향의 Ala Moana Blvd.로 진입. 직진 후 Queen St.로 우회전. T.J maxx 건너편에 위치.

한 노 다이도코로 Han No Daidokoro

하와이에서 가장 고급스러운 일본 와규 레스토랑이다. 오픈한 지 얼마 되지 않은 신생 맛집으로 입소문 난 곳이다. 전반적으로 양이 적은 편이라 양이 많은 사람들에게는 아쉬울 수도 있다. 가격대가 조금 높은 편인데, 평일 런치 스페셜 메뉴를 이용하면 보다 저렴하게 이용할 수 있다. 저녁에는 1인당 $85~150 가격대의 코스 요리를 주문하는 것을 추천한다.

Map P.144-A3 | 주소 1108 Auahi St. Honolulu | 홈페이지 hannodaidokoro.com | 영업 11:30~15:00, 17:00~22:00 | 가격 런치 $39~95, 디너 $16~150 | 주차 무료 | 예약 필요 | 가는 방법 와이키키에서 13번 버스 탑승, Kapiolani Bl+Opp Kamakee St.에서 하차. 도보 4분.

이스탄불 하와이 Istanbul Hawaii

하와이에서 터키 음식을 만날 수 있다. 양고기 맛을 제대로 느낄 수 있는 램 텐더로인 시시, 터키 국민 샐러드인 살라타, 터키식 볶음밥인 사프란 필라프가 곁들여져 나오는 게더& 해브 어 터키시 피에스타를 추천한다. 3~4명이 나눠 먹을 수 있을 정도로 넉넉한 양이 인상적이다. 터키 간식인 로쿰이 곁들여져 나오는 터키시 커피도 놓치지 말 것.

Map P.144-A4 | 주소 1108 Auahi St. Honolulu | 전화 808-772-4440 | 홈페이지 www.istanbulhawaii. com | 영업 수 · 목 · 일 11:00~14:30, 17:00~21:30,

금~토 11:00~14:30, 17:00~22:00(월~화요일 휴무)
| **가격** $13~160(평일 브런치), $14~155(디너 · 터키시
피에스타 $245, 램 텐더로인 시시 $36) | **예약** 필요 | **가는**
방법 와이키키에서 13번 버스 탑승, Kapiolani Bl+Opp
Kamakee St.에서 하차, 도보 4분.

디앤비 | D&B(Dave and Buster's)

패밀리 레스토랑과 비디
오 게임센터가 믹스된 곳.
2층은 탁 트인 레스토랑,
3층은 캐주얼한 게임센
터로 이곳에 가면 시간
가는 줄 모른다. 해피 아
워에는 칵테일이 절반 가격이며, 버팔로
윙, 프레즐 도그, 치즈 스틱 등의 간단한
메뉴부터 치킨 퀘사딜라, BBQ 치킨, 그
릴드 슈림프 등의 메뉴 등이 있다. 또한 칵
테일의 종류도 많은데 스트로베리 워터메론
마가리타, 코로나리타, 망고 마가리타 등이 인기다.

Map P.144-A4 | **주소** 1030 Auahi St. Honolulu | **전화**
808-589-2215 | **홈페이지** www.daveandbusters.
com | **영업** 월 · 화 · 목 11:00~24:00, 수 11:00~다음
날 02:00, 금 11:00~다음 날 01:00, 토 10:00~다음
날 01:00, 일 10:00~24:00 | **가격** $11.75~24.95(오
리지널 윙 $15.25) | **주차** 무료 | **예약** 필요 | **가는 방**
법 Kalakaua Ave.에서 알라 모아나 센터 방향의 Ala
Moana Blvd.로 진입. 직진 후 오른쪽 Queen St.로 우회
전 후 Auahi St.로 좌회전. 워드 엔터테인먼트 센터 2층에
위치.

부카 디 베포 Buca di Beppo

이탈리안 레스토랑. 독특한 차양막 등 외관을 비롯
해 전체적인 인테리어가 마치 이탈리아에 온 것 같

은 착각을 일으킨다. 페퍼로니 피자나 수프리모 이
탈리아노 피자 등과 치킨 카르보나라나 갈릭 슈림
프와 레드페퍼가 곁들여진 매운 맛의 슈림프 프라
디아볼로, 미트볼 스파게티 등이 인기다. 메뉴마다
2인용은 S사이즈, 4인용 이상은 L사이즈로 주문할
수 있다.

Map P.144-A4 | **주소** 1030 Auahi St. Honolulu |
전화 808-591-0800 | **홈페이지** www.bucadibeppo.
com | **영업** 일~수 11:00~21:30, 목 11:00~22:00,
금~토 11:00~23:00 | **가격** $14.30~40.70(마르게
리타 피자 $24.20) | **주차** 무료 | **예약** 필요 | **가는 방법** 도
보 시 Kalakaua Ave.에서 알라 모아나 센터 방향의 Ala
Moana Blvd.로 진입. 직진 후 오른쪽 Queen St.로 우회
전 후 Auahi St.로 좌회전. 워드 엔터테인먼트 센터 1층에
위치.

모쿠 키친 Moku Kitchen

솔트 앳 아우어 카카아코 단지 내에서 가장 인기
있는 레스토랑. 화덕에서 구워내는 피자와 스테이

크, 하와이 대표 참치 요리인 포케 요리와 타코, 홈메이드 버거 등 다양한 메뉴를 선보이고 있다. 매일 16:00, 18:00에 라이브 공연이 있다.

Map P.167-C4(솔트 앳 아우어 카카아코 내) | 주소 660 Ala Moana Blvd. Honolulu | 전화번호 808-591-6658 | 홈페이지 www.mokukitchen.com | 영업 11:00~21:00(해피 아워 14:00~17:30) | 가격 $9.50~34(아히 포케 $18, 립 아이 스테이크 타코 $21) | 주차 1시간 무료(계산 시 티켓 제시, 2시간 $1, 3시간 $3) | 예약 필요 | 가는 방법 알라 모아나 센터에서 19번 탑승 후 Ala Moana Bl.+Coral St.에서 하차, 도보 1분.

버니니 Bernini

와이키키에서 벗어나 조용한 곳에서 뜻깊은 저녁 식사를 하고 싶다면 이곳이 좋다. 14년 전 일본 도쿄 아자부주방에서 운영하던 이탈리아 남부 스타일의 레스토랑을 그대로 옮겨왔다. 켄고 마츠모토 셰프의 철학은 재료 본연의 맛을 살리는 것으로, 로컬 푸드를 이용해 신선한 메뉴를 선보인다. 런치는 3코스 요리만 선보이며, 디너는 피자, 파스타, 필레미뇽과 치킨, 포크로인 등 단품으로 주문할 수 있다.

Map P.144-B3 | 주소 1218 Waimanu St. Honolulu | 전화 808-591-8400 | 홈페이지 www.berninihonolulu. com | 영업 화~토 11:00~14:00, 17:15~21:30(일~월요일 휴무) | 가격 런치 $30~58, 디너 $9~58 | 주차 무료 | 예약 필요 | 가는 방법 Kalakaua Ave.에서 알라 모아나 센터 방향의 Ala Moana Blvd.로 진입. 직진 후 오른쪽 Piikoi St.로 우회전 후 다시 Waimanu St.를 끼고 좌회전. 후이칼라 교회 Huikala Baptist Church 옆 위치.

스크래치 키친 & 미터리
Scratch Kitchen & Meatery

하와이에서 인기 많은 브런치 레스토랑. 다운타운에서 입소문을 통해 인기를 얻은 뒤, 사우스 쇼어 마켓으로 이전했다. 오전에는 브런치가, 런치와 디너 타임에는 파스타, 샐러드, 버거 메뉴가 인기 있다. 서빙하는 빵은 직접 구운 것이다. 또한, 넓은 주방은 오픈식 주방이라 요리가 만들어지는 과정을 눈앞에서 볼 수 있어 좋다.

Map P.144-B4 | 주소 1170 Auahi St., Honolul | 전화 808-589-1669 | 홈페이지 www.scratch-hawaii.com | 영업 월~수 09:00~21:00, 목~금 09:00~22:00, 토 08:00~22:00, 일 08:00~21:00 | 가격 $6~27(사이다 브레이즈드 포크 밸리&애플 파스타 $24) | 주차 무료 | 예약 필요 | 가는 방법 알라 모아나 센터에서 19번 버스 탑승, Ala Moana Bl+Queen St.에서 하차, 도보 1분.

알라 모아나의 쇼핑

시간 대비 최대 효과를 노리는 쇼핑을 하고 싶다면 알라 모아나로 향하자. 트롤리 핑크 라인을 이용하면 쉽고 편하게 알라 모아나로 이동할 수 있다.

월마트 Wallmart

영양제와 초콜릿, 커피 등 귀국 전 지인들의 선물을 마련하기 좋은 곳으로, 와이키키 내 ABC 스토어보다 저렴하게 구입할 수 있다. 뿐만 아니라 카시트, 유모차, 기타 육아용품도 한국보다 낮은 가격으로 구입할 수 있어 관광객들의 필수코스이기도 하다.

Map P.144-C2 | **주소** 700 Keeaumoku St. Honolulu | **전화** 808-955-8441 | **홈페이지** www.walmart.com | **영업** 06:00~23:00 | **주차** 무료 | **가는 방법** Kalakaua Ave.에서 알라 모아나 센터 방향의 Kapiolani Blvd.로 진입, 오른쪽 Keeaumoku St.로 우회전.

돈키호테 Don Quijote

일본의 유명 대형 마트 돈키호테를 하와이에서도 만날 수 있다. 현지인들은 생필품과 식재료를 구입하기 위해 들르지만 여행자들 사이에서는 초콜릿과 커피, 마카다미아 너트를 구입하는 장소로 유명하다. 24시간 영업해 시간 제약 없이 쇼핑할 수 있다.

Map P.145-D2 | **주소** 801 Kaheka St. Honolulu | **전화** 808-973-6661 | **영업** 24시간 | **주차** 무료 | **가는 방법** Kalakaua Ave.에서 와이키키 반대 방향으로 직진, 왼쪽 Makaloa St.로 좌회전후 Kaheka St.로 우회전.

티제이 맥스 T.J.maxx

저렴한 쇼핑몰 가운데 하나로 이곳의 장점이라면 1년에 40주 이상 제품을 구매하는 데 투자해 새롭게 뜨는 브랜드와 디자이너들의 제품을 착한 가격에 판매한다는 데 있다. 운이 좋으면 저렴한 가격에 랄프 로렌 원피스나 타미힐피거, 폴로 제품을 구매할 수 있으며 따로 '런 어웨이 Run Away' 코너를 마련해 펜디, 씨 바이 클로에, 레베카 테일러 등의 명품 역시 50% 이상 인하된 가격에 만날 수 있다. 의류뿐 아니라 신발, 가방과 주방용품, 아이들 장난감 등이 모두 모여 있다.

Map P.144-B4 | **주소** 1170 Auahi St. Ste 200 Honolulu | **전화** 808-593-1820 | **홈페이지** tjmaxx.tjx.com | **영업** 월~토 09:30~21:30, 일 10:00~20:00 | **주차** 무료 | **가는 방법** Kalakaua Ave. 에서 알라 모아나 센터 방향의 Ala Moana Blvd.로 진입. 직진 후 오른쪽 Queen St.로 우회전 후 Auahi St.로 좌회전. Nordstorm Rack 옆에 위치.

노드스트롬 랙 Nordstrom Rack

백화점 노드스트롬의 아웃렛 버전으로 백화점에서 팔다 남은 질 좋은 제품들을 저렴한 가격에 판매하고 있다. 2013년 하반기에 매장을 이전했고, 1층은 남성용품 전용 매장으로, 2층은 여성용품과 유아용품 등을 비치해놓고 있다. 특히 신발 매장이 잘 되어 있는데, 여성의 경우 프라다, 토리버치, 베라왕, 버버리 등의 제품을 구입할 수 있으며 운이 좋으면 한국 여성들에게 인기가 많은 샌들 브랜드인

핏 플랍도 만날 수 있다. 유명 브랜드의 그릇들도 눈요기 할 만하다.

Map P.144-B4 | **주소** 1170 Auahi St. Honolulu | **전화** 808-589-2060 | **홈페이지** shop.nordstrom.com | **영업** 월~토 10:00~21:00, 일 10:00~19:00 | **주차** 무료 | **가는 방법** Kalakaua Ave.에서 알라 모아나 센터 방향의 Ala Moana Blvd.로 진입. 직진 후 오른쪽 Queen St.로 우회전 후 Auahi St.로 좌회전. T.J.maxx 옆에 위치.

사우스 쇼어 마켓 South Shore Market

하와이 패션 피플들의 아지트라고 할 수 있는 곳. 하와이 로컬 디자이너들의 의류는 물론 인테리어 소품, 리빙 아이템 등 다양한 볼거리가 가득하다. 노드스트롬 랙, 티제이맥스와 함께 있어 둘러보기 편리하며, 매달 둘째주 금요일에는 New Wave Friday라는 행사가 열려 마켓 외부에서 라이브 음악과 길거리 펍, 간단한 핑거 푸드 등을 즐길 수 있다.

Map P.144-B4 | **주소** 1170 Auahi St. Honolul | **전화** 808-591-8411 | **홈페이지** www.wardvillage. com/places/south-shore-market | **영업** 월~금 10:00~20:00, 토 10:00~21:00, 일 10:00~18:00 | **주차** 무료 | **가는 방법** 알라 모아나 센터에서 19번 버스 탑승, Ala Moana Bl.+Queen St.에서 하차. 도보 1분.

홀 푸드 Whole Foods

카카아코 파머스 마켓
Kakaako Famer's Market

오르가닉 식재료를 판매하는 곳. 그 밖에도 디저트와 비타민 등의 건강보조제, 홀 푸드 하와이 에디션인 에코백 등 다양한 상품을 판매한다. 특히 마트 안에 레스토랑도 있어 쇼핑과 식사를 함께 즐길 수 있다. 트러플 오일이나 마누카 꿀, 콜라겐 파우더나 상온 보관 가능한 기버터, 커피 등 선물용으로 살 만한 아이템이 가득하다.

Map P.144-A4 | **주소** 388 Kamakee St. Honolulu | **전화** 808-379-1800 | **홈페이지** wholefoodsmarket. com | **영업** 07:00~22:00 | **주차** 무료 | **가는 방법** 와이키키에서 13번 버스 탑승 후 Kapiolani Bl.+Opp Kamakee St.에서 하차. 도보 4분.

현지인들이 직접 키우고 재배한 과일, 채소, 해산물 등을 맛볼 수 있다. KCC 파머스 마켓보다 규모는 작아도 관광객보다 현지인들을 대상으로 하기에 내용면에서는 훨씬 알차다. 하와이에서 나는 재료로 직접 만든 로컬 잼과 버터는 물론이고 현장에서 직접 구운 빵도 맛볼 수 있다. 이곳에서 줄 서서 먹는 빵으로는 마카마디아 스티키 번이 있다.

Map P.144-A4 | **주소** 919 Ala Moana Blvd. Honolulu | **전화** 808-388-9696 | **홈페이지** www. farmloversmarkets.com/kakaako-farmers-market/ | **영업** 토 08:00~12:00 | **주차** 무료(주차장 주소 1050 Ala Moana Blvd.) | **가는 방법** 알라 모아나 비치파크 옆, Ala Moana Blvd. 도로에 위치.

Mia's Advice

1 시간 부족으로 와이켈레 프리미엄 아웃렛에 가지 못했다면, 알라 모아나의 쇼핑몰을 잘 활용하는 것도 방법이에요. 조금만 시간을 들이면 와이키나 아웃렛보다 훨씬 만족도 높은 쇼핑이 가능하거든요. 고가의 브랜드 상품을 저렴하게 구입할 수 있는 T.J.maxx와 Nordstrom Rack의 2층이 서로 연결되어 있어 한 번에 두 개의 쇼핑몰을 동시에 둘러볼 수 있어요.

2 알라 모아나 지역 내에서도 사우스 쇼어 마켓, 티제이 맥스, 노드스트롬 랙과 홀 푸드 등이 모여 있는 워드 지역은 다양한 행사가 많아요. 매달 첫 번째 토요일 13:00~16:00 사이에는 로컬 디저트를 무료로 나눠주기도 하고, 한 달에 한 번 Kona Nui Nights라고 하여 근처 빅토리아 워드 파크에서 라이브 뮤직을 선보이기도 합니다. 매달 풍성한 이벤트가 가득한데 자세한 정보가 필요하다면 홈페이지(www.wardvillage.com/explore/activities)를 방문해 보세요.

오아후 대표 쇼핑 센터, 알라 모아나 센터 Ala Moana Center

알라 모아나 지역의 핵심, 알라 모아나 센터는 4층 건물로 최대 규모의 종합 쇼핑몰이다. 쇼핑과 다이닝을 동시에 즐길 수 있으며 여행자와 현지인이 모두 즐겨 찾는 곳으로 항상 사람이 많고 분주하다. 저렴한 쇼핑을 원한다면 와이켈레 아웃렛으로 향해야 하지만, 요즘 유행하는 핫한 아이템을 구매하고 싶다면 알라 모아나 센터가 제격이다. 에르메스나 샤넬, 디올, 루이비통 등 명품 쇼핑을 원한다면 하와이 도착 후 제일 먼저 알라 모아나 센터로 가서 원하는 아이템이 있는지 체크하자.

하와이 지역주민들의 최대 쇼핑지, 알라 모아나 센터

하와이 최대 점포들이 입점해 있는 거대한 쇼핑 센터. 특히 하와이는 다른 주에 비해 세금이 낮아 조금 더 저렴한 쇼핑이 가능하다. 4층 규모라고 우습게 보면 큰 코 다치는데, 그 이유는 증축·보수를 계속해 내부 면적이 굉장히 넓기 때문이다. 세계 최대의 쇼핑몰인 이곳에서 스마트하게 쇼핑하고 싶다면, 미리 쇼핑 리스트를 체크해두자. 이 쇼핑 센

터는 특이하게도 메이시스 Macy's, 니만 마커스 Neiman Marcus, 노드스트롬 Nordstrom, 블루밍데일스 Bloomingdale's를 비롯한 4개의 백화점이 한 건물에 있고, 레스토랑 등을 포함 340여 개의 상점이 자리 잡고 있다. 어느 브랜드가 어느 위치에 있는지 더 많이 아는 사람이 더 만족스러운 쇼핑을 할 수 있다. 엘리베이터나 에스컬레이터 앞에 있는 안내 데스크에서 매장 지도를 얻을 수 있으니 먼저 탐독 후 원하는 쇼핑 스폿 위주로 돌아다니도록 하자. 11월 마지막 주, 추수감사절, 크리스마스 시즌에는 50% 이상 파격 세일을 한다.

Map P.144-C3 | **주소** 1450 Ala Moana Blvd. Honolulu | **전화** 808-955-9517 | **홈페이지** www.alamoanacenter.kr(한국어 지원) | **영업** 월~일 10:00~20:00 | **주차** 무료 | **가는 방법** Kalakaua Ave.에서 알라 모아나 센터 방향의 Ala Moana Blvd.로 진입. 와이키키에서 핑크 트롤리 탑승, 20~30분가량 소요되며 종착지에서 하차. Nordstrom 백화점으로 진입, 백화점 내부 2층에 e Bar 방향으로 나가면 알라 모아나 센터를 만날 수 있다.

루첼로 Ruscello

점심 시간이 되면 줄서서 기다려야 할 정도로 현지인들에게 인기가 높은 곳. 스파게티와 치킨 등의 메뉴가 있으며 피자는 매장 내 화덕에서 직접 구워내 담백한 맛을 더했다. 샌드위치와 파스타, 그릴드 치킨 등의 메뉴가 있으며, 특히 서브 메뉴인 토마토 바질 수프와 초콜릿 케이크는 꼭 놓치지 말고 맛보자.

주소 1450 Ala Moana Blvd. | **전화** 808-953-6110 | **영업** 월~토 11:00~20:00, 일 11:00~19:00 | **가격** $8~19(머시룸 라비올리 $18.75, 토마토 바질 수프 컵 $6.25) | **주차** 무료 | **예약** 필요 | **가는 방법** 알라 모아나 센터 Mall Level 2에서 2A와 2B 구역의 끝에 위치한 에바 윙 Ewa wing 방향으로 가면 노드스트롬 Nordstrom 백화점이 보인다. 노드스트롬 백화점 3층 키즈 의류 코너 근처에 위치.

릴리하 베이커리 Liliha Bakery

메이시스 백화점 내에 위치한 현지인들에게 사랑받는 브런치 레스토랑. 가성비가 좋고 메뉴 종류가 많다. 70년 넘게 하와이의 대표 디저트로 사랑 받아온 코코 퍼프는 물론이고 각종 베이커리와 프렌치토스트, 팬케이크, 오믈렛, 옥스테일 수프 등의 메뉴를 만날 수 있다. 2021년 11월, 와이키키 인터내셔널 마켓 플레이스 3층에도 입점했다.

주소 1450 Ala Moana Blvd. Honolulu | **전화** 808-944-4088 | **영업** 월~목 07:00~20:00, 금~토 07:00~21:00, 일 07:00~20:00 | **가격** $8.50~36.95 | **주차** 무료 | **가는 방법** Macy's 3층 위치.

마리포사 Mariposa

매일 2명의 제빵사가 직접 만든 '몽키 브레드'라는 식전 빵이 유명한 곳. 높은 천장 위에 오리엔탈 스타일의 팬이 달려 있어 이색적인 분위기를 풍긴다. 이탈리안 음식을 베이스로 아시안 퓨전 음식을 선보인다. 오아후 앞바다와 알라 모아나 공원을 볼 수 있는 발코니는 늘 만석이다.

주소 1450 Ala Moana Blvd. Honolulu | **전화** 808-951-3420 | **영업** 월~수 11:30~16:30, 목 11:30~18:30, 금 11:30~19:00, 토 11:30~18:30, 일 11:30~16:30 | **가격** 런치 $8~35(폭찹 $30, 치즈버거 $20) | **주차** 무료 | **예약** 필요 | **가는 방법** 알라 모아나 센터 Mall Level 2의 2A 방향에서 니만 마커스 Neiman Marcus 백화점 3층에 위치.

럭키 스트라이크 소셜 호놀룰루 Lucky Strike Social Honolullu

어른들의 복합 놀이 공간. 볼링장과 다양한 유료 게임기
가 설치되어있는 것은 물론, 한편에서는 유명 셰프의 요
리와 음료를 즐기며 TV로 스포츠 경기를 관람할 수 있다.

주소 1450 Ala Moana Blvd. Honolulu | **전화** 808-664-
1140 | **홈페이지** https://www.luckystrikeent.com/
locations/honolulu/ | **영업** 월 12:00~24:00, 화~목
14:00~24:00, 금 14:00~02:30, 토 11:00~02:30, 일
11:00~24:00 | **가격** 대략 $11~30 | **주차** 무료 | **가는 방법** 알
라 모아나 센터 3, 4층 다이아몬드 헤드 윙에 위치.

라나이 Lanai

알라 모아나 센터 내 가장 최근에 오픈한 푸드 코트. 햄버거
와 우동, 셰이브 아이스크림과 베이커리, 칵테일, 참치 요리 전
문점 등이 있으며, 이야스메 무수비도 유명하다. 떡볶이, 김밥
등의 분식을 판매하는 서울 믹스 2.0 매장도 입점해 있다.

주소 1450 Ala Moana Blvd. Honolulu | **영업** 월~목
11:00~19:00, 금~토 10:00~20:00, 일 11:00~18:00 | **가격**
매장마다 다름. | **주차** 무료 | **가는 방법** 알라 모아나 센터 2층, 다이아
몬드 헤드 윙에 위치.

올리브 가든 Olive Garden

이탈리안 패밀리 레스토랑으로 스파게티와 피
자, 라자냐에 튀긴 피자라는 뜻의 프리타가 합
쳐진 라자냐 프리타, 오징어 튀김인 칼라마리나,
시금치 아티초크 딥 등 식전 메뉴도 훌륭하다.
서비스로 나오는 브레드 스틱은 수프와 샐러드
주문 시 무제한 리필이 가능하다.

주소 1450 Ala Moana Blvd. Honolulu | **전
화** 808-942-2000 | **홈페이지** olivegarden.
rrtusa.net | **영업** 월~목 11:00~22:00, 금
~토 11:00~23:00, 일 11:00~22:00 | **가격**
$5.49~26.99(하우스 샐러드 $7.99, 스피니치 아티초크 딥 $12.49, 슈림프 스캄피 $23.99) | **주차** 무료 | **예약** 필요(방
문 예약만 가능) | **가는 방법** 알라 모아나 센터 Upper Lever 4에 위치.

버팔로 와일드 윙스 그릴 & 바 Buffalo Wild Wings & Bar

와이키키 여행 중 치킨과 맥주가 그립다면 이곳을 찾자. 소스와 시즈닝으로 맛을 낸 윙 메뉴 전문점으로, 매운맛을 단계별로 선택할 수 있다. 그중에서도 아시안 징, 허니 BBQ, 망고 하바네로 등이 맛있다. 생맥주와 함께 곁들여 먹기 좋은 나초와 모차렐라 스틱, 프레즐도 있다. 매장에서는 미국의 다양한 스포츠 경기를 생중계로 볼 수 있어 분위기가 발랄하다.

주소 1450 Ala Moana Blvd. Honolulu | 전화 808–942–5445 | 홈페이지 www.buffalowildwings.com | 영업 일~수 11:00~24:00, 목~토 11:00~다음 날 02:00 | 주차 무료 | 예약 필요 | 가는 방법 알라 모아나 센터 3층, 타겟 Target 매장 근처

푸드 랜드 Food Land

하와이 현지에서 재배한 채소와 야채, 유기농 제품을 만날 수 있는 슈퍼마켓. 마켓 내 샐러드 코너와 스탠딩 와인 바, 커피 빈 이외에도 프라이드치킨, 포키, 세이브 아이스크림 등 다양한 푸드 코트를 경험할 수 있다.

주소 1450 Kapiolani Blvd. Honolulu | 전화 808–949–5044 | 영업 06:00~21:00 | 주차 무료 | 가는 방법 알라 모아나 센터 내 서쪽 방향, Ewa Wing 1층에 위치.

이츠 슈거 It's Sugar

세상 모든 달콤한 것들은 모두 이곳에 모여있다. 초콜릿이나 캔디, 젤리 등을 좋아하는 이들이라면 절대 그냥 지나칠 수 없는 곳. 단순히 당충전용 간식만 판매하는 것이 아니라 오레오나 엠앤엠즈, 스키틀즈나 코카콜라 등 유명 간식 브랜드의 굿즈도 판매하고 있어 구경하는 재미가 쏠쏠하다.

주소 1450 Ala Moana Blvd. Honolulu | 전화 808–400–6008 | 홈페이지 itsugar.com | 영업 월~목 11:00~20:00, 금~토 10:00~21:00, 일 11:00~18:00 | 주차 무료 | 가는 방법 알라 모아나 센터 3층, 타겟 Target 매장 근처

샤부야 Shabuya

뷔페 스타일로 운영되는 샤부샤부 전문점. 5가지 중 한 가지 육수를 선택한 뒤 세 가지 스타일로 조리된 애피타이저 닭튀김과 프리미엄 립 아이, 와규 서로인, 비프 토로 등 총 8가지의 고기를 무제한으로 리필하여 먹을 수 있다. 평일 저녁과 주말에는 신선한 게와 낙지 등이 추가되어 훨씬 푸짐한 식사가 가능하다.

주소 1450 Ala Moana Blvd. Honolulu | **전화** 808-638-4886 | **홈페이지** www.shabuyarestaurant.com | **영업** 월~목 11:00~20:00, 금~토 11:00~23:00, 일 11:00~22:00 | **가격** 평일 런치 스페셜 $19.99, 평일 저녁 & 주말 $29.99 | **주차** 무료 | **가는 방법** 알라 모아나 센터 내 블루밍 데일즈 백화점 근처. 1층에 위치.

마카이 마켓 푸드 코트 Makai Market Food Court

일식, 중식, 양식, 그리스식, 하와이식 등 전 세계 모든 음식을 맛볼 수 있는 곳. 입맛이 서로 다른 여행 파트너와 함께라면 이곳을 추천한다. 전복 요리 전문점인 아발론, 퓨전 중식을 맛볼 수 있는 판다 익스프레스, 스테이크 & 피시 컴퍼니 등 다양한 맛집이 모여 있다. 최근 오픈한 하와이 참치 요리 전문점. 포케 박스 Poke Box가 입소문을 얻고 있다.

주소 1450 Ala Moana Blvd. Honolulu | **전화** 808-955-9517 | **영업** 월~일 09:00~20:00 | **가격** 대략 $10~20(매장마다 다름) | **주차** 무료 | **가는 방법** 알라 모아나 센터 1층, 중앙 메인 무대 뒤편에 위치.

Mia's Advice

1 알라 모아나 센터는 매우 넓어서 길을 헤맬 수 있어요. 제일 먼저 곳곳에 비치된 무료 지도를 보고, 가고 싶은 곳을 체크해보세요.

2 백화점을 제외한 알라 모아나 센터 내 단독 매장 가운데 여자들이 둘러보면 좋을 매장으로는 트렌디한 의류가 모여있는 아리트지아 Aritzia와 메이드웰 madewell, 예쁜 수영복을 만날 수 있는 샌 로렌조 비키니스 San Lorenzo bikinis 등이 있죠. 남자들을 위한 매장으로는 하와이안 셔츠가 모여 있는 라인 스푸너 Reyn Spooner와 휴양지 패션을 선보이는 토미 바하마 Tommy Bahama 등이 인기가 높으며, 아이들이 좋아하는 매장으로는 2022년 7월 1일에 오픈한 스누피 테마파크인 피너츠 어드벤처 Peanut's Adventures, 레고 Lego 숍 등이 있어요. 아베크롬비 앤 피치 Abercrombie & Fitch, 아메리칸 이글 아웃피터스 American Eagle Outfitters, 제이크루 J.crew 등은 남녀가 모두 즐겨 찾는 의류 매장이랍니다. 편하면서 스타일도 놓치지 않은 슈즈 브랜드 콜 한 Cole Haan도 추천해요.

앤쓰로폴로지 | Anthropologie

에스닉 스타일의 여성과 인테리어 소품을 함께 판매하는 개성 만점의 숍. 요리와 패션, 리빙에 관심 많은 이들이라면 이곳에 들어서는 순간 시간을 잊게 될 만큼 매력적인 아이템이 가득하다. 화려하게 프린트된 그릇과 다양한 일러스트가 그려진 키친타월이 눈에 띄며, 매장 안쪽에는 세일 상품을 모아놓았으니 놓치지 말자.

주소 1450 Ala Moana Blvd. Honolulu | **전화** 808-946-6302 | **홈페이지** www.anthropologie.com | **영업** 월~목 11:00~19:00, 금~토 10:00~19:00, 일 11:00~18:00 | **주차** 무료 | **가는 방법** 알라 모아나 센터 3층 중앙에 위치.

배스 앤 바디 웍스 Bath and Body Works

센스 있는 이들이라면 꼭 들르는 바디숍 중 하나다. 다양한 향의 바디 워시와 핸드 솝, 미니 사이즈의 손 세정제, 빅 사이즈의 향초가 유명한 곳. 지인들 선물을 구입하기에도 안성맞춤이다. 하나를 사면 하나 더 주는 'Buy 1 Get 1 free' 행사를 자주 열고 있다.

주소 1450 Ala Moana Blvd. Honolulu | **전화** 808-946-8020 | **홈페이지** www.bathandbodyworks.com | **영업** 월~목 11:00~20:00, 금~토 10:00~21:00, 일 12:00~18:00 | **주차** 무료 | **가는 방법** 알라 모아나 센터 2층, 중앙 무대에서 Macy's 가는 길 왼쪽.

테드 베이커 런던 Ted Baker London

세련된 디자인의 남성복과 여성복, 러블리한 액세서리를 만날 수 있는 브랜드. 알라 모아나 센터 확장 공사를 통해 하와이에 첫 선을 보였다. 감각적인 런더너의 센스를 엿볼 수 있는데, 무엇보다 과하지 않은 디테일과 고퀄리티의 옷감이 테드 베이커의 상징이다. 아직 한국에는 매장이 없으니 알라 모아나 센터를 쇼핑할 때 들러보면 좋다.

Map P.149 | **주소** 1450 Ala Moana Blvd. Honolulu | **전화** 808-951-8535 | **영업** 월~목 11:00~19:00, 금~토 10:00~19:00, 일 11:00~18:00 | **주차** 무료 | **가는 방법** 알라 모아나 센터 내 서쪽 방향 Upper Level 2에 위치.

하와이의 작은 중국
다운타운

하와이의 역사가 궁금하다면 단연코 다운타운을 추천한다. 하와이의 마지막 두 군주였던 칼라카우아 왕과 릴리우오칼라니 여왕의 공식 거주지인 이올라니 궁전, 하와이의 통일을 이룬 카메하메하 1세 동상, 매 시간마다 종소리를 내는 시계탑이 있어 태평양의 웨스트민스터 성당이라 알려진 카와이아하오 교회, 1926년에 지어져 40년 가까이 하와이에서 제일 높은 건물로 손꼽히는 알로하 타워가 모두 이곳에 모여 있기 때문이다. 과거에 오아후 여행이 해상으로만 이뤄졌을 당시 등대 역할을 했던 곳으로, 한때 관광과 쇼핑의 중심지이기도 했던 알로하 타워는 이제 과거의 명성만 희미하게 남아 있다. 다만 현재 웨일 워치 크루즈와 디

+ 공항에서 가는 방법

공항에서 택시나 렌터카를 이용하면 10~15분가량 소요된다. 공항에서 20번, 9번, 19번 버스를 탑승할 시에는 30분가량 소요된다. 카메하메하 동상이나 이올라니 궁전 등 역사적인 장소를 보고 싶다면 하와이 주정부 청사에서 하차, 차이나타운은 그 전에 마우나케아 마켓 플레이스에서 하차한다. 또 와이키키 트롤리 레드 라인을 이용해 이올라니 궁전이나 차이나타운에서 하차할 수 있다.

+ 와이키키에서 가는 방법

Kalakaua Ave. 초입의 토니 로마스 패밀리 레스토랑 앞에서 13번 버스를 탑승하면 30분가량 소요되며, Kuhio Ave.에 위치한 코트야드 바이 메리어트 와이키키 비치나 오하나 와이키키 웨스트 호텔 앞에서 역시 13번, 2번, 19번, 20번 등의 버스가 다운타운으로 향한다. 역시 35~40분 정도 소요된다.

+ 다운타운의 교통 정보

다른 지역에 비해 유독 각 거리마다 볼거리 혹은 레스토랑이 오밀 조밀 모여 있어, 지도를 보고 현재의 위치를 파악하는 것이 가장 큰 도움이 될 수 있다.

+ 다운타운에서 볼 만한 곳

알로하 타워, 마켓 플레이스, 이올라니 궁전, 카와이아하오 교회, 카메하메하 대왕 동상

너 크루즈의 정박지로 이용되고 있어 크루즈가 출발하는 12:00와 17:30에는 특별한 볼거리를 찾는 여행자들로 붐빈다. 그밖에도 1850년대 플랜테이션 농업이 번성했을 때 이주해온 중국인 노동자들이 형성한 차이나타운을 빼놓을 수 없는데 레이나 민속공예품과 기타 식재료들을 저렴하게 판매하는 시장이 형성되어 있어 왁자지껄한 분위기를 온몸으로 느낄 수 있다. 하지만 현지인들이 차이나타운을 찾는 가장 중요한 이유는 저렴하면서도 맛있고 푸짐한 메뉴들이 가득한 차이니즈 레스토랑이 모여 있기 때문이다.

- YMCA
- 바인야드 블러바드
- Lusitana Gardens

센트럴 중학교
Vineyard Blvd.

Lusitana St.
Lunalilo

Mauna Kea Tower

® 레전드 시푸드 레스토랑
Legend Seafood Restaurant
- 차이나타운 컬처럴 플라자 센터
Chinatown Cultural Plaza Center

Kukui Plaza
- 카말리 파크
Kamalii Park

아알라 인터내셔널 파크
Aala International Park

브루노스 프르노
Bruno's Forno
®

✝ 세인트 앤드류스 성당
St. Andrew's Cathedral

테니 극장
Tenny Theater

워싱턴 플레이스
Washington Place

차이나타운
Chinatown

Century Square

지방법원
District Court

Verizon

N.Hotel St.

® 하와이 시어터
® 야키토리 하치베이
Yakitori Hachibei

하와이 주립 미술관
Hawaii State Art Museum

하와이 주정부 청사
State of Hawaii Legislature

마우나케아 마켓플레이스
Maunakea Marketploce

럭키 벨리
Lucky Belly
®

® 오 킴스
O'Kims

다운타운
Downtown

하와이 주 도서관
Hawaii State Library

S Hotel St.

더 피그 앤 더 레이디
The Pig and The Lady

머피스 바&그릴
Murphy's Bar & Grill
®

® 리틀 빌리지 누들 하우스
Little Vollage Noodle House

Honolulu Hole

세니아
Senia
®

다운타운 커피 C
Downtown Coffee

포트 스트리트 몰

이올라니 궁전
Iolani Palace

카와이아하오 교회 ✝
Kawaiahao Church

Haroor Court

카메하메하 대왕 동상
King Kamehameha Statue

주 대법원
Alliolani Hele

카와이아하오 묘지
Kawaiahao Cemeter

Hawaii Tower

Pacific Guardian
Center

TOPA Financial Center

하버 스퀘어
Harbor Square

Department of
Tranportation
Highway Divisic

Haseko Center

Halekauwila St.

알로하 타워
Aloha Tower

Prince Kuhio
Kalanianaole
Feoeral Bldg.

카마카 우쿨렐레
Kamaka Ukulele S

S 알로하 타워 마켓플레이스
Aloha Tower Marketplace

A 스타 오브 호놀룰루
(선셋 크루즈 & 웨일 워칭)
Star of Honolulu

워터프런트 플라자
Waterfront Plaza

루스 크리스 스테이크 하우스 ®
Ruth's Chris Steak House

호놀룰루 항
Honolulu Harbor

GSA모터 풀
GSA Motor Pool

이민관리국
Immigration Sta.

Sand Island Parkway Rd.

Central Way

샌드 아일랜드
Sand Island

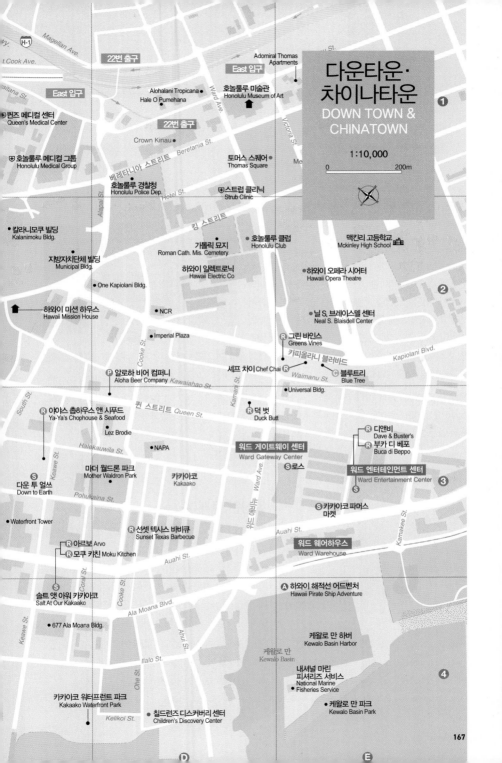

다운타운·
차이나타운
DOWN TOWN &
CHINATOWN

1:10,000

0   200m

H-1

Magellan Ave.
t.Cook Ave.

22번 출구

East 입구

Adomiral Thomas
Apartments

East 입구

퀸즈 메디컬 센터
Queen's Medical Center

Alohalani Tropicana
Hale O Pumehana

호놀룰루 미술관
Honolulu Museum of Art

22번 출구

Crown Kinau

호놀룰루 메디컬 그룹
Honolulu Medical Group

베레타니아 스트리트 Beretania St.

토머스 스퀘어
Thomas Square

호놀룰루 경찰청
Honolulu Police Dep.

스트럽 클리닉
Strub Clinic

Hotel St.

칼라니모쿠 빌딩
Kalanimoku Bldg.

킹 스트리트

가톨릭 묘지
Roman Cath. Mis. Cemetery

호놀룰루 클럽
Honolulu Club

맥킨리 고등학교
Mckinley High School

지방자치단체 빌딩
Municipal Bldg.

하와이 일렉트로닉
Hawaii Electric Co

하와이 오페라 시어터
Hawaii Opera Theatre

One Kapiolani Bldg.

하와이 미션 하우스
Hawaii Mission House

NCR

닐 S. 브레이스델 센터
Neal S. Blaisdell Center

Imperial Plaza

Cooke St.

그린 바인스
Greens Vines

카피오라니 블러바드

Kapiolani Blvd.

알로하 비어 컴퍼니
Aloha Beer Company

Kawaiahao St.

셰프 차이 Chef Chai

블루트리
Blue Tree

Waimanu St.

Universal Bldg.

야야스 촙하우스 앤 시푸드
Ya-Ya's Chophouse & Seafood

South St.

퀸 스트리트 Queen St.

덕 벗
Duck Butt

디앤비
Dave & Buster's

Lez Brodie

부카 디 베포
Buca di Beppo

Halekauwila St.

Keawe St.

NAPA

워드 게이트웨이 센터
Ward Gateway Center

워드 엔터테인먼트 센터
Ward Entertainment Center

마더 월드론 파크
Mother Waldron Park

카카아코
Kakaako

로스

다운 투 얼쓰
Down to Earth

Pohukaina St.

카카아코 파머스
마켓

Waterfront Tower

선셋 텍사스 바비큐
Sunset Texas Barbecue

Auahi St.

워드 웨어하우스
Ward Warehouse

아르보 Arvo

모쿠 키친 Moku Kitchen

Coral St.

Auahi St.

하와이 해적선 어드벤처
Hawaii Pirate Ship Adventure

솔트 앳 아워 카카아코
Salt At Our Kakaako

Ala Moana Blvd.

Kamakee St.

677 Ala Moana Bldg.

Keawe St.

Ahui St.

케알로 만 하버
Kewalo Basin Harbor

Ilalo St.

케알로 만
Kewalo Basin

내셔널 마린
피셔리즈 서비스
National Marine
Fisheries Service

Ohe St.

카카아코 워터프론트 파크
Kakaako Waterfront Park

칠드런즈 디스커버리 센터
Children's Discovery Center

케알로 만 파크
Kewalo Basin Park

Kelikoi St.

다운타운의 볼거리

하와이의 역사가 살아 숨 쉬는 곳. 하와이를 움직이는 주 정부 청사뿐 아니라 하와이 왕조의 자료들을 가장 가까이 에서 볼 수 있는 곳이 바로 이곳, 다운타운이다.

하와이 주정부 청사 State of Hawaii Legislature

주정부 청사의 건물 자체가 하와이를 표현한다. 하와 이 주정부 청사의 기둥은 야자수를 뜻한다. 기둥은 8각 인데, 이 8면은 하와이의 8개 메인 섬을 뜻하며, 주변의 연못은 태평양을 의미한다. 또 나머지 돌들은 하와이의 나머지 섬들을 뜻한다. 건물 앞에는 몰로카이 섬에서 한센병 환자를 위해 일생을 바친 다미안 Damien 신부의 동상이 서 있고, 건물 뒤편에는 하와이의 마지막 왕족 인 릴리우오칼라니 여왕의 동상이 서 있다. 하와이안의 우상인 그녀는 서구 세력에 침략 받아 강제 폐위된 후 가택 연금되어 생의 마지막을 보냈다.

Map P.166-C2 | **주소** 415 S Beretania St. Honolulu | **전화** 808-974-4000 | **홈페이지** www.capitol.hawaii. gov | **운영** 외관에서 견학하는 시간은 따로 정해져 있지 않음 | **주차** 불가 | **가는 방법** 와이키키에서 2번 버스 탑승, S Beretania St.+Punchbowl St.에서 하차. 도보 1분.

워싱턴 플레이스 Washington Place

현 하와이 주지사 데이비드 이게가 살고 있는 장소로 하 와이 마지막 군주시절 릴리우오칼라니 여왕이 살다가 전복될 당시 체포된 곳이기도 하다. 킹 카메하메하 3세 가 미국의 첫 번째 대통령 이름을 따 이름 지었으며, 도 네이션을 통해 2001년 리노베이션을 마쳤다. 박물관 내 부 여왕의 침실, 거실 등을 둘러볼 수 있다.

Map P.166-B1 | **주소** 320 S Beretania St. Honolulu | **전화** 808-536-0248 | **홈페이지** www.washington placefoundation.org | **영업** 목 10:00, 전화나 홈페이지에서 예약 후 입장 가능(금~수요일 휴무) | **주차** 불가 | **요금** 무 료(하와이 문화 조사, 보존, 회복에 쓰이는 자선모금을 받는다) | **가는 방법** 와이키키에서 2번 버스 탑승. S Beretania St.+ Punchbowl St.에서 하차. 하차한 곳 등지고 오른쪽으로 도보. 하와이 주정부 청사 건너편.

이올라니 궁전 Iolani Palace

하와이 왕국의 역사가 깃든 이곳은 칼라카우아 왕이 세계 문물 박람회에 다녀온 뒤 서양 건축 문화에 영향을 받아 1882년에 피렌체 고딕풍으로 지은 미국 내 유일한 궁전이다. 내부의 다이닝 룸이나 하와이 최초의 수세식 화장실 등을 보고 있노라면 당시 하와이 왕조가 얼마나 번성했는지 잘 알 수 있으며 비운의 마지막 여왕인 릴리우오칼라니가 퇴위 종용을 받아 감금되어 시간을 보내던 방과 침대도 둘러볼 수 있다. 인터넷으로 미리 티켓을 예매한 후, 당일 별동인 이올라니 발락에서 입장권을 발부받아야 궁전으로 들어갈 수 있으며 플래시를 사용하지 않는 한, 사진 촬영을 할 수 있다. 큰 반얀 트리가 인상적인 정원은 기념촬영을 위해 여행자들과 신혼부부들이 몰리며, 매주 일요일 14:00, 금요일 정오(시간 변동 가능, 홈페이지 Event 참고)에는 로열 하와이안 밴드의 무료 콘서트가 열린다. 또한 매주 토요일 09:30~12:00에는 하와이안 퀼팅 수업이 카나이나 빌딩 Kanaina Building에서 진행된다(첫 수업료 $15, 이후 $6) 궁정 내부 견학은 가이드 투어로만 가능하며 관람객 수가 한정되어 있어 미리 예약해야 한다. 한국어 오디오 가이드를 제공받아 한국어 설명과 함께 투어할 수 있다. 궁전의 이름을 딴 이올라니는 하와이어로 '천국의 새'라는 의미를 가지고 있다.

Map P.166-B2 | **주소** 364 S King St. Honolulu | **전화** 808-522-0822 | **홈페이지** www.iolanipalace.org | **운영** 화~토 09:00~16:00(일~월요일 휴무) | **주차** 이올라니 궁전 앞 유료 주차(1시간 $1.30) | **요금** 성인 $20, 5~12세 $6 | **가는 방법** 와이키키에서 13번 버스 탑승, S Hotel+Alakea St.에서 하차. 도보 6분.

카메하메하 대왕 동상
King Kamehameha's Statue

카메하메하 왕은 1795년 하와이 섬 전체를 통일한 초대 왕으로, '카메하메하'는 하와이어로 '외로운 사람'이라는 뜻을 가지고 있는데 실제로도 그는 병으로 외롭게 숨을 거두었다고 한다. 하지만 매년 왕의 생일인 6월 11일에는 레이로 장식을 하고 대왕 탄생을 기념하며 킹 스트리트에서 화려한 퍼레이드가 개최된다. 한 가지 재미있는 사실은 이 동상이 실제 대왕의 모습이 아닌, 당시 궁정에서 가장 잘 생긴 사람의 모습이라고.

Map P.166-B2 | **주소** 417 S King St. Honolulu | **전화** 808-539-4999 | **주차** 카메하메하 대왕 상 옆 유료(1시간 $1.50) | **가는 방법** 와이키키에서 13번 버스 탑승, S Hotel St.+Alakea St.에서 하차. 도보 5분.

카와이아하오 교회 Kawaiahao Church

1만 4,000개나 되는 산호 블록으로 지은 이 교회는 '하와이의 웨스트민스터 성당'이라 일컬어지곤 한다. 하와이 왕조 때는 왕가의 예배당이었기 때문에 곳곳에서 왕조의 흔적을 찾아볼 수 있다. 1843년 카메하메하 4세의 대관식과 엠마 여왕과의 결혼식이 열린 장소이기도 하다. 하와이에서 가장 오래된 건물로, 영국의 역사가 리차드 카벤디쉬의 저서 『죽기 전에 꼭 봐야 할 세계 역사 유적 1001』에도 등장한 유적지다. 내부 견학은 결혼식과 예배가 없는 평일에만 가능하다.

Map P.166-C2 | **주소** 957 Punchbowl St. Honolulu | **전화** 808-522-1333 | **운영** 월~금 08:00~16:30(주말 견학 불가) | **요금** 무료 | **주차** 교회 앞 유료 주차(1시간 $1) | **가는 방법** 와이키키에서 13번 버스 탑승, S Beretania St.+Punchbowl St.에서 하차. 도보 6분.

비숍 박물관 Bishop Museum

하와이의 문화를 보고 느끼는 것은 물론이고 몸소 체험할 수 있는 세계 최초의 폴리네시안 문화 박물관이다. 1899년 열렬한 수집가였던 찰스 리드 비숍 Charles Reed Bishop의 아내 버니스 파우아히 비숍은 하와이 왕국 최후의 공주이기도 했는데, 죽으면서 남편에게 이 박물관을 지어달라고 부탁했다고 전해진다. 왕가의 화려한 예술품은 물론이고 하와이의 역사 자료, 하와이와 태평양 여러 섬에 관해 전해 내려오는 귀한 전시품부터 평민의 생활상을 엿볼  수 있는 소박한 조각품과 손으로 만든 악기 등 18만 7,000여 점의 자료를 전시하고 있다. 4층짜리 건물로 제법 규모가 커 예술 애호가들의 사랑을 받는 장소이기도 하다. 화산 분출 과정이나 하늘의 별자리를 통해 타 지역 섬으로 이동한 하와이안들의 기술을 설명하는 프로그램뿐 아니라 훌라와 우쿨렐레 등 직접 체험할 수 있는 액티비티가 많아 여행자들에게 인기가 높다. 아트 마켓 등 홈페이지에 다양한 이벤트가 등록되어 있으니, 관람 전 홈페이지를 방문해봐도 좋을 듯.

Map P.074-C2 | **주소** 1525 Bernice St. Honolulu | **전화** 808-847-3511 | **홈페이지** www.bishopmuseum.org | **운영** 09:00~17:00(추수감사절, 크리스마스 휴무) | **요금** 성인 $24.95, 4~12세 $16.95, 3세 이하 무료(입장료) | **주차** $5 | **가는 방법** 와이키키에서 2번 버스 탑승, School St.+Kapalama St.에서 하차. 도보 4분.

하와이 주립 미술관 Hawaii State Art Museum

'People's Museum'이라고 불리는 이곳은 다양한 아트워크를 통해 상설 전시는 물론이고 하와이 전통 예술 작품 등을 전시해놓은 곳이다. 총 세 개의 갤러리가 모여 있으며 매달 첫째 주 금요일에는 18:00~21:00에 특별 야간 개장을 실시한다. 최근 갤러리 내 아티젠 레스토랑 Artizen Restaurant을 오픈, 아히포키, 프라이드치킨, 포르투기스 빈 수프 등을 판매한다.

Map P.166-B2 | **주소** 250 S Hotel St. Honolulu | **전화** 808-586-0900 | **홈페이지** hawaii.gov/sfca/HiSAM.html | **운영** 월~토 10:00~16:00(첫째 주 금요일 18:00~21:00, 일요일 휴무) | **요금** 무료 | **주차** 1시간 $1.50(박물관 건너편 도로, 최대 1시간 가능) | **가는 방법** 와이키키에서 2번 버스 탑승. S Hotel St.+Alakea St.에서 하차. 도보 1분.

호놀룰루 미술관 Honolulu Museum of Arts

하와이·폴리네시아·유럽·미국·아시아 등 전 세계의 미술품 6만여 점을 전시한 곳으로, 하와이에서 가장 큰 미술관으로 손꼽힌다. 피카소와 미로의 그림, 로댕의 조각 등을 감상할 수 있으며, 폴 고갱의 '타히티 해변의 두 여인'을 소장한 곳으로도 유명하다. 점심 시간만 운영되는 1층 카페는 스파게티와 샌드위치 등이 맛있어 현지인들에게 인기가 좋은 곳으로 손꼽힌다. 1~10월의 마지막 주 금요일 18:00~21:00에는 젊은 예술가들의 참여로 '아트 애프터 다크 Art After Dark'라는 파티가, 매주 셋째 주 일요일에는 어린이들을 위한 패밀리 이벤트가 열린다.

Map P.167-D1 | **주소** 900 S Beretania St. Honolulu | **전화** 808-532-8700 | **홈페이지** www.honoluluacademy.org | **운영** 목~일 10:00~18:00, 금~토 10:00~21:00(월~수요일 휴무) | **요금** 성인 $20, 17세 미만 무료(매월 셋째 주 일요일(모든 관람객) 입장 무료) | **주차** 5시간 $5, 이후 30분마다 $2씩 추가 | **가는 방법** 와이키키에서 2번 버스 탑승. S Beretania St.+Ward Ave.에서 하차. 도보로 1분.

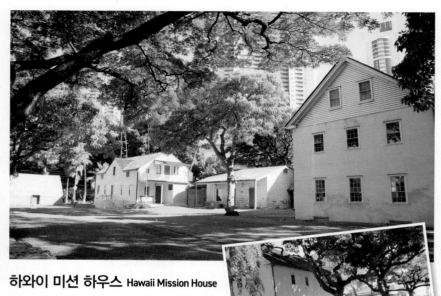

하와이 미션 하우스 Hawaii Mission House

1920년 하와이에 최초의 선교사가 도착한 지 100주
년이 되는 해에 설립된 곳으로 선교사들의 기록이
보관된 박물관이다. 당시 하와이에 온 선교사들은 하
와이의 문화와 역사, 언어를 보존하고 전파하기 위
해 온 힘을 다했다. 이곳에서는 19세기 초 선교사들
의 삶을 마주할 수 있다. 미션 하우스는 총 세 개의
건물로 이루어져 있는데 그중 프레임 하우스는 당시
보스턴에서 파견된 첫 선교사들과 함께 하와이에 실
려온 목재로 지은 건물로, 하와이에서 가장 오래된
목조 건물이다. 성경을 인쇄하던 인쇄소와 선교사들
이 사용하던 침실과 주방 등을 엿볼 수 있다. 가이드
투어는 목~금요일 11:00, 13:00, 토요일 11:00, 13:00,
15:00에 이뤄진다. 투어는 4명으로 제한되며 미리 예
약하는 것이 좋다.

Map P.166-C2 | **주소** 553 S King St. Honolulu | **전화**
808-447-3910 | **홈페이지** www.missionhouses.org |
운영 화~금 10:30~14:30, 토 10:30~15:30(일~월요일
휴무) | **요금** 성인 $12, 6세~대학생 $5 | **주차** 미션 하우스 앞
유료 주차(1시간 $1) | **가는 방법** 와이키키에서 13번 버스 탑
승, Kapiolani Bl.+South St.에서 하차. 도보 2분.

Mia's Advice

다운타운의 킹
스트리트는 거리
이름과 같이 '왕'
만 오가던 길이
었어요. 한 가지
흥미로운 사실은
이 미션 하우스
역시 킹 스트리
트를 향하고 있다는 거죠. 왕은 자신이 다니
던 길에 자그마한 문을 내어 선교사들이 이
용하도록 허락할 만큼 당시 하와이에서의
선교사 역할이 중요했음을 알려줍니다.

다운타운의 즐길 거리

다운타운은 과거의 명성만큼 인기가 높지 않지만 오아후에서 꼭 들러봐야 할 곳 중 하나다. 오아후 대표 액티비티 중 하나인 크루즈가 출항하는 곳이기 때문이다.

선셋 크루즈 Sunset Cruise

해가 질 무렵 항구를 떠나 태평양 바다 위에서 석양을 바라보며 저녁 식사를 즐기는 크루즈 탑승은 오아후에서 가장 로맨틱한 액티비티다. 스타 오브 호놀룰루 Star Of Honolulu의 프로그램이 가장 역사가 깊고 만족도가 높다. 칵테일과 저녁 식사가 가격에 포함되어 있으며 라이브 밴드의 공연과 다이내믹한 선상 쇼를 즐길 수 있다. 식사 내용과 공연에 따라 Buffet, Casual, Deluxe, Luxury 총 네 가지로 티켓이 나누어진다. 가장 낮은 단계인 Buffet에서는 비프와 미소야키 바비큐 치킨, 마이타이 칵테일 한 잔이 제공되며 훌라쇼와 하와이안 음악도 감상할 수 있다. 가장 높은 단계인 Luxury에서는 코스 요리와 함께 피아노 연주를 감상할 수 있다.

Map P.166-B3 | 주소 1 Aloha Tower Dr. Honolulu | 전화 808-983-7730 | 홈페이지 www.starofhonolulu.com | 운항 토~목 16:30~19:30, 금 16:30~20:30 | 가격 디너 크루즈 $99~201(와이키키에서 이동차량 제공 시 $15 추가) | 주차 알로하 타워 건너편 무료(티켓팅 시 주차 티켓 확인) | 가는 방법 와이키키에서 2번 버스 탑승. S Hotel+Bishop St에서 하차. 도보 7분. 알로하 타워 마켓 플레이스 1층에 위치.

Mia's Advice

다운타운에는 매달 첫째 주 금요일, 퍼스트 프라이데이 First Friday라는 축제가 열려요. 이 날은 다운타운의 유명 갤러리와 뮤지엄이 17:00~21:00까지 연장 운영하며 나이트 파티를 즐기죠. 하와이 주립 미술관 Hawaii State Art Museum을 포함해 다양한 갤러리에서 무료로 투어를 진행한답니다. 거리 연주는 물론이고 갤러리 내에서도 공연이 펼쳐지기도 하죠. 더 자세한 소식은 홈페이지(www.firstfridayhawaii.com)를 방문해보세요!

웨일 워칭 Whale Watching

알래스카에 서식하던 혹등고래는 추운
겨울이 되면 하와이로 이동해 새끼를 낳
아 함께 다시 알래스카로 향한다. 이 때
문에 오아후의 겨울에는 바다 한가운데
에서 혹등고래를 관찰하는 프로그램이
인기다. 45피트나 되는 거대한 혹등고래
의 점핑을 눈앞에서 확인할 수 있다. 이
역시 크루즈와 함께 스타 오브 호놀룰루
크루즈 회사가 가장 만족도가 높다. 그
이유는 크루즈의 크기와 실내 환경이 다

른 크루즈에 비해 낫기 때문이다. 매년 12~4월에만 운행되며, 탑승 시 혹등고래가 나타나지 않으면 운행
기간 중 어느 때나 다시 크루즈에 탑승해 고래를 볼 수 있는 100% AS제도를 실시하고 있다. 혹등고래를 관
찰 후 다시 항구로 돌아오는 길에는 함께 탑승한 아이들을 위한 우쿨렐레와 훌라, 레이 만들기 수업도 함께
진행된다.

Map P.166-B3 | 주소 1 Aloha Tower Dr. Honolulu | 전화 808-983-7730 | 홈페이지 www.starofhonolulu.com
| 운영 08:45~10:45 | 가격 $42~57(와이키키에서 이동 차량 제공 시 $15 추가) | 주차 알로하 타워 건너편 무료(티켓팅 시
주차 티켓 확인) | 가는 방법 와이키키에서 2번 버스 탑승. S Hotel+Bishop St.에서 하차. 도보 7분. 알로하 타워 마켓 플레이
스 1층에 위치.

다운타운의 먹거리

오아후의 대기업들이 모두 모여 있어 마치 우리나라의 여의도를 보는 것 같다. 높은 빌딩을 옆에 두고, 유명 도시에 하나쯤은 있게 마련인 차이나타운도 끼고 있다.

럭키 벨리 Lucky Belly

일식과 중식을 접목시킨 재미난 분위기의 레스토랑. 커다란 그릇에 담겨 나오는 라멘이 이 집의 트레이드 마크다. 뿐만 아니라 애피타이저로 나오는 포크 벨리 바오도 꼭 주문하는 필수 메뉴. 한국인들에게 사랑받는 비빔밥과 슈림프 김치 볼 메뉴도 있다.

Map P.166-A2 | 주소 50 N Hotel St., Honolulu | 전화 808-531-1888 | 영업 월~토 17:00~22:00(일요일 휴무) | 가격 $7~28(럭키 볼 라멘 $16, 비빔밥 $20, 포크 벨리 바오 $15) | 주차 불가 | 가는 방법 와이키키에서 2번 버스 탑승, N Hotel St.+Kekaulike St.에서 하차, 도보 2분.

리틀 빌리지 누들 하우스 Little Village Noodle House

파란 대문을 열고 들어가면 말 그대로 또 다른 작은 마을이 펼쳐진다. 누들 하우스라고 하기엔 아쉬움이 남을 정도로 다양한 중국 음식을 맛볼 수 있는 곳이다. 달콤한 허니 월넛 슈림프나 한국인 입맛에도 제격인 오렌지 치킨, 솔트&페퍼 폭찹이나 하우스 스페셜 라이스, 가지 요리인 갈릭 에그 플랜트 등 어느 메뉴 하나만 추천하기 힘들 정도로 맛있는 요리가 가득하다.

Map P.166-A2 | 주소 1113 Smith St. Honolulu | 전화 808-545-3008 | 홈페이지 littlevillagehawaii.com | 영업 금~토 11:30~21:00, 일 11:30~20:00, 월·수·목 16:00~20:00(화요일 휴무) | 주차 무료 | 가격 $10~65(허니 월넛 슈림프 $21.75, 하우스 스페셜 프라이드 라이스 $14.50) | 가는 방법 와이키키에서 2번 버스 탑승, N Hotel+Kekaulike St.에서 하차, 도보 2분.

머피스 바 & 그릴
Murphy's Bar & Grill

매년 3월 17일, 하와이에서 가장 크게 성 패트릭의 날 St. Patrick Day을 기념하는 곳이다. 아일랜드에서 처음으로 기독교를 전파한 성 패트릭을 기리는 날로 아이리시들의 가장 큰 축제라고 할 수 있다. 축제 날 가장 많은 사람들로 붐비는 이곳의 내부는 유럽의 오래된 펍 분위기를 풍기고 있다.

아일랜드에서 수입한 블루치즈를 넣은 아이리시 버거와 바게트 위에 소 안심살을 얇게 썰어 올리고 마요네즈 소스와 곁들여 먹는 아이리시 딥 등 특색 있는 아일랜드 메뉴를 맛볼 수 있다.

Map P.166-A2 | 주소 2 Merchant St. Honolulu | 전화 808-531-0422 | 홈페이지 murphyshawaii.com | 영업 토~목 13:00~다음 날 02:00, 금 12:30~다음 날 02:00 | 가격 $8.50~29.50 | 주차 불가 | 가는 방법 와이키키에서 2번 버스 탑승. S Hotel St.+Bethel St.에서 하차. 하차한 곳 등지고 왼쪽 Bethel St.에서 직진. 오른쪽 Merchant St.로 우회전.

더 피그 앤 더 레이디
The Pig and The Lady

베트남 스타일의 퓨전 레스토랑. 레스토랑 이름처럼 곳곳에 재미있는 인테리어가 눈에 띈다. 라오스 프라이드 치킨과 포 프렌치 딥 등이 인기 있으며, 런치와 디너 각각 테스팅 메뉴가 있어 특별한 날이

라면 테스팅 메뉴를 주문해도 좋겠다. 디저트 메뉴가 다양한 것도 이 집만의 특징.

Map P.166-A2 | 주소 83 N King St. Honolulu | 전화 808-585-8255 | 홈페이지 thepigandthelady.com | 영업 화~토 11:30~14:30, 17:30~20:30(월 · 일요일 휴무) | 가격 런치 $10~17, 디너 11~30 | 주차 불가 | 예약 가능 | 가는 방법 와이키키에서 13번 버스 탑승. N Hotel +Kekaulike St.에서 하차. 도보 2분.

레전드 시푸드 레스토랑
Legend Seafood Restaurant

이곳의 트레이드 마크는 딤섬이다. 직원들이 직접 완성된 요리를 들고 테이블 사이를 돌아다니면 원하는 메뉴를 그 자리에서 직접 고를 수 있다. 단품으로는 로스트 덕과 딥 프라이드 프라이드 슈림프 위드 스파이시 솔트의 인기가 높고, 딤섬 중에서는 스프링 롤, 포크 덤플링과 함께 우리나라로 치면 부추만두인 팬 프라이드 덤플링 위드 차이브 앤 슈

림프의 인기가 높다. 레스토랑이 워낙 인기가 높아 기다리는 수고는 필수다.

Map P.166-A1 | 주소 100 N Beretania St. #108 Honolulu | 전화 808-532-1868 | 홈페이지 www. legendseafoodhonolulu.com | 영업 월~금 10:00~14:00, 17:00~21:00, 토~일 08:00~14:00, 17:00~21:00 | 가격 $8.95~52.80(딥 프라이드 슈림프 위드 스파이시 솔트 $17.55, 로스트 덕(하프) $17.55) | 주차 불가 | 가는 방법 와이키키에서 2번 버스 탑승. N Hotel+Kekaulike St.에서 하차, 도보 4분.

한 간식 메뉴도 있다. 비건을 위한 커리도 있으며, 목테일 Moktail(논알코올 칵테일)과 유자 레모네이드 등 논알코올 음료도 있어 좋다.

Map P.166-A2 | 주소 1028 Nuuanu Ave. Honolulu | 전화 808-537-3787 | 홈페이지 okimshawaii.com | 영업 월~목 11:00~20:00, 금~토 11:00~21:00 | 가격 $13.95~24.95(비빔밥 with 갈비 스테이크 $18.95) | 가는 방법 와이키키에서 2번 버스 탑승. S Hotel St.+Bethel St.에서 하차, 도보 1분.

오 킴스 O Kim's

지역에서 나고, 자란 친환경 식재료를 이용해 한국 음식을 만드는 식당. 한국인 입맛에 맞는 갈비 스테이크와 비빔밥, 트러플 만두 등 든든하게 먹을 수 있는 식사용 메뉴를 비롯해 잡채호떡처럼 간단

세니아 Senia

다운타운의 고급 레스토랑. 8개의 좌석만 있는 셰프 카운터 다이닝 스타일로 두 달 전 예약해야 좌석을 차지할 수 있다. 최고의 제철 식재료를 이용, 새로운 시도를 하는 곳으로 유명하다. 따라서 메뉴가 자주 바뀔 수 있다. 운이 좋으면 테이스팅 메뉴를 맛볼 수도 있다.

Map P.166-A2 | 주소 75 N King St. Honolulu | 전화 808-200-5412 | 홈페이지 www.restaurantsenia. com | 영업 화~토 17:30~21:30(일~월요일 휴무) | 가격 $6~80(트리플 스모크드 킹 살몬 $80) | 주차 불가 | 예약 필요 | 가는 방법 와이키키에서 13번 버스 탑승, N Hotel St.+Kekaulike St.에서 하차, 도보 2분.

다운타운의 쇼핑

알로하 타워 마켓 플레이스는 와이키키와는 달리 한적한 분위기에 소박한 기념품을 판매하는 곳으로 건물 최고층에 올라가면 오아후 시내 전경을 한 눈에 감상할 수 있다.

알로하 타워 마켓 플레이스 Aloha Tower Marketplace

1926년에 지어져 호놀룰루의 상징이었던 이곳은 오래 전 하와이를 방문하는 이들이 증기선을 타고 왔을 때 가장 먼저 만나는 건물이었다. 호놀룰루 국제공항이 건설된 이후부터는 쇠퇴하는 듯 보였지만 1994년, 근처에 알로하 타워 마켓 플레이스가 문을 열면서 다시 활기를 되찾았다. 아직도 하와이에서 출발해 알래스카로 항해하는 크루즈나 각종 디너 크루즈, 혹등고래 관찰 투어 크루즈가 오가는 관문이 되고 있다. 시계탑 내 엘리베이터를 타고 10층 전망대에 오르면 360도로 시원하게 펼쳐지는 호놀룰루 시내 전경을 감상할 수 있다.

Map P.166-A3 | **주소** 1 Aloha Tower Dr. Honolulu | **전화** 808-544-1453 | **운영** 09:00~17:00(전망대, 숍마다 운영시간 다름) | **요금** 무료 | **주차** 알로하 타워 건너편 유료(1시간 $1.50, 최대 3시간까지. 이후 30분당 $3, 16:00 이후 $5) | **가는 방법** 와이키키에서 2번 버스 탑승. S Hotel+Bishop St.에서 하차. 도보 7분.

Mia's Advice

1 렌터카를 이용해 알로하 타워 마켓 플레이스를 방문할 때, 건너편 주차장 초입에서 주차권을 받은 뒤 알로하 타워 마켓 플레이스 내 레스토랑을 이용하거나 선물가게에서 물건을 구입한 뒤 주차 확인을 요청하세요. 매장에 따라 할인 티켓을 받을 수 있답니다.

2 매장에서 주차 확인을 요청해야 할 때는 "Could I get a parking validation?"이라고 물어보면 됩니다.

알로하 타워 마켓 플레이스 전망대에서 바라본 항구의 모습

차이나타운 Chinatown

오아후의 다운타운 지역에 위치한 차
이나타운에서는 새벽부터 재래시장
이 곳곳에 운영되고 있는데 여행자들
에게는 하와이에서 생산한 망고와 파
인애플 등 열대과일을 저렴하게 구
입할 수 있어 좋다. 또 차이나타운 컬
처 플라자 센터 Chinatown Culture Plaza
Center에 위치한 레전드 시푸드 레스
토랑 Legend Seafood Restaurant 역시 저

렴하게 중국의 딤섬을 맛볼 수 있는 곳이라 현지인과 관광객으로 항
상 붐빈다. 차이나타운 내 역사적으로 유명한 곳을 꼽자면 90년 이
상 운영되고 있으며 지금도 다양한 공연이 펼쳐지는 하와이 시어터
Hawaii Theater를 꼽을 수 있다. 차이나타운은 시장이 문을 닫을 시간
인 16:00~17:00에 한산해지고, 밤이 되면 차이나타운 내 클럽과 공
연장을 오가는 사람들로 다시 활기를 띤다. 하지만 다소 위험할 수 있으니 늦은 시간은 피하자.

Map P.166-A1 | **주소** 100 N Beretania St. Honolulu (차이나타운 컬처 플라자 센터) | **홈페이지** www.chinatown
culturalplaza.com | **전화** 808-521-4934 | **영업** 07:00~21:00 | **주차** 차이나타운 내 유료 주차(주차장마다 약간씩 다르
며 대략 1시간 $3) | **가는 방법** 와이키키에서 2번 버스 탑승. N Hotel St.+Kekaulike St.에서 하차. 도보 4분. 차이나타운
컬처 플라자 센터 Chinatown Culture Plaza Center가 나온다. 이 지역 일대를 모두 통틀어 차이나타운이라고 일컫는다.

Mia's Advice

최근 차이나타운의 분위기가 바뀌고 있어요. 개성 강한 로컬 숍들이 하나, 둘 입점하면서 구경하
는 재미가 쏠쏠해졌거든요. 개성강한 하와이안 셔츠와 드레스를 판매하는 로베르타 오크스 Roberta
Oaks, 하와이 스타일의 가방과 주얼리, 드레스와 수영복 등을 선보이는 발리아 하와이 Valia Hawaii,
가죽을 사용해 다양한 소품을 만드는 오픈 시 Open Sea 등 사진 찍고 산책하는 걸 좋아하는 여행자
라면 이곳을 분명 사랑하게 될 거예요.

오픈 시

로베르타 오크스

고급 주택가 밀집 지역
카할라~카이무키

다이아몬드 헤드의 동쪽에서 북쪽까지 걸쳐 있는 지역이 바로 카할라다. 해안을 따라 이어지는 카할라 애비뉴 Kahala Ave.를 달리다보면 어느새 숲 속으로 빠져 들어가 고급 리조트인 카할라 리조트에 도착한다. 와이키키 근처 부촌으로 통하는 이곳을 찾는 이유는 두 가지다. 바로 카할라 몰과 카할라 리조트 때문.

카할라 몰에는 한국인들이 좋아할 만한 고급 식재료와 원두커피 · 와인들이 즐비한 럭셔리 마켓인 홀 푸드 마켓이 들어서 있고, 그 외에도 영화관과 메이시스 백화점 · 쇼핑몰 · 레스토랑 등 여가 시간과 쇼핑을 즐길 수 있는 시설들이 가득하다. 카할라 리조트는 셀러브리티들의 결혼 장소로도 유명하지만, 리조트 안에서 돌고래와 함께 수영하며 색다른 경험을 할 수 있는 다양한 액티비티가 있어 호기심 많은 사람들의 발걸음을 붙잡는다.

+ 공항에서 가는 방법

셔틀버스를 이용하면 대략 35분 정도 소요되며, 택시나 렌터카를 이용하면 20분 정도 소요된다.

+ 와이키키에서 가는 방법

Kalakaua Ave.의 치즈케이크 팩토리 앞에서 22번을 탑승하거나 Kuhio ave.의 아쿠아 와이키키 웨이브나 마린 서프 와이키키 앞에서 23번을 탑승하면 30분 정도 소요된다. 렌터카로는 와이키키에서 H-1 고속도로를 타고 10분 정도 걸리는데, 부촌인 만큼 대중교통이 많지 않아 렌터카로 이동하는 편이 좋다.

+ 카할라~카이무키에서 볼 만한 곳

카할라 리조트, 카할라 몰

카할라~카이무키의 즐길 거리

카할라에는 아이를 동반한 가족들이라면 한번쯤은 도전해 보고 싶은 매력적인 액티비티가 바로 돌핀 퀘스트이다. 리조트 내 라군에서 사는 돌고래를 직접 만져볼 수 있다.

돌핀 퀘스트 Dolphin Quest

카할라 리조트에서 운영하는 액티비티로, 이 곳에 숙박하지 않아도 액티비티는 신청할 수 있다. 리조트에서 관리하는 6마리의 돌고래 들과 함께 수영하고, 먹이를 주며 색다른 체험을 할 수 있어 아이들에게 인기가 많다. 다만 5~11세 어린이들은 성인과 함께 체험해야만 하는 조건이 있다. 참가 비용의 일부는 해양 보호단체에 기부된다.

Map P.073-E4 | 주소 5000 Kahala Ave. honolulu | 전화 808-739-8918 | 홈페이지 dolphinquest.com | 영업 08:30~17:00 | 가격 $175~1,560 | 주차 무료(발레파킹 시 약간의 팁 필요) | 예약 필요 | 가는 방법 와이키키에서 14번 버스를 탑승 후 Kahala Ave.+Opp Pueo St.에서 하차. 도보 9분.

Mia's Advice

카할라 리조트 근처에는 단골 스냅 촬영 장소인 와이알라에 비치 파크 Waialae Beach Park가 있어요. 무료 주차장과 공공 화장실이 있어 편리하고, 카할라 비치를 끼고 있어 여행 중 잠시 휴식을 취하기도 좋아요. 인생샷을 남기고 싶다면 바로 이곳에서 삼각대를 놓고 셀프 스냅에도 도전해보세요!

주소 4925 kahala Ave., Honolulu | 운영 05:00~22:00

카할라~카이무키의 먹거리

카할라 몰 근처의 프랜차이즈 레스토랑을 포함해 브런치 카페가 모여 있는 카이무키 Kaimuki와 현지인들에게 사랑받는 레스토랑이 모여 있는 와이알레아 애비뉴 Waialae Ave.가 있다.

비아 젤라토 Via Gelato

푸드 트럭에서 시작해 로컬 하와이안의 입맛을 제대로 공략한, 질 높은 젤라토 아이스크림 숍. 주문하기 전에 요청하면 원하는 맛을 샘플로 맛볼 수도 있다. 매일 16~20개의 종류의 맛을 선보이며, 낮에는 샌드위치도 함께 판매하고 있다. 늦은 저녁 시간에도 줄 서서 기다리는 사람들로 붐빈다.

Map P.075-F3 | 주소 1142 12th Ave. Kaimuki | 전화 808-732-2800 | 홈페이지 www.viagelatohawaii.com | 영업 일~목 11:00~22:00, 금~토 11:00~23:00 | 가격 $3~11 | 주차 유료(1시간 $1.50) | 가는 방법 와이키키 초입 Kuhio Ave.+Seaside Ave.에서 2번 버스 탑승, Kilauea Ave.+Makapuu Ave.에서 하차. 도보 14분.

커피 토크 Coffee Talk

카이무키에서 가장 유명한 전설의 카페. 맛좋은 커피와 베이커리뿐 아니라 영화 상영이나 디저트 뷔페를 여는 등 다양한 이벤트가 열려 젊은 사람들에게 사랑받는 곳이기도 하다. 나른한 오후에 커피, 디저트를 즐기며 티타임을 갖기 좋은 곳. 브렉퍼스트로는 오트밀, 베이글 등이 있고, 샌드위치는 8가지 종류가 있는데, 그중에서 튜나&아보카도 샌드위치가 인기가 높다.

Map P.075-F3 | 주소 3601 Waialae Ave. Honolulu | 전화 808-737-7444 | 영업 06:00~16:00 | 가격 $2.75~13.50(튜나&아보카도 샌드위치 $9) | 주차 불가 | 가는 방법 와이키키 초입 Kuhio Ave.+Seaside Ave.에서 2번 버스 탑승, Kilauea Ave.+Makapuu Ave.에서 하차. 도보 14분.

엣 올 et.al

아침에는 통유리를 통해 밝은 햇살이 들어와 조식을 먹기 적당하고, 점심때는 활기찬 기운이었다가 밤이 되면 은은한 조명으로 칵테일을 즐기기 좋은 곳이다. 브런치에는 오픈 토스트나 샐러드, 반미 샌드위치나 와플 등이 있으며 런치와 디너에는 피자&파스타와 립 아이나 양고기, 랍스터 롤 등을 선보인다.

Map P.075-F4 | 주소 4210 Waialae Ave. Honolulu | 전화 808-732-2144 | 홈페이지 etalhawaii.com | 영업 06:00~21:00 | 가격 브런치 $6~20, 런치 $10~32, 디너 $10~48 | 주차 무료 | 예약 필요 | 가는 방법 와이키키에서 13번 버스 탑승 후 Kapiolani Bl+Waialae Ave.에 하차 후 1번 버스 탑승 Waialae Ave.+Hunakai St.에서 하차, 도보 4분(카할라 마켓 바이 푸드랜드 Kahala MKT by Foodland 내 위치).

코코헤드 카페
Coco Head Café

노란 차양막이 멀리서도 눈에 띄는 곳. 일본 스타일의 브런치 카페로, 볼케이노 에그, 피시 & 에그, 오하요 에그 등 계란을 활용한 다양한 메뉴를 선보인다. 독특하게 한국식 비빔밥도 메뉴에 있다.

Map P.075-F4 | 주소 1145 12th Ave., Honolulu | 전화 808-732-8920 | 홈페이지 kokoheadcafe.

com | 영업 수~일 07:00~14:00(월~화요일 휴무) | 가격 $4~18(브렉퍼스트 비빔밥 $17) | 주차 유료 (1시간 $1) | 가는 방법 와이키키 초입 Kuhio Ave.+Seaside Ave.에서 2번 버스 탑승, Kilauea Ave.+Makapuu Ave.에서 하차, 도보 13분.

Mia's Advice

카이무키에는 개성 강한 카페들이 많아요. 컵케이크 맛집인 위 하트 케이크 컴퍼니 We Heart Cake Company(주소 3468 Waialae Ave. Honolulu), 커피가 맛있기로 소문난 빈 어바웃 타운 Bean About Town(주소 3538 Waialae Ave. Honolulu)과 더 커브 카이무키 The Curb Kaimuki(주소 3408 Waiala Ave. Honolulu), 매일 빵이 동이 나서 일찍 문을 닫는 브레드 숍 Bread Shop(주소 3408 Waiala Ave. honolulu)등 카페 마니아들이 좋아할 만한 카페가 가득한 거리랍니다. (Map P.075-F3 참고)

카할라~카이무키의 쇼핑

일본 관광객들에게 필수 코스이기도 한 카할라 몰은 각종 숍과 레스토랑이 모여 있다. 부촌에 위치한 만큼 고급 식재료와 브랜드를 구할 수 있다.

카할라 몰 Kahala Mall

와이키키에서 차를 타고 동쪽으로 25분 정도 달리면 고급 주택가인 카할라 지구에 위치한 대형 쇼핑몰이 나온다. 입지 조건 때문인지 세련된 분위기의 여유가 넘치는 쇼핑몰로, 메이시스 Macy's 백화점을 끼고 있으며 레스토랑과 카페 등이 입점되어 있다. 그중에서도 홀 푸드 Whole Foods는 고급 마트로, 구경하는 재미가 있다. 마트 내에 뷔페식 푸드 코트와 디저트 카페도 있어, 계산 후 마트 밖에 마련된 테이블에서 간단한 식사가 가능하다. 주방용품에 관심이 많다면 컴플리트 키친 The Compleat Kitchen도 놓치지 말자. 그밖에도 다양한 패션숍과 극장 등이 있으며, 최근 무수비 전문점으로 유명한 이야스메 무수비 Iyasme Musubi가 입점했다.

Map P.075-F4 | **주소** 4211 Waialae Ave. Honolulu | **전화** 808-732-7736 | **영업** 월~토 10:00~21:00, 일 10:00~18:00 | **주차** 무료 | **가는 방법** 와이키키에서 13번 버스 탑승 후 Kapiolani Bl+Waialae Ave.에 하차 후 1번 버스 탑승 Waialae Ave.+Hunakai St.에서 하차. 도보 1분.

쿠오노 마켓 플레이스 Kuono Marketplace

2021년에 오픈한 마켓 플레이스. 대형 슈퍼마켓인 카할라 마켓 바이 푸드랜드 Kahala MKT by Foodland를 중심으로 브런치부터 디너까지 가능한 스타일리시한 레스토랑 엣 올 et.al, 즉석에서 튀겨내 더 맛있는 도넛 퍼르브 도넛 숍 Purve Donut Shop, 화덕 피자로 유명한 제이 돌란즈 J Dolan's 등 맛집들이 모여 있다. 미식가라면 꼭 들러야 하는 곳.

Map P.075-F4 | **주소** 4210 Waialae Ave. Honolulu | **전화** 808-591-4878 | **영업** 06:00~21:00(Kahala MKT by Foodland의 영업 시간, 매장마다 조금씩 다르다) | **주차** 무료 | **가는 방법** 와이키키에서 13번 버스 탑승 후 Kapiolani Bl+Waialae Ave.에 하차 후 1번 버스 탑승 Waialae Ave+Hunakai St.에서 하차. 도보 4분.

오아후의 멋진 풍경을 한 눈에

마노아~마키키

풍부한 자연에 둘러싸인 평화로운 지역, 가장 하와이다우면서 자연의 매력을 흠뻑 느낄 수 있는 지역이 바로 마노아에서 마키키까지 이르는 지역이다. 다운타운과 와이키키의 북부에 인접해 있는 이 지역은 오아후 시내의 야경을 감상할 수 있는 탄탈루스의 언덕과 푸른 숲, 맑은 물로 덮여 있는 트레킹 명소 마노아 협곡 등이 유명하다. 마노아 협곡은 개인 소유의 열대우림 정글로, 울창한 대나무 숲이 장관을 이룬다. 원한다면 마운틴 바이크와 하이킹 투어를 동시에 즐길 수 있어 자연 속에서 액티비티를 즐기고 싶은 사람들에게는 더욱 매력적이다. 또한 천주교 신자라면 꽤 많은 사람들이 오가는 한인 성당도 이곳에 있으니 가볼 만하다. 어딜 가든 푸른 자연이 아름다운 풍경을 만들어내는 지역으로, 여행 일정이 넉넉하다면 여유롭게 둘러보기 좋다.

+ 공항에서 가는 방법

버스를 이용하면 2~3회 정도 환승해야 하므로 택시나 렌터카를 추천한다. 20분가량 소요.

+ 와이키키에서 가는 방법

Kuhio Ave.의 마린 서프 와이키키나 아쿠아 와이키키 웨이브 앞에서 2번 버스를 탑승한 뒤 각각 1회씩 환승해야 한다. 소요시간은 1시간. 렌터카는 H-1 고속도로에서 Waikiki/Manoa 방면의 Punahou St. 23번 출구로 나가 직진 후 Manoa Rd.에 진입. 와이키키에서 20분 정도 소요된다.

+ 마노아~마키키에서 볼 만한 곳

탄탈루스 언덕, 엠마 여왕의 여름 별장, 마노아 폭포 트레일

마노아~마키키의 볼거리

야경 명소인 탄탈루스 언덕은 매일 밤 연인과 관광객들로 줄을 잇는다. 뿐만 아니라 실제 귀족의 생활상을 엿볼 수 있는 엠마 여왕의 별장 역시 빼놓기엔 아쉬운 명소다.

탄탈루스 언덕 Tantalus

다이아몬드 헤드와 와이키키의 고층 빌딩들을 한 눈에 볼 수 있는 곳. 도시의 화려한 야경에 비한다면 다소 소박한 느낌이 들 수 있지만, '연인들의 언덕'에는 데이트 중인 커플들이 항시 줄을 잇는다. 다만 20:00가 넘으면 우범지대로 변하기 때문에 만일을 대비해 차 안에서 야경을 감상하거나, 늦은 시간은 되도록 피하는 것이 좋다. 꼭 야경이 아니더라도 일몰을 감상하기에도 좋다. 분위기를 내려고 차 안에서 음주를 하면 순찰하는 경찰에게 벌금을 물 수 있으니 유의할 것.

Map P.075-E2 | **주소** 2760 Round Top Dr. Honolulu | **전화** 808-587-0300 | **주차** 언덕 쪽에 무료 주차 | **가는 방법** 와이키키의 Ena Rd.에서 Ala Moana Blvd. 방면으로 진입해 직진 후 Kalakua Ave.를 끼고 좌회전 후 다시 S King St.를 끼고 우회전해 진입. 그 뒤 Punahou St., Nehoa St., Makiki St.를 거쳐 Round Top Dr.로 진입(대중교통편이 없음).

©하와이 관광청

©하와이 관광청

엠마 여왕의 여름 별장
Queen Emma Summer Palace

카메하메하 4세의 왕비였던 엠마 여왕이 매년 여름을 보내던 산장을 박물관으로 개조한 곳. 기품 있는 빅토리아 양식의 가구들로 꾸민 실내가 영국의 영향을 받았음을 짐작하게 하며 엠마 여왕의 소지품들이 전시되어 있다. 300여 년의 역사가 고이 간직된 곳으로, 생각보다 소박한 외관에 실망할 수도 있지만 하와이 특유의 감성을 느낄 수 있다. 한국어로 된 안내 자료가 있으며, 자그마한 기프트숍에서는 전시 관련 제품들을 판매하고 있다. 내부에서 사진 촬영은 불가능하다.

Map P.075-D2 | **주소** 2913 Pali Hwy. Honolulu | **전화** 808-595-3167 | **홈페이지** www.daughtersofhawaii.org | **운영** 화~토 10:00~15:30(일~월요일 휴무) | **요**

금 성인 $10 | **주차** 무료 | **가는 방법** 와이키키에서 2번이나 13번 버스 탑승 후 121번으로 환승, Pali Hwy+Queen Emma Summer Palace 에서 하차. 총 소요시간은 50분.

마노아 폭포 트레일 Manoa Falls Trail

열대우림과 대나무가 가득한 숲속을 거닐 수 있어 현지인들에게 사랑받는 등산 코스. 마노아 폭포 트레일 입구에서 시작해 표지판을 따라 올라가다보면 등산로 끝에 아름다운 마노아 폭포를 볼 수 있다. 폭포를 중심으로 오르내리는 산행길로, 아주 쉬운 길이어서 가볍게 산책할 수 있는 정도다. 거리는 왕복 2.575km 구간이고, 시간은 대략 1시간 30분~2시간 정도 걸린다. 모기 등에 물릴 수 있으므로 벌레 퇴치약과 긴팔 옷, 운동화 준비는 필수다.

Map P.075-F2 | **주소** 3737 Manoa Rd. Honolulu | **운영** 06:00~18:00 | **주차** 유료 주차(1회 $5) | **가는 방법** 와이키키에서 2번 버스 탑승. Kalakaua Ave.+S King St.에서 하차. 근처 Punahou St.+S King St. 정류장에서 5번 버스 탑승 후 Manoa Rd.+Opp Kumuone St.에서 하차. 도보 20분.

Mia's Advice

1 마노아 폭포 트레일 입구를 지나 조금 더 올라가면 라이온 수목원 Lyon Arboretum 을 만날 수 있어요. 이곳은 하와이 대학교 마노아 캠퍼스에서 보호 관리하고 있는 곳이에요. 또, 영화 〈쥬라기 공원〉을 촬영한 곳이기도 해요. 다양한 열대식물을 만날 수 있고, 입구 근처에는 무료 주차장도 있어요. 인

라이온 수목원

근의 마키키 밸리 트레일 Makiki Valley Trail(Na Ala Hele Trail) 도 추천해요. 총 4km 정도 되는 코스로, 경사가 얕고 쉬워서 남녀노소 누구나 도전할 수 있어요~

2 이 지역에는 하와이 주립대 마노아 캠퍼스가 위치해 있어요. 하와이 주립대는 오아후 지역과 빅 아일랜드 힐로에 캠퍼스가 있는데 그중 마노아 캠퍼스가 규모가 큽니다. 버락 오바마 미국 전 대통령의 부모님이 다닌 곳이기도 하죠. 아시아와 환태평양의 문화, 역사, 정치 등을 공부하는 동서문화센터는 마치 한국의 고궁에 온 듯한 착각이 들기도 해요 (주소 2500 Campus Rd. Honolulu).

하와이 주립대 마노아 캠퍼스

마노아~마키키의 먹거리

지역 주민들에게 사랑받는 카페와 함께 한국인들은 물론이고 현지인들의 입맛까지 사로잡은 한국 식당도 있다.

모닝글래스 커피+카페
Morning Glass Coffee+Cafe

마노아 지역 주민들의 사랑을 한몸에 받고 있는 카페. 마치 참새방앗간처럼 동네 사람들이 모여서 수다 떨고 밥 먹는 장소로, 외관이나 인테리어는 이렇다 할 특징 없이 소박한 분위기지만 맥 앤 치즈 팬케이크나 김치 오믈렛, 머쉬룸 오믈렛, 프라이드 라이스 오믈렛 등이 인기 있다. 신선한 커피와 갓 구운 베이커리 종류 역시 인기가 높다. 1시간 무료로 인터넷을 이용할 수 있는 곳.

Map P.075-E2 | 주소 2955 E Manoa Rd. Honolulu | 전화 808-673-0065 | 홈페이지 www.morningglasscoffee.com | 영업 수~일 08:00~14:00(월~화요일 휴무) | 가격 $3~16 | 주차 무료 | 예약 불가 | 가는 방법 와이키키에서 2번 버스 탑승 후 Kalakaua Ave.+S King St.에서 하차. 근처 S King St.+Punahou St.에서 6번 버스 탑승 후 E Manoa Rd.+Opp Huapala St.에서 하차. 도보 2분.

피스트 Feast

마노아 지역에서 정통 하와이안 스타일의 요리를 맛보고 싶다면 2019년에 오픈한 피스트로 가보자. 스테이크, 크랩, 살몬 누들, 치킨, 버거 그리고 수프와 샐러드가 있다. 메뉴는 많지 않지만 마노아 주민들의 사랑을 듬뿍 받고 있는 동네 맛집이니 믿고 가도 좋겠다. 아치형의 문이 인상적인 레스토랑으로, 테이크아웃 해서 먹을 수도 있다.

Map P.075-E2 | 주소 2970 E Manoa Rd. Honolulu | 전화 808-840-0488 | 홈페이지 www.feastrestauranthawaii.com | 영업 화~목 11:00~14:00, 16:00~18:00, 금~토 11:00~ 14:00, 16:00~19:00 | 가격 $9~50(와규 버거 $25~ 39) | 주차 무료(공간 협소) | 가는 방법 와이키키에서 2번 버스 탑승 후 Kalakaua Ave.+S King St.에서 하차. 근처 S King St.+Punahou St.에서 6번 버스 탑승 후 E Manoa Rd.+Opp Huapala St.에서 하차. 도보 3분.

오복 레스토랑 O-Bok Restaurant

마노아에서 한국인들에게 으뜸으로 꼽히는 한식당. 하와이에는 유독 한국식 갈비가 인기가 좋은 편인데, 이곳의 갈비는 달콤하면서도 육질이 부드러워 인기가 좋은 데다 밑반찬의 가짓수도 많은 편이다. 갈비와 치킨, 만두와 마늘이 함께 믹스된 오복 콤비네이션 플레이트가 이곳의 시그니처 메뉴.

Map P.075-E3 | 주소 2756 Woodlawn Dr. #6-104 Honolulu | 전화 808-988-7702 | 영업 화~일 10:00~20:00(월요일 휴무) | 가격 $10.50~30.50(갈비 $18.50) | 주차 무료 | 예약 불가 | 가는 방법 와이키키에서 2번 버스 탑승 후 Kalakaua Ave.+S King St.에서 하차, 근처 S King St.+Punahou St.에서 6번 버스 탑승 후 E Manoa Rd.+Opp Huapala St.에서 하차, 도보 3분.

르 크레이프 카페
Le Crepe cafe

하와이와 파리에 매장을 둔 크레이프 전문점. 속 재료로 무엇을 선택하느냐에 따라 디저트는 물론이고 한 끼 식사 대용으로도 훌륭하다. 스크램블에그와 치즈, 베이컨, 마늘과 버섯이 들어간 브렉퍼스트 오브 챔피언이나 이탈리안 헤이즐넛 초콜릿이 들어간 누텔라가 인기 메뉴다. 비건 혹은 글루텐 프리로 주문도 가능하다.

Map P.075-E3 | 주소 2752 Woodlawn Dr. Honolulu | 전화 808-988-6688 | 홈페이지 www.

lecrepecafe.com | 영업 월~토 09:00~20:00, 일 08:30~19:00 | 가격 $5.99~16.50(브렉퍼스트 오브 챔피언 $13.50) | 주차 무료 | 가는 방법 와와이키키에서 2번 버스 탑승 후 Kalakaua Ave.+S King St.에서 하차, 근처 S King St.+Punahou St.에서 6번 버스 탑승 후 E Manoa Rd.+Opp Huapala St.에서 하차, 도보 3분. Safeway 건물 뒤쪽에 위치.

세르지스 멕시칸 키친
Serg's Mexican Kitchen

멕시코 특유의 소박한 인테리어로 꾸며진 이곳은 하와이 내 가장 유명한 멕시칸 레스토랑이라고 해도 과언이 아닐 정도로 다수의 마니아를 확보하고 있다. 이곳의 포인트는 멕시코 요리 위에 얹어먹는 살사 소스에 있는데, 살사 바에서 순한 맛부터 매운맛까지 선택해 입맛에 맞게 즐길 수 있다.

Map P.075-E2 | 주소 2740 E Manoa Rd. Honolulu | 전화 808-988-8118 | 영업 월~금 11:00~21:00, 토 08:00~21:00, 일 10:00~20:00 | 가격 $5.85~19.50 | 주차 무료 | 예약 불가 | 가는 방법 와이키키에서 2번 버스 탑승 후 Kalakaua Ave.+S King St.에서 하차, 근처 S King St.+Punahou St.에서 6번 버스 탑승 후 E Manoa Rd.+Keama Pl.에서 하차, 도보 1분.

Hawaii Kai

오아후의 자연을 만끽할 수 있는

하와이 카이

다양한 해양 스포츠를 활발하게 즐길 수 있는 하와이 카이에는 오아후의 명소, 하나우마 베이와 대형 테마파크인 시라이프 파크가 있다. 하와이 중산층들이 거주하고 있는 넓은 주택가와 함께, 해안선을 따라 다양한 볼거리와 즐길 거리를 제공한다. 하나우마 베이의 아름다운 산호초와 바다 속 풍광은 전 세계에서 찾아온 스노클러들을 감동시키고, 뛰어난 자연 경관을 자랑하는 샌디 비치는 여행자들에게 프라이빗한 시간을 선물한다. 또한 돌고래 쇼로 유명한 시라이프 파크에서는 남녀노소 누구나 해양과 관련된 체험을 할 수 있다. 그밖에도 오아후를 찾은 액티브한 여행자라면 오아후의 전경을 한눈에 감상할 수 있는 마카푸우 등대에 한 번쯤은 올라볼 만한 가치가 있다. 무엇보다도 탁 트인 드라이브 코스를 따라 시원하게 달리는 즐거움이 하와이 카이의 매력지수를 높인다.

+ 공항에서 가는 방법

버스를 이용하면 2~3회 정도 환승해야 하므로 택시나 렌터카를 추천한다. 30분가량 소요.

+ 와이키키에서 가는 방법

와이키키에서 버스로 이동 시 2회 이상 환승해야 하므로, 렌터카를 추천한다. 렌터카로는 H-1 고속도로를 타고 가다 중간에 72번으로 바뀌는 도로를 타고 직진하면 우측에 하와이 카이 지역의 해변 도로가 나온다. 와이키키에서 20~30분 소요된다.

+ 하와이 카이에서 볼 만한 곳

하나우마 베이, 비치 파크, 샌디 비치, 시 라이프 파크

하와이 카이의 볼거리

드라이브와 관광을 겸할 수 있어 렌터카를 이용하는 여행자들에게 인기가 많은 코스. 한가롭게 오아후의 자연을 감상하기 좋다.

라나이 룩아웃 Lanai Lookout

하와이의 해안 도로를 지나면서 가장 이색적인 풍경을 감상할 수 있는 곳이다. 넓게 자리한 바다 절벽에 서서 파노라마 오션 뷰를 감상할 수 있는데, 날씨가 화창하면 이곳에서 라나이 섬까지 볼 수 있다고 하여 라나이 룩아웃이라고 이름 지어졌다.

Map P.073-F4 | **주소** 7949 Kalanianaole Hwy. Honolulu | **주차** 무료 | **가는 방법** 와이키키에서 23번 버스 탑승, Wailua St.+Lunalilo Home Rd.에서 하차. 도보 45분.

코코 헤드 리즈널 파크 & 트레일
Koko Head Regional Park & Trail

산과 바다가 어우러져 환상적인 뷰를 자랑하는 곳. 이곳의 특이한 점은 등산 코스가 철로로 되어 있다는 것이다. 이 철로는 2차 세계대전 때 섬을 방어하기 위해 산 정상에 초소를 만들고 보급품 운반을 위해 만든 것이다. 철로를 받치고 있는 나무 계단은 1,048개로, 급경사 코스도 있어 다소 난이도가 높지만 정상에 서면 멋진 하나우마 베이를 볼 수 있다. 총 소요시간은 1시간 30분 정도. 낮에 오른다면 자외선 차단제와 물, 운동화는 필수며, 11:00~15:00 사이는 피하자.

Map P.073-F4 | **주소** 7430 Kalanianaole Hwy. Honolulu | **전화** 808-395-3096 | **운영** 일출 시~일몰 전 | **주차** 무료 | **가는 방법** 와이키키에서 23번 버스 탑승, Hawaii Kai Park & ride에서 하차. Keahole St.+Hawaii Kai Park & Ride에서 1L 탑승, Lunalilo Home Rd.+Anapalau St.에서 하차. 도보 11분.

할로나 블로우 홀 Halona Blowhole

72번 해안 도로를 따라 달리다보면 차가 여러 대 주차되어 있고 사람들
이 바다를 향해 지켜보고 있는 광경을 만나게 된다. 돌에 생긴 구멍 사
이로 바닷물이 솟구치며 물기둥을 뿜어내는데, 마치 빨려 들어갈 것처
럼 소리가 우렁차다. 보고 있으면 청량감을 주는 시원한 풍경이다.

Map P.073-F4 | **주소** 8483 Kalaniaole Hwy. Honolulu | **주차** 무료 | **가는**
방법 와이키키에서 23번 버스 탑승. Kealahou St.+Kalaniaole Hwy.에서 하차.
도보 20분.

마카푸우 등대 트레일
Makapuu Lighthouse Trail

지금은 운영하고 있지 않지만 빨간 등대가 상징적으로 세워져 있는 이
곳은 왕복 2시간 정도 되는 산책 코스다. 전체적으로 난코스는 아니지
만 물과 자외선 차단제는 준비해두는 것이 좋다. 전망대에 도착하면 마
나나 섬 Manana Island, 카오히카이푸 섬 Kaohikaipu Island의 전경과 불의
여신 펠레의 의자 Pele's Chair도 볼 수 있다.

Map P.073-F4 | **주소** 8751 Kalaniaole Hwy. Honolulu(Kaiwi State Scenic Shoreline 주
소. 이곳에서 Makapuu Point Lighthouse Trail 방향으로 진입) | **운영** 07:00~19:00(마카푸우
등대 트레일이 가능한 시간) | **주차** 무료 | **가는 방법** 와이키키에서 23번 버스 탑승. Sea Life Park에서 하차. 도보 21분.

시 라이프 파크 Sea Life Park

포인트 근처에 있는 해양 파크. 바다표범, 펭귄, 돌고래 등을
만날 수 있다. 이곳의 트레이드마크는 돌고래 쇼. 바닷가에
있는 돌핀 코브 Dolphin Cove에서는 동화와 같은 돌고래 쇼가
펼쳐진다. 운이 좋으면 돌고래와 고래 사이에서 태어난 홀핀
Wholphin을 만날 수 있다. 고래 체험 액티비티가 가장 인기가
높다. 그 외 루아우 쇼 등 홈페이지를 참고하자.

Map P.073-F4 | **주소** 41-202 Kalanianaole Hwy. Waimanalo | **전화** 808-259-2500 | **홈페이지** www.
sealifeparkhawaii.com | **운영** 파크 전체 09:30~16:00, 돌핀 스윔 어드벤처(45분) 1~5월·9~12월 09:30, 11:00,
13:45, 6~8월 09:30, 11:00, 13:45, 15:15 | **요금** 성인 $39.99, 3~12세 $24.99, 돌핀 인카운터 $179.99(입장료
포함) | **주차** 유료 주차(1회 $5) | **가는 방법** 와이키키에서 23번 버스 탑승. Sea Life Park에서 하차.

하와이 카이의 해변

화산활동으로 생겨나 엄격한 자연보호 아래 스노클링을 즐 길 수 있는 하나우마 베이와 샌디 비치, 마카푸우 비치 파 크 등은 여행자보다 현지인들에게 더 사랑받는 곳이다.

하나우마 베이 Hanauma Bay

오아후에서 스노클링으로 가장 유명한 지역. 화산활동으로 생 긴 해안가. 무료로 이용할 수 있는 퍼블릭 비치와는 달리, 입장료 를 내야 하고 입장 시 나눠주는 티켓에 적힌 시간에 맞춰 15분가 량 동영상(한국어 지원)을 시청해야만 비로소 하나우마 베이에 입 성할 수 있다. 그 이유는 하나우마 베이가 해양생물 보호구역으로 지정되어 있기 때문. 코로나 이후 입장객을 엄격히 제안하고 있 어 입장 2일 전 홈페이지(https://www.honolulu.gov/parks-hbay/ home.html)를 통해 미리 예약해야 한다. 또한 물고기에게 먹이를 주는 일이 금지되어 있고 수영할 때는 오일이나 선크림을 닦아낸 뒤 물에 들어가야 하는 등 지켜야 할 사항이 많다. 또한 자연보호 를 위해 산호를 건드리지 않도록 주의하는 것은 물론이고, 하나우

::::::: *Mia's Advice* :::::::

렌터카를 이용해 하나우마 베 이에 간다면 도난 사고에 유의 하세요. 차 안에 내비게이션은 꼭 뽑아서 숨겨놓고, 기타 귀중 품은 항상 지니고 있는 것이 좋 아요. 하나우마 베이 내 유료 라커룸이 있답니다.

마 베이에서 상업적으로 음료나 먹거리를 파는 것을 금지하고 있다. 허기가 진다면 입장권 판매소 옆의 간 이 스낵 코너를 이용하거나 도시락을 준비해가면 좋다. 하나우마 베이에서 라이프 벨트와 기타 스노클링 장비를 유료로 대여해주니 수영에 자신이 없다면 이곳을 이용하는 것도 좋다. 스노클링 장비 대여료는 인 당 $20~40. 대여 시 신용카드나 자동차 열쇠를 맡겨야 한다.

Map P.073-F4 | **주소** 100 Hanauma Bay Rd. Honolulu | **전화** 808-396-4229 | **홈페이지** www.hanauma-bay-hawaii.com | **운영** 수~일 06:45~16:00(월~화요일 휴무) | **요금** $25 | **주차** $5 | **가는 방법** 와이키키에서 23번 버스 탑승, Hawaii Kai Park & ride에서 하차. Keahole St.+Hawaii Kai Park & Ride에서 1L 탑승, Lunalilo Home Rd.+Anapalau St.에서 하차, 도보 23분.

샌디 비치 | Sandy Beach

주말에는 현지인과 여행자들로 붐비는 곳. 파도가 거칠어 수영은 힘들지만, 대신 서핑과 바디 보드를 즐기는 사람들에게는 천국이다. 하지만 이곳이 유명한 이유는 따로 있다. 버락 오바마 전 미국 대통령이 중고등학생 시절에 서핑을 즐기던 곳으로, 대통령 당선 후에도 이곳을 찾아 수영을 즐겼던 것. 관련 동영상을 유튜브에서도 볼 수 있을 정도며, 현지인들 사이에서는 '오바마 비치'라고도 불린다.

Map P.073-F4 | 주소 8801 Kalanianaole Hwy, Honolulu | 전화 808-373-8013 | 운영 특별히 명시되진 않았지만 이른 오전과 늦은 저녁은 피하는 것이 좋다. | 주차 무료 | 가는 방법 알라 모아나 센터에서 23번 버스 탑승, Kealahou St.+Kalaniaole Hwy.에서 하차, 도보 13분.

· ·

와이마날로 비치 파크 Waimanalo Beach Park

오아후에서 가장 긴 9km의 모래사장으로 아름다운 해변이다. 관광객보다 현지인들이 더 사랑하는 곳으로 에메랄드빛 바다와 산으로 둘러싸여 있다. 해변의 아름다움이 사진으로 담는 데에는 한계가 있어 직접 눈으로 확인해야 더 아름다운 곳이다.

Map P.073-F3 | 전화 41-1062 Kalaniaole Hwy, honolulu | 운영 특별히 명시되진 않았지만 이른 오전과 늦은 저녁은 피하는 것이 좋다. | 주차 무료 | 가는 방법 와이키키에서 13번 버스 탑승 후 S Hotel St.+Alakea St.에서 하차, 근처 Alakea St.+S Hotel St.에서 67번 버스로 환승 후 Kalaniaole Hwy.+Opp Waimanalo Bay에서 하차 후 도보 1분.

:::::: *Mia's Advice* ::::::

하나우마 베이나 샌디 비치 등 72번 국도 드라이브를 즐길 예정이라면 잠시 코코 마리나 센터 Koko Marina Center에 들러 마라사다 도넛을 먹어보세요. 레오나드즈 베이커리 Leonard's Bakery 푸드 트럭이 있어 와이키키보다 오래 기다리지 않고도 도넛을 맛볼 수 있습니다. 푸드 트럭 역시 즉석에서 바로 튀겨주기 때문에 맛은 똑같답니다. 단, 오리지널과 시나몬, 리힝 세 가지 종류만 있다는 게 아쉽지만요. 개당 가격 $1.50.

하와이 카이의 먹거리

요트 선착장으로 유명한 코코 마리나 센터에는 하와이 맛집이 모두 모여 있다. 여행자들로 넘쳐나는 와이키키보다 여유 있게 식사할 수 있어 좋다.

파이올로지 피자리아
Pieology Pizzeria

내가 원하는 재료를 넣고, 내 입맛에 맞게 피자와 샐러드를 주문할 수 있는 곳. 가격이 저렴한데다, 신선한 재료들로 즉석에서 화덕에 구워져 나오는 피자를 맛보고 나면 탄성이 절로 나온다.

Map P.073-E4 | 주소 820 W Hind Dr. Honolulu | 전화 808-377-1364 | 홈페이지 pieology.com | 영업 11:00~22:00 | 가격 $4.95~30(클래식 마르게리타 피자 $12.95) | 주차 무료 | 예약 불가 | 가는 방법 와이키키에서 23번 버스 탑승. Wailua St.+Lunalilo Home Rd.에서 하차. Lunalilo Home Rd.+Wailua St.에서 1L 탑승 후 Lunalilo Home Rd.+Opp Kamakani에서 하차. 도보 2분. 코코 마리나 쇼핑 센터 내 위치.

모에나 카페 Moena Cafe

로컬스타일의 브런치 카페로 유명한 곳. 외관이나 내부 인테리어가 소박함에도 불구하고 항상 사람들이 줄을 선다. 로코모코와 팬케이크의 일종인 바나나 샌틸리의 인기가 좋다. 부부가 함께 운영하며 30년 이상의 셰프 경력이 빛나는 곳이다.

Map P.073-E4 | 주소 7192 Kalanianaole Hwy.

Honolulu | 전화 808-888-7716 | 홈페이지 www.moenacafe.com | 영업 07:00~14:30 | 가격 $6~22(햄, 스피니치, 머시룸, 토마토, 모차렐라 크레페 $14.50) | 주차 무료 | 예약 불가 | 가는 방법 와이키키에서 23번 버스 탑승. Wailua St.+Lunalilo Home Rd.에서 하차. Lunalilo Home Rd.+Wailua St.에서 1L 탑승 후 Lunalilo Home Rd.+Opp Kamakani에서 하차. 도보 2분. 코코 마리나 쇼핑 센터 내 위치.

코나 브루잉 컴퍼니 Kona Brewing Co.

하와이 전역에는 자신의 맥주 이름을 딴 브루잉 컴퍼니 겸 펍이 많다. 오션뷰의 창가 자리를 택해 바다를 바라보며 시원한 맥주에 피자를 곁들이면 안성맞춤! 샘플러를 이용해 4가지 맥주 맛을 경험해보는 것도 좋다. 해피 아워에는 보다 저렴하게 맥주를 즐길 수 있다.

Map P.073-E4 | 주소 7192 Kalanianaole Hwy. Honolulu | 전화 808-396-5662 | 홈페이지 kona brewingco.com | 영업 11:00~21:00(해피 아워 15:00~18:00) | 가격 $5~23 | 주차 무료 | 예약 필요 | 가는 방법 와이키키에서 23번 버스 탑승. Wailua St.+Lunalilo Home Rd.에서 하차. Lunalilo Home Rd.+Wailua St.에서 1L 탑승 후 Lunalilo Home Rd.+Opp Kamakani에서 하차. 도보 2분. 코코 마리나 쇼핑 센터 내 위치.

하와이 카이의 쇼핑

대형 마트를 끼고 있는 코코 마리나 센터는 레스토랑과 극장, 디저트 숍이 모여 있어 이곳에서도 충분히 즐거운 시간을 보낼 수 있다.

코코 마리나 센터 Koko Marina Center

요트 선착장을 끼고 있는 곳으로 센터 안에 지피스 zippy's, 팻보이스 Fatboy's 등 각종 유명 레스토랑과 영화관도 함께 운영하고 있다. 하나우마 베이에서 스노클링을 즐긴 뒤, 출출한 배를 이곳에서 달래면 좋을 듯. 뿐만 아니라 워터 스포츠 액티비티 센터가 있어 이곳에서 여유롭게 프로그램을 예약할 수도 있다.

Map P.073-E4 | **주소** 7192 Kalanianaole Hwy. Honolulu | **전화** 808-395-4737 | **홈페이지** www.kokomarinacenter.com | **영업** 07:00~22:00(입점 매장마다 다름) | **주차** 무료 | **가는 방법** 와이키키에서 23번 버스 탑승, Wailua St.+Lunalilo Home Rd.에서 하차. Lunalilo Home Rd.+Wailua St.에서 1L 탑승 후 Lunalilo Home Rd.+Opp Kamakani에서 하차. 도보 2분.

아이나 하이나 쇼핑 센터 Aina Haina Shopping Center

커스텀 피자로 유명한 Pieology Pizzeria 이외에도 로컬 셰이브 아이스크림인 Hopa, 알라 모아나 센터에도 매장이 있는 쌀국수 Mama Pho, 건강한 샐러드로 유명한 Leahi Health, 로컬 스타일의 샌드위치와 파니니 등을 맛볼 수 있는 La Tour Cafe 등 다양한 맛집이 모여 있다.

Map P.073-E4 | **주소** 820 W Hind Dr. Honolulu | **영업** 월~토 10:00~21:00, 일 10:00~18:00(입점 매장마다 다름) | **주차** 무료 | **가는 방법** 와이키키에서 23번 버스 탑승. Kalanianaole Hwy.+Opp W Hind Dr.에서 하차. 도보 11분.

오아후에서 가장 아름다운 해변
카일루아~카네오헤

가장 아름다운 해변을 바라보며 서핑을 비롯한 해양 스포츠를 즐기기에 적합한 바다를 찾는다면 카일루아~카네오헤 지역이 바로 그 곳이다. 북동쪽으로 튀어나온 모카푸 곶을 사이에 두고 동쪽이 카일루아, 서쪽이 카네오헤로 나뉜다. 오아후에서 가장 아름다운 해변으로 꼽히는 카일루아 비치는 물론이고, 카네오헤의 조용한 거리 앞에 펼쳐진 카네오헤 베이 역시 장관을 이룬다. 고운 백사장에 에메랄드 빛 바다가 넘실대는 이곳에서는 아름다운 경치를 감상하며 여유롭게 수영을 할 수도 있고, 다양한 체험 프로그램들을 통해 해양 스포츠도 쉽게 즐길 수 있다. 중심가에는 카일루아 쇼핑 센터나 푸드 랜드 같은 마켓과 각종 부대시설들이 있어 간단한 먹거리나 비치에 가기 전 필요한 물품들을 구입하기에 편리하다. 오바마 전 미국 대통령도 휴가지로 찾을 만큼 빼어난 경관으로 유명한 이곳에서 낭만적이고 여유로운 시간을 보낼 수 있을 것이다.

+ 공항에서 가는 방법

버스를 이용하면 2~3회 정도 환승해야 하므로 택시나 렌터카를 추천한다. 30분가량 소요.

+ 와이키키에서 가는 방법

알라 모아나 센터에서 67번 버스를 탑승. Wanaao Rd.+Awakea Rd.에서 하차. 도보 14분.
렌터카는 H-1 고속도로로 진입, Palo Hwy. 21B 출구로 나와 우측 Hawaii 61/N Pali 고속도로로 직진. 소요시간은 30분.

+ 카일루아~카네오헤에서 볼 만한 곳

카일루아 비치 파크, 라니카이 비치, 쿠알로아 리저널 파크, 누우아누 팔리 전망대, 라니카이 필박스.

카일루아~ 카네오헤의 볼거리

한적하게 산책을 즐기고 싶다면 보도 인 사원을 추천한다. 연못을 끼고 있어 평화로운 마음마저 든다. 또한 누우아누 팔리에서 맞는 바람은 가슴마저 뻥 뚫리게 한다.

보도 인 사원 Byodo In Temple

하와이에 사는 일본인들이 하와이 이주 100주년을 기념해 교토현 우지시의 보도 인 사원을 축소해서 만든 곳이다. 일본의 10엔 동전에도 등장하는 보도 인 사원에 가기 위해선 사원들의 계곡 Valley of the Temples Memorial Park이라고 불리는 추모공원 안으로 진입해야 한다. 사원 내 청동으로 만든 3톤짜리 종은 일본의 3대 종 가운데 하나를 재현한 것으로, 직접 치면 오래 산다고 하

여 관광객들이 줄을 지어 서 있는 모습을 볼 수 있다. 전체적으로 사원을 둘러보는 데 30분가량 소요되는데 마음까지 평온해진다. 미국 드라마 〈로스트〉의 촬영지이기도 하다.

Map P.073-D3 | **주소** 47-200 Kahekili Hwy. Kaneohe | **전화** 808-239-9844 | **홈페이지** www.byodo-in.com | **운영** 08:30~16:30(마지막 입장 16:15) | **요금** 성인 $5, 어린이 $2 | **주차** 무료 | **가는 방법** 알라 모아나 센터에서 65번 탑승, Hui IWA St.+Hui Alaiaha Pl.에서 하차. 도보 16분.

누우아누 팔리 전망대
Nuuanu Pali Lookout

이곳은 과거 카메하메하 대왕이 격전을 벌인 전쟁터로 계곡에서 불어오는 강풍이 유명한 곳이다. 카일루아 전경을 감상할 수 있으며 워낙 바람이 강해 '바람산'이라는 별명을 가지고 있다. 마치 바람으로 샤워를 하는 듯한 느낌마저 드는데 오후 최고의 전망대 중 하나다.

Map P.073-E3 | **주소** Nuuanu Pali State Wayside Nuuanu Pali Dr. Honolulu | **전화** 808-587-0400 | **운영** 06:00~18:00 | **주차** 유료 주차(1회 $7) | **가는 방법** 알라 모아나 센터에서 65번 버스 탑승. Kamehameha Hwy.+Opp Pali Hwy.에서 하차. 도보 26분.

카일루아~ 카네오헤의 해변

사람들로 넘쳐나는 와이키키 해변에 실망했다면 카일루아 비치 파크를 추천한다. 해변에서 선탠을 즐기며 책을 읽는 하와이 사람들의 여유를 느낄 수 있다.

카일루아 비치 파크 Kailua Beach Park

곱고 부드러운 하얀 모래와 에메랄드 빛 바다가 아름다운 포물선을 그리는 곳. 전미 베스트 비치로 뽑힐 만큼 유명하다. 바람이 강해서 윈드서핑 하기에 최적의 장소이며, 해변에서 떨어진 곳도 수심이 얕은 데다 파도가 높지 않아 초보자를 위한 레슨도 많다. 해변가의 잔디밭 광장에서는 나무 그늘 아래 바비큐를 굽거나 비치발리볼을 즐기는 현지인들의 모습도 흔히 볼 수 있다.

Map P.073-E3 | 주소 526 Kawailoa Rd. Kailua | 전화 808-233-7300 | 운영 05:00~22:00 | 주차 무료 | 가는 방법 알라 모아나 센터에서 67번 버스 탑승. Wanaao Rd.+Awakea Rd.에서 하차. 도보 14분.

라니카이 비치 Lanikai Beach

'천국의 바다'라는 뜻의 라니카이 비치는 트립 어드바이저에서 선정한 전 세계 꼭 가봐야 하는 바닷가 10위 안에 들었을 정도로 아름답다. 하와이 지역 주민들에게는 오바마가 하와이에 올 때마다 레저를 즐기는 해변으로 유명하다. 인근의 조류 보호 지역인 모쿠누이 섬과 모쿠아키 섬도 멀리 보이며, 날씨가 좋으면 이웃 섬인 몰로카이도 한 눈에 들어온다. 다만 화장실과 샤워시설, 주차장이 없으니 유의해야 한다.

Map P.073-E3 | 주소 944 Mokulua Dr. Kailua | 전화 808-261-2727 | 운영 05:00~22:00 | 주차 불가 | 가는 방법 알라 모아나 센터에서 67번 버스 탑승. Kailua Rd.+Hahani St.에서 하차. 하차한 곳에서 라니카이 방향으로 운행하는 671번 버스 탑승. Aalapapa Dr+Kaelepulu Dr.에서 하차. 도보 5분.

라니카이 필박스 Lanikai Pillbox

필박스는 '알약통'이라는 뜻으로, 2차 세계대전 때 만들어진 군사 방어시설이 약통처럼 생겼다고 해서 붙여진 이름이다. 총을 쏠 수 있는 구멍을 만든 뒤, 시멘트 혹은 콘크리트 등의 소재로 단단히 쌓은 것이 특징이다. 코스 중간중간 볼 수 있다. 관광객들에게 사랑받는 트레일 중 하나로, 약 30분이면 정상까지 오를 수 있지만 초반 경사가 가파른 편이니 오를 때 주의해야 한다. 아름다운 라니카이 비치가 한눈에 보이는 환상적인 오션뷰를 자랑한다.

Map P.073-E3 | 주소 265 Kaelepulu Dr. Kailua | 운영 06:00~19:00 | 주차 불가(카일루아 비치 앞 공영주차장 이용) | 가는 방법 알라 모아나 센터에서 67번 버스 탑승. Keolu Dr+Akumu St.에서 하차. 도보 35분.

Travel Plus

폴리네시안 문화 센터 Polynesian Cultural Center

하와이를 포함해 사모아, 통가, 타히티, 피지, 마르케사스 등 남태평양 소재 7개의 섬나라 문화를 체험하는 곳. 매일 14:30에 진행되는 각 나라 팀의 카누쇼와 저녁에 식사와 루아우 쇼 관람이 곁들여지는 이벤트가 압권. 프로그램이 워낙 다양해 하루 종일 시간을 보내도 아깝지 않다. 훌라 춤과 우쿨렐레 배우기, 코코넛 빵 만들기, 창 던지기 등을 체험할 수 있다. 최소 10일 전 인터넷에서 티켓 구매 시 10% 할인된다.

Map P.073-D1 | 주소 55-370 Kamehameha Hwy. Laie | 전화 808-293-3333 | 홈페이지 www.polynesia.co.kr(한국어 지원) | 영업 월~토 12:30~21:00(일요일 휴무) | 입장료 성인 $69.95~242.95, 12~17세 $55.95~194.36(루아우 쇼·식사 포함) | 주차 $8(1일) | 가는 방법 알라 모아나 센터에서 60번 버스 탑승, Kamehameha Hwy.+Opp Polynesian Cultural Center 하차(패키지 티켓 구입 시 와이키키에서 셔틀버스 요청 가능, 1인 $75)

카일루아~ 카네오헤의 즐길 거리

다수의 영화와 드라마의 촬영장소로 유명한 이곳을 찾는 이유는 선택의 폭이 넓은 다양한 액티비티 프로그램 때문! 액티브한 여행자라면 한번 들러볼 만하다.

쿠알로아 목장 Kualoa Ranch

녹음이 무성한 계곡에 둘러싸인 약 1만 6,500㎢의 대지에서 승마와 사륜바이크 등 10여 가지의 액티비티를 즐길 수 있는 곳이다. 이곳이 유명한 이유는 〈쥬라기 공원〉이나 〈고질라〉, 〈첫 키스만 50번째〉, 〈진주만〉 등 다수의 영화 촬영지였기 때문. 말이나 버스를 타고 이곳을 돌아보며 영화의 장면을 떠올려보는 것도 좋다. 쿠알로아 목장의 프로그램은 승마와 UTV, 영화 촬영지 투어 Movie Sites & Ranch Tour와 정글 탐험 외에도 카타마란과 스노클링, 카약 등 워터 스포츠 프로그램도 다수 있다. 그중에서도 집라인, 승마, UTV 등은 워낙 인기가 높아 한 달 전에는 예약하는 것이 좋다.

Map P.073-D2 | 주소 49-560 Kamehameha Hwy. Kaneohe | 전화 808-237-7321 | 홈페이지 www. kualoa.com | 운영 07:30~16:30 | 요금 입장료는 없

으며, 투어에 따라 가격 차이가 있다. | 주차 무료 | 가는 방법 알라 모아나 센터에서 60번 버스 탑승. Kamehameha Hwy.+Opp Kualoa Ranch에서 하차.

로열 하와이안 골프 클럽 Royal Hawaiian Golf Club

버락 오바마 전 미국 대통령이 하와이를 방문할 때 들르는 곳으로도 유명하다. 전 세계 유명 골프 코스를 다수 보유하고 있는 퍼시픽 링크 인터내셔널 소속이다. 코스의 난이도가 높아 골프를 즐기는 사람들에게 도전 정신을 불러일으키는 곳.

Map P.073-E3 | 주소 770 Auloa Rd. Kailua | 전화 808-262-2139 | 홈페이지 royalhawaiiangc. com | 운영 06:00~16:00 | 요금 $59~165 | 주차 무료 | 가는 방법 알라 모아나 센터에서 67번 버스 탑승, Kalanianaole Hwy.+Auloa Rd.에서 하차. 근처 Auloa Rd.+Kalaniaole Hwy.에서 672번 버스 탑승, Lunaai St.+Auloa Rd.에서 하차. 도보 43분.

카일루아~ 카네오헤의 먹거리

저렴한 레스토랑이 모여 있어 여행 중 끼니를 때우기 좋다. 정통 미국식 햄버거와 팬케이크, 크레페 등의 메뉴를 판매하는 곳이 많다.

마이크스 훌리 치킨
Mike's Huli Chicken

하와이식으로 바비큐한 치킨 요리를 '훌리 훌리 치킨'이라고 부르는데, 바로 그 요리에서 가게 이름을 땄다. 기다란 꼬챙이에 닭을 통째로 넣고 숯불 위에 골고루 익혀가며 구워낸 통닭요리가 유명한 곳. 부드럽게 속까지 익혀 한번 맛보면 그 매력을 잊을 수 없다. 외국의 유명 셀러브리티들도 들를 정도로 유명하며, 치킨 요리 이외에 갈릭 새우 요리도 있다.

Map P.073-D3 | 주소 55-565 Kamehameha Hwy. Kaneohe | 전화 808-277-6720 | 영업 11:00~19:00 | 가격 $9~17.50(치킨 플레이트 $11.50) | 주차 무료 | 가는 방법 알라 모아나 센터에서 60번 버스 탑승. Kamehameha Hwy.+Kamehameha Hwy.+Opp Pualaea St.에서 하차.

앤티 팻츠 파니올로 카페
Aunty Pat's Paniolo Cafe

쿠알로아 목장의 기프트숍 옆에 위치한 레스토랑. 쿠알로아 목장의 액티비티 전후에 끼니를 때우기 좋다. 아침식사로는 쿠알로아 스페셜 오믈렛과 로컬 스타일의 베이컨 프라이드 라이스 메뉴가 있으며 점심으로는 간단한 핫도그 세트부터 데리야키 비프 플레이트, 갈릭 버터 슈림프, 클래식 버거 세트 등을 판매하고 있다. 런치 이후 스낵과 간단한 셰이브 아이스크림은 16:30까지 맛볼 수 있다. 레스토랑이 기념품 가게와 함께 있어 식사 후 간단히 쇼핑을 즐기기에도 좋다.

Map P.073-D2 | 주소 49-560 Kamehameha Hwy. Kaaawa | 전화 808-237-8515 | 영업 08:30~15:00 | 가격 브렉퍼스트 $10.50~12.50, 런치 $6.75~14.50 | 주차 무료 | 가는 방법 알라 모아나 센터에서 60번 버스 탑승. Kamehameha Hwy.+Opp Kualoa Ranch에서 하차.

할레이바 조스 하이쿠 가든스
Haleiwa Joe's Haiku Garden

©Joeshaikugareden

©Joeshaikugareden

하이쿠 정원은 카네
오헤 지역에 있는 시
크릿 가든이다. 하와이
스타일의 야외 웨딩을 하거나, 일요일에 브런치나
숲속 산책을 즐기러 찾는 곳이다. 카페 겸 레스토랑
할레이바 조스는 하이쿠 정원 한가운데 위치해 있
어 독특한 정취를 자랑한다. 메뉴는 스테이크, 크랩
등이 있다. 특별한 날 방문해 즐겨보자.

Map P.073-E3 | 주소 46-336 haiku Rd. Kaneohe |
전화 808-247-6671 | 홈페이지 haleiwajoes.com |
영업 16:00~21:00 | 가격 $8.95~37.95(알래스카 킹
크랩 $37.95) | 주차 무료 | 가는 방법 알라 모아나 센터에서
65번 버스 탑승 후 Haiku Rd.+Opp Emepela Pl.에서
하차. 도보 7분.

부츠 & 키모스 홈스타일 키친
Boots & Kimo's Home Style Kitchen

바나나 팬케이크에 마카다미아 너트 소스가 곁들
여진 메뉴가 가장 인기가 많다. 그밖에도 소시지와
밥, 달걀 프라이가 함께 나오는 하와이 정통 아침
식사와 시푸드 스페셜 오믈렛 등의 메뉴가 있다.

Map P.073-E3 | 주소 1020 Keolu Dr. Kailua | 전화
808-263-7929 | 홈페이지 www.bootsnkimos.com
| 영업 월·수·목·금 08:00~13:00, 토~일 08:00~
14:00(화요일 휴무) | 가격 $2.95~39.99(마카다미아 너
트 소스 팬케이크 $18.99) | 주차 불가 | 예약 불가 | 가는
방법 알라 모아나 센터에서 67번 탑승. Keolu Dr+Opp
Hele St.에서 하차. 도보 1분.

코노스 노스쇼어 Kono's Northshore

©Konosnorthshore

카일루아뿐 아니라 할레이바, 카이무키, 와이키키
와 라스베이거스에서도 만날 수 있는 레스토랑. 하
와이 전통 요리인 칼루아 포크(12시간 동안 익혀서
부드럽게 만든 돼지고기)를 나초와 샌드위치 등과
함께 다양하게 플레이팅해서 판매한다. 이 집의 밀
크셰이크 역시 꼭 맛봐야 하는 인기 메뉴다.

Map P.073-E3 | 주소 131 Hekii St. Kailua | 전화
808-261-1144 | 홈페이지 www.konosnorthshore.
com | 영업 07:00~19:00(해피 아워 15:00~18:00) |
가격 $10.50~16.50(하와이안 볼 $13, 칼루아 피그 나
초 $13.50, 포크 플레이트 런치 $13.50) | 주차 무료 |
가는 방법 알라 모아나 센터에서 67번 버스 탑승, Kailua
Rd.+Hamakua Dr.에서 하차. 도보 4분.

Shopping

카일루아~
카네오헤의
쇼핑

조용한 마을에 한적한 분위기의 쇼핑 센터가 눈길을 끈다. 쇼핑 센터 내 비지터 인포메이션 데스크에서는 카일루아를 둘러볼 수 있는 지도를 $4에 판매하고 있다.

카일루아 쇼핑 센터 Kailua Shopping Center

부리토로 유명한 파니올로 카일루아 Paniolo Kailua, 다운타운 베이커리 Downtown Bakery, 인도 음식점인 히말라얀 키친 Himalayan Kitchen과 샌드위치와 커피 맛이 유명한 모닝 블루 Morning Brew 등이 모여있는 곳. 그 밖에도 현지인들에게 사랑받는 북엔즈 Bookends 서점과 라니카이 배스 앤 바디 Lanikai Bath and Body 등의 매장이 모여 있다.

Map P.073-E3 | **주소** 600 Kailua Rd. Kailua | **전화** 808-261-7997(카일루아 인포메이션 센터) | **영업** 10:00~18:00 | **주차** 무료 | **가는 방법** 와이키키에서 23번 버스 탑승. Kailua Rd.+Hahani St.에서 하차. 도보 1분.

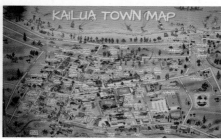

카일루아 인포메이션 센터에서 $4에 판매 중인 카일루아 지도

Mia's Advice

쿠알로아 랜치 건너편에는 쿠알로아 리조널 파크가 있어요. 넓은 바닷가지만 이곳에서 시간을 보내는 여행자의 숫자는 손에 꼽을 만큼 인적이 드물어요. 주말, 현지인들의 캠핑 장소로 유명한 곳이에요. 바다 사이에 덩그러니 있는 섬을 볼 수 있는데, 생긴 모습이 중국 모자와 비슷하다고 해서 '차이나맨즈 햇 Chinaman's Hat'이라고 불리기도 해요. (Map P.073-D2)

서퍼들의 메카
노스 쇼어

하와이에서 짧은 일정을 보내는 사람들에게 빼놓지 않고 추천하는 곳. 하와이에서 와이키키 다음 일정으로 꼭 들러야 할 만큼 즐길 거리가 풍성한 이곳은 눈과 입을 동시에 호강시킬 수 있는 그야말로 오감천국 타운이다. 전 세계 서퍼들이 모이는 서핑의 메카로, 서핑 시즌인 겨울에는 대규모 국제대회도 열려 색다른 재미를 준다. 11㎞ 이상 뻗어 있는 노스 쇼어 해변에서 프로 선수들의 절묘한 서핑 솜씨를 감상할 수 있는데, 간혹 파도가 높을 때면 보는 이들에게 아찔함마저 선사한다. 노스 쇼어 중에서도 가장 유명한 할레이바 지역은 전통적인 하와이의 멋을 느낄 수 있는 올드 타운이다. 특히 이곳에서는 하와이를 대표하는 맛이라고 할 만한 새우 트럭과 알록달록한 셰이브 아이스크림이 발목을 잡는데, 미식가라면 이들의 유혹을 뿌리치지 말 것. 길게 늘어선 줄만큼 그 맛이 만족스럽다.

+ 공항에서 가는 방법

공항에서 버스를 이용할 경우 2회 이상 환승해야 한다. 렌터카를 이용하는 편이 가장 편리하며 H-1, H-2를 지나 Wahiawa 방면 8번 출구를 거쳐 99번 Kamehameha Hwy.에 합류해 직진하면 노스 쇼어다. 소요시간 40~50분.

+ 와이키키에서 가는 방법

알라 모아나 센터에서 52번 버스를 탑승, Kamehameha Hwy.+Weed Circle에서 하차(노스 쇼어 중 할레이바 가는 길).

+ 카일루아~카네오헤에서 볼 만한 곳

선셋 비치 파크, 푸푸케아 비치 파크-샥스 코브

Beach

노스 쇼어의 해변

노스 쇼어는 오아후의 여러 해변 중에서도 상급자용 프로 서퍼들이 즐겨 찾는 곳이다. 특히 겨울에 큰 파도가 많기 때문에 보는 것만으로도 신이 난다.

선셋 비치 파크 Sunset Beach Park

노스 쇼어 지역에서 최고의 서핑 스폿. 높이 5~12m의 큰 파도가 밀려오는 11~3월에는 매년 세계 유명 서핑 대회도 열린다. 여름철 파도는 비교적 잔잔한 편이라 초보자도 안심하고 해수욕을 즐길 수 있다. 이름만큼 아름다운 노을을 볼 수 있지만 치안 상태가 좋지 않으므로 어두워지기 전에 나오자.

Map P.072-C1 | 주소 59-144 Kamehameha Hwy. Haleiwa | 운영 특별히 명시되진 않았지만 이른 오전과 늦은 저녁은 피하는 것이 좋다. | 주차 무료 | 가는 방법 알라 모아나 센터에서 60번 버스 탑승. Kamehameha Hwy.+Sunset Beach에서 하차.

푸푸케아 비치 파크-샥스 코브
Pupukea Beach Park-Shark's Cove

샥스 코브는 물이 맑고 깨끗하며 수심이 얕고 바닷물이 따뜻해 스노클링 하기에 좋은 조건을 가지고 있다. 파도가 잔잔하고 수심이 얕은 이유는 해변에 크고 작은 바위들이 둘러싸여 바다에서 오는 커다란 파도를 막아주기 때문. 게다가 물살의 이동이 심하지 않아 항상 비슷한 적정 온도를 유지하기 때문에 바닷물 역시 따뜻하다. 다만 이곳에서 수영을 한다면 아쿠아 슈즈는 필수다. 샥스 코브는 우리말로 '상어 만'이라는 뜻인데 파도를 막고 있는 바위 틈 사이로 물이 흐르는 모습이 상어 같다고 하여 붙여진 이름이다.

Map P.072-C1 | 주소 59-727 Kamehameha Hwy. Haleiwa | 운영 06:30~22:00 | 주차 무료 | 가는 방법 알라 모아나 센터에서 60번 버스 탑승. Kamehameha Hwy.+Pupukea Beach Park

쓰리 테이블스 비치 Three Tables Beach

이 비치는 3개의 산호가 물 위에 있는 모습이 마치 세 개의 테이블 같다고 하여 생긴 이름이다. 여름철 스노 클링 장소로 유명한데, 산호가 많으니 아쿠아 슈즈를 준비하는 것이 좋다.

Map P.072-C1 | 주소 59-776 Kamehameha Hwy. Haleiwa(근처 주소) | 운영 특별히 명시되진 않았지만 이른 오전과 늦은 저녁은 피하는 것이 좋다. | 주차 무료 | 가는 방법 알라 모아나 센터에서 60번 버스 탑승. Kamehameha Hwy.+Opp Kapuhi St.에서 하차. 도보 1분.

와이메아 베이 비치 파크 Waimea Bay Beach Park

노스 쇼어의 다른 해변과 비교했을 때 1년 내내 파도가 높아 수영을 할 땐 조심해야 하지만 서핑을 즐기기에 이보다 더 좋은 곳은 없다. 또 물속이 깨끗해 물안경만으로도 바닷 속을 엿보는 스노클링이 가능하다. 하지만 무엇보다 이곳이 유명한 이유는 점프 락 Jump Rock이라 불리는 절벽 때문인데, 10m가량 절벽 아래로 다이빙 하는 사람들을 바라보는 것만으로도 아찔한 기분을 선사한다. 점프와 다이빙을 심하게 하면 죽을 수도 있다는 경고문을 유의하자.

Map P.072-C1 | 주소 61-031 Kamehameha Hwy. Haleiwa | 홈페이지 www.northshore.com | 운영 05:00~22:00 | 주차 무료(공간 협소) | 가는 방법 알라 모아나 센터에서 60번 버스 탑승. Kamehameha Hwy.+Opp Waimea Valley Rd.에서 하차.

라니아 케아 비치-터틀 비치 Laniakea Beach-Turtle Beach

거북이가 자주 나타나 '터틀 비치'라고 불리는
이 해변은 수영도 가능해 운이 좋으면 거북이와
함께 바닷가에서 수영하는 묘한 기분을 만끽할
수 있다. 하지만 거북이의 보호를 위해 직접 만
질 수는 없다. 진풍경을 자랑하는 곳이라 도로
변은 늘 주차된 차량으로 가득하다.

Map P.072-C1 | 주소 61-574 Pohaku Loa
Way | 운영 특별히 명시되진 않았지만 이른 오전과 늦
은 저녁은 피하는 것이 좋다. | 주차 불가 | 가는 방법
알라 모아나 센터에서 60번 탑승. Kamehameha
Hwy.+Pohaku Loa Way에서 하차.

Travel Plus

돌 플랜테이션 Dole Plantation

노스 쇼어 지역과 가까워 함께 둘러
보면 좋은 곳. 파인애플과 바나나 브
랜드로 유명한 브랜드인 돌 Dole에서
운영하는 농장이다. 옛날식 기차를
타고 파인애플 농장을 둘러보는 파
인애플 익스프레스 Pineapple Express,
파인애플이 자라나는 모습을 보다
더 자세히 관찰할 수 있는 가든 투어
Garden Tour 등의 액티비티를 운영한
다. 농장에서 판매되는 다양한 종류
의 파인애플 아이스크림은 꼭 맛봐야

하는 디저트 중 하나. 특히 커다란 파인애플 모양 아이스크림 통에 담아서 판매하는
시퍼 컵 플로트($12.95)가 인기가 좋다.

Map P.072-C2 | 주소 64-1550 Kamehameha Hwy. Wahiawa | 전화 808-621-
8408 | 홈페이지 www.dole-plantation.com | 운영 09:30~17:30 | 입장료 무료(파인애플
익스프레스 성인 $13, 4~12세 $11, 월드 라지스트 메이즈(미로) 성인 $8.75, 4~12세 $6.75
| 주차 무료 | 가는 방법 알라 모아나 센터에서 52번 버스 탑승. Kamehameha Hwy.+Dole &
Helemano Plantation에서 하차.

오아후 대표 올드 타운, 할레이바 Haleiwa

노스 쇼어의 중심가인 할레이바는 서퍼들이 즐겨 찾는 서핑숍과 레스토랑이 즐비하면서도 옛 하와이의 분위기가 그대로 살아 있어 색다른 분위기를 풍긴다. 와이키키와 다른 편안하고 고요한 마을로 하와이 최후의 여왕인 릴리우오칼라니가 여름 휴가를 보낸 곳으로도 유명하다.

할레이바가 특별한 이유!

호놀룰루에서 H-2와 99번 도로를 타고 북쪽으로 1시간가량 달리다가 간판을 표지판 삼아 왼쪽으로 꺾어 83번 도로에 진입하면 할레이바의 거리가 나온다. 100여 년 전 이곳에 빅토리아 양식의 할레이바 호텔이 들어섰는데, 그 호텔 이름 덕분에 거리 전체를 '할레이바'라고 부르게 되었다. 현재 그 호텔은 없지만 1984년 이래 역사적인 장소로 지정되었다.

소박하면서도 특유의 올드 타운 매력을 가지고 있는 필수 코스다. 이곳이 유명한 또 다른 이유는 바로 새우 트럭 때문. 우선 할레이바의 입구에 들어서면 오래된 맥도날드 건너편에 유명한 호노스 슈림프 트럭을 마주할 수 있다. 할레이바 초입의 로라 이모네 푸드 트럭도 한국인들에게 인기가 많은 곳.

어느 정도 배가 든든해졌다면, 할레이바에 있는 노스 쇼어 마켓 플레이스를 둘러보자. 이곳에는 스포츠 브랜드인 파타고니아를 비롯해 서핑용품점과 커피 갤러리라는 커피 전문점이 유명하다. 할레이바에서 요즘 뜨고 있는 캐릭터 숍 스누피의 서프 숍과 할레이바 스토어 랏츠에 위치한 유명 셰이브 아이스크림 가게, 마츠모토 그로서리 스토어도 놓치지 말자. 그 다음 조금 더 도로를 달리다보면 서퍼들이 사랑하는 할레이바 비치 파크가 펼쳐진다. 바다와 숲에 둘러싸인 북부의 거리에서 여유로운 하루를 즐겨보는 것은 어떨까.

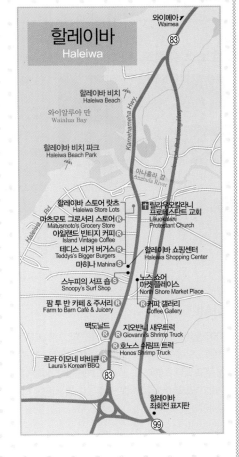

할레이바
Haleiwa

와이메아 Waimea
83
할레이바 비치 Haleiwa Beach
와이알루아 만 Waialua Bay
할레이바 비치 파크 Haleiwa Beach Park
아나훌라 강 Anahula River
Kamehameha Hwy
Haleiwa Rd
할레이바 스토어 랏츠 Haleiwa Store Lots
마츠모토 그로서리 스토어 Matsumoto's Grocery Store
아일랜드 빈티지 커피 Island Vintage Coffee
테디스 비거 버거스 Teddy's Bigger Burgers
마히나 Mahina
릴리우오칼라니 프로테스탄트 교회 Liliuokalani Protestant Church
할레이바 쇼핑센터 Haleiwa Shopping Center
스누피의 서프 숍 Snoopy's Surf Shop
노스 쇼어 마켓 플레이스 North Shore Market Place
팜 투 반 카페 & 주서리 Farm to Barn Café & Juicery
커피 갤러리 Coffee Gallery
맥도날드
지오반니 새우트럭 Giovanni's Shrimp Truck
호노스 슈림프 트럭 Honos Shrimp Truck
로라 이모네 바비큐 Laura's Korean BBQ
83
할레이바 좌회전 표지판
99

할레이바 비치 파크 Haleiwa Beach Park

MBC 예능 프로그램 〈무한도전〉 팀이 상어 관광을 위해 배를 탔던 바로 그 장소. 서핑이나 카약킹 등의 강습이 이뤄지기도 한다. 초보자들도 부담없이 가볍게 즐길 수 있으며, 해변 근처에서 서핑 대여점도 쉽게 찾아볼 수 있다.

Map P.209 | 주소 62-449 Kamehameha Hwy. Haleiwa | 영업 특별히 명시되진 않았지만 이른 오전과 늦은 저녁은 피하는 것이 좋다. | 주차 무료 | 가는 방법 알라 모아나 센터에서 52번 버스 탑승. Kamehameha Hwy.+Opp Haleiwa Beach Park에서 하차.

호노스 슈림프 트럭 Honos Shrimp Truck

10년째 이곳을 지키고 있는 새우 트럭으로, 한국인이 운영하고 있다. 사실 오아후에서 가장 유명한 새우 트럭은 지오반니 Giovanni (호노스 옆에 위치)의 새우 트럭이지만 오히려 한국인의 입맛에는 한국인이 운영하는 호노스가 더 맞는다. 매콤한 칠리 양념이 곁들여진 스파이시 새우요리와 마늘소스가 첨가된 갈릭 새우요리 둘 다 일품인데 밥과 함께 서빙돼 한 끼 식사로 부족함이 없다.

Map P.209 | 주소 66-472 Kamehameha Hwy. Haleiwa | 전화 808-341-7166 | 영업 금~화 10:30~17:00(수~목요일 휴무) | 가격 $14~18(갈비+슈림프 콤보 세트 $18) | 주차 무료 | 가는 방법 알라 모아나 센터에서 52번 버스 탑승 후 Kamehameha Hwy.+Opp Paalaa Rd.에서 하차. 도보 1분.

마히나 Mahina

2006년 마우이의 노스 쇼어 지역인 파이아에서 론칭한 패션 브랜드. 오아후, 카우아이, 빅 아일랜드 등 하와이 곳곳에 매장을 두고 있다. 보기에도, 입기에도 편한 스타일의 디자인을 추구하고 있으며, 그중에서도 블루 컬러의 시원한 비치 웨어가 돋보인다.

Map P.209 | 주소 66-111 kamehameha Hwy. Haleiwa | 전화 808-784-0909 | 홈페이지 shopmahina.com | 영업 10:00~18:00 | 주차 무료 | 가는 방법 알라 모아나 센터에서 52번 버스 탑승 후 Kamehameha Hwy.+Opp Kewalo Ln.에서 하차. 도보 1분. 할레이바 스토아 라츠 내 위치.

팜 투 반 카페 & 주서리 Farm to Barn Café & Juicery

할레이바 초입에 위치한 카페. 차양막이 눈에 띄며, 농장에서
수확한 식재료를 이용해 건강한 음식을 만드는 곳이다. 카페 한
쪽 구석에서는 식재료를 판매한다. 이곳의 인기 메뉴는 아보카
도가 잔뜩 올라가 고소한 맛의 아보 토스트. 아보 토스트 주문
시 1$를 추가하면 모차렐라 치즈를 곁들일 수 있다. 취향에 따
라 먹어보자.

Map P.209 | 주소 66-320 Kamehameha Hwy. Haleiwa | 전화 808-354-5903 | 홈페
이지 www.farmtobarncafe.com | 영업 09:00~15:00 | 가격 $10~14(반 부리토 $14,
브루스케타 아보 토스트 $14) | 주차 무료 | 가는 방법 알라 모아나 센터에서 52번 버스 탑승.
Kamehameha Hwy.+Opp Kilioe Pl.에서 하차. 도보 2분.

마츠모토 그로서리 스토어

Matsumoto's Grocery Store

하와이의 명물 원조 셰이브 아이스 Shave Ice를 판매하는 디저
트 가게. 레인보우 맛이 제일 유명하며 40여 가지 맛 중 3가지
를 고를 수도 있다. 65년의 전통이 넘은 곳으로 잡화나 오리지
널 티셔츠도 판매한다. 최근에 새로 숍을 단장해 보다 쾌적한
분위기에서 셰이브 아이스를 즐길 수 있다.

Map P.209 | 주소 66-111 Kamehameha Hwy. Haleiwa | 전화 808-585-1770 | 영
업 09:00~18:00 | 가격 $3~6 | 주차 무료 | 가는 방법 알라 모아나 센터에서 52번 버스 탑승.
Kamehameha Hwy.+Opp Kewalo Ln.에서 하차. 도보 1분.

커피 갤러리 Coffee Gallery

노스 쇼어 마켓 플레이스 North Shore Market Place에 위치한 카페.
다수의 커피콩을 보유하고 있어 내 입맛에 맞게 고를 수 있다.
직접 커피를 볶는 곳으로, 일 년 내내 고소한 향이 끊이지 않는
다. 질 좋은 커피뿐 아니라 고구마와 코코넛 푸딩이 어우러진
스위트 포테이토 하우피아 파이도 놓치지 말자.

Map P.209 | 주소 66-250 Kamehameha Hwy. C106 Haleiwa | 전화 808-637-5355 | 영업 06:30~18:00 |
가격 $2.20~8 | 주차 불가 | 가는 방법 알라 모아나 센터에서 52번 버스 탑승. Kamehameha Hwy.+Opp Kilioe Pl.에
서 하차. 도보 1분.

오아후 서해안의 다양한 볼거리가 가득
리워드

리워드 가운데에서도 코 올리나 Ko Olina 지역은 하와이어로 '기쁨의 결정'이라는 뜻을 가진 휴양지다. 와이키키로부터 약 48㎞가량 떨어진 오아후 서쪽 끝자락에 있는 곳으로, 와이아나 산맥에 위치해 있어 대체로 날씨가 맑고 건조한 편이다. 와이키키나 북쪽 해안가에 비해 이곳을 찾는 여행자 수는 적지만 JW 매리어트 이힐라니 리조트, 아울라니 디즈니 리조트 등 유명 리조트들이 모여 있는 데다 비교적 자연이 잘 보존되어 있어 나름대로 매력을 갖고 있다. 그밖에 챔피언십 골프 코스를 갖춘 골프장으로도 유명하며, 전 세계적으로 유명한 하와이의 대표 워터 테마파크 윗 앤 와일드 Wet'n Wild Hawaii 등이 있어 익스트림한 물놀이를 즐길 수도 있다. 인적이 드물어 한적하고 여유 있게 일정을 보낼 수 있으며, 아름다운 자연이 주는 볼거리로 인해 취향이 분명한 여행자들에게 특히 사랑을 받는 곳이다.

+ 공항에서 가는 방법

공항에서 바로 가는 교통편이 없으므로, 렌터카를 이용해 이동하는 것이 좋다.

+ 와이키키에서 가는 방법

와이키키나 알라 모아나에서 코 올리나를 오가는 대중교통이 없어 자가용을 이용해야 한다.
렌터카는 H-1 고속도로를 타고 가다 중간에 93번으로 합류하는 Frrington Hwy.에 진입 후, Ko Olina 방면 출구로 나가면 된다.

+ 리워드에서 볼 만한 곳

코 올리나 비치 파크.

리워드의 해변

리조트 단지가 형성되어 있어 가족 단위로 찾는 코 올리나 비치 파크와 스노클링 장소로 유명한 카헤 포인트 비치 파크는 조용하면서도 비치를 즐기기 제격이다.

코 올리나 비치 파크 Ko Olina Beach Park

파도가 없고 고운 입자의 모래가 특징이라 아이를 동반한 가족들이 즐기기 좋다. 이곳은 인공적으로 만든 총 4개의 라군으로 구성되어 있으며 각 라군별로 리조트와 이어져 있는 것이 특징이다. 가장 아름답기로 소문난 첫 번째 라군은 포시즌 리조트 오아후 앳 코 올리나 Four Seasons Reaort Oahu at Ko Olina와 아울라니 디즈니 리조트 Aulani Disney Resort & Spa가 두 번째

는 코 올리나 비치 빌라스 Ko Olina Beach Villas, 세 번째는 메리어트 코 올리나 비치 클럽 Marriott's Ko Olina Beach Club, 네 번째는 코 올리나 마리나 Ko Olina Marina와 각각 이어져 있다. 리조트 안의 인공 라군 비치이긴 하나 엄연한 퍼블릭 비치로, 리조트 옆 'Public Access'라는 푯말이 있는 곳에 주차하면 된다.

Map P.072-B4 | 주소 92-1001 Olani St. Kapolei(JW Marriott Ihilani Resort & Spa 주소) | 운영 06:00~22:00 | 주차 무료(코 올리나 리조트 단지 내로 진입, 바닷가 근처 퍼블릭 주차장이 있음) | 가는 방법 와이키키에서 Alawai Blvd.를 타고 직진하다 McCully St.를 끼고 우회전 후 Dole St. 방향으로 좌회전, Alexander St.를 끼고 다시 좌회전 후 우측 H-1W 고속도로에 합류한다. H-201W, H-1W, HI-93W 방향으로 직진하다 Ko Olina 출구로 향하면 된다.

카헤 포인트 비치 파크 Kahe Point Beach Park

돌고래와 거북이, 가오리를 비롯해 각종 해양 동물들을 볼 수 있어 샥스 코브 해변과 더불어 스노클링 만족도가 높다. 이곳은 쇼어 다이빙(해안 다이빙) shore diving 장소로 또 다른 볼거리를 제공한다. 건너편에 발전소가 있어 일렉트릭 비치라고 불리기도 한다.

Map P.072-B3 | 주소 92-301 Farrington Hwy. Kapolei | 전화 808-675-6030 | 운영 06:00~22:00 | 주차 무료 가는 방법 와이키키에서 Kalakaua Ave.를 따라 직진하다 H-1 W,H-201W, 다시 H-1 W, HI-93W를 거쳐 서쪽으로 향하다 보면 왼쪽에 카헤 인트 비치 파크가 나온다.

리워드의 즐길 거리

골프를 좋아하는 여행자나 가족 단위 여행자 대부분이 열광하는 대규모 워터 테마파크와 유명 골프장이 어우러져 있다.

윗 앤 와일드 하와이
Wet'n Wild Hawaii

광활한 부지 위에 1,800만 달러를 들여 건설한 하와이 최초의 워터 테마 파크. 축구 경기장만 한 대형 파도 풀장과 20m 높이의 워터 슬라이더, 고무보트를 타고 세계 최대 규모의 하프파이프를 내려오는 샤카 Shaka 등 아이들이 좋아할 만한 시설이 마련되어 있어 가족 피크닉 장소로 안성맞춤이다.

Map P.072-C3 | **주소** 400 Farrington Hwy, Kapolei | **전화** 808-674-9283 | **홈페이지** www.wetnwildhawaii. com | **운영** 월·목~금 10:30~ 15:30, 토~일 10:30~ 16:00(화·수요일 휴무) | **요금** 성인 $59.99, 3세 이상 $49.99(입장료, 3세 미만 무료) | **주차** 유료 주차(1회 $10) | **가는 방법** 와이키키에서 윗 앤 와일드를 오가는 대중교통은 없어 자가용을 이용해야 한다.

코 올리나 골프 클럽
Ko Olina Golf Club

오아후의 아름다운 경관을 배경으로 라운딩을 즐길 수 있는 곳. 매년 LPGA가 열리는 미국 내 Top 75 리조트 골프장 중 하나로 선정되었다. 특히 최나연, 미셸 위 등 한국의 유명 프로 골퍼 등이 참여한 2013 LPGA 미국 여자 프로 골프대회가 열린 곳이기도 하다.

Map P.072-B4 | 주소 92-1220 Ali'Inui Dr. Kapolei | 전화 808-676-5300 | 운영 06:00~18:00 | 요금 $125~245(비투숙객), $110~215(투숙객) | 주차 무료 | 가는 방법 와이키키에서 Alawai Blvd.를 타고 직진하다 McCully St.를 끼고 우회전 후 Dole St. 방향으로 좌회전, Alexander St.를 끼고 다시 좌회전 후 우측 H-1W 고속도로에 합류한다. H-201W, H-1W, HI-93W 방향으로 직진하다 Ko Olina 출구로 향하면 된다.

카폴레이 골프 코스
Kapolei Golf Course

하와이 주정부가 신도시 개발 계획에 의해 완성한 코스. 사탕수수밭을 개발해 100% 인공 코스를 만들었다. 크고 작은 5개 연못으로 난이도를 조절한

것은 물론이고 80여 개의 벙커는 18홀 내내 골퍼들에게 집중력을 요구한다. 최고의 난이도와 함께 깔끔한 조경관리로 인기 있는 코스다.

Map P.072-C3 | 주소 91-701 Farrington Hwy. Kapolei | 전화 808-674-2227 | 운영 06:00~18:00 | 요금 $130~185 | 주차 무료 | 가는 방법 와이키키에서 Alamoana Blvd.를 타고 직진하다 McCully St.를 끼고 우회전 후 Dole St. 방향으로 좌회전, Alexander St.를 끼고 다시 좌회전 후 우측 H-1W 고속도로에 합류한다. H-201W, H-1W 방향으로 직진하다 3번 출구로 빠진다. 다시 Farrington Hwy.에 합류 후 왼쪽에 카폴레이 골프 코스 로드로 직진.

하와이안 철도
Hawaiian Railway

1800년대 하와이를 주름잡던 기관차를 탑승해볼 기회. 기차를 타는 동안 하와이 전통 음악과, 하와이 철도 역사에 대한 이야기도 들을 수 있다.

왕복으로 2시간~2시간 30분가량 운행되며 이동 중 듣게 되는 기관차 특유의 경적 소리는 타임머신을 탄 기분마저 들게 한다. 탑승 전 토이 트레인 뮤지엄에서 미니어처 기차 관람도 놓치지 말 것. 수많은 기차가 미니어처 타운을 오가는 명장면을 감상할 수 있다.

Map P.072-C3 | 주소 3402, 91-1001 Renton Rd., Ewa Beach | 전화 808-681-5461 | 홈페이지 www.hawaiianrailway.com | 영업 수요일 13:00, 토요일 12:00, 15:00, 일요일 13:00, 15:00 총 다섯 차례 운행. | 가격 성인 $18, 어린이(2~12세) $13 | 주차 무료 | 가는 방법 와이키키에서 E번 버스 탑승, Fort Weaver Rd.+Ewa Family Center에서 하차. 하차한 곳에서 44번 버스 탑승 후 Philippine Sea+Renton Rd.에서 하차. 도보 1분.

Pearl Harbor

역사의 살아있는 자료
진주만

한때 진주를 품은 조개를 많이 수확하던 지역이었기 때문에 진주만이라 이름 지어졌다. 하와이에서 가장 큰 자연 항구로, 미국에서 유일하게 국가 사적지로 지정된 해군기지가 있는 곳이기도 하다. 2차 세계대전의 가슴 아픈 역사 현장을 전시로 만들어 수많은 전쟁 희생자를 추모하고, 전쟁의 위험성과 세계 평화의 필요성을 알리는 데 노력을 기울이고 있다.

그밖에도 진주만의 북쪽에는 현지인들이 즐겨 찾는 대형 쇼핑몰인 펄 릿지 센터 Pearl Ridge Center와 매년 미식축구 올스타 경기가 열리는 것으로 유명한 알로하 스타디움 Aloha Stadium이 있다. 알로하 스타디움에서는 매주 수·토·일요일에 스왑 미트 Swap Meet라는 장터가 열린다. 하와이안 악기 우쿨렐레를 비롯하여 각종 공예품과 액세서리, 티셔츠 등 하와이 여행에 기념이 될 만한 아이템들을 판매하고 있어 여행자들은 물론 현지인들의 발걸음도 잡는다.

+ 공항에서 가는 방법

20번 버스 탑승, Arizona Memorial에서 하차해서 도보 1분. 소요시간은 약 15분.

+ 와이키키에서 가는 방법

알라 모아나 센터에서 42번 버스 탑승, Arizona Memorial에서 하차. 소요시간은 약 1시간. 또는 트롤리 퍼플 라인 탑승 후 펄 하버에서 하차. 렌터카는 H-1 고속도로를 타다 15A번 출구로 나가 Ford Island Blvd.로 진입. 로터리에서 2번 출구로 나가 O'Kane Blvd.로 진입.

+ 진주만에서 볼 만한 곳

USS 애리조나 기념관, 전함 미주리 기념관

진주만의 볼거리

2차 세계대전 당시 일본 폭격을 받아 가슴 아픈 역사의 흔적이 남아 있는 진주만은 아이들에게 살아 있는 역사 교육의 현장이 될 수 있다.

진주만 유적지 | Pearl Harbor Historic Sites

진주만은 태평양 전쟁 당시, 일본이 기습공격을 했던 장소로 애리조나 기념관과 전함 미주리오 기념관 등에 전쟁의 흔적이 남아 있다. 특히 1,177명의 희생자와 함께 바다에 침몰한 USS 애리조나호를 그대로 보존해 그 위에 지은 기념관이 인상적이다. USS 애리조나호를 둘러보기 위해선 티켓이 필요하다. 무료이긴 하나 순서대로 티켓을 제공하기 때문에 진주만에 입장 후 티켓 데스크 Tickets & Information에서 USS 애리조나 기념관 투어 티켓을 받는 것이 중요하다. 시간적 여유가 있다면 진주만을 보다 더 잘 이해할 수 있는 두 곳의 박물관을 먼저 둘러볼 필요가 있다. 하나는 '전쟁으로의 길 박물관 Road to Museum'으로 전쟁이 일어나기 전까지의 상황을 그대로 재현한 곳이고, 다른 하나는 '공격 당시 자료 박물관 Attack Museum'으로 미국이 일본의 침략을 당했던 그 순간을 설명한 곳이다. 이 두 곳은 오디오 청취를 함께하면 보다 빠르게 이해할 수 있다. 실존 인물의 내레이션은 물론이고 한국어 버전으로 통역까지 되어 있어 $7.99의 비용이 들긴 하지만 그만큼 가치 있다. 안전상의 이유로 가방은 반입이 금지되기 때문에 펄 하버 비지터 센터에 맡길 경우 개당 $5을 지불해야 한다. 단, 카메라, 휴대폰 등은 가지고 들어갈 수 있다.

Map P.073-D3 | **주소** 1 Arizona Memorial Pl. Honolulu | **전화** 808-422-3300 | **홈페이지** www.pearlharborhistoricsites. org | **운영** 07:00~17:00 | **요금** 진주만 유적지(Pearl Harbor Historic Sites), USS 애리조나호 입장을 제외한 모든 관람은 무료. USS 보우핀 잠수함 박물관, 전함 미주리 기념관 등 전체 관람 시 $89.99, 어린이 $44.99 | **주차** 무료 | **가는 방법** 알라 모아나 센터에서 42번 버스 탑승, Kamehameha Hwy.+Kalaloa St.에서 하차. 소요시간은 약 1시간.

전쟁으로의 길 박물관

실제 진주만이 기습공격을 당한 다음날 신문을 재현해 판매하고 있다.

진주만의 전시관들

USS 애리조나 기념관
USS Arizona Memorial

1941년 일본의 진주만 공격으로 1,177명의 선원들과 9분 만에 가라앉은 USS 애리조나호를 기념하기 위해 만든 곳. 티켓 데스크에서 무료로 티켓을 받아 입장할 수 있으며 당시 영상 자료를 감상한 뒤 보트를 타고 애리조나 기념관으로 이동한다. 투어는 대략 1시간 30분 정도 소요된다. 현장에서 유료 티켓($17.98)을 구매할 수 있고, 무료 티켓을 원한다면 대략 두 달 전, www.recreation.gov에서 USS Arizona Memorial 티켓을 미리 예약해야 한다.

전함 미주리 기념관
Battleship Missouri Memorial

2차 세계대전 당시 일본의 항복을 받아낸 전함으로, 1992년 페르시안 걸프전 활약을 끝으로 현재 진주만에 전시되고 있다. 둘러보는 데 1시간 30분 정도가 소요된다. 전함 미주리 기념관만 둘러볼 경우 입장료는 성인 $34.99, 4~12세 $17.49.

USS 보우핀 잠수함 박물관 USS Bowfin Submarine Museum

바다 위에 전시되어 있는 잠수함은 2차 세계대전 때 실제 사용된 잠수함 중 하나로, 관람용이다. 당시 상황을 조금이나마 이해할 수 있도록 지금은 전시관으로 활용하고 있다. 입장료는 성인 $21.99, 4~12세 $12.99.

USS 보우핀 잠수함 박물관

진주만의 쇼핑

펄 릿지 쇼핑 센터와 알로하 스타디움 & 스왑 미트는 현지인들의 쇼핑 장소로 인기가 높다. 또한 와이켈레 프리미엄 아웃렛에서는 유명 브랜드를 저렴하게 구입할 수 있다.

펄 릿지 센터 Pearl Ridge Center

오아후에서 알라 모아나 센터 다음으로 규모가 큰 쇼핑 센터다. 입점된 매장 대부분은 알라 모아나 센터와 비슷하지만 관광객이 적어 알라 모아나 센터에서 품절이라 하더라도 이곳에서 만큼은 내 마음에 드는 상품을 구매할 수 있다는 장점이 있다. 쇼핑 센터가 워낙 넓어 업타운 센터와 다운타운 센터를 오가는 모노레일과 비슷한 스카이 캡을 운영하고 있다. 센터 내 티제이 맥스와 로스 매장이 있어 저렴한 쇼핑이 가능하다.

Map P.073-D3 | **주소** 98-1005 Moanalua Rd. #231 Aiea | **전화** 808-488-0981 | **영업** 월~목 10:00~19:00, 금~토 10:00~20:00, 일 10:00~18:00 | **주차** 무료 | **가는 방법** 알라 모아나 센터에서 40번 버스 탑승, Kamehameha Hwy.+Kaonohi St.에서 하차. 도보 7분.

Mia's Advice

펄 릿지 센터에서 놓치지 말아야 할 레스토랑

1 파이브 가이즈 Five Guys

미국 3대 버거로 꼽히는 유명한 패스트 푸드 브랜드. 버거 빵을 선택 후 양파, 토마토, 케첩, 마요네즈 등 입맛대로 소스와 속재료를 고를 수 있어요. 모든 속재료를 다 넣고 싶다면 'All the way'라고 주문하면 됩니다. 독특하게 땅콩 오일을 사용하며, 매장에 비치된 무료 땅콩이 인상적입니다. 햄버거와 함께 밀크 셰이크 역시 인기가 높아요.

2 비어 랩 하이 Beer Lab HI

글자 그대로 '하와이 맥주 연구소'라는 뜻의 이곳은 새로운 스타일의 브루어리다. 하와이 주립대 근처에 본점이 있고, 펄리지 몰에서도 만날 수 있다. 맥주 구입을 원하면 현장에서 바로 캔에 담아주기도 한다. 맥주 이외에도 비빔밥 야키소바, 와규 치즈버거, 김치 프라이드 라이스 디너, 스노 플레이크 만두 등 한국인 입맛에도 친숙한 메뉴들이 많다.

알로하 스타디움 & 스왑 미트
Aloha Stadium & Swap Meet

미국에서 최대 미식축구 경기가 열리는 알로하 스타디움이지만 수 · 토 · 일요일에는 현지인들의 사랑을 받는 벼룩시장이 열린다. 명품 쇼핑과 비교할 수 없지만 나름대로 소박한 장터로 우쿨렐레는 물론이고 와이키키 시내의 ABC 스토어보다 훨씬 저렴한 가격으로 기념품을 구입할 수 있다. 이곳에서 라면 가격흥정도 해볼 만하다.

Map P.073-D3 | **주소** 99-500 Salt Lake Blvd. Aiea | **전화** 808-486-6704 | **영업** 수 · 토 08:00~15:00, 일 18:30~15:00 | **주차** 유료(차량 탑승 인원당 $1) | **가는 방법** 알라 모아나 센터에서 40번 버스 탑승. Kamehameha Hwy.+Salt Lake Bl.에서 하차. 도보 3분.

타깃 Target

호놀룰루 공항 근처에 위치한 쇼핑몰로 일본 잡지에서 더 많이 소개된 곳이다. 단층이긴 하나 백화점이라고 해도 될 만큼 의류, 전자제품, 장난감, 유아용품, 식료품, 인테리어 소품까지 다양하다. 특히 입구에는 $1 내외의 여행 시 필요한 아이템이나 장난감 등을 판매하니 눈여겨 봐도 좋을 듯. 마트 내 피자헛과 스타벅스가 있다. 알라 모아나 센터에도 입점해 있다.

Map P.073-D3 | **주소** 4380 Lawehana St. Honolulu | **전화** 808-441-3118 | **영업** 월~토 08:00~22:00, 일 07:00~22:00 | **주차** 무료 | **가는 방법** 와이키키에서 20번이나 42번 버스 탑승. Kamehameha Hwy.+Radford Dr. 하차. 도보 14분.

와이켈레 프리미엄 아웃렛
Waikele Premium Outlet

하와이에서 가장 규모가 큰 아웃렛으로 와이켈레 프리미엄 아웃렛에서는 코치 팩토리와 타미 힐피거, 폴로 랄프 로렌, 크록스, 리바이스, 아르마니 익스체인지, 마이클 코어스, 바나나 리퍼블릭,

트루 릴리전, 짐보리, DKNY, 케이트 스페이드, 어그, 토리버치 등의 브랜드를 30~50% 할인된 가격으로 구입할 수 있다. 만약 명품을 저렴하게 구입하고 싶다면 백화점의 아웃렛 형태인 Sak's Fifth Avenue나 Barney's New York 매장을 둘러보는 것도 좋다. 운이 좋으면 지갑이나 시계, 구두 등 명품 제품을 저렴한 가격에 구입할 수 있다.

이곳에서 쇼핑을 마치고 무료 트롤리를 이용해 도로 건너편의 와이켈레 센터에 내려가면 GAP 팩토리, 브룩스 브라더스 등의 매장과 함께 레스토랑, 스타벅스 등이 있다. 안내 데스크에서 쿠폰을 $5에 판매하며, 홈페이지에서 회원 가입을 하면 무료로 쿠폰 교환권 출력이 가능하다.

Map P.072-C3 | **주소** 94-790 Lumiaina St. Waipahu | **전화** 808-676-5656 | **홈페이지** www. premiumoutlets.com | **영업** 월~토 10:00~20:00, 일 12:00~18:00 | **주차** 무료 | **가는 방법** 와이키키에서 E번 버스 탑승. Paiwa St.+Hiapo St.에서 하차. 도보 15분.

Mia's Advice

1 가장 저렴하게 와이켈레 프리미엄 아웃렛을 가는 방법은 홈페이지 (waikeleoutletsshuttle.com)에서 티켓을 예매하는 거예요. 호텔에서 픽업하며 가격은 $24.95입니다. 픽업 시간은 08:45, 10:45이며 와이켈레에서 와이키키로 돌아오는 버스 탑승은 15:00, 18:00입니다. 와이키키에서 아웃렛을 오가는 시간은 대략 30분 정도 소요됩니다.
2 최근에 와이켈레 프리미엄 아웃렛 주차장에서 도난사고가 연달아 있었어요. 차 안에 내비게이션은 꼭 뽑아서 숨겨놓고, 기타 귀중품은 항상 지니고 있도록 하세요.

오아후 섬의 숙박

오아후 섬의 중심인 와이키키는 식사와 쇼핑, 엔터테인먼트와 해양스포츠가 밀집되어 있는 곳인 만큼 호텔의 종류도 다양하다. 와이키키 메인 스트리트인 칼라카우아 애비뉴 Kalakaua Ave.와 북쪽의 쿠히오 애비뉴 Kuhio Ave. 주변에 호텔들이 모여 있는데, 만약 와이키키의 복잡한 시내를 원하지 않는다면 골프 코스와 놀이 시설을 갖춘 북부의 노스 쇼어나 서부의 코 올리나의 대형 리조트로 눈을 돌려보자. 우리나라에선 유명 연예인이 비밀 결혼식을 치러 유명해진 카할라의 고급 리조트도 있다(호텔 숙박 요금은 2022년 7월 기준. 1박, 택스와 조식 불포함 요금이다. 참고로 하와이는 호텔마다 시즌별로 가격 차이가 심한 편이다).

호텔을 결정하기 전 알아두면 좋은 정보

1 와이키키의 호텔은 숙박 요금 외에도 별도의 리조트 요금이라는 것이 있어요. 이는 와이키키 호텔 내에서 리조트와 같은 서비스를 받을 수 있다는 데서 추가된 요금으로 1박당 $30~40씩 붙기도 합니다. 리조트 요금에는 주차비나 인터넷 사용료, 풀장 사용료 등 각 호텔마다 조금씩 다르긴 하지만 투숙객들에게 꼭 필요한 서비스를 포함시켜 놓았으며, 이 리조트 요금은 무조건 부과된답니다.

2 호텔마다 차이가 있지만 대부분 체크인은 15:00 이후, 체크아웃은 11:00~12:00 사이에요.

3 와이키키 내 호텔의 객실은 '뷰'에 따라 룸 타입이 나눠져요. 도로 쪽이 보이는 시티뷰 City View, 산이 보이는 마운틴뷰 Mountain View 이외에도 오션뷰는 종류가 다양하죠. 바닷가가 객실 발코니에서 30% 정도만 보이면 파셜오션뷰 Partial Ocean View, 50% 정도 보이면 오션뷰, 100% 가깝게 보이면 오션프런트뷰 Ocean Front View로 나뉘어져 있답니다. 이 뷰에 따라서도 금액이 달라진답니다.

4 하와이의 호텔은 대부분 오래된 곳이 많아요. 리노베이션을 하고 있지만 간혹 가격 대비 호텔 시설이나 객실 상태에 실망할 수도 있답니다. 그럴 땐 hotels.com으로 가격대에 맞는 호텔을 찾아본 뒤 www.tripadvisor.co.kr을 통해 전 세계 여행자들이 올려놓은 호텔 사진과 댓글을 보고 결정하는 것도 도움이 될 수 있어요.

5 대한항공, 아시아나항공, 하와이안항공에 진에어까지! 비행 편수는 늘어난 것에 반해 호텔 예약은 늘 어려워요. 하와이로 오는 여행자들은 대부분 6개월 전에 호텔 예약을 끝내기 때문이죠. 하와이만큼 호텔이 많아도 '방이 부족하다'는 이야기를 듣는 곳도 많지 않아요. 미리 예약해야 원하는 호텔에 묵을 수 있다는 점을 기억해두세요.

6 렌터카로 투어를 할 예정이라면 호텔 주차료를 확인하세요. 대부분 하루 $20~30로 주차비가 따로 부과된답니다. 고급 호텔은 발레파킹 파킹만 가능한 경우도 있어요. 숙박하는 곳에 따라 주차비, 인터넷 사용료, 전화 등을 묶어서 비용을 따로 지불해야 하는 곳도 있으니 꼭 확인하세요.

7 연인, 신혼여행이 아닌 가족여행을 계획하고 있다면 객실 내에서 취사가 가능한 콘도미니엄도 좋아요. 콘도미니엄으로는 트럼프, 애스톤 와이키키 선셋, 애스톤 앳 더 와이키키 반얀 등이 있어요.

모아나 서프라이더 웨스틴 리조트 & 스파
Moana Surfrider A Westin Resort & Spa
★★★★

1901년에 오픈한 역사 깊은 호텔. 와이키키의 랜드마크이기도 한 하얀 외관은 고급스러운 이미지마저 풍긴다. 호텔 곳곳에 역사적인 전시품이 진열되어 있어 마치 박물관에 온 것 같은 착각을 불러일으킨다. 대다수의 객실이 와이키키 해변이 보이는 오션뷰로 헤븐리 베드가 설치되어 있어 숙면을 보장한다. 또 리조트 요금에 포함된 것으로는 아쿠아 에어로빅 클래스와 15분가량의 기초 서핑 레슨, 전문 포토그래퍼의 사진 촬영과 기념사진 1회(4x6 사이즈) 서비스 등이 다양하게 있다. 뿐만 아니라 국제전화는 1일 60분까지, 시내 통화는 무제한 무료다. 장기 투숙객을 위한 코인 세탁실을 갖추고 있다.

Map P.104-B3 | 주소 2365 Kalakaua Ave. Honolulu | 전화 808-922-3111 | 홈페이지 www. moana-surfrider.com | 숙박 요금 $409~ | 리조트 요금 $42(1박) | 인터넷 무료 | 주차 유료(셀프 1박 $35, 발레파킹 1박 $45) | 가는 방법 호놀룰루 국제공항에서 HI-92 E에 진입, 24A Exit(Bingham St.)로 나와 McCully St.가 나올 때까지 직진 후 우회전, 다시 Kalakaua Ave.를 끼고 좌회전 후 직진.

로열 하와이안 Royal Hawaiian
★★★★★

1927년 와이키키에서 두 번째로 럭셔리한 호텔로 오픈, 스페인 무어 건축 양식으로 지은 코럴 핑크색의 호텔로 '태평양의 핑크 팰리스'라고 불리기도 한다. 와이키키에서 유일하게 호텔 전용 비치 구역이 있으며 핑크 파라솔이 상징적이다. 뿐만 아니라 객실 내 제품도 핑크색인데, 그 이유는 호텔의 창업주가 지인의 핑크 컬러 별장에 감동을 받았기 때문. 리조트 내 마이타이 바는 오리지널 마이타이 칵테일을 맛볼 수 있으며 호텔 내 레스토랑에서 성인 1인 식사 시 12세 미만 아동의 식사는 무료다. 호텔 내 하와이안 퀼트와 우쿨렐레 & 훌라 레슨, 역사탐방 투어 등의 액티비티가 있으며, 전문 포토그래퍼의 사진 촬영과 기념사진 1회(4x6 사이즈) 서비스가 무료다. 바나나 넛 브레드가 서비스로 제공되며, 24시간 룸 서비스 이용이 가능하다. 체크인 전이나 체크아웃 이후 호텔의 부대 시설을 편하게 이용할 수 있는 호스피탈리티 서비스가 제공된다.

Map P.104-B3 | 주소 2259 Kalakaua Ave. Honolulu | 전화 808-923-7311 | 홈페이지 kr.royal-hawaiian.com | 숙박 요금 $569~ | 리조트 요금 $42(1박) | 인터넷 무료 | 주차 유료(셀프 1박 $35, 발레파킹 1박 $45) | 가는 방법 호놀룰루 국제공항에서 HI-92 E에 진입, 24A Exit(Bingham St.)로 나와 McCully St.가 나올 때까지 직진 후 우회전, 다시 Kalakaua Ave.를 끼고 좌회전 후 직진. Lewers St. 다음 골목에서 우회전.

쉐라톤 와이키키 Sheraton Waikiki
★★★★

거대한 규모를 자랑하는 와이키키 해변의 고층 호텔. 오션뷰 객실이 많고 쇼핑하기에도 좋은 위치에 자리 잡고 있다. 훌라부터 요가 아쿠아틱스, 우쿨렐레, 조개 공예 등 하와이만의 전통 클래스가 준비되어 있어 리조트 안에서도 지루할 틈이 없다. 특히 쉐라톤에서만 경험할 수 있는 인피니티 에지 풀은 16세 이상만 이용할 수 있는 풀장으로 해수면과 가까워 마치 바다 위에서 수영하는 듯한 착각마저 불러일으킨다. 시간에 따라 얼린 과일 등 약간의 먹거리도 제공된다. 체크인 시 고 프로(Go Pro) 장비 대여가 가능하다.

Map P.104-A4 | **주소** 2255 Kalakaua Ave. Honolulu | **전화** 808-922-4422 | **홈페이지** kr.sheraton-waikiki. com | **숙박 요금** $321~ | **리조트 요금** $42(1박) | **인터넷** 무료 | **주차** 유료(셀프 1박 $35, 밸레파킹 1박 $45) | **가는 방법** 호놀룰루 국제공항에서 HI-92 E에 진입, 24A Exit (Bingham St.)로 나와 McCully St.가 나올 때까지 직진 후 우회전, 다시 Kalakaua Ave.를 끼고 좌회전 후 직진.

할레쿨라니 Halekulani
★★★★★

하와이어로 '천국에 어울리는 호텔'이라는 뜻의 이름을 가진 명문 호텔. 1907년에 문을 연 이후 지금까지 명성을 이어오고 있다. 가격 대비 인테리어 혹은 외관의 모습보다 세심한 서비스로 항상 일급 평가를 받아오고 있다. 특히 호텔에 도착하면 프런트 데스크가 아닌 객실에서 체크인을 할 수 있는 것은 물론이고, 객실마다 담당 버틀러 서비스가 있어 최고급 서비스를 경험할 수 있다.

Map P.103-E4 | **주소** 2199 Kalia Rd. Honolulu | **전화** 844-288-8022 | **홈페이지** www.halekulani.com | **숙박 요금** $705~ | **리조트 요금** 없음 | **인터넷** 무료 | **주차** 유료(셀프 혹은 밸레파킹 1박 $40) | **가는 방법** 호놀룰루 국제공항에서 HI-92 E에 진입, 24A Exit(Bingham St.) 로 나와 McCully St.가 나올 때까지 직진 후 우회전, 다시 Kalakaua Ave.를 끼고 좌회전 후 직진. 오른쪽에 Beach Walk 방향으로 우회전 후 다시 Kalia Rd. 방향으로 좌회전.

더 카할라 호텔 & 리조트
The Kahala Hotel & Resort
★★★★

고급 주택지인 카할라에 있는 최고급 호텔. 인적이 드문 모래사장이 매력적이다. 와이키키 해변과는 차로 약 15분 정도 떨어져 있다. 역대 대통령과 세계 유명 인사들이 묵었던 곳이며, 국내 유명 연예인도 이곳에서 결혼한 것으로 유명하다. 무엇보다 돌고래를 직접 체험할 수 있는 돌핀퀘스트와 스파 스위트 등이 유명하다.

Map P.073-E4 | **주소** 5000 Kahala Ave. Honolulu | **전화** 808-739-8888 | **홈페이지** www.kahalaresort. com | **숙박 요금** $595~ | **리조트 요금** 없음 | **인터넷** 무료 | **주차** 유료(셀프 또는 발레파킹 $40) | **가는 방법** 호놀룰루 국제공항에서 HI-92 E에 진입, 오른쪽에 26B Exit으로 나와 직진하다 Kilauea Ave.에서 우회전. Makaiwa St.를 끼고 좌회전 후, 다시 Moho St. 방향으로 우회전. Kealaou Ave. 방향으로 직진.

싱크대가 눈에 띈다. 각 객실마다 주방시설이 갖춰져 있는 것이 포인트인데 주방용품도 세계적인 브랜드인 '서브제로', '울프', '보쉬' 등으로 최고급 제품만을 들여놓았으며 숙박 전 미리 요청하면 식재료 등을 마켓의 가격으로 대리 구입해주는 아타쉐 Attache 서비스도 진행하고 있다. 특히 와이키키 해변에 가려는 투숙객을 위해 타월과 과일, 물이 들어있는 비치백 서비스를 제공해 서비스의 품질을 높였다. 1층의 비엘티 스테이크 레스토랑 BLT Steak Restaurant 역시 유명하다.

Map P.103-D3 | **주소** 223 Saratoga Rd. Honolulu | **전화** 808-683-7777 | **홈페이지** www.trumphotel collection.com/ko/waikiki/ | **숙박 요금** $488~ | **리조트 요금** 없음 | **인터넷** 무료 | **주차** 유료(발레파킹 1박 $37) | **가는 방법** 호놀룰루 국제공항에서 HI-92 E에 진입, 오른쪽 McCully St.에서 우회전, 11번 Fwy.를 타고 직진, 24A Exit(Bingham St.)로 나와 McCully St.가 나올 때까지 직진 후 우회전, 다시 Kalakaua Ave.를 끼고 좌회전 후 직진. 오른쪽 Saratoga Rd. 방향으로 우회전.

트럼프 인터내셔널 호텔-와이키키 비치 워크
Trump International Hotel-Waikiki Beach Walk
★★★★★

부동산 재벌 도널드 트럼프의 이름을 딴 곳으로 와이키키의 최고급 호텔 중 하나다. 다른 호텔과 달리 6층에 메인 로비가 위치해 있으며 객실은 이탈리아 대리석을 사용한 욕실과 고급스러운 화강암

하얏트 리젠시 와이키키 비치 리조트 & 스파
Hyatt Regency Waikiki Beach Resort & Spa
★★★★

40층짜리 쌍둥이 빌딩이 인상적인 이곳은 현재 60여 개의 부티크가 입점해 있어 취향에 따른 쇼핑이 가능하다. 40층 꼭대기의 수영장과 자쿠지, 선탄 시설이 훌륭하다. 1층에서는 매주 금요일 16:30~18:00에 폴리네시안 쇼와 함께 훌라 댄스, 레이 만들기, 사모아인들의 파이어 댄스 등을 만날 수 있다.

Map P.104-C2 | 주소 2424 Kalakaua Ave. Honolulu HI 96815 | 전화 808-923-1234 | 홈페이지 waikiki.hyatt.com | 숙박 요금 $319~ | 리조트 요금 $37(1박) | 인터넷 무료 | 주차 유료(셀프 1박 $50, 발레파킹 1박 $60) | 가는 방법 호놀룰루 국제공항에서 HI-92 E에 진입, 24A Exit(Bingham St.)로 나와 McCully St.가 나올 때까지 직진 후 우회전, 다시 Kalakaua Ave.를 끼고 좌회전 후 직진.

힐튼 하와이안 빌리지 와이키키 비치 리조트
Hilton Hawaiian Village Waikiki Beach Resort
★★★★

리조트 내에 18개의 레스토랑과 카페, 루이비통 등의 명품 매장과 ABC 스토어까지 그야말로 없는 게 없는 곳이다. '빌리지'라는 이름을 사용해도 손색이 없을 만한 복합 리조트로 알리 타워, 레인보우

타워, 빌리지 타워, 타파 타워 등 총 5개의 차별화된 타워로 구성되어 있다. 훌라, 스노클링 등 매일 각종 문화체험 프로그램이 있으며 5개의 수영장뿐 아니라 해수 라군을 끼고 있어 프라이빗한 휴가를 즐기기 좋다. 매주 금요일 저녁에 불꽃놀이를 진행하는 곳으로도 유명하다.

Map P.102-A4 | 주소 2005 Kalia Rd. Honolulu | 전화 808-949-4321 | 홈페이지 www.hiltonhawaiian village.com | 숙박 요금 $276~ | 리조트 요금 $50(1박) | 인터넷 무료 | 주차 유료(셀프 1박 $57, 발레파킹 1박 $67) | 가는 방법 호놀룰루 국제공항에서 HI-92 E에 진입, 우측으로 차선 유지 후 Kalia Rd.를 끼고 우회전하면 오른쪽 위치.

와이키키 비치 메리어트 리조트 & 스파
Waikiki Beach Marriott Resort & Spa
★★★★

25층과 33층, 두 개의 타워로 구성된 곳으로 와이키키 해변을 바라보는 오션뷰와 다이아몬드 헤드

쪽을 바라보는 마운틴뷰가 유명하다. 수영장의 규모가 작긴 하나 길만 건너면 바로 와이키키 해변을 마주할 수 있어 여기를 즐기는 데 부족함이 없다. 1층에 쇼핑몰이 있으며 특히 이탈리안 레스토랑인 '아란치노 디 마레'가 유명하다. 또한 객실 내 욕실과 세면대가 분리되어 있어 편리하다.

Map P.105-E2 | **주소** 2552 Kalakaua Ave. Honolulu | **전화** 808-922-6611 | **홈페이지** www. marriott.com | **숙박 요금** $209~ | **리조트 요금** $37(1박) | **인터넷** $14.95(1박) | **주차** 유료(셀프 1박 $45, 발레파킹 1박 $50) | **가는 방법** 호놀룰루 국제공항에서 HI-92 E에 진입, 24A Exit(Bingham St.)로 나와 McCully St.가 나올 때까지 직진 후 우회전, 다시 Kalakaua Ave.를 끼고 좌회전 후 직진. 쿠히오 비치 파크 Kuhio Beach Park 건너편에 위치.

아울라니-디즈니 리조트 & 스파
Aulani-A Disney Resort & Spa
★★★★

오아후 서쪽에 위치해 와이키키와는 다소 거리가 있지만 한적한 곳에서 여유로운 휴가를 즐기고 싶다면 이곳을 추천한다. 디즈니 리조트라 아기자기한 인테리어를 기대한다면 다소 실망할 수도 있다. 하지만 최근에 지어져 깔끔한 객실을 자랑하며, 워터 슬라이드와 스노클링이 가능한 레인보 리프(추가 요금 $10) 등 놀거리가 모여 있는 워터파크가 압권이다. 레스토랑이 두 군데뿐이라 예약은 필수

이며, 아이와 함께라면 마카히키Makahiki 레스토랑에서 디즈니 캐릭터와 함께 하는 조식 뷔페를 놓치지 말자. 그밖에도 아이들을 위한 엔터테인먼트가 가득하다.

Map P.102-B3 | **주소** 92-1185 Ali'Inui Dr. Kapolei | **전화** 808-674-6200 | **홈페이지** resorts.disney.go.com | **숙박 요금** $593~ | **리조트 요금** 없음 | **인터넷** 무료 | **주차** 유료(셀프 1박 $37, 발레파킹 1박 $37) | **가는 방법** 호놀룰루 국제공항에서 HI-92 E에 진입, 93번 Farrington Hwy.로 진입 후 다시 Ali'Inui Dr. 방향으로 직진.

더 모던 호놀룰루 The Modern Honolulu
★★★★

가성비 좋은 부티크 리조트다. 하와이 대부분의 호텔이 클래식한 분위기라면, 이곳은 이름에 맞게 감각적인 실내 인테리어가 만족도를 높인다. 특히 주말이면 호텔 내 클럽인 어딕션은 핫한 사람들로 붐빌 정도. 와이키키와는 약간 떨어져 있으나 대신 알라 모아나 센터는 도보가 가능할 만큼 가깝다.

Map P.145-E3 | **주소** 1775 Ala Moana Blvd. Honolulu | **전화** 808-943-5800 | **홈페이지** www. themodernhonolulu.com | **숙박 요금** $225~ | **리조트 요금** $34.95(1박) | **인터넷** 무료 | **주차** 유료(1박 발레파킹 $35) | **가는 방법** 호놀룰루 국제공항에서 HI-92 E에 진입. 우측으로 차선 유지하며 직진하면 오른쪽 위치.

아웃리거 리프 온 더 비치
Outrigger Reef On The Beach
★★★★

아웃리거 그룹이 운영하는 특급 호텔로 하와이 전통과 모던한 스타일이 공존하는 호텔. 야외 로비나 정면에 바다가 펼쳐져 환상적인 뷰를 선사한다. 최근 가격대에 따라 선택 가능한 와이키키 베케이션 패키지를 운영해 이슈가 되고 있다. 또한 아웃리거 카누 하우스에서부터 신비로운 해저 사진 등 희귀한 하와이 미술 컬렉션을 모든 객실에 배치, 바다의 정신을 구현했다. 레이 만들기, 훌라 레슨, 우쿨렐레 레슨 등 매일 다채로운 컬처 액티비티가 있는 곳.

Map P.104-B3 | **주소** 2169 Kalia Rd. Honolulu | **전화** 808-923-3111 | **홈페이지** www.outriggerreef-onthebeach.com | **숙박 요금** $395~ | **리조트 요금** $35(1박) | **인터넷** 공용장소에서만 무료 | **주차** 유료(발레파킹 1박 $40) | **가는 방법** 호놀룰루 국제공항에서 1HI-92 E에 진입. 24A Exit(Bingham St.)로 나와 McCully St.가 나올 때까지 직진 후 우회전, 다시 Kalakaua Ave.를 끼고 좌회전 후 직진. 오른쪽에 Beach Walk 방향으로 우회전 후 다시 Kalia Rd. 방향으로 우회전.

터틀 베이 리조트 Turtle Bay Resort
★★★★

와이키키에서 40분가량 차로 이동해야 하는 노스 쇼어에 위치해 있어 조용하게 휴가를 즐기고 싶은 사람들에게 좋다. 사실 이곳은 리조트보다 골프장으로 더 유명한데 1992년 아놀드 파머가 오픈한 아놀드 파머 코스와 1972년 죠지 파지오가 만든 파지오 코스가 있다. 두 코스에서 PGA 터틀 베이 챔피언쉽 경기와 LPGA투어 SBS 오픈이 TV로 중계되면서 널리 알려졌다. 로비 바로 앞에 비치가 위치해 있으며 와이키키의 호텔보다 넓은 풀장을 자랑한다.

Map P.072-C1 | **주소** 57-091 Kamehameha Hwy. Kahuku | **전화** 808-293-6000 | **홈페이지** www.turtlebayresort.com | **숙박 요금** $662~ | **리조트 요금** $49(1박) | **인터넷** 무료 | **주차** 유료(셀프 또는 발레파킹 $35) | **가는 방법** 호놀룰루 국제공항에서 HI-92 W에서 I-H-1W에 진입, HI-99N방면으로 직진하다 8번 출구로 진출. HI-99N방면으로 직진하다 HI-83을 이용해 Kawela Bay 방향으로 직진. Kuilima Dr.를 끼고 좌회전.

하얏트 센트릭 와이키키 비치
Hayatt Centric Waikiki Beach
★★★★

최근에 오픈한 호텔답게 모던하고 감각적인 인테리어가 눈에 띈다. 와이키키 뒷골목에 자리하지만 지리적으로 쇼핑하기 최적화된 장소라고 할 수 있다. 백화점 아웃렛인 노드스트롬 랙과 연결되어 있으며, 인터내셔널 마켓 플레이스와 로스가 도보

2~3분 거리에 있다. 다만 수영장의 규모가 작아 아이들만 이용하기 적당하다. 그외 자쿠지와 선체어는 이용 가능하다.

Map P.104-A2 | **주소** 2349 Seaside Ave. Honolulu | **전화** 808-237-1234 | **홈페이지** www.hyatt.com/ko-KR/hotel/hawaii/hyatt-centric-waikiki-beach/hnlct | **숙박 요금** $264~ | **리조트 요금** $33 | **인터넷** 무료 | **주차** 유료(셀프 $42, 발레파킹 $50) | **가는 방법** 호놀룰루 국제공항에서 I-H-1E에 진입한 뒤 Hi-92E에 합류해 직진한다. Kalakaua Ave.를 끼고 우회전 후 Seaside Ave.를 끼고 좌회전하면 오른쪽에 위치.

일리카이 호텔 & 럭셔리 스위트
Ilikai Hotel & Luxury Suites
★★★

〈하와이 파이브-오〉라는 TV쇼의 오프닝 촬영지로 유명해진 이 호텔은 와이키키 비치 끝, 알라와이 요트 마리나에 자리하고 있다. 호텔은 객실과 콘도미니엄 아파트로 나뉘어져 있으며, 알라 모아나 센터와 가깝다. 다른 호텔에 비해 객실이 넓은 편이

며, 특히 디럭스 룸의 경우 간이 부엌이 잘 되어 있어 가족 여행에 적합하다.

Map P.145-E3 | **주소** 1777 Ala Moana Blvd. Honolulu | **전화** 808-954-7417 | **홈페이지** www.ilikaihotel.com | **숙박 요금** $341~ | **리조트 요금** $25~(1박) | **인터넷** 무료 | **주차** 유료(발레파킹 1박 $28) | **가는 방법** 호놀룰루 국제공항에서 HI-92 E에 진입. 우측으로 차선 유지하며 직진하면 오른쪽 위치.

애스톤 와이키키 비치 호텔
Aston Waikiki Beach Hotel
★★★

최근에 리노베이션을 마쳐 객실 상태가 깔끔하다. 수영장 옆 조식 레스토랑이 크지 않아 객실 내 비치된 비치백에 과일과 음료, 시리얼 등을 따로 준비해 준다. 아침마다 조식 레스토랑에서 라이브로 벌어지는 뮤직과 댄스는 이곳만의 볼거리이기도 하다. 투숙객들에게 1회 DVD를 대여할 수 있는 쿠폰이 제공된다. 아이들은 체크인 시 기프트 세트를 받을 수 있다.

Map P.105-F3 | **주소** 2570 Kalakaua Ave. Honolulu | **전화** 808-922-2511 | **홈페이지** www.astonwaikikibeach.com | **숙박 요금** $260~ | **리조트 요금** $45(1박) | **인터넷** 무료 | **주차** 유료(발레파킹 1박 $45) | **가는 방법** 호놀룰루 국제공항에서 HI-92 E에 진입. 24A Exit(Bingham St.)로 나와 McCully St.가 나올 때까지 직진 후 우회전, 다시 Kalakaua Ave.를 끼고 좌회전 후 직진. 쿠히오 비치 파크 Kuhio Beach Park 건너편에 위치.

더 리츠 칼튼 레지던스, 와이키키 비치 호텔
The Ritz-Carlton Residence, Waikiki Beach
★★★★★

와이키키 초입에 위치해 조용하게 휴식을 취하기 안성맞춤이다. 2개의 동이 연결되어 있는 구조로, 개별 카바나 Cabana를 갖춘 2개의 인피니티 풀과 함께 와이키키에서 가장 많은 럭셔리 스위트룸을 보유하고 있다. 리조트 내에는 브런치 카페 딘 & 델 루카, 유명 레스토랑 스시쇼, 아일랜드 컨트리 마켓 등이 있다. 특히, 할리우드 스타들의 개인 트레이너로도 유명한 할리 파스테르나크 Harley Pasternak가 디자인한 24시 피트니스 센터가 인기다.

Map P.103-D2 | 주소 383 Kalaimoku St. Honolulu

| 전화 808-922-8111 | 홈페이지 www.ritzcarlton. com/en/hotels/hawaii/waikiki | 숙박 요금 $610~ | 리조트 요금 무료 | 인터넷 무료 | 주차 유료(발레파킹 1박 $40) | 가는 방법 호놀룰루 국제공항에서 HI-92 E에 진입, 오른쪽 McCully St.에서 우회전, 11번 Fwy.를 타고 직진, 23번 출구로 진출. Kalakaua Ave. 방향으로 직진하다 Kalaimoku St.방면으로 좌회전. 오른쪽에 위치.

Mia's Advice

최근 와이키키 인근에는 가성비 높고 새로 리노베이션해 깔끔한 호텔들이 인기를 얻고 있어요. 규모가 작고 와이키키 비치에서 살짝 떨어져있는 대신, 내부에 팬시한 카페가 입점해 있거나 개성 강한 객실 인테리어를 자랑하고 있죠. 더 레이로우 오토그라피 컬렉션 The Laylow Autography Collection, 힐튼 가든 인 와이키키 비치 Hilton Garden Inn Beach, 서프잭 호텔 & 스윔 클럽 Surf Jack & Swim Club, 퀸 카피올라니 호텔 Queen Kapiolani Hotel 등이 대표적이랍니다.

알로힐라니 리조트 'Alohilani Resort
★★★★

2018년 5월 오픈한 호텔로 최고급 시설을 자랑한다. 쿠히오 비치와 와이키키 비치를 마주하고 있는 위치로 여행자들에게 지리적으로 편리하다. 빛나는 수상 경력을 자랑하는 데이비드 로크웰 David Rockwell이 디자인해 로비와 객실, 편의시설들은 모던하면서도 세련된 분위기를 자아낸다. 성인들을 위한 인피니티 풀과 어린이 수영장이 마련되어 있어 가족 여행객에게 인기가 많으며, 예술적이면서도 섬세한 분위기 덕분에 인플루언서들이 즐겨 찾는다.

Map P.103-E2 | 주소 2490 kalakaua Ave., Honolulu | 전화 808-922-1233 | 홈페이지 kr.alohilaniresort.com | 숙박 요금 $335~ | 리조트 요금 $48(1박) | 인터넷 무료 | 주차 유료(셀프 1박 $48, 발레파킹 1박 $55) | 가는 방법 호놀룰루 국제 공항에서 HI-92E에 진입. 우측 차선을 유지하며 직진 후 Kalakaua Ave.를 끼고 좌회전. 맥도날드 지나자마자 오른쪽에 위치.

쇼어라인 Shoreline
★★★

저가 호텔 라인 중 한 곳으로, 최근 리노베이션을 해 내부가 깔끔하고, 1층 헤브린의 조식도 평이 좋

은 편이다. 뿐만 아니라 크랩 전문 레스토랑인 크랙킨 키친과 저렴한 쇼핑몰 로스 Ross, 하와이에서 스팸 무수비로 유명한 무수비 & 벤또 이야스메도 가까이에 있어 지리적으로 편리하다.

Map P.103-F2 | 주소 342 Seaside Ave. Honolulu | 전화 808-931-2444 | 홈페이지 www. shorelineislandresort.com | 숙박 요금 $179~ | 리조트 요금 $35.39(1박) | 인터넷 무료 | 주차 유료(발레파킹 $45) | 가는 방법 호놀룰루 국제공항에서 I-H-1E에 진입 후 HI-92E에 합류해 직진한다. Kalakaua Ave.를 끼고 우회전 후 Seaside Ave.를 끼고 좌회전하면 왼쪽에 위치.

쉐라톤 프린세스 카이울라니
Sheraton Princess Kaiulani
★★★

하와이의 마지막 공주인 빅토리아 카이울라니가 거주했던 곳으로 역사적으로도 의미 있는 호텔. 피카케 테라스 Pikake Terrace에서 식사 시 동반 어린이의 식사가 무료로 제공되며, 전문 포토그래퍼의 사진 촬영과 기념사진 1회(4x6 사이즈) 인화, 국제전화 1일 60분 무료 통화, 시내전화 무제한 무료 서비스를 제공한다.

Map P.104-B2 | 주소 120 Kaiulani Ave. Honolulu | 전화 808-922-5811 | 홈페이지 kr.princess-kaiulani. com(한국어 지원) | 숙박 요금 $249~ | 리조트 요금 $34.55 | 인터넷 무료 | 주차 유료(셀프 1박 $35) | 가는 방법 호놀룰루 국제공항에서 HI-92 E에 진입. 24A Exit(Bingham St.)로 나와 McCully St.가 나올 때까지 직진 후 우회전. 다시 Kalakaua Ave.를 끼고 좌회전 후 직진. 왼쪽 Kaiulanw Ave.를 끼고 좌회전 후 왼쪽에 위치.

가슴이 터질 듯한 자연 앞에서 누리는 휴식

감탄사가 쏟아질 정도로 곳곳에 아름다운 자연을 가지고 있는 마우이. 하지만 마우이 여행에
앞서 내가 원하는 것이 무엇인지를 제대로 아는 것이 가장 중요하다. 마우이에서는 길가에 잠
시 차를 세워두고 해변에서 수영을 즐기는 현지인들을 흔히 볼 수 있다. 그만큼 해변도 많고
이용객도 적어, 주말이 아니라면 퍼블릭 비치에서도 나만의 시간을 자유롭게 보낼 수 있다.
쇼핑을 원한다면, 리조트 단지 내에 있는 숍스 앳 와일레아 Shops at Wailea나 웨일러스
빌리지 Whalers Village에서 시간을 보내는 것도 좋다. 마우이에서만 만날 수 있는 패션 브
랜드는 물론이고 명품 매장도 함께 있어 시간 가는 줄 모른다. 게다가 2013년 12월, 라하
이나 지역에 아울렛이 오픈하면서 쇼핑의 폭이 보다 넓어졌다. 액티브하게 워터 스포츠를 즐
기고 싶다면, 몰로키니에서 스노클링을 하는 것도 방법. 자연을 사랑하는 사람이라면, 미국
인들조차 정복해야 하는 곳으로 꼽는 하나 지역을 드라이브 코스로 선택하거나 할레아칼라
국립공원에서 해돋이를 감상하는 것도 좋다. 마우이만의 순수한 지역 색을 느끼고 싶다면,
카우보이 마을 마카와오나 하나로 향하기 전 들르는 마지막 마을 파이아를 추천한다. 아침부
터 저녁까지 관광객으로 북적거리는 라하이나 항구에서는 가슴 벅찬 일몰도 빼놓을 수 없다.
이 중에 가장 원하는 것, 보고 싶은 것, 즐기고 싶은 것 위주로 계획을 짠다면 마우이를 누구
보다 잘 즐길 수 있을 것이다. Just go, feel it!

마우이 섬
기본 정보

ALL ABOUT MAUI

호노코하우
카팔루아 P.248
나필리
카하나
호노코와이 카팔루아 공항
카아나팔리 P.256
푸우쿠이 산
라하이나 P.266 이아오 계곡
카훌루이~와일루쿠 P.310
와이헤에
카훌루이 국제공항
와일루쿠 카훌루이
와이카푸
올로왈루
마알라에아 P.293 키헤이 P.2
와일레아 P.30
마케

최고의 일출 명소로 손꼽히는 할레아칼라, 전 세계 골프 팬들의 워너비 장소 카아나팔리, 호화 리조트가 모여 있는 와일레아, 지상 낙원으로 손꼽히는 하나까지. 마우이는 현지인들조차 동경하는 섬이다. 때 묻지 않은 순수한 자연과 현지인들의 실제 삶을 있는 그대로 만나볼 수 있는 섬으로, 하와이 제도 가운데 빅 아일랜드 다음으로 큰 섬이다. 볼거리가 섬 전체에 퍼져 있어 알차고 꼼꼼하게 계획을 짜야 하며, 3~4일 정도로 일정을 잡는 것이 좋다.

지형 마스터하기

마우이는 원래 2개의 섬이었으나 동쪽에 해발 3,055m인 할레아칼라 산의 분화로 섬이 이어져 현재와 같은 표주박 모양의 섬이 되었다. 마우이는 리조트가 최초로 개발된 카아나팔리부터 카팔루아, 마우이 최고의 번화가인 라하이나, 해양 스포츠의 거점인 마알라에아와 키헤이, 고급 호텔과 골프장이 몰려 있는 와일레아, 세계 최대 휴화산인 할레아칼라, 순수한 자연을 만날 수 있는 하나, 윈드서핑의 메카인 파이아, 행정 중심지인 카훌루이와 와일루쿠 등으로 나뉜다.

날씨

연간 23~29℃ 정도로, 기온 변화는 크지 않다. 해안가의 리조트 지역은 강수량이 적어 휴가를 지내기에 최고의 조건을 갖췄다. 4~11월에 기온이 가장 높고, 12~3월은 약간 선선한 편으로 연중 날씨가 쾌적한 것이 특징이다. 다만 마우이 동쪽에 위치한 하나는 무역풍의 영향으로 강수량이 많으니 여행 일정 중 날씨를 체크하며 스케줄을 짜는 것이 좋다.

공항

한국에서 마우이로 가는 직항 노선이 없으므로 호놀룰루 국제공항에서 주내선으로 갈아타야 한다. 마우이에는 3개의 공항이 있다. 메인 공항인 카훌루이 국제공항 Kahului International Airport과 인근 지역에서 출퇴근 하는 주민을 위한 카팔루아 공항 Kapalua Airport, 하나 공항 Hana Airport이다. 여행객들은 대부분 카훌루이 국제공항을 이용하며, 오아후의 호놀룰루 국제공항에서 약 30분가량 소요된다.

공항에서 주변까지 소요시간

카훌루이 국제공항에서 키헤이나 와일레아, 마케나까지는 25~35분, 카팔루아나 카아나팔리, 라하이나 등은 1시간을 넘지 않는다. 하지만 할레아칼라 국립공원은 1시간 30분이 족히 소요되며, 자연이 그대로 보존된 하나 지역으로 가는 길은 편도만 3시간 걸리므로 넉넉하게 시간 여유를 두는 것이 좋다. 하나 지역을 일정에 넣으려면 하루를 꼬박 투자하는 것이 좋다.

파우웰라

이아 P.319

카일루아 360

카마와오 P.325 365

와일루아

업컨트리

하나 공항 360

할레아칼라 P.334 377

카이아코아

하나 P.338

쿨라 P.329

할레아칼라 국립공원

하모아

무올레아 31

레드 힐

코알리

모칼라우

키파훌루

카우포 31

마우이 섬 1일 예산

- **숙박비(1박, 2인)** $500~700
- **교통비(소형 렌터카)** $100
- **식사(1인 3식)**
  브렉퍼스트 $25, 런치 $25, 디너 $50
- **액티비티(1인)** $150~
- **예상 1인 총 경비**(쇼핑 예산 제외)
  약 $650(한화 약 85만 5,400원, 2022년 7월 기준)

알아
두세요

마우이의 역사

18세기 말 카메하메하 대왕이 하와이 제도를 통일하고, 마우이의 라하이나를 하와이 왕국의 수도로 정했어요. 라하이나항은 미국의 고래잡이배들이 모여 들면서 포경업(고래잡이) 기지가 되었는데, 덕분에 지금까지도 겨울만 되면 고래를 볼 수 있는 액티비티가 인기를 얻고 있죠. 1845년 수도를 오아후의 호놀룰루로 옮긴 뒤에도 마우이는 여전히 포경업과 더불어 번영했지만, 1860년대부터 쇠퇴하기 시작했습니다. 하지만 사탕수수 중심 산업으로 부흥을 꾀한 역사도 가지고 있답니다. 과거에 사탕수수를 태워 달리던 열차가 지금은 마우이를 찾은 관광객들을 싣고 달리며 또 다른 경험을 선사하고 있습니다. 그후 라하이나는 1962년 역사보호지구로 지정되면서 전 세계 관광객들의 많은 주목을 받게 되었고, 카아나팔리는 첫 리조트 호텔이 문을 연 이후 리조트 개발이 계속되고 있는 중이랍니다.

누구와 함께라면 즐거울까

마우이는 다른 이웃 섬에 비해 해변이 많아 윈드서핑이나 스노클링 등 해양 스포츠를 즐기는 사람들에게 더할 나위 없이 좋은 휴가지다. 뿐만 아니라 오아후에 비해 한적하고 주차가 편해, 조용하게 휴가를 즐기고 싶은 사람들이라면 마우이의 매력에 흠뻑 빠질 것이다.

여행 시 챙겨야 하는 필수품

마우이는 렌터카를 이용하는 일정이 많은 만큼 지리를 잘 알아두는 것이 필수다. 물론 한국어 서비스가 가능한 내비게이션이 있지만, 보다 알차게 일정을 짜려면 마우이 지도는 필수! 내비게이션 주소가 정확히 입력되지 않거나 없는 주소로 뜨는 관광지도 있어 대략 근처 지형을 파악해 두는 것이 좋다. 할레아칼라의 정상에서 해돋이를 맞이하고 싶다면 운동화와 긴팔 의상은 필수! 주의하지 않으면 한여름에도 자칫 감기에 걸리기 쉽다.

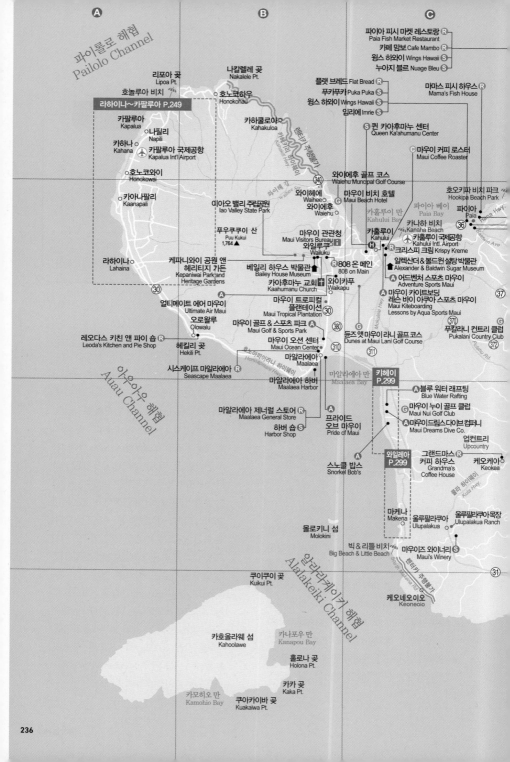

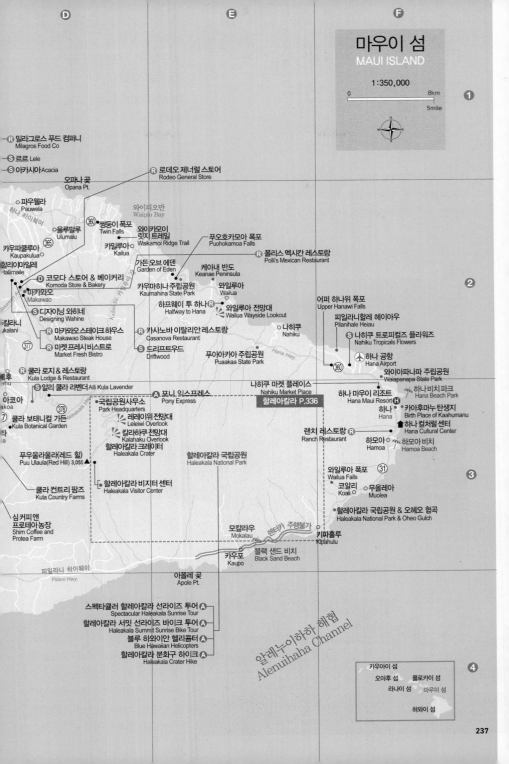

마우이 섬
MAUI ISLAND

1:350,000

0   8km
       5mile

D

E

F

① ⑧ 밀라그로스 푸드 컴퍼니
Milagros Food Co

⑤ 르르 Lele

⑤ 아카시아 Acacia

로데오 제너럴 스토어
Rodeo General Store

오파나 곶
Opana Pt.

와이피오만
Waipio Bay

하나 하이웨이

파우웰라
Pauwela

울루말루
Ulumalu

쌍둥이 폭포
Twin Falls

와이카모이
릿지 트레일
Waikamoi Ridge Trail

푸오호카모아 폭포
Puohokamoa Falls

카일루아
Kailua

카우파쿨루아
Kaupakulua

365

360

폴리스 멕시칸 레스토랑
Polli's Mexican Restaurant

할리이마일레
Haliimaile

가든 오브 에덴
Garden of Eden

케아내 반도
Keanae Peninsula

Ⓓ 코모다 스토어 & 베이커리
Komoda Store & Bakery

카우마히나 주립공원
Kaumahina State Park

와일루아
Wailua

마카와오
Makawao

하프웨이 투 하나
Halfway to Hana

Ⓡ 와일루아 전망대
Wailua Wayside Lookout

어퍼 하나위 폭포
Upper Hanawi Falls

Ⓓ 디자이닝 와히네
Designing Wahine

카사노바 이탈리안 레스토랑
Casanova Restaurant

나히쿠
Nahiku

피일라니할레 헤이아우
Pilanihale Heiau

칼라니
Kalani

마카와오 스테이크 하우스
Makawao Steak House

Ⓢ 드리프트우드
Driftwood

푸아아카아 주립공원
Puaakaa State Park

Ⓢ 나히쿠 트로피컬스 플라워즈
Nahiku Tropicals Flowers

마켓 프레시 비스트로
Market Fresh Bistro

377

하나 공항
Hana Airport

Ⓡ 쿨라 로지 & 레스토랑
Kula Lodge & Restaurant

나히쿠 마켓 플레이스
Nahiku Market Place

와이아파나파 주립공원
Waianapapa State Park

아코아

Ⓢ 알리 쿨라 라벤더 Alli Kula Lavender

378

쿨라 보태니컬 가든
Kula Botanical Garden

Ⓐ 포니 익스프레스
Pony Express

할레아칼라 P.336

하나 마우이 리조트
Hana Maui Resort

하나비치 파크
Hana Beach Park

Ⓗ

국립공원사무소
Park Headquarters

하나
Hana

카아후마누 탄생지
Birth Place of Kaahumanu

레레이위 전망대
Leleiwi Overlook

칼라하쿠 전망대
Kalahaku Overlook

할레아칼라 크레이터
Haleakala Crater

푸우울라울라(레드 힐)
Puu Ulaula(Red Hill) 3,055

할레아칼라 국립공원
Haleakala National Park

랜치 레스토랑
Ranch Restaurant

하나 컬처럴 센터
Hana Cultural Center

하모아
Hamoa

하모아 비치
Hamoa Beach

쿨라 컨트리 팜즈
Kula Country Farms

할레아칼라 비지터 센터
Haleakala Visitor Center

와일루아 폭포
Wailua Falls

31

심커피앤
프로테아농장
Shim Coffee and
Protea Farm

코알리
Koali

무올레아
Muolea

할레아칼라 국립공원 & 오헤오 협곡
Haleakala National Park & Oheo Gulch

모칼라우
Mokalau

렌터카 주행불가

키파훌루
Kipahulu

피일라니 하이웨이
Piilani Hwy.

카우포
Kaupo

블랙 샌드 비치
Black Sand Beach

아폴레 곶
Apole Pt.

스펙타큘러 할레아칼라 선라이즈 투어
Spectacular Haleakala Sunrise Tour Ⓐ

할레아칼라 서밋 선라이즈 바이크 투어
Haleakala Summit Sunrise Bike Tour Ⓐ

블루 하와이안 헬리콥터
Blue Hawaiian Helicopters Ⓐ

할레아칼라 분화구 하이크
Haleakala Crater Hike Ⓐ

알레누이하하 해협
Alenuihaha Channel

①

②

③

④

카우아이 섬
오아후 섬   몰로카이 섬
라나이 섬   마우이 섬
하와이 섬

237

마우이 섬에서 꼭 즐겨야 할 BEST 5

BEST 5

할레아칼라 정상에서 일출 보기, 하나 지역 드라이브 하기, 해변에서의 액티비티까지. 하와이 제도 마우이에 두 번째로 많은 여행자들이 모이는 이유다.

누구에게나 도전정신을 불러일으키는 하나

하나로 가는 길은 쉽지 않지만, 독특한 경험을 선사한다. 드라이브 하다 불현 듯 인적이 드문 해변이나 폭포, 대규모의 식물원과 주립공원을 마주하게 된다. 가던 길을 멈추고 폭포 아래 혹은 바다로 몸을 던져 수영을 해보자. 하나까지 다 다르게 되면 지나온 길들이 주마등처럼 스쳐 지나는, 누구나 선뜻 출발하지 못 하지만 다녀온 사람만이 아는 그런 매력 이 있다.

BEST 1

BEST 2

올드 타운 산책 파이아와 마카와오

마우이에는 작고 아담한 마을 파이아와 마카와오가 있다. 마을이 크지 않아 가 볍게 둘러보기 좋고 매력적인 건물들이 많아 여행자들에게는 색다른 감성을 불 러일으키기 좋다. 맛집으로 소문난 오 래된 레스토랑과 함께 최근에는 감각 있는 인테리어숍과 패션숍이 오픈하면 서 보다 활기를 띠고 있다.

라벤더 농장에서 힐링 타임

BEST
3

푸른 들판에 펼쳐진 라벤더의 보라빛과 코끝으로 전해져오는 라벤더 향이 스트레스를 날려줄 거라는 현지인의 말 한마디에 매혹되어 방문한 알리 쿨라 라벤더 농장. 결과는 대만족! 이른 아침 출발하면 이슬을 머금은 라벤더의 매력에 흠뻑 취하게 될 것이다. 라벤더 화장품을 비롯해 라벤더 커피나 라벤더 쿠키까지 그야말로 다양한 제품군을 자랑한다. 이제는 하와이 대표 기념품이 되어 오아후의 KCC 파머스 마켓에서도 이곳의 제품을 만날 수 있다.

BEST
4

눈이 즐거워지는
웨일 워칭 투어

매년 12~4월에만 할 수 있는 하와이의 특별한 액티비티는 바로 혹등고래 관찰 투어다. 혹등고래는 출산을 위해 알래스카를 떠나 따뜻한 하와이 지역을 찾아온다. 하와이 제도 가운데 마우이는 특히 혹등고래를 관찰하기 제일 좋다. 라하이나, 미알라에아, 마케나에서 출발하는 프로그램이 다양하며, 가격도 저렴하다. 2월에는 고래 축제가 마우이 곳곳에서 열린다.

BEST
5

몰로키니에서는 스노클링,
호오키파 비치에서는 서핑!

마우이 인근에는 몰로키니라는 초승달 모양의 섬이 있다. 배를 타고 또 다른 섬을 구경하는 재미가 쏠쏠한 데다 산호초와 열대어가 가득해 마우이에서 가장 많은 업체들이 액티비티를 진행하고 있다. 그런가 하면 윈드서핑이나 서핑 등 레포츠를 즐기는 사람들에게는 마우이의 호오키파 비치가 제격이다.

©하와이 관광청

마우이 섬 먹거리 아이템
BEST ITEM

미식가들을 설레게 하는 섬, 오로지 마우이에서만 경험할 수 있는 특별한 맛이 있다. 마우이에서 안 사면 후회하는 아이템은 별로 없어도, 안 먹으면 후회하는 먹거리는 꽤 된다.

바나나 브레드 Banana Bread

천안의 호두과자처럼, 마우이를 찾는 전 세계 여행자들이 찾는 빵이 있다. 바로 쫀득한 식감이 일품인 바나나 브레드. 바나나를 넣어 달콤한 이 빵은 허기질 때 요긴하게 배를 채울 수 있다.

파인애플 와인
Pineapple Wine

할레아칼라 국립공원 근처에 위치한 마우이즈 와이너리에는 마우이에서만 만날 수 있는 특별한 와인이 모여 있다. 그중에서도 가장 인상적인 것은 지역적 특산물을 이용한 파인애플 와인.

시나몬 롤 Cinamon Roll

사탕수수의 본고장답게 달콤한 시럽의 매력을 100% 느낄 수 있는 디저트, 시나몬 롤. 키헤이 지역에서 자그마하게 운영되는 시나몬 롤 페어에서는 다양한 종류의 시나몬을 만날 수 있다.

크리스피 크림 도넛
Krispy Kreme Donuts

한국인들에게는 시시하게 들릴지 모르겠지만 하와이 사람들은 꼭 빼놓지 않고 들르는 코스가 있으니, 바로 크리스피 크림 도넛 매장이다. 하와이 전체를 통틀어 유일하게 마우이의 공항 근처에 위치해 있어 오후 사람들이 기념품으로 구매해 갈 정도.

Mia's Advice

와이키키에서 유명한 치즈버거 인 파라다이스(P.124)는 마우이의 라하이나 지역이 오리지널이랍니다. 원조 수제버거의 맛을 느끼고 싶다면 라하이나의 치즈버거 인 파라다이스(Map P.268-A2, 주소 811 Front St. Lahaina)를 놓치지 마세요.

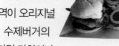

나만의 여행 코스

BEST COURSE

마우이는 대부분 렌터카 투어를 하는 편이다. 운전이 불가능하다면, 리조트에서 운영하는 무료 셔틀버스를 이용해 코스로 짜는 것도 좋다. (여행 코스에서 제시된 예상 비용은 2022년 7월 기준으로 다소 변동이 있을 수 있습니다)

드라이브 코스 2박 3일

1 Day

공항 → 이아오 밸리 주립공원 → 작은 비치 파크 →라하이나(일몰 감상 → 저녁)

공항에서 나와 이아오 밸리의 장관을 감상한 뒤 Honoapiilani Hwy.를 타고 해안선을 따라 펼쳐지는 작은 비치 파크를 돌아보며 시간을 보낸다. 그런 뒤 라하이나에서 일몰을 감상하고 근처 레스토랑에서 근사한 저녁식사를 하며 마무리한다.

예상 비용(1인) 렌터카 $100(소형차 보험 & 내비게이션 포함), 이아오 밸리 주립공원 주차비 $5

2 Day

할레아칼라 → 마우이즈 와이너리 → 쿨라

이른 아침에 출발해 할레아칼라를 가볍게 둘러보고, 근처 마우이즈 와이너리와 쿨라 지역까지 돌아본다. 할레아칼라에서 해돋이를 보려면, 새벽 2~3시에는 기상해야 가능하기 때문에 몸의 컨디션을 잘 살피는 것이 중요하다.

예상 비용(1인) 렌터카 $100(소형차 보험 & 내비게이션 포함), 알리 쿨라 라벤더 입장료 $3

3 Day

파이아 → 하나 → 오헤오 협곡

서퍼들의 동네로 통하는 파이아에는 곳곳에 괜찮은 레스토랑과 카페가 모여 있다. 또한 하나로 가기 전 통과하는 마지막 동네이기도 하다. 파이아에서 시작해 하나로 이어지는 험난하면서 감동이 숨어 있는 길을 만나보자. 하나 남쪽에서 마주치는 할레아칼라 국립공원 내 오헤오 협곡은 천연 풀장으로 통한다. 이곳에서 짬을 내 수영을 즐겨보자.

예상 비용(1인) 렌터카 $100(소형차 보험 & 내비게이션 포함), 할레아 칼라 국립공원 입장료 $15, 주차비 $30

+1 Day

하루 일정이 더 추가된다면 하와이안 카우보이 마을로 번영했던 마카와오 동네를 방문해보자. 곳곳에 멋진 갤러리들이 늘어서 있어 산책하는 즐거움이 있다.

나필리 베이 → 블랙 락 → 웨일러스 빌리지

1 Day

마우이의 왼쪽 상단에 위치한 나필리 베이는 한적하면서도 스노클링을 즐기기 좋은 곳으로, 반나절의 시간도 아깝지 않다. 더 다이내믹한 볼거리를 원한다면 카아나팔리 리조트 단지에 있는 블랙 락으로 향하자. 다이빙하는 사람들을 눈앞에서 라이브로 감상할 수 있다. 수영이 끝난 뒤, 웨일러스 빌리지에서 쇼핑과 식사를 겸한다.

예상 비용(1인) 렌터카 $100(소형차 보험 & 내비게이션 포함)

라하이나(더 아웃렛 오브 마우이 → 라하이나 하버)

2 Day

라하이나는 하루 종일 투자해도 시간이 아깝지 않을 만큼 매력적인 곳이다. 게다가 최근에 아웃렛(더 아웃렛 오브 마우이)까지 오픈해 즐거움을 더한다. 오아후의 와이켈레 프리미엄 아웃렛보다 규모는 작아도 브랜드별로 다양한 제품군을 비치해두었다. 오전에는 아웃렛을 쇼핑한 뒤 오후에는 라하이나 항구 주변으로 하와이 왕조와 기독교 선교사에 얽힌 유적들을 둘러본다.

예상 비용(1인) 렌터카 $100(소형차 보험 & 내비게이션 포함)

와일레아 비치 파크 → 숍스 앳 와일레아

3 Day

와일레아는 호텔과 골프장, 쇼핑 센터가 모여 있는 고급 리조트 단지다. 파도가 높아 서퍼들에게 인기가 좋은 와일레아 비치 파크와 근처 숍스 앳 와일레아를 둘러보면 어느새 시간이 부족하게 느껴질 정도. 특히 숍스 앳 와일레아 내에는 유명한 레스토랑이 모여 있으니 저녁을 이곳에서 해결해도 좋다.

예상 비용(1인) 렌터카 $100(소형차 보험 & 내비게이션 포함)

+1 Day

하루 일정이 더 추가된다면 몰로키니 투어를 선택해도 좋다. 최근에는 인기가 다소 식는 분위기지만 마우이와 바로 이웃한 초생달 모양의 몰로키니 섬은 또 다른 하와이의 분위기를 느낄 수 있다. 마알라에아 항구에서 출발하는 배를 타고 약 1시간 거리에 있다. 스노클링 등의 해양 스포츠를 즐길 수 있다.

예상 비용(1인) 업체와 프로그램에 따라 다르며 약 $100

마우이 섬을 즐기는 노하우

HOW TO ENJOY MAUI

1 해양 스포츠를 좋아하는 사람에게는 마우이가 최고!

윈드서핑을 하려면 공항 근처 파이아 지역의 호오키파 비치가 좋고, 몰로키니에서 스노클링을 즐기고 싶다면 라하이나나 마알라에아 항구에서 출발하는 것이 좋다. 유명하지 않아도 곳곳에 비치가 많은 것이 마우이의 특징. 겨울에 여행한다면 고래 관찰 투어만큼은 놓치지 말 것!

2 무료 잡지 100% 활용

〈101 Things To Do〉, 〈Driving Magazine〉 등 공항 혹은 렌터카 업체에서 제공하는 무료 잡지를 활용하자. 최신 여행 정보뿐 아니라 지명과 주소 등이 내비게이션을 이용할 때 도움된다. 라하이나, 와일레아 등은 워낙 맛집이 많아 따로 잡지를 제작할 정도. 호텔이나 인근 쇼핑 센터에서 잡지를 구할 수 있다.

3 해피 아워에 이용하는 푸푸스의 매력!

14:00 이후에 시작되는 해피 아워에는 식사 대신 간단한 칵테일이나 알코올 음료와 함께 즐기기 좋은 안주 개념의 메뉴인 푸푸스 Pupus를 즐겨보자. 전체적으로 양이 많지는 않지만 가격이 저렴하고 3~4가지 메뉴를 주문해 다양하게 맛볼 수 있다는 장점이 있다.

4 마우이에서 훌라 무료 공연을 감상하세요!

라하이나 캐너리 몰, 마우이 몰 센터, 웨일러스 빌리지, 퀸 카아후마누 센터 등 마우이 곳곳의 쇼핑 몰에서는 주말에 무료로 볼 수 있는 공연이 많아요. 공연 일정을 확인해서 특별한 문화 활동을 즐겨보세요.

마우이 섬 대중교통 A to Z

마우이의 리조트들은 대부분 주변 쇼핑 센터를 잇는 셔틀버스를 따로 운행하며 여행자들이 편리하게 이동할 수 있도록 배려하고 있다. 쇼핑 센터 외에 관광 명소는 택시나 렌터카를 이용해 이동하는 것이 좋다. 버스는 다른 교통수단에 비해 시간이 다소 오래 걸릴 수 있으니 여행 일정을 넉넉하게 잡은 경우가 아니라면 피하는 것이 좋다.

마우이 버스 Maui Bus

마우이 버스는 현지 여행 업체인 '로버트 하와이 Robert Hawaii'와 마우이 행정기관이 운행하고 있는 공공 버스다. 라하이나, 카아나팔리, 와일레아, 업 컨트리 등을 오가고 있다. 요금은 1회 $2로 저렴하게 이용할 수 있다. 데일리 패스 Daily Pass는 $4이다. 마우이에는 총 12개의 노선이 있다. 운행 시간은 노선에 따라 다르나 대략 06:00에 시작해 20:00~21:00 사이에 종료된다. 버스의 생김새도 조금씩 다르나 모두 '마우이 버스'로 통칭되고 있으며, 버스 노선표와 스케줄은 홈페이지를 통해 자세하게 알 수 있다. 자연경관이 훌륭한 쿨라 지역으로 가는 노선도 있으니 참고하자.

- **문의** 808-871-4838
- **홈페이지** www.mauicounty.gov/605/Bus-Service-Information

▶ 주요 버스 노선도

번호 (메인 지역)	주요 정거장
5 (카훌루이 Kahului)	퀸 카아후마누 센터 Queen Ka'ahumanu Center-루아나 가든 Luana Garden-퀸 카후마누 센터 Queen Ka'humanu Center
10 (키헤이 Kihei)	퀸 카후마누 센터 Queen Ka'ahumanu Center-카마올레 비치 III Kamaole Beach III-피이라니 빌리지 쇼핑 센터 Pi'ilani Village Shoping Center
20 (라하이나 Lahaina)	퀸 카후마누 센터 Queen Ka'ahumanu Center-마알라에아 하버 빌리지 Ma'alaea Harbor Village-워프 시네마 센터 Wharf Cinema Center
25 (카아나팔리 Ka'anapali)	워프 시네마 센터Wharf Cinema Center-라하이나 캐너리 몰 Lahaina Cannery Mall-웨일러스 빌리지 Whalers Village
39 (쿨라 Kula)	퀸 카후마누 센터 Queen Ka'ahumanu Center-쿨라 하드웨어 Kula Hardware-쿨라말루 타운 센터 Kulamalu Town Center

카아나팔리 트롤리 Kaanapali Trolley

카아나팔리에는 단지 내 리조트들을 순환하는 트롤리가 있다. 10:00~22:00까지, 20~30분 간격으로 운행하며 무료로 탑승할 수 있다. 카아나팔리의 최대 쇼핑 단지인 웨일러스 빌리지 정문에 카아나팔리 트롤리 시간표가 있으니 참고하면 된다.

• 문의 808-667-0648

웨일러스 빌리지 & 웨스틴 호텔 Whalers Village & Westin Hotel	마우이 메리어트 & 하얏트 Maui Marriott & Hyatt	카아나팔리 골프 코스 Kaanapali Golf Course	마우이 카아나팔리 빌라스 Maui Kaanapali Villas	로열 라하이나 마우이 엘도라도 페어웨이 숍스 Royal Lahaina Maui Eldorado Fairway Shops	쉐라톤 & 카아나팔리 비치 호텔 Sheraton & Kaanapali Beach Hotel
10:00	10:02	10:07	10:15	10:20	10:25
10:30	10:32	10:37	10:45	10:50	10:55
11:00	11:02	11:07	11:15	11:20	11:25
11:30	11:32	11:37	11:45	11:50	11:55
12:00*					
13:00	13:02	13:07	13:15	13:20	13:25
13:30	13:32	13:37	13:45	13:50	13:55
14:00	14:02	14:07	14:15	14:20	14:25
14:30	14:32	14:37	14:45	14:50	14:55
15:00	15:02	15:07	15:15	15:20	15:25
15:30*					
16:00	16:02	16:07	16:15	16:20	16:25
16:30	16:32	16:37	16:45	16:50	16:55
17:00	17:02	17:07		17:20	17:25
17:30	17:32	17:37	17:45	17:50	17:55
18:00	18:02		18:15	18:20	18:25
18:30*					
			로이스 레스토랑 파라다이스 그릴 Roy's Restaurant Paradise Grill		
19:00	19:02	19:07	19:15	19:20	19:25
19:30	19:32	19:37	19:45	19:50	19:55
20:00	20:02	20:07	20:15	20:20	20:25
20:30	20:32	20:37	20:45	20:50	
21:00	21:02	21:07	21:15	21:20	21:25
21:30*					

* 표시는 해당 정류장에서 하차만 가능, 승차 불가.

Mia's Advice

리조트의 무료 셔틀을 잘 활용할 것!

렌터카를 이용하는 경우라면 상관없지만, 렌터카 없이 마우이를 여행하는 경 우라면 묵고 있는 숙소의 컨시어지 Concierge 에 문의해 무료 셔틀이 있는지 확인해보세요. 마우이에는 와일레아, 카팔루아 등 커다란 리조트 단지 내를 순환하는 무료 셔틀버스가 있답니다. 이를 이용해 관광지나 쇼핑센터, 인근 비치를 가는 것도 방법이죠.

택시 Taxi

택시를 이용할 경우에는 직접 택시 업체에 전화를 걸어야 한다. 우리나라의 콜택시와 같은 개념으로 이해하면 쉽다. 마우이에서는 지나가는 택시를 잡기 힘들 뿐더러, 택시가 눈에 잘 띄지도 않기 때문인데, 호텔에 묵고 있다면 컨시어지에, 레스토랑이

• 문의 CB 택시 마우이 808-243-8294
Wailea Taxi 808-250-2848
Kihei Taxi 808-298-1877
24 Hour Maui Airport Taxi
808-633-0257
Maui Airport Taxi-Shuttle
808-877-2002

나 상점에서 택시를 타고자 한다면 점원에게 택시를 요청하면 불러준다.

렌터카 Rent a Car

마우이를 가장 편리하게 여행할 수 있는 방법은 렌터카를 타고 이동하는 것이다. 주로 여행자들이 많이 이용한다. 대부분 마우이 여행 일정이 오아후보다 짧기 때문에, 보통 카훌루이 국제공항에서 픽업하고 반납하면서 여행을 마무리한다.

▶ 마우이 섬의 주요 렌터카 업체

＋ 달러 렌터카 Dollar Rent a Car
• 위치 946 Mokuea Pl. Kahului
• 문의 866-434-2226, www.dollar.com

＋ 알라모 렌터카 Alamo Rent a Car
• 위치 905 W Mokuea Pl. Kahului
• 문의 888-826-6893, www.alamo.com

＋ 에이비스 렌터카 Avis Rent a Car
• 위치 884 W Mokuea Pl. Kahului
• 문의 808-871-7575, www.avis.com

＋ 버짓 렌터카 Budge Rent a Car
• 위치 161 Wailea Ike Pl. Kihei
• 문의 808-874-2831, www.budget.com

＋ 허츠 렌터카 Hertz Rent a Car
• 위치 850 W Mokuea Pl. Kahului
• 문의 808-893-5200, www.hertz.com

마우이 섬, 운전하기 전 알아둬야 할 상식

1 주행 불가 지역

마우이에서 드라이브를 할 때 가장 중요한 것은 렌터카 주행 불가 지역이 있어 주의해야 하는 것이죠. 이는 렌터카 회사마다 비포장도로를 달릴 경우 차량 손해에 대비한 것인데요. 업체마다 주행 불가 지역이 조금씩 다르긴 하나 대부분 쿨라에서 하나까지 잇는 31번 도로, 카팔루아의 북쪽인 호노코하우에서 와이헤에 바로 앞까지 잇는 340번 도로 등입니다. 주행 금지 구역은 계약서에 명시돼 있으니, 반드시 이 부분은 지켜 불미스러운 일을 미연에 방지하는 게 좋아요.

2 난이도 높은 주행 코스, 하나 지역

아무리 능숙한 운전자라 하더라도 하나 지역에서는 모두가 초보자와 같은 마음으로 운전을 조심해야 해요. 특히 하나로 향하는 360번 길은 폭이 좁고 구불구불한 길이 이어진답니다. 제한 속도는 5~20마일(약 8~32㎞/h로 미국의 렌터카 대시보드에는 마일로 표시되어 있으니 혼돈하지 마세요)로 커브길이 많아 운전하는 데 조심해야 해요. 왕복 5시간이 넘는 지역이니만큼 여행 일정이 넉넉한 여행자들만 도전하세요.

3 오르내리는 할레아칼라 고개길

할레아칼라로 가는 길은 헤어핀 커브가 계속 이어지고 지형이 높기 때문에 운전자가 주의 깊게 운전하지 않으면 위험한 상황이 발생할 수도 있어요. 간혹 운전자가 졸다가 대형 사고로 번지기도 하니 정신을 바싹 차리는 것이 좋아요. 또한 할레아칼라로 진입하기 전에는 미리 휘발유를 가득 채워 넣는 것도 잊지 마세요. 높은 지대일수록 휘발유가 금방 줄어든답니다.

4 사고 다발 구간

마우이에서 가장 운전 사고가 빈번하게 일어나는 지역이 바로 30번 도로와 340번 도로예요. 해안가를 따라 운전하다 보면 바다의 풍경에 한 눈 팔기 쉬운 데다 드라이브하기 좋은 구간이라 운전자의 방심이 사고로 이어지기도 하기 때문이죠.

5 블랙락에서는 스노클링 조심

블랙락 근처는 파도가 심하고, 간혹 파도가 없는 경우라도 조류가 심하기 때문에 스노클링 전문가가 아니라면 주의해야 해요!

6 내비게이션 활용법

내비게이션의 대부분은 한국어 지원이 가능하고, 경우에 따라 주변 여행지에 관련된 안내 멘트가 나오는 경우도 있어요. 간혹 정확하게 주소를 입력하지 않고 해변 이름이나 파크 이름 등으로 입력하면, 내비게이션에 없는 장소로 나오기도 하는데요. 그럴 땐 당황하지 말고 목적지 근처 다른 주소를 찾아 입력해 찾아가세요. 운전하면서 표지판을 잘 보는 것이 좋아요. 렌터카 반납 시 반납 장소를 몰라 헤매기도 합니다. 픽업 시 렌터카 반납 주소를 미리 받아놓으세요.

Kapalua

고급 리조트가 모여 있는
카팔루아

하와이어로 '바다를 껴안다'라는 의미를 가지고 있는 카팔루아 지역은 무엇보다 조용한 분위기에서 프라이빗한 휴식을 즐기고자 하는 이들에게 좋다. 마우이 가운데 고급 리조트가 모여 있는 지역으로 5개의 만과 3개의 비치가 있으며, 전 세계적으로 유명한 2개의 골프 코스도 있다. 1800년대에는 호놀루아 목장으로, 그 이후에는 호놀루아 플랜테이션으로 불렸던 대형 카팔루아 리조트 단지가 지금의 대표 명소다. 카팔루아 리조트 단지에는 리츠 칼튼 카팔루아, 유명 레스토랑, 20여 개의 부티크 숍 등이 모여 있다. 1981년 이후, 매년 6월에는 카팔루아 와인 & 푸드 페스티벌이 열리는데, 행사 기간 동안 와인 시음은 물론이고 각종 요리 시연회 등이 펼쳐져 풍성한 볼거리를 제공한다.

+ 공항에서 가는 방법

카훌루이 국제공항에서 380번 Hwy.를 거쳐 30번 Hwy.를 타고 50분가량 지나가다보면 카팔루아 공항이 나온다. 그곳에서 30번 Hwy.를 타고 10분만 더 직진하다 왼쪽의 Office Rd.로 진입하면 카팔루아 리조트 단지에 도착한다. 리조트 단지가 넓고, 길이 한산하다.

+ 카팔루아에서 볼 만한 곳

카팔루아 비치, D.T. 플래밍 비치 파크, 나필리 베이

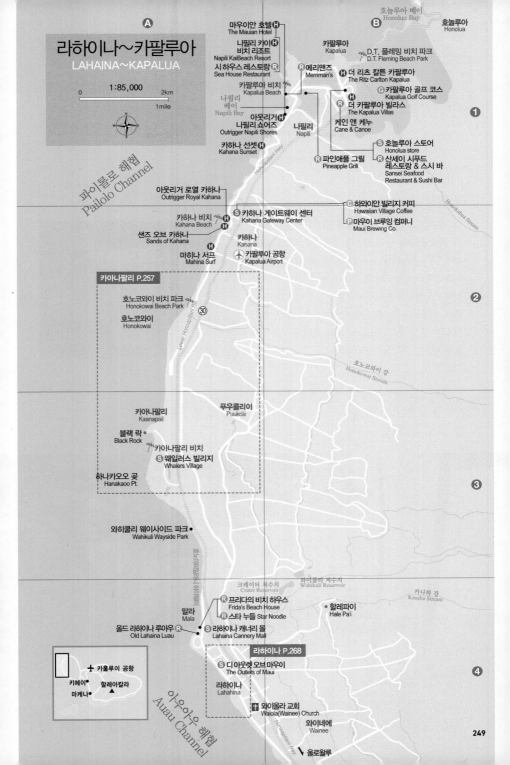

A

B

라하이나~카팔루아
LAHAINA~KAPALUA

1:85,000

0   2km

1mile

호놀루아 베이
Honolua Bay

호놀루아
Honolua

마우이안 호텔
The Mauian Hotel

카팔루아
Kapalua

나필리 카이 비치 리조트
Napili KaiBeach Resort

시 하우스 레스토랑
Sea House Restaurant

메리맨즈
Merriman's

D.T. 플레밍 비치 파크
D.T. Fleming Beach Park

카팔루아 비치
Kapalua Beach

더 리츠 칼튼 카팔루아
The Ritz Carlton Kapalua

나필리 베이
Napili Bay

아웃리거
나필리 쇼어즈
Outrigger Napili Shores

나필리
Napili

카팔루아 골프 코스
Kapalua Golf Course

더 카팔루아 빌라스
The Kapalua Villas

케인 앤 케뉴
Cane & Canoe

카하나 선셋
Kahana Sunset

파인애플 그릴
Pineapple Grill

호놀루아 스토어
Honolua store

산세이 시푸드 레스토랑 & 스시 바
Sansei Seafood Restaurant & Sushi Bar

파이롤로 해협
Pailolo Channel

아웃리거 로열 카하나
Outrigger Royal Kahana

카하나 게이트웨이 센터
Kahana Gateway Center

하와이안 빌리지 커피
Hawaiian Village Coffee

마우이 브루잉 컴퍼니
Maui Brewing Co.

카하나 비치
Kahana Beach

샌즈 오브 카하나
Sands of Kahana

카하나
Kahana

마히나 서프
Mahina Surf

카팔루아 공항
Kapalua Airport

카아나팔리 P.257

호노코와이 비치 파크
Honokowai Beach Park

호노코와이
Honokowai

Lower Honoapiilani Rd.

호노코와이 강
Honokowai Stream

❷

카아나팔리
Kaanapail

푸우콜리이
Puukolii

블랙 락
Black Rock

카아나팔리 비치
Kaanapali Beach

웨일러스 빌리지
Whalers Village

하나카오오 곶
Hanakaoo Pt.

❸

와히쿨리 웨이사이드 파크
Wahikuli Wayside Park

와이쿨리 저수지
Wahikuli Reservoir

카나하 강
Kanaha Stream

크레이터 저수지
Crater Reservoir

프리다의 비치 하우스
Frida's Beach House

할레파이
Hale Pa'i

말라
Mala

스타 누들 Star Noodle

올드 라하이나 루아우
Old Lahaina Luau

라하이나 캐너리 몰
Lahaina Cannery Mall

카울루이 공항
Kahului Airport

키헤이
Kihei

마케나
Makena

할레아칼라
Haleakala

라하이나 P.268

디 아웃렛 오브 마우이
The Outlets of Maui

라하이나
Lahahina

아우아우 해협
Auau Channel

와이올라 교회
Waiola(Wainee) Church

와이네에
Wainee

올로왈루

호노아피일라니 Hwy.

❹

249

카팔루아의 해변

카팔루아 리조트 단지 내에 있는 카팔루아 비치는 스노클링 포인트이며, D.T 플래밍 비치 파크는 미국 전역에서 명성이 높은 바다다. 모두 여행자들에게 인기가 높은 곳으로 겨울에도 즐기기 좋다.

카팔루아 비치 Kapalua Beach

마우이에서 수영과 스노클링을 즐기기 안전한 바닷가. 가족 단위로 즐겨 찾는다. 카팔루아 리조트 단지 내에 있어 투숙객들이 주를 이루며, 백사장에서는 아이들이 뛰어 노는 모습을 흔하게 볼 수 있다. 물이 깨끗해 스노클링을 통해 열대어를 심심치 않게 볼 수 있으며, 카팔루아 리조트 단지에 투숙하고 있다면 렌터카 대신 호텔 컨시어지 Concierge에 문의해 셔틀 버스를 이용하는 것이 훨씬 편리하다.

무료 주차장 표지판

Map P.249-B1 | **주소** 5900 Lower Honoapiilani Rd. Lahaina(근처 Sea House Restaurant 주소) | **운영** 07:00~20:00 | **주차** 무료 | **가는 방법** 30번 도로인 Honoapiilani Hwy.에서 북쪽으로 향하다 왼쪽에 Office Rd.를 끼고 좌회전해 도로 끝에서 왼쪽에 Lower Honoapiilani Rd.를 타고 직진. 오른쪽에 Napili Lani 간판이 보이는 골목으로 진입하면 무료 주차장이 나온다.

D.T. 플래밍 비치 파크 D.T. Fleming Beach Park

강한 파도가 서핑 마니아들을 매혹하는 곳. 부기 보딩 Boogie Boarding(누워서 타는 보드)을 즐기기에 부족함이 없는 환경을 갖췄다. 수영에 자신이 없는 여행자들에게는 태닝하기 적당한 해변. 카팔루아 비치에 비해 여행자들에게 잘 알려지지 않았지만, 2006년 '닥터 비치 Dr. Beach(www.drbeach.org)'가 최고의 해변으로 선정하면서 이슈가 되었다. 아름다운 백사장이 여행자들의 발걸음을 붙잡으며, 운이 좋으면 거북이도 발견할

수 있다. 또한 야외에 샤워 시설 및 피크닉 테이블이 설치되어 있어 편리하다. 단, 겨울에는 강한 썰물에 주의하는 것이 좋다.

Map P.249-B1 | 주소 D.T. Fleming Beach Park Kapalua | 운영 07:00~20:00 | 주차 무료 | 가는 방법 30번 도로인 Honoapiilani Hwy.를 타고 직진하다 Lower Honoapiilani Rd. 이정표가 보이는 길로 접어들면 D.T. 플래밍 비치 파크의 무료 주차장이 보인다.

호노코와이 비치 파크 Honokowai Beach Park

유명 해변도 아니고 백사장이 넓은 것도 아니지만 현지인들이 즐겨 찾는 곳으로 소소하게 즐기기 좋다. 무엇보다 사방이 조용하고, 근처 아이들을 위한 놀이터 시설이 잘 되어 있다. 파도가 높은 만큼 수영보다는 해변 분위기를 즐겨보자. 주차장도 있어 렌터카로도 쉽게 방문할 수 있다.

Map P.249-A2 | 주소 3691 Lower Honoapiilani Rd. Lahaina(할레 카이 오션프런트 콘도미니엄 주소) | 운영 07:00~20:00 | 주차 무료(27대 주차 가능) | 가는 방법 30번 도로인 Honoapiilani Hwy.에서 직진하다 왼쪽 Lower Honoapiilano Rd. 방향으로 직진.

나필리 베이 Napili Bay

카아나팔리에서 카팔루아로 가다 보면 초승달 모양의 작고 예쁜 만을 마주할 수 있다. 파도가 세지 않아 아이를 둔 가족 단위 여행자라면 이곳에서 수영을 즐겨도 좋다. 특히 스노클링 하기에 좋은 환경을 갖췄다.해변을 마주보고 왼쪽 끝부분에서는 운이 좋으면 거북이도 발견할 수 있다. 근처에는 시 하우스 Sea House라는 유명 레스토랑도 있다.

Map P.249-B1 | 주소 5900 Lower Honoapiilani Rd. Lahaina(Sea House 주소) | 운영 특별히 명시되진 않았지만 이른 오전과 늦은 저녁은 피하는 것이 좋다. | 주차 무료(협소) | 가는 방법 30번 도로인 Honoapiilani Hwy.에서 직진하다 왼쪽에 Office Rd.를 끼고 좌회전. 도로 끝에서 왼쪽에 Lower Honoapiilani Rd.를 타고 직진. 오른쪽에 나필리 카이 비치 리조트 Napili Kai Beach Resort 내에 위치.

호놀루아 베이 Honolua Bay

마우이에서 가장 인기 있는 스노클링 포인트. 한 번 방문하면 다시는 잊지 못할 만큼 가슴 벅찬 스노클링을 경험할 수 있는 곳이다. 호놀루아 베이로 진입하기 전 주차장 표시가 되어 있는 길가에 주차하고 숲속을 5분 정도 걸어가야 해변이 등장한다. 해변은 모래사장이 아니라 바위와 자갈들로 이루어져 있어 아쿠아슈즈를 신는 것이 좋다. 자연 보호를 위해 입수 전에 자외선 차단제를 바를 수 없으며, 자외선 차단제를 바르는 즉시 가드에게 경고를 받는다.

Map P.249-B1 | 주소 Honolua Bay Kapalua | 운영 특별히 명시되진 않았지만 이른 오전과 늦은 저녁은 피하는 것이 좋다. | 주차 무료(협소) | 가는 방법 D.T. Fleming Beach Park에서 5분 정도 30번 도로인 Honoapiilani Hwy.를 달리면 나온다. 왼쪽 호놀루아 베이 엑세스 트레일 사잇길로 진입할 것.

카팔루아의 먹거리

카팔루아에서는 리조트 투숙객들이 먼 걸음을 하지 않아도 근처에서 유명 레스토랑을 즐길 수 있다.

호놀루아 스토어 Honolua store

카팔루아 리조트 단지에 있는 마트. 기념품과 생필품, 마우이 현지에서 나고 자란 신선한 과일과 스낵을 취급한다. 에스프레소 바와 하와이 전통 음식을 맛볼 수 있는 델리 서버 푸드 코너가 있다. 버거와 핫도그, 벨기에 와플, 스테이크 이 외에도 김치볶음밥, 버터 갈릭 슈림프, 데리야키 치킨 등 다양한 메뉴가 있다. 델리 코너는 14:00까지만 운영된다.

Map P.249-B1 | 주소 502 Office Rd., Lahaina | 전화 808-665-9105 | 홈페이지 honoluastore.com | 영업 07:00~18:30 | 가격 브렉퍼스트 $5.99~11.75, 런치 $9.75~40.99(버터 갈릭 슈림프 $12.49) | 주차 무료 | 가는 방법 30번 도로인 Honoapiilani Hwy.를 타고 직진하다 왼쪽에 Office Rd.를 끼고 좌회전해 조금만 직진하면 오른쪽으로 보인다.

산세이 시푸드 레스토랑 & 스시 바
Sansei Seafood Restaurant & Sushi Bar

신선한 해산물을 이용한 일본 스타일의 요리가 메인인 레스토랑. 일 · 월요일 16:45~17:30 사이에는 인기 메뉴를 저렴하게 판매한다(얼리버드). 인기가 높은 메뉴는 스파이시 튜나 롤과 미소 버터 피시다. 이외에도 스테이크와 랍스터, 채식주의자를 위한 빅 아이랜드 베지터블 파스타 등의 메뉴를 선보인다.

Map P.249-B1 | 주소 600 Office Rd., Lahaina | 전화 808-669-6286 | 홈페이지 dkrestaurants.com | 영업 17:00~20:00 | 가격 $5.25~62(노부 스타일 미소 버터 피시 $26.25) | 주차 무료 | 예약 필요 | 가는 방법 30번 도로인 Honoapiilani Hwy.를 타고 직진하다 왼쪽에 Office Rd.를 끼고 좌회전해 조금만 직진하면 오른쪽에 호놀루아 스토어 Honolua store 옆에 위치.

케인 앤 케누 Cane & Canoe

카팔루아 베이를 배경으로 럭셔리한 식사를 즐길 수 있는 곳. 내부 인테리어는 전통 하와이식 카누 하우스를 연상케 한다. 미국 요리 전문의 풀 사이드 레스토랑으로 특별한 저녁식사를 원한다면 신선한 현지의 재료를 이용한 셰프의 추천 메뉴를 즐겨보자. 특히 디너는 필레미뇽과 하마치 요리가 유명하며, 정식 요리로 가격이 지정되어 있다.

Map P.249-B1 | 주소 1 bay Dr. Lahaina | 전화 808-662-6681 | 홈페이지 www.montagehotels.com/kapaluabay/dining/cane-and-canoe/ | 영업 브렉퍼스트 07:00~11:00, 디너 17:30~21:00 | 가격 브렉퍼스트 $10~31, 디너 1인당 $90 | 주차 무료(발레파킹) | 예약 필요 | 가는 방법 몬티지 카팔루아 베이 리조트 내 위치.

시 하우스 레스토랑
Sea House Restaurant

마우이에서 가장 아름다운 해변 중 하나인 나필리 베이 근처에 위치한 레스토랑. 아침부터 저녁까지 다양한 메뉴를 가지고 있다. 바에 앉으면 나필리 베이를 한 눈에 바라볼 수 있다. 2011년 'Aipono Gold Award'의 베스트 브렉퍼스트 분야에서 우승했을 정도로 전체적인 메뉴의 퀄리티가 좋은 편. 해피 아워에는 코코넛 슈림프나 어니언 수프, 아히 포케 볼 등을 맛볼 수 있다.

Map P.249-B1 | 주소 5900 Lower Honoapiilani Rd. Lahaina | 전화 808-669-1500 | 홈페이지 www.seahousemaui.com | 영업 07:00~21:00(해피 아워 14:00~17:00) | 가격 브렉퍼스트 & 런치 $10~22, 디너 $8~54(해피 아워 $6~8, 미소 캄파치 $44) | 주차 무료 | 예약 필요 | 가는 방법 30번 도로인 Honoapiilani Hwy.에서 직진하다 왼쪽에 Office Rd.를 끼고 좌회전. 도로 끝에서 왼쪽에 Lower Honoapiilani Rd.를 타고 직진하면, 오른쪽으로 Napili Kai Beach Resort 내에 위치.

메리맨즈 Merriman's

카팔루아 베이와 나필리 베이 사이 절벽에 위치한 이곳은 이미 현지인들에게는 입소문이 나서 미리 예약하지 않으면 자리를 잡기 힘들 정도. 셰프 메리맨의 '팜 투 테이블 Farm to Table' 요리 철학으로

90% 이상 현지에서 공수한 신선한 식재료만을 사용해 만든다. 디너 메뉴는 슈림프&스캘럽 혹은 립아이, 아히 포케, 칼루아 피크 케사디야 등 미리 준비된 메뉴 가운데 총 세 가지를 선택해 맛보는 정식 스타일로만 운영되고 있다. 레스토랑의 위치가 매력적이라 웨딩이나 기타 특별한 이벤트 행사도 진행하고 있다.

Map P.249-B1 | 주소 1 Bay Club Pl. Lahaina | 전화 808-669-6400 | 홈페이지 www.merrimanshawaii.com | 영업 16:00~20:30 | 가격 1인 성인 $120, 어린이 $30 | 주차 무료 | 예약 필요 | 가는 방법 시 하우스 레스토랑 Sea House Restaurant 근처에 위치.

마우이 브루잉 컴퍼니
Maui Brewing Co.

마우이에서 가장 유명한 맥주 브랜드인 마우이 브루잉 컴퍼니 Maui Brewing Co.에서 운영하는 펍. 다양한 종류의 맥주를 맛볼 수 있다. 주량이 적은 사람들이라면 샘플링 메뉴를 선택해서 네 가지 맥주를 맛보는 것도 좋다. 코코넛에 맥주를 담아서 서빙 되거나, 레몬그라스 등의 허브 맛을 첨가한 맥주 등이 인기다. 최고의 맥주 맛을 가리는 'World Beer Cup'에서 여러 차례 수상한 바 있다.

Map P.249-B1 | 주소 4405 Honoapiilani Hwy. 217, Lahaina | 전화 808-669-3474 | 홈페이지

www.mbcrestaurants.com/lahaina/ | 영업 월~토 11:30~22:00(일요일 휴무, 해피 아워 15:30~17:30) | 가격 $7~24 | 주차 무료 | 가는 방법 30번 도로인 Honoapiilani Hwy.를 타고 직진하다 카아나팔리 리조트에 가기 전, 오른쪽에 카하나 게이트웨이 쇼핑 센터 Kahana Gateway Shopping Center 1층에 위치. First Hawaiian Bank 건너편.

하와이안 빌리지 커피
Hawaiian Village Coffee

신선한 베이커리로 이른 시간부터 아침식사를 즐길 수 있는 카페. 두 사람이 적은 예산으로도 식사가 가능해 지역 주민들에게도 인기가 높다. 특히 베이글 샌드위치가 인기 메뉴. 특히 베지테리언을 위한 베지 베이글의 인기가 높다. 에스프레소나 프렌치 토스트, 코나 커피와 함께 여행에 추억이 될 만한 기념품도 판매하고 있다.

Map P.249-A2 | 주소 4405 Honoapiilani Hwy. Lahaina | 전화 808-665-1114 | 영업 05:00~15:00 | 가격 $15 미만 | 주차 무료 | 가는 방법 30번 도로인 Honoapiilani Hwy.를 타고 직진하다 카하나 팔리 리조트에 가기 전, 오른쪽 카하나 게이트웨이 쇼핑 센터 Kahana Gateway Shopping Center 안에 위치. 맥도날드를 지나 왼쪽에 위치.

Kaanapali

휴식과 쇼핑을 동시에
카아나팔리

오아후의 대표 해변이 와이키키라면, 마우이 대표 해변은 카아나팔리라고 할 수 있다. 그만큼 관광객들이 가장 많이 즐겨 찾는 곳으로, 다양한 액티비티가 이뤄지고 있어 젊은 여행자들의 발길이 끊이지 않는다. 넓은 백사장과 맑은 바닷물이 사시사철 관광객을 기다리는 곳으로 과거 하와이 왕족의 휴양지였을 정도로 환경이 좋다. 하와이에서 최초로 계획된 리조트 단지로, 전 세계 리조트의 롤모델이 되는 곳이기도 하다. 바닷가와 함께 웨일러스 빌리지에서 쇼핑과 레스토랑을 동시에 즐길 수 있다.

하지만 카아나팔리의 가장 유명한 명소는 바로 블랙 락이다. 해변 최북단 절벽에서 과감히 떨어져 내리는 용감한 다이버들을 보고만 있어도 가슴 속이 시원해지는 곳으로, 블랙 락과 가장 가까운 쉐라톤 마우이 리조트 & 스파에서는 매일같이 다이빙을 위한 세레모니를 진행한다.

+ 공항에서 가는 방법

카훌루이 국제공항에서 380번을 거쳐 30번 Hwy.를 타고 50분 정도 지나가다보면 카아나팔리 리조트 단지가 나온다. 이곳에서 5분 정도 30번 Hwy.를 타고 직진하면 카팔루아 공항을 만날 수 있다.

+ 카아나팔리에서 볼 만한 곳

블랙 락, 카아나팔리 비치, 웨일러스 빌리지

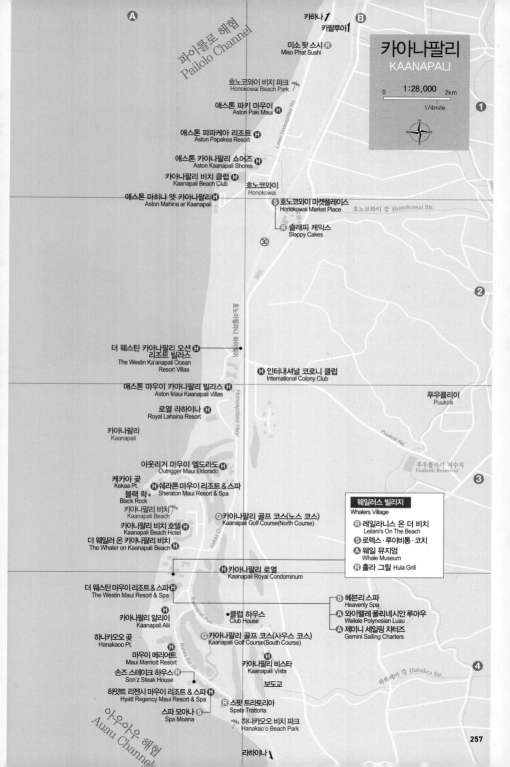

Ⓐ
Ⓑ

카하나 1
카팔루아 1

미소 팟 스시 Ⓡ
Miso Phat Sushi

호노코와이 비치 파크 🏖
Honokowai Beach Park

애스톤 파키 마우이 Ⓗ
Aston Paki Maui

애스톤 파파케아 리조트 Ⓗ
Aston Papakea Resort

애스톤 카아나팔리 쇼어즈 Ⓗ
Aston Kaanapali Shores

카아나팔리 비치 클럽
Kaanapali Beach Club

애스톤 마히나 앳 카아나팔리 Ⓗ
Aston Mahina ar Kaanapali

호노코와이
Honokowai

Ⓢ 호노코와이 마켓플레이스
Honokowai Market Place

호노코와이 강 Honokowai Str.

Ⓡ 슬래피 케익스
Slappy Cakes

㉚

카아나팔리

Lower Honoapiilani Rd.

Honoapiilani Hwy.

더 웨스틴 카아나팔리 오션 Ⓗ
리조트 빌라스
The Westin Ka'anapali Ocean
Resort Villas

Ⓗ 인터내셔널 코로니 클럽
International Colony Club

푸우콜리이
Puukolii

애스톤 마우이 카아나팔리 빌라스 Ⓗ
Aston Maui Kaanapali Villas

로열 라하이나 Ⓗ
Royal Lahaina Resort

카아나팔리
Kaanapali

Puukolii Rd.

아웃리거 마우이 엘도라도 Ⓗ
Outrigger Maui Eldorado

푸우콜리이 저수지
Puukolii Reservoir

케카아 곶
Kekaa Pt.

Ⓗ쉐라톤 마우이 리조트 & 스파
Sheraton Maui Resort & Spa

블랙 락
Black Rock

카아나팔리 비치
Kaanapali Beach

카아나팔리 골프 코스(노스 코스) Ⓖ
Kaanapali Golf Course(North Course)

카아나팔리 비치 호텔 Ⓗ
Kaanapali Beach Hotel

더 웨일러 온 카아나팔리 비치
The Whaler on Kaanapali Beach

Kekaa Dr.

Ⓗ 카아나팔리 로열
Kaanapali Royal Condominum

더 웨스틴 마우이 리조트 & 스파 Ⓗ
The Westin Maui Resort & Spa

Kaanapali Pkwy.

카아나팔리 알리이
Kaanapali Alii

• 클럽 하우스
Club House

Ⓢ 헤븐리 스파
Heavenly Spa

하나카오오 곶
Hanakaoo Pt.

카아나팔리 골프 코스(사우스 코스) Ⓖ
Kaanapali Golf Course(South Course)

Ⓐ 와이렐레 폴리네시안 루아우
Wailele Polynesian Luau

Ⓐ 제미니 세일링 차터즈
Gemini Sailing Charters

마우이 메리어트
Maui Marriott Resort

카아나팔리 비스타 Ⓗ
Kaanapali Vista

손즈 스테이크 하우스 •
Son'z Steak House

보도교

Nohea Kai Dr.

하얏트 리젠시 마우이 리조트 & 스파 Ⓗ
Hyatt Regency Maui Resort & Spa

Ⓡ 스팟 트라토리아
Spats Trattoria

스파 모아나 Ⓢ
Spa Moana

하나카오오 비치 파크 🏖
Hanakao'o Beach Park

라하이나

아우아우 해협
Auau Channel

파이롤로 해협
Pailolo Channel

카아나팔리
KAANAPALI

0 1:28,000 2km
1/4mile

❶
❷
❸
❹

웨일러스 빌리지
Whalers Village

Ⓡ 레일라니스 온 더 비치
Leilani's On The Beach

Ⓢ 로렉스 · 루이비통 · 코치

Ⓐ 웨일 뮤지엄
Whale Museum

Ⓡ 훌라 그릴 Hula Grill

하하케아 강 Hahakea Str.

카아나팔리의 해변

다이나믹한 다이빙을 엿볼 수 있는 블랙 락과 서부 마우이의 대표 해변인 카아나팔리 비치는 언제나 생동감이 넘친다.

블랙 락 Black Rock

블랙 락의 뷰포인트는 바로 절벽에서 뛰어내리는, 용감한 사람들의 아찔한 다이빙이다. 쉐라톤 마우이 리조트 & 스파 Sheraton Maui Resort & Spa에서는 매일 해가 질 무렵이 되면 블랙 락에 횃불을 켜고 특별한 이벤트를 펼친다. 다이빙 세레모니가 바로 그것. 마우이의 마지막 왕 카헤키리 Kahekili 왕을 기리기 위한 일종의 의식으로, 절벽을 따라 횃불이 켜지면 사람들이 시원하게 다이빙 한다. 보기만 해도  가슴 떨리는 장면이 실시간으로 계속 펼쳐지는 곳. 마우이에서 스노클링을 하기에 좋은 장소이긴 하나, 때에 따라 조류가 심하거나 파도가 센 편이라 전문가가 아닌 이상 삼가는 것이 좋다.

Map P.257-A3 | 주소 2606 Kaanapali Pkwy. Lahaina | 홈페이지 www.to-hawaii.com/maui/beaches/blackrock.php | 운영 07:00~20:00 | 주차 유료 (웨일러스 빌리지 주차장 이용, 30분에 $3, 웨일러스 빌리지에서 상품 구매 후 주차권 제시.시 3시간 무료) | 가는 방법 라하이나에서 30번 도로인 Honoapiilani Hwy.에서 직진하다 왼쪽에 카아나팔리 리조트 단지로 진입하는 Kaanapali Pkwy. 도로를 끼고 좌회전 후 직진하다 왼쪽에 쉐라톤 마우이 리조트 & 스파 Sheraton Maui Resort & Spa가 보인다. 그곳에 주차한 뒤 리조트 단지에서 걸어가는 편이 편리하다.

알아두세요

할레아칼라의 전설!

절벽에서 아찔한 다이빙을 즐기는 클리프 다이빙 Cliff Diving은 마우이의 마지막 왕 카헤키리 Kahekili 왕의 일화에서 시작해요. 카헤키리 왕은 당시 4개의 섬을 통치했는데, 그 중 렐레 카와 Lele Kawa라는 섬이 있었죠. 그 섬 이름은 '높은 곳에서 뛰어내려 물이 많이 튀지 않고 입수한다'는 의미랍니다. 여기에는 두 가지 설이 있는데 하나는 왕이 전사들에게 명예와 용기를 시험하고 증명하기 위해 다이빙을 명했다는 설과 다른 하나는 그가 직접 푸우 케카아의 곳에서 뛰어내려 전사들을 하나로 단합시켰다는 설이 있어요.

카아나팔리 비치 Ka'anapali Beach

마우이에서 가장 많은 리조트가 모여 있는 곳. 쇼핑 센터인 웨일러스 빌리지를 끼고 있다. 1년 365일 사람들로 북적이며, 특히 겨울에 파도가 높아 서핑하기 좋다. 이곳에서 카타마란 catamaran(두 개의 선체를 연결한 요트)을 타고 고래를 보는 세일링 액티비티 프로그램도 참여할 수 있다 (P.260 제미니 세일링 차터즈 참고). 웨일러스 빌리지에서 비치 쪽으로 걷다보면 워터 스포츠 예약을 받는 안내 데스크가 나오는데 그곳에 문의하면 된다.

Map P.257-A3 | 주소 2435 Kaanapali Pkwy. Lahaina(근처 웨일러스 빌리지 주소) | 전화 808-661-3271 | 운영 07:00~20:00 | 주차 유료(웨일러스 빌리지 주차장 이용. 30분에 $3, 웨일러스 빌리지에서 상품 구매 후 주차권 제시 시 3시간 무료) | 가는 방법 라하이나에서 30번 도로인 Honoapiilani Hwy.에서 직진하다 왼쪽 카아나팔리 리조트 단지로 진입. Kaanapali Pkwy. 도로를 끼고 좌회전 후, 왼쪽에 웨일러스 빌리지 쇼핑 센터가 보이는 곳에 주차한 뒤 쇼핑 센터를 통과.

하나카오오 비치 파크 Hanakao'o Beach Park

웨스트 마우이 지역에서 가장 인기 있는 샌디 비치 Sandy Beach 중 하나. 파도가 적당해 수영하기 좋고, 제트 스키나 바디 보딩, 보디 서핑 등 다양한 워터 스포츠가 가능하다. 물놀이를 즐기지 않는다면 모래사장에서 산책하거나, 돗자리를 깔고 책을 읽으며 한가로운 시간을 즐겨보는 것도 좋을 듯. 와히쿨리 웨이사이드 파크와 함께 주말이면 현지인들로 북적인다.

Map P.257-A4 | 주소 2500 Honoapiilani Hwy. Lahaina | 전화 808-661-4685 | 운영 07:00~20:00 | 주차 무료 | 가는 방법 카팔루아에서 30번 Honoapiilani Hwy.를 타고 직진. 오른쪽으로 Hanakao'o Beach Park 표지판이 보인다.

와히쿨리 웨이사이드 파크 Wahikuli Wayside Park

북적거리는 카아나팔리 리조트 단지를 지나 마주치게 되는 이 해변은 여행객보다 현지인들에게 인기가 많다. 30여 개의 피크닉 테이블이 있고, 해변 가까이 잔디밭이 넓게 자리하고 있어 주말에는 주차 공간이 부족할 정도다.

Map P.249-A3 | 주소 1760 Honoapiilani Hwy. Lahaina(근처 우체국 주소. 우체국을 왼쪽에 두고 좀 더 직진하면 오른쪽에 위치) Lahaina | 전화 808-661-4685 | 운영 07:00~21:00 | 주차 무료 | 가는 방법 카팔루아에서 30번 Honoapiilani Hwy.에서 직진하다 오른쪽에 하나카와오 비치 파크를 지나 조금 더 가면 와히쿨리 웨이사이드 파크 푯말이 보인다.

카아나팔리의 즐길 거리

카아나팔리 비치에는 매일 태평양을 가로지르는 대형 선박이 오고간다. 배 안에서 다양한 액티비티를 즐길 수 있는데, 스노클링과 일몰, 고래 관찰 등이 인기가 많다.

제미니 세일링 차터즈
Gemini Sailing Charters

카아나팔리 비치 앞에는 대형 카타마란이 매일 출항한다. 신나는 음악과 함께 태평양을 가로지르며 바람을 쐬다보면 진정한 하와이 여행의 묘미를 느낄 수 있다. 프로그램에 따라 선상에서 식사나 칵테일 등의 간단한 알코올이 포함되며 일몰을 감상할 수 있다. 웨스틴 마우이 리조트 & 스파의 액티비티 데스크에서 출발한다. 인터넷으로 예약하는 것이 좋다. 기간에 따라 프로그램이 조금씩 다른데 4월 16일~12월에는 선셋 스노클링을, 6~8월에는 모닝 스노클링 어드벤처를 진행하며, 12월 15일~4월 15일에는 오전에 웨일 워칭이 있다. 스노클링 세일 어드벤처는 1년 내내 체험이 가능하다.

Map P.257-A4 | 주소 2365 Kaanapali Pkwy. Lahaina(근처 웨스틴 마우이 리조트 & 스파 주소) | 전화 808-669-1700 | 홈페이지 www.geminicharters.com | 운영 모닝 웨일 워칭 08:00~10:30, 스노클링 어드벤처 11:00~15:00, 애프터눈 웨일 워칭 16:00~18:00, 선셋 세일 17:00~19:00 | 요금 성인 $70~138, 13~17세 $60~115, 3~12세 $45~83 | 주차 유료(웨일러스 빌리지 주차장 이용, 30분에 $3, 웨일러스 빌리지에서 상품 구매 후 주차권 제시 시 3시간 무료) | 가는 방법 카훌루이 공항에서 380번 고속도로인 Keolani pl.를 타고 직진하다 왼쪽 30번 Honoapiilani Hwy.로 좌회전. 직진하다 왼쪽의 Kaanapali Pkwy.로 진입. 도로 끝에서 유턴, 오른쪽에 위치. 더 웨스틴 마우이 리조트 & 스파 내 해변 쪽에 activity 데스크가 있음.

©하와이 관광청

©The Westin Maui Resort & Spa

와이렐레 폴리네시안 루아우
Wailele Polynesian Luau

©The Westin Maui Resort & Spa

루아우 Luau는 하와이 전통 춤과 음악, 식사를 즐길 수 있는, 하와이에서 가장 화려한 쇼를 일컫는다. 카아나팔리 비치를 배경으로 저녁식사와 함께 불과 물을 이용한 쇼는 물론이고 폴리네시안 전통 민속춤을 감상할 수 있다. 불의 여신인 펠레 Pele에 대한 이야기가 담겨 있다.

Map P.257-A4 | 주소 2365 Kaanapali Pkwy. Lahaina | 전화 808-661-2992 | 홈페이지 www.

westinmaui.com/dining/wailele | **영업** 화·금·일 17:00~20:30(루아우 공연) | **요금** 성인 $175~195, 4~12세 $80~100 | **주차** 유료(웨일러스 빌리지 주차장 이용 후 도보. 30분에 $3, 웨일러스 빌리지에서 상품 구매 후 주차권 제시 시 3시간 무료) | **가는 방법** 웨스틴 마우이 리조트 & 스파의 메인 로비를 지나 알로하 파빌리온에 위치해 있다.

알아두세요
불의 여신, 펠레

폴리네시아 신화에 나오는 불의 신 펠레 Pele. 하와이에서는 화산의 여신으로 여겨집니다. 아름답고 정열적이지만 변덕스러운 여성으로, 질투나 분노에 의해 사람들을 태워버려 공포의 대상이기도 하죠. 하와이 전통춤인 훌라는 불의 여신 펠레를 위한 종교적인 의식의 춤이라고 전해지기도 한답니다.

카아나팔리의 먹거리

식사는 쇼핑 센터 내 레스토랑을 이용하는 것이 좋다. 리조트 단지 내 풀레후는 투숙객 못지않게 외부 여행자들도 자주 찾는 유명한 곳이다.

레일라니스 온 더 비치
Leilani's On The Beach

프랜차이즈로 운영되는 이곳은 더블 R 시그니처 랜치 프라임 랩 스테이크 인기가 많다. 또한 화요일에는 타코 튜즈데이로 소고기 타코, 피시 타코, 치킨 타코 등 세 가지 종류의 타코와 아보카도로 만든 소스인 과카몰리, 나초 등 스페셜 메뉴가 있다. 노란색의 파라솔이 인상적인 곳으로 실내보다 야외 테라스 자리의 인기가 더 좋다.

Map P.257-A4 | 주소 2435 Kaanapali Pkwy. Lahaina | 전화 808-661-4495 | 홈페이지 www.leilanis.com | 영업 11:00~21:00 | 가격 디너 $12~59(튜즈데이 타코 $8~21) | 주차 무료(웨일러스 빌리지 내 레스토랑 이용 시 3시간 무료, 레스토랑에 문의) | 예약 필요 | 가는 방법 라하이나에서 30번 도로인 Honoapiilani Hwy.에서 직진하다 왼쪽에 카아나팔리 리조트 단지로 진입하는 Kaanapali Pkwy. 도로를 끼고 좌회전 후 왼쪽에 웨일러스 빌리지 쇼핑 센터 내 위치.

미소 팟 스시 Miso Phat Sushi

카아나팔리에서 손꼽히는 일식 레스토랑. 규모는 작지만 신선한 스시에 맛좋은 사케를 곁들이기에 더없이 좋은 곳이다. 이곳에서 식사를 한다면 기본 1시간 전에 도착해서 미리 예약 리스트에 이름을 올려 놓아야 한다. 전화 주문 후 호텔 방에서 맛보는 것도 방법이다. 전화 주문을 해도 기본 1시간 이상 걸린다는 것을 유념하자.

Map P.257-B1 | 주소 4310 Lowers Honoapiilani Rd. | 전화 808-669-9010 | 홈페이지 misophatlahaina.com | 영업 월~금 11:30~21:00, 토~일 15:00~21:00 | 가격 $7~55(미소 팟 롤 $20) | 주차 무료 | 예약 불가(방문 예약만 가능) | 가는 방법 라하이나에서 30번 도로인 Honoapiilani Hwy.에서 직진하다 왼쪽에 Hoohui Rd.를 끼고 좌회전 후 다시 Lower Honoapiilani Rd.를 끼고 좌회전. 왼쪽에 위치.

손즈 스테이크 하우스
Son'z steak House

여러 잡지에서 최고의 레스토랑으로 극찬을 받았던 곳. 벽에 걸린 나무 판넬 장식이나 레스토랑 내 패브릭 패턴까지 신경을 써 전체적으로 하와이안 분위기를 놓치지 않으려 노력했다.
무엇보다 이곳의 하이라이트는 폭포를 바라보며 분위기 있는 식사를 할 수 있다는 것. 미리 예약하지 않으면 좋은 자리를 선점하기 어렵다. 스테이크와 랍스터, 치킨과 해산물 요리가 메인이며 프렌치 토스트, 티라미수, 치즈케이크 등 디저트 또한 맛과 비주얼이 훌륭하다.

Map P.257-A4 | 주소 200 Nohea Kai Dr. Lahaina | 전화 808-667-4506 | 홈페이지 sonzsteakhouse. com | 영업 17:30~21:30 | 가격 $18~125(랍스터 테일 $55) | 주차 무료 | 예약 필수 | 가는 방법 라하이나에서 30번 도로인 Honoapiilani Hwy.에서 직진하다 왼쪽에 Kaanapali Pkwy.를 끼고 좌회전 후 다시 Nohea Kai Dr.를 끼고 좌회전. 왼쪽 하얏트 리젠시 마우이 리조트 & 스파 내 위치.

훌라 그릴 Hula Grill

하와이 전통 요리를 즐길 수 있는 레스토랑. 이곳의 특징이라면 레스토랑 바닥에 모래가 깔려있다는 것. 마치 백사장에서 해변을 바라보며 식사하는 것과 같은 느낌이 든다. 기본적으로 하와이에서

갓 잡아 올린 신선한 해산물을 재료로 한 메뉴가 많으며, 그밖에는 레몬 진저 로스티드 치킨과 하와이안 솔트 & 페퍼 립아이 등의 메뉴가 있다. 16:00~16:45에는 립이나 스테이크, 생선 요리 등 셰프의 테이스팅 메뉴를 저렴하게 맛볼 수 있다.

Map P.257-A4 | 주소 2435 Kaanapali Pkwy. Lahaina | 전화 808-667-6636 | 홈페이지 www. hulagrillkaanapali.com | 영업 월~토 11:00~21:00, 일 10:00~21:00 | 가격 브런치 $16~23, 런치 $16.5~31, 디너 $16.5~76(셰프 테이스팅 메뉴 $29) | 예약 필수 | 주차 무료(웨일러스 빌리지 내 레스토랑 이용 시 3시간 무료, 레스토랑에 문의) | 가는 방법 라하이나에서 30번 도로인 Honoapiilani Hwy.에서 직진하다 왼쪽에 카아나팔리 리조트 단지로 진입하는 Kaanapali Pkwy.를 끼고 좌회전 후 왼쪽에 웨일러스 빌리지 쇼핑 센터 1층 바닷가 쪽에 위치.

Mia's Advice

후이후이 HuiHui
카아나팔리 비치 호텔 Kaanapali Beach Hotel 에 위치한 이곳은 비치를 마주 보고 있어 분위기 있는 식사가 가능해요. 후이후이는 하와이어로 '별자리'라는 뜻도 있지만 '섞기'라는 뜻도 있어요. 하와이에서 영감을 얻은 이곳만의 시그니처 메뉴들을 만날 수 있죠. 특히 랍스터 덤플링과 숏 립, 프라이드 포크 벨리 등의 인기가 좋아요. 저녁시간에는 라이브 뮤직을 감상할 수도 있답니다.
주소 2525 Kaanapali Pkwy, Lahaina | 전화 808-667-0124 | 홈페이지 huihui restaurant. com | 영업 06:30~10:00, 12:00~16:00, 17:00~21:00(해피 아워 14:00~16:00)

카아나팔리의 쇼핑

쇼핑을 좋아하는 사람이라면 마우이에서 반드시 들러야 하는 웨일러스 빌리지는 다양한 브랜드가 총 망라되어 있으며 유명 레스토랑도 있어 시간가는 줄 모른다.

웨일러스 빌리지 Whalers Village

카아나팔리 비치를 끼고 있는 쇼핑 센터. 해변에서 워터 스포츠를 즐긴 후, 쇼핑까지 논스톱으로 가능한 곳이다. 로컬 브랜드뿐 아니라 롤렉스, 루이비통, 코치 등의 부티크도 함께 위치해 있어 젊은 여행객들의 마음을 사로잡는다. 카아나팔리 리조트 단지를 순환하는 무료 셔틀버스까지 운행하고 있어 인기가 좋다. 금요일에는 무비 나이트, 화·목요일 11:00에는 레이 만들기 이벤트를 진행한다.

Map P.257-A4 | 주소 2435 Kaanapali Pkwy. Bldg. H-6 Lahaina | 전화 808-661-4567 | 홈페이지 www. whalersvillage.com | 영업 09:00~21:00 | 주차 유료(웨일러스 빌리지 주차장 이용, 30분에 $3, 웨일러스 빌리지에서 상품 구매 후 주차권 제시 시 3시간 무료) | 가는 방법 카아나팔리 해변 중심에 위치해 있으며 Honoapiilani Hwy.를 타고 직진하다 Kaanapali Pkwy.를 따라 카아나팔리 리조트 단지에 진입 후 왼쪽에 위치.

Mia's Advice

해변과 맞닿아 있는 더 웨스틴 마우이 리조트 & 스파(P.349) 근처에서는 매주 월요일 08:00~15:00에 하와이 토속품을 판매하는 프리마켓이 열려요. 규모는 작아도 하와이안이 만든 수공예품이나 핸드메이드 뷰티 제품들을 구경할 수 있죠. 특히 조개를 이어서 만든 오너먼트가 눈길을 끄는데, 가격은 $11 정도 한답니다.

아이들도 좋아할 수밖에 없는 마우이 핫 플레이스

슬래피 케익스
Slappy Cakes

최근 마우이에서 인기 있는 브런치 레스토랑. 조리되어 나오는 메뉴도 있지만, 취향에 따라 팬케이크를 직접 만들어 먹을 수 있어 특별한 곳이다. 테이블마다 놓인 팬을 이용해 팬케이크를 구울 수 있는데, 기본 버터밀크부터 초콜릿, 시즈널, 글루텐 프리&비건 총 4가지 반죽 중 원하는 것을 선택할 수 있다. 매주 일요일 오전에는 귀여운 캐릭터 팬케이크를 굽는 전문가의 시연을 볼 수 있다. 그 밖에도 머쉬룸 스크램블, 바나나 브레드 프렌치토스트, 컨트리 프라이드 스테이크 등이 추천 메뉴다. 마우이뿐 아니라 포틀랜드, 일본, 싱가포르, 말레이시아에도 지점이 있다.

Map P.257-B2 | **주소** 3350 Lower Honoapiilani Rd.#710 Lahaina | **전화** 808-419-6600 | **홈페이지** www.slappycakes.com | **영업** 07:00~13:00 | **가격** $3~19(팬케이크 보틀 개당 $8) | **주차** 무료 | **예약** 불가 | **가는 방법** 카훌루이 공항에서 HI-380, HI-30S, HI-3000을 지나 HI-30W를 이용해 Kaanapali 방향 Lower Honoapiilani Rd. 방면으로 직진한다. 호노코와이 마켓 플레이스 내 위치.

얼티메이트 에어 마우이
Ultimate Air Maui

거대한 컨테이너 안에 세팅된 트램펄린 위에서 아이들이 마음껏 뛰어놀 수 있는 공간. 마우이 어린이들의 생일파티 장소로도 종종 이용된다. 시간대별 입장 인원이 정해져 있으므로 미리 온라인으로 티켓을 구매하는 것이 좋다.

Map P.236-B2 | **주소** 21 Laa St. Wailuku | **전화** 808-214-5867 | **홈페이지** ultimateairmaui.com | **영업** 월~목 12:00~18:00, 토 10:00~20:30, 일 11:45~18:00 | **가격** 1시간 $25 | **주차** 무료 | **가는 방법** 라하이나에서 30번 Honoapiilani Hwy.를 타고 카훌루이 공항 방향으로 직진하다 오른쪽 Kuikahi Dr.를 끼고 우회전 후 다시 Laa St.를 끼고 우회전. 왼쪽에 위치.

옛 하와이의 수도
라하이나

하와이어로 '무자비한 태양'이라는 뜻을 가지고 있는 라하이나는 마우이에서도 역사가 깊은 타운이다. 18세기 말 하와이 왕국의 수도였던 곳으로, 한때는 400척의 포경선이 1,500명의 선원을 태우고 라하이나를 출항할 만큼 고래잡이 산업이 번성했던 적도 있다. 작가 허먼 멜빌 Herman Melville 역시 그 선원 중 하나였으며, 그의 대표 소설 『모비딕』에는 고래와 포경업에 대한 사실적인 묘사가 들어 있다. 한편, 라하이나는 1845년 호놀룰루로 수도를 옮기면서 점점 쇠퇴했으나 20세기 후반, 이곳에 남아 있는 역사적인 건물들을 복원하고 보존하려는 움직임이 일어나면서 지금의 관광 명소가 되었다.

©하와이 관광청

+ 공항에서 가는 방법

카훌루이 국제공항에서 380번 Hwy.를 거쳐 30번 Hwy.를 타고 40분 정도 지나 카아나팔리 리조트 단지 가기 전에 위치.

+ 라하이나에서 볼 만한 곳

올드 라하이나 코트하우스, 반얀 트리, 디 아웃렛 오브 마우이

:::::::::: *Mia's Advice* ::::::::::

라하이나는 주차장에 대한 정보를 꿰뚫고 있지 않으면 방문이 쉽지 않아요. 워낙 거리가 좁고, 레스토랑과 쇼핑 센터가 붙어 있기 때문이지요. 우선 무료 주차장은 116 Prison St와 750 Luakini St. 두 군데죠. 약 2시간 정도 주차가 가능하며 'Buses Only'에는 주차하지 마세요. 범칙금 티켓을 끊을 수 있거든요. 혹시 레스토랑에서 식사할 예정이라면, 레스토랑에 주차를 문의하는 것도 방법이에요. 간혹 주차비를 50% 제공하는 레스토랑이 있답니다. 그밖에 유료 주차장도 있어요. 주소는 153 Dickenson St.이며, 비용은 1시간 $5, 2~6시간 $15 정도랍니다. 마우이 아웃렛에서 쇼핑을 할 예정이라면 아웃렛에 주차(900 Front St.)하는 것도 방법이에요.

메인 거리인 프런트 스트리트는 산책하기 좋고, 오래된 라하이나의 감옥이나 초기 재판소 모습을 그대로 재현한 올드 라하이나 코트하우스, 100년이 훨씬 넘은 반얀 트리와 역사적으로 유서 깊은 호텔 파이어니어 인도 있다. 최근에 오픈한 디 아웃렛 오브 마우이까지 하루 종일 이곳에 시간을 투자해도 좋을 만큼 볼거리와 즐길 거리가 많은 매력적인 타운이다. 뿐만 아니라 라하이나 항구에서 하와이의 또 다른 이웃 섬인 라나이로 향하는 배편도 있다. 관심 있다면 도전해 보자.

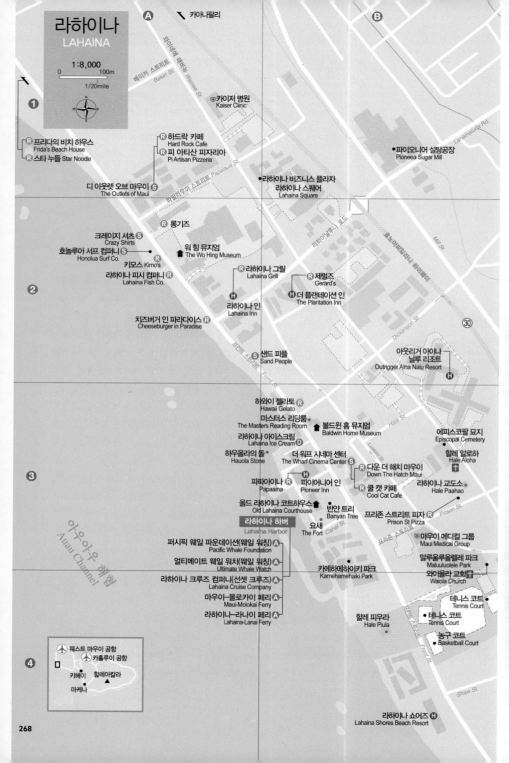

라하이나
LAHAINA

1:8,000
0 ___ 100m
1/20mile

카아나팔리

프리다의 비치 하우스
Frida's Beach House
스타 누들 Star Noodle

하드락 카페
Hard Rock Cafe
피 아티산 피자리아
Pi Artisan Pizzeria

카이저 병원
Kaiser Clinic

파이오니어 설탕공장
Pioneea Sugar Mill

디 아웃렛 오브 마우이
The Outlets of Maui

라하이나 비즈니스 플라자
라하이나 스퀘어
Lahaina Square

롱기즈

크레이지 셔츠
Crazy Shirts
호놀루아 서프 컴퍼니
Honolua Surf Co.
키모스 Kimo's
라하이나 피시 컴퍼니
Lahaina Fish Co.

치즈버거 인 파라다이스
Cheeseburger in Paradise

워 힝 뮤지엄
The Wo Hing Museum

라하이나 그릴
Lahaina Grill

라하이나 인
Lahaina Inn

제럴즈
Gerard's

더 플랜테이션 인
The Plantation Inn

아웃리거 아이나
날루 리조트
Outrigger Aina Nalu Resort

샌드 피플
Sand People

하와이 젤라토
Hawaii Gelato
더 마스터스 리딩룸
The Masters Reading Room
라하이나 아이스크림
Lahaina Ice Cream
하우올라의 돌
Hauola Stone
파파아이나
Papaaina
올드 라하이나 코트하우스
Old Lahaina Courthouse

라하이나 하버
Lahaina Harbor

볼드윈 홈 뮤지엄
Baldwin Home Museum

더 워프 시네마 센터
The Wharf Cinema Center

파이어니어 인
Pioneer Inn

다운 더 해치 마우이
Down The Hatch Maui

쿨 캣 카페
Cool Cat Cafe

에피스코팔 묘지
Episcopal Cemetery

할레 알로하
Hale Aloha

라하이나 교도소
Hale Paahao

반얀 트리
Banyan Tree

요새
The Fort

프리즌 스트리트 피자
Prison St Pizza

퍼시픽 웨일 파운데이션(웨일 워칭)
Pacific Whale Foundation
얼티메이트 웨일 워치(웨일 워칭)
Ultimate Whale Watch
라하이나 크루즈 컴퍼니(선셋 크루즈)
Lahaina Cruise Company
마우이-몰로카이 페리
Maui-Molokai Ferry
라하이나-라나이 페리
Lahaina-Lanai Ferry

카메하메하이키 파크
Kamehamehaiki Park

마우이 메디컬 그룹
Maui Medical Group

말루울루올렐레 파크
Maluulolele Park
와이올라 교회
Waiola Church

테니스 코트
Tennis Court
테니스 코트
Tennis Court
농구 코트
Basketball Court

할레 피우라
Hale Piula

웨스트 마우이 공항
카훌루이 공항
키헤이
마케나
할레아칼라

아우아우 해협
Auau Channel

라하이나 쇼어즈
Lahaina Shores Beach Resort

라하이나의 볼거리

라하이나 하버 주변의 유적지만 해도 총 62곳이 된다. 그 만큼 역사적으로 의미 있는 볼거리가 많아 과거 번성했던 하와이의 수도 라하이나를 체험하는 데 부족함이 없다.

올드 라하이나 코트하우스 Old Lahaina Courthouse

1895년부터 약 30년간 선원들의 경범죄 등을 재판해 온 옛 재판소. 현재는 갤러리인 라하이나 아트 소사 이어트와 박물관인 라하이나 헤리티지 뮤지엄, 비지 터 센터 등으로 이용하고 있다. 1층에는 옛날 재판소 의 모습을 그대로 유지해 이해를 돕도록 했고, 관련 된 영상을 상영하고 있다. 또 19세기에 전성기를 떨 쳤던 라하이나의 모습을 담은 사진도 전시되어 있다. 2층에는 화장실이 있어 근처를 지나는 여행자들의 편의를 돕는다.

Map P.268-B3 | **주소** 648 Wharf St. Lahaina | **전화** 808-661-3262 | **홈페이지** www.lahainarestoration.org | **운영** 09:00~17:00 | **요금** 무료 | **주차** 불가 | **가는 방법** 카아나팔리에서 30번 Honoapiilani Hwy.를 타고 직진하다 오른쪽 에 Dickenson St.에서 두 번째 사거리 지나 Front St.가 보이면 좌회전. 반얀 트리 뒤쪽에 위치.

반얀 트리 Banyan Tree

라하이나 하버의 휴식 명소. 거대한 나뭇가지를 펼치고 웅장하게 서 있는 반얀 트리는 인도산으로, 1873년에 기 독교 선교를 기념하여 심은 것이다. 100년이 훨씬 넘은 만큼, 하와이 최대 거목이 만들어내는 그늘만 해도 어마 어마하다. 나무가 차지하는 면적이 대략 800평가량 될 정도. 주말에는 그 나무 그늘 밑에서 벼룩시장이나 늦은 밤까지 콘서트 등이 열리며, 평일 낮에도 반얀 트리 아래 에서 휴식을 취하려는 사람들이 삼삼오오 모인다.

Map P.268-B3 | **주소** 649 Wharf St. Lahaina | **운영** 24시간 | **주차** 가능(협소) | **가는 방법** 카아나팔리에서 30번 Honoapiilani Hwy.를 타고 직진하다 오른쪽에 Dickenson St.에서 두 번째 사거리 지나 Front St.가 보이면 좌회전.

볼드윈 홈 뮤지엄 Baldwin Home Museum

1835년에 완성된 이곳은 건설 당시 선교사이자 의사로 활동한 드와이트 볼드윈 Dwight Baldwin이 살기 위해 지은 집이었다. 처음에는 단층짜리 건물이었으나 1849년 2층집으로 증축했다. 라하이나에서 가장 오래된 서양 건축물로, 진료소이자 하와이 안들을 위한 선교활동의 거점으로 사용되었다. 1960년대 복원되어 현재는 당시 생활용품등과 도자기, 하와이안 퀼트 등 수공예품을 전시하는 박물관으로 활용되고 있다. 매주 금요일 18:00~20:30에는 캔들 투어 Candle Tour가 있다.

Map P.268-B3 | **주소** 120 Dickenson St. Lahaina | **전화** 808-661-3262 | **홈페이지** www.lahainarestoration.org/baldwin.html | **운영** 10:00~16:00(금요일 ~20:30, 월요일 휴무) | **요금** $7 | **주차** 불가 | **가는 방법** 카아나팔리에서 30번 Honoapiilani Hwy.를 타고 직진하다 Dickenson St.에서 우회전, Front St.를 마주보기 직전에 왼쪽에 위치.

마스터스 리딩 룸 The Masters Reading Room

1830년 초기에는 각종 출판물과 신문 등이 비치되어 있는 고래잡이 선장들의 미팅 룸이 있었다. 정확히 지금과 같은 위치에 있었던 것은 아니지만 나중에 선교사들에 의해 리딩 룸으로 재현된 곳이 바로 이 마스터즈 리딩 룸이다. 선교사 볼드윈의 자택 창고였던 건물을 개조한 것. 용암으로 지어졌던 과거의 독특한 모습을 재현하기 위해 노력한 흔적이 엿보인다. 현재는 라하이나 복원보존재단의 사무소 겸 기념품 숍으로 이용하고 있다. 2022년 7월 기준 코로나로 임시 휴업 중이라 방문 전 미리 체크해보자.

Map P.268-B3 | **주소** 120 Dickenson St. Lahaina | **홈페이지** www.lahainarestoration.org/readingroom.html | **운영** 10:00~16:00 | **주차** 불가 | **가는 방법** 카아나팔리에서 30번 Honoapiilani Hwy.를 타고 직진하다 Dickenson St.에서 우회전, Front St.를 마주보기 직전에 왼쪽, Boldwin Home Museum 옆에 위치.

알아두세요

라하이나의 중요한 인물, 드와이트 볼드윈

드와이트 볼드윈 Dwight Baldwin은 하와이가 왕국이던 시절에 들어와 기독교 선교와 의술 보급에 앞장선 선교사예요. 그 때문인지 볼드윈 홈 뮤지엄 내부에는 그가 수집했던 과학 및 의학 서적 200여 권 정도 소장되어 있죠. 그 외에도 하와이안들을 위해 농업과 역학, 예술 등 점점 그 교육의 폭을 확장시켰는데, 특히 그는 당시 하와이에서 문제가 되던 알코올 중독을 막기 위해 금욕에 대한 성경 구절을 하와이어로 번역해 보급하기도 했죠. 그런 활동에 감동을 받은 당시 마우이의 호아필리 왕과 왕비가 볼드윈이 목회를 맡던 교회에 참석하기도 했다고 해요.

워 힝 뮤지엄 The Wo Hing Museum

라하이나의 역사는 고래잡이와 선교사에서 시작되었다. 1912년에 중국인 이민자들의 커뮤니티가 점차 커지자, 기부를 통해 건축된 중국 사원으로 중국인 이민자들의 정체성을 지키기 위한 용도로 마련됐다. 중국 이민자들은 이 사원에 모여 정치적이고 사회적인 이슈를 의논하기도 했다. 현재 박물관으로 개장해 그들의 흔적을 조금이나마 엿볼 수 있으며, 중국 문화를 소개하고 있다.

Map P.268-A2 | 주소 858 Front St. Lahaina | 전화 808-661-5553 | 운영 10:00~16:00(화요일 휴무) | 요금 $7 | 주차 불가 | 가는 방법 카아나팔리에서 30번 Honoapiilani Hwy.를 타고 직진하다 오른쪽 Papalaua St.를 끼고 우회전 후 Front St.를 끼고 다시 좌회전. 직진 후 왼쪽에 위치.

와이올라 교회 Waiola Church

넓은 잔디 한가운데 서 있는 아담한 교회로, 현재까지도 현지인들의 사랑을 받고 있다. 1800년대 초반 카메하메하 대왕이 전성기를 떨치던 시대에 지어졌다. 마우이에 기독교를 전파시킨 후 점차 다른 하와이 섬으로 그 영향을 확대하며 입지를 굳혔다. 후에 카메하메하 대왕이 선교사들과 함께 순례 지역으로 이 교회를 택하기도 했을 정도. 여러 차례 화재를 입을 때마다 다시 재건된 건물로 예전에는 와이네 Wainee 교회라고도 불렸다.

Map P.268-B3 | 주소 535 Wainee St. Lahaina | 전화 808-661-4349 | 운영 월~금 08:00~14:00(토요일 휴무, 일요일 예배 09:00~10:00) | 주차 불가 | 가는 방법 카아나팔리에서 30번 Honoapiilani Hwy.를 타고 직진하다 오른쪽에 Prison St.를 끼고 우회전. 첫 번째 사거리에서 좌회전. 오른쪽에 위치.

라하이나 교도소 Lahaina Prison(Hale Pa'ahao)

넓은 잔디밭 한 가운데 교도소가 위치해 있는데 교도소 건물 입구에서 오른쪽을 들여다보면 침대 위에 마네킹으로 당시 죄수의 모습을 재현해 놓았다. 왼쪽 방에는 교도소를 지은 뒤 해마다 범죄 형태에 따른 수감자 숫자를 기록해 놓았다. 1850년대의 감옥으로 여성과 남성 죄수자를 분리하고 높은 담벼락으로 죄수들이 도망가지 못하도록 외부 세상과 단절시켰다. 재미있는 것은 대부분의 죄수들이 술에 취해 난동을 부리는 무법자들이었다는 것. 그밖에도 배에서 탈주한 사람, 승마법이 이상했던 사람, 안식일에 노동한 사람도 범법행위로 가두었다. 교도소 건물은 유죄 선고를 받은 죄수들에 의해 지어졌다. 입장료가 없는 대신 약간의 기부금을 받는다.

Map P.268-B3 | **주소** 187 Prison St. Lahaina | **전화** 808-667-1985 | **홈페이지** www.lahainarestoration.org/paahao.html | **운영** 09:00~16:00 | **요금** 무료 | **주차 불가** | **가는 방법** 카아나팔리에서 30번 Honoapiilani Hwy.를 타고 직진하다 Prison St.에서 우회전 후 직진. 사거리 지나자마자 오른쪽에 위치.

알아두세요

1850년대의 라하이나 교도소

카메하메하 3세가 통치하던 30년간은 하와이 왕조 역사상 가장 번영을 누린 시대랍니다. 그는 1840년에 헌법을 공포함으로써 하와이가 전제군주국에서 입헌군주국으로의 기강을 확립해 나갈 수 있게 했으며 1851년 왕의 승인 하에 하와이 입법부는 교도소와 관련한 정책을 내놓았죠. 그렇게 생긴 교도소가 바로 라하이나 교도소인데, 원래 이름은 Hale Pa'ahao라고 해요. 하와이어로 '철로 만든 집안에 갇히다'라는 뜻인데, 대부분 가벼운 죄를 저지른 이들이었고, 중범죄자들은 벽에 쇠사슬을 채워 수감을 시켰으며 일 년 이상 수감되어야 하는 중죄를 저지른 이들은 배에 태워 오아후로 이송하여 수용했다고 전해져요.

라하이나의 해변

라하이나 항구는 예전에는 포경선이 줄지어 있었으나 이제는 고래 관찰을 비롯한 다양한 크루즈 출항지로 여행객들의 마음을 사로잡고 있다.

라하이나 하버 Lahaina Harbor

마우이 유일의 번화가로, 다양한 해양 스포츠의 거점이다. 라하이나 하버에서는 총 20여 개의 업체가 다양한 프로그램을 운영하고 있다. 때문에 돌고래나 거북이를 볼 수 있는 스노클링이나 세일링 등을 즐기기 위해 길게 줄을 선 관광객들을 항상 볼 수 있다. 또한 이곳에서 라나이 섬을 오가는 페리를 탑승할 수 있다. 하루 5회 출항하며, 대략 40분 소요된다. 요금은 왕복 $60로, 저렴하게 이웃해 있는 라나이 섬을 둘러볼 수 있다. 사실 라하이나 하버는 마우이에서 몇 안 되는 매력적인 일몰 장소다. 해변과 가까운 레스토랑에서 식사하면서 혹은 항구 가까이에 앉아서 가슴 벅찬 광경을 놓치지 말자.

Map P.268-B3 | 주소 675 Wharf St., Lahaina | 전화 808-662-4060 | 홈페이지 www.lahainaharbor.com | 주차 불가 | 가는 방법 카아나팔리에서 30번 Honoapiilani Hwy.를 타고 직진하다 오른쪽에 Prison St.를 끼고 우회전 후 Hotel St.를 끼고 좌회전해 직진하면 라하이나 항구가 보인다.

Travel Plus

마우이에서 보내는 특별한 Friday Night!

마우이의 5개 타운에서는 특별한 이벤트를 진행 중입니다. 첫째 주 금요일에는 와일루쿠, 둘째 주 금요일에는 라하이나, 셋째 주 금요일에는 마카와오, 넷째 주 금요일에는 키헤이, 다섯째 주 금요일에는 라나이 등 매달 다섯 번의 특별한 금요일 밤을 보낼 수 있는 즐길 거리를 마련한 것. 각 타운마다 이벤트의 성격이 조금씩 다르지만 라이브 공연, 레스토랑 할인, 갤러리의 나이트 파티, 케이키&유스 존(Keiki & Youth Zone) 액티비티 설치 등, 남녀노소를 불문하고 모두가 즐길 수 있는 다양한 이벤트가 마련되어 있습니다. 매달 이벤트가 바뀌니 자세한 내용은 홈페이지(www.mauicounty.gov)를 참고하세요.

라하이나의 즐길 거리

라하이나 하버를 끼고 있어 다양한 크루즈 프로그램이 발달했다. 특히 겨울철에는 고래 관찰 프로그램이 인기가 많다.

웨일 워칭 Whale Watching

라하이나 하버에서 약 30분 정도 배를 타고 가다 보면 새하얀 물줄기가 눈앞에 펼쳐진다. 바로 고래가 내뿜는 6m 높이의 물줄기인데, 이렇게 다이나믹하게 고래를 볼 수 있는 기간은 매년 12월부터 이듬해 4~5월까지로, 웨일 워칭 이외에도 다양한 세일링 프로그램이 있다. 섬 인근 알래스카에서 수백 마리의 흑고래가 찾아와 서해안의 라나이 섬과 카호올라웨 섬에서 출산해 어린 고래를 기른다. 대부분의 투어는 항구를 출발해 바다를 돌며 고래를 찾는다. 고래를 못 볼 경우 원하는 날에 재탑승이 가능하다.

+ 퍼시픽 웨일 파운데이션
Pacific Whale Foundation

Map P.268-B3 | 주소 612 Front St. Lahaina(오피스) | 전화 800-942-5311 | 홈페이지 www.pacificwhale. org | 운영 06:00~22:00(오피스) | 주차 불가 | 소요 시간 2시간(출발 45분 전 항구에서 체크인) | 요금 성인 $99.95~139.95, 5~12세 $69.95~99.95(성인 1인당 0~4세 한 명 무료)(인터넷 예약 시 10% 할인) | 가는 방법 카아나팔리에서 30번 Honoapiilani Hwy.를 타고 직진하다 보면 오른쪽으로 Prison St.가 보인다. 직진 후 오른쪽의 Front St.를 따라 우회전 후 오른쪽에 위치.

©하와이 관광청

+ 얼티메이트 웨일 워칭 Ultimate Whale Watch

Map P.268-B3 | 주소 675 Wharf St. Lahaina (Lahaina Harbor Slip #17) | 전화 808-667-5678 | 홈페이지 ultimatewhalewatch.com | 운영 07:00~19:00(오피스) | 소요 시간 2시간~6시간 | 요금 성인 $99~175, 4~12세 $75~144 | 주차 불가(Front St. 주변 유료 주차장에 주차) | 가는 방법 카아나팔리에서 30번 Honoapiilani Hwy.를 타고 직진하다 오른쪽에 Prison St.가 보인다. 직진 후 오른쪽의 Front St.를 따라 우회전 후 Papelekane St.를 끼고 좌회전해 직진하면 라하이나 항구가 보인다. 라하이나 항구 내 액티비티 데스크가 있음.

> ⋯⋯⋯⋯ *Mia's Advice* ⋯⋯⋯⋯
>
> 고래 관찰은 보트나 작은 선박을 이용하는 업체가 대부분이라 뜨거운 태양을 피할 곳이 없답니다. 선글라스를 착용하거나 자외선 차단제를 꼭 바르는 게 좋아요.

선셋 크루즈 Sunset Cruise

선셋 크루즈는 마우이에서 빼놓을 수 없는 액티비티 중 하나. 스노클링 등 수영에 자신이 없다면 크루즈로 대신하는 것도 좋다. 라하이나 항구에서 오후에 출발해 일몰을 감상하는 코스로 프로그램에 따라 칵테일 크루즈, 디너 크루즈 등으로 다양하다. 선상에서 간단한 하와이 전통 쇼는 물론이고 바다 위에서 360도 파노라마 뷰를 감상할 수 있다. 크루즈 이외에 이웃 섬인 라나이와 몰로키니에서 진행하는 스노클링 프로그램도 있다.

+ 하와이 오션 프로젝트
Hawaii Ocean Project

Map P.268-B3 | 주소 1036 Limahana Pl. #3e Lahaina(오피스) | 전화 877-500-6284 | 홈페이지 hawaiioceanproject.com | 운영 08:00~20:00(오피스), 선셋 디너 크루즈 17:30~20:00, 라나이 스노클링 07:00~13:00, 웨일 워칭 어드벤처 09:45~12:00 | 요금 [선셋 디너 크루즈] 성인 $129.95, 2~12세 $89.95, [라나이 스노클링] 성인 $139.95, 2~12세 $109.95, [웨일 워칭 에픽 어드벤처] 성인 $59.95, 2~12세 $39.95 | 주차 불가 | 가는 방법 라하이나 하버, 반얀 트리 건너편 메인 부스 하역장 Loading Dock Main Booth에서 출발.

크루즈 탑승을 위해 라하이나 항구에서 줄을 선 관광객들.

> ⋯⋯⋯⋯ *Mia's Advice* ⋯⋯⋯⋯
>
>
>
> 라하이나의 중심 거리인 프런트 스트리트 Front St.에는 매주 금요일 밤 Lahaina Friday Night라는 이벤트가 열린답니다. 라이브 연주도 감상할 수 있고, 갤러리에서는 젊은 아티스트들과 이야기를 나눌 수 있어요. 금요일 20:00까지 갤러리마다 문화 행사를 준비하니 라하이나에서의 일정을 금요일 오후로 잡아도 좋아요! (문의 lahainarestoration.org)

라하이나의 먹거리

라하이나 지역의 유명한 레스토랑은 항구 메인 거리에 모두 모여 있다. 특히 해질 무렵 이곳에서 식사를 한다면 보다 로맨틱한 분위기를 즐길 수 있을 것이다.

라하이나 피시 컴퍼니
Lahaina Fish Co.

20년 넘게 운영되고 있는 레스토랑. 신선한 지역 해산물과 오가닉 식재료들로 요리하는 곳이다. 글루텐 프리 햄버거와 샌드위치 등의 메뉴를 주문할 수 있으며, 베지테리안을 위한 건강한 메뉴들과 어린이들을 위한 피시 & 칩스, 콘 도그 앤 프라이, 마우이 스타일 바비큐 폭 립, 미니 버거 등의 메뉴도 있다. 라하이나 하버가 보이는 창가석에 앉아 하와이에서 주로 나는 생선인 마우이 스타일 폭 립을 주문해보자. 현지인이 된 것 같은 착각마저 든다.

Map P.268-A2 | 주소 831 Front St. Lahaina | 전화 808-661-3472 | 홈페이지 lahainafishco.com | 영업 12:00~20:00 | 가격 런치 $7.50~39.50(프런트 스트리트 버거 $19.50, 마우이 스타일 폭 립 $23) | 주차 무료(식사 시 라하이나 센터 주차장에서 3시간 무료, 주차장 주소: 900 Front St. Lahaina) | 예약 필요 | 가는 방법 카아나팔

리에서 30번 Honoapiilani Hwy.를 타고 직진하다 오른쪽에 Lahainaluna Rd.가 보인다. 그 길을 따라 우회전한 뒤 Front St.에서 다시 우회전, 직진하다 보면 왼쪽에 위치.

프리다의 비치 하우스
Frida's Beach House

아티스트 프리다의 이름을 딴 멕시칸 레스토랑. 정문은 도로에 나 있지만 안으로 들어가면 탁 트인 라하이나 하버가 한눈에 들어온다. 타코 또는 튀기거나 구운 토르티야 위에 다양한 토핑이 올려지는 토스타다. 아보카도로 만든 소스인 과카몰리, 나초 등 멕시코 요리가 가득하다.

Map P.268-A1 | 주소 1287 Front St. Lahaina | 전화 808-661-1287 | 홈페이지 www.fridasmaui.com | 영업 11:00~21:00(일요일 휴무) | 가격 $3.50~48.95(타코 플레이트 $24.95) | 주차 무료 | 예약 필요 | 가는 방법 카아나팔리에서 30번 Honoapiilani Hwy.를 타고 직진하다 오른쪽 Front St.쪽으로 진입. 직진 후 오른쪽에 위치.

스타 누들 Star Noodle

라하이나 하버를 바라보며 부담없이 누들 요리를 즐길 수 있는 곳. 매일 직접 만든 수타면으로 요리를 선보인다. 라멘, 우동, 사이민, 팟타이 등 다양한 누들 요리의 향연이 펼쳐진다.

Map P.268-A1 | **주소** 1285 Front St. Lahaina | **전화** 808-667-5400 | **영업** 10:30~21:00 | **가격** $5~18(스팀드 포크 번 $15, 갈릭 누들 $10~16) | **주차** 무료 | **예약** 필요 | **가는 방법** 카아나팔리에서 30번 Honoapiilani Hwy.를 타고 직진하다 오른쪽 Front St.쪽으로 진입. 직진하다 보면 오른쪽에 위치.

프리즌 스트리트 피자 Prison St. Pizza

가게 이름에서도 알 수 있지만, 프리즌 스트리트 피자는 라하이나 교도소로 가는 길목에 위치한 자그마한 피자 가게다. 40년가량 피자를 만들어 온 부부가 뉴저지 스타일의 피자를 선보인다. 스페셜 피자 이외에도 바삭한 도우 위에 신선한 채소와 고기 등 원하는 대로 토핑을 선택할 수 있는 메뉴도 있다.

Map P.268-B3 | **주소** 133 Prison St. Lahaina | **전화** 808-662-3332 | **홈페이지** prisonstreetpizza.com

| **영업** 11:00~21:00 | **가격** $18.75~34(세르피코 스페셜 $28~30) | **주차** 불가 | **가는 방법** 카아나팔리에서 30번 Honoapiilani Hwy.를 타고 직진하다 오른쪽에 Prison St.를 끼고 우회전. 라하이나 교도소 지나서 오른쪽에 위치.

라하이나 그릴 Lahaina Grill

〈호놀룰루 매거진〉에서 'Best Maui Restaurant'라는 찬사를 받은 레스토랑. 새로운 스타일의 미국식 음식을 느낄 수 있다. 고급스러운 분위기가 단연 돋보이는 곳으로, 립과 스테이크, 홈메이드 미트볼, 양고기 등이 메인 메뉴다. 이곳의 트레이드마크는 바로 빨간 전화기. 레스토랑 입구는 물론이고, 라하이나 곳곳에 빨간 전화기를 배치해 언제, 어디서나 '예약 전화'를 할 수 있도록 재미있는 시스템을 도입했다.

Map P.268-A2 | **주소** 127 Lahainaluna Rd. Lahaina | **전화** 808-667-5117 | **홈페이지** lahainagrill. com | **영업** 17:00~21:00 | **가격** $16~79(와규 비프 라비올리 $33, 슬로우 브레이즈드 보닐스 숏 립 $47) | **주차** 불가 | **예약** 필요 | **가는 방법** 카아나팔리에서 30번 Honoapiilani Hwy.를 타고 직진하다 오른쪽에 Lahainaluna Rd.가 보인다. 그 길을 따라 우회전한 뒤 첫 번째 사거리 지나고 오른쪽에 위치.

Map P.268-B3 | **주소** 658 Front St. Lahaina | **전화** 808-661-4900 | **영업** 07:30~01:00(해피 아워 평일 14:00~17:00) | **가격** 브랙퍼스트 $6.49~15.49, 런치&디너 $7.95~25.95(라바라바 슈림프 $14.95, 크리스피 코코넛 슈림프 $13.49) | **주차** 불가 | **가는 방법** 아나팔리에서 30번 Honoapiilani Hwy.를 타고 직진하다 오른쪽에 Dickenson St.를 끼고 우회전 직진 후 Front St.를 끼고 좌회전. 더 워프 시네마 센터 The Warf Cinema Center 내 위치(Ground Floor).

다운 더 해치 마우이
Down The Hatch Maui

직접 잡은 생선을 냉동 보관해서 가져오면 그 자리에서 요리를 해주는 특별한 식당($25 요금 발생). 이른 오전부터 늦은 밤까지 칵테일과 해산물을 즐기는 이들로 북적인다. 해피 아워에는 애피타이저 메뉴를 15% 할인된 가격에 판매하며 하와이안 칵테일과 맥주 등을 $6~7에 판매한다.

쿨 캣 카페 Cool Cat Cafe

낮에는 평범한 햄버거 가게였다가 밤에는 클럽처럼 화려한 분위기로 바뀌는 곳. 그중에서도 웨스턴 스타일로 베이컨과 치즈, BBQ 소스에 골드 어니언 링이 함께 서빙되는 더 듀크 버거와 파인애플과 베이컨, 잭 치즈와 홈 메이드 스위트 하와이안 소스로 맛을 낸 돈 호 버거의 인기가 높다. 햄버거 패티는 100% 와규 비프를 사용해 퀄리티를 높인 것이 특징. 치킨 텐더와 어니언 링, 포테이토가 서빙되는 콤보 플레이트도 추천 메뉴로 마우이에서 유명한 레스토랑이라 항상 손님이 붐빈다.

Map P.268-B3 | **주소** 658 Front St. #160 Lahaina

| 전화 808-667-0908 | 홈페이지 www.coolcatcafe.
com | 영업 10:30~21:00 | 가격 $12.50~32.50(더
듀크 버거 $15.50, 돈호 버거 $14.50) | 주차 무료(매
장 뒤쪽 Wainee St.에 무료 주차장 있음. 주소: 687
Wainee St.) | 예약 불가 | 가는 방법 카아나팔리에서
30번 Honoapiilani Hwy.를 타고 직진하다 오른쪽에
Dickenson St.에서 두 번째 사거리 지나 Front St.가 보
이면 좌회전. 반얀 트리 건너편 더 워프 시네마 센터 The
Wharf Cinema Center 2층에 위치.

파파아이나 Papaaina

1901년에 문을 연 2층의 목조 건물로 하와이에서
가장 역사가 오래된 호텔인 파이어니어 인 1층에
자리한 레스토랑. 단순히 음식을 먹는다는 개념보
다 라하이나의 세월을 느끼며 과거를 향유한다는
표현이 더 맞을 듯. 간장 육수에 햄과 베이컨, 치즈
등이 곁들여진 브렉퍼스트 라멘이 이 집의 시그니
처 메뉴다. 아침에 먹어도 부담스럽지 않으니 도전
해보자.

Map P.268-B3 | 주소 658 Wharf St. Lahaina | 전화
808-667-5117 | 홈페이지 www.pioneerinnmaui.com
| 영업 08:00~14:00 | 가격 $6~26(브렉퍼스트 라멘
$20) | 주차 무료(협소) | 예약 필요 | 가는 방법 카아나팔리
에서 30번 Honoapiilani Hwy.를 타고 직진하다 오른쪽에
Dickenson St.에서 두 번째 사거리 지나 Front St.가 보이
면 좌회전. 반얀 트리 옆에 위치.

하와이 젤라토
Hawaii Gelato

젤라토, 셔벗 아이스크
림, 하와이에서 꼭 맛봐
야 할 셰이브 아이스는
물론 다양한 커피 메뉴까지 있어 여행 중 잠시 휴식
을 즐길 수 있는 곳이다. 매일 신선한 젤라토를 만
들고, 30개 이상의 다양한 맛을 판매한다. 이탈리아
정통 디저트 피스타치오, 파나코타 Panna cotta도 맛
볼 수 있다. 너티 몽키, 코나 머드파이, 파니니 젤라
토 등이 이곳의 시그니처 메뉴.

Map P.268-B3 | 주소 700 Front St. Lahaina | 전화
808-661-1011 | 홈페이지 www.hawaii-gelato.com
| 영업 10:00~21:30 | 가격 ~$10 | 주차 불가 | 가는 방법
카아나팔리에서 30번 honoapiilani Hwy.를 타고 직진하다
오른쪽에 Front St.방향으로 진입. 왼쪽에 위치.

:::::::::: *Mia's Advice* ::::::::::

라하이나에는 유독 인기가 높은 카페와 식
당들이 모여있어요. 그중에서도 몇 곳을
더 추천하자면, 카페카페 마우이 Café Café
Maui(주소 129 Lahainaluna Rd. Lahaina), 마
카당당 Macadangdanc(주소 2580 Kekaa Dr.
Lahaina), 나필리 플라자 내 위치한 폰드(주
소 5095 Napilihau St. Lahaina), 피시 마켓
마우이 Fish Market Maui(주소 3600 Lower
honoapiilani Rd. Lahaina) 등이 있답니다.

키모스 Kimo's

라하이나 하버를 바라볼 수 있도록 사방이 탁 트인
오픈 에어 구조의 레스토랑이다. 클래식 샌드위치
와 해산물 요리, 스테이크 등의 메뉴부터 디저트까
지 풀코스로 즐길 수 있는 곳. 2층 오션뷰 좌석이
가장 인기가 많기 때문에 분위기 있는 저녁식사를
원한다면 좌석을 미리 예약하는 것이 좋다.

Map P.268-A2 | 주소 845 Front St. ste. A Lahaina
| 전화 808-661-4811 | 홈페이지 www.kimosmaui.
com | 영업 11:30~21:00 | 가격 런치 $11~25, 디너

············
Mia's Advice
············

라하이나는 여행객들이 마우이에서 가장 사
랑하는 곳 중 하나에요. 역사적으로 의미가
깊은 볼거리가 많이 있고, 다양한 맛집이 모
여 있을 뿐만 아니라 서핑 레슨이 활발하게
이뤄지는 곳이거든요. 마우이에서 서핑 레슨
을 원한다면 라하이나 서프 잭 Lahaina Surf
Jack(주소 117 Prison St.,Lahaina)에 문의해 보
세요. 그룹 레슨(4명) 기준 이용료는 $85입니
다.

$11~59 | 주차 불가 | 예약 필요 | 가는 방법 카아나팔리에
서 30번 Honoapiilani Hwy.를 타고 직진하다 오른쪽에
Lahainaluna Rd.에서 우회전 후 Front St.에서 다시 우
회전. 왼쪽에 위치.

레오다스 키친 앤 파이 숍
Leoda's Kitchen and Pie Shop

캐주얼 패밀리 스타일의 다이닝.
직접 만든 베이커리부터 샐러
드, 샌드위치 등의 메뉴들
이 있다. 특히 홈메이드
파이 종류가 많다. 로컬뿐
아니라 여행객에게도 인기가

많은 집. 늘 가게 앞의 주문을 기다리는 이들로 북
적인다. 뿐만 아니라 인테리어도 감각적이라 카페
를 좋아하는 여성 여행자들에게는 후한 점수를 받
을 수 있는 곳.

Map P.236-B2 | 주소 820 Olowalu Village Rd.
Lahaina | 전화 808-662-3600 | 홈페이지 www.
leodas.com | 영업 10:00~18:00 | 가격 $5~18(치
킨 팟 파이 $10) | 주차 무료 | 가는 방법 라하이나 항구에서
Honoapiilani Hwy.를 타고 직진하다 Olawalu Village
Rd.로 진입. 오른쪽에 위치해 있으며 12분 정도 소요.

Shopping

라하이나의 쇼핑

유명 브랜드 숍은 없지만 쇼핑몰과 라하이나 하버 거리 곳곳에는 하와이 지역색을 느낄 수 있는 아기자기한 기념품 숍이 많다.

디 아웃렛 오브 마우이
The Outlets of Maui

마우이에서 2013년에 오픈한 아웃렛. 코치, 타미 힐피거, 아디다스, 캘빈 클라인, 케이트 스페이드, 티셔츠 팩토리, 갭, 바나나 리퍼블릭, 마이클 코어스, 크록스 등의 매장이 입점해 있다.

패션 매장뿐 아니라 피 아티산 피자리아, 와이키키 브루잉 컴퍼니, 토미 바하마 마린 바 등의 레스토랑도 있어 쇼핑과 식사를 동시에 해결할 수 있다.

Map P.268-A1 | **주소** 900 Front St. Lahaina | **전화** 808-661-8277 | **홈페이지** outletsofmaui.com | **영업** 09:30~21:00 | **주차** 무료 | **가는 방법** 카아나팔리에서 30번 Honoapiilani Hwy.를 타고 직진하다 오른쪽에 Dickenson St.에서 두 번째 사거리 지나 Front St.가 보이면 우회전. 직진하다 오른쪽에 Papalaua St.가 보이면 바로 우회전 후 왼쪽에 위치.

라하이나 캐너리 몰
Lahaina Cannery Mall

여행자들보다 현지인들이 즐겨 가는 쇼핑 센터. 로컬브랜드 위주의 매장이 있으며 스노클링이나 세일링, 몰로키니 투어나 할레아칼라 투어 등 다양한 현지 액티비티 상품을 예약할 수 있는 보스 프로그스 Boss Frog's나 마우이 특유의 현지 기념품들을 판매하는 숍 등 다양한 매장들이 위치해 있다. 슈퍼마켓 세이프 웨이 Safeway나 롱스 드러그스 Longs Drugs 등이 함께 있어 여행자들에게 편리하다.

Map P.249-A4 | **주소** 1221 Honoapiilani Hwy. Lahaina | **전화** 808-661-5304 | **홈페이지** www.lahainacannerymall.com | **영업** 10:00~19:00(입점매장마다 조금씩 다름) | **주차** 무료 | **가는 방법** 라하이나와 카아나팔리 사이에 위치. 라하이나 하버에서 Honoapiilani Hwy.를 타고 직진. Kapunakea St.를 지나서 오른쪽에 위치.

더 워프 시네마 센터
The Wharf Cinema Center

3층의 목조 건물인 이곳은 여행객들에게 오래 전 라하이나의 분위기를 조금이나마 느낄 수 있도록 돕는다. 1층 정문에는 익스피디아 액티비티 인포메이션 센터 Expedia Activity Information Center가 있어 워터 스포츠를 예약하기 쉽도록 했으며, 그밖에 건물 내부에는 쥬얼리와 기념품 등의 매장이 모여 있다. 해질 무렵, 여행자들을 유혹하는 레스토랑과 카페도 모여 있어 인기를 더한다. 라하이나에서 유일하게 영화를 상영하는 곳으로, 총 3개의 상영관이 있다.

Map P.268-B3 | **주소** 658 Front St. Lahaina | **전화** 808-661-8748 | **영업** 09:00~21:30(입점 매장마다 조금씩 다름) | **주차** 무료(매장 뒤쪽 Wainee St.에 무료 주차장 있음. 주소: 687 Wainee St.) | **가는 방법** 카아나팔리에서 30번 Honoapiilani Hwy.를 타고 직진하다 오른쪽에 Dickenson St.에서 두 번째 사거리 지나 Front St.가 보이면 좌회전. 반얀 트리 건너편에 위치.

샌드 피플 Sand People

20년의 역사를 가지고 있는 이 브랜드는 하와이에서 유명한 기프트숍 중 하나. 라하이나의 중심, 프런트 스트리트에 위치해 있으며 조개 등 바닷가에서 채취한 제품으로 만든 인테리어 소품, 다양한 아트 북, 주방 용품과 지인들에게 선물하기 좋은 제품들도 다수 있다. 특히 홈 데코에 관심 있는 사람이라면 들러보자. 인터넷 쇼핑몰이 있어 주문도 가능하며 디자인이 감각적이라 현지인들도 즐겨 구입하는 브랜드다.

Map P.268-A2 | **주소** 762 Front St. Lahaina | **전화** 808-662-8781 | **영업** 10:00~20:00 | **주차** 불가 | **가는 방법** 카아나팔리에서 30번 Honoapiilani Hwy.를 타고 직진하다 오른쪽에 Dickenson St.에서 두 번째 사거리 지나 Front St.가 보이면 우회전. 오른쪽에 위치.

Mia's Advice

라하이나에서 특별한 추억을 남기고 싶다면, 하와이의 전통 쇼를 감상하는 것도 좋아요. 라하이나에는 올드 라하이나 루아우 Old Lahaina Luau(Map P.249-A4)가 유명해요. 1986년부터 지금까지 꾸준히 이어져오고 있는 쇼로, 하와이 전통 식사를 뷔페 형태로 즐길 수 있으며 그들의 음악과 춤, 다양한 동작들을 통해 하와이의 문화를 간접체험 할 수 있답니다. 메뉴와 공연 날짜 및 예약은 홈페이지 (oldlahainaluau.com)에서 확인할 수 있다. 성인 $182.29, 3~12세 $92.71이며, 성인 4인 이상 단체는 바닥에 앉아서 먹는 전통 하와이안 스타일을 옵션(기본은 테이블형)으로 선택할 수 있다.

신들의 정원, 라나이 Lanai Island

라나이는 여행이 가능한 하와이의 6개 섬 가운데 가장 작은 섬이다. 프라이빗 하면서도 고급스러운 휴가를 원하는 셀러브리티들의 여행지로 알려져 있다. 1922년 돌 컴퍼니(Dole Company)에서 섬을 사들여 파인애플을 경작하면서 '파인애플 섬'이라고도 불렸는데, 지금은 섬의 98%를 오라클사의 CEO 래리 앨리슨이 소유하고 있다. 이 섬을 여행하는 방법은 간단하다. 440번과 430번 도로 외에는 비포장도로여서 4륜 구동을 렌트해(lanaicheapjeeps.com, 24시간 기준 $285~295) 둘러보거나, 라나이 시티를 왕복 운행하는 호텔 셔틀버스를 이용하면 된다. 또 투어업체(라바카 808-559-0230)를 통해 3시간짜리 개인 투어(1인당 $180)를 이용하거나 호텔 내 액티비티인 골프, 승마, UTV 등을 즐겨도 좋다.

라나이로 가는 길! Way to Lanai Island

하와이안 에어라인은 오아후 호놀룰루에서 직항이 있으며, 가장 빠르게 라나이에 도착할 수 있다. 오아후에서 라나이를 오가는 비행은 직항일 경우 1일 5~6회 가량 있다. 포 시즌스 리조트 라나이에 투숙할 경우, 포 시즌스 리조트 라나이 투숙객 전용 라운지를 이용할 수 있다. 공항에서 포 시즌스 리조트 라나이를 오가는 셔틀버스는 도착 3일 전 호텔에 사전 예약 해야 한다.

마우이 라하이나 항구에서 익스페디션 페리를 타는 방법도 있다. 하루 4회, 150명 정도의 작은 규모이며, 미리 예약(www.go-lanai.com)하는 것이 좋다. 편도로 45분 정도 소요된다. 매년 11~5월에는 페리에서 혹등고래도 감상할 수 있다. 페리 요금은 왕복 $60 정도. *렌터카를 예약했거나 포 시즌스 리조트 라나이의 셔틀을 예약한 경우, 라나이 공항 혹은 마넬레 베이 항구에서 렌터카나 리조트의 셔틀버스를 탑승할 수 있다.

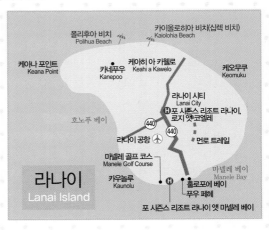

라나이 섬을
즐기는 노하우

HOW TO ENJOY LANAI

1 럭셔리한 라나이 섬, 저가 여행도 가능해요!

라나이에는 포 시즌스 리조트 라나이와 센세이 라나이 포 시즌스 리조트가 있다. 1
박에 $2000를 웃도는 숙박비에 놀랄 수 있지만 그렇다고 라나이 여행을 포기하기
에는 이르다. 라나이 시내에 있는 호텔 라나이는 그보다 훨씬 낮은 가격으로 방을
예약할 수 있다. 숙박비가 부담스럽다면 마우이에서 페리를 타고 당일치기로 라나
이 섬을 즐기는 방법도 있다.

2 미식가들을 위한 라나이

호텔 라나이 안에 있는 라나이 시티 바 & 그릴은 사슴 고기를 비롯해 현지 요리를
전문으로 하는 레스토랑이다. 야외 테라스에서는 라이브 음악이 연주되기도 하니
저녁 시간에 이곳을 찾아도 좋다. 또한 포 시즌스 리조트 라나이의 원 포티는 제철
하와이 해산물 메뉴가 유명하고, 라나이 내 노부 역시 전 세계적으로 명성이 높은
스시 레스토랑이다. 마넬레 골프 코스 내 점심 전용 레스토랑인 '뷰'는 바다 전망과
함께 하와이식 사이드 메뉴(Pupus)를 즐길 수 있는 곳이다.

3 라나이만의 특별한 어드벤처를 놓치지 말자

라나이 시티에는 라나이 어드벤처 파크(www.lanaiadventurepark.com)가 있다. 이
곳에서는 카이홀레나 계곡의 전경을 감상할 수 있는 집라인이나 콜로키 산책로에
서 몰로카이와 마우이 섬을 내려다볼 수 있는 E 바이크, 공중에서 색다른 모험을
즐길 수 있는 에어리얼 어드벤처 타워 등 특별한 액티비티를 즐길 수 있다.

4 라나이를 방문하기 가장 좋은 때는?

라나이는 하와이의 섬 가운데 가장 강수량이 적은 곳이라 특별히 우기를 신경 쓸
필요가 없다. 단, 라나이 여행 중 고래를 놓치고 싶지 않다면 1~4월 사이에 방문하
는 것이 좋고, 성수기를 피해 라나이를 방문하고 싶다면 4~5월 또는 9~10월을 추
천한다.

훌로포에 베이 Hulopoe Bay

포 시즌스 리조트 라나이 앞에 위치한 퍼블릭 비치. 해양 보호 구역이라 열대어가 많고, 스노클링을 즐기기 좋은 환경에 피크닉 테이블, 바비큐 그릴, 수영장과 샤워시설까지 비치되어 있다. 무엇보다 이곳의 하이라이트는 아름다운 뷰. 겨울에는 혹등고래도 심심치 않게 등장한다.

Map P.283 | **주소** HI-440, Lanai City | **운영** 일출 시~일몰 시 | **주차** 무료(셀프, 발레파킹) | **가는 방법** 라나이 공항에서 440번 도로를 타고 직진, 오른쪽의 Hulopoe Dr.로 우회전. 직진하다 왼쪽의 Manele Bay Rd.를 끼고 좌회전. 포 시즌스 리조트 라나이 앞에 위치.

푸우 페헤 Puu Pehe (Sweetheart Rock)

이곳에 서면 라나이의 랜드마크인 하트 모양 바위 Sweetheart Rock를 볼 수 있다. 이 바위섬에 얽힌 전설에 의하면 페헤라는 여인을 사랑한 마우이 전사가 그녀를 파도에 잃고 죽음을 슬퍼하며 이곳에서 뛰어내렸다고 한다. 포 시즌스 리조트 라나이 투숙객들이 일출을 보기 위한 산책 코스로 유명하다.

Map P.283 | **주소** HI-440, Lanai City | **운영** 일출 시~일몰 시 | **주차** 무료(셀프, 발레파킹) | **가는 방법** 라나이 공항에서 440 번 도로를 타고 직진, 오른쪽의 Hulopoe Dr.로 우회전. 직진하 다 왼쪽의 Manele Bay Rd.를 끼고 좌회전. 포 시즌스 리조트 라 나이 앞 훌로포에 베이에서 도보 로 약 15분.

카이올로히아(십렉비치) Kaiolohia(Shipwreck Beach)

라나이 시티에서 4륜 구동을 타고 북쪽으로 30분가 량 달려야 만날 수 있는 곳. 8마일 정도 떨어진 곳에 는 2차 세계대전 당시 산호초에 걸려 난파된 유조선 이 자리하고 있는데, 이 때문에 십렉비치라고도 불린 다. 날씨가 좋으면 몰로카이와 마우이도 육안으로 볼 수 있으며, 거북이도 자주 등장한다.

©하와이 관광청

Map P.283 | **주소** 비포장도로에 위치해 있어 따로 주소가 없다. | **운영** 일출 시~일몰 시(비 온 뒤에는 웅덩이가 많아 진입이 제한된다) | **주차** 무료 **가는 방법** 라나이 시티에서 로지 앳 코 엘레를 지나 포장도로에서 산의 북쪽 방향으로 내려가 해안가를 향해 달린다. 비포장도로가 나 오면 좌회전하고, 오른쪽으로 'Federation Camp'라는 구조물을 지나게 된다. 길 끝에서 돌아 1.5마일 정도 직진.

Mia's Advice

라나이 섬의 중심가라 말할 수 있는 라나이 시티에는 소소하 게 둘러볼 곳이 많아요. 중심에 커다란 돌 팍 Dole Park을 기준으로, 래리 앨리슨이 새롭게 리노베이 션했다는 라나이 극장과 라나이의 지난 역사 자료 들을 한 눈에 살필 수 있는 라나이 컬쳐 & 헤리티지 센터 등 가볍게 산책하기 좋아요.

케아히 아 카웰로(신들의 정원) Keahi a Kawelo (Garden of the Gods)

케아히 아 카웰로는 '카웰로 Kawelo에 의해 만들어진 불'이라는 뜻을 가지고 있다. 카웰로는 고대 라나이의
성직자였다. 붉은 대지 위 곳곳에서 유니크한 바위를 감상할 수 있으며, 사방이 고요해 묘한 분위기마저 느
껴진다. 특히 일몰을 감상하기 좋은데, 이곳에 잠시 앉아 자연을 느껴보자.

Map P.283 | **주소** 비포장도로에 있어 따로 주소가 없다. | **운영** 일출 시~일몰 시 |
주차 무료 | **가는 방법** 라나이 시티에서 로지 앳 코엘레(Lodge at Koele)를 지나 호
스 스테블(Horse Stable)인 목장 사이의 오프로드를 15분가량 달리면 마주할 수 있
다. 중간에 두 갈래로 갈라지는 길이 나오면 오른쪽 길을 선택, 출입구를 지나 곳곳에
바위들이 놓여있는 곳이 나타난다.

Activity
즐길 거리

마넬레 골프 코스 Manele Golf Course

라나이에서 가장 유명한 액티비티는 바로 골프. 잭 니
콜라스가 설계한 18홀 마넬레 골프 코스는 용암 위에
설계되었으며, 협곡과 산골짜기 너머로 쳐야 하는 티
샷 때문에 최고 실력을 갖춘 프로 골퍼에게도 도전 정
신을 불러일으키는 코스로 유명하다. 특히 해안 절벽
에서 시작하는 시그니처 홀, 12번홀은 세계에서 가장

마넬레 골프 코스의 시그니처 홀

아름다운 홀 중 하나로 꼽힌다. 무엇보다 매 홀마다 마우이와 카호올라붸 섬이 내려다보이는 아름다운 오션뷰가 이곳의 자랑. 골프 카트에 GPS가 장착되어 있어 런치를 현재 위치로 주문할 수 있으며, 초보자를 위한 Rock & Range를 무료로 운영해 전문가로부터 골프 클리닉도 받을 수 있다. 빌 게이츠의 결혼식이 이곳에서 진행돼 더 유명해진 곳이다.

Map P.283 | **주소** 1 Manele Bay Rd. Lanai City | **전화** 808-565-4000 | **운영** 07:00~18:00(포 시즌스 리조트 라나이 투숙객만 이용 가능) | **주차** 무료(셀프, 발레파킹) | **가는 방법** 라나이 공항에서 440번 도로를 타고 직진, 오른쪽 Hulopoe Dr.로 우회전. 직진하다 왼쪽의 Manele Bay Rd.를 끼고 좌회전. 포 시즌스 리조트 라나이에서 셔틀버스를 타고 5분 정도 이동.

Mia's Advice

라나이에서는 골프 외에도 다양한 액티비티를 경험할 수 있답니다. 아름다운 산호초가 그대로 보존되어 있는 홀로포에 베이에서의 스노클링을 빼놓을 수 없는데, 포 시즌스 리조트 라나이 투숙객은 무료로 스노클링 장비를 대여할 수 있어요. 뿐만 아니라 신들의 정원이나 십렉 비치를 직접 경험하고 싶다면 4륜 구동도 렌트할 수

오프로드를 힘차게 달리는 UTV
©Four Seaseons

있고, 하와이 웨스턴 어드벤처와 함께 UTV(다목적 자동차)로 마운틴 트레킹이나 승마 체험 등의 액티비티 모두 포 시즌스에서 문의, 예약하면 된답니다.

(문의 808-565-2000, www.fourseasons.com/kr/lanai)

원 포티 | One Forty

포 시즌스 리조트 라나이의 대표 레스토랑. 두
가지의 조식 세트 외에도 그래놀라 파르페, 라
이치 와플, 슈림프 볼 등의 메뉴가 있다. 매일 아
침, 갓 구운 크루아상, 스티키 롤, 브리오슈 등
도 매력적이다. 야경을 바라보며 즐기는 디너는
보다 특별한 분위기를 자아낸다. 디너 메뉴로는
해산물과 스테이크류가 준비되어 있다. 어떤 메
뉴를 주문하건 기대 이상의 맛. 메인 코스 후 서
버가 추천하는 디저트를 빼놓지 말자.

주소 1 Manele Bay Rd. Lanai City | **전화** 808-565-2000 | **홈페이지** www.
fourseasons.com/lanai/dining/restaurants/one_forty/ | **영업** 브렉퍼스트
06:30~11:00, 디너 17:30~21:00 | **가격** 브렉퍼스트 $12~45(세트 $35~45, 그
래놀라 파르페$12), 디너 $12~175(립아이 토마호크 $135) | **주차** 무료(셀프, 발레
파킹) | **가는 방법** 라나이 공항에서 440번 도로를 타고 직진, 오른쪽의 Hulopoe Dr.로 우회전. 직진하다 왼쪽의 Manele
Bay Rd.를 끼고 좌회전. 포 시즌스 리조트 라나이에 위치.

노부 라나이 | Nobu Lanai

전 세계적으로 프랜차이즈가 있는 고급 일식 레스토
랑이다. 영화배우 로버트 드니로가 투자한 레스토랑
으로, 미국 내에서도 셀러브리티들이 즐겨찾는 것으
로 알려져 있다. 늦은 저녁 야외 테라스에 앉으면 조
용한 숲속에서 식사하는 것처럼 신비한 느낌을 받을
수 있다. 전통적인 도쿄 스시 요리를 맛볼 수 있으며,
현지 농부가 재배한 쌀과 현지 어민이 잡은 식재료를
사용해 신선하다.

주소 1 Manele Bay Rd. Lanai City | **전화** 808-565-2832 | **홈페이지** www.noburestaurants.com/lanai | **영업**
17:30~21:00 | **가격** $9~54(비프 토반야키 $54) | **주차** 무료(셀프, 발레파킹) | **가는 방법** 라나이 공항에서 440번 도로를
타고 직진, 오른쪽의 Hulopoe Dr.로 우회전. 직진하다 왼쪽의 Manele Bay Rd.를 끼고 좌회전. 포 시즌스 리조트 라나이
에 위치.

리차드 마켓 Richard Market

라나이 시티에서 유일하게 오가닉 생필품을 판매하는 곳. 전체적인 인테리어와 마켓 내 구비된 아이템들이 세련되어 쇼핑하는 즐거움이 있다. 한쪽에 와인 셀렉션이 따로 마련되어 있으며, 포케 요리와 간단한 도시락도 판매하고 있다.

주소 434 8th St. Lanai City | 전화 808-565-3781 | 영업 06:00~21:00 | 주차 무료 | 가는 방법 라나이 공항에서 440번 도로를 타고 직진하다 Lanai Ave.를 끼고 좌회전. 직진 후 8th를 끼고 좌회전하면 왼쪽에 위치.

블루 진저 카페 Blue Ginger Café

비비드한 블루톤 외관이 눈에 띄는 곳. 이곳의 주인 조와 조지아는 노동절 휴가를 보내려고 마우이에서 이곳으로 놀러 왔다가 돌팍 근처 문 닫은 레스토랑과 텅 빈 자판기를 보고 이듬해 레스토랑을 오픈했다. 하와이 로컬 푸드와 가벼운 스낵뿐 아니라 갓 구운 신선한 빵도 만날 수 있다. 워낙 메뉴가 다양해 라나이 주민들도 즐겨 찾는다. 홈메이드 햄버거의 인기가 좋다.

주소 409 7th St. Lanai City | 전화 808-565-6363 | 홈페이지 www.bluegingercafelanai.com | 영업 07:00~14:00 | 가격 $3~22 | 주차 무료 | 가는 방법 라나이 공항에서 440번 도로를 타고 직진하다가 Fraser Ave.를 끼고 좌회전. 다시 7th St.를 끼고 우회전한다. 라나이 시티 내 위치.

커피 웍스 Coffee Works

1975년 호놀룰루에 커피 하우스를 오픈하고 이후 2003년에 라나이로 이동한 뒤 일명 라나이의 스타벅스라고 불리는 카페. 100% 코나 커피를 맛볼 수 있으며 카페 브랜드를 내건 커피 빈도 판매하고 있다.

주소 604 Ilima Ave. Lanai City | 전화 808-565-6962 | 홈페이지 www.coffeeworkshawaii.com | 영업 화~토 07:00~14:00(일~월요일 휴무) | 가격 $3.25~10.95 | 주차 무료 | 가는 방법 라나이 공항에서 440번 도로를 타고 직진하다가 Fraser Ave.를 끼고 좌회전. 다시 7th St.를 끼고 우회전한다. 다시 Ilima Ave.를 끼고 좌회전. 라나이 시티 내 위치.

라나이 플랜테이션 스토어 Lanai Plantation Store

1983년에 오픈해 지금까지 라나이 유일한 주유소로 운영되고 있다. 뿐만 아니라 라나이 유일한 렌터카 사무소도 이곳에 위치해 있다. 매장에서 간단한 기념품과 식재료도 판매하고 있으며, 한켠에는 플랜테이션 델리 매장이 있어 파니니와 샌드위치, 핫 윙 등을 판매하고 있다.

주소 1030 Lanai Ave. Lanai City | **전화** 808-565-7227 | **영업** 06:00~22:00 | **주차** 무료 | **가는 방법** 라나이 공항에서 440번 도로를 타고 직진하다가 Lanai Ave.를 끼고 좌회전 후 직진한다. 오른쪽에 위치.

카페 565 Cafe 565

작고 소박한 외관 때문에 그냥 지나치기 쉽지만 동네 소문난 맛집이다. 베이컨과 아보카도를 넣은 바케이도 버거와 코리안 치킨 카츄 등이 유명하다. 현재 코로나19로 인해 휴업 중이므로 방문 전 문의해야 한다.

주소 408 8th, Lanai City | **전화** 808-565-6622 | **영업** 월 · 목 · 금 10:00~15:00, 17:00~20:00, 화~수 10:00~20:00, 토 10:00~15:00(일요일 휴무) | **가격** ~$20 (바케이도 버거 $8.75) | **주차** 무료 | **가는 방법** 라나이 공항에서 440번 도로를 타고 직진하다가 Fraser Ave.를 끼고 좌회전 후 직진. 우측에 8t St.를 끼고 우회전. 라나이 시티 내 위치.

Mia's Advice

라나이의 쇼핑은 럭셔리 VS 핸드메이드, 두 가지로 나눌 수 있어요. 포 시즌스 리조트 라나이의 럭셔리 부티크에는 미쏘니와 지미추, 라나이 컬렉션 등을 판매하고 있고, 라나이 시티의 훌라 헛 Hula Hut과 라나이 아트 센터 Lanai Art Center에서는 지역 주민들의 핸드메이드 제품을 만나볼 수 있답니다. 그밖에도 라나이 시티의 리차드 마켓 Richard Market에서는 생필품 등을 구입할 수 있어요. 이 마트는 래리 앨리슨에 의해 리노베이션 된 곳이에요.

포 시즌스 리조트 라나이 | Fourseasons Resort Lanai

라나이에서 유일한 리조트이자 최고급 리조트. 라나이 남단, 마넬레 베이에 위치해 있다. 로비 한가운데 코아 나무로 제작된 대형 카누를 비롯, 곳곳에 하와이안의 전통성을 잃지 않으면서도 전체적으로 모던한 감각을 살렸다. 포 시즌스 리조트 라나이가 라나이 섬에서 상징적인 의미를 갖는 이유는 간단하다. 라나이를 찾는 관광객의 대부분이 이곳에 머물기 때문. 분실 우려 없이 간편하게 드나들 수 있도록 새롭게 도입된 룸키인 RFID 핸드링도 인상적이며, 욕실 거울 안에 VTR 화면이 삽입돼 목욕하면서 TV도 볼 수 있다. 무엇보다 직원들의 몸에 밴 친절한 서비스는 투숙하는 내내 편안한 기분을 선사하는데, 수영장에서 자외선 차단제를 직접 뿌려주기도 하고, 수영하는 동안 선글라스 세척은 물론, 에비앙 탄산수 등을 무료로 제공하며, 아이를 동반한 경우 객실에 아이를 위한 어메너티를 따로 준비해주는 등의 감동 서비스를 경험할 수 있다. 로비에서 객실로 들어가는 길목에 마련한 정원 역시 아름답다는 수식어로는 부족할 정도. 리조트 내에는 51개의 스위트를 포함, 217개의 새롭게 디자인한 객실에 고급 레스토랑과 업그레이드된 스파, 럭셔리 부티크와 골퍼들을 위한 프로숍 등이 있다.

Map P.283 | 주소 1 Manele Bay Rd. Lanai City | 전화 808-565-2000 | 홈페이지 www.fourseasons.com/kr/lanai | 숙박 요금 $1210~ | 리조트 요금 없음 | 인터넷 무료 | 주차 무료(셀프, 발레파킹) | 가는 방법 라나이 공항에서 440번 도로를 타고 직진하다가 오른쪽 Hulopoe Dr.로 우회전한다. 직진 후 Manele Bay Rd.를 끼고 좌회전. 25분 소요.

수영장이나 스노클링 중에도 걱정 없는 룸키, RFID 핸드링

Maalaea

해양 스포츠의 중심
마알라에아

카홀루이 국제공항에서 출발해 서쪽으로 향하면 마우이 섬의 잘록한 부분에 해당하는 마알라에아 하버가 나온다. 마알라에아는 라하이나와 함께 다양한 해양 스포츠가 이뤄지는 곳으로 겉보기에는 조용한 시골 마을을 연상시키지만 몰로키니 스노클링이나 돌고래 관찰 투어를 하려는 관광객이나 낚싯배들이 모이는 곳이다. 항구 주변에는 규모는 작아도 하와이에서 서식하는 해양 동식물들을 볼 수 있는 마우이 오션 센터가 있다. 상어와 가오리, 바다거북 등을 포함해 어린이만을 위한 프로그램도 눈에 띄며 마우이 오션 센터 옆 시스케이프 마알라에아 레스토랑이 있어 가족 단위 여행자들이 잠시나마 여유를 만끽할 수 있다. 아웃도어 액티비티에 관심있다면 마우이 골프 & 스포츠 파크에서 인공 암벽 등반이나 미니 골프, 범퍼 보트에 도전해보자.

+ 공항에서 가는 방법
카홀루이 국제공항에서 380번을 거쳐 30번 Hwy.를 타고 15분 정도 지나면 마알라에아 항구에 도착할 수 있다. 카아나팔리 리조트 단지 가기 전에 만날 수 있다. 이곳에서 30번 Hwy.를 타고 카아나팔리 방향으로 직진하면 카팔루아 공항이 있다.

+ 마알라에아에서 볼 만한 곳
마우이 오션 센터, 마알라에아 하버, 마우이 골프 & 스포츠 파크

마알라에아의 볼거리

마알라에아에는 마우이에서 유일한 아쿠아리움이 있다. 우리나라의 코엑스 아쿠아리움에 비해 규모는 작아도 하와이의 해양 생태계를 알기에 부족하지 않다.

마우이 오션 센터 Maui Ocean Center

마우이 섬의 해저를 재현한 수족관으로 선명한 색의 열대어와 고대부터 살아온 푸른 바다거북 등을 관찰할 수 있다. 마치 해저를 산책하는 듯한 터널 수조가 압권인데 컬러풀한 원통형의 수족관은 언제나 관람객들로 붐빈다. 15세 이상, 스쿠버 자격증이 있다면 샤크 다이브 마우이 Shark Dive Maui라는 액티비티를 체험해보자. 상어가 직접 눈앞에서 헤엄치는 모습을 감상할 수 있으며, 가오리 등 60여 종 이상의 해양 생물체를 만날 수 있다. 부대시설로 레스토랑과 카페, 기프트숍 등이 있다.

Map P.236-B2 | **주소** 192 Maalaea Rd. Wailuku | **전화** 808-270-7000 | **홈페이지** www.mauioceancenter.com | **운영** 09:00~17:00(7·8월 09:00~18:00) | **입장료** 성인 $44.95, 4~12세 $28.95(샤크 다이브 $350~450, 13세 이상만 가능, 사전 예약 필수) | **주차** 무료 | **가는 방법** 마알라에아 하버가 위치한 Maalaea Rd.에서 항구를 마주보고 왼쪽으로 직진, Hauoli St.를 끼고 좌회전 후, 다시 첫 번째 사거리에서 좌회전.

마우이 골프 & 스포츠 파크 Maui Golf & Sports Park

시간 제한 없이 즐길 수 있는 18홀의 미니 골프 코스와 인공 암벽 등반, 서로 물총을 쏘며 인공 호수 위에서 이동하는 범퍼 보트 등 다채롭게 즐길 수 있는 아웃도어 액티비티가 한 곳에 모여 있다.

Map P.236-B2 | **주소** 80 Maalae Rd. Wailuku | **전화** 808-242-7818 | **홈페이지** www.mauigolfsportspark.com | **영업** 10:00~18:00 | **가격** [골프] 성인 $20, 4~12세 $17, [익스트림 트램펄린] 성인 $13, 4~12세 $11, [범퍼 보트](10분) 성인 $13, 4~12세 $11, [인공 암벽 등반] 성인 $13, 4~12세 $11 | **주차** 무료 | **가는 방법** 라하이나에서 30번 Honoapiilani Hwy.를 타고 마알라에아 하버 Maalaea Harbor 방향으로 직진, 오른쪽 Kapoli St.를 끼고 우회전 후 Maalaea Rd.를 끼고 다시 우회전. 왼쪽에 위치.

마알라에아의 즐길 거리

마알라에아는 다른 곳에 비해서 상대적으로 그냥 지나치기 쉬운 곳이다. 하지만 몰로키니 섬 투어나 웨일 워칭 투어 등 해양 스포츠를 즐기고 싶다면 반드시 들러 보자.

마알라에아 하버 Maalaea Harbor

마우이 섬 근처에 위치한 반달 모양의 섬으로, 몰로키니(P.348)로 떠나는 이들이 거쳐야 하는 곳이다. 이곳에서 배를 타고 출발하기 때문이다. 세일링, 다이빙, 스노클링 등의 다양한 어드벤처는 물론이고, 마우이 해안선을 따라 거북이와 돌고래를

항구 곳곳에 붙은 액티비티 안내 보드.

가까이에서 볼 수 있는 프로그램 등이 있다. 아름다운 일몰을 보는 세일링과 함께 곱사등고래를 보고 싶다면 12~4월이 제철이며, 마알라에아 하버 홈페이지에서 여행사들의 관련 프로그램을 미리 예약할 수 있다. 출발 전 여행사에 항구와 마알라에아 하버숍 중 어디에 주차하는 것이 좋은지 미리 체크하는 것이 좋다.

Map P.236-B2 | 주소 Maalaea Harbor Wailuku | 전화 808-243-5818 | 홈페이지 maalaeaharbor.co | 운영 특별히 운영 시간은 없으며 크루즈 출항 시간에 따라 조금씩 다름. | 주차 무료 | 가는 방법 라하이나에서 30번 Honoapiilani Hwy.를 타고 남쪽으로 내려오다 오른쪽에 Maalaea Rd.로 진입.

+ 마우이 드림스 다이브 컴퍼니
Maui Dreams Dive Co.

Map P.236-C3 | 주소 1993 S Kihei Rd. Kehei | 전화 808-874-5332 | 홈페이지 www.mauidreamsdiveco.com | 운영 07:00~18:00(오피스) | 요금 $129 (가장 초보 프로그램인 가이드가 함께하는 쇼어 다이브, 장비 대여 포함 | 주차 무료 | 가는 방법 카훌루이에서 311번 Mokulele Hwy.를 따라 직진하다 N Kihei Rd.를 끼고 우회전, 직진 후 S kihei Rd.를 따라 좌회전 후 카라마 비치 파크 Kalama Beach Park 건너편 아일랜드 서프 빌딩 Island Surf Building 1층에 위치.

+ 스노클 밥스 Snorkel Bob's

Map P.236-C3 | 주소 2411 S Kihei Rd. A2 Kihei |
전화 808-879-7449 | 홈페이지 www.snorkelbob.
com | 운영 08:00~17:00(오피스), 몰로키니 출항시간
07:30~12:30 | 요금 몰로키니 스노클링 성인 $117.88~
184.18, 5~12세 $86.02~157.03 | 주차 무료 | 가는
방법 카훌루이에서 311번 Mokulele Hwy.를 따라 직진
하다 N Kihei Rd.를 끼고 우회전, 직진 후 S kihei Rd.를
따라 좌회전 후 Kelepolepo Beach Park와 Waipuilani
Park를 지나면 왼쪽에 위치. 카마올레 비치 파크 | 건너편에
위치(오피스). 전화예약이 가능하며, 몰로키니 스노클링 투어
는 마알라에아 하버에서 진행.

+ 블루 워터 래프팅 Blue Water Rafting

Map P.236-C3 | 주소 2920 S Kihei Rd., Kihei |
전화 808-879-7238 | 홈페이지 www.bluewater
rafting.com | 운영 07:00~19:00(오피스), 몰로키니
출항 시간 07:00~12:30 | 요금 몰로키니 스노클링 성인

ⓒ하와이 관광청

$84.95~181.72, 12세 미만 $74.19~149.46(장비
대여료 포함) | 주차 무료 | 가는 방법 카훌루이에서 311번
Mokulele Hwy.를 따라 직진하다 N Kihei Rd.를 끼고 우
회전, 직진 후 S kihei Rd.를 따라 좌회전 후 Kelepolepo
Beach Park와 Waipuilani Park를 지나면 오른쪽에 위치
(오피스). 몰로키니 스노클링 투어는 카마올레 비치 파크 III
에서 출발(주소 2970 S Kihei Rd.)

+ 프라이드 오브 마우이 Pride of Maui

Map P.236-B2 | 주소 101 Maalaea Rd. Wailuku |
전화 808-242-0955 | 홈페이지 www.prideofmaui.
com | 운영 07:00~15:00(오피스) | 요금 몰로키니 스
노클링 성인 $213.26~244.34, 6~12세 $158.61~
191.83(장비 대여료 포함) | 주차 무료 | 가는 방법 라하이
나에서 30번 Honoapiilani Hwy.를 타고 직진하다 오른쪽
에 Maalaea Rd.로 진입. 오른쪽에 위치(오피스). 몰로키
니 스노클링 투어 역시 오피스가 위치한 마알라에아 하버에
서 출발

Mia's Advice

매년 1~2월에 마우이 고래 페스티벌 Maui
Whale Festival이 마우이 섬 전역에서 한 달
동안 펼쳐진답니다. 이 축제는 혹등고래가
새끼를 낳기 위해 매년 11~2월 사이 알래스
카에서 하와이의 마우이 지역으로 귀환하
는 것을 축하하기 위한 것이죠. 그중 재미있
는 행사가 바로 이 마알라에아 항구에서 펼
쳐진답니다. '고래를 위해 달려라 Run for the
Whales'라는 캐치프레이즈를 걸고 마라톤 대
회가 열려요. 풀코스 마라톤 이외에도 5km,
10km 등 가볍게 뛸 수 있는 거리도 있어 어
느 누구나 참여할 수 있어요. 자세한 내용은
홈페이지(www.pacificwhale.org)를 확인하
세요.

마알라에아의 먹거리

항구 근처라 특색 있고 싱싱한 해산물 메뉴를 갖춘 레스토랑이 많다. 랍스터나 새우 요리, 피시 버거 등의 메뉴를 주문해보자.

시스케이프 마알라에아
Seascape Maalaea

마우이 오션 센터가 운영하는 레스토랑. 필리핀에서 태어나 하와이로 이주한 셰프 헨리의 다양한 경험이 묻어난 요리를 맛볼 수 있다. 갈릭치킨, 칼루아 포크 타코, 로코모코, 스테이크 포키 등 요일마다 다른 주제로 내놓는 런치 플레이트도 이 집만의 매력. 홈페이지에서 좌석을 미리 예약할 수도 있어 편리하다. 마우이 오션센터를 둘러본 후 식사를 할 예정이라면 예약은 필수다.

Map P.236-B2 | 주소 192 maalaea Rd., Wailuku | 전화 808-270-7068 | 홈페이지 mauioceancenter. com/dine/ | 영업 11:00~15:00 | 가격 $17~31(피시 앤 칩스 $31, 런치 플레이트 $19) | 주차 무료 | 가는 방법 마알라에아 하버가 위치한 Maalaea Rd.에서 항구를 마주 보고 왼쪽으로 직진. Hauoli St.를 끼고 좌회전 후, 다시 첫 번째 사거리에서 좌회전.

마알라에아 제너럴 스토어
Maalaea General Store

오전에는 베지 베이글, 베이글 멜트 등 다양한 종류의 베이글을 맛볼 수 있다. 그밖에도 가든 샐러드, 그릴드 치킨 시저 샐러드 등의 샐러드와 핫도그, 샌드위치, 퀘사딜라, 버거, 타코 등의 메뉴들이 있다. 가장 인기 있는 메뉴는 피시 버거로 카페 주인의 아버지가 선원이었기 때문에 해산물을 골라내는 솜씨가 남다르기 때문이라고. 가격이 저렴해 부담 없이 즐기기 좋다. 마우이 오션 센터를 둘러본 뒤 이곳에서 끼니를 해결하면 좋을 듯.

Map P.236-B2 | 주소 132 Maalaea Rd., Maalaea | 전화 808-242-8900 | 홈페이지 www.maalaea generalstore.com | 영업 06:00~17:00 | 가격 $5~15(피시 타코 $12.40) | 주차 무료 | 가는 방법 라하이나에서 30번 Honoapiilani Hwy.를 타고 직진하다 오른쪽에 Maalaea Rd.로 진입.

해변과 쇼핑 센터가 맞닿은
키헤이

마우이 남서쪽에 위치한 곳으로, 하와이 왕족이 즐겨 찾던 6마일 가량의 키헤이 해변이 있다. 날씨가 좋으면 이웃 섬인 몰로키니, 라나이 등이 보인다. 키헤이의 대표 해변인 카마올레 비치 파크는 총 3개의 해변을 합친 것으로 각각 카마올레Ⅰ, 카마올레Ⅱ, 카마올레Ⅲ라는 이름을 가지고 있다. 해변 앞에 잔디와 야자수가 많아 피크닉을 즐기기 좋으며, 이코노미 호텔과 콘도미니엄, 방갈로 등의 저렴한 숙박이 해변도로를 따라 즐비해 장기 투숙객들을 흔히 볼 수 있다. 또한 근처에 현지인들이 즐겨 찾는 작은 규모의 쇼핑센터가 많아 쇼핑과 식사를 한 곳에서 해결할 수 있으며 밤 늦게까지 여행자들의 발걸음이 끊이지 않는 곳이다.

+ 공항에서 가는 방법

카훌루이 국제공항에서 380번을 거쳐 30번 Hwy.를 타고 15분 가량 지나면 마알라에아 항구에 도착할 수 있다. 카아나팔리 리조트 단지 가기 전에 만날 수 있다. 이곳에서 30번 Hwy.를 타고 카아나팔리 방향으로 직진하면 카팔루아 공항이 있다.

+ 키헤이에서 볼 만한 곳

카마올레 비치 파크

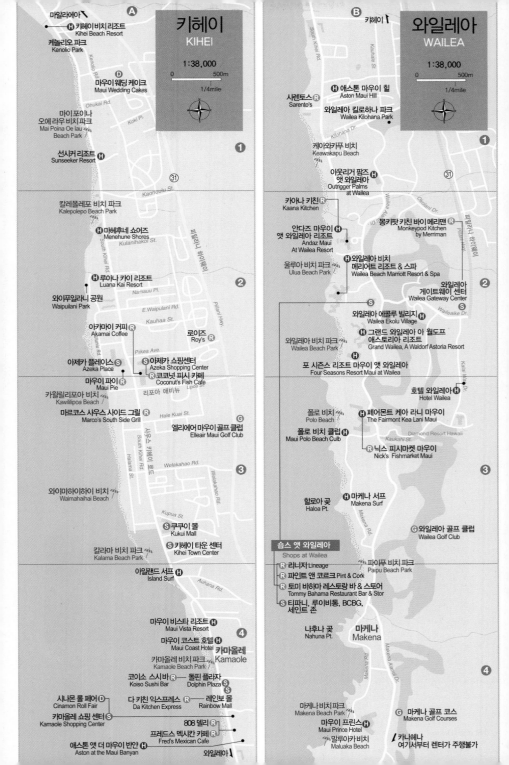

키헤이
KIHEI
1:38,000

| 0 | 500m |

1/4mile

마일라아에아
Ⓗ 키헤이 비치 리조트
Kihei Beach Resort
케놀리오 파크
Kenolio Park

Ⓓ 마우이 웨딩 케이크
Maui Wedding Cakes

Ohukai Rd.

마이포이나
오에라우 비치 파크
Mai Poina Oe Iau
Beach Park

Koki Pl.

선시커 리조트
Sunseeker Resort

③①

Kaonoulu St.

칼레폴레포 비치 파크
Kalepolepo Beach Park

Ⓗ 마헤후네 쇼어즈
Menehune Shores
Kulanihakoi St.

Ⓗ 루아나 카이 리조트
Luana Kai Resort
와이푸일라니 공원
Waipuilani Park
Na'mauu Pl.
E.Waipulani Rd.

Ⓡ 아카마이 커피
Akamai Coffee
Kauhaa St.
Piikea Ave.

로이즈
Roy's

Ⓢ 아제카 플레이스
Azeka Place
Ⓢ 아제카 쇼핑센터
Azeka Shopping Center
Ⓡ 코코넛 피시 카페
Coconut's Fish Cafe

Ⓡ 마우이 파이
Maui Pie
리포아 애비뉴
Lipoa St.

카윌릴리포아 비치
Kawililipoa Beach

Ⓡ 마르코스 사우스 사이드 그릴
Marco's South Side Grill
Hale Kuai St.

Ⓖ 엘리에어 마우이 골프 클럽
Elleair Maui Golf Club
Welakahao Rd.

③③

와이마하이하이 비치
Waimahaihai Beach
Kupua St.

Ⓢ 쿠쿠이 몰
Kukui Mall

칼라마 비치 파크
Kalama Beach Park
Ⓢ 키헤이 타운 센터
Kihei Town Center

아일랜드 서프Ⓗ
Island Surf
Auhana Rd.

④④

마우이 비스타 리조트Ⓗ
Maui Vista Resort
마우이 코스트 호텔Ⓗ
Maui Coast Hotel
카마올레
Kamaole
카마올레 비치 파크
Kamaole Beach Park

코이소 스시바
Koiso Sushi Bar
돌핀 플라자Ⓢ
Dolphin Plaza

시나몬 롤 페어Ⓓ
Cinamon Roll Fair
다 키친 익스프레스Ⓡ 레인보 몰Ⓢ
Da Kitchen Express   Rainbow Mall
카마올레 쇼핑 센터Ⓢ   808 델리Ⓡ
Kamaole Shopping Center
프레즈 멕시칸 카페Ⓡ
Fred's Mexican Cafe
애스톤 앳 더 마우이 반얀Ⓗ
Aston at the Maui Banyan
와일레아↗

와일레아
WAILEA
1:38,000

| 0 | 500m |

1/4mile

키헤이
South Kihei Rd.
Kaunale St.

시렌토스
Sarento's
Ⓗ 애스톤 마우이 힐
Aston Maui Hill
와일레아 킬로하나 파크
Wailea Kilohana Park
Kilohana Dr.

케와카푸 비치
Keawakapu Beach

①①

Ⓗ 아웃리거 팜즈
앳 와일레아
Outrigger Palms
at Wailea

③①

카아나 키친Ⓡ
Kaana Kitchen

안다즈 마우이
앳 와일레아 리조트Ⓗ
Andaz Maui
At Wailea Resort

몽키팟 키친 바이 메리맨Ⓡ
Monkeypod Kitchen
by Merriman

올루아 비치 파크
Ulua Beach Park
Ⓗ 와일레아 비치
메리어트 리조트 & 스파
Wailea Beach Marriott Resort & Spa

와일레아
게이트웨이 센터
Wailea Gateway Center

②②

Ⓢ 와일레아 에콜루 빌라지
Wailea Ekolu Village
Waileaike Dr.

Ⓗ 그랜드 와일레아 아 월도프
애스토리아 리조트
Grand Wailea, A Waldorf Astoria Resort

와일레아 비치 파크
Wailea Beach Park

포 시즌스 리조트 마우이 앳 와일레아
Four Seasons Resort Maui at Wailea

호텔 와일레아Ⓗ
Hotel Wailea

폴로 비치
Polo Beach
Ⓗ 페어몬트 케아 라니 마우이
The Fairmont Kea Lani Maui
폴로 비치 클럽
Maui Polo Beach Culb
Kaukahi St.

Ⓡ 닉스 피시마켓 마우이
Nick's Fishmarket Maui

③③

할로아 곶
Haloa Pt.
Ⓗ 마케나 서프
Makena Surf

Ⓖ 와일레아 골프 클럽
Wailea Golf Club

숍스 앳 와일레아
Shops at Wailea
Ⓡ 리니지 Lineage
Ⓡ 파인트 앤 코르크 Pint & Cork
Ⓡ 토미 바하마 레스토랑 바 & 스토어
Tommy Bahama Restaurant Bar & Stor
Ⓢ 티파니, 루이비통, BCBG,
세인트 존

파이푸 비치 파크
Paipu Beach Park

나후나 곶
Nahuna Pt.
마케나
Makena

④④

마케나 비치파크
Makena Beach Park
마우이 프린스Ⓗ
Maui Prince Hotel
말루아카비치
Maluaka Beach

Ⓖ 마케나 골프 코스
Makena Golf Courses

↗카나헤나
여기서부터 렌터가 주행불가

키헤이의 해변

해변 마을인 키헤이는 미국 본토에서 마우이를 즐겨 찾는 여행객들이 빼놓지 않고 들르는 곳이다. 깨끗하게 정돈된 해변이라 늘 사람들로 붐빈다.

카마올레 비치 파크 Kamaole Beach Park

'Kam'이라는 닉네임을 가지고 있는 이 해변은 키헤이의 해안선을 따라 길게 늘어서 있으며, 북쪽에서부터 카마올레 비치 파크 I, II, III, 3개의 해변으로 나뉘어져 있다. 1.5마일(1.6km)에 다다르는 샌디 비치는 물론이고, 이웃해 있는 몰로키니 섬도 보이는 곳. 찰리 영 비치 Charley Young Beach라고도 불리는 카마올레 비치 파크 I이 가장 규모가 크며 어린아이들이 수영과 스노클링 하기에 좋다. 카마올레 비치 파크 III에는 넓은 피크닉 장소가 있어 주말에 현지인들로 북적인다.

Map P.299-A4 | 주소 Kamaole Beach Park Kihei | 홈페이지 www.mauihawaii.org/kamaole-beaches-parks-kihei.htm | 운영 특별히 명시되진 않았지만 이른 오전과 늦은 저녁은 피하는 것이 좋다. | 주차 무료(카마올레 비치 파크 I 근처 무료 주차장 이용, 주소 20 Kaiau Pl.) | 가는 방법 ① 카훌루이에서 311번 Mokulele Hwy.를 타고 직진하다 N Kihei Rd.를 끼고 우회전, 직진 후 S kihei Rd.를 따라 좌회전 후 Kelepolepo Beach Park와 Waipuilani Park를 지나면 우측에 위치. ② 31번 Piilani Hwy.를 타고 가다 Alnui Ke Alii Dr.로 진입해 직진.

카마올레 비치 파크

키헤이의 먹거리

키헤이에는 저렴하면서도 입소문난 맛집이 모여 있다. 여행자들에게는 주머니 사정 보지 않고 배부르게 먹을 수 있는 곳이다.

코코넛 피시 카페 Coconut's Fish Cafe

저렴한 가격에 피시 타코, 피시 버거, 피시 & 칩스 등의 메뉴를 판매하는 곳이다. 그 중에서도 피시 타코가 가장 인기가 좋다. 타코 이외에도 버거와 튀김, 아이들을 위한 미니 핫도그와 치킨, 퀘사딜라 등의 메뉴를 갖추고 있다. 해변과 가깝게 위치해 있어 물놀이 중 간단하게 끼니를 때우기 좋다.

Map P.299-A2 | 주소 1279 S Kihei Rd. Kihei | 전화 808-875-9979 | 홈페이지 coconutsfishcafe. com | 영업 11:00~21:00 | 가격 $8.49~20.49(피시 타코 $16.49) | 주차 무료 | 예약 불가 | 가는 방법 S Kihei Rd.를 따라 와일레아 방향으로 내려오다 Waipuilani Park를 지나서 직진하다 왼쪽 아제카 쇼핑 센터 Azeka Shopping Center 1층에 위치.

아카마이 커피 Akamai Coffee

키헤이 지역에서 가장 감각적인 인테리어를 자랑하는 카페. 특히 100% 마우이에서 생산한 신선한 원두를 사용하기 때문에 현지인들의 관심도 뜨겁다. 이 원두는 매장에서 $15~20에 별도로 구매할 수 있다. 카페 로고를 새긴 티셔츠와 텀블러, 야구 모자 등의 자체 제작 상품도 판매되고 있다.

Map P.299-A2 | 주소 1325 S Kihei Rd. Ste100 Kihei | 전화 808-868-3251 | 홈페이지 akamaicoffee.com | 영업 월~토 06:00~18:00(일요일 휴무) | 가격 ~$10 | 주차 무료 | 예약 불가 | 가는 방법 카훌루이에서 311번 Maui Veterans Hwy.를 따라 직진하다 중간에 31번 Piilani Hwy.로 진입. 다시 오른쪽 E Lipoa St.를 끼고 우회전 후 우회전.

마우이 파이 Maui Pie

파이를 전문으로 만드는 디저트숍. 사과, 블루베리, 체리, 망고, 딸기, 초콜릿 크림, 바나나 크림 등 16

가지의 다양한 메뉴를 선보인다. 조각 단위로도 판매하기 때문에 여러가지 맛을 골고루 즐길 수도 있다. 달걀, 우유에 고기, 야채, 치즈 등을 섞어 만든 파이인 키시 Quiche도 이곳의 추천 메뉴다.

Map P.299-A2 | 주소 1280 S Kihei Rd. #101, Kihei | 전화 808-298-0473 | 홈페이지 www.mauipie. com | 영업 월~수 11:00~20:00, 목 11:00~ 17:00, 토 11:00~21:00(금·일요일 휴무) | 가격 파이 $5.50~22.95 | 주차 무료 | 가는 방법 311번 Maui Veterans Hwy.를 따라 직진하다 중간에 N Kihei Rd.를 끼고 우회전, 다시 S kihei Rd.를 끼고 좌회전하면 오른쪽 아제카 쇼핑 센터 Azeka Shopping Center 내 위치.

808 델리 808 Deli

속이 꽉 찬 샌드위치가 추천 메뉴. 특히 매일 소스를 직접 만들 정도로 정성을 쏟는데, 여행자보다 현지인들에게 더 인기가 많다. 테이블이 2개라 대부분 테이크아웃으로 즐기는 편이다. 한국어로 된

메뉴도 있으며 샐러드, 샌드위치, 파니니, 핫도그 등이 메인 메뉴다. 디저트로는 홈메이드 푸딩과 쿠키가 있다.

Map P.299-A4 | 주소 2511 S Kihei Rd. Kihei | 전화 808-879-1111 | 홈페이지 www.808deli.com | 영업 09:00~17:00 | 가격 $6.5~12(치킨 페스토 파니니 $12) | 주차 무료(협소) | 가는 방법 카훌루이에서 311번 Mokulele Hwy.를 타고 직진하다 N Kihei Rd.를 끼고 우회전, 직진 후 S Kihei Rd.를 따라 좌회전 후 직진. 카마올레 비치 파크 II 건너편에 위치.

프레드스 멕시칸 카페
Fred's Mexican Cafe

멕시칸 전통 요리뿐 아니라 캘리포니아 쿠킹 스타일을 가미한 건강한 메뉴들이 가득하다. 그중에서도 멕시칸 대표 메뉴인 타코와 브리또, 퀘사딜라 등이 유명하다. 화요일 21:30부터 영업이 끝날 때까지 타코와 기타 생맥주 등 간단한 먹거리를 저렴하게 판매($5 미만)한다.

Map P.299-A4 | 주소 2511 S Kihei Rd. Kihei | 전화 808-891-8600 | 홈페이지 www.fredsmexicancafe. com | 영업 월~금 08:00~21:00, 토~일 07:30~ 21:00 | 가격 $10~20 | 주차 무료(협소) | 예약 필요 | 가는 방법 카훌루이에서 311번 Mokulele Hwy.를 따라 직진하다 N Kihei Rd.를 끼고 우회전, 직진 후 S kihei Rd.를 따라 좌회전 후 직진. 카마올레 비치 파크 II 건너편에 위치.

Shopping

키헤이의 쇼핑

키헤이에는 유독 자그마한 규모의 로컬 쇼핑몰이 많다. 유명 브랜드는 없어도 쇼핑몰 안에 레스토랑이 모여 있는 것이 특징이다.

카마올레 쇼핑 센터
Kamaole Shopping Center

키헤이 알로하 아이스크림과 서브웨이, 더 시나몬 롤 플레이스 등 간단하게 끼니를 해결할 수 있는 음식점들이 모여 있다. 해변에 가기 전 필요한 준비물은 웨일러스 제너럴 스토어 Whaler's General Store를 이용해도 좋을 듯. 해변 바로 건너편에 자리한 지리적 이점 때문에 여행자들도 들르기 쉽다. 무엇보다 주차장의 규모가 넓다.

Map P.299-A4 | **주소** 2463 S Kihei Rd. Kihei | **전화** 808-871-4838 | **홈페이지** kamaoleshopping center.com | **영업** 09:00~20:30(입점 매장마다 차이 있음) | **주차** 무료 | **가는 방법** 카마올레 비치 파크 I과 카마올레 비치 파크 II 사이에 위치.

레인보 몰 Rainbow Mall

키헤이의 카마올레 비치 근처에는 유독 쇼핑몰이 많은데, 그중 이곳은 마우이 타이 레스토랑과 하와이 로컬 음식점인 다 키친 익스프레스 Da Kitchen Express 등 4개의 레스토랑과 스노클링 장비 대여점, 기프트숍, 타투숍 등이 있다. 정문에는 하와이에서 빼놓을 수 없는 디저트인 셰이브 아이스크림 가게도 눈에 띈다.

Map P.299-A4 | **주소** 2439 S Kihei Rd. Kihei | **전화** 808-879-1145 | **홈페이지** rainbowmall-maui.com | **영업** 09:00~21:00(입점 매장마다 차이 있음) | **주차** 무료 | **가는 방법** 31번 Piilani Hwy.를 타고 가다 Alnui Ke Alii Dr.로 진입해 직진하면 나오는 카마올레 비치 파크 I을 지나 카마올레 비치 파크 II 가기 전, 맞은편에 위치.

고급 리조트와 대형 쇼핑몰이 자리한
와일레아

카아나팔리의 약 3배에 이르는 면적의 와일레아는 세계 일류의 고급 호텔과 골프 코스, 쇼핑 센터가 자리 잡고 있다. 초승달 모양의 5개 해변은 가슴이 탁 트일 만큼 아름다운 경치를 자랑한다. 그중에서도 특히 1999년 '미국 최고의 해변'으로 선정된 와일레아 비치는 수영과 스노클링을 즐기기 좋은 곳으로 언제나 사람들에 둘러싸여 활기찬 분위기를 자아낸다. 또 와일레아 골프 클럽은 와일레아를 유명하게 만든 챔피언십 골프 54홀로, 초급부터 상급용까지 수준별로 골프를 즐길 수 있도록 했다. 하지만 무엇보다 와일레아에서 가장 상징적인 건물은 숍스 앳 와일레아다. 수준 높은 레스토랑과 명품 숍이 모여 있어 여행자들에게 사랑 받는 공간으로 제법 규모가 큰 편이라 둘러보는 데 반나절 이상은 족히 걸린다. 또한 다양한 음악 공연도 자주 열리고 있다.

+ 공항에서 가는 방법

카훌루이 국제공항에서 380번 Hwy.를 거쳐 311번과 31번 Hwy.를 타고 직진하다 오른쪽의 Wailea Alanui Dr.를 타고 우회전. 약 30분 정도 소요. 카팔루아 공항에서 30번 Hwy.를 경유해 마알라에아에서 310번을 거쳐 31번 Hwy.를 타고 약 1시간 소요.

+ 와일레아에서 볼 만한 곳

와일레아 비치 파크, 숍스 앳 와일레아

와일레아의 해변

와일레아 중심에 위치한 대표 해변 와일레아 비치 파크는 그랜드 와일레아 아 월도프 애스토리아 리조트와 포 시즌스 리조트 투숙객들이 즐겨찾는 곳이다.

와일레아 비치 파크 Wailea Beach Park

넓은 잔디밭과 가슴까지 탁 트이는 해변을 만날 수 있는 곳. 파도가 높아 서핑을 좋아하는 이들에게도 좋고, 모래가 부드럽고 물이 깨끗해 아이들이 놀기에도 적당하다. 그랜드 와일레아 아 월도프 애스토리아 리조트에 머문다면 리조트에서 운영하는 무료 셔틀버스를 이용할 수 있으니 프런트 데스크에 문의할 것.

Map P.299-B2 | 주소 3850 Wailea Alanui Dr. Kihei(근처 그랜드 와일레아 아 월도프 애스토리아 리조트 주소) | 운영 07:00~20:00 | 주차 무료(그랜드 와일레아 아 월도프 애스토리아 리조트) 사잇길에 해변 방문객들을 위한 공영주차장 위치) | 가는 방법 31번 Piilani Hwy.에서 직진 후 오른쪽 Wailea Ike Dr.를 끼고 우회전 후 다시 Wailea Alanui Dr.를 끼고 좌회전. 오른쪽에 그랜드 와일레아 아 월도프 애스토리아 리조트 Grand Wailea, A Waldorf Astoria Resort를 지나 조금만 더 직진 후 오른쪽에 Wailea Beach Path로 진입.

와일레아의 즐길 거리

와일레아는 마우이의 최고급 리조트 지역으로, 리조트 단지 내 골프장 역시 전반적으로 럭셔리한 분위기를 유지하며 여유가 흐른다.

와일레아 골프 클럽
Wailea Golf Club

블루, 에메랄드, 골드의 3가지 코스가 있으며 각각 초급~상급용으로 수준에 맞게 예약할 수 있다. 블루는 페어웨이가 넓고 그린도 커서 초급자에게 알맞다. 반면 골드는 고저의 차이가 60m나 되는 등 상급자용 코스로 알맞다. 모든 코스에서 가슴이 탁 트이는 오션뷰를 감상할 수 있으며, 최고의 서비스를 자랑하는 렌털 숍이 함께 있어 여행자들이 불편하지 않게 골프를 즐길 수 있다.

Map P.299-B3 | 주소 100 Wailea Golf Club Dr. Wailea | 전화 808-875-7450 | 홈페이지 www.waileagolf.com | 운영 05:00~21:00 | 가격 $120~279(티타임 45일 전부터 예약 가능) | 주차 무료 | 가는 방법 31번 Piilani Hwy. 끝에서 Wailea Ike Dr.를 끼고 우회전, 길 끝에서 Wailea Alanui Dr.를 끼고 좌회전 후 직진.

© Wailea Golf Club

와일레아의 먹거리

와일레아에는 비교적 고급 레스토랑이 많다. 레스토랑의 해피 아워를 적극 이용해 큰 부담 없이 최고의 메뉴를 즐겨보자.

파인트 앤 코르크 Pint & Cork

2018년 마우이의 TOP 30에 뽑힌 레스토랑. 왁자지껄한 분위기가 여행객의 흥을 돋운다. 시그니처 메뉴인 치킨 윙스와 아히 타코, 랍스터 맥앤 치즈 등과 함께 30여 종의 칵테일이 매력적인 곳. 실내와 실외에서 모두 식사가 가능한데 특히 야외 테라스 자리가 인기가 많다. 숍스 앳 와일레아에서 쇼핑을 하다가 캐주얼하게 식사하기 좋은 곳이다. 해피 아워에는 로컬 맥주와 함께 갈릭 파마산 프라이나 치킨 윙 등을 저렴한 가격에 맛볼 수 있다.

Map P.299-B2 | 주소 3750 Wailea Alanui Dr. Kihei | 전화 808-727-2038 | 홈페이지 www.thepint andcork.com | 영업 12:00~24:00(해피 아워 12:00~ 17:00) | 가격 $10~46(빕 버거 $19, 치킨 윙스 $18) | 주차 무료(2022년 12월 31일까지, 이후 유료 전환 예정) | 예약 불가 | 가는 방법 31번 Piilani Hwy.에서 내려오다 Kilohana Dr.에서 우회전, Kilohana Park를 지나 오른쪽에 Wailea Alanui Dr.에서 좌회전 후 직진. 숍스 앳 와일레아 내 위치.

토미 바하마 레스토랑 바 & 스토어 Tommy Bahama Restaurant Bar & Store

해피 아워에 제공되는 타코 요리

패션 브랜드 토미 바하마즈에서 론칭한 레스토랑. 미국에서 인기 많은 패션 브랜드답게, 레스토랑 역시 허투루 운영하지 않는다. 미국 전역에 총 12개의 매장을 운영하고 있다. 점심에는 샌드위치나 타코, 립, 파스타 등의 요리가 메인이며 베지테리언을 위한 메뉴와 글루텐 프리 메뉴도 있다. 2층 테라스석이 인기가 많다.

Map P.299-B2 | 주소 3750 Wailea Alanui Dr. Wailea | 전화 808-875-9983 | 홈페이지 www.tommy bahama.com | 영업 12:00~20:00(해피 아워 14:00~ 17:00) | 가격 런치 $10~46, 디너 $8~54 | 주차 무료 (2022년 12월 31일까지, 이후 유료 전환 예정) | 예약 필요 | 가는 방법 31번 Piilani Hwy.에서 내려오다 Kilohana Dr.에서 우회전, Kilohana Park를 지나 오른쪽에 Wailea Alanui Dr.에서 좌회전 후 직진. 숍스 앳 와일레아 2층에 위치.

몽키팟 키친 바이 메리맨
Monkeypod Kitchen by Merriman

미국식 패밀리 레스토랑으로, 순수 마우이 지역에서 나는 식재료만을 이용하는 곳. 2011년에 오픈해 다수의 마니아를 확보하고 있다. 팟타이에 사용되는 레몬그라스는 쿨라 지역에서, 쇠고기와 핸드메이드 누들은 파이아 지역에서 공수해온다.
전체적으로 매장이 넓고, 테이블 간격이 여유로워 편안하게 식사할 수 있다. 16:00~18:00, 19:00~21:00에는 신나는 라이브 뮤직 스테이지가 마련되니 놓치지 말 것.

Map P.299-B2 | 주소 10 Wailea Gateway Pl. Ste. B-201 Kihei | 전화 808-891-2322 | 홈페이지 www. monkeypodkitchen.com | 영업 11:00~22:00 | 가격 $9.95~52.95 | 주차 무료 | 예약 필요 | 가는 방법 31번 Piilani Hwy. 끝에서 Wailea Ike Dr.를 끼고 우회전, 와일레아 게이트웨이 센터 2층에 위치(입구에서 바로 오른편 건물).

카아나 키친 Ka'ana Kitchen

오픈 주방 형태로 요리하는 모습을 라이브하게 감상할 수 있으며, 전체적으로 럭셔리한 인테리어로 특별한 분위기를 내기 좋다. 신선한 재료를 사용하기 때문에 매일 주어진 재료에 따라 메뉴가 바뀌는 경우가 간혹 있다. 그중에서도 전복을 넣은 아발론 리조또와 그릴드 옥토퍼스, 수박 샐러드 등이 이곳의 대표 메뉴다.

Map P.299-B2 | 주소 3550 Wailea Alanui Dr. Kihei | 전화 808-573-1234 | 홈페이지 maui.andaz.hyatt. com/en/hotel/dining/ka_ana-kitchen.html | 영업 브렉퍼스트 06:30~11:00, 디너 17:30~21:00 | 예약 필요 | 가격 $19~105(그릴드 옥토퍼스 $29) | 주차 무료(발레파킹 시 약간의 팁 필요) | 가는 방법 31번 Piilani Hwy. 를 타고 직진하다 오른쪽에 Okolani Dr.를 끼고 우회전한 뒤 다시 Wailea Alanui Dr.를 끼고 좌회전, 오른쪽 안다즈 마우이 앳 와일레아 리조트 Andaz Maui at Wailea Resort 내 위치.

카아나 키친

와일레아의 쇼핑

마우이의 대표 쇼핑몰 숍스 앳 와일레아에는 럭셔리 브랜드는 물론이고 유명 레스토랑이 함께 있어 이곳에서만 반나절 이상의 시간이 필요할 정도이다.

숍스 앳 와일레아 Shops at Wailea

고급·호텔이 즐비한 리조트 단지인 와일레아 중심에 위치한 대형 쇼핑 센터. 센터 안에는 분수대와 키 큰 야자나무들이 즐비해 쇼핑 이외에도 시각적인 즐거움을 더한다. 70개 이상의 패션 매장이 입점, 티파니와 루이비통, BCBG, 세인트 존 등의 브랜드가 있다. 1층과 2층으로 나뉘어져 있으며 레이 만들기나 코코넛 껍질 벗기기, 폴리네시안 쇼 등 다채로운 행사가 많다.

Map P.299-B2 | **주소** 3750 Wailea Alanui Dr. Wailea | **전화** 808-891-6770 | **홈페이지** theshopsat

wailea.com | **영업** 10:00~21:00(매장마다 조금씩 다름) | **주차** 무료(2022년 12월 31일까지. 이후 유료 전환 예정) | **가는 방법** 31번 Piilani Hwy.에서 직진하다 kilohana Dr.에서 우회전, Kilohana Park를 지나 오른쪽에 Wailea Alanui Dr.에서 좌회전 후 직진.

Kahului-Wailuku

마우이의 메인 공항이 위치한
카훌루이~와일루쿠

카훌루이는 국제공항이 위치한 곳으로 관광객들이 한 번은 거쳐야 하는 곳이다. 1950년 알렉산더 & 볼드윈 설탕 회사가 도시 개발을 추진한 곳으로, 현지인들이 가장 애용하는 쇼핑 센터인 퀸 카아후마누 센터가 있다. 퀸 카아후마누 센터는 마우이 최대 규모의 쇼핑 센터로 메이시스와 시어즈 백화점 이외에도 120여 개의 매장이 즐비해 있다. 현지 주민들이 주로 이용하는 곳이지만, 워낙 공항과 가까워 관광객들도 심심치 않게 들른다. 매장 내 한식당이 있어 한국인 관광객들에게는 빼놓을 수 없는 곳이기도 하다. 또 카훌루이 국제공항에서 서쪽으로 10분 거리에 있는 와일루쿠는 상업의 중심지로, 이아오 밸리로 가는 길목에 위치해 있다. 와일루쿠는 하와이 족장들의 신성한 묘지로도 유명하다. 그밖에도 카아후마누 교회, 베일리 하우스 뮤지엄, 마우이 트로피컬 플랜테이션 등 볼거리가 가득하다.

+ 공항에서 가는 방법

카훌루이는 카훌루이 국제공항에서 380번을 타고 약 7분간 소요되며, 와일루쿠의 경우 380번에서 32번 Hwy.를 타고 직진하면 12분 정도 소요된다. 카팔루아 공항에서 와일루쿠는 30번 Hwy.를 타고 45분, 카훌루이는 와일루쿠에서 조금 더 직진해야 하며 50분 정도 소요된다.

+ 와일루쿠에서 볼 만한 곳

이아오 밸리 주립공원, 알렉산더 & 볼드윈 설탕 박물관, 마우이 트로피컬 플랜테이션

카훌루이~ 와일루쿠의 볼거리

할레아칼라 국립공원만큼 마우이에서 꼭 빼놓지 말고 들러야 하는 곳이 바로 이아오 밸리 주립공원이다. 스펙터클한 자연경관 이외에도 박물관 등의 볼거리가 많다.

이아오 밸리 주립공원 Iao Valley State Park

푸우쿠쿠이 Pu'u Kukui 산에 위치한 이아오 밸리는 150만 년 동안 물의 침식과 화산 활동으로 인해 독특한 경관을 만들어 내는 곳이다. 이아오 Iao는 하와이어로 '최상의 구름'이란 뜻으로, 과거에는 왕들만 드나드는 성지이기도 했다. 특히 675m로 뾰족하게 솟은 이아오 니들 Iao Needle(봉우리 모양이 바늘처럼 뾰족하다고 해서 니들이라는 별명이 붙음)이 압권이다. 하와이를 통일한 카메하메하 대왕이 1790년 마우이를 정복하기 위해 치열한 전투를 벌인 곳이기도 하다. 그밖에도 자세한 설명은 주립공원 내에 만들어 놓은 산책로에서 엿볼 수 있는데, 이곳을 방문할 예정이라면 기후가 안정적인 오전이 더 좋다. 열대식물과 시원한 계곡이 있어 하이킹하기 안성맞춤이다.

Map P.236-B2 | **주소** Iao Valley State Park Wailuku | **홈페이지** www.hawaiistateparks.org/parks/maui | **운영** 07:00~18:00 | **입장료** $5(1인당, 주차하지 않는 경우) | **주차** 1회 $25 | **가는 방법** 카훌루이 쇼핑 센터에서 32번 W Kaahumanu Ave.를 타고 Main St. 방향으로 직진 후 Iao Valley Rd.를 타고 직진.(32번 hwy.인 Iao valley Rd. 끝에 위치)

⋯⋯ *Mia's Advice* ⋯⋯

이아오 밸리 주립공원은 워낙 인기가 많은 관광지라 주차 시설이 부족할 수 있어요. 그럴 때는 공원 입구 근처에 위치한 케파니와이 공원 앤 헤리티지 가든 Kepaniwai Park And Heritage Garden에 주차한 뒤, 10~15분가량 도보로 이동하면 이아오 밸리에 도착할 수 있어요.

이아오 밸리 주립공원 하이킹

이아오 밸리 하이킹 코스는 이아오 니들이 보이는 전망대 → 계곡을 따라 걷는 산책로 → 다리 아래 작은 정원의 순서대로 둘러보면 좋아요. 이아오 니들 전망대까지 들러서 공원을 다 둘러보는 데 30~45분가량 소요된답니다. 주립공원에서 가장 중요한 포인트는 바로 전망대에서 이아오 니들의 광경을 바라보는 것이에요. 때로 이아오 니들이 구름에 가려지기도 하니, 좋은 경관을 보려면 아침 일찍 출발하는 것이 좋아요. 비가 내리거나 기온이 떨어질 것에 대비해 가벼운 겉옷을 챙기도록 해요.

전망대에서 바라본 이아오 니들

알아두세요

이아오 히스토리 Iao History

이아오 니들에 관련된 신화

하와이의 신화에는 반신반인인 마우이 Maui와 아내 히나 Hina가 등장합니다. 그 둘 사이엔 아름다운 딸 이아오 Iao가 있었어요. 이아오는 부모의 반대에도 불구하고 젊은 전사와 연인이 되었죠. 이에 화가 난 마우이가 그 젊은 전사를 돌기둥으로 만들었는데 그게 바로 이아오 니들 Iao Needle이라고 해요.

하와이 역사 상 가장 격렬한 전투가 벌어진 이아오 밸리 주립공원

1790년, 하와이 통일을 목표로 카메하메하 1세가 빅 아일랜드 군대를 이끌고 마우이로 건너왔어요. 당시 마우이에는 카헤킬리 왕이 지배하고 있었는데, 이 두 왕을 주축으로 이아오 밸리에서 케파니와이 Kepaniwai 전투가 일어났죠. 케파니와이 전투는 하와이 역사의 흐름을 뒤바꿀 만큼 치열했는데, 이 격전에서 카메하메하는 이아오 니들을 전망대로 이용해 카헤킬리 왕이 이끄는 마우이 군대를 물리쳤어요. 카메하메하 대왕이

전투기념비

서양에서 총과 대포 등의 신식 무기를 구해 마우이 군대를 공격한 것도 승리의 주된 요인이었죠. 케파니와이 전투에서는 총 1,200명이 전사했는데요. 그들의 시체가 쌓여 계곡 물을 막을 정도였다고 묘사되고 있어요.

케파니와이 공원 앤 헤리티지 가든 Kepaniwai Park and Heritage Gardens

1952년에 설립된 곳으로 한국을 비롯해 중국, 일본, 필리핀, 포르투갈 이민자들을 기념하는 국제 정원이 모여 있다. 각 정원마다 세워져 있는 나라를 상징하는 건축물이나 조형물 등이 인상적이다. 규모가 큰 편은 아니지만 이아오 밸리 주립공원을 가기전에 들르기 좋다.

Map P.236-B2 | **주소** 870 Iao Valley Rd. Wailuku | **전화** 808-270-7232 | **운영** 07:00~17:30 | **입장료** 무료 | **주차** 무료 | **가는 방법** 카홀루이 쇼핑 센터에서 32번 W Kaahumanu Ave.를 타고 Main St. 방향으로 직진 후 Iao Valley Rd.를 타고 직진. 이아오 밸리 주립공원 가기 전에 왼쪽에 위치.

카아후마누 교회 Kaahumanu Church

기독교를 수용한 마우이 출신 카아후마누 왕비의 이름을 딴 교회. 와일루쿠의 랜드마크이기도 한 이 교회는 뉴잉글랜드 스타일로 1832년에 카아후마누 왕비의 요청에 의해 조나단 스미스 그린이 지었다. 4번의 개조 끝에 개조되었고, 현재 건물은 1876년에 건축한 것으로 고딕 양식을 띠고 있다.

Map P.236-B2 | **주소** 103 S High St. Wailuku | **전화** 808-244-5189 | **운영** 일요일 예배 09:00(예배시간 외에는 입장이 제한될 수 있다) | **입장료** 무료 | **주차** 무료 | **가는 방법** 와일루쿠에서 32번 W Kaahumanu Ave.타고 직진하다 Bailey House Museum가기 전 좌회전 후 S High St.에 위치해 있다.

©하와이 관광청

베일리 하우스 박물관 Bailey House Museum

1840년대부터 50년 가까이 선교사 베일리 부부가 살던 집. 이후 복원해 박물관으로 대중에게 공개했다. 내부에는 당시의 하와이안 페인팅과 하와이에서 고급 목재로 통하는 코아 나무로 만들어진 가구, 100년 가까이 보존된 서프보드 등 고대 하와이안 컬렉션 등이 있다. 19세기 선교사들의 생활상을 엿볼 수 있는 이곳은 정원을 아름답게 꾸민 것이 특징. 퀼트 전시회, 우쿨렐레 콘서트 등 다양한 이벤트가 많아 지역 주민들에게도 인기가 높다.

Map P.236-B2 | 주소 2375-A Main St. Wailuku | 전화 808-244-3326 | 홈페이지 www.mauimuseum.org | 운영 화·목 10:00~13:00(수·금~월요일 휴무) | 입장료 $10 | 주차 무료 | 가는 방법 카훌루이 쇼핑 센터에서 32번 W kaahumanu Ave.를 타고 Main St. 방향으로 직진. Main St.와 High St.가 만나는 사거리에서 이아오 밸리 주립공원 가는 방향으로 진입.

알렉산더 & 볼드윈 설탕 박물관 Alexander & Baldwin Sugar Museum

하와이에서 가장 큰 설탕 제조 공장 옆에 위치해 있는 박물관. 1868년부터 1923년 사이에 하와이 각 섬의 사탕수수밭 이주민들의 생활용품과 사진을 전시하고 있다. 사탕수수를 이용한 설탕 제조가 주요 산업이었던 마우이의 과거 역사를 한 눈에 볼 수 있다. 총 6개의 전시관이 있으며 야외에는 사탕수수밭에서 사용했던 기계들을 전시해놓았다. 기프트 숍에는 마우이에서 채취한 설탕과 마우이 농장에서 재배한 커피콩으로 만든 100% 마우이 커피 등을 판매한다.

Map P.236-C2 | 주소 3957 Hansen Rd. Puunene | 전화 808-871-8058 | 홈페이지 www.sugarmuseum.com | 운영 월~목 10:00~14:00(금~일요일 휴무) | 입장료 성인 $7, 6~12세 $2 | 주차 무료 | 가는 방법 카훌루이 공항에서 36번 Hana Hwy.를 타고 서쪽으로 직진, 왼쪽에 380번 Dairy Rd.를 타고 직진하다 큰 사거리에서 311번 S Puunene Ave. 방향으로 좌회전. 직진하다 Hansen Rd.에서 다시 좌회전.

마우이 트로피컬 플랜테이션 Maui Tropical Plantation

마우이에서 재배되는 온갖 종류의 꽃과 과일을 견학할 수 있는 농장. 광활한 크기의 농장 안에 바나나와 망고가 자라는 미니 농장이 있고 가이드의 안내를 받아 전동 트램을 타고 견학할 수 있다. 하와이 커피를 무료로 시음할 수 있으며, 간단한 스낵을 구입할 수 있는 숍이 농장에 있다. 매주 화~토요일 10:00~16:00에는 팜 마켓이 열린다. 농장에서 재배한 채소와 허브, 망고, 딸기, 파파야, 애플 바나나, 파인애플 등을 구입할 수 있으니 놓치지 말 것. 그밖에도 높은 곳에서 줄 하나를 몸에 의지한 채 이동하는 집라인 Ziplines 액티비티 등이 있어 즐거운 시간을 보내기에 충분하다. 투어 후에는 밀 하우스 레스토랑에서 파스타나 타코, 버거 등을 간단하게 즐겨보자.

Map P.236-C2 | **주소** 1670 Honoapiilani Hwy. Wailuku | **전화** 800-451-6805 | **홈페이지** www.mauitropical plantation.com | **운영** 화~일 10:00~16:00(월요일 휴무)(트램 투어 10:00~16:00, 하루 7회 운행), 밀 하우스 레스토랑 11:00~21:00(해피 아워 14:00~17:00) | **입장료** 무료(트램 탑승할 경우 성인 $25, 3~12세 $12.50, 집라인 액티비티 $149) | **주차** 무료 | **가는 방법** 카훌루이 공항에서 36번 Hana Hwy.를 타고 직진, 도로 끝에서 32번 W kaahumanu Ave.를 타고 직진하다 도로 끝에서 다시 왼쪽에 30번 Honoapiilani Hwy.를 타고 직진. 오른쪽에 위치.

Travel Plus

하와이 곳곳에는 집라인 Zipline이라는 재미있는 액티비티가 있어요. 집라인은 몸에 안전장치를 한 뒤 허공을 가로지르는 자연친화적인 액티비티로 마치 하늘 위를 나는 것과 같은 착각이 들 정도죠. 5~10세 어린이도 어른과 함께 참여할 수 있기 때문에 가족이 함께 즐길 수 있어요. 전문 가이드에게 장비 사용 교육을 받은 뒤 참여할 수 있는데, 마우이 트로피컬 플랜테이션에서 하고 싶다면 홈페이지(mauizipline.com)를 통해 미리 예약하는 것이 좋아요(가격 $149). 마카와오의 피이홀로 목장에서도 집라인 액티비티가 있고 가격은 대략 $26.04~197.92예요. 더 자세히 알고 싶다면 홈페이지(piiholozipline.com, 전화 808-572-1717)를 방문해보세요.

카훌루이~ 와일루쿠의 즐길 거리

렌탈 숍에서 장비를 빌려 마우이의 매력을 한껏 느껴보자. 대부분 액티비티는 카훌루이 공항 근처에 위치한 카나하 비치 파크 Kanaha Beach Park에서 진행된다.

카이트 보딩 Kite Boarding

마우이의 북부는 무역풍이 강하게 불어 윈드서핑을 즐기기 안성맞춤이다. 그중에서도 카훌루이 근처의 호오키파 비치(Map P.237-C2)는 윈드서핑의 메카다. 인근에 윈드서핑 레슨 숍과 렌탈 숍이 모여 있다. 중급자 이상에게 적합한 곳으로 초급자에게는 힘겨운 곳도 많으니 주의할 것. 이곳의 장점이라면 카이트 보딩 레슨을 받을 수 있다는 것. 카이트 보딩 Kite Boarding은 패러글라이딩과 서핑을 혼합한 것으로, 보드에 큰 연을 연결해 바다를 가로지르는 액티비티다. 파도가 없더라도 서핑을 즐길 수 있게 고안된 것으로, 바람에 몸을 의지해 바다 위를 질주하기도 하고 점프해 날아오를 수도 있다. 얼핏 생각하기엔 잔잔한 해양 스포츠일 것 같지만 바람의 힘을 받은 대형 연은 엄청난 속도를 내 아찔함을 즐기기에 충분하다. 전문 레슨을 받는다면 초보자도 카이트 보딩을 즐길 수 있다.

+ 어드벤처 스포츠 마우이 Adventure Sports Maui

Map P.236-C2 | 주소 400 Hana Hwy. Kahului | 전화 808-877-7443 | 홈페이지 adventuresportsusa. com | 운영 월~금 09:00~17:00, 토 09:00~15:00(일요일 휴무) | 요금 $300(더 테스터, 2시간, 2인 레슨) | 주차 무료 | 가는 방법 카훌루이 공항에서 380번 Keolani Pl.를 타고 직진하다 Hanakai St.를 끼고 좌회전 후 다시 Hana Hwy.를 끼고 좌회전해 직진하면 오른쪽에 위치.

+ 마우이 카이트보딩 레슨 바이 아쿠아 스포츠 마우이
Maui Kiteboarding Lessons by Aqua Sports Maui

Map P.236-C2 | 주소 111 Hana Hwy. #110, Kahului | 전화 808-871-4981 | 홈페이지 mauikiteboardinglessons.com | 운영 월~토 08:00~18:00 (일요일 휴무) | 요금 $345(초보, 3시간) | 주차 무료 | 가는 방법 카훌루이 공항에서 380번 Keolani Pl.를 타고 직진 후 오른쪽에 위치.

윈드서핑

©하와이 관광청

카훌루이~
와일루쿠의
먹거리

유명 레스토랑보다 지역 주민들에게 인기가 많은 자그마한 음식점들이 모여 있는 편이며, 하와이 오리지널 현지식을 즐길 수 있다.

마우이 커피 로스터
Maui Coffee Roaster

하와이 섬에 최초로 커피가 전파된 것은 1827년. 카메하메하 2세 때 영국으로부터 커피나무를 수입하면서 커피 사업이 시작되었다. 그로부터 150년 후, 마우이에 탄생한 커피 로스터는 질 좋고 향이 훌륭한 커피를 판매하고 있다. 커피뿐 아니라 베이글과 베네딕트, 샌드위치 등도 맛이 좋다. 아직 여행자들에게는 잘 알려지지 않았으나 지역 주민들이 즐겨 찾는 곳이다.

Map P.236-C2 | **주소** 444 Hana Hwy. Kahului | **전화** 808-877-2877 | **홈페이지** mauicoffeeroasters. com | **영업** 월~금 07:00~18:00, 토 07:00~17:00(일요일 휴무) | **가격** $2.50~16.50(햄앤치즈 샌드위치 $14) | **주차** 무료 | **가는 방법** 카훌루이 공항에서 380번 Keolani Pl.를 타고 직진하다 Hanakai St.를 끼고 좌회전 후 다시 Hana Hwy.를 끼고 좌회전 후 직진. 오른쪽에 위치.

808 온 메인 808 on Main

감각적인 인테리어와 함께 마우이의 20대 연인들이 즐겨 찾는 단골 아지트 같은 레스토랑이다. 샌드위치와 파니니, 버거 등이 있고, 연어 시금치 버거나 그릭 피자, 김치 프라이즈 등 독특한 메뉴들도 눈에 띈다. 디저트로는 구운 마시멜로를 크래커 사이에 끼워먹는 스모어도 인기다.

Map P.236-B2 | **주소** 2051 Main St. Wailluku | **전화** 808-242-1111 | **홈페이지** 808onmain.com | **영업** 월~금 10:00~15:00, 토 11:00~15:00 | **가격** $14~22(치킨 텐더 $17, 스파이시 랜치 파니니 $16.50) | **주차** 유료(길거리 1시간 $1) | **가는 방법** 카훌루이 공항에서 36 Hana Hwy.를 타고 서쪽으로 직진. 도로 끝에서 32번 W kaahumanu Ave.를 타고 직진. 퀸 카아후마누 센터 지나서 왼쪽에 위치.

카훌루이~ 와일루쿠의 쇼핑

마우이에서 가장 큰 쇼핑몰이라고 해도 과언이 아닌 퀸 카아후마누 센터는 공항 근처에 있어 마우이 여행의 대미를 장식하기 좋다.

퀸 카아후마누 센터
Queen Kaahumanu Center

100개 이상의 숍과 레스토랑이 있는 마우이 최고급 쇼핑 센터. 메이시스 Macy's와 시어즈 Sears 백화점이 입점해 있으며, 관광객 못지않게 현지인들도 즐겨 찾는 쇼핑몰이다. 고가의 명품 브랜드는 없어도 워낙 방대해 둘러보는 즐거움이 있다. 또한 푸드코트의 규모가 커 현지인들의 다양한 음식 문화를 경험해 볼 수 있다. 매주 화·수·금요일 08:00~16:00에는 센터 코트에서 파머스 마켓이 열린다.

Map P.236-C2 | **주소** 275 W Kaahumanu Ave. Kahului | **전화** 808-877-3369 | **영업** 월~목 10:00~20:00, 금~토 10:00~21:00, 일 10:00~17:00 | **주차** 무료 | **가는 방법** 카훌루이 공항에서 36번 Hana Hwy.를 타고 서쪽으로 직진, 도로 끝에서 32번 W Kaahumanu Ave.를 타고 직진, 왼쪽에 위치.

Mia's Advice

공항 근처에서 간단한 쇼핑을!
마우이에서 2~3박 정도 머무를 예정이라면 공항 근처에서 간단하게 물과 먹거리를 구입하는 것이 좋아요. 공항 근처에는 세이프 웨이 Safe way, 푸드랜드 Foodland, 코스트코 costco 등과 유기농 식재료를 취급하는 홀 푸드 마켓 Whole Food Market, 다운 투 얼쓰 Down to Earth 등이 모두 모여 있어요. 만약 식재료 뿐 아니라 전자제품과 패션소품, 리빙제품 등이 모두 모여 있는 타깃 Target도 쇼핑하기 좋아요.

윈드서핑의 메카
파이아

과거 사탕수수 산업으로 번성했던 파이아는 현재 서퍼들의 거리로 변신. 마우이에서 가장 스타일리시한 마을 중 하나가 됐다. 호오키파 비치는 세계 윈드서핑 수도라고 불릴 만큼 전 세계 서퍼들이 모이는 곳이다. 파도가 잔잔한 여름에는 해변에서 프로 선수들의 묘기를 감상할 수 있다. 파이아는 하나 Hana로 이어지는 하이웨이 주변에 남아 있는 마지막 마을로, 드라이브 도중 들르는 사람들이 많다. 한때 사탕수수 산업이 절정이었던 시기에 가장 번성했던 마을이라는 이력을 가지고 있으며, 1960~1970년대에는 히피들의 정착지이기도 했다. 지역 자체가 옛날 거리 모습 그대로를 간직하고 있어 개성 강한 여행자들이 좋아하는 마을 중 하나다. 근처 파이아 어시장에서 맛볼 수 있는 피시 버거가 지역 레스토랑의 대표 메뉴다.

+ 공항에서 가는 방법

카훌루이 국제공항에서 37번 Hwy.를 거쳐 36번 Hwy.를 타고 약 17분 정도 소요. 볼드윈 비치 공원을 지나 오른쪽의 Baldwin Ave.로 진입하면 파이아 지역이 나온다. 카팔루아 공항에서는 30번 Hwy.를 지나 380번, 36번 Hwy.를 거쳐야 하며 약 1시간 소요.

+ 파이아에서 볼 만한 곳

호오키파 비치 파크, 마마스 피시 하우스

파이아의 해변

파도가 높은 날에는 서퍼들이, 바람이 부는 날에는 윈드서퍼들이 즐겨 찾는 해변으로, 아무 것도 하지 않아도 구경하는 재미가 쏠쏠하다.

호오키파 비치 파크
Hookipa Beach Park

호오키파는 하와이어로 '환대, 접대'라는 뜻을 가지고 있다. 이 해변은 오전에는 서핑을 오후에는 윈드서핑을 즐기기에 좋은 곳으로 유명하다. 간혹 윈드서핑 대회가 열리기도 하며 겨울에는 파도가 다소 높다. 피크닉 테이블과 야외 화장실, 샤워시설이 설치되어 있다. 샌디 비치이긴 하나 곳곳에 바위가 있고 라이프가드가 없는 것이 단점이다.

Map P.237-C2 | 주소 Hookipa Pk., Paia | 전화 808-572-8122 | 운영 07:00~19:00 | 주차 무료 | 가는 방법 카훌루이 공항에서 36번 Hana Hwy.를 타고 직진. 7분가량 소요. 마마스 피시 하우스 Mama's Fish House에서 하나 가는 길로 직진하다 왼쪽에 Hookipa Lookout을 끼고 좌회전, Hookipa Pk.로 진입.

파이아 베이 Paia Bay

파도가 적당해 부기 보더와 바디 서퍼들에게 인기 있는 곳. 도로 옆으로 펼쳐져 매력적이며 현지인들이 파도를 즐기는 모습을 쉽게 볼 수 있다. 다만, 겨울에는 파도가 다소 셀 수 있어 전문가가 아니면 조심하는 것이 좋다. 조용하게 태닝을 즐기고 싶은 여행자들에게는 안성맞춤이다.

Map P.237-C2 | 주소 28 Hana Hwy. Paia(근처 Paia Youth Cultural Center 주소) | 운영 일출 시~일몰 시 | 주차 근처 공영 주차장 이용(주소 134 Hana Hwy. Paia) | 가는 방법 카훌루이 공항에서 36번 Hana Hwy.를 타고 직진. 왼쪽에 위치.

파이아의 먹거리

해 질 무렵 파이아는 전 세계 여행자들이 모여 레스토랑마다 와자지껄한 분위기가 연출된다.

파이아 피시 마켓 레스토랑
Paia Fish Market Restaurant

1989년 파이아의 가장 중심인 사거리에 오픈한 뒤 신선한 해산물 요리로 사람들이 즐겨 찾으며 파이아의 랜드 마크가 된 곳. 시푸드, 치킨 요리와 함께 마우이 캐틀 컴퍼니 Maui Cattle Company의 맥주 등을 내온다. 새우와 가리비, 신선한 생선이 곁들여진 시푸드 파스타와 그릴드 참치가 세팅되는 마히 피시 플레이트, 생선을 이용해 만든 피시 버거 등이 특히 유명하다. 저녁에는 항상 사람들로 북적거리며 신나는 분위기가 연출된다.

Map P.237-C2 | 주소 100 Baldwin Ave. Paia | 전화 808-579-8030 | 홈페이지 www.paiafishmarket. com | 영업 11:00~21:30 | 가격 $5~23.95(시푸드 파스타 $23.95) | 주차 불가 | 예약 불가 | 가는 방법 카훌루이 공항에서 36번 Hana Hwy.를 타고 직진. 오른쪽 도로인 Baldwin Ave. 코너에 위치.

카페 맘보 Cafe Mambo

〈마우이 타임즈〉 독자들이 꼽은 'Best Lunch' 'Best Burger' 맛집. 제이미와 올가Jamie & Olga 부부가 2003년 오픈한 이래 마우이에서의 인기에 힘입어, 지난 2011년에는 뉴욕 웨스트 햄프턴 비치에도 오픈했다. 유명한 서퍼들을 후원하는 곳이기도 하다. 샌드위치와 버거 이외에도 점보 슈림프, 스피니치 앤 머시룸 등의 메뉴들이 인기를 끌고 있다.

Map P.237-C2 | 주소 30 Baldwin Ave. Paia | 전화 808-579-8021 | 홈페이지 www.cafemambomaui. com | 영업 월~금 11:00~20:00, 토~일 08:00~20:00 | 가격 브렉퍼스트 $9.45~16.95, 런치 $9.50~17.45, 디너 $9.50~47.95(슈림프 스페셜 $17.45) | 주차 불가 | 예약 불가 | 가는 방법 카훌루이 공항에서 36번 Hana Hwy.를 타고 직진. 오른쪽 도로인 Baldwin Ave. 에서 직진, 오른쪽에 위치.

마마스 피시 하우스
Mama's Fish House

마우이에서 가장 유명한 레스토랑 중 하나. 젊은
가족이 1950년대에 남태평양을 건너 항해를 하다
가 하와이안의 알로하 정신, 낚시로 생계를 이어나
가는 전통적인 라이프스타일에 감동을 받아 차린
레스토랑. 1963년에 문을 연 뒤 마우이를 방문하는
할리우드 스타들이나 전 세계 유명한 스포츠 스타
들이 한 번씩은 거쳐 갔다. 모래사장이 있는 해변
을 끼고 식사할 수 있으며, 숙박도 겸하고 있다. 늘
사람이 많아 예약하는 것이 좋다. 매일 잡은 신선
한 해산물을 이용한 메뉴가 많다.

Map P.237-C2 | 주소 799 Poho Pl. Paia | 전화 808-
579-8488 | 홈페이지 www.mamasfishhouse.com
| 영업 11:00~20:30 | 가격 $18~125(마카다미아 너트
크랩 케이크 $30) | 주차 무료 | 예약 필요 | 가는 방법 카훌
루이 공항에서 36번 Hana Hwy.를 타고 동쪽으로 직진.
Kaiholo Pl. 골목으로 좌회전.

플랫 브레드 Flat Bread

오가닉 샐러드와 함께 두 사람이 함께 먹어도 풍족
한 양의 플랫 브레드 Flat Bread 메뉴가 있는 레스토
랑. 얇은 빵 위에 치즈와 허브, 홈메이드 소시지 등
을 올리는 것으로 피자와 흡사하다. 빵은 100% 오
가닉 통밀을 이용해 건강까지 챙겼다. 미국 전역에
매장이 있으며 각 매장마다 자체적으로 오븐을 제
작해 특별함을 더했다.

Map P.237-C2 | 주소 89 Hana Hwy. Paia | 전화
808-579-8989 | 홈페이지 www.flatbreadcompany.
com | 영업 11:30~21:00 | 가격 $9.50~29 | 주차 근처
공영 주차장 이용(주소 134 Hana Hwy. Paia) | 예약 불가
| 가는 방법 카훌루이 공항에서 36번 Hana Hwy.를 타고
직진. 왼쪽에 위치.

파이아의 쇼핑

세련된 인테리어로 눈길을 끄는 패션숍과 배낭 여행자들에게 사랑받는 빈티지숍들이 어울려 있어 파이아만의 독특한 분위기를 형성한다.

르르 LELE

이탈리아, 그리스, 발리 등 각지에서 공수한 의상들을 모아놓은 편집숍. 플라워 프린트가 가득한 드레스나 핑크 컬러의 맥시 드레스 등 여성스러운 원피스가 많다. 걸리시한 의상도 만날 수 있다.

Map P.237-C2 | **주소** 20 Baldwin Ave., Paia | **전화** 808-793-2568 | **홈페이지** www.adelinaamare.com | **영업** 11:00~17:30 | **주차** 불가 | **가는 방법** 카후룰이 공항에서 36번 Hana Hwy.를 타고 직진. 오른쪽에 Baldwin Ave.를 끼고 우회전 후 오른쪽에 위치.

윙스 하와이 Wings Hawaii

로컬 스타일의 핸드메이드 주얼리와 옷을 판매하는 곳. 특히 옷의 원단은 전 세계를 돌며 수집한 것을 재활용하며, 염색은 인체에 무해한 재료를 사용한다. 새로운 천으로 디자인할 때는 고급 오가닉 천이나 대나무 섬유를 이용해 퀄리티를 높였다. 패치워크나 나염 등을 이용해 개성 강한 디자인을 선보이는 곳이라 매장에 들어서면 좀처럼 눈을 뗄 수 없다.

Map P.237-C2 | **주소** 100 Hana Hwy. Paia | **전화** 808-579-3110 | **홈페이지** www.wingshawaii.com | **영업** 09:30~19:00 | **주차** 근처 공영 주차장 이용(주소 134 Hana Hwy. Paia) | **가는 방법** 카홀루이 공항에서 36번 Hana Hwy.를 타고 직진. 오른쪽에 위치.

임리에 Imrie

노마딕 Nomadic 라이프 스타일을 가지고 있는 세 자매와 엄마가 함께 운영하는 곳. 비치에서 편하게 입을 수 있는 패션과 액세서리 위주로 판매하고 있으며, 감각적인 디자인의 제품들로 여행자들의 마음을 끄는 곳이다.

Map P.237-C2 | 주소 93 Hana Hwy. Paia | 전화 808-579-8303 | 홈페이지 www.imrieonline.com | 영업 일~목 10:30~18:30, 금~토 10:30~20:00 | 주차 근처 공영 주차장 이용(주소 134 Hana Hwy. Paia) | 가는 방법 카홀루이 공항에서 36번 Hana Hwy.를 타고 직진.

누아지 블루 Nuage Bleu

휴양지에서 편하게 입을 수 있는 의상들을 모아놓은 곳이다. 특히 어린이를 위한 소품과 의상도 있어 가족이 함께 쇼핑을 즐기기 좋다. 바로 옆 옷가게 블루 룸 Bleu Room도 함께 운영하고 있다. 마우

이의 감성을 가득 느낄 수 있는 곳.

Map P.237-C2 | 주소 76 Hana Hwy. Paia | 전화 808-579-9792 | 홈페이지 nuagebleu.com | 영업 10:00~18:00 | 주차 불가 | 가는 방법 카홀루이 공항에서 36번 Hana Hwy.를 타고 직진. 오른쪽에 위치.

아카시아 Acacia

비키니, 원피스, 래시가드 스타일의 수영복 등 다양한 디자인의 수영복을 선보인다. 특히 같은 패턴의 수영복을 성인 버전과 어린이 버전으로 제작해 판매하고 있어 온 가족이 수영복을 맞춰 입기에도 좋다.

Map P.237-C2 | 주소 24 Baldwin Ave. Paia | 전화 808-446-3033 | 영업 월~목 11:00~17:00, 금~일 11:00~18:00 | 주차 불가 | 가는 방법 카홀루이 공항에서 36번 Hana Hwy.를 타고 직진. 오른쪽 Baldwin Ave.를 끼고 우회전 후 오른쪽에 위치.

아티스트의 감성을 느낄 수 있는
마카와오

할레아칼라 국립공원의 산자락에 자리한 마을. 원래 주변 목장에서 일하는 파니올로(하와이안 카우보이)들로 번성했던 곳이다. 19세기 말부터 말을 탄 파니올로가 마우이의 넓은 고원 지대에서 소떼를 방목하곤 했다. 이 때문에 매년 7월 초 마카와오 파니올로 퍼레이드와 함께 송아지 옭아매기, 야생마 타기, 배럴 경주 등의 하와이 최대 파니올로 대회가 열린다. 횟수로만 50회가 넘었으니 역사가 깊은 축제인 셈. 지금은 예술가의 마을로 유명해져 100m 남짓한 파니올로 거리에서 오래된 목조 건물을 그대로 사용한 갤러리에서 유리 직공이나 목조 조각가, 화가 등의 작품을 감상할 수 있다. 〈아메리칸 스타일 매거진〉에 의해 25대 예술 여행지로 선정되었을 만큼 개성이 넘치는 마을이다. 시간이 허락한다면 하와이 관광청에서 추천한 코모다 스토어 & 베이커리에서 유명한 간식 크림퍼프도 맛보자.

+ 공항에서 가는 방법

카홀루이 국제공항에서 37번 Hwy.를 타고 직진하다 Makawao Ave.를 끼고 좌회전. 약 20분 정도 소요. 카팔루아 공항에서는 30번 Hwy.를 지나 380번, 36번, 37번 Hwy.를 거쳐 역시 Makawao Ave.를 끼고 좌회전한다. 약 1시간 소요.

+ 마카와오에서 볼 만한 곳

코모다 스토어 & 베이커리, 마카와오 마켓 플레이스

마카와오의 먹거리

빈티지한 카우보이 스타일의 레스토랑과 건강한 식재료로 요리하는 비스트로 등을 만날 수 있다.

코모다 스토어 & 베이커리
Komoda Store & Bakery

마카와오에서 놓치면 후회하는 먹거리가 있는 디저트 카페. 1916년에 타케조 코모다라는 일본인 농장 일꾼이 시작한 이 작은 가게 겸 빵집은 많은 손님이 몰리는 명소다. 아침이 되면 갓 구워낸 빵을 사려는 손님들로 줄이 길 수 있으므로 일찍 가는 것이 좋다. 크림퍼프가 가장 인기가 많으며, 그 외에도 구아바 말라사다. 스틱 도넛, 버터 롤 등도 반응이 좋다.

Map P.237-D2 | 주소 3674 Baldwin Ave. Makawao | 전화 808-572-7261 | 영업 월 07:00~ 13:00, 화·목·금 07:00~15:00, 토 07:00~ 14:00 (수·일요일 휴무) | 가격 $2.75~18(크림 퍼프 개당 $3) | 주차 무료 | 예약 불가 | 가는 방법 카훌루이 공항에서 37번 Haleakala Hwy.를 타고 직진하다 Makawao Ave.를 끼고 좌회전 후 다시 Baldwin Ave.를 끼고 좌회전 하자마자 왼쪽에 위치.

카사노바 이탈리안 레스토랑
Casanova Restaurant

홈메이드 링귀네로 만든 깔라브레제 파스타와 해산물이 가득 들어간 페스카토레 등의 메뉴가 유명하다. 관광객들보다 현지인들에게 더 사랑받는 숨은 맛집. 특히 일요일 브런치 메뉴의 인기가 높다.

Map P.237-D2 | 주소 1188 Makawao Ave. Makawao | 전화 808-572-0220 | 홈페이지 www. casanovamaui.com | 영업 월~토 17:00~21:00, 일 10:00~14:00, 17:00~21:00 | 가격 $14~46 | 주차 무료(협소) | 예약 필요 | 가는 방법 카훌루이 공항에서 37번 Haleakala Hwy.를 타고 직진하다 365번 Makawao Ave.를 끼고 좌회전 후 직진, 오른쪽에 위치.

폴리스 멕시칸 레스토랑
Polli's Mexican Restaurant

토르티야 사이에 고기, 채소, 치즈 등을 넣고 돌돌 말아 소스와 치즈를 뿌린 뒤 오븐에 구워내는 멕시코 대표 요리가 이곳의 시그니처 메뉴다. 이외에도 부리토나 케사디야, 파히타 등 멕시코 요리 마니아라면 꼭 들러야 하는 곳.

Map P.237-D2 | 주소 1202 Makawao Ave., Makawao | 전화 808-572-7808 | 홈페이지 www.pollismexicanrestaurant.com | 영업 목~화 11:00~21:00(수요일 휴무) | 가격 $10.95~29.95(시푸드 엔칠 라다 플레이트 $15.95~23.95) | 주차 불가 | 가는 방법 카홀루이 공항에서 37번 Haleakala Hwy.를 타고 직진하다 Makawao Ave.를 끼고 좌회전 후 직진. 오른쪽에 위치.

Travel Plus

마카와오의 특별한 볼거리, 마카와오 마켓 플레이스 Makawao Market Place

마우이 카우보이의 역사가 숨 쉬는 곳에 자그마한 마켓이 자리했다. 지역에서 유명한 가죽 공예, 플라워 숍, 타이 푸드트럭, 카페 뿐만 아니라 페인팅 등 규모는 작아도 다양한 볼거리가 여행객들의 발걸음을 붙잡는다. 뒤쪽 푸드트럭에서는 조식도 맛볼 수 있어 이른 아침 여행의 시작을 이곳에서 시작해도 좋을 듯하다.

주소 3654 Baldwin Ave., Makawao | 운영 월~토 08:00~17:00, 일 11:00~17:00

마카와오의 쇼핑

소박한 마을 이미지와는 달리 최근 오픈한 숍들은 감각적인 인테리어와 디스플레이로 여행자들의 발목의 잡는다. 뭔가를 사지 않더라도 숍을 둘러보는 재미가 쏠쏠하다.

드리프트우드 Driftwood

가볍게 입기 좋은 리조트 스타일의 옷이 많다. 에스닉 스타일의 액세서리와 향초 등 아기자기한 기념품들이 많아 마우이에서 지인 선물을 구입하기 좋은 곳이다.

Map P.237-D2 | **주소** 1152 Makawao Ave., Makawao | **전화** 808-573-1152 | **영업** 월~토 10:00~17:30, 일 11:00~16:00 | **주차** 무료(매장 앞) | **가는 방법** 카홀루이 공항에서 37번 Haleakala Hwy.를 타고 직진하다 Makawao Ave.를 끼고 좌회전 후 직진, 오른쪽에 위치.

디자이닝 와히네 Designing Wahine

하와이의 해변을 연상시키는 인테리어 소품과 의상, 가구와 아트워크 등으로 매장을 가득 채운 곳이다. 특히 알로하라고 새겨진 쿠션과 하와이안 퀼트 등이 곳곳에 장식되어 있어 눈길을 끈다. 여유 가득한 하와이안 라이프 스타일을 꿈꾼다면 그냥 지나치지 말 것.

Map P.237-D2 | **주소** 3640 Baldwin Ave. Makawao | **전화** 808-573-0990 | **홈페이지** www.designingwahine.com | **영업** 월~금 10:30~17:00, 토 10:00~17:00, 일 11:00~16:00 | **주차** 무료(매장 앞) | **가는 방법** 카홀루이 공항에서 37번 Haleakala Hwy.를 타고 직진하다 365번 Makawao Ave.를 끼고 좌회전 후 직진. 오른쪽에 카사노바 레스토랑을 끼고 사거리에서 좌회전 후 왼쪽에 위치.

Kula

아름다운 자연경관을 만끽할 수 있는

쿨라

쿨라는 해발 고도가 높아 태평양과 마우이 고원지대를 한 눈에 바라볼 수 있는 최고의 지역으로, 할레아칼라 근처이자 마우이의 중앙부에 위치해 있다. 마우이의 유명 레스토랑에서는 쿨라 지역에서 나고 자란 농산물을 사용한다는 문구를 어렵지 않게 볼 수 있는데, 그 이유는 워낙 땅이 비옥한 화산토라 농작물의 품질이 좋기 때문이다. 쿨라는 마우이 식문화를 지탱하는 주요 역할을 한다. 이 지역의 특별한 액티비티를 꼽는다면 커피나 라벤더 농장에서 운영되는 농장 투어 프로그램이 있다. 광대한 초원에 펼쳐져 있는 라벤더나 커피 농장을 보면 가슴까지 뻥 뚫릴 정도로 기분이 상쾌해진다. 유명한 쿨라 식물원도 이곳에서 빼놓을 수 없는 명소이며, 식물원을 가는 길에 만나는 팔각 지붕의 성령 교회는 1800년대 포르투갈 국왕과 왕비가 마우이 섬에서 일하는 포르투갈 일꾼들에게 선물한 것이다.

+ 공항에서 가는 방법

카훌루이 국제공항에서 37번 Hwy.를 타고 직진, 마카와오를 지나 위치해 있으며 약 20분 정도 소요. 카팔루아 공항에서는 30번 Hwy.를 지나 380번, 36번, 37번 Hwy.를 지나 도착한다. 약 1시간 소요.

+ 쿨라에서 볼 만한 곳

알리 쿨라 라벤더, 쿨라 보태니컬 가든

쿨라의 볼거리

쿨라는 고원지대에 위치해 있어 가든과 농장이 많으며, 100% 순수한 마우이의 자연을 그대로 느낄 수 있다.

알리 쿨라 라벤더 Alii Kula Lavender

할레아칼라로 향하는 길에 만나는 곳. 들어서는 순간 상쾌한 라벤더 향이 코끝을 스치는 것을 느낄 수 있다. 광활한 라벤더 가든이 끝없이 펼쳐져 있는 이곳에서 전 세계 다양한 종류의 라벤더를 만나볼 수 있다. 라벤더는 릴랙스와 피로 회복에 좋은 허브인데, 보다 자세히 라벤더에 대해 알고 싶다면 직원이 함께 농장을 안내하며 설명하는 워킹투어를 신청하자(코로나19로 중단, 방문 전 확인할 것). 기프트숍에서는 라벤더 부케뿐 아니라 라벤더를 이용한 커피부터 오일, 쿠키, 크림 등 다양한 상품을 판매하고 있다. 라벤더를 좋아하는 사람들이라면 이곳에 머무르는 시간이 길어질 듯. 최근 파이아 지역에 작고 아담한 숍을 오픈해 더 쉽고 편하게 쇼핑할 수 있도록 했다.

라벤더를 이용해 제작한 천연 오일.

Map P.237-D3 | **주소** 1100 Waipoli Rd. Kula | **전화** 808-878-3004 | **홈페이지** www.aliikulalavender.com | **운영** 금~월 10:00~16:00(화~목요일 휴무) | **입장료** 성인 $3, 12세 미만 무료 | **주차** 무료 | **가는 방법** 카훌루이 공항에서 36번 Hana Hwy.를 타고 직진, 37번 Haleakala Hwy. 방향으로 우회전, 37번 Kula Hwy.와 377 Haleakala Hwy.가 만나는 지점에서 37번 Kula Hwy.로 진입. Lower Kula Rd.로 좌회전 후, Waipoli Rd.로 우회전.

쿨라 보태니컬 가든 Kula Botanical Garden

1968년 할레아칼라 산 줄기에 자리잡은 32만㎡에 달하는
대규모 가든. 생김새가 특이하면서도 다양한 색상을 가진
식물들을 만나볼 수 있다. 특히 아이와 함께라면 교육에
좋다. 기프트숍에서는 하와이안 토속 기념품 구입은 물론
이고 아름다운 가든도 감상할 수 있다. 크고 작은 가제보가 있어 웨딩 이벤트를 진행하기도 한다.

Map P.237-D3 | **주소** 638 Kakaulike Ave. Kula | **전화** 808-878-1715 | **홈페이지** www.kulabotanicalgarden.
com | **운영** 09:00~16:00 | **입장료** 성인 $10, 6~12세 $3 | **주차** 무료 | **가는 방법** 카훌루이 공항에서 36번 Hana Hwy.
를 타고 직진, 37번 Haleakala Hwy. 방향으로 우회전, 37번 Kula Hwy.와 377 Haleakala Hwy.가 만나는 지점에서 37
번 Kula Hwy.로 진입. kekaulike Ave.에서 좌회전.

쿨라 컨트리 팜즈 Kula Country Farms

마우이에서 가장 아름다운 뷰를 감상할 수 있는 농장. 고지
대에 위치해 있어 쿨라 지역의 자연 경관을 한 눈에 내려다
볼 수 있다. 쿨라 지역에서 재배한 신선한 채소와 과일, 갓
짜낸 주스 등을 판매하고 있다. 홈페이지에 디저트와 샐러
드 등의 레시피를 공개해 소비자들이 농장에서 재배한 재료
로 홈메이드 요리를 즐길 수 있게 했다. 4대째 운영되고 있
는 곳으로, 하와이 및 미국 전역의 코스트코, 세이프웨이, 타
임즈, 홀 푸드 등 대형 마트로 식재료를 납품하기도 한다.

Map P.237-D3 | **주소** 6240 Kula Hwy. Kula | **전화** 808-878-8381 | **홈페이지** www.kulacountryfarmsmaui.
com | **운영** 월~토 09:00~16:00(일요일 휴무) | **입장료** 무료 | **주차** 무료 | **가는 방법** 카훌루이 공항에서 36번 Hana Hwy.
를 타고 직진, 37번 Haleakala Hwy. 방향으로 우회전, 37번 Kula Hwy.와 377 Haleakala Hwy.가 만나는 지점에서 37
번 Kula Hwy.로 진입. 왼쪽의 Polipoli Rd.로 좌회전 후 다시 Koheo Rd.로 좌회전.

쿨라의 다양한 식물원으로 가는 도중에 만나는 교회가 있어요. 이곳의 대표적인 명소로 순백색의
팔각 모양이 인상적인 성령 교회입니다. 성령 교회 Holy Ghost Mission은 1894년에 포르투갈 국왕과 왕
비가 이 섬의 포르투갈인 농장 일꾼들에게 하사한 것으로, 최근에 복원되었다고 해요. 도로가에 위
치해 있어서 운전하면서 그냥 지나치기 쉬워요.
주소 4300 Lower Kula Rd. Kula | **가는 방법** 카훌루이 공항에서 37번 Haleakala Hwy.를 타고 직진. 37번
Kula Hwy.와 377번 Haleakala Hwy.가 만나는 지점에서 37번 Kula Hwy.로 진입. Lower Kela Rd.로 좌회
전 후 직진. 오른쪽에 위치.

심 커피 앤 프로테아 농장 Shim Coffee and Protea Farm

커피와 프로테아 식물을 키우고 있는 농장. 프로테아 Protea는 남아프리카공화국에서 볼 수 있는 식물로, 알이 크고 색깔이 아름다워 한번 보면 사람들의 마음을 흔들기 충분하다. 매년 2~7월에는 약 1시간가량 농장 투어가 진행된다. 농장 투어 이외에도 커피와 계절 과일 등도 판매해 현지 과일을 맛볼 수 있으며, 모두 예약제로 운영되고 있다.

Map P.237-D3 | **주소** 625 Middle Rd. Kula | **전화** 808-876-0055 | **홈페이지** www.shimfarmtour.com | **운영** 홈페이지 내 Contact Farm으로 사전 예약(8~1월 사이 투어 가능) | **입장료** 성인 $35(함께 커피를 재배해보는 체험은 시간당 $50) | **주차** 무료 | **가는 방법** 카훌루이 공항에서 36번 Hana Hwy.를 타고 직진, 37번 Haleakala Hwy. 방향으로 우회전, 37번 Kula Hwy.와 377 Haleakala Hwy.가 만나는 지점에서 37번 Kula Hwy.로 진입한다. 왼쪽의 Polipoli Rd.로 진입.

마우이즈 와이너리 Maui's Winery

마우이의 유일한 와이너리. 할레아칼라 산에서 재배되는 포도와 파인애플로 와인을 만들어 관광객들의 호기심을 충족시키기에 충분하다. 라즈베리, 패션프루츠, 파인애플 등 과일로 만든 달콤한 와인과 스파클링 와인이 이곳의 명물. 와인 테이스팅을 신청하면 데테스키 와이너리의 역사와 와인에 대해 알려주는 와이너리 투어가 진행된다. 와인 테이스팅 시에는 나이 확인을 위해 신분증(여권)이 필요하다. 방문 전 홈페이지에서 미리 예약하는 것이 좋다.

Map P.237-C3 | **주소** Ulupalakua Ranch Hawaii 37 Kula | **전화** 808-878-6058 | **홈페이지** www.mauiwine. com | **운영** 화~일 11:00~17:00(월요일 휴무) | **입장료** 무료(와인 테스팅 $12~16, 총 4잔의 시음 가능) | **주차** 무료 | **가는 방법** 카훌루이 공항에서 36번 Hana Hwy.를 타고 직진, 37번 Haleakala Hwy. 방향으로 우회전, 37번 Kula Hwy.와 377 Haleakala Hwy.가 만나는 지점에서 37번 Kula Hwy.로 진입.

쿨라의 먹거리

쿨라는 할레아칼라 국립공원으로 향하는 길목에 있어서 오랜 운전 시간으로 피로한 심신을 쉬기에 좋고, 산에 오르기 전후에 들러 허기진 배를 달래기 좋다.

쿨라 로지 & 레스토랑
Kula Lodge & Restaurant

할레아칼라 국립공원으로 가는 길에 만나는 숙소 겸 레스토랑. 실내가 목재로 지어져 마치 산장에 온 듯한 느낌을 받을 수 있다. 산과 바다가 한눈에 들어와 전망이 좋으며, 브런치 메뉴만 선보이고 있다. 메뉴로는 클래식 에그 베네딕트, 로코모코, 오믈렛, 와플 등이 있다. 마우이에서 직접 나고 자란 채소들로만 만든 로컬 하비스트 샐러드도 인기.

Map P.237-D2 | 주소 15200 Haleakala Hwy. Route 377 Kula | 전화 808-878-1535 | 홈페이지 www.kulalodge.com | 영업 화~금 09:00~14:30, 토~월 07:30~14:30 | 가격 $12~18(로컬 하비스트 샐러드 $15, 클래식 에그 베네딕트 $18) | 주차 무료 | 가는 방법 카홀루이 공항에서 36번 Hana Hwy.를 타고 직진, 37번 Haleakala Hwy. 방향으로 우회전, 37번 Kula Hwy.와 377 Haleakala Hwy.가 만나는 지점에서 377번 Haleakala Hwy.로 진입.

그랜드마스 커피 하우스
Grandma's Coffee House

커피 맛이 일품이며 아침 메뉴로 나오는 오믈렛의 종류가 다양해 브런치를 즐기기 좋다. 밥 위에 스팸과 비프 스테이크, 달걀 프라이를 올린 뒤 케첩을 뿌린 불스 아이 Bulls eye는 시그니처 메뉴. 스페셜 메뉴인 에그 베네딕트는 주말에만 주문 가능.

Map P.237-C3 | 주소 9232 Kula Hwy. Kula | 전화 808-878-2140 | 홈페이지 www.grandmascoffee.com | 영업 07:00~14:00 | 가격 브$5.95~18.95(불스 아이 브렉퍼스트 $13.95, 원 빅 팬케이크 $5.99) | 주차 무료(협소) | 예약 불가 | 가는 방법 카홀루이 공항에서 36번 Hana Hwy.를 타고 직진, 37번 Haleakala Hwy. 방향으로 우회전, 37번 Kula Hwy.와 377 Haleakala Hwy.가 만나는 지점에서 37번 Kula Hwy.로 진입.

Haleakala

고대 하와이안의 성지

할레아칼라

©하와이 관광청

할레아칼라 국립공원은 과거 하와이안들이 성지로 받들었던 산으로 마우이를 찾는 대부분의 여행객이 할레아칼라를 방문하기 위해 온다고 해도 과언이 아닐 정도다. 해발 3,055m의 산 정상에서 일출과 일몰을 감상하는 투어가 인기 있으며 간혹 여행자들이 직접 차를 몰고 새벽 2~3시에 운전을 시작해 일출에 도전하기도 한다. 하지만 일출을 보기 위해서는 사전 예약이 필요하며 컨디션이 좋지 않다면 무리하지 말자. 간혹 졸음운전이 위험한 사고로 이어지기 때문. 전체 1억 2,000㎡에 달하는 광대한 지역에 멸종위기의 동식물 등이 서식하고 있어 3개의 여행센터가 각 구역의 자연환경을 관리하고 있다. 여행센터는 해발 2,133m와 할레아칼라 정상, 그리고 남동쪽의 하나를 지나 오헤오 풀장 근처에 위치해 있다. 운이 좋다면 네니(하와이 거위)나 은검초(실버스워드) 꽃을 볼 수 있으며 열대 삼림지도 구경할 수 있다.

+ 공항에서 가는 방법

카훌루이 국제공항에서 37번 Hwy.를 거쳐 377번, 378번 Hwy.를 타고 간다. 약 54분 정도 소요. 카팔루아 공항에서는 30번, 380번 Hwy.를 경유한다. 약 1시간 36분 소요.

+ 할레아칼라에서 볼 만한 곳

할레아칼라 국립공원

알아두세요 **할레아칼라의 전설!**

할레아칼라는 '태양의 집'이라는 뜻. 신화에 따르면 반신반인인 마우이 Maui가 짧은 낮의 길이를 늘리고자 태양을 잡아 두었고, 그 태양을 풀어주는 대신 좀 더 오랫동안 하늘에 머무르도록 약속받았다고 해요.

할레아칼라의 볼거리

마우이 여행의 화룡점정이라고 할 수 있는 할레아칼라 국립공원에는 일출을 보기 위해 오르는 사람들이 많다. 이곳을 방문할 예정이라면 긴소매를 필히 준비하자.

할레아칼라 국립공원 Haleakala National Park

해발 3,055m, 해수면 아래로 숨겨진 부분까지 더하면 9,000m에 달하는 세계 최대의 휴화산이다. 이곳에서 보는 일몰과 일출은 말로 표현할 수 없을 정도로 드라마틱하다. 고대 하와이안의 성지로 칭송받아왔다는 말에 절로 고개가 끄덕일 정도. 영화 〈2001 스페이스 오디세이〉의 촬영지이기도 하고, NASA의 달 착륙 훈련 시 사용됐던 분화구가 있다.

은검초

산 정상 부근에서는 해발 2,000m 이상에서만 자라는 고산식물인 실버스워드 Silversword를 볼 수 있다. 실버스워드는 은검초로 불리는데, 은색 털이 난 잎의 모양이 칼을 닮았다는 데서 은검초라고 불리게 되었다. 보통 50년을 사는데, 죽기 직전에 단 한번 꽃을 피운다고 한다. 한때 멸종위기에 처했으나 현재는 희귀식물로 지정되어 보호받고 있다.

할레아칼라 국립공원 내 비지터 센터

할레아칼라의 정상에 오르는 길은 두 가지가 있다. 메인 루트는 카훌루이 쪽에서 올라가 일출을 감상하는 것이고, 다른 하나는 반대편 키파훌루 쪽에서 올라가 오헤오 협곡을 마주하는 방법이다. 우선 카훌루이에서 올라갈 경우 정상에 다다르면 엽서와 사진 등 기념품을 판매하며 화장실 등을 이용할 수 있는 비지터 센터가 나온다. 조금만 더 올라가면 다른 각도로 할레아칼라를 내려다볼 수 있는 칼라하쿠 전망대, 일출과 일몰을 감상하는 가장 중요한 포인트인 푸우울라울라가 나온다. 자동차로 산 정상에 오를 수 있지만 더 효율적으로 즐기려면 바이크나 헬기 등 각종 투어를 이용하는 것도 좋다. 반대쪽의 키파훌루에서 올라갈 경우 하나 지역을 통과하면서 마주할 수 있는데 산속에 숨겨져 있는 천연 수영장인 오헤오 협곡이 포인트다. 입장료를 구입하면 3일 동안 유효하기 때문에 이틀에 걸쳐 할레아칼라를 즐기

할레아칼라 국립공원에서 바라본 일출

는 것도 방법. 비지터 센터에서 $1을 기부하면 할레아칼라 방문 인증 도장을 받을 수 있다. 단, 03:00~07:00 사이 일출을 보기 위해서는 방문 60일 전부터 홈페이지(Recreation.gov)를 통해 예약해야 한다.

Map P.237-E3 | **주소** Haleakala Hwy. 378 Kula | **전화** 808-572-4400 | **홈페이지** www.nps.gov/hale | **운영** 공원 메인 비지터 센터 08:00~16:00, 할레아칼라 비지터 센터 일출~15:00, 키파훌루 비지터 센터: 09:00~17:00 | **입장료** 성인 $15, 자가용 1대당 $30, 자전거 & 성인 각 $25(3일간 유효) | **주차** 없음 | **가는 방법** 카훌루이 공항에서 37번 Kula Hwy., 377번 Haleakala Hwy., 378번 Crater Rd.를 타고 가다보면 할레아칼라 표지판을 만날 수 있다. 대략 소요시간은 1시간 30분가량. 키파훌루 쪽으로 향한다면 카훌루이 공항에서 36번, 360번, 31번 Hana Hwy.를 타고 2시간 30분가량 달리면 표지판이 보인다.

Mia's Advice

일출을 보고 싶다면 www.recreation.gov/ticket/facility/253731에서만 예약이 가능해요(예약 비용은 티켓당 $1). 비용은 차량 당 $1.50이며, 예약은 방문 전 60일 안에 해야 하는데, 늦어도 원하는 날짜의 2일 전 오후 4시까지는 예약을 해야 합니다. 4시를 넘어가면 5분 안에 홈페이지 예약이 매진될 수도 있어요. 오전 03:00~07:00 사이 정상 지역에 입장하려면 예약한 당사자의 예약 영수증과 본인 사진이 있는 ID를 지참해야 합니다. 공원 입장료는 별도이며, 방문 당일 신용카드로만 지불이 가능해요. 산의 고도가 높아 임산부나 어린이, 노약자의 경우 천천히 움직여야 하며, 공원 내 매점이 없으니 간식을 준비해 가는 것이 좋아요. 할레아칼라의 평균 온도는 여름에는 3~14℃, 겨울에는 0~10℃입니다. 특히 일출과 일몰을 감상할 예정이라면 두툼한 외투를 준비하는 것이 좋으며 만약의 상황에 대비해 자외선 차단제와 우비(전날 날씨 체크 필수)도 잊지 않도록 하세요.

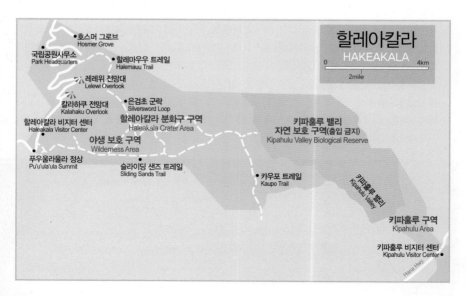

할레아칼라를 오르는 각종 투어

+ 스펙타큘러 할레아칼라 선라이즈 투어
Spectacular Haleakala Sunrise Tour

버스를 이용해 할라에칼라에 오르는 프로그램. 프로그램은 모두 7~8시간가량 소요된다(예약 전 픽업 가능한 호텔 문의). 홈페이지를 통해 예약할 수 있으며, 경우에 따라 온라인으로 사전 예약 시 할인받을 수 있다.

- **홈페이지** www.polyad.com,
- **운영** 화~일요일, 주요 호텔 02:00~03:00 픽업, 호텔로 돌아오는 시간은 대략 11:30(아침식사 포함).
- **요금** 성인 $215
  아동 $133

+ 할레아칼라 서밋 선라이즈 바이크 투어
Haleakala Summit Sunrise Bike Tour

차량으로 픽업해 정상에서 해돋이를 감상한 뒤 자전거를 타고 내려오는 프로그램. 총 소요시간은 8~9시간 정도. 운동화, 선글라스, 점퍼, 자외선 차단제가 필수로 있어야 한다. 홈페이지를 통해 예약할 수 있으며, 경우에 따라 온라인으로 사전 예약 시 할인받을 수 있다.

- **홈페이지** www.bikemaui.com/tours/sunrise -special
- **요금** 성인 $220

+ 블루 하와이안 헬리콥터
Blue Hawaiian Helicopters

마우이뿐 아니라 하와이 섬 전체의 헬기 투어 프로그램을 운영하는 회사. 29년 전통으로 운영되고 있으며 홈페이지에서 예약 시 할인받을 수 있다. 탑승 시간은 50분 가량. 어두운 의상을 입어야 사진 촬영 시 효과적이며 아이패드나 태블릿 등은 들고 탈 수 없다. 스마트폰의 경우 소지는 가능하나 카메라 기능으로만 사용하고 에어플레인 모드로 변경해야 한다.

- **주소** 1 Kahului Airport Rd. #105 Kahului
- **전화번호** 808-871-8844
- **홈페이지** www.bluehawaiian.com
- **운영** 07:00~22:00(오피스)
- **요금** $369~469

::::::::::: *Mia's Advice* :::::::::::

어느 투어 업체든 헬기 탑승 24시간 전에는 스쿠버 다이빙을 금지하고 있습니다. 건강상의 이유이니 꼭 염두에 두고 일정을 계획하도록 하세요.

+ 할레아칼라 분화구 하이크
Haleakala Crater Hike

7~8시간 소요되며 로컬 가이드와 점심식사, 스낵이 비용에 포함된다. 홈페이지를 통해서 예약 가능하다.

- **홈페이지**
  www.viator.com/tours/Maui/Haleakala-Crater-Hike/d671-5136HALEAKALA
- **운영** 08:00 호텔로 직접 픽업(호텔에 따라 시간이 조금씩 다름)
- **요금** $235.04

Hana

천국으로 가는 길
하나

마우이의 동쪽 해안 도로를 따라 연결되는 하나로 가는 길은 마우이를 찾는 미국인들 사이에서도 '천국과 같은 곳'으로 불릴 만큼 자연경관이 훌륭하다. 하와이 청정 미개척지인 하나 지역은 여행자들의 도전 정신을 불러일으킨다. 하나로 가는 길이 험하고 손쉽게 도착할 수 없기 때문이다. 카훌루이 국제공항에서 83km 밖에 떨어지지 않은 곳이지만, 620개의 급커브 길과 59개의 1차선 다리 One Lane bridge가 속도를 더디게 하며, 곳곳에 폭포와 공원, 해변 등 볼거리가 있어 넉넉 잡아 왕복 4~8시간가량 소요된다.

남쪽 도로는 통행 불가 지역이라 일단 이 길에 들어서면 돌아올 때 역시 같은 길로 되돌아 와야 하는 어려

+ 공항에서 가는 방법

카훌루이 국제공항에서 36번 Hwy.를 거쳐 360번 Hwy.를 타고 약 2시간 정도 소요. 카팔루아 공항에서 30번, 36번, 360번 Hwy.를 경유해 약 2시간 40분 정도 소요된다.

+ 하나에서 볼 만한 곳

오헤오 협곡

Mia's Advice

1 하나로 가는 길, 이렇게 하면 더 쉽다!

하나로 가는 길에는 표지판이 없어서 대부분 여행객들은 '마일마커'로 지명을 얘기한답니다. 예를 들어 '하나로 가는 길에 쌍둥이 폭포는 마일 마커 2가 표시된 곳 근처에 있다'는 식으로 말이죠. 그 이유는 주소가 따로 없어 내비게이션에 의지할 수 없으며, 근처에 다른 랜드마크도 없기 때문이죠. 따라서 하나로 진입하기 전 자동차의 계기판을 0으로 초기화해두면 소개한 마일 마커와 비슷한 곳에 목적지가 위치해 있을 거예요 (한국으로 따지면 계기판의 ㎞를 0으로 바꿔놓고 3.2㎞에 해당하는 위치에 쌍둥이 폭포가 있는 셈). (→ 다음 페이지 계속)

움이 있다. 일정 도중에 해가 질 것 같으면 무리해서 하나 지역을 정복하지 말고 숙소로 돌아오는 것이 좋다. 이른 아침 하나로 떠나는 부지런한 여행자라면, 하나 지역을 지나 키파훌루에 있는 할레아칼라 국립공원 외곽지역까지 16㎞ 정도 더 남쪽으로 진입해보자. 폭포수가 층계 모양으로 이뤄져 천연 수영장을 이루고 다시 바다로 흘러가는 형태인 오헤오 협곡을 만날 수 있다. 자연이 선사한 수영장에서의 물놀이는 가슴 벅찬 경험을 선물할 것이다.

Mia's Advice

계기판을 0으로 바꿔야 하는 위치는 다음과 같아요. 36번 Hwy.를 타고 파이아와 호오키파 비치 파크를 지나 마일 마커 16이 표시된 곳까지 가면 36번 Hana Hwy.가 360번 Hana Hwy.로 바뀌는 지점이 나와요. 이 지점에서 자동차의 계기판을 0으로 바꿔놓으면 되는 거죠.

자동차 계기판 바꾸는 법

① 자동차 계기판에 표시된 마일을 체크한다(652.0을 0으로 만들어야 함).

② 계기판 옆 Trip을 누른다.

③ 마일을 0으로 표시한 뒤 360번 Hana Hwy.를 달린다

2 운전자가 주의해야 하는 1차선 다리 One Lane Bridge

마우이에는 다리 하나를 두고 쌍방향에서 오가야 하는 59개의 1차선 다리가 있어요. 1차선 다리에는 차가 1대밖에 지나지 못하기 때문에 다리에 먼저 진입한 자동차의 통행을 우선으로 한답니다. 따라서 반대편에서 먼저 진입했다면 정차 선에서 먼저 진입한 자동차가 다리를 빠져나오길 기다렸다가 주행을 계속해야해요. 1차선 다리 표지판이 곳곳에 설치되어 있지만 없는 경우가 더 많으니 조심해야 해요. 너무 서두르지 말고 양보하며 느긋하게 드라이브 하도록 하세요.

3 하나 지역 운전 시 이것만은 조심!

하나 지역에는 주유소가 없는 관계로 기름을 가득 채우는 것이 안전해요. 경치를 감상하기 위해 잠시 차에서 자리를 떠야 한다면 반드시 차 안에 중요한 물품은 모두 트렁크나 의자 밑으로 집어넣거나 몸에 지니는 것이 좋아요.

Activity

하나의
즐길 거리

할레아칼라 국립공원에 오르지 못했다면, 할레아칼라 국립공원의 키파훌루 비지터 센터를 지나 오헤오 협곡을 돌아보는 것도 좋다(하나로 가는 길의 볼거리, 즐길 거리, 먹거리 스폿을 마일마커 순서대로 소개한다).

쌍둥이 폭포 Twin Falls 볼거리

원래는 사유지였으나 관광객들의 발길이 끊이지 않아 개방된 곳. 마일마커 2를 지나자마자 각종 과일과 주스를 판매하는 'Twin Falls Farm Stand'가 보인다. 그 옆길을 따라 안으로 들어가면 쌍둥이 폭포를 만날 수 있다. 처음 만나는 폭포는 규모가 작고, 조금 더 걸어가면 큰 폭포를 만날 수 있다. 약간의 하이킹이 필요한 곳으로, 다이빙은 가능하나 조심하는 것이 좋다. 차에 귀중품은 두지 않도록 하자. 특히 내비게이션은 잘 숨겨두는 것이 좋다.

Map P.237-D2 | **주소** 마일마커 2

와이카모이 릿지 트레일
Waikamoi Ridge Trail 볼거리

가벼운 산행이 필요한 곳. 마일마커 4부터 코올라우 보존림 Koolau Forest Reserve이 시작되는데 1년 강수량이 2m가량 되는 수풀림으로 유명하다. 코올라우 보존림에 속해 있는 와이카모이 리지 트레일은 가볍게 둘러보기 좋다. 단거리 코스로는 30분 정도 소요된다. 유명한 폭포 중 하나인 와이카모이 폭포와 대나무 숲을 감상할 수 있다.

Map P.237-D2 | **주소** 마일마커 9

가든 오브 에덴 Garden of Eden <볼거리

와이카모이 릿지 트레일에서 1마일 정도 더 직진하면 나오는 곳. 500여 종이 넘는 아름다운 꽃과 나무가 밀집해 있다. 26에이커에 달하는 규모로 마우이에서 가장 아름다운 오션뷰를 볼 수 있으며, 영화 〈쥬라기 공원〉의 첫 장면이 이곳에서 촬영되었다. 지대가 높아 이곳에서 푸오호카모아 폭포 Puohokamoa Falls의 경치도 감상할 수 있다.

Map P.237-E2 | **주소** 마일마커 10.5 | (10600 Hana Hwy, Haiku) | **전화** 808-572-9899 | **홈페이지** mauigardenofeden.com | **운영** 08:00~16:00 | **입장료** 성인 $20, 5~16세 $10

푸오호카모아 폭포 Puohokamoa Falls <볼거리

규모가 큰 다른 폭포에 비한다면 왜소할지 모르지만, 폭포 아래에 자그마한 연못이 함께 있어 수영하기 좋다. 떨어지는 폭포수를 가장 가까이에서 감상할 수 있는 곳이다.

Map P.237-E2 | **주소** 마일마커 10.8 | **가는 방법** 마일마커 10.8에 위치. 작은 다리를 지나자마자 우측의 산길로 도보 2~3분.

카우마히나 주립공원
Kaumahina State Park <볼거리

7,8에이커에 달하는 규모로, 이 공원에 서면 북동쪽의 해안 도로를 감상하기 좋다. 특히 이곳에서 호노마누 베이 Honomanu Bay를 내려다 볼 수 있어 가슴까지 뻥 뚫리는 기분. 다양한 열대나무들이 빼곡해 마치 삼림욕을 하는 기분마저 드는 곳이다. Hana Hwy.를 드라이브 하다가 이곳에서 휴식을 취하며 재충전 하자. 공중 화장실과 피크닉 테이블은 준비되어 있지만, 식수는 없으니 염두에 둘 것.

Map P.237-E2 | **주소** 마일마커 12 | **운영** 07:00~19:00

지대가 높은 곳에 위치해 호노마누 베이가 내려다보인다.

케아내 반도 Keanae Peninsula 볼거리 먹거리

인적이 드문 곳이라 관광객의 발길도 적은 숨은 명소. 눈앞에
서 마술처럼 가슴 탁 트이는 케아내 반도를 마주할 수 있다. 파
도가 높아 수영을 하긴 힘들어도 경치를 감상하기 좋다. 강한 파도가 화강암에 부딪히는 소리만 들어도 시
원해지는 곳. 케아내 반도를 구경하고 난 뒤, Aunty Sandy's Banana Bread에서 마우이의 명물 바나나 브레
드($8, auntysandys.com)도 맛보자.

Map P.237-E2 | **주소** 공식적으로 나와 있는 주소가 없기 때문에 표지판을 자세히 봐야 한다. | **가는 방법** 360번 Hana
Hwy.를 타고 마일마커 12를 지나 계속 달리다 왼쪽 Keanae Rd.로 빠지는 길로 직진. Aunty Sandy's Banana Bread를
지나 계속 직진하면 케아내 반도가 나온다.(Aunty Sandy's banana Bread **주소** 210 Keanae Rd., Haiku)

Mia's Advice

Hana Hwy.를 운전하다 케아내 반도를 둘러보고 싶다
면 표지판을 유심히 살펴야 해요. Hana Hwy.를 직진
하다보면 오른쪽에 표지판이 보이는데, 직진 표시의
Keanae와 우회전 표시인 Hana가 있거든요. 케아내 반
도로 진입하고자 한다면 계속 달리던 도로 위를 직진
하면 된답니다. 케아내 반도를 둘러보고 하나로의 여
정을 계속 하고 싶다면 왔던 길을 그대로 돌아와 Hana
Hwy. 방향으로 진입해야 해요.

하프웨이 투 하나 Halfway to Hana `먹거리`

1983년부터 홈메이드 바나나 브레드를 판매하는 곳. ATM기계가 있고 아이스크림 등을 판매해 운전자들이 잠깐 쉬었다 가기 좋다. 주인아주머니가 '하나 가는 길'을 자세히 설명해주기도 하니, 가는 길을 잘 모르겠다면 중간에 들러 확인하자. 하와이안항공 기내지와 하와이 매거진에 이곳의 바나나 브레드가 소개되기도 했다.

Map P.237-E2 | **주소** 13710 Hana Hwy. Haiku(마일마커 17과 18 사이) | **전화** 808-248-7037 | **홈페이지** halfwaytohanamaui.com | **영업** 08:00~16:30 | **가격** 바나나 브레드 $8, 셰이브 아이스 $5.25 | **가는 방법** 카훌루이 공항에서 36번 Hana Hwy.에 진입해 약 1시간가량 달리면 만날 수 있다.

어퍼 하나위 폭포 Upper Hanawi Falls `볼거리`

Hana Hwy.를 드라이브 하다 보면 한쪽에 커다란 대형 폭포와 함께 잠시 차를 멈추고 폭포를 감상하는 사람들을 만날 수 있다. 여러 개의 하나위 계곡 가운데 하나로, 9마일에 다다르는 대형 사이즈의 폭포다. 다리 위에서 안전하게 감상할 수 있으며, 안타깝게도 여름에는 가뭄 때문에 폭포를 만나기 힘들다.

Map P.237-F2 | **주소** 마일마커 24

나히쿠 트로피컬즈 플라워즈 Nahiku Tropicals Flowers `쇼핑`

1986년에 오픈한 이 곳은 북동쪽 해안가에 800피트에 달하는 농장으로 식물이 가득하다. 한해에 150인치 정도의 강수량과 적당한 빛 등 식물들이 자라기 좋은 조건을 갖췄다. 미국 전역에 배를 이용해 식물을 배달하는 곳으로도 유명하다. '마할로 박스', '알로하 박스', '하나 박스' 등 $59.95~129.95에 달하는 꽃 상자를 판매한다.

Map P.237-F2 | **주소** 780 Hana Hwy. Hana(마일마커 26) | **전화** 800-250-3743 | **홈페이지** www.nahikutropicals.com | **영업** 목~금 09:30~일몰 시

나히쿠 마켓플레이스
Nahiku Marketplace 먹거리

Hana Hwy.에서 허기진 배를 달랠 수 있는 곳.
아일랜드 셰프라는 매장에서 코코넛 슈림프 &
칩스 등을 판매하며 이웃한 작은 매장들도 타코
나 커피 등을 판매한다. 작고 소박하지만 따뜻
한 마음씨를 가진 하나 사람들을 느끼기에 부족
함이 없다.

Map P.237-F2 | 주소 마일마커 28~29(1546 HI-360, Hana) | 전화 없음 | 홈페이지
roadtohana.com/nahiku-marketplace.php | 영업 08:00~17:00 | 가격 ~$20(코코넛
슈림프 & 칩스 $12)

공원 내 흑사해변

와이아나파나파 주립공원
Waianapanapa State Park 볼거리

하나 타운에 가기 직전에 만날 수 있는 곳. 과거 화산 폭발
로 인해 생긴 흑사해변(검은 모래사장)이 있는 곳. 맑은 물
이 흐르는 동굴 와이오마오 동굴 Waiomao Caves도 인상적이
다. 주립공원 내 캠핑장은 언제나 여행객들로 붐빈다.

Map P.237-F2 | 주소 마일마커 32 | 전화 808-248-4843
| 홈페이지 http://dlnr.hawaii.gov/dsp/parks/maui/
waianapanapa-state-park/ | 운영 07:00~18:00

하나 비치 파크 Hana Beach Park 해변

해변의 크기는 작지만 온통 검은 모래로 덮여 있
어 신비로운 느낌마저 든다. 피크닉 테이블이 비
치되어 있으며 야외에 샤워시설도 준비되어 있
다. 규모가 작고 관광객의 발걸음이 뜸한 곳이라,
프라이빗하게 즐길 수 있는 장점이 있다.

Map P.237-F3 | 주소 마일마커 32 | 운영 08:00~
16:00

하나 컬처럴 센터 Hana Cultural Center _{즐길 거리}

하와이의 전통을 고수하고 있는 마을인 하나의 다양한 문화
를 체험해볼 수 있는 곳. 이곳에 들어서면 마치 타임머신을 탄
듯, 과거 하와이에 와 있는 느낌을 받을 수 있다. 하와이안 퀼
트를 포함해 다양한 전시품들이 진열되어 있으며, 한쪽에는
기프트숍도 운영하고 있다(코로나19로 인해 휴관 중. 방문 전 문의 필요).

Map P.237-F3 | **주소** 마일마커 33(4974 Uakea Rd. Hana) | **전화** 808-248-8622 | **홈페이지** www.
hanaculturalcenter.org | **운영** 수~금 10:00~15:00(토~화요일 휴무) | **입장료** 입장료는 따로 없으나 1인당 $3의 도네
이션을 받는다. | **가는 방법** 카훌루이 공항에서 36번 Hana Hwy.를 타고 직진, 중간에 36번이 360번으로 변경되면서 계속 직
진. 360번 Hana Hwy.가 Uakea Rd.로 바뀌면서 조금 더 직진하면 오른쪽에 위치. 카훌루이 공항에서 2시간가량 소요.

하모아 비치 Hamoa Beach _{해변}

매년 마우이 최고 비치라는 평가를 듣지만 하나 사람들
에게는 친근한 해변. 주변에 나무가 많아 아름다운 그
늘을 선사한다. 다만 파도가 세고 곳곳에 암초가 있어
조심해야 한다. 『남태평양 이야기』로 1948년 퓰리처상
을 수상한 작가 제임스 미체너 James Michener가 '태평
양에서 가장 아름다운 해변'이라고 극찬한 바 있으며,
2012년 '닥터 비치 Dr. Beach'에서 미국 내 최고의 비치로
선정되기도 했다.

Map P.237-F3 | **주소** 5031 Hana Hwy. Hana(근처 트라바아사 하나 호텔 주소) | **홈페이지** hamoabeach.org

Travel Plus

하나에서 운전하다 배가 고프다면!

하나로 가는 길을 달리다 배가 고플 때 들르면 좋은 레스토랑이
있어요. 하나 랜치 레스토랑 Hana Ranch Restaurant으로, 햄버거와
스테이크, 코코넛 슈림프 등의 메뉴가 있어요. 하나에서는 레스
토랑이 흔치 않아 가격대가 다소 높은 편이죠.
Map P.237-F3 | **주소** 1752 Mill Pl. Hana | **전화** 808-270-5285
| **영업** 07:00~10:00, 11:00~21:00 | **가격** 브렉퍼스트 $16~26, 런
치&디너 $13~44 | **주차** 무료 | **예약** 필요 | **가는 방법** 360번 Hana Hwy.를 타고 직진.

할레아칼라 국립공원 & 오헤오 협곡 Haleakala National Park & Oheo Gulch 볼거리

할레아칼라 국립공원은 두 가지 방법으로 오를 수 있다. 카훌루이 공항에서 출발, 37번 Haleakala Hwy.를 이용해 할레아칼라 정상에 오르는 방법과 360번 Hana Hwy.를 통해 오르는 방법이 있다. Hana Hwy.를 통하는 경우, 할레아칼라 국립공원의 키파훌루 입구 쪽을 통하게 된다. 이곳에서는 강한 폭포수와 잔잔한 연못이 함께 있는 오헤오 협곡을 만날 수 있다. 오헤오 협곡은 하나의 남쪽에 있는 천연 수영장으로 오헤오 강의 침식으로 생겼으며 '7개의 성스런 연못'이라고 불리기도 한다. 건기인 여름과 가을에는 물이 거의 없지만, 우기인 겨울과 봄엔 물놀이를 즐길 수 있다. 한때 오헤오 협곡은 안전상의 이유로 입장이 금지되기도 했지만 2018년 재개장했다. 비가 오는 날은 입장이 통제될 수도 있으니 미리 전화로 운영을 문의하는 것이 좋다.

Map P.237-F3 | **주소** 마일마커 42 | **전화** 808-572-4400 | **운영** 09:00~17:00 | **입장료** 성인 $15, 자가용 1대당 $30, 자전거 $25(3일간 유효) | **주차** 무료 | **가는 방법** 카훌루이 공항에서 36번 Hana Hwy.를 타고 직진, 중간에 36번이 360번으로 변경되면서 계속 직진. 360번 Hana Hwy.가 Uakea Rd.로 바뀌면서 직진해 하나 컬처럴 센터를 지나 다시 Keanini Dr.를 끼고 우회전한 뒤 다시 330번 Hana Hwy.를 끼고 좌회전. 도로를 따라 직진하면 왼쪽에 오헤오 협곡으로 들어가는 길이 나온다. 공항에서 약 2시간 30분가량 소요.

와일루아 폭포 Wailua Falls 볼거리

200피트 가량 아래로 힘차게 내리는 폭포에서 강한 에너지를 느낄 수 있다. 날카로운 절벽에 부딪히는 모습이 인상적이며 주변에 숲으로 둘러싸여 있어 자연 그대로의 아름다움을 느낄 수 있다. 날씨와 상관없이 힘찬 폭포수를 만날 수 있는 곳이다.

Map P.237-F3 | **주소** 마일마커 44

마우이의 또 다른 섬, 몰로키니 Molokini

마우이 섬 서쪽으로 약 2마일 가량 떨어져 있는 몰로키니. 하늘에서 바라보면 화산이 폭발한 분화구가 초승달 모양으로 바다 위에 올라온 모습을 가지고 있다. 몰로키니는 사람의 손때가 묻지 않은 순수한 자연의 모습을 고스란히 간직하고 있는데, 열대어들이 좋아하는 산호초가 많고 물이 맑다.

©하와이 관광청

▶ 몰로키니에서 스노클링하기

©하와이 관광청

마알라에아나 라하이나에서 크루즈가 오전에 출발. 왕복과 스노클링 시간 포함 총 5~6시간가량 소요된다(오후에 출발하는 크루즈 중에는 가격이 저렴한 상품들도 있지만 늦게 출발하는 만큼 몰로키니의 스노클링을 제대로 즐길 수 없다). 몰로키니와 터틀 타운 두 곳에 정차해 거북이와 버터플라이 피시 등 다양한 종류의 수중 생물을 볼 수 있다. 기본적으로 간단한 아침과 점심, 음료수 등을 제공하며 스노클링 장비를 무료로 대여해준다. 가격이 지나치게 저렴하다면 추가 요금이나 포함사항을 체크해보는 것이 좋다. 최근에는 몰로키니의 스노클링 만족도가 떨어지는 것이 사실. 따라서 스노클링 자체가 목적이라면 오히려 카아나팔리의 블랙 락 근처에서 즐기는 것도 좋다.

+ 프라이드 오브 마우이 Pride of Maui

Map P.237-B2 **| 주소** 101 Maalaea Rd. Wailuku **| 전화** 808-242-0955 **| 홈페이지** www.prideofmaui.com **| 요금** 성인 $213.26~244.34, 6~12세 $158.61~191.83

+ 스노클 밥스 Snorkel Bob's

Map P.236-C3 **| 주소** 2411 S Kihei Rd. A2 Kihei **| 전화** 808-879-7449 **| 홈페이지** www.snorkelbob.com **| 요금** 성인 $117.88~184.18, 5~12세 $86.02~157.03

Mia's Advice

1 추위를 많이 타는 사람이라면 잠수복 Wet Suit을 입는 것이 좋아요. 탑승 전에 관계자에게 요청하세요. $10 정도의 추가 요금이 있답니다.

2 뱃멀미가 심한 사람은 마알라에아 하버가 몰로키니와 더 가깝기 때문에 라하이나보다 마알라에아에서 출발하는 것이 좋아요.

마우이 섬의 숙박

마우이 서부의 카팔루아에서 카아나팔리, 남부의 와일레아에서 마케나까지는 최고급 호화 호텔들이 즐비하다. 전 세계 VIP들이 즐겨 찾는 만큼 호텔의 넓은 수영장과 따뜻한 햇살 아래에서 여유로운 시간을 보내는 것도 좋다(호텔 숙박 요금은 2022년 7월 기준. 1박 기준 조식 불포함 요금이며 택스는 포함하지 않는다. 참고로 하와이는 호텔에 따라 시즌별로 가격 차이가 심한 편이다).

알아두세요 호텔을 결정하기 전 알아두면 좋은 정보

1 마우이는 와이키키처럼 호텔 바로 앞에 비치가 있는 경우가 드물기 때문에 호텔 내 수영장의 규모가 큰 편이에요. 그만큼 일정의 반나절 정도는 호텔 내 수영장에서 즐기는 편이 좋아요.

2 마우이의 호텔 주변에서 간단한 먹거리를 구매하려면 근처 마트라 할지라도 차를 타고 이동해야 해요. 만약의 상황에 대비해 호텔 체크인 시 직원에게 근처 마트의 위치나 주소를 미리 요청하면 편리해요.

3 할레아칼라의 일출을 보다 편리하게 보고 싶다면 할레아칼라 근처 쿨라 로지(P.353)에서 숙박하는 것이 좋고, 운전하기 힘든 하나 지역에는 남들과 다른 휴가를 보낼 수 있는 하나 마우이 리조트(P.353)가 있답니다. 남들과 다른 휴식을 취하고 싶다면 마우이에서는 지역적인 위치를 고려해 특별한 호텔에서 1박 정도 머무르세요.

4 마우이의 경우 렌터카를 이용하지 않는다면 관광하기 힘들 정도로 렌터카는 필수라 할 수 있어요. 하지만 운전할 수 없는 상황이라면, 근처의 라하이나 항구나 인근 해변까지 셔틀버스를 운영하고 있는 리조트를 선택하는 것이 좋아요.

더 웨스틴 마우이 리조트 & 스파
The Westin Maui Resort & Spa
★★★★

어린이들에게 천국과도 같은 곳. 수영장이 넓은 데다 아이들이 마음껏 놀 수 있도록 수영장 내 놀이시설이 잘 되어 있기 때문이다. 뿐만 아니라 성인들만 즐길 수 있는 프라이빗한 수영장이 따로 마련되어 있고, 허니무너들이 좋아할 만한 포토그래퍼 서비스가 있다. 로비에 포토그래퍼가 상주, 미리 예약만 하면 리조트 내에서 기념사진을 찍은 뒤 현장에서 컴퓨터로 약간의 포토샵 후 프린트까지 받아볼 수 있다. 하와이 내 통화를 60분간 무료로 사용할 수 있으며, 최근 오픈한 라하이나의 더 아웃렛 오브 마우이까지 오가는 셔틀버스 역시 무료로 이용할 수 있다.

Map P.257-A4 | **주소** 2365 Kaanapali Pkwy, Lahaina | **전화** 808-667-2525 | **홈페이지** www.marriott.com/hotels/travel/hnmwi-the-westin-maui-resort-and-spa-kaanapali/ | **숙박 요금** $889~ | **리조트 요금** $45.79(1박) | **인터넷** 무료 | **주차** 무료(셀프) | **가는 방법** 카훌루이 공항에서 380번 도로인 Mayor Elmer F.Cravalho Wy.를 타고 직진하다 왼쪽 30번 Honoapiilani Hwy.로 좌회전. 직진하다 왼쪽의 Kaanapali Pkwy.로 진입. 도로 끝에서 유턴, 오른쪽에 위치.

Map P.257-A3 | **주소** 2605 Kaanapali Pkwy, Lahaina | **전화** 808-661-0031 | **홈페이지** www.marriott.com/hotels/travel/hnmsi-sheraton-maui-resort-and-spa/ | **숙박 요금** $649~ | **리조트 요금** $40(1박) | **인터넷** 무료 | **주차** 유료(셀프 1박 $24, 발레파킹 1박 $32, 첫날 주차는 무료) | **가는 방법** 카훌루이 공항에서 380번 도로인 Mayor Elmer F.Cravalho Wy.를 타고 직진하다 왼쪽 30번 Honoapiilani Hwy.로 좌회전. 직진하다 왼쪽의 Kaanapali Pkwy.로 진입. 도로 끝에 위치.

쉐라톤 마우이 리조트 & 스파
Sheraton Maui Resort & Spa
★★★★

스위트룸을 포함한 508개의 거의 모든 객실이 바다를 마주보고 있기 때문에 객실에서 아름다운 경치를 감상할 수 있도록 라나이(발코니)가 있는 것이 특징. 리조트에서 조금만 걸으면 바로 카아나팔리 해변이 있으며, 마우이의 유명한 다이빙 장소 블랙 락도 인근에 있다. 수영장 내에 스누바나 스킨스쿠버 등에 필요한 장비를 대여해주는 곳이 있다. 뿐만 아니라 쇼핑 센터 웨일러스 빌리지는 카아나팔리 해변에서 도보로 10분 정도 소요되기 때문에 리조트에 머물기만 해도 쇼핑과 해양 스포츠, 휴양을 동시에 즐길 수 있는 셈. 이곳에 머무는 내내 가이드나 렌터카가 필요 없을 정도. 뿐만 아니라 라하이나를 오가는 셔틀버스 역시 무료로 이용 가능하다.

더 리츠 칼튼 카팔루아
The Ritz Carlton Kapalua
★★★★★

세계 각국의 CEO부터 할리우드 스타들, 골프 천재 타이거 우즈 등이 가장 선호하는 호텔로 손꼽히고 있다. 무엇보다 마우이에서 좀처럼 보기 힘든 프라이빗 비치를 끼고 있다는 점과 멋진 조경의 인근 산책로가 자랑거리. 리조트 내에 넓은 테니스장도 운영하고 있다. 호텔 투숙객에 한해 골프 요금 할인은 물론이고, 가능한 원하는 시간에 티타임을 잡을 수 있도록 돕고 있다. 피트니스 센터가 24시간 운영된다는 것도 이곳만의 장점. 오아후 내 통화가 무료이며, 공항까지 셔틀 서비스를 받을 수 있다.

Map P.249-B1 | **주소** 1 Ritz Carlton Dr. Kapalua | **전화** 808-669-6200 | **홈페이지** www.ritzcarlton.com | **숙박 요금** $919~ | **리조트 요금** $40(1박) | **인터넷** 무료 | **주차** 유료(발레파킹 1박 $45) | **가는 방법** 카훌루

이 공항에서 380번 도로인 Mayor Elmer F.Cravalho Wy.를 타고 직진하다 왼쪽 30번 Honoapiilani Hwy.로 좌회전. 직진하다 왼쪽의 Office Rd.로 진입. 왼쪽에 위치.

이 공항에서 380번 도로인 Mayor Elmer F.Cravalho Wy.를 타고 직진하다 350번 Dairy Rd.로 진입, 311번 Puunene Ave.에서 좌회전한 뒤 Mokulele Hwy.로 진입. 이후 31번 Piilani Hwy.를 타고 직진하다 Wailea Ike Dr.로 진입.

그랜드 와일레아 아 월도프 애스토리아 리조트 Grand wailea, A Waldorf Astoria Resort
★★★★

더 카팔루아 빌라스 The Kapalua Villas
★★★★

1991년에 지어졌으나 고급스러운 시설과 최고의 서비스로 유명한 곳. 40에이커에 달하는 열대 정원은 꽃, 물, 나무, 소리, 빛, 예술이라는 6가지 테마로 나뉘어 있으며 호텔 내 복도와 로비에 피카소, 볼테르, 워홀의 작품을 만날 수 있다. 마치 갤러리에 온 착각마저 불러일으킬 정도인데 리조트 아트 컬렉션 투어나 요가 수업, 스쿠버 클리닉, 수중 에어로빅, 정원 투어에도 무료로 참여할 수 있다. 객실은 크게 게스트룸, 나푸아룸, 스위트룸, 빌라로 나뉘고 빌라의 경우 최고급 아파트먼트라고 볼 수 있다. 스파 그란데(사우나 시설)는 미국에서 톱 10에 선정된 바 있어 인기가 높은 편. 와일레아 해변에서 비치파라솔 무료 대여도 가능하다. 한국어로 된 홈페이지가 있어 편리하다. 영화 〈Just go with it〉의 배경으로도 촬영된 바 있다.

Map P.299-B2 | **주소** 3850 Wailea Alanui Dr. Kihei | **전화** 808-875-1234 | **홈페이지** www.grandwailea. kr | **숙박 요금** $1106~ | **리조트 요금** $50(1박당) | **인터넷** 무료 | **주차** 유료(발레파킹 1박 $65) | **가는 방법** 카훌루

고급 콘도미니엄으로 객실 내에서 취사가 가능해 가족 단위로 즐기기 좋다. 객실은 각각 1, 2, 3베드룸으로 나뉘어 있으며 그중에서도 1베드룸을 제외하고는 6명까지 숙박이 가능하기 때문에 단체 여행에도 안성맞춤이다. 룸은 골드와 스탠더드로 나뉜다. 스파를 받지 않아도 사우나 시설을 이용할 수 있으며 유명한 골프 단지를 끼고 있어 수준 높은 골프 코스를 즐길 수 있다. 단지 내 테니스장과 해변, 사우나 등은 모두 무료.

Map P.249-B1 | **주소** 2000 Village Rd. Lahaina | **전화** 808-665-5400 | **홈페이지** www.kapaluavillas maui.com | **숙박 요금** $498~ | **리조트 요금** $39(1박) | **인터넷** 무료 | **주차** 무료(셀프) | **가는 방법** 카훌루이 공항에서 380번 도로인 Mayor Elmer F.Cravalho Wy.를 타고 직진하다 왼쪽 30번 Honoapiilani Hwy.로 좌회전. 직진하다 왼쪽의 Office Rd.로 좌회전 후 오른쪽의 Village Rd.로 진입.

안다즈 마우이 앳 와일레아 리조트
Andaz maui at Wailea Resort
★★★★★

이곳의 가장 큰 자랑은 계단식으로 조성된 인피니티 풀이다. 리조트 곳곳에 수영장이 있어 골라 다니는 즐거움이 있다. 리조트 주변으로 바다가 시원하게 펼쳐져 있으며, 객실은 화이트톤의 깔끔하고 세련된 인테리어로 꾸며져 있다. 조식을 제공하는 카아나 키친과 일식당 모리모토 마우이는 투숙객들에게 미식의 즐거움을 선사한다. 매주 일·화요일 18:00에는 리조트 내에서 하와이식 파티인 루아우(The Feast at Makapu Luau, 성인 $280~340, 4~12세 $140~180)가 열린다.

Map P.299-B2 | 주소 3550 Wailea Alanui Dr. Wailea | 전화 808-573-1234 | 홈페이지 maui. andaz.hyatt.com | 숙박 요금 $1022~ | 리조트 요금 $48(1박당) | 인터넷 무료 | 주차 유료(발레파킹 1박 $45) | 가는 방법 카훌루이 공항에서 에어포트 로드를 지나 311번 Maui veterans Hwy.에 진입, 직진하다 31번 Piilani Hwy.를 타고 계속 직진. 오른쪽 Okolani Dr.로 우회전 후 다시 Wailea Alanui Dr.로 좌회전하면 오른쪽에 위치.

지는데, 아름다운 조경, 이곳 만의 특별한 볼거리인 앵무새와 펭귄, 아이들을 위한 다양한 보드게임까지 볼거리 즐길 거리가 가득한 호텔이다. 오전에는 앵무새와 펭귄에 대한 설명을 들을 수 있는 워킹 투어도 진행되니 관심이 있다면 참고하자. 폭포에 위치한 스포츠 바 그로토 바 Grotto Bar는 언제나 인기 만점. 수영을 해야만 입장이 가능한데, 이곳의 냉동 칵테일은 호기심을 자극한다. 호텔 내 손즈 스테이크 하우스는 카아나팔리 지역에서 가장 분위기 있는 스테이크 레스토랑으로도 꼽힌다.

Map P.257-A4 | 주소 200 Nohea Kai Dr. Lahaina | 전화 808-661-1234 | 홈페이지 hyatt.com | 숙박 요금 $509~ | 리조트 요금 $32(1박) | 인터넷 무료 | 주차 유료(셀프 1박 $25, 밸레파킹 1박 $40) | 가는 방법 카훌루이 공항에서 380번 도로인 Mayor Elmer F.Cravalho Wy.를 타고 직진하다 왼쪽 30번 Honoapiilani Hwy.로 좌회전. 직진 하다 왼쪽의 Kaanapali Pkwy.로 진입 후 Nohea Kai Dr.를 끼고 다시 좌회전 후 직진. 오른쪽에 위치.

하얏트 리젠시 마우이 리조트 앤 스파
Hayatt Regency Maui Resort And Spa
★★★★

허니무너와 가족 단위 여행객에게 만족도가 높은 호텔. 우선 오후에 호텔 입구에서 팝콘을 무료로 제공해 체크인을 기다리는 시간이 지루하지 않다. 호텔 곳곳에서 투숙객을 맞이하는 정성이 느껴

파이어니어 인 Pioneer Inn
★★

1901년에 오픈해 하와이에서 가장 역사가 오래된 호텔. 라하이나 항구 바로 앞에 위치해 페리를 탑승하거나 스쿠버다이빙, 스노클링, 낚시 등을 원한다면 지리적인 이점을 이용할 수 있다. 무엇보다 역사가 깊은 호텔이라 숙박 자체가 새로운 경험이

될 듯. 트윈룸, 퀸룸, 킹룸을 나뉘어져 있고, 야외에 풀장이 있으며 파킹과 인터넷 사용이 무료다. 1층은 파파야이나 레스토랑이 자리하고 있고 2층에 숙박이 가능하다.

Map P.268-B3 | **주소** 658 Wharf St. Lahaina | **전화** 808-661-3636 | **홈페이지** www.pioneerinnmaui.com | **숙박 요금** $399~ | **리조트 요금** 없음 | **인터넷** 무료 | **주차** 무료(셀프) | **가는 방법** 카훌루이 공항에서 380번 도로인 Mayor Elmer F.Cravalho Wy.를 타고 직진하다 왼쪽 30번 Honoapiilani Hwy.로 좌회전. 직진하다 왼쪽 Prison St.를 끼고 좌회전 후 Front St.를 끼고 우회전 후 다시 Hotel St.를 끼고 좌회전.

쿨라 로지 Kula Lodge
★★

할레아칼라에서 일출을 보기 위해선 적어도 02:00~03:00 사이에는 출발해야 한다. 아침 일찍 일어날 자신이 없다면 전날 일찍 출발해 이곳에서 1박 후 일출을 보는 것도 좋다. 샬레(지붕이 뾰족한 오두막) 형태의 숙소로 운영되고 있는데 모두 2인 정원으로 사용 가능하다. 산장에서 자연의 정취를 감상하며 특별한 숙박을 체험하는 것도 여행의 잊

지 못할 추억이 될 것이다.

Map P.237-D2 | **주소** 15200 Haleakala Hwy. Route 377 Kula | **전화** 808-878-1535 | **숙박 요금** $366~ | **리조트 요금** 없음 | **인터넷** 무료 | **주차** 무료(셀프) | **가는 방법** 카훌루이 공항에서 37번 Haleakala Hwy.를 타고 직진, 왼쪽의 377번 Haleakala Hwy.로 진입 후 직진.

하나 마우이 리조트 Hana Maui Resort
★★★★

마우이 최대 청정지역인 하나에 위치한 부티크 호텔로 하와이 관광청 홈페이지에도 소개된 바 있다. 진정한 휴식과 특별한 경험을 원한다면 이곳이 좋을 듯. 마치 외딴섬에 떨어진 것처럼 하나에 유일하게 존재하는 럭셔리 호텔로 조용하게 휴가를 즐길 수 있다. 시간대별로 요가수업과 아쿠아 에어로빅 필라테스, 우쿨렐레 레슨, 낚시 등 다채로운 액티비티가 무료로 이뤄진다. 특히 호텔 바로 앞에 작가 제임스 미체너(2차 세계 대전을 소재로 남태평양 이야기를 써 1948년 퓰리처상을 수상)가 태평양에서 가장 아름다운 해변으로 극찬한 하모아 비치 Hamoa Beach가 있다.

Map P.237-F3 | **주소** 5031 Hana Hwy. Hana | **전화** 808-248-8211 | **홈페이지** www.travaasa.com | **숙박 요금** $667~ | **리조트 요금** $45(1박) | **인터넷** 무료 | **주차** 무료(셀프) | **가는 방법** 카훌루이 공항에서 36번 Hana Hwy. 방향으로 직진하다 360번 Hana Hwy.로 진입한다. 총 2시간가량 소요.

BIG ISLAND
- 빅 아일랜드 -

자연이 선사하는 신비한 모험이 가득한 곳

빅 아일랜드는 '하와이 섬'으로 불리기도 한다. 하와이에서 면적이 가장 큰 섬으로, 하와이를 대표하는 섬이기 때문이다. 하지만 하와이 주의 이름과 혼동하기 쉬워 빅 아일랜드라고 통칭한다. 하와이의 여러 섬 가운데에서도 빅 아일랜드는 자기 색깔이 가장 확실한 섬이다. 지구상의 기후대 가운데 2가지를 빼고 모두 있는 이 섬에서 우리가 할 수 있는 일은 굉장히 많다. 쏟아져 내릴 것 같은 하늘의 수많은 별들을 감상하고, 살아있는 화산 앞에 자연의 위대함을 발견하는 것 등 자연이 준 선물을 그대로 받아들이다보면 자연에 대한 숭고함과 동시에 이유를 알 수 없는 감사한 마음마저 든다. 그 경험이야말로 빅 아일랜드가 우리에게 주는 가장 큰 선물일지도 모른다. (※ 2018년에 발생한 화산 폭발로 인해 상황에 따라 하와이 화산 국립공원 입장이 제한되는 경우도 있다. 방문 전 입장이 가능한지 미리 확인하자.)

빅 아일랜드
기본 정보

ALL ABOUT BIG ISLAND

빅 아이랜드에서 중요한 것은 3가지. 세계에서 가장 활발하게 활동하는 칼라우에아 화산, 해발 4,205m로 하와이 제도에서 가장 높은 산에 위치한 마우나 케아의 천문대에서 보는 별자리, 그리고 코나 커피. 이곳은 마우나 케아와 마우나 로아라는 거대한 산을 기준으로 코나가 있는 서쪽에 리조트, 힐로가 있는 동쪽에 열대우림과 폭포 등이 모여 있다.

○ 하위
270 250 코할라 산맥
코할라 코스트~노스 코할라 P.384
와이메아~하마쿠아 코스트 P.372
카와이하에 ○ 와이메아
190
펠레 카이 호노아 하이웨이
와이콜로아 P.38
코나 국제공항 ✈
19 190 아날린호아 하이웨이
노스 코나
▲ 후알랄라이 산
와이피오 계곡
카일루아-코나 P.395
케아우 호우 ○ 코나 코스트 P.405
캡틴 쿡 ○ 마우나
호오케나 ○ 사우스 코나 P.
11
카우 P.424 ─
마말라호아 하이웨이
와이오하
사우스 포인트 로드
카라에
카라에

지형 마스터하기

빅 아일랜드는 크게 동서남북으로 나누어 지형을 살펴볼 수 있다. 코나 국제공항이 있는 서쪽은 코나 코스트 Kona Coast 지역으로, 카일루아-코나 Kailua-Kona에 다양한 해변이 있고, 리조트 단지가 잘 형성되어 있다. 코나 커피 농장도 이곳에 모여 있다. 남쪽에는 화산 국립공원과 푸날루우 블랙 샌드 비치 Punaluu Black Sand Beach가 유명하다. 동쪽은 또 다른 국제공항이 있는 힐로 Hilo 지역으로, 하와이 트로피컬 식물원이나 아카카 폭포 주립공원, 릴리우오칼라니 등 자연경관을 즐기기 좋다. 북쪽에는 하와이에서 제일 규모가 큰 와이피오 계곡 전망대가 있으며 하와이를 통일시킨 카메하메하 대왕의 오리지널 동상이 있다. 빅 아일랜드 전체 지도의 위쪽 중심부에 걸쳐져 있는 코할라 Kohala 산맥에는 최대 규모의 파커 목장과 그곳에서 일하는 파니올로 Paniolo(하와이 카우보이)들이 사는 와이메아 타운이 걸쳐져 있다.

날씨

낮 평균 기온은 여름철이 29.4℃, 겨울철이 25.6℃ 정도. 밤이 되면 낮보다 10℃ 정도 기온이 내려가는 등 일교차가 크다. 따라서 여름철에도 긴 소매, 긴 바지 의상은 반드시 필요하다. 겨울(11~4월)은 꽤 추운 편. 마우나 케아와 마우나 로아 등 높은 산은 눈이 쌓일 정도로 내린다.

공항

한국에서 빅 아일랜드로 가는 직항 노선이 없다. 호놀룰루 국제공항 HNL에서 주내선으로 갈아탄다. 빅 아일랜드의 대표 공항에는 서쪽의 코나 국제공항과 동쪽의 힐로 국제공항이 있다. 호놀룰루 국제공항에서 약 30분가량 소요된다.

공항에서 주변까지 소요시간

편도 기준으로 코나 국제공항에서 카일루아-코나는 15분, 와이콜로아 빌리지는 30분, 하와이 화산 국립공원은 2시간 40분 소요된다. 반면 힐

이피오 계곡

240

호노카아 P.380

쿠아

하마쿠아 코스트

노스 힐로

19

마우나 케아 P.445

힐로 P.435

200

힐로 국제공항

케아아우

푸나~파호아 P.431

11

130

킬라우에아

137

사들 로드

하와이 화산 국립공원 P.426

푸날루우

알레후

로 국제공항에서 하와이 화산 국립공원은 50분, 푸나 & 파호아 지역도 35분 정도 소요된다. 코나와 힐로 사이의 거리는 3시간 소요된다.

누구와 함께라면 좋을까

워낙 대지가 넓어 성격이 급한 사람보다는 느긋하게 운전을 즐기며 자연과 관련된 액티비티를 즐길 수 있는 사람에게 좋다.

여행 시 챙겨야 하는 필수품

하와이 화산 국립공원과 마우나 케아를 방문할 예정이라면 긴 옷과 운동화는 반드시 필요하다. 또 힐로 지역의 카우마나 동굴이나 화산 국립공원의 서스톤 라바 튜브 등을 탐험할 예정이라면 손전등은 필수! 아카카 폭포 등을 감상할 때는 모기 퇴치약도 준비하면 좋다.

빅 아일랜드 1일 예산

- **숙박비(2인)** $500~
- **교통비(소형 렌터카)** $112
- **식사(1인 3식)**
  브렉퍼스트 $25, 런치 $25, 디너 $50
- **액티비티(1인)** $200

- **예상 1인 총 경비**(쇼핑 예산 제외)
  약 $662(한화 약 86만 7,220원. 2022년 7월 기준)

알아
두세요

빅 아일랜드의 역사

1778년 영국인 제임스 쿡 James Cook이 빅 아일랜드 케알라케쿠아 Kealakekua에 상륙했어요. 당시 섬에는 수확제 날 '로노 Lono' 신이 바다에서 나타난다는 소문 때문에 제임스 쿡을 로노의 화신이라고 여겨 대환영했죠. 그러나 이듬해 1779년 2월 4일 제임스 쿡이 다시 하와이를 찾았고, 이때 주민들은 제임스 쿡이 더 이상 신이 아닌 인간이라 생각했어요. 주민들은 신의 행세를 했던 그에게 화가 나 돌변하여 디스커버리 호의 보트를 탈환하고, 제임스 쿡을 인질로 잡았어요. 2월 14일 사태가 점점 심각해지자 대원들은 서둘러 배로 도망갔고 이때 제임스 쿡과 4명의 수병은 원주민이 휘두르는 무기에 맞아 목숨을 잃게 되었습니다. 그 이후 외국선이 하와이를 자주 찾았는데, 그들에게서 총과 대포를 손에 넣은 사람이 바로 빅 아일랜드에서 태어난 카메하메하 대왕이에요. 그는 전통을 중시하면서도 근대적인 무기를 도입해 왕족과 부하로부터 신뢰를 받았으며, 1810년 하와이 제도를 통일했죠.

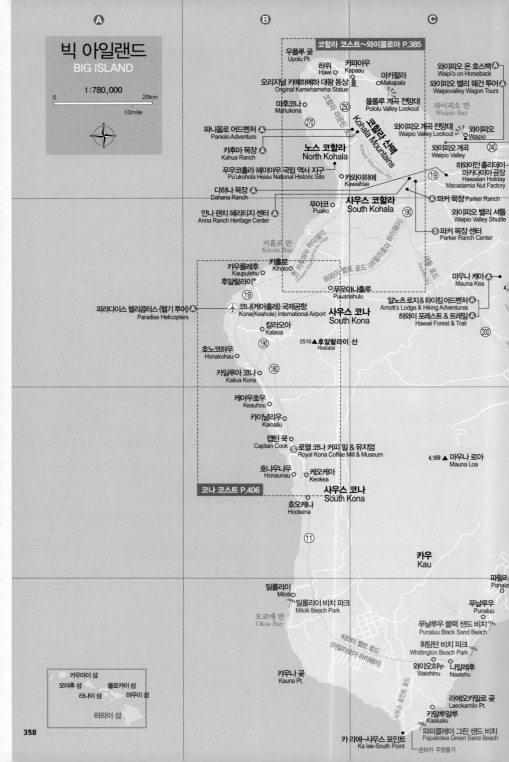

빅 아일랜드
BIG ISLAND

1:780,000

0   20km

10mile

A   **B**   **C**

코할라 코스트~와이콜로아 P.385

우폴루 곶
Upolu Pt.

하위
Kapaau   카파아우
Kapaau

마카팔라
Makapala

와이피오 온 호스백
Waipi'o on Horseback

오리지널 카메하메하 대왕 동상
Original Kamehameha Statue

폴롤루 계곡 전망대
Pololu Valley Lookout

와이피오 밸리 웨건 투어
Waipiovalley Wagon Tours

마후코나
Mahukona

와이피오 만
Waipio Bay

파니올로 어드벤처
Paniolo Adventure

와이피오 계곡 전망대
Waipio Valley Lookout

와이피오
Waipio

카후아 목장
Kahua Ranch

노스 코할라
North Kohala

와이피오 계곡
Waipio Valley

푸우코홀라 헤이아우 국립 역사 지구
Pu'ukohola Heiau National Historic Site

카와이하에
Kawaihae

하와이안 홀리데이·마카다미아공장
Hawaiian Holiday Macadamia Nut Factory

다하나 목장
Dahana Ranch

사우스 코할라
South Kohala

파커 목장 Parker Ranch

안나 랜치 헤리티지 센터
Anna Ranch Heritage Center

푸아코
Puako

와이피오 밸리 셔틀
Waipio Valley Shuttle

파커 목장 센터
Parker Ranch Center

키홀로 만
Kiholo Bay

카우풀레후
Kaupulehu

카홀로
Kiholo

후알랄라이
Huailalai

마우나 케아
Mauna Kea

푸우아나홀루
Puuanahulu

후알랄라이
Kiholo

코나(케아홀레) 국제공항
Kona(Keahole) International Airport

알노츠 로지&하이킹 어드벤처
Arnott's Lodge & Hiking Adventures

파라다이스 헬리콥터스 (헬기 투어)
Paradise Helicopters

사우스 코나
South Kona

하와이 포레스트 & 트레일
Hawaii Forest & Trail

칼라오아
Kalaoa

호노코하우
Honakohau

2510 ▲후알랄라이 산
Hualalai

카일루아 코나
Kailua Kona

케아우호우
Keauhou

카이날리우
Kainaliu

캡틴 쿡
Captain Cook

로열 코나 커피 밀 & 뮤지엄
Royal Kona Coffee Mill & Museum

4,169 ▲ 마우나 로아
Mauna Loa

호나우나우
Honaunau

케오케아
Keokea

사우스 코나
South Kona

코나 코스트 P.406

호오케나
Hookena

카우
Kau

파할라
Pahala

밀롤리이
Miloliʻi

푸날루우
Punaluu

밀롤리이 비치 파크
Milolii Beach Park

오코에 만
Okoe Bay

푸날루우 블랙 샌드 비치
Punaluu Black Sand Beach

휘팅턴 비치 파크
Whittington Beach Park

카우나 곶
Kauna Pt.

와이오히누
Waiohinu

나일레후
Naalehu

라에오카밀로 곶
Laeokamilo Pt.

카우아이 섬
오아후 섬   몰로카이 섬
라나이 섬   마우이 섬

하와이 섬

키알루알루
Kaalualu

파파콜레아 그린 샌드 비치
Papakolea Green Sand Beach

카 라에-사우스 포인트
Ka lae-South Point

렌터카 주행불가

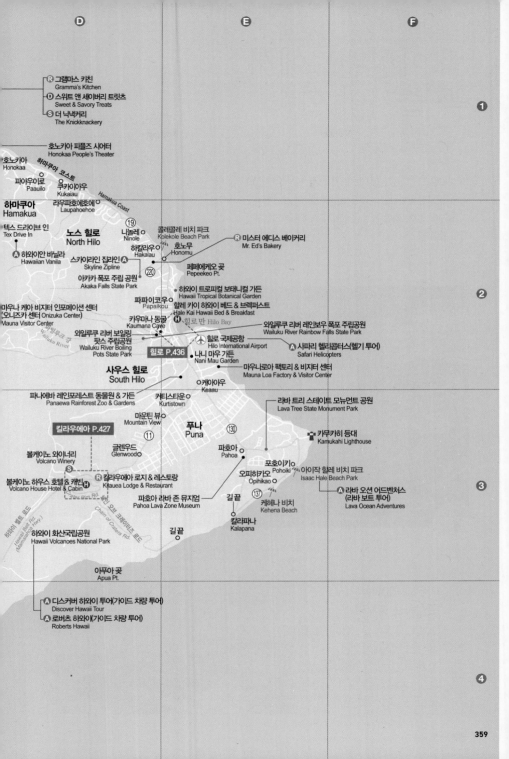

그램마스 키친
Gramma's Kitchen

스위트 앤 세이버리 트릿츠
Sweet & Savory Treats

더 닉낵커리
The Knickknackery

호노카아 피플즈 시어터
Honokaa People's Theater

호노카아
Honokaa

하마쿠아 코스트

파이우이로
Paauilo

쿠카이아우
Kukaiau

Hamakua Coast

하마쿠아
Hamakua

라우파호에호에
Laupahoehoe

텍스 드라이브 인
Tex Drive In

노스 힐로
North Hilo

니놀레
Ninole

콜레콜레 비치 파크
Kolekole Beach Park

미스터 에디스 베이커리
Mr. Ed's Bakery

하와이안 바닐라
Hawaiian Vanila

하칼라우
Hakalau

호노무
Honomu

스카이라인 집라인
Skyline Zipline

아카카 폭포 주립 공원
Akaka Falls State Park

페페에케오 곶
Pepeekeo Pt.

마우나 케아 비지터 인포메이션 센터
(오니즈카 센터) Onizuka Center)
Mauna Visitor Center

파파이코우
Papaikou

하와이 트로피컬 보태니컬 가든
Hawaii Tropical Botanical Garden

할레 카이 하와이 베드 & 브렉퍼스트
Hale Kai Hawaii Bed & Breakfast

카우마나 동굴
Kaumana Cave

힐로만 Hilo Bay

와일루쿠 리버 보일링
팟스 주립공원
Wailuku River Boiling
Pots State Park

힐로 국제공항
Hilo International Airport

와일루쿠 리버 레인보우 폭포 주립공원
Wailuku River Rainbow Falls State Park

힐로 P.436

나니 마우 가든
Nani Mau Garden

샤파리 헬리콥터스(헬기 투어)
Safari Helicopters

사우스 힐로
South Hilo

케아아우
Keaau

마우나로아 팩토리 & 비지터 센터
Mauna Loa Factory & Visitor Center

파나에바 레인포레스트 동물원 & 가든
Panaewa Rainforest Zoo & Gardens

커티스타운
Kurtistown

라바 트리 스테이트 모뉴먼트 공원
Lava Tree State Monument Park

마운틴 뷰
Mountain View

푸나
Puna

킬라우에아 P.427

볼케이노 와이너리
Volcano Winery

글렌우드
Glenwood

파호아
Pahoa

카무카히 등대
Kamukahi Lighthouse

볼케이노 하우스 호텔 & 캐빈
Volcano House Hotel & Cabin

킬라우에아 로지 & 레스토랑
Kitauea Lodge & Restaurant

포호이키
Pohoiki

오피히카오
Opihikao

아이작 할레 비치 파크
Isaac Hale Beach Park

파호아 라바 존 뮤지엄
Pahoa Lava Zone Museum

길끝

케헤나 비치
Kehena Beach

라바 오션 어드벤처스
(라바 보트 투어)
Lava Ocean Adventures

칼라파나
Kalapana

하와이 화산국립공원
Hawaii Volcanoes National Park

길끝

아푸아 곶
Apua Pt.

디스커버 하와이 투어(가이드 차량 투어)
Discover Hawaii Tour

로버츠 하와이(가이드 차량 투어)
Roberts Hawaii

빅 아일랜드에서 꼭 즐겨야 할 BEST 5

빅 아일랜드는 다른 섬에서는 보기 힘든, 개성 강한 액티비티가 많다. 화산을 직접 두 눈으로 볼 수 있는 투어부터 별자리 관측, 커피 농장 투어까지 스케줄을 넉넉하게 잡아 돌아보자.

지금도 뜨겁게 끓어오르는 하와이 화산 국립공원

빅 아일랜드에는 2개의 활화산이 있다. 1984년 마지막으로 폭발한 마우나 로아 화산과 1983년 1월 3일 이래 끊임없이 활동하는 킬라우에아 화산. 가이드가 동행하는 밴 투어나 헬리콥터 투어, 라바 보트 투어로 활화산을 직접 마주할 수도 있다.

BEST 1

©하와이 관광청

BEST 2

마우나 케아에서 관찰하는 별자리

해저부터는 1만m가 넘어, 해저 기준으로 세계에서 가장 높은 산인 마우나 케아. 17:00~18:00쯤 비지터 센터에 도착하면 일몰과 별자리를 감상할 수 있다.

©하와이 관광청

세계 3대 커피, 코나 커피

자메이카의 블루마운틴, 예멘의 모카 마타리와
함께 세계 3대 커피로 꼽히는 코나 커피. 코나
의 남북쪽에서만 재배되는 귀한 품종이다. 높
은 해발고도와 기름진 땅은 독특한 커피 원두
를 수확하는 데 최고의 환경이 되어준다. 코나
지역에만 600여 개의 커피 농장이 있는데, 대
부분 농장 투어를 운영한다. 투어 후에 즐기는
100% 코나 커피의 맛과 향에 취해보자.

와이메아 목장에서
카우보이 되어 보기

하와이 카우보이 파니올로의 지역인 와이메아.
양과 소를 사육하는 목장에서 승마나 ATV(4륜 오
토바이)를 타고 와이메아의 카우보이가 되어보자.
승마는 초보자도 안심하고 체험할 수 있으니, 잠
시 할레아칼라를 마주보며 대자연을 만끽해보자.

힐로를 방문해야 하는 이유,
힐로 파머스 마켓

매주 수요일과 토요일, 힐로 지역에서는 대형
파머스 마켓이 열린다. 1988년 4명의 농부에
서 시작해 현재 200여 명 이상이 참여하는 파
머스 마켓은 힐로 지역의 빼놓을 수 없는 볼
거리가 되었다. 빅 아일랜드 지역 특산물은
물론이고 직접 재배한 과일과 각종 먹거리가
여행자들의 발길을 더디게 한다.

빅 아일랜드 오리지널 아이템

BEST ITEM

코나 커피부터 카메하메하 대왕 동상까지. 빅 아일랜드에서 시작해 하와이 섬 전체에서 인기몰이 하고 있는 아이템과 역사적으로 의미가 깊은 오리지널을 소개한다.

코나 커피 Kona Coffee

커피 애호가라면 한번쯤 들어봤을 법한 하와이의 코나 커피. 꽃 향과 함께 과일의 신맛이 어우러져 있다. 사우스 코나 지역에 커피 농장이 많으며, 커피나무에서 자란 열매가 원두로 탄생하는 과정을 직접 체험할 수 있다. 매년 11월 초에는 커피 페스티벌이 열려 코나 커피를 즐기는 전 세계인들이 이곳으로 모인다.

로코모코 Loco moco

로코모코는 하와이를 대표하는 현지식. 그 유래는 1946년 오키나와에서 이주한 일본인에게서 시작된다. 로코모코는 밥 위에 햄버거 스테이크와 치즈, 달걀 프라이 등을 올리고 그레이비 소스를 뿌린 덮밥 스타일로, 빅 아일랜드 힐로 지역의 Cafe 100에서 탄생했다.

마카다미아 너트 Macadamia Nut

견과류의 황제라고도 불리는 마카다미아 너트 역시 빅 아일랜드에서 재배량이 높은 작물 중 하나다. 마카다미아 너트는 담백하면서도 씹을수록 고소한 맛이 더해져 견과류 가운데에서도 최고급의 맛으로 통한다.

오리지널 카메하메하 대왕 동상
Original King Kamehameha Statue

카메하메하 대왕은 18세기 하와이 제도를 최초로 통일시킨 하와이 원주민 왕국의 초대 대왕으로, 하와이 곳곳에서 그의 동상을 쉽게 볼 수 있다. 하지만 빅 아일랜드의 노스코할라 지역에 있는 동상이 오리지널로, 그가 태어난 곳에 세워져 의미가 있다.

나만의 여행 코스
BEST COURSE

면적이 워낙 넓어서 장시간 운전에 자신 없다면 코나 혹은 힐로 등 한 지역 위주로 여행하는 것도 좋고, In/Out 공항을 각각 코나와 힐로로 다르게 지정해도 좋다. (여행 코스에서 제시된 예상 비용은 2022년 7월 기준으로 다소 변동이 있을 수 있습니다)

핵심 액티비티 2박 3일(코나 중심)

1 Day

와이콜로아 빌리지 → 킹스 트레일 → 마우나 케아 (오니즈카 센터)

공항에서 나와 와이콜로아 빌리지의 레스토랑에서 간단하게 식사한 뒤 리조트 단지에 위치한 킹스 트레일을 걸으며 암벽화를 감상한다. 그런 뒤 마우나 케아로 향해 오니즈카 센터에서 일몰과 별자리를 감상하고 숙소로 돌아온다.

예상 비용(1인) 렌터카 $112(소형차 보험 & 내비게이션 포함)

2 Day

하와이 화산 국립공원 → 카일루아-코나(홀리헤에 궁전 → 모쿠아이카우아 교회)

하와이 화산 국립공원을 렌터카로 방문할 예정이라면 오전으로 일정을 잡는다. 오후에는 카일루아-코나 지역에서 홀리헤에 궁전과 모쿠아이카우아 교회 등 역사적으로 의미 있는 곳들을 둘러보고 분위기 있는 레스토랑에서의 저녁 식사로 마무리한다. 카일루아-코나 지역은 항구를 끼고 있으며 일몰이 아름다워 오후에 산책하기 좋다. 화산을 편하게 보고 싶다면 헬리콥터 투어나 라바 보트 투어를 권한다. 투어로 활화산을 본다면 화산 국립공원을 오후 일정으로 잡고, 오전에 카일루아-코나 지역을 둘러보는 것도 좋다.

예상 비용(1인) 렌터카 $112(소형차 보험 & 내비게이션 포함), 홀리헤에 궁전 입장료 $10, 하와이 화산 국립공원 입장료 개인 1인당 $15, 차량일 경우 $30

3 Day

사우스 코나(커피 농장 체험) → 푸우호누아 오 호나우나우 국립 역사공원

오전에는 사우스 코나 지역 커피 농장을 방문해 직접 커피콩을 따고 테이스팅 체험까지 즐긴다. 시간이 넉넉하다면 근처 푸우호누아 오 호나우나우 국립 역사공원을 방문해 고대 하와이안의 삶을 체험해본다.

예상 비용(1인) 렌터카 $112(소형차 보험 & 내비게이션 포함), 푸우호누아 오 호나우나우 국립 역사공원 입장료 $20(차량당), $10(1인당)

+1 Day

파커 목장을 방문, 승마 투어 등 파니올로의 삶을 체험해보자. 스릴 넘치는 액티비티로 한밤중에 쥐가오리 떼를 만날 수 있는 만타 레이 스노클링도 좋다.

자연을 따라 드라이브 여행 2박 3일(힐로 중심)

1 Day

힐로 북부 → 와이피오 계곡 전망대 → 아카카 폭포 주립공원

공항에서 내린 뒤 힐로 북부로 향한다. 와이피오 계곡 전망대에서 하와이에서 가장 긴 블랙 샌드 비치를 내려다 본 뒤 아카카 폭포 주립공원으로 이동해 공원 내 거대한 아카카 폭포를 감상한다.

예상 비용(1인) 렌터카 $112(소형차 보험 & 내비게이션 포함), 아카카 폭포 주립공원 입장료 $25(차량 당), $10(1인당)

2 Day

목장에서 승마 체험 → 마우나 케아(오니즈카 센터)

오전에는 와이메아 지역의 목장에서 승마 체험을 한다. 광활한 대지를 말을 타고 거닐다 보면 가슴이 탁 트이는 경험을 할 수 있다. 오후에는 마우나 케아로 향해 오니즈카 비지터 센터에서 별자리를 관찰하고 저녁을 마무리한다.

예상 비용(1인) 렌터카 $112(소형차 보험 & 내비게이션 승마 체험 $100)

3 Day

와일루쿠 리버 레인보우 폭포 주립공원 → 카우마나 동굴 → 힐로 파머스 마켓

오전에는 와일루쿠 리버 레인보우 폭포 주립공원과 카우마나 동굴을 둘러본다. 오후에는 하와이에서 가장 규모가 크고 유명한 힐로 파머스 마켓을 둘러보며 식사를 함께한다.

예상 비용(1인) 렌터카 $112(소형차 보험 & 내비게이션 포함)

+1 Day

빅 아일랜드에서 가장 빈티지한 마을, 호노카아에서 쇼핑과 식사, 산책을 겸한다. 곳곳에 중고 인테리어숍이 모여 있어 구경하는 재미가 쏠쏠하다.

예상 비용(1인) 렌터카 $112(소형차 보험 & 내비게이션 포함)

빅 아일랜드를 즐기는 노하우

HOW TO ENJOY BIG ISLAND

1 힐로 VS 코나, 주요 관광 지역을 정할 것

빅 아일랜드는 하와이의 다른 섬들을 전부 합한 것보다 2배가량 크다. 규모가 크기 때문에 그만큼 이동하는 데 대부분의 시간이 소요될 정도. 오아후에서 빅 아일랜드로 넘어올 때 2개의 공항 중 한 곳을 이용하게 되는데, 만약 빅 아일랜드 전체를 다 둘러보고 싶다면 코나 공항으로 입국해 힐로 공항으로 출국하는 비행기편을 이용하자. 그게 아니라면 코나와 힐로 중 메인 지역을 정해 그곳 위주로 둘러보는 편이 좋다. 숙소는 이용하는 공항과 가까운 곳으로 정하는 것 또한 잊지 말 것. 대부분의 유명 리조트는 코나 지역에 모여 있다.

2 특별한 액티비티를 원한다면 예약은 필수!

마우나 케아의 별자리 관찰 투어(P.446)나 하와이 화산 국립공원의 헬기 투어(P.430) 등을 원한다면 적어도 일주일 전 예약이 필수다. 워낙 인기가 많고 투어를 진행하는 업체 수가 많지 않아 현지에서 예약하려고 하면 이미 늦는 경우가 다반사다.

3 액티비티 예약 시 알아둘 것

이웃 섬 가운데 가장 다양한 액티비티 프로그램이 있는 빅 아일랜드. 대부분의 액티비티는 호텔 픽업 서비스를 제공한다. 액티비티마다 업체 사무실로 찾아가는 방법을 소개하긴 했으나, 예약 시 묵고 있는 호텔로 픽업이 가능한지 먼저 문의하자. 쥐가오리 스노클링은 코나 쪽에 액티비티 사무실이 모여 있고, 화산 투어의 경우 코나와 힐로 쪽에 각각 액티비티 사무실이 있으니 잘 알아볼 것. 그밖에도 마우나 케아 천문대 투어 역시 업체에 따라 코나와 힐로 쪽에 액티비티 사무실이 나뉘어져 있다.

4 내비게이션 활용법

렌터카 내비게이션의 대부분은 한국어 지원이 가능하며, 경우에 따라 근처 여행지에 관련된 안내 멘트가 나오는 경우도 있다. 간혹 정확하게 주소로 검색하지 않고, 비치 이름이나 파크 이름 등으로 검색할 때에는 없는 장소로 나오기도 한다. 그럴 땐 당황하지 말고 가이드북에서 인근 주소를 찾아 입력하거나 번지수를 1에 놓고 해당 도로를 입력해서 운전하자. 물론 주변의 표지판을 잘 봐두는 것이 좋다(참고로, 렌터카를 반납할 때 반납 장소를 몰라 헤매기도 한다. 픽업 시 렌터카 반납 주소를 미리 받아놓자).

5 특별한 투어를 원한다면!

여행 마니아들이 사랑하는 일본 여행작가, 다카하시 아유무. 그는 결혼 후 아내와 함께 전 세계를 돌아다니며 쓴 에세이 Love & Free로 유명세를 탔다. 그런 아유무의 최종 종착지가 바로 빅 아일랜드. 그곳에서 자신만의 스타일로 여행 프로그램을 만들어 특별한 투어를 진행 중이다. 웹사이트(www. ayumu.ch/hawaii-tour/)로 미리 날짜를 공지해 예약을 받는다. 일본어로 쓰여져 있는 것이 아쉽지만 관심 있다면 클릭해보자.

6 화산 관련 여행 시 주의사항

2018년 5월에 발생한 킬라우에아 화산 폭발에 하와이 주지사는 '하와이 여행은 안전하다'고 공식 발표한 바 있다. 하와이 관광청 역시 화산 폭발 인근 지역을 제외하고 호텔과 공항을 비롯해 대부분의 관광지가 정상 운영되고 있다고 덧붙였다. 하지만 하와이 화산 국립공원의 경우 상황에 따라 입장이 제한되는 경우가 있으며, 특히 칼라파나, 파호아 지역은 화산 피해를 입은 지역인 만큼 되도록 여행을 자제하자.
화산에 관련된 뉴스는 하와이 관광청 홈페이지(www.gohawaii.com/kr)에 매일 업데이트가 되니 이를 참고하면 된다.

빅 아일랜드 대중교통 A to Z

빅 아일랜드의 버스는 총 19개의 노선이 있다. 하지만 대부분 평일 운행이 중심인 데다 운행 노선이나 횟수가 적어 넓은 빅 아일랜드를 효과적으로 둘러보기엔 불편한 점이 있다. 렌터카를 이용하는 편이 훨씬 경제적이다.

헬레 온 버스 Hele On Bus

빅 아일랜드에서 운영하는 버스 군청이 있는 힐로를 기점으로 19개 노선을 운영하고 있다. 대부분 월~금요일(노선에 따라 토요일 혹은 일요일까지 운행하기도 한다)에만 운행하는 구간이 많으며, 국가 휴일에는 몇 개 노선을 제외하고는 모두 운행하지 않는다. 또한 각 노선의 운행 횟수가 적어 짧은 시간에 빅 아일랜드를 둘러봐야 하는 관광객에게는 다소 무리가 있다. 다만 장기체류로 시간적인 여유가 있거나, 코나~힐로와 같이 광범위하게 이동하는 일정이라면, 버스를 이용하는 것도 좋을 듯. 요금은 1회 $2로 저렴하게 이용할 수 있으며, 2시간 내 1회 환승 가능하다.

보다 자세한 버스 노선과 시간표는 홈페이지를 통해 알 수 있다.

- **문의** 808-961-8744
- **홈페이지** heleonbus.org

▶ 헬레 온 버스 주요 노선

노선	주요 정거장
코나~힐로 Kona~Hilo	카일루아 코나의 타깃 Target이 있는 Luhia St.에서 04:40에 첫 차. 호노카아 마을 등을 지난다(편도 약 3시간 소요). **운행 횟수:** 1일 2회 가량 왕복(구간마다 1회 왕복하는 곳도 있음)
블루라인~와이콜로아 Hilo~Waikoloa	와이콜로아 리조트의 포 시즌스 리조트, 힐튼 와이콜로아, 등을 거친다. 포 시즌스 리조트에서 06:14에 출발. 버스에 따라 마우나 케아 비치를 들른 뒤 힐로의 베이프런트 주차장에 도착(편도 약 2시간 소요). **운행 횟수:** 1일 4회 왕복(구간마다 지나치는 곳도 있음)
카우~화산국립공원~힐로 Kau~Volcano~Hilo	오션 뷰 파크&라이드 랏 Ocean View Park& Ride Lot에서 10:30, 13:45에 출발. 화산 국립공원 크레이터 림 Crater Rim을 들른다(편도 약 1시간 30분 소요). **운행 횟수:** 1일 2회 왕복(구간마다 지나치는 곳도 있음)

Mia's Advice

빅 아일랜드를 버스로 돌아볼 예정이라면 홈페이지에서 버스 정류장과 시간을 자세히 체크하는 것이 좋아요. 또 버스 이용 시 큰 짐은 한 개당 $1의 추가 요금이 있으며, 처음 버스 탑승 후 2시간 이내에 환승할 수 있어요.

킹스 숍스 셔틀 Kings Shops Shuttle

매일 10:00~22:00 사이 킹스 숍스 King's Shops를 중심으로 근처 주요 정류장을 오가는 셔틀버스다. 퀸즈 마켓 플레이스 Queen's Market Place, 와이콜로아 비치 메리어트 리조트 & 스파 Waikoloa Beach Marriott Resort & Spa, 힐튼 와이콜로아 빌리지 로어 로비 Hilton Waikoloa Village Lower Lobby 등 정류장에 정차한다.

- 문의 808-886-8811
- 요금 성인 $2, 5~12세 $1

코나 트롤리 Kona Trolley

렌터카로 빅 아일랜드를 둘러보기 어려운 여행자들은 트롤리를 이용하는 것도 방법이다. 카일루아~코나~케아우호우를 오가는 트롤리로, 로버트 하와이에서 운영하고 있다. 카일루아 피어 Kailua Pier는 물론이고 월마트 Walmart, 메이시스 Macy's 등 유명 쇼핑 센터, 케아우호우 지역에 있는 쉐라톤 코나 브루잉 컴퍼니 Kona Brewing Co., 로열 코나 리조트 Royal Kona Resort 등에 정차한다. 케아우

호우 쇼핑 센터 Keauhou Shopping Center와 코나 커먼스 쇼핑 센터 Kona Commons Shopping Center에서 $25 이상 구입하면 무료로 셔틀버스 탑승권을 제공한다.

- 문의 808-329-1688
- 홈페이지 https://www.konaweb.com/shuttle/index.html
- 운영 07:00~20:00
- 요금 1회 $2

마우나 로아 팩토리 가는 길

Mia's Advice

1 운전사가 거스름돈을 가지고 있지 않기 때문에 정확히 1인당 $2씩 준비해두는 것이 좋아요!

2 빅 아일랜드에 머무는 동안 코나, 힐로 두 군데를 모두 둘러보고 싶다면 코나에서 도착해, 힐로에서 출발하면 된답니다. 비행기 티켓도 코나 IN, 힐로 OUT(반대로도 가능)으로 지정하고, 뿐만 아니라 렌터카 역시 코나에서 픽업해 힐로에서 반납(반대로도 가능)할 수 있어요. $75(업체마다 다를 수 있음) 정도 추가하면 픽업 장소와 반납 장소를 다르게 지정할 수 있습니다.

렌터카 Rent a Car

빅 아일랜드를 가장 빠르고 간편하게 둘러보려면 렌터카를 빼놓을 수 없다. 다른 섬에 비해 유독 렌터카가 필요한 지역이 바로 빅 아일랜드다. 공항에서 픽업해 여행을 시작하고, 반납하면서 여행을 마무리하는 것이 좋다.

▶ 빅 아일랜드의 주요 렌터카 회사

+ **달러 렌터카** Dollar Rent a Car
- **위치** 73-200 Kupipi St. Kona Airport Kailua Kona(코나), Kekuanaoa St #1, Hilo(힐로)
- **문의** 866-423-2266
- **홈페이지** www.dollar.com

+ **알라모 렌터카** Alamo Rent a Car
- **위치** 73-106 Aulepe St. Keahole-kona Airport Kailua Kona(코나), 2350 Kekuanaoa St. Hilo(힐로)
- **문의** 844-914-1550
- **홈페이지** www.alamo.com

+ **엔터프라이즈 렌터카** Enterprise Rent a Car
- **위치** 73-107 Aulepe St. Keahole-kona Airport Kailua Kona(코나), 2350 Kekuanaoa St. Hilo(힐로)
- **문의** 844-914-1549
- **홈페이지** www.enterprise.com

택시 Taxi

택시를 원한다면 조금 번거롭겠지만 직접 택시 회사에 전화를 걸어야 한다. 빅 아일랜드에서는 길거리에서 지나가는 택시를 잡기 힘들 뿐더러, 택시가 눈에 잘 띄지도 않기 때문이다. 호텔에 묵고 있다면 컨시어지에게, 레스토랑이나 상점에서는 점원에게 요청하면 택시를 불러준다.

> • **문의** 킹 에어포트 셔틀 (808-352-4670), 하와이안 택시캡(808-322-9922), 코나 택시캡(808-324-4444)

 알아두세요 **빅 아일랜드에서의 운전 상식**

빅 아일랜드에서 드라이브를 할 때 가장 주의할 것은 렌터카 주행 불가 지역이 있다는 것입니다. 라바 트리 주립공원을 지나 파오아 지역의 Hwy. 130번 도로를 직진하다보면 용암으로 사라진 칼라파니 지역이 나옵니다. 화산이 계속 활동하면서 이곳은 더 이상 진입이 불가능하니 반드시 지켜 불미스러운 일을 미연에 방지하는 게 좋아요.

© 하와이 관광청

빅 아일랜드, 놓치기 아쉬운 농장 투어

하와이 섬 중 가장 넓은 빅 아일랜드. 이곳을 여행하는 묘미는 곳곳에 숨어 있는 농장에 있다. 현지에서 채취한 커피와 꿀, 바닐라 등을 직접 맛보고 농장 사람들과 이야기를 나누다 보면, 빅 아일랜드와 한층 더 가까워진 느낌이다.

마운틴 썬더 Mountain Thunder

오가닉 코나 커피를 만날 수 있는 곳. 커피 애호가들을 위한 특별한 투어가 있다. 예약이 필요 없는 무료 투어로, 25분간 진행된다. 가이드가 함께 하는 셀프 가이드 라바 & 내추럴 워크 투어는 3개의 용암 동굴을 따라 자연 속 산책도 덤으로 즐길 수 있는 커피 투어다. 가족 단위로 진행되며, 가격은 한 가족당 $10로 15~20분가량 소요된다. 그 밖에도 프라이빗 ATV 플랜테이션 투어는 오가닉 커피 농장을 둘러보며 커피 콩에서 한잔의 커피가 되는 과정을 보다 자세히 들을 수 있다. 투어 내내 ATV에 탑승해서 둘러볼 수 있으며 인원은 4명으로 제한된다. 소요 시간은 1시간 30분, 비용은 $125. 로스트 마스터 익스피리언스 투어는 2시간 동안 진행되는 이 과정은 원두 로스팅을 배워볼 수 있는 보다 전문적인 투어 프로그램이다. 과정이 끝난 후에는 5~18oz커피를 가져갈 수도 있다. 최대 6명이 함께 할 수 있으며 비용은 $325. 참고로 유료 투어는 사전 예약하는 것이 좋다.

Map P.406-B2 | 주소 73-1942 Hao St. Kailua-Kona | 전화 808-325-5566 | 홈페이지 mountainthunder. com | 영업 09:00~16:00(첫 투어 10:00, 마지막 투어 13:00) | 입장료 무료 | 주차 무료 | 가는 방법 카일루아-코나에서 190번 Palani Rd.를 타고 직진, 우측에 Kaloko Dr.를 타고 직진 후 사거리에서 오른쪽의 Hao St.로 진입. 오른쪽에 위치.

하와이안 바닐라 Hawaiian Vanila

1998년에 오픈해 질 좋은 바닐라를 재배하는 곳. 세 가지 종류의 바닐라를 경험할 수 있다. 우선 요리에 관심이 많다면 월~금요일 12:30에 진행되는 바닐라 익스피어리언스 런천 팜 투어를 예약하자. 바닐라를 활용한 요리법은 물론이고 바닐라 레모네이드와 바닐라 소스가 더해진 닭가슴살 요리 등

바닐라를 넣고 요리한 메뉴들을 맛볼 수 있는 점심식사가 포함된 투어다. 총 소요시간은 2시간. 바닐라 농장 투어는 월~금 13:00에 1시간 동안 진행된다. 모든 투어는 예약이 필수며, 간혹 운영 시간임에도 예고 없이 문을 닫기도 한다. 따라서 방문 전에 꼭 전화로 확인하자. 투어에 관련된

간단한 내용은 홈페이지에서 동영상으로도 확인할 수 있다.

Map P.359-D2 | **주소** 43-2007 PaauiloMauka Rd. Paauilo | **전화**
808-776-1771 | **홈페이지** www.hawaiianvanilla.com | **영업** 월~금
10:00~14:00, 토 12:00~14:00 (일요일 휴무) | **입장료** 없음 (바닐라 익
스피어리언스 런천 투어 성인 $75, 4~12세 $50, 농장 투어 $35) | **주차** 무
료 | **가는 방법** 카일루아-코나에서 190번 Palani Rd.를 타고 직진, 와이메아
에서 오른쪽 19번 Mamalahoa Hwy.로 진입. 오른쪽의 Apelanama Rd.로 직진 후 왼쪽의 Kaapahu Rd.로 진입. 도
로 끝에서 오른쪽의 PaauiloMauka Rd.로 우회전 후 직진. 왼쪽에 위치.

빅 아일랜드 비스 Big Island Bees

벌에서 꿀을 직접 채집하는 과정을 지켜볼 수 있는 비키
핑 투어(Beekeeping Tour)는 월~금 10:00, 13:00 하루 두
차례 이뤄지며, 홈페이지에서 미리 예약해야 한다. 1시간
가량 소요되며 가격은 성인 $120, 13~18세 $10, 12세 미만
$5. 1971년부터 가족이 함께 운영한 곳으로, 지금은 2,500
개의 벌집과 1억 2,500만 마리의 벌들로 규모를 키웠다.
농장 내 뮤지엄&테스팅 룸에서는 밀랍으로 만든 조각품들을 만날 수 있다.

Map P.406-B4 | **주소** 82-1140 Meli Rd., Suite 102Captin Cook | **전화** 808-
328-1315 | **홈페이지** bigislandbees.com | **영업** 월~금 10:00~15:00(토
~일요일 휴무) | **입장료** 무료 | **주차** 무료 | **가는 방법** 카일루아-코나에서 11번
Mamalahoa Hwy.를 타고 직진. 오른쪽 160번 Napoopoo Rd.로 진입. 직진 후 Lower Napoopoo
Rd.로 진입해 오른쪽 Meli Rd.로 우회전.

> **알아
> 두세요**
>
> 빅 아일랜드는 양식장에서 진행하는 투어도 있어요. 카일루아 코나에 있는 카날로아 옥토
> 퍼스 팜 Kanaloa Octopus Farm에서는 문어에 대해 배우고 문어를 가까이에서 만날 수 있는
> 투어가 진행된답니다. 10:00 · 14:00 · 16:00 하루 3번 진행되며 소요시간은 1시간이에요. 가격은 5세 이
> 상은 $50, 5세 미만은 $40입니다.
> **주소** 73-970 Makako Bay Dr. Kailua-Kona | **홈페이지** www.kanaloaoctopus.com | **전화** 808-747-6895
>
> 유명 전복 양식장인 빅 아일랜드 아발론에서 진행하는 투어도 있어요. 평일 12:15에 진행되며 소요시
> 간은 48분입니다. 전복 시식도 가능한 투어의 가격은 성인 $25, 8세 미만 $12입니다.
> **주소** 73-357 Makako Bay Dr. Kailua-Kona | **홈페이지** www.bigislandabalone.com | **전화** 808-334-0034

목장을 거닐며 시간을 즐기는
와이메아~하마쿠아 코스트

와이메아 지역에는 코할라 산맥을 타고 펼쳐진 파커 목장이 있다. 규모를 상상할 수 없을 정도로 무척 넓고, 광활한 푸르름이 눈앞에 펼쳐져 도심에 꽉 막혔던 시야를 시원하게 탁 트여준다. 운전하다보면 주변에서 한가롭게 풀을 뜯는 소떼와 함께 카우보이를 마주칠 수 있다. 한 가지 재미있는 것은 와이메아 도로에 있는 Whoa라는 표시판이다. 이 표시판은 정지를 의미하는 Stop 사인을 대신하는 것으로, Whoa는 현지인들이 가축을 멈추게 할 때 내는 소리다. 하와이 사람들 특유의 센스를 느낄 수 있는 부분이기도 하다.

+ 공항에서 가는 방법

코나 국제공항에서 19번 Queen Kaahumanu Hwy.를 끼고 달리면 중간에 19번 Kawaihae Rd.로 바뀌는데, 계속해서 이 도로로 50분간 달리면 와이메아 지역에 진입한다. 힐로 국제공항에서는 Airport Rd.로 나와 W Puainako St.로 진입, 중간에 200번 Saddle Rd.를 타고 직진, 중간에 Mamalahoa Hwy.로 도로명이 바뀌면서 계속 직진하면 와이메아 지역에 다다른다. 총 소요 시간은 1시간 30여 분. 호노카아의 경우 와이메아에서 19번 Mamalahoa Hwy.를 타고 동쪽으로 20여 분 더 달리면 나온다.

+ 와이메아의 볼 만한 곳

와이피오 계곡, 파커 목장, 메리맨즈 레스토랑

알아
두세요

와이메아는 무슨 뜻?

대부분 하와이의 지역명은 영어가 아닌 하와이어로 지어졌는데요. 와이메아는 하와이어로 '빨간 물 Red Water', 하마쿠아는 '신의 숨, 신의 입김', 와이피오는 '굽은 강물'이라는 의미를 가지고 있답니다.

와이메아에는 목장 이외에도 쇼핑 센터가 있다. 이곳에서 특별한 식사를 원한다면 빅 아일랜드 내 최고 셰프 중 한 명인 피너 메리맨이 상주하고 있는 메리맨즈 레스토랑을 지나치지 말 것. 와이메아에서 북부 쪽으로 좀 더 진입하면 열대 식물원과 유명한 폭포가 있다. 눈앞에서 최고의 장관이 펼쳐지는 아카카 폭포, 아름다운 해안선을 따라 차를 달리면 나오는 하마쿠아 코스트와 그 길의 종착점에 있는 와이피오 계곡 전망대 또한 빼놓을 수 없는 볼거리다. 특히 와이피오 계곡은 단층 절벽으로, 승마 투어를 통해 둘러보면 색다른 즐거움을 느낄 수 있다.

와이메아~하마쿠아 코스트의 볼거리

코나와 힐로 사이 중간에 위치한 지역으로 코할라 산자락을 끼고 있는 곳. 액티브한 트레킹을 좋아하는 사람이라면 한 번쯤 도전해볼 만한 와이피오 계곡이 있다.

★★★★★
와이피오 계곡 Waipio Valley

하와이어로 '굽은 계곡'을 의미하는 이곳은 어린 카메하메하 1세가 그의 즉위를 막으려는 이웃 추장을 피해 숨어 있었던 곳이다. 렌터카로는 와이피오 계곡 전망대까지만 갈 수 있으며, 주차장에 주차한 뒤 트레킹을 하거나 노새 투어를 이용해 와이피오 계곡까지 내려갈 수 있다. 미니밴을 타고 계곡과 숲을 돌아보는 투어인 와이피오 밸리 셔틀, 과거로 돌아가 말이 끄는 수레 마차를 타는 투어 프로그램인 와이피오 밸리 웨건으로 보다 액티브한 투어를 즐길 수 있다. 와이피오 계곡 주변으로는 타로 농장이 있으며, 와

전망대에서 내려다보는 풍경이 장관이다.

이피오 전망대에서는 하와이에서 가장 긴 블랙 샌드 비치를 내려다볼 수 있다.

Map P.358-C1 | **주소** 48-5546 Waipio Valley Rd. Kukuihaele(와이피오 계곡 전망대) | **전화** 808-961-8311 | **운영** 특별히 명시되진 않았지만 이른 오전과 늦은 저녁은 피하는 것이 좋다. | **입장료** 무료 | **주차** 무료 | **가는 방법** 힐로 국제공항에서 19번 A Mamalahoa Hwy.(Hawaii Belt Rd.)를 타고 이동하다 왼쪽에 Plumeria St.를 끼고 좌회전 후 240번 Mamane St.가 나오면 다시 좌회전 후 도로 끝에서 Kukuihaele Rd.를 거쳐 Waipio Valley Rd. 끝까지 가면 나온다.

+ 와이피오 밸리 셔틀 Waipio Valley Shuttle

Map P.358-C1 | **주소** 48-5416 Kukuihaele Rd. Kukuihaele | **전화** 808-775-7121 | **홈페이지** www.waipiovalleyshuttle.com | **운영** 투어 시간 월~토 09:00, 11:00, 13:00, 15:00(소요시간 1시간 30분~2시간) | **요금** 성인 $65, 2~11세 $35 | **주차** 무료 | **가는 방법** 힐로 국제공항에서 19번 Mamalahoa Hwy.를 타고 1시간 20분가량 직진. 와이피오 밸리 아트 갤러리 Waipio Valley Art Gallery 내 위치.

+ 와이피오 밸리 웨건 투어 Waipio Valley Wagon Tours

Map P.358-C1 | **주소** 45-3565 Mamane St. Kukuihaele | **전화** 808-775-9518 | **홈페이지** www.waipiovalleywagontours.com | **운영** 투어 시간 10:30, 12:30, 14:30(소요시간 1시간 30분~2시간) | **요금** 성인 $60, 3~11세 $30.00 | **주차** 무료 | **가는 방법** 힐로 국제공항에서 19번 Mamalahoa Hwy.를 타고 1시간 15분가량 직진. 넵튠즈 가든 갤러리 Neptune's Garden Gallery 내 위치.

★★★★★
아카카 폭포 주립공원
Akaka Falls State Park

열대 야생화가 울창하고 작은 시냇물이 흐르는 공원 안을 15분 정도 걷다 보면, 135m의 아카카 폭포와 30m의 카후나 폭포를 만날 수 있다. 카후나 폭포보다 아카카 폭포가 훨씬 웅장하게 느껴진다. 참고로 아카카는 하와이어로 '분열된, 갈라진'의 의미를 가지고 있다.

공원 내 트레일을 걷는 데 왕복 30분 정도 소요된다. 아카카 폭포 주립공원으로 향하는 길에서 즐길 수 있는 스카이라인 집라인 Skyline Zipline도 놓치지 말자. 집라인은 끈 하나로 몸을 묶어 공중에 매달리는 것으로 아카카 폭포의 집라인을 타면 세계의 몇 안 되는 스펙터클한 광경을 코앞에서 만끽할 수 있다.

Map P.359-D2 | **주소** 875 Akaka Falls Rd.Honomu | **전화** 808-961-9540 | **운영** 08:30~17:00 | **입장료** $25(차량당), $10(1인당) | **주차** 무료 | **가는 방법** 힐로 국제공항에서 Airport Rd.를 타고 직진, 오른쪽 11번 Kehuanaoa St.를 타고 우회전. 큰 교차로에서 19번 Mamalahoa Hwy.(Hawaii Belt Rd.) 방향으로 좌회전 후 직진. 왼쪽 220번 Honomu Rd.를 타고 좌회전 후, 두 번째 삼거리에서 좌회전. 220번 Old Mamalahoa Hwy.를 타고 좌회전 후, Akaka Falls Rd.로 진입. 과일트럭에서 7분 정도 더 직진한다.

+ 스카이라인 집라인 Skyline Zipline

Map P.359-D2 | **주소** 28 Honomu Rd. Honomu | **전화** 808-878-8400 | **홈페이지** www.skylinehawaii.com | **운영** 투어 시간 09:00, 10:00, 11:00, 12:30, 13:30, 14:30 | **요금** 179.95(몸무게가 36~117kg 사이만 가능) | **주차** 무료 | **가는 방법** 힐로 국제공항에서 Airport Rd.를 타고 직진, 오른쪽 11번 Hawaii Belt Rd.를 타고 우회전. 큰 교차로에서 19번 Mamalahoa Hwy.(Hawaii Belt Rd.) 방향으로 좌회전. 왼쪽에 220번 Honomu Rd.를 타고 좌회전. 아카카 폭포 주립공원 가는 길목에 있다.

Travel Plus

빅 아일랜드 북쪽 최고의 드라이브 코스, 하마쿠아 코스트

빅 아일랜드 북동쪽에 펼쳐진 하마쿠아 코스트는 연간 강우량이 2,000mm가 넘는 지역으로, 열대우림과 아카카 폭포, 와이피오 계곡 전망대 등이 해안선을 따라 펼쳐지죠. 사실 하마쿠아 고지대는 하와이 원주민들이 카누 제작에 필요한 목재와 장식용 깃털을 얻는 주 공급원이기도 했는데요, 현재는 지역의 특성을 살린 숍들이 곳곳에 위치해 있기도 하죠. 빅 아일랜드에서 숨통이 트일 만큼 뻥 뚫린 해안선을 따라 드라이브를 즐기고 싶다면 이 하마쿠아 코스트를 추천해요!

하와이 트로피컬 보태니컬 가든 Hawaii Tropical Botanical Garden

약 2,000여 종의 식물과 멸종위기에 처한 하와
이 식물을 만날 수 있는 열대 식물원. 오노메아
계곡에 약 5만 평 규모로 조성되어 있어, 산책
하면서 열대 식물을 감상하기 좋다. 대략 둘러
보는 데 2시간 정도 소요되며, 방문객이 많지
않아 프라이빗하게 여유로운 산책을 즐길 수
있다.

Map P.359-E2 | **주소** 27-717 Old Mamalahoa
Hwy. Papaikou | **전화** 808-964-5233 | **홈페
이지** www.htbg.com | **운영** 09:00~17:00(입장
마감 16:00) | **입장료** 성인 $25, 6~16세 $12 | **가
는 방법** 힐로 국제공항에서 Airport Rd.를 타고 11번
Mamalahoa Hwy.로 진입, 19번 Kamehameha Ave.를 끼고 좌회전 후 큰
사거리에서 Hawaii Belt Rd. 방향으로 우회전 후 바로 좌회전. 계속 직진 후,
오른쪽 Old Mamalahoa Hwy. 방향으로 진입(4마일 시닉 드라이브 중간에
위치).

케 올라 마우 로아 교회
Ke Ola Mau Loa Church

'녹색 교회'라는 애칭이 있을 정도로 비비드한 그
린 컬러가 포인트인 이 교회는 와이메아에서 랜드
마크 역할을 톡톡히 하고 있다. 교회 앞 넓은 정원
에 자라는 꽃과 풀이 인상적이며, 교회 외관이 아
름다워 웨딩촬영 장소로도 이용된다.

Map P.385-B3 | **주소** 65-1108 Mamalahoa Hwy.
Waimea | **전화** 808-885-7505 | **운영** 현재 예배는 진
행되고 있지 않다. | **주차** 무료 | **가는 방법** 힐로 국제공항에
서 Airport Rd.를 타고 직진, 오른쪽 11번 Mamalahoa
Hwy.를 타고 우회전. 큰 교차로에서 19번 A Mamalahoa
Hwy.(Kawaihae Rd.)를 타고 이동하다 큰 사거리가 나오
면 Bank of Hawaii 방향으로 좌회전 후 직진.

©하와이 관광청

Beach

와이메아~하마쿠아 코스트의 해변

힐로 북부에 위치한 해변은 수영이나 스노클링을 하기에는 적합하지 않으나 계곡을 끼고 있어 색다른 분위기가 연출된다.

콜레콜레 비치 파크 Kolekole Beach Park

콜레콜레 Kolekole는 하와이어로 '가공되지 않은, 날것의 혹은 흉터가 있는'이라는 뜻을 가지고 있다. 콜레콜레 협곡 위를 지나는 30m 높이의 다리가 인상적인 공원으로, 원래 이 다리는 사탕수수 열차를 위해 지어졌으나 1946년 쓰나미 태풍 이후 그 기능을 상실했다. 아카카 폭포에서 흘러내린 물이 바다와 만나는 곳에 위치해 물살이 세며, 허가를 받으면 캠핑도 가능하다. 단, 아쉽게도 현재 코로나19로 운영하고 있지 않으니 방문 전 문의해보자.

Map P.359-E2 | 주소 29-3800 Mamalahoa Hwy.(근처 레스토랑 주소) | 전화 808-961-8311 | 운영 특별히 명시되진 않았지만 이른 오전과 늦은 저녁은 피하는 것이 좋다. | 주차 무료 | 가는 방법 힐로 국제공항에서 Airport Rd.를 타고 직진, 오른쪽 11번 Mamalahoa Hwy.를 타고 우회전. 큰 교차로에서 19번 Mamalahoa Hwy.(Hawaii Belt Rd.) 방향으로 좌회전. 아카카 폭포에서 4.8km가량 강 하류로 내려가면 만날 수 있다.

와이메아~하마 쿠아 코스트의 즐길 거리

160년 이상 전통을 자랑하는 목장에서의 승마 체험은 여행의 즐거움을 배가시킬 것이다. 말들이 한가로이 풀을 뜯고 있는 초원에서 장엄한 자연을 만끽해보자.

파커 목장 Parker Ranch
★★★★★

파커 집안이 운영하는 거대한 목장. 이곳에서 일하는 파니올로(하와이 카우보이)가 모여 사는 마을을 와이메아라고 부른다. 파커 목장 인근의 카후아 목장과 파니올로 어드벤처에서 승마 투어를 진행하고 있다. 약 1시간 30분~2시간 정도 소요되며, 해안지대에서 와이콜로아에 이르기까지 오션뷰를 감상할 수 있다. 승마 투어는 긴 바지와 앞이 막힌 슈즈를 신어야 가능하다. 꼭 승마 투어가 아니더라도 무료로 파커 목장 내 셀프 투어가 가능하며 파커 목장의 비지터 센터와 뮤지엄은 근처 파커 목장 센터 내에 위치해 있다. 단, 아쉽게도 현재 코로나19로 운영하고 있지 않으니 방문 전 문의할 것.

Map P.385-B3 | **주소** 66-1304 Mamalahoa Hwy. Kamuela(파커 목장 본부) | **전화** 808-889-0022 | **홈페이지** parkerranch.com | **영업** 월~금 08:00~16:00 | **요금** 무료 | **주차** 무료 | **가는 방법** 힐로 국제공항에서 Airport Rd.를 타고 직진, 오른쪽 11번 Mamalahoa Hwy.를 타고 우회전. 큰 교차로에서 19번 A Mamalahoa Hwy.(Kawaihae Rd.)를 타고 직진하다 큰 사거리가 나오면 Chevron 주유소를 끼고 우회전, 직진 후 오른쪽에 Pu'u opelu Rd.로 진입. 초입에 파커 목장 본부가 있다.

+ 카후아 목장 Kahua Ranch

Map P.385-A2 | **주소** 59-564 Kohala Mountain Rd. Waimea | **전화** 808-889-4646 | **홈페이지** www.naalapastables.com/kahua.html | **영업** 07:30~15:00(토~일요일 휴무, 홀스 라이딩 투어 1시간 30분 프로그램 09:30, 14:00, 2시간 30분 프로그램 10:30 · 12:30, 수요일 선셋 바비큐 17:30~20:30) | **요금** $83.87(1시간 30분), $114.73(2시간 30분) | **주차** 무료 | **가는 방법** 250번 Kohala Mountain Rd.를 타고 직진, 오른쪽에 마일마커 11 지나서 우회전.

+ 파니올로 어드벤처 Paniolo Adventure

Map P.385-A2 | **주소** Kohala Mountain Rd. N Kohala | **전화** 808-889-5354 | **홈페이지** paniolo adventures.com | **영업** 월~토 07:30~19:30, 일 10:00~17:00 | **요금** $89~185 | **주차** 무료 | **가는 방법** 250번 Kohala Mountain Rd.를 타고 직진, 왼쪽에 마일마커 13 지나서 좌회전.

알아두세요 **하와이 최초의 카우보이**

최초의 카우보이는 1838년으로 거슬러 올라가야 해요. 당시 카메하메하 대왕 3세가 하와이에 소를 들여왔습니다. 그때 캘리포니아에서 말과 함께 목장 운영에 도움을 주기 위해 멕시칸 카우보이 2명이 하와이에 왔죠. 이들은 스페인어로 카우보이를 뜻하는 '파니올로 Paniolo'라고 불리며 점차 자신들만의 문화를 정착시켰죠.

온 가족이 넓은 대지에서 즐기는 이색 체험!

빅 아일랜드는 하와이에서 가장 큰 섬인 만큼 액티비티 종류도 다양하다. 특히 와이메아 지역은 코할라 산맥을 타고 펼쳐진 곳으로 그 넓이를 가늠할 수 없을 정도로 광활하다. 말을 타고 대지를 거니는 승마 체험뿐만 아니라 하와이 카우보이의 지난 발자취를 간접 체험할 수 있는 역사 투어 등 다양한 투어를 체험할 수 있다.

다하나 랜치 Dahana Ranch

승마를 처음 타거나 아이가 있는 가족이라면 이 투어를 추천한다. 말을 타고 광활한 들판을 거니는 특별한 추억을 만들 수 있다. 복장 중에서도 신발이 가장 중요한데 슬리퍼나 크록스, 샌들은 불가능하며 운동화를 신는 것이 좋다. 만 3~4세부터 이용 가능. 프로그램은 1시간 30분~2시간 15분까지 선택할 수 있다.

Map P.358-C1 | 주소 1 Dahana Ranch Rd.(따로 주소가 명시되어 있지 않음) | 전화 808-987-4872 | 홈페이지 4dquarterhorses.com | 영업 승마 체험 월~금 11:00 · 13:00, 토~일 09:00 · 11:00 · 13:00 | 요금 $110~200 | 주차 무료

안나 랜치 헤리티지 센터
Anna Ranch Heritage Center

빅 아일랜드 역사 속 인물에 대해 알아볼 수 있는 곳. 파우 여왕과 수상 경력이 있는 기수, 가장 치열했던 카우걸 안나 등 다양한 스토리를 들을 수 있는 역사 체험이 있다. 5대째 살았던 린지 가족의 목장 가옥과 과거의 골동품을 살펴볼 수 있으며 투어는 화 · 목요일 13:00에만 가능하다.

Map P.358-C1 | 주소 65-1480 Kawaihae Rd. Kamuel | 전화 808-885-4426 | 홈페이지 www.annaranch.org | 영업 화~금 10:00~14:30(토~월요일 휴무) | 요금 $10 | 주차 무료

와이피오 온 호스백 Waipi'o on Horseback

좀더 활동적인 체험을 원한다면 와이피오 밸리 호스백도 있다. 말을 타고 와이피오 계곡을 오가는 것으로 일반 승마 체험보다 더 스릴감이 있다. 단, 8세 이상~70세 미만까지만 이용 가능하다. 총 소요시간은 2시간 30분.

Map P.358-C2 | 주소 1 Honokaa Waipio Rd.(따로 주소가 명시되어 있지 않음) | 전화 808-775-7291 | 홈페이지 waipioonhorseback.com | 영업 월~토 09:00~14:00(일요일 휴무, 프로그램 09:00~ 12:00, 12:30~15:30) | 요금 $150 | 주차 무료

Restaurant

와이메아~하마쿠아 코스트의 먹거리

이곳에는 빅 아일랜드를 대표하는 유명 레스토랑부터 소박한 외식의 기쁨을 맛볼 수 있는 저렴한 레스토랑까지 모두 모여 있다.

메리맨즈 레스토랑
Merriman's Restaurant
★★★★★

오픈한 지 20년 이상 된 레스토랑. 마우이와 카우아이에도 같은 브런치 레스토랑이 있으나 이곳은 셰프인 피터 메리맨의 손이 닿은 본점이다. 이곳의 수석 셰프인 피터 메리맨은 제임스 비어드 어워드에서 세 차례나 결선에 오른 유명 셰프이자, 하와이 특산 요리 운동을 시작한 멤버로 유명하다. 이곳의 런치 메뉴로는 햄버거와 피시 샌드위치, 피시 타코 등이 있으며, 디너 메뉴는 정식 코스요리로 진행되는데 하와이에서 직접 잡은 생선으로 만든 요리와 뉴욕 스테이크, 양고기 등이 있다. 특히 주말에 이곳을 방문할 예정이라면 일요일 브런치 메뉴를 즐겨보는 것도 좋다.

Map P.385-B3 | 주소 65-1227 Opelo Rd. Waimea | 전화 808-885-6822 | 홈페이지 www.merrimanshawaii.com | 영업 [브런치] 일 10:30~14:00, [런치] 일~목 11:30~14:00, [디너] 17:00~20:00 | 가격 런치 $13~25, 브런치 $10~18, [디너 정식 코스] 성인 $95, 어린이 $32 | 주차 무료 | 예약 필요 | 가는 방법 힐로 국제공항에서 Airport Rd.를 타고 직진, 오른쪽 11번 Mamalahoa Hwy.를 타고 우회전. 큰 교차로에서 19번 Mamalahoa Hwy.(Kawaihae Rd.)를 타고 이동하다 Opelo Rd.가 보이면 좌회전 후 왼쪽에 위치.

미스터 에디스 베이커리
Mr. Ed's Bakery

1910년도에 있던 이시고 베이커리 Ishigo Bakery 자리에 이름을 바꿔 운영하는 빵집. 29종류의 쿠키와 69개의 홈 메이드 잼을 판매하고 있어 고르는 재미가 있다. 특히 잼은 최소한의 재료만 사용하는 전통적인 방법을 고수하고 있다.

Map P.359-D2 | 주소 28-1672 Old Mamalahoa Hwy. Honomu | 전화 808-963-5000 | 홈페이지 www.mredsbakery.com | 영업 06:00~18:00 | 가격 $2.99~10 | 주차 무료 | 예약 불가 | 가는 방법 힐로 국제공항에서 Airport Rd.를 타고 직진, 오른쪽 11번 Mamalahoa Hwy.를 타고 우회전. 큰 교차로에서 19번 Mamalahoa Hwy.(Hawaii Belt Rd.) 방향으로 좌회전. 왼쪽에 220번 Honomu Rd.를 타고 좌회전 후, 두 번째 삼거리에서 좌회전. 220번 Old Mamalahoa Hwy.를 타고 좌회전. 왼쪽에 위치.

와이메아~하마쿠아 코스트의 쇼핑

힐로와 코나 사이에 위치한 와이메아. 드라이브 하는 도중 이곳의 쇼핑 센터에 들러 필요한 제품들을 구입하면 훨씬 편리하다.

와이메아 센터 Waimea Center

와이메아 지역을 지나다보면 파니올로 마을을 상징하는 거대한 웨스턴 부츠 조형물이 눈에 띈다. 서민적인 쇼핑 센터인 이곳은 1989년에 문을 열어 웨스턴 부츠 동상으로 유명해졌다. 해변에 나가기 전에 필요한 비치웨어나 간단한 간식 등을 이곳에서 준비하는 것이 좋다. 관광객들이 찾는 기념품 가게도 있다.

Map P.385-B3 | **주소** 65-1158 Mamalahoa Hwy. Waimea | **전화** 808-885-7169 | **영업** 07:00~20:00(입점 매장마다 차이 있음) | **주차** 무료 | **가는 방법** 힐로 국제공항에서 Airport Rd.를 타고 직진, 오른쪽 11번 Mamalahoa Hwy.를 타고 우회전. 큰 교차로에서 19번 Mamalahoa Hwy.(Kawaihae Rd.)를 타고 큰 사거리가 나오면 Bank of Hawaii 방향으로 좌회전한다. 왼쪽에 위치.

파커 목장 센터 Parker Ranch Center

푸드랜드와 로컬 음식점, 카페 등이 모여 있는 곳. 중심에 위치한 파커 목장 스토어에서는 웨스턴 부츠와 티셔츠 등을 판매하며, 이웃해 있는 스테이크 하우스에서는 저렴한 가격으로 질 좋은 스테이크를 맛볼 수 있다. 파커 목장 비지터 센터와 박물관도 이곳에 있다. 박물관에서는 150년 전 카우보이들의 생활을 엿볼 수 있다. 특히 파커 목장 센터에서 꼭 구입해야 하는 아이템은 육포 Jerky. 근처 목장에서 직접 사육한 소로 만들어서 시중에 파는 것과는 맛과 질이 다르다. 샘플을 직접 맛볼 수 있다.

Map P.385-B3 | **주소** 67-1185 Mamalahoa Hwy. Waimea | **전화** 808-885-5300 | **홈페이지** www.parkerranchcenter.com | **영업** 월~토 09:00~19:00, 일 10:00~17:00 | **주차** 무료 | **가는 방법** 힐로 국제공항에서 Airport Rd.를 타고 직진, 오른쪽 11번 Mamalahoa Hwy.를 타고 우회전. 큰 교차로에서 19번 Mamalahoa Hwy.(Kawaihae Rd.)를 타고 이동하다 큰 사거리가 나오면 Bank of Hawaii 방향으로 좌회전한다. 오른쪽에 위치.

영화 〈하와이언 레시피〉의 배경, 호노카아 Honokaa

와이메아에서 동쪽으로 차를 타고 20여 분 정도 더 달리면 호노카아Honokaa 마을이 등장한다. 이 지역에서 볼거리라면 와이피오 계곡이 유일했는데, 최근 여행자들이 이곳을 즐겨 찾고 있다. 이유는 바로 영화 〈하와이언 레시피(원제는 '호노카아 보이Honokaa Boy')〉 때문이다. 작고 조용한 마을인 이곳에는 영화 속에서 자주 등장한 호노카아 피플즈 시어터Honokaa People's Theater는 물론이고, 개성 강한 빈티지 인테리어의 중고숍 등이 곳곳에 위치해 있으며, 영화처럼 순수하고 착한 사람들을 만날 수 있다.

호노카아 피플즈 시어터 Honokaa People's Theater

호노카아 마을의 트레이드마크이자, 영화 〈하와이언 레시피〉의 주 촬영 장소. 1930년만 해도 호노카아는 크고 작은 이벤트가 많은 지역이었다. 사탕수수 농장에서 일하는 노동자나 목장 노동자, 군인과 농부 등 그야말로 다양한 직종의 사람들이 모여 끊임없이 즐거운 일들을 도모하는 곳이었다. 그 연장선 상으로 영화관이 오픈되었으나 1980~1990년대를 지나며 고전을 면치 못하는 상태에 이르렀다. 현재는 비정기적으로 영화관 내 카페를 운영하고 있으며, 간헐적으로 독립영화를 상영하고 있다. 현재 운영난을 겪고 있어 영화관을 부활시키기 위한 도네이션을 받고 있으며, 영화관에는 과거 영화 제작 시 사용하던 소품들을 직접 살펴볼 수 있도록 해두었다.

영화관 내 카페.

Map P.359-D1 | 주소 45-3574 Mamane St. Honokaa | 전화 808-775-0000 | 홈페이지 honokaapeople.com | 영업 영화 스케줄에 따라 조금씩 다르며, 카페 영업 시간 역시 매일 바뀌기 때문에 홈페이지에서 스케줄을 미리 확인해야 한다. | 주차 무료(근처 스트리트) | 가는 방법 힐로 국제공항에서 19번 Mamalahoa Hwy.로 진입, 1시간가량 직진 후 오른쪽의 Mamane St.로 진입한다. 오른쪽에 위치.

그램마스 키친 Gramma's Kitchen

빈티지한 레스토랑 안으로 들어서면 마치 시골 할머니 집에 놀러온 듯 정겨운 분위기마저 느껴진다. 햄버거와 샌드위치, 찹 스테이크, 피시 앤 칩스 등 정통 미국식 메뉴를 즐길 수 있는 곳. 식사 후에는 디저트로 커피와 릴리코이 치즈 케이크를 곁들이는 것도 잊지 말자.

Map P.359-D1 | 주소 45-3625 Mamane St. Honokaa | 전화 808-775-9943 | 영업 수~목 10:00~14:00, 금~일 10:00~15:00(월~화요일 휴무) | 가격 $5~18(코리안 카츠 $16, 햄버거 스테이크 플레이트 $14) | 주차 무료(근처 스트리트) | 가는 방법 힐로 국제공항에서 19번 Mamalahoa Hwy.로 진입, 1시간가량 직진. 오른쪽 Mamane St.로 진입. 골목 끝 왼쪽에 위치.

하마쿠아 퍼지 숍 Hamakua Fudge Shop

현지에서 오가닉 재료들을 구해 아이스크림과 퍼지를 직접 만드는 디저트 카페로 릴리코이 퍼지가 유명하다. 매장 내 샘플로 준비된 퍼지들을 맛보면 그 매력에서 빠져나오기 힘들다. 그밖에도 트로피컬 스위트 롤이나 스티키 번 등 달콤한 패스트리와 칠리 에그 퍼프, 오노 포테이토 등 맛있는 간식들을 함께 판매한다.

Map P.359-D1 | **주소** 45-3611 Mamane St. Honokaa | **전화** 808-775-1333 | **영업** 월~토 10:00~16:30(일요일 휴무) | **가격** ~$15 | **주차** 무료(근처 스트리트) | **가는 방법** 힐로 국제공항에서 19번 Mamalahoa Hwy.로 진입, 1시간가량 직진 후 오른쪽의 Mamane St.로 진입한다. 왼쪽에 위치.

호노카아아 트레저 Honoka'a Treasures

빈티지 알로하셔츠를 비롯해 오래된 페인팅과 중고 인테리어 소품을 판매하는 곳. 매장 규모는 작지만 오래된 의자와 놀이기구, 벽을 가득 채운 그릇 등 호기심을 불러일으키는 아이템들이 다양하다. 오래 전 하와이에서 사랑받은 인테리어 소품이 궁금하다면 이곳을 꼭 들르자.

Map P.359-D1 | **주소** 45-3611 Mamane St. #104 Honokaa | **전화** 808-775-0244 | **영업** 월~토 10:00~16:00(일요일 휴무) | **주차** 무료(근처 스트리트) | **가는 방법** 힐로 국제공항에서 19번 Mamalahoa Hwy.로 진입, 1시간가량 직진 후 오른쪽의 Mamane St.로 진입한다. 왼쪽에 위치.

텍스 드라이브 인 Tex Drive Inn

로코모코와 버거, 샐러드 등의 메뉴가 있지만 이곳에서 놓치지 말고 맛봐야 하는 것은 바로 갓 튀겨낸 달콤한 말라사다다. 하마쿠아 코스트의 사탕수수 농장 근처에 위치한 곳으로 각종 잡지에 여러 차례 소개된 바 있을 정도로 호노카아의 명물이다.

Map P.359-D1 | **주소** 45-690 Pakalana St. Honokaa | **전화** 808-775-0598 | **홈페이지** www.texdriveinhawaii. com | **영업** 06:00~18:00 | **가격** $1.50~15(말라사다 $1.50) | **주차** 무료 | **가는 방법** 힐로 국제공항에서 19번 A mamalahoa Hwy.를 타고 직진하다 하마쿠아 컨트리클럽 Hamakua Country Club을 지나 오른쪽에 위치.

리조트가 모여 있는 빅 아일랜드 대표 휴양지

코할라 코스트~노스 코할라

화산지대인 코할라 코스트는 빅 아일랜드의 서부 해안 도로를 일컫는다. 코할라 코스트에 위치한 하푸나 비치는 세계 Top 10 해변으로 선정될 만큼 인기가 높다. 그이유는 빅 아일랜드에서 가장 규모가 큰 백사장이 있으며 그곳에서 수영과 부기 보딩·스노클링과 같은 해양 스포츠들을 마음껏 즐길 수 있기 때문이다. 또한 맑은 날이 많아 일광욕하기에도 적합해 여행자들의 천국으로 꼽히는 곳이기도 하다. 노스 코할라는 개발되지 않은 아름다운 자연이 만들어내는 풍경 외에 하와이를 통일시킨 카메하메하 대왕의 고향으로도 역사적 가치가 있다. 그가 태어난 마을인 하위 Hawi에서 대왕의 오리지널 동상을 볼 수 있으며, 하와이 최대 규모의 토속신앙 신전 헤이아우가 있는 언덕에 올라 빅 아일랜드의 다이내믹한 경관도 즐길 수 있다.

+ 공항에서 가는 방법

코나 국제공항에서 19번 Queen Kaahumanu Hwy.를 끼고 달리다 19번 Kawaihae Rd.로 바뀌면 계속해서 이 도로로 직진. 중간에 270번 Akoni Pule Hwy.로 진입해 해안 도로를 끼고 달리면 코할라 코스트 지역이 시작된다. 중간에 해안 도로의 진입이 끊기기 때문에 250번 Kohala Mtn. Rd.를 끼고 우회전해야 한다. 1시간가량 소요된다. 힐로 국제공항에서는 19번 Mamalahoa Hwy.를 타고 진입, 와이메아 지역에서 250번 Kohala Mtn. Rd. 도로로 진입해 직진. 1시간 50분 정도 소요된다.

+ 사우스 코나에서 볼 만한 곳

하푸나 비치 주립공원, 푸우코홀라 헤이아우 국립 역사 지구

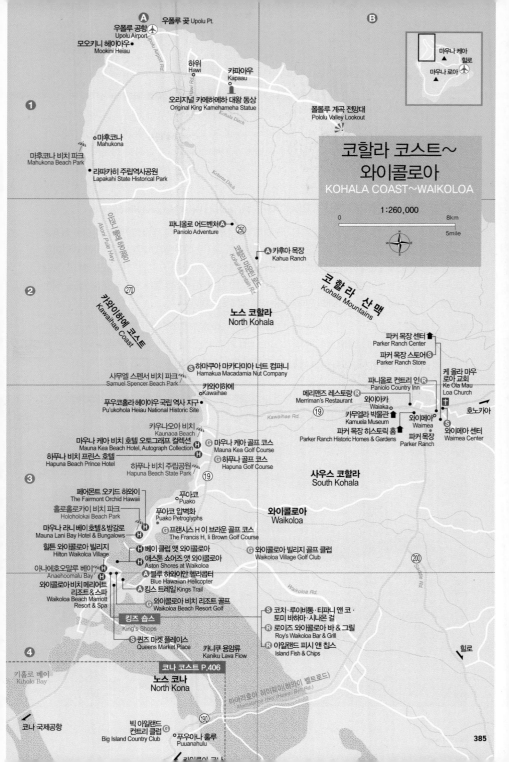

코할라 코스트~ 노스 코할라의 볼거리

300여 년 전, 카메하메하 대왕의 발자취를 따라 푸우코홀라 헤이아우의 산책로를 걸어보자. 역사적으로 의미가 깊은 오리지널 카메하메하 대왕 동상도 이곳에 있다.

푸우코홀라 헤이아우 국립 역사 지구 Pu'ukohola Heiau National Historic Site

1791년 카메하메하 대왕이 하와이의 통일을 기원하며 지은 신전. 카메하메하 대왕이 하와이의 섬을 정복할 거라는 예언자의 말을 듣고 지은 것이다. 실제로 카메하메하 대왕은 1794년에 마우이, 몰로카이, 라나이를 정복한 뒤 이듬해에 오아후까지 정복했고, 15년이 지난 후에는 카우아이를 포함, 하와이 제도 전체를 통일했다. 헤이아우 주변은 아직도 성스러운 지역으로 여겨지고 있다. 산책로를 통해 역사적인 장소들을 직접 걸어볼 수 있다. 푸우코홀라는 '고래의 언덕'이라는 의미의 하와이어다.

Map P.385-A3 | **주소** 62-3601 Kawaihae Rd. Kawaihae | **전화** 808-882-7218 | **홈페이지** www.nps.gov/puhe | **운영** 07:30~16:45 | **입장료** 무료 | **주차** 무료 | **가는 방법** 코나 국제공항에서 19번 Queen Kaahumanu Hwy.를 타고 직진. 270번 Kawaihi-Mahukona Rd. 방향으로 좌회전해 직진. 첫 번째 삼거리에서 좌회전. 표지판이 보인다.

위에서 내려다본 전경

©하와이 관광청

©하와이 관광청

폴롤루 계곡 전망대 Pololu Valley Lookout

하와이의 북쪽, 코할라 코스트의 검은 용암을 바라보며 달리는 길은 웅장한 느낌마저 든다. 드라마틱한 해안선을 따라 달리다 보면 도로 끝에 자그마한 주차장이 나온다. 전망대에는 폴로루 계곡의 신록이 파릇한 절벽 끝이 펼쳐지는데, 가파른 계곡을 내려가면 블랙 샌드 비치가 나타난다. 파도가 거세 수영을 하기에는 적당하지 않으니 주의할 것. 폴로루 계곡 전망대는 와이피오 계곡 전망대와 함께 빅 아일랜드 최고의 파노라마 전망대로 꼽힌다.

Map P.385-B1 | **주소** 52-5100 Akoni Pule Hwy. Kapaau | **운영** 특별히 명시되진 않았지만 이른 오전과 늦은 저녁은 피하는 것이 좋다. | **입장료** 없음 | **주차** 무료 | **가는 방법** 270번 Akoni Pule Hwy. 끝에서 아이니 트레일 Awini Trail을 따라 가면 나온다.

오리지널 카메하메하 대왕 동상 Original King Kamehameha Statue

©하와이 관광청

하와이에는 카메하메하 대왕 동상이 많은데, 동상 앞에 '오리지널'이라는 타이틀이 붙은 이 동상이야말로 그 의미가 가장 크다. 제일 처음 만들어진 데다가 카메하메하 대왕의 탄생지에 세워졌기 때문. 비비드한 옐로우 컬러가 포인트인 이 동상은 이탈리아에서 1880년 하와이로 운반하는 중 선박이 좌초되었는데, 그 후 다시 발견해 1912년 이곳에 세워졌다.

Map P.385-A1 | **주소** 54-3903 Akoni Pule Hwy. Waimea(본드 메모리얼 퍼블릭 라이브러리 주소) | **운영** 특별히 명시되진 않았지만 이른 오전과 늦은 저녁은 피하는 것이 좋다. | **입장료** 무료 | **주차** 무료 | **가는 방법** 코나 국제공항에서 19번 Queen Kaahumanu Hwy.를 타고 직진. 중간에 270번 Kawaihi-Mahukona Rd.로 진입한 뒤 도로명이 Akoni Pule Hwy.로 바뀐 뒤에도 계속 직진하다 보면 도로에 위치해 있음.

코할라 코스트~ 노스 코할라의 해변

해변의 규모가 다른 이웃 섬에 비해 작아, 퍼블릭 비치에는 사람들로 붐빈다. 프라이빗하게 즐기고 싶다면 코할라 코스트쪽 해변을 겨냥하는 것이 좋다.

★★★★★
하푸나 비치 주립공원 Hapuna Beach State Park

빅 아일랜드에서 유일하게 긴 백사장으로 유명한 이곳은 하푸나 비치 프린스 호텔의 남쪽에 위치하고 있다. 해변이 넓고 인적이 드물어 아침에 와서 저녁까지 놀다 가는 여행자가 많다. 겨울에는 파도가 세니 주의하자. 부기 보딩을 하는 사람들이 즐겨 찾는 곳이기도 하다.

Map P.385-A3 | 주소 62 KaunaOa Dr. Kamuela(근처 하푸나 비치 프린스 호텔 주소) | 운영 07:00~18:45 | 입장료 $25(차량당) | 주차 무료 | 가는 방법 코나 국제공항에서 19번 Queen Kaahumanu Hwy.를 타고 직진, 왼쪽에 Hapuna Beach Rd.로 좌회전 후 직진. 약 30분 소요되며 하푸나 비치 프린스 호텔과 마우나 케아 비치 호텔이 바로 옆에 위치.

©하와이 관광청

키홀로 베이 Kiholo Bay

해수와 맑은 물이 합쳐져 용암 바위가 많은 곳에 생성된 아름다운 만. 대부분은 개인 소유 구역이다. 19번 고속도로의 마일마커 82번 위치에서 베이의 아름다운 뷰를 감상할 수 있다. 1820년 카메하메하 대왕에 의해 세워진 연못이 한 부분이며, 절벽은 길이 약 2m, 너비 6m에 해당한다. 연못의 대부분은 1859년 용암이 흘러 파괴되었으며, 운이 좋으면 해변에 나타난 거북이를 볼 수 있다.

Map P.385-A4 | 주소 71-1890 Queen Kaahumanu Hwy. Kailua-Kona | 전화 808-961-9540 | 운영 특별히 명시되진 않았지만 이른 오전과 늦은 저녁은 피하는 것이 좋다. | 주차 무료 | 가는 방법 코할라 리조트 단지에서 북쪽으로 향하는 19번 Queen Kaahumanu Hwy.를 타고 가다 마일마커 82와 83 사이에 퍼블릭 도로가 나온다(이정표가 따로 없으니 주의할 것). 문이 열려 있는 시간은 08:00~16:00. 만약 문이 잠겨 있을 경우 마일마커 81 근처의 도로로 내려가면 비치로 갈 수 있다.

Mia's Advice

빅 아일랜드에 머무르는 동안 코나와 힐로 두 군데를 모두 둘러보고 싶다면, 코나로 도착해 힐로에서 출발하면 된답니다. 비행기티켓도 코나 IN, 힐로 OUT(반대로도 가능)으로 지정하고, 뿐만 아니라 렌터카 역시 코나에서 픽업해서 힐로에서 반납(반대로도 가능)할 수 있어요. 픽업 장소와 반납 장소가 다를 경우, $75(업체마다 다를 수 있음) 정도 추가하면 가능하답니다.

Waikoloa

리조트가 모여 있는 빅 아일랜드 대표 휴양지
와이콜로아

공항에서 30분 정도 거리에 위치한 지역으로 빅 아일랜드 여행의 모든 재미를 동시에 느낄 수 있는, 여행자의 만족도가 높은 지역이다. 유명 체인 리조트와 콘도미니엄들이 모여 있어 그것을 중심으로 쇼핑 센터와 퍼블릭 비치를 끼고 있다. 이곳에서만 머물러도 다양한 볼거리와 액티비티, 쇼핑 등 온전히 빅 아일랜드를 맛볼 수 있다는 장점 때문에 여행자들이 가장 많이 모인다. 빅 아일랜드에서 숙박하며 여행해보고 싶다면 이곳에 숙소를 정해도 좋겠다. 빅 아일랜드의 대표 액티비티인 하와이 화산 국립공원의 헬기 투어, 한밤중의 만타 레이 스노클링(쥐가오리 스노클링), 고대 빅 아일랜드의 암벽화가 남아 있는 킹스 트레일 등도 이곳에서 가능하며 퀸즈 마켓 플레이스나 킹스 숍스에서 쇼핑도 할 수 있다.

+ 공항에서 가는 방법

코나 국제공항에서 19번 Queen Kaahumanu Hwy.를 끼고 직진하다 오른쪽에 Waikoloa Beach Dr.를 끼고 우회전하면 와이콜로아 리조트 단지를 만날 수 있다. 공항에서 약 30분 소요.

+ 사우스 코나에서 볼 만한 곳

카우나오아 비치, 아나에호오말루 베이, 킹스 트레일

와이콜로아의 해변

와이콜로아에는 부드러운 모래사장을 둔 해변이 곳곳에 있다. 그런 까닭에 사람이 붐비지 않고, 퍼블릭 비치에서도 조용한 휴식을 취할 수 있다.

★★★★★
카우나오아 비치 Kaunaoa Beach

마우나 케아 비치 호텔 앞에 있는 퍼블릭 비치로, 빅 아일랜드의 아름다운 해변 중 하나로 손꼽힌다. 1/4마일 가량의 넓은 모래사장을 두고 있으며, 암초들이 파도가 거세지지 않도록 보호해 수영과 스노클링, 부기 보딩 등을 즐기기 좋다. 또한 야외 샤워장과 발리볼 코트가 있다. '마우나 케아 비치 Mauna Kea Beach'라고도 불린다.

©하와이 관광청

Map P.385-A3 | 주소 62-100 Mauna Kea Beach Dr. Waimea | 운영 일출 시~일몰 시 | 주차 무료 | 가는 방법 코나 국제공항에서 19번 Queen Kaahumanu Hwy.를 타고 직진, Mauna Kea Beach Dr.(마일마커 68)를 끼고 좌회전 후 도로 끝에 위치.

Mia's Advice

카우나오아 비치를 들어가기 위해선 마우나 케아 비치 호텔을 통해야 해요. 호텔 입구에서 직원에게 카우나오아 비치 Kauna'oa Beach에 간다고 말하면 Parking Pass를 건네줍니다. 차를 주차하고 이정표 방향으로 5분 정도 걸어 내려가면 비치를 만날 수 있어요.

홀로홀로카이 비치 파크
Holoholokai Beach Park

모래보다 바위가 더 많은 해변. 태양과 파도, 바람과 바닷물이 아름다운 뷰를 만든다. 뿐만 아니라 주변이 고요해 평화로운 풍경마저 연출된다. 코할라 리조트 단지에 위치한 곳으로, 용암석이 많아서 수영하기 힘들기 때문에 아쿠아 슈즈를 준비하는 것이 좋다. 바비큐 그릴과 피크닉 테이블, 야외 샤워시설이 설치되어 있다.

Map P.385-A3 | 주소 Holoholokai Beach Park Rd., Puako | 운영 08:00~ 18:00 | 주차 무료 | 가는 방법 코나 국제공항에서 19번 Queen Kaahumanu Hwy.를 타고 직진, 왼쪽에 Mauna Lani Dr.를 끼고 좌회전, 교차로에서 N Kaniku Dr.로 진입, 페어몬트 오키드 리조트와 같은 방향으로 직진하면 비치 파크가 나온다.

아나에호오말루 베이 Anaehoomalu Bay

©하와이 관광청

와이콜로아 리조트 단지 내에 있는 해변으로 리조트 단지 투숙객들이 주로 이용한다. 야자나무가 길게 늘어서 있는 이곳은 만 형태로 되어 있어 파도가 약하기 때문에 수영이나 스노클링을 즐기기 좋다. 그밖에도 다양한 액티비티가 진행된다. 리조트 단지 내 퀸즈 마켓 플레이스에서 아나에호오말루 베이로 연결되는 도로가 있다.

Map P.385-A3 | 주소 Kuualii Pl. Waikoloa | 운영 특별히 명시되진 않았지만 이른 오전과 늦은 저녁은 피하는 것이 좋다. | 주차 무료 | 가는 방법 코나 국제공항에서 19번 Queen Kaahumanu Hwy.를 타고 직진, 오른쪽에 와이콜로아 리조트 단지로 향하는 Waikoloa Beach Dr.에서 오른쪽. 직진하다 퀸즈마켓 플레이스를 지나 Kuualii Pl.로 좌회전, 도로 끝에 위치.

Mia's Advice

스노클링 크루즈, 선셋 크루즈, 돌핀 크루즈 등의 다양한 액티비티가 아나에호오말루 베이에서 진행된답니다. 와이콜로아 비치 메리어트, 힐튼 와이콜로아 빌리지, 마우나 케아 비치 호텔, 퀸즈 마켓 플레이스, 하푸나 비치 프린스 호텔, 페어몬트 오차드 등의 리조트에는 오션 스포츠 액티비티 Ocean Sports Activity 데스크에서 예약을 받아요(문의 및 예약 홈페이지 www.hawaiioceansports.com).

와이콜로아의 즐길 거리

빅 아일랜드의 트레이드 마크인 화산 투어, 킹스 트레일, 빅 아일랜드의 인기 액티비티 골프, 야간 스노클링까지! 와이콜로아에는 즐길 거리가 넘쳐난다.

블루 하와이안 헬리콥터
Blue Hawaiian Helicopter

와이콜로아 지역에서 출발하는 헬리콥터 투어는 대표적으로 두 가지 프로그램이 있다. 코할라 해안과 계곡, 폭포를 여행하는 코할라 코스트 어드벤처와 빅 아일랜드의 화산을 감상할 수 있는 빅 아일랜드 스펙터클이 그것. 원한다면 마우이 투어도 가능하다. 인터넷으로 예약하면 할인받을 수 있으며 힐로 지역에서도 화산 투어 프로그램을 진행하고 있다. 저소음의 에코 투어를 원할 경우 단독으로 진행되며, $50~100의 추가 요금을 내면 가능하다. 최소 5일 전에는 예약해야 한다.

Map P.385-A4 | 주소 68-690 Waikoloa Rd. Waikoloa Village | 전화 808-961-5600 | 홈페이지 www.bluehawaiian.com/bigisland | 영업 07:00~19:00 | 요금 서클 오브 파이어 $369, 코할라 코스트 어드벤처 $359, 빅 아일랜드 스펙터클 $649 | 주차 무료 | 가는 방법 코나 국제공항에서 19번 Queen Kaahumanu Hwy.를 타고 직진하다 오른쪽에 Waikoloa Rd.를 따라 우회전.

킹스 트레일
Kings Trail((Petroglyph Tour)
★★★★★

빅 아일랜드에는 용암 위에 새겨진 그림문자인 암벽화가 다수 남아 있다. 그중 하나가 와이콜로아 리조트 단지에 있는 킹스 트레일로, 많은 암벽화를 볼 수 있다. 코나 남쪽 카일루아 빌리지와 북쪽의 푸아코 사이 32마일의 거리가 모두 킹스 트레일이다. 암벽화는 하와이어로 카하키(새겨서 그린 그림), 키이포하쿠(암석화), 또는 키(그림)라고 부른다. 무엇 때문에 그려놓았는지는 아직까지 미스테리로 남아 있다. 가이드 없이 혼자서 둘러보기에도 충분하다. 단, 앞코가 막힌 워킹슈즈와 자외선 차단제는 필수 아이템이며, 카메라와 물을 준비하는 것도 잊지 말자.

Map P.385-A4 | 주소 250 Waikoloa Beach Dr. Waikoloa | 전화 808-886-8811 | 홈페이지 www.kingsshops.com | 운영 특별히 명시되진 않았지만 이른 오전과 늦은 저녁은 피하는 것이 좋다. | 요금 무료 | 주차 무료(와이콜로아 리조트 단지 내) | 가는 방법 코나 국제공항에서 19번 Queen Kaahumanu Hwy.를 타고 직진, 왼쪽 Waikoloa Beach Dr.를 따라 좌회전. 리조트 단지 내 킹스 숍스 근처.

하푸나 골프 코스
Hapuna Golf Course

마우나 케아 리조트에 세계적인 골프 선수 아놀드 파머가 직접 설계한 골프 코스. 1992년에 새롭게 오픈한 18홀의 챔피언 골프 코스로, 1997년과 1998년 골프 다이제스트 선정 '베스트 퍼블릭 코스'로 꼽힌 바 있다. 코할라 산맥의 웅장한 경치를 바라보며 골프를 즐길 수 있다. 전망이 좋고, 자연의 지형을 그대로 살린 코스와 티샷 랜딩 지역이 좁은 것도 특징이다.

Map P.385-A3 | 주소 62-100 Kauna'Oa Dr. Kamuela | 전화 808-880-3000 | 홈페이지 hawaiit eetimes.com/products/hapuna-golf-course | 영업 06:30~17:00 | 요금 $130~169 | 주차 무료 | 가는 방법 코나 국제공항에서 19번 Queen Kaahumanu Hwy.(A Mamalahoa Hwy.)를 타고 직진, 오른쪽에 Kauna'Oa Dr.를 따라 직진.

니는 쥐가오리 떼를 만날 수 있다. 그들이 밤에 이곳을 찾는 이유는 플랑크톤을 먹기 위한 것으로 만타 레이는 야간 식사를, 관광객들은 식사하는 만타 레이를 관람한다. 무엇보다 다른 곳에 비해 밤에 즐길 수 있는 스노클링이라 더 이색적인 느낌이 든다. 일몰 이후 1시간 30분가량 진행된다.

Map P.407-B4 | 주소 78-7130 Kaleiopapa St. Kailua-Kona | 전화 808-322-2788 | 홈페이지 www.fair-wind. com | 영업 08:00~17:00 | 요금 $149(7세 이상 가능) | 주차 무료 | 가는 방법 코나 국제공항에서 19번 Queen Kaahumanu Hwy.를 타고 직진, 11번 Mamalahoa Hwy.를 거쳐 오른쪽의 Kamehameha III Rd.로 진입. 케아우호우 베이에 위치.

만타 레이 스노클링
Manta Ray Snorkeling
★★★★★

만타 레이 Manta ray는 하와이산 쥐가오리를 뜻한다. 가로 길이가 6m 이상인 만타 레이는 하와이에서만 만날 수 있는 해양 생물 중 하나로, 가시가 없어 안전하다. 케아우호우 베이 Keauhou Bay는 하와이에서 쥐가오리를 볼 수 있는 최고의 장소이며 밤에 스포트라이트를 비추면 빛을 따라 무리지어 다

Mia's Advice

만타(Manta)는 스페인어로 넓고 평평한 담요를 뜻해요. 쥐가오리가 양 날개를 펼쳐 수중에서 펄럭거리는 모습을 보면 왜 '담요'라는 말에서 이름 붙여졌는지 상상할 수 있죠. 주로 열대 지역과 아열대 지역에 분포해 있어 바다가 차가운 한국에서는 보기 힘든 물고기예요.

와이콜로아의 쇼핑

빅 아일랜드에서 쇼핑몰이 가장 잘 형성되어 있는 곳이 와이콜로아다. 리조트 단지에 다양한 종류의 상점과 레스토랑이 밀집되어 있다.

퀸즈 마켓 플레이스
Queens Market Place

블루 진저 패밀리, 퀵 실버 등 패션 브랜드와 찰리스 타이 퀴진, 센세이 시푸드 등 레스토랑, 푸드 코트와 기프트숍 등이 모여 있는 쇼핑몰. 특히 아일랜드 고메 마켓 Island Gourmet Market은 간단한 델리, 기념품, 의류 등을 판매하는 것은 물론 와이콜로아 리조트 단지에서 유일하게 식재료를 판매하는 마켓으로 유명하다. 매달 첫째 주 금요일 18:00~19:00에는 레이 만들기, 매주 수요일 18:00에는 훌라 클래스를 운영하며 매달 셋째 주 토요일 18:00에는 콘서트가 열린다.

Map P.385-A4 | **주소** 69-201 Waikoloa Beach Dr. Waikoloa Village | **전화** 808-886-8822 | **영업** 10:00~20:00 | **주차** 무료 | **가는 방법** 코나 국제공항에서 19번 Queen Kaahumanu Hwy.를 타고 직진, 왼쪽에 Waikoloa Beach Dr.를 따라 좌회전.

킹스 숍스 Kings Shops

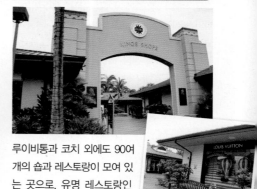

루이비통과 코치 외에도 90여 개의 숍과 레스토랑이 모여 있는 곳으로, 유명 레스토랑인 로이스 와이콜로아 바 & 그릴 외에도 아일랜드 피시 & 칩스, 포스터스 키친 등이 있다. 무엇보다 다양한 액티비티를 즐길 수 있어 리조트 단지 투숙객들의 만족도를 높인다. 매일 09:30에는 잉어 먹이주기 이벤트를 진행하며, 킹스 트레일의 암벽화 투어도 유명하다. 또한 매주 화요일 09:00~14:30에는 파머스 마켓이 열리기도 한다. 화~목에는 기타와 우쿨렐레, 훌라 공연 등이 있는데 자세한 이벤트 시간은 홈페이지에 업데이트 되니 참고하자.

Map P.385-A4 | **주소** 250 Waikoloa Beach Dr. Waikoloa | **전화** 808-886-8811 | **영업** 10:00~20:00 | **주차** 무료 | **가는 방법** 코나 국제공항에서 19번 Queen Kaahumanu Hwy.를 타고 직진, 왼쪽에 Waikoloa Beach Dr.를 따라 좌회전.

유명 레스토랑이 모여 있는 항구 도시
카일루아-코나

카메하메하 대왕이 생애 마지막 시기를 보낸 곳으로, 코나 국제공항 근처에 위치해 여행자들이 빼놓지 않고 들르는 지역이다. 무엇보다 카일루아 피어를 끼고 형성된 산책길이 아름다운데, 제대로 느끼고 싶다면 일몰 시간에 맞춰 방문하자. 도로 양 옆에는 다양한 역사 유적지가 있어 볼거리도 풍족하며, 빅 아일랜드에서 가장 유명한 루아우 쇼도 이곳에서 펼쳐진다. 또한 유명 레스토랑도 모여 있어 분위기 있는 식사를 원한다면 단연코 방문해야 하는 곳. 유명 레스토랑의 경우 좋은 좌석일수록 예약률이 높으니 잊지 말고 서둘러 예약하자. 뿐만 아니라 로스, 타깃 등 대형 쇼핑몰이 모여 있어 편리하다.

+ 공항에서 가는 방법

코나 국제공항에서 남쪽 방향으로 19번 Queen Kaahumanu Hwy.를 끼고 직진. 15분 정도 소요.

+ 카팔루아-코나에서 볼 만한 곳

카일루아 피어, 훌리헤에 궁전, 아후에나 헤이아우

*카일루아-코나는 코나 코스트 지역에 해당되지만, 워낙 이 지역만의 특색이 강해 따로 소개한다.

카일루아-코나의 볼거리

이 지역에는 역사적으로 의미 깊은 곳들이 많다. 덕분에 코나 히스토리컬 타운이라고 불리기도 한다. 대부분 메인거리에 위치해 있어 둘러보기 쉽다.

훌리헤에 궁전 Hulihee Palace

1838년 카메하메하 대왕의 처남이자 하와이 섬 초대 총독이었던 쿠아키니 Kuakini가 세웠으며, 칼라카우아 왕의 여름 별장으로 유명하다. 고대 하와이 문화를 감상할 수 있는 곳으로, 왕족이 사용한 빅토리아 시대 장신구과 아름다운 코아 우드 가구 등 매력적인 유물들로 가득한 것이 특징이다. 종종 가든에서 콘서트가 열리기도 하는데 무료로 관람할 수 있다.

Map P.397-B2 | **주소** 75-5718 Alii Dr. Kailua-Kona | **전화** 808-329-1877 | **홈페이지** daughtersofhawaii.org | **운영** 수~금 11:00~13:30, 토 10:00~16:00(일~화요일 휴무) | **입장료** $10 | **주차** 불가 | **가는 방법** 코나 국제공항에서 19번 Queen Kaahumanu Hwy.를 타고 직진, 오른쪽에 Palani Rd.를 끼고 우회전, 도로 끝에서 Alii Dr. 방향으로 직진. 오른쪽에 위치.

아후에나 헤이아우 Ahuena Heiau

카일루아-코나 지역의 랜드마크. 헤이아우는 하와이어로 '신전'을 뜻하는 단어다. 카메하메하 대왕은 하와이 통일 후 수도를 마우이 섬 라하이나로 정했으나, 정작 노년기는 자신에게 친숙한 빅 아일랜드 코나에서 보냈다. 그가 살던 집을 신전으로 복원시킨 곳으로 킹 카메하메하 코나 비치 호텔의 부지에 있는데 안타깝게도 내부는 공개되지 않는다. 국가사적으로 지정되어 있으며, 저녁에는 이 신전을 배경으로 루아우 쇼를 진행하는데 지역에서 꽤 유명한 편이다(P.399 참고).

Map P.397-A2 | **주소** 75-5660 Palani Rd. Kailua-Kona | **운영** 입장 불가 지역. 킹 카메하메하 코나 비치 호텔을 통과하면 멀리서 바라볼 수 있다. | **주차** 불가 | **가는 방법** 코나 국제공항에서 19번 Queen Kaahumanu Hwy.를 타고 직진, 오른쪽에 Palani Rd. 방향으로 우회전.

모쿠아이카우아 교회 Mokuaikaua Church

하와이에서 가장 오래된 교회다. 모쿠아이카우아는 하와이어로 '전쟁으로 인해 얻은 지역'이라는 뜻을 가지고 있다. 1820년 하와이로 들어온 기독교 선교사단이 건축한 것으로, 그들은 카메하메하 2세와 카아후마누 여왕에게 기독교를 가르칠 수 있는 허가를 받았다 현재의 건물은 1835~1837년에 세운 것으로 벽은 용암석에 흙과 산호가루를 섞어 모르타르를 발라 굳혔으며 내부는 오히아 목재를 이용했다.

Map P.397-A2 | **주소** 75-5713 Alii Dr. Kailua-Kona | **전화** 808-329-0655 | **홈페이지** mokuaikaua.com | **운영** 월~금 09:00~15:00, 일 09:00~12:00(토요일 휴무) | **입장료** 무료 | **주차** 불가 | **가는 방법** 코나 국제공항에서 19번 Queen Kaahumanu Hwy.를 타고 직진, 오른쪽에 Palani Rd.를 끼고 우회전, 도로 끝에서 Alii Dr. 방향으로 직진. 왼쪽에 위치.

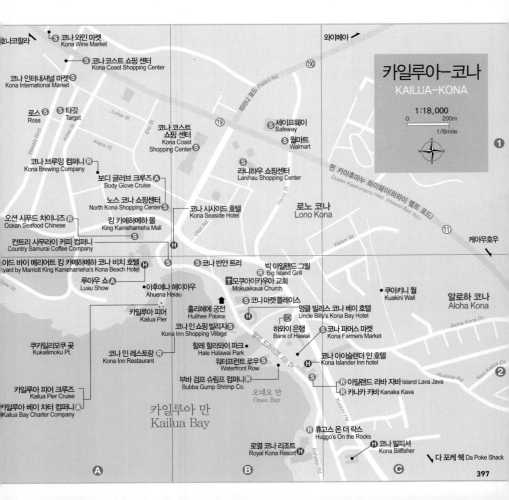

하나코할라

S 코나 와인 마켓
Kona Wine Market

코나 인터내셔널 마켓 S
Kona International Market

코나 코스트 쇼핑 센터
Kona Coast Shopping Center

로스 S
Ross

S 타깃
Target

코나 코스트 쇼핑 센터
Kona Coast Shopping Center

코나 브루잉 컴퍼니
Kona Brewing Company

보디 글러브 크루즈 A
Body Glove Cruise

노스 코나 쇼핑센터
North Kona Shopping Center

오션 시푸드 차이니즈 R
Ocean Seafood Chinese

킹 카메하메하 몰
King Kamehameha Mall

컨트리 사무라이 커피 컴퍼니
Country Samurai Coffee Company

코트야드 바이 메리어트 킹 카메하메하 코나 비치 호텔
Courtyard by Marriott King Kamehameha's Kona Beach Hotel

루아우 쇼
Luau Show

쿠카일리모쿠 곶
Kukailimoku Pt.

카일루아 피어 크루즈
Kailua Pier Cruise

카일루아 베이 차터 컴퍼니
Kailua Bay Charter Company

와이메아

190

세이프웨이
Safeway

월마트
Walmart

라니하우 쇼핑센터
Lanihau Shopping Center

코나 시사이드 호텔
Kona Seaside Hotel

로노 코나
Lono Kona

빅 아일랜드 그릴
Big Island Grill

모쿠아이카우아 교회
Mokuaikaua Church

코나마켓플레이스
Kona Marketplace

엉클 빌리스 코나 베이 호텔
Uncle Billy's Kona Bay Hotel

코나 파머스 마켓
Kona Farmers Market

코나 아이슬랜더 인 호텔
Kona Islander Inn hotel

아일랜드 라바 자바 Island Lava Java

카나카 카바 Kanaka Kava

쿠아키니 월
Kuakini Wall

알로하 코나
Aloha Kona

케아우호우

코나 반얀 트리
Kona Banyan Tree

아후에나 헤이아우
Ahuena Heiau

카일루아 피어
Kailua Pier

홀리헤에 궁전
Hulihee Palace

코나 인 쇼핑 빌리지
Kona Inn Shopping Village

코나 인 레스토랑
Kona Inn Restaurant

할레 할라와이 파크
Hale Halawai Park

워터프런트 로우
Waterfront Row

부바 검프 슈림프 컴퍼니
Bubba Gump Shrimp Co.

오네오 만
Oneo Bay

코나 은행
Bank of Hawaii

휴고스 온 더 락스
Huggo's On the Rocks

로열 코나 리조트
Royal Kona Resort

코나 빌피셔
Kona Billfisher

다 포케 쉑 Da Poke Shack

카일루아 만
Kailua Bay

카일루아-코나
KAILUA-KONA

1:18,000
0   200m
1/8mile

카일루아-코나의 해변

스노클링과 크루즈 등의 액티비티가 이뤄지는 카일루아 피어는 언제나 관광객들로 붐빈다. 해 질 무렵 분위기가 좋아 하루 일정을 마치고 산책하기 좋다.

★★★★★
카일루아 피어 Kailua Pier

해마다 여름이 되면 하와이 빌피시 국제낚시대회 Hawaiian International Billfish Tournament가 열리는 부두. 50년 넘은 역사를 가졌으며 총 5일에 걸쳐 진행되는 대회라 관광객들에게도 인기가 많다. 카일루아-코나 지역을 운행하는 트롤리의 거점이기도 하다. 그 외에도 빅 아일랜드의 스노클링과 크루즈 투어가 출발하는 곳이다. 카약이나 서핑을 즐기는 모습도 볼 수 있다.

Map P.397-A2 | 주소 75-5660 Palani Rd, Kailua-Kona | 운영 특별히 명시되진 않았지만 이른 오전과 늦은 저녁은 피하는 것이 좋다. | 주차 불가 | 가는 방법 Alii Dr.의 끝(커다란 반얀 트리를 마주보고 왼쪽에 크루즈들이 정박해 있는 모습을 볼 수 있다).

:::::::: *Mia's Advice* ::::::::

카일루아 피어 주변 도로에서는 주차가 불가능하답니다. 따라서 부두에 가려면 근처 공용 주차장을 이용하는 것이 좋아요. Alii Dr. 도로에서 부두 건너편으로 Likana Ln.에 주차장 표시판이 있으며, 골목 안쪽으로 진입하면 주차장을 만날 수 있어요. 주소는 75-5658 Likana Ln, Kailua-Kona이며 무료로 이용할 수 있어요.

카일루아-코나의 즐길 거리

부두를 끼고 있어 그와 관련된 액티비티가 주를 이룬다. 특히 인근에서 즐길 수 있는 스노클링이나 돌고래 관찰 프로그램이 인기다.

카일루아 피어 크루즈
Kailua Pier Cruise

카일루아 피어는 스노클링이나 돌고래를 볼 수 있는 액티비티가 이뤄지는 곳이자 크루즈의 출발 장소이다. 오전에는 스노클링과 돌핀 어드벤처가, 오후(16:00경)에는 히스토리컬 디너 크루즈가 있다. 히스토리컬 디너 크루즈의 경우 사우스 코나의 제임스 쿡 선장 기념물까지 다녀온다. 소요시간은 대략 3~5시간 내외. 오전에 탑승한다면 자외선 차단제는 꼭 준비하자. 매년 12월부터 이듬해 4월 사이에는 돌고래 관찰 크루즈도 진행한다.

+ 코나 글라스보텀 보트 Kona Glassbottom Boat

Map P.397-A2 | 주소 75-5660 Palani Rd. Kailua-Kona | 전화 808-324-1749 | 홈페이지 kona glassbottomboat.com | 운영 수~월 08:00~17:00, 화 08:30~17:00(탑승 시간 09:15 · 10:30 · 12:15 · 13:30) | 요금 크루즈 $58, 3~12세 $28 | 주차 불가(근처 공용 주차장 이용. 주소 75-5659 Likana Ln. Kailua-Kona) | 가는 방법 코나 국제공항에서 19번 Queen Kaahumanu Hwy.를 타고 직진, 오른쪽에 Palani Rd.를 끼고 우회전. 도로 끝 카일루아 피어에 위치.

+ 보디 글로브 크루즈 Body Glove Cruise

Map P.397-A1 | 주소 75-5629 Kuakini Hwy. Kailua-Kona | 전화 800-551-8911 | 홈페이지 www. bodyglovehawaii.com | 운영 07:00~17:00(스노클링 & 돌핀 어드벤처 탑승 시간 08:00 · 13:00, 돌고래 워칭 13:00, 캡틴 쿡 디너 크루즈 16:00) | 요금 [스노클링 & 돌핀 어드벤처] 성인 $118~158, 6~17세 $88~94, 6세 미만 무료, [돌고래 워칭] 성인 $98, 6~17세 $84, 5세 미만 무료, [캡틴 쿡 디너 크루즈] 성인 $158, 6~17세 $94, 5세 미만 무료 | 주차 무료 | 가는 방법 코나 국제공항에서 19번 Queen Kaahumanu Hwy.를 타고 직진, 오른쪽에 Palani Rd.를 끼고 우회전. Kuakini Hwy.를 끼고 다시 우회전한다. North Kona Shopping Center 1층에 위치.

루아우 쇼 Luau Show
★★★★★

루아우란 하와이어로 '환영, 만찬'이란 의미다. 하와이 전통 의상을 입고 하와이 전통 의식을 재연하며 역동적이고 흥겨운 분위기를 고조시킨다. 전통 복장을 한 남녀가 불을 이용한 갖가지 공연을 선보이는 것으로, 하와이 전통 바비큐가 포함되어 있다. 코트야드 바이 메리어트 킹 카메하메하 코나 비치 호텔에서 열리며 루아우 쇼의 명칭은 Island Breeze Hawaiian Lu'au다. 신전인 아후에나 헤이아우를 배경으로 해 색다른 분위기를 느낄 수 있다.

Map P.397-A2 | 주소 75-5660 Palani Rd. Kailua-Kona | 전화 808-326-4969 | 홈페이지 www.eventsbyislandbreeze.com/island-breeze-luau | 영업 공연 화·목·일 17:00 체크인 여름 시즌에는 수요일에도 진행하며 시간은 17:30) | 요금 성인 $169~187.10, 4~12세 $84.50~91.05 | 주차 무료(호텔) | 가는 방법 코나 국제공항에서 19번 Queen Kaahumanu Hwy.를 타고 남쪽으로 직진, 오른쪽에 Palani Rd.를 끼고 우회전.

는 곳으로도 유명하다. 리조트 투숙객만 예약이 가능하며 매주 월요일 08:00에는 치핑 클리닉을, 금요일 같은 시간에는 샌드 클리닉을 위한 무료 골프 강습이 있다. 추가 요금을 내면 소규모 그룹(2~5인) 레슨(1시간)과 플레잉 레슨(2시간)을 받을 수 있다.

Map P.406-A1 | 주소 72-100 Kaupulehu Dr. Kailua-Kona | 전화 808-325-8000 | 홈페이지 www.fourseasons.com/hualalai/services_and_amenities/golf | 영업 07:00~17:00(오피스) | 요금 $250~350 | 주차 무료 | 가는 방법 코나 국제공항에서 19번 Queen Kaahumanu Hwy.를 타고 북쪽으로 직진, 왼쪽에 Kaupulehu Dr. 방향으로 좌회전.

ⓒ잭 니클라우스 시그니처 후알랄라이 골프 코스

잭 니클라우스 시그니처 후알랄라이 골프 코스
Jack Nicklaus Signature Hualalai Golf Course
★★★★★

세계 4대 골프 코스 디자이너 중 한 명인 잭 니클라우스가 설계해 1996년 오픈했다. 매년 PGA챔피언 투어 오프닝 대회인 마스터 카드 대회가 열리

Mia's Advice

코나 파머스 마켓 Kona Famer's Market은 빅 아일랜드에서 대표적인 힐로 파머스 마켓 Hilo Famer's Market(P.437)보다는 덜 유명하지만 제법 큰 규모를 이루고 있다. 40여 명의 상인들이 모여서 운영하는 곳으로, 코나 지역에서 자란 농산물과 꽃, 수공예 기념품, 코나 커피 등이 주로 판매된다. 수~일 07:00~16:00에 부바 검프 슈림프 컴퍼니 맞은편(Map P.397-B2)에서 열린

다. 부바 검프 슈림프 컴퍼니에서 식사를 하거나 지나가는 길이라면 잠시 둘러봐도 좋다.
주소 75-5767 Ali'i Dr. Kailua-Kona

카일루아-코나의 먹거리

이 지역은 빅 아일랜드에서 유명 레스토랑이 모두 모여 있는 곳이라고 해도 과언이 아니다. 특히 해안을 따라 늘어선 레스토랑에서는 일몰까지 감상할 수 있어 좋다.

휴고스 온 더 락스
Huggo's On the Rocks

1969년에 오픈한 곳으로 스테이크뿐 아니라 현지인들이 잡아 올린 생선을 이용한 요리 등을 맛볼 수 있는 곳. 그중에서도 피시 타코나 아히 버거 등이 인기가 많다. 평일과 주말 오후에 라이브 공연이 펼쳐지며 자세한 공연시간은 홈페이지에서 확인할 수 있다. 시원한 카일루아-코나 항구의 뷰를 바라보며 분위기를 내기 좋다.

Map P.397-B2 | 주소 75-5828 Kahakai Rd. Kailua-Kona | 전화 808-329-1493 | 홈페이지 huggosontherocks.com | 영업 12:00~21:00(해피 아워 15:00~17:00) | 가격 $10~28(코나 피시 타코 $23) | 주차 무료(스트리트 파킹) | 예약 불가 | 가는 방법 코나 국제공항에서 19번 Queen Kaahumanu Hwy.를 타고 남쪽으로 직진, 오른쪽에 Palani Rd.를 끼고 우회전, 도로 끝에서 Alii Dr. 방향으로 직진 후, 오른쪽 Kahakai Rd.로 진입.

라바 자바 Lava Java
★★★★★

1994년부터 운영된 이 레스토랑은 빅 아일랜드에서만 나고 자란 채소와 닭고기, 소고기 등으로 요리한다. 특히 풀만 먹고 자란 소고기부터 푸나 칙스 치킨, 빅 아일랜드 염소 치즈, 100% 오가닉 코나 커피 등을 사용하는 것으로 자부심이 대단하다. 뿐만 아니라 자체 베이커리 팀이 있어 매일 아침 패스트리와 머핀, 피자 도우와 시나몬 롤 등을 구워낸다. 와이콜로아 지역에 분점이 있다.

Map P.397-B2 | 주소 75-5801 Alii Dr. Kailua-Kona | 전화 808-327-2161 | 홈페이지 www. islandlavajava. com | 영업 07:30~20:30 | 가격 $13:50~24:50(에그 베네딕트 $17.95) | 주차 무료 | 예약 필요 | 가는 방법 코나 국제공항에서 19번 Queen Kaahumanu Hwy.를 타고 직진, 오른쪽에 Palani Rd.를 끼고 우회전 후 다시 Kuakini Hwy.로 진입. 직진 후 다시 Hualalai Rd.를 끼고 우회전 후 Alii Dr. 좌회전.

다 포케 쉑 Da Poke Shack

카일루아 코나 지역의 대표 포케 맛집. 밥 위에 포케를 올려 먹는 포케 볼과 포케와 밥 그리고 사이드 메뉴가 함께 나오는 포케 플레이트 중 선택할 수 있다. 포케 양념도 기호에 맞게 참기름, 간장, 스파이시 등 선택할 수 있어 맞춤형 포케를 맛볼 수 있다.

Map P.397-B2 | 주소 76-6246 Ali'i Dr. Kailua-Kona | 전화 808-329-7653 | 홈페이지 dapoke shack.com | 영업 월~토 10:00~16:00(일요일 휴무) | 가격 $12~35 | 주차 무료 | 가는 방법 오션프런트 코나 발리 카이 콘도 내 위치.

코나 인 레스토랑
Kona Inn Restaurant

항구를 끼고 있는 야외 테이블은 바로 눈앞에서 멋진 일몰을 감상할 수 있는 최고의 장소다. 오징어 튀김과 비슷한 깔라마리 스트라이프스나 오렌지 망고 소스가 곁들여진 코코넛 슈림프 등은 가볍게

맥주 한 잔과 즐기기 좋다.

Map P.397-B2 | 주소 75-5744 Alii Dr. #135 Kailua-Kona | 전화 808-329-4455 | 홈페이지 konainnrestaurant.com | 영업 11:30~21:00(해피아워 14:00~17:00) | 가격 $13~69(깔라마리 스트립스 $13) | 주차 무료(스트리트 파킹) | 가는 방법 코나 국제공항에서 19번 Queen Kaahumanu Hwy.를 타고 남쪽으로 직진, 오른쪽에 Palani Rd.를 끼고 우회전, 도로 끝에서 Alii Dr. 방향으로 직진. 오른쪽으로 Kona Inn Shopping Village 내 위치.

코나 브루잉 컴퍼니
Kona Brewing Co.
★★★★★

하와이 전역에서 총 11종류의 맥주를 생산하고 있다. 각각의 맛이 궁금하다면 샘플러를 주문해 내 입맛에 맞는 맥주를 찾아보는 것도 좋을 듯. 최근에 위치를 이동해 넓은 야외 테라스에서 맥주를 즐길 수 있다. 오아후의 코코마리나 센터에서도 만날 수 있다.

Map P.397-A1 | 주소 74-5612 Pawai Place Kailua Kona | 전화 808-334-2739 | 홈페이지 konabrewingco.com | 영업 화~토 10:00~21:00(일~월요일 휴무) | 가격 $5~27(맥주 샘플러 $9) | 주차 가능 | 가는 방법 코나 국제공항에서 19번 Queen Kaahumanu Hwy.를 타고 직진, 오른쪽 Palani Rd. 방향으로 우회전 후 직진. 다시 Kuakini Hwy.를 끼고 우회전. North Kona Shopping Center 내 위치.

카일루아 - 코나의 쇼핑

카일루아 피어 근처에는 크고 작은 쇼핑몰이 모여 있다. 특히 쇼핑에 관심이 많다면 저렴한 이월상품 위주로 판매하는 로스를 중심으로 살펴보자.

로스 Ross

미국 전역에서 인기를 얻고 있는 아웃렛 매장. 일반 아웃렛에서도 팔고 남겨진 아이템들을 다시 모은 곳으로, 정가보다 훨씬 저렴한 가격으로 브랜드 제품을 구입할 수 있다. 폴로나 타미힐피거, 캘빈클라인이나 랄프 로렌 등 브랜드 의상이나 게스나 코치 가방을 운이 좋으면 $20~30 미만으로 구입할 수 있다.

Map P.397-A1 | **주소** 74-5454 Makala Blvd. Kailua-Kona | **전화** 808-327-2160 | **홈페이지** www.rossstores.com | **영업** 일~목 08:00~22:00, 금~토 08:00~23:00 | **주차** 무료 | **가는 방법** 코나 국제공항에서 19번 Queen Kaahumanu Hwy.를 타고 남쪽으로 직진, 오른쪽 Makala Blvd.로 우회전 후 오른쪽에 위치.

타깃 Target

마치 백화점을 옮겨다 놓은 듯 패션부터 인테리어 소품, 액세서리와 장난감, 식재료 등 생활에 필요한 모든 것이 모여있는 대형 마트. 감각적인 제품들이 많으며, 매년 유명 디자이너와 콜라보레이션을 통해 의류 라인을 강화하는 등 다양한 시도를 즐긴다. 빅 아일랜드 뿐 아니라 오아후의 공항 근처에도 위치해 있으며 알라 모아나 센터에도 있다. 일본 관광객들에게 특히 인기가 많은 곳.

Map P.397-A1 | **주소** 74-5455 Makala Blvd. Kailua-Kona | **전화** 808-334-4020 | **홈페이지** www.target.com | **영업** 07:00~22:00 | **주차** 무료 | **가는 방법** 코나 국제공항에서 19번 Queen Kaahumanu Hwy.를 타고 직진, 오른쪽 Makala Blvd.로 우회전 후 왼쪽에 위치.

코나 와인 마켓 Kona Wine Market

코나 코스트 쇼핑 센터
Kona Coast Shopping Center

카일루아-코나에서 제법 큰 KTA 슈퍼 스토어는 물론이고 프랜차이즈 햄버거 브랜드인 웬디스나 잠바주스, 돈스 차이니즈 키친, 바 레 샌드위치 숍 코나, 코나 커피 & 티 등의 음식점이 모여 있는 곳. 특히 KTA 슈퍼에는 리조트에서 간단하게 요리해 먹을 수 있는 다양한 식재료를 판매하기 때문에 근처에 숙소를 잡았다면 한 번쯤 둘러봐도 좋을 듯.

Map P.397-B1 | **주소** 74-5586 Palani Rd. Suite 15 Kailua-Kona | **전화** 808-326-2262 | **홈페이지** www. konacoastshopping.com | **영업** 05:00~22:00 | **주차** 무료 | **가는 방법** 코나 국제공항에서 19번 Queen Kaahumanu Hwy.를 타고 직진, 오른쪽에 Palani Rd.를 끼고 우회전, 오른쪽에 위치.

다양한 종류의 와인뿐 아니라 수제 맥주, 샴페인, 그리고 함께 즐기기 좋은 간단한 핑거 푸드도 판매하고 있는 곳. 빅 아일랜드에서 와인 & 비어 셀렉션으로 가장 규모가 크고, 현지인들에게도 입소문으로 큰 인기를 얻고 있는 곳이다. $2000가 넘는 2009년산 Screaming Eagle Cabernet Sauvignon부터 $10미만의 저렴한 와인까지 가격대별로 다양한 종류를 구비하고 있어 취향과 여행 경비에 맞는 와인을 구매할 수 있다. 가끔 홈페이지를 통해 와인 테스팅 이벤트를 공지하기도 하니, 방문 전 검색해보자.

Map P.397-A1 | **주소** 73-5613 Olowalu Kailua-Kona | **전화** 808-329-9400 | **홈페이지** www. konawinemarket.com | **영업** 월~토 10:00~19:00, 일 11:00~18:00 | **주차** 무료 | **가는 방법** 코나 국제공항에서 19번 Queen Kaahumanu Hwy.를 타고 직진, 왼쪽 Hina Lani St.를 끼고 좌회전 후 직진. 오른쪽에 위치.

Mia's Advice

코나에서도 특히 관광객들이 많이 찾는 카일루아-코나에는 크고 작은 쇼핑 센터가 몰려 있습니다.

로스 Ross와 타겟 Target 매장을 방문 예정이라면 코나 커먼스 Kona Commons(주소 74-5450 Alii Dr. Kailua-Kona)를 추천합니다. 코나 파머스 마켓이 열리는 코나 인 쇼핑 빌리지 Kona Inn Shopping Village(주소 75-5744 Ali'i Dr, Kailua-Kona)도 코나를 대표하는 쇼핑 센터예요.

여행자들의 발걸음이 끊이지 않는
코나 코스트

카일루아-코나에서 남쪽으로 향하는 알리이 드라이브 Alii Dr.로 진입하면 코나 코스트 지역이 계속 이어진다. 그 길을 따라 물이 잔잔하고 모래사장이 아름다워 스노클링 하기 가장 적합한 데다가 주차도 편리한 해변들이 줄을 지어 모여 있다. 파란 해변을 따라서 콘도미니엄이 많이 들어서 있고, 사계절 여행자들의 발걸음이 끊이지 않는 빅 아일랜드의 대표 드라이브 코스. 코나 코스트 지역에는 아름다운 해변뿐 아니라 산책하기에 좋은 소박한 아름다움이 있는 장소들이 있다. 칼로코 호노코하우 국립역사공원은 하와이에 정착했던 초기 원주민들이 어떤 모습으로 생활했는지를 살펴볼 수 있게 꾸며 놓았다. 공원 안에는 4개의 도보 관광로가 있고, 하와이 원주민들의 공학 기술을 보여주는 신비한 하와이 양어장도 있다. 드라이브 하거나 두 발로 천천히 걸으며 사진과 추억을 남겨보자.

+ 공항에서 가는 방법

코나 국제공항에서 남쪽 방향으로 19번 Queen Kaahumanu Hwy.를 끼고 직진. 카일루아-코나에서 시작된 Alii Dr.에서 해안가를 끼고 달리면 마주하는 곳이 바로 코나 코스트.

+ 코나 코스트에서 볼 만한 곳

파호에호에 비치 파크, 칼코코-호노코하우 국립역사공원

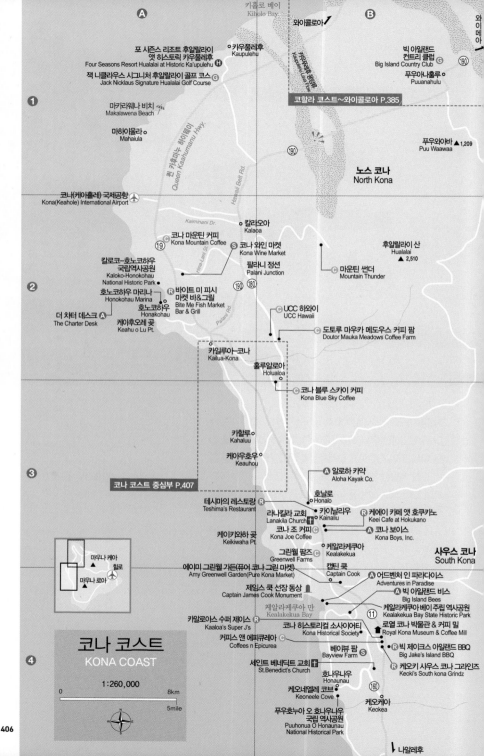

Ⓐ 　Ⓑ

키홀로 베이
Kiholo Bay

와이콜로아
Waikoloa

와이메아

포 시즌스 리조트 후알랄라이
앳 히스토릭 카우풀레후
Four Seasons Resort Hualalai at Historic Ka'upulehu Ⓗ

잭 니클라우스 시그니처 후알랄라이 골프 코스 Ⓖ
Jack Nicklaus Signature Hualalai Golf Course

카우폴레후
Kaupulehu

빅 아일랜드
컨트리 클럽 Ⓖ
Big Island Country Club

푸우아나훌루
Puuanahulu

코할라 코스트~와이콜로아 P.385

190

마카라웨나 비치
Makalawena Beach

❶

마하이울라
Mahaiula

푸우와아바 ▲ 1,209
Puu Waawaa

퀸 카후마누 하이웨이
Queen Kaahumanu Hwy.

노스 코나
North Kona

카일루아 레이 플로우
Kaukau Lani Flow

190

코나(케아홀레) 국제공항
Kona(Keahole) International Airport

Kaiminani Dr.

칼라오아
Kalaoa

후알랄라이 산
Hualalai
▲ 2,510

코나 마운틴 커피
Kona Mountain Coffee

19

코나 와인 마켓 Ⓢ
Kona Wine Market

팔라니 정션
Palani Junction

마운틴 썬더 Ⓒ
Mountain Thunder

❷

칼로코-호노코하우
국립역사공원
Kaloko-Honokohau
National Historic Park

호노코하우 마리나
Honokohau Marina

더 차터 데스크 Ⓐ
The Charter Desk

호노코하우
Honakahau

케아후오레 곶
Keahu o Lu Pt.

바이트 미 피시
마켓 바&그릴 Ⓡ
Bite Me Fish Market
Bar & Grill

Hawaii Belt Rd

Palani Rd.

190 180

UCC 하와이 Ⓒ
UCC Hawaii

도토루 마우카 메도우스 커피 팜 Ⓒ
Doutor Mauka Meadows Coffee Farm

카일루아-코나
Kailua-Kona

홀루알로아
Holualoa

코나 블루 스카이 커피 Ⓒ
Kona Blue Sky Coffee

❸

카할루 o
Kahaluu

케아우호우 o
Keauhou

코나 코스트 중심부 P.407

알로하 카약 Ⓐ
Aloha Kayak Co.

테시마의 레스토랑 Ⓡ
Teshima's Restaurant

호날로
Honalo

라나킬라 교회 ✝
Lanakila Church

카이날리우
Kainaliu

케에이 카페 앳 호쿠카노 Ⓡ
Keei Cafe at Hokukano

케이키와하 곶
Keikiwaha Pt

코나 조 커피 Ⓒ
Kona Joe Coffee

코나 보이스 Ⓐ
Kona Boys, Inc.

그린웰 팜즈
Greenwell Farms

케알라케쿠아
Kealakekua

에이미 그린웰 가든(퓨어 코나 그린 마켓)
Amy Greenwell Garden(Pure Kona Green Market)

캡틴 쿡
Captain Cook

제임스 쿡 선장 동상
Captain James Cook Monument

카알로아스 수퍼 제이스
Kaaloa's Super J's

케알라케쿠아 만
Kealakekua Bay

코나 히스토리컬 소사이어티 Ⓒ
Kona Historical Society

사우스 코나
South Kona

어드벤처 인 파라다이스 Ⓐ
Adventures in Paradise

빅 아일랜드 비스 Ⓐ
Big Island Bees

케알라케쿠아 베이 주립 역사공원
Kealakekua Bay State Historic Park

11

로열 코나 박물관 & 커피 밀 ▲
Royal Kona Museum & Coffee Mill

빅 제이크스 아일랜드 BBQ Ⓡ
Big Jake's Island BBQ

커피스 앤 에피큐레아 Ⓒ
Coffees n Epicurea

베이뷰 팜 Ⓢ
Bayview Farm

케오키 사우스 코나 그라인즈 Ⓡ
Keoki's South kona Grindz

세인트 베네딕트 교회 ✝
St.Benedict's Church

호나우나우
Honaunau

160

케오네엘레 코브
Keoneele Cove

케오케아
Keokea

푸우호누아 오 호나우나우
국립 역사공원
Puuhonua O Honaunau
National Historical Park

❹

마우나 케아
힐로
마우나 로아

코나 코스트
KONA COAST

1:260,000

0　　　　　　8km
　　　　　5mile

나일레후

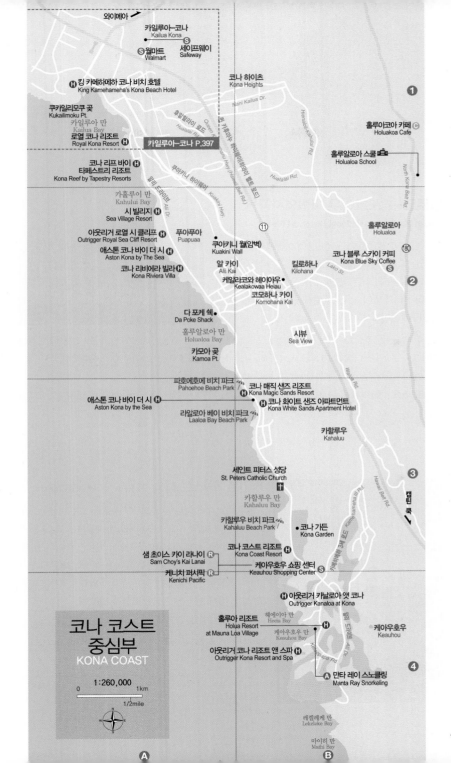

와이메아

카일루아-코나
Kailua Kona

S 월마트
Walmart

S 세이프웨이
Safeway

코나 하이츠
Kona Heights

①

Nani Kailua Dr.

H 킹 카메하메하 코나 비치 호텔
King Kamehameha's Kona Beach Hotel

홀루아코아 카페 C
Holuakoa Cafe

쿠카일리모쿠 곶
Kukailimoku Pt.

카일루아 만
Kailua Bay

로열 코나 리조트
Royal Kona Resort

홀루알로아 스쿨
Holualoa School

카일루아-코나 P.397

H 코나 리프 바이
타페스트리 리조트
Kona Reef by Tapestry Resorts

홀루알로아
Holualoa

카훌루이 만
Kahului Bay

H 시 빌리지
Sea Village Resort

(11)

코나 블루 스카이 커피 180
Kona Blue Sky Coffee

H 아웃리거 로열 시 클리프 리조트
Outrigger Royal Sea Cliff Resort

푸아푸아
Puapuaa

쿠아키니 월(암벽)
Kuakini Wall

킬로하나
Kilohana

S

H 애스톤 코나 바이 더 시
Aston Kona by The Sea

알 카이
Alii Kai

②

H 코나 리비에라 빌라
Kona Riviera Villa

케알라코와 헤이아우
Kealakowaa Heiau

코모하나 카이
Komohana Kai

다 포케 쉑
Da Poke Shack

홀루알로아 만
Holualoa Bay

시뷰
Sea View

카모아 곶
Kamoa Pt.

파호에호에 비치 파크
Pahoehoe Beach Park

코나 매직 샌즈 리조트
Kona Magic Sands Resort

애스톤 코나 바이 더 시
Aston Kona by the Sea

H 코나 화이트 샌즈 아파트먼트
Kona White Sands Apartment Hotel

라일로아 베이 비치 파크
Laaloa Bay Beach Park

카할루우
Kahaluu

세인트 피터스 성당
St. Peters Catholic Church

③

카할루우 만
Kahaluu Bay

캡틴 쿡

카할루우 비치 파크
Kahaluu Beach Park

코나 가든
Kona Garden

R 샘 초이스 카이 라나이
Sam Choy's Kai Lanai

코나 코스트 리조트
Kona Coast Resort

케아우호우 쇼핑 센터 S
Keauhou Shopping Center

R 케니치 퍼서픽
Kenichi Pacific

H 아웃리거 카날로아 앳 코나
Outrigger Kanaloa at Kona

코나 코스트
중심부
KONA COAST

홀루아 리조트
Holua Resort
at Mauna Loa Village

헤에이아 만
Heeia Bay

H

케아우호우
Keauhou

케아우호우 만
Keauhou Bay

H 아웃리거 코나 리조트 앤 스파
Outrigger Kona Resort and Spa

1:260,000

0 _____ 1km

1/2mile

만타 레이 스노클링
Manta Ray Snorkeling

④

레켈레케 만
Lekeleke Bay

마이히 만
Maihi Bay

A

B

코나 코스트의 볼거리

칼로코-호노코하우 국립역사공원은 볼거리가 많진 않지만 산책하며 둘러보기 좋고 세인트 피터스 교회는 도로변에 있어 드라이브 도중 만나기 쉽다.

칼로코-호노코하우 국립역사공원
Kaloko-Honokohau National Historical Park

하와이의 과거로 돌아가, 원주민들이 어떻게 이곳에서 살아남았는지에 대한 생활상을 보존하고 있는 역사공원이다. 2개의 연못과 작은 항구를 끼고 있으며, 이들 가운데 비지터 센터가 있어 산책로를 통해 근처를 둘러볼 수 있다. 입구에 들어서자마자 넓은 주차장이 있다.

Map P.406-A2 | 주소 73-4676 Queen Kaahumanu Hwy. Kailua-Kona(근처 코하나이키 골프 & 오션 클럽 주소) | 전화 808-329-6881 | 홈페이지 www.nps.gov/kaho/index.htm | 운영 08:30~16:00 | 입장료 무료 | 주차 무료 | 가는 방법 호노코하우 항에서 0.5마일 떨어진 곳. 코나 국제공항에서 19번 Queen Kaahumanu Hwy.를 타고 직진, 코하나이키 골프 & 오션 클럽 Kohanaiki Golf & Ocean Club 지나서 직진 후 왼쪽의 Allied Quarry Rd.를 지나 우회전. 표지판 있음.

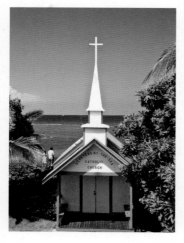

세인트 피터스 성당 St. Peter's Catholic Church

카할루 비치 파크 바로 옆 바닷가에 홀로 서 있는 아담한 교회로, 1889년에 세워진 이래 현지인들에게 사랑을 받고 있다. '리틀 블루 처치 Little Blue Church'라고도 불리는데, 전체적으로 파란색을 사용해 멀리서도 한 눈에 알아볼 수 있기 때문이다. 자그마한 창문이 앙증맞게 나 있고, 12개의 의자가 공간을 지키고 있다. 결혼식을 위해 공간을 빌릴 수 있다.

Map P.407-B3 | 주소 78-6680 Alii Dr. Kailua-Kona | 운영 특별히 명시되진 않았지만 이른 오전과 늦은 저녁은 피하는 것이 좋다. | 입장료 무료 | 주차 불가 | 가는 방법 코나 국제공항에서 19번 Queen Kaahumanu Hwy.를 타고 직진, 오른쪽에 Palani Rd.를 끼고 우회전, 도로 끝에서 Alii Dr. 방향으로 직진. 오른쪽에 위치.

코나 코스트의 해변

다른 곳보다 퍼블릭 비치가 많다. 모래사장이 아름다운 라알로아 베이 비치 파크, 스노클링 하기 좋은 파호에호에 비치 파크 등 취향에 따라 골라보자.

파호에호에 비치 파크 Pahoehoe Beach Park

바위가 많은 이 섬은 모래사장은 없지만 잔디밭이 훌륭해 피크닉 장소로 훌륭하다. 바위 때문에 수영하긴 다소 힘들다는 단점은 있으나 대신 스노클링을 즐기기에 좋고 일몰이 아름답기로 소문났다. 라이프가드가 없어 안전에 유의하는 것이 좋다.

Map P.407-B3 | 주소 77-6434 Alii Dr. Kailua-Kona | 전화 808-961-8311 | 운영 07:00~20:00 | 주차 무료 | 가는 방법 코나 국제공항에서 19번 Queen Kaahumanu Hwy.를 타고 남쪽으로 직진, 오른쪽에 Palani Rd.를 끼고 우회전, 도로 끝에서 Alii Dr. 방향으로 직진. 마일마커 3~4 사이 오른쪽에 위치.

라알로아 베이 비치 파크
Laaloa Bay Beach Park

카일루아-코나에서 특히 모래사장이 아름답기로 유명한 해변이다. '화이트 샌드 비치 파크 White Sand Beach Park', '매직 샌드 Magic Sand'라는 닉네임을 가지고 있다. 뿐만 아니라 밀물 때는 해변이 사라졌다 썰물이 되면 해변이 나타나 '사라지는 해변'으로 불리기도 한다. 물살이 센 경우에는 부기보드를, 물살이 잔잔할 때는 스쿠버 다이빙을 즐기기 좋다. 참고로 라알로아는 하와이어로 '매우 두려운'이라는 뜻을 가지고 있다.

Map P.407-B3 | 주소 77-650077 Alii Dr. Kailua-Kona | 전화 808-961-8311 | 운영 07:00~20:00 | 주차 무료 | 가는 방법 코나 국제공항에서 19번 Queen Kaahumanu Hwy.를 타고 남쪽으로 직진, 오른쪽에 Palani Rd.를 끼고 우회전, 도로 끝에서 Alii Dr. 방향으로 직진한다. 오른쪽에 위치.

★★★★★
카할루우 비치 파크 Kahaluu Beach Park

바람이 들이치지 않는 작은 만으로 모래사장은 작지만 눈앞에서 물고기 떼를 심심치 않게 볼 수 있다. 빅 아일랜드에서 최고의 스노클링 장소로 선정되는 곳으로, 수심이 얕은 곳도 스노클링을 즐기기 완벽하다. 다양한 열대어뿐 아니라 거북이도 자주 볼 수 있다. 하지만 바위가 많은 탓에 아쿠아 슈즈를 신는 것이 좋다.

Map P.407-B3 | 주소 78-6740 Alii Dr. Kailua-Kona | 전화 808-961-8311 | 운영 07:00~19:00(주차장 07:00~19:00) | 주차 무료 | 가는 방법 코나 국제공항에서 19번 Queen Kaahumanu Hwy.를 타고 직진, 오른쪽에 Palani Rd.를 끼고 우회전, 도로 끝에서 Alii Dr. 방향으로 직진. 오른쪽에 위치.

호노코하우 마리나 Honokohau Marina

코나 지역이 낚시로 유명한 만큼 낚싯배와 스쿠버 다이빙 보트가 출항하는 항구다. 코나 공항에서 4 마일 떨어져 있다. 액티비티를 통해 직접 낚시를 즐길 수도 있으니 참고할 것. 낚시 투어를 마치고 현장에서 물고기를 손질하는 모습도 이곳에서만 볼 수 있는 진풍경 중 하나다.

Map P.406-A2 | 주소 74-381 Kealakehe Pkwy. Kailua-Kona | 전화 808-327-3685 | 운영 06:00~18:00 | 주차 무료 | 가는 방법 코나 국제공항에서 19번 Queen Kaahumanu Hwy.를 타고 직진, 오른쪽 Kealakehe Pkwy. 방향으로 우회전.

코나 코스트의 먹거리 & 쇼핑

유명한 음식점을 찾기가 쉽지 않아서 케아우호우 쇼핑 센터의 다양한 레스토랑을 이용하거나 항구 근처 델리 숍에서 간단하게 끼니를 때워야 한다.

샘 초이스 카이 라나이
Sam Choy's Kai Lanai
★★★★★

셰프 샘 초이의 이름은 하와이 사람들에게 친근하다. 16권의 여행책은 물론이고 그가 만든 냉동식품을 마트에서도 어렵지 않게 찾아볼 수 있기 때문. 이곳은 다양한 수상경력이 있는 샘 초이의 하와이 전통음식을 경험할 수 있는 레스토랑이다. 아시안 브레이즈드 숏 립이나 더 베스트 비프 스튜의 인기가 높다.

Map P.407-B3 | 주소 78-6831 Alii Dr. Kailua-Kona | 전화 808-333-3434 | 영업 일~목 11:00~20:00, 금~토 11:00~20:30(해피 아워 15:00~17:00) | 가격 $9~17.95(아시안 브레이즈드 숏 립 $17.95, 더 베스트 비프 스튜 $14.95) | 주차 무료 | 예약 필요 | 가는 방법 코나 국제공항에서 19번 Queen Kaahumanu Hwy.를 타고 직진, 오른쪽에 Palani Rd.를 끼고 우회전한다. 도로 끝에서 Alii Dr. 방향으로 직진, Keauhou Shopping Center 내 주유소 근처 위치.

케니치 퍼시픽 Kenichi Pacific

스시를 전문으로 하는 아시안 레스토랑. 하와이에서 '최고의 일식당'으로 여러 차례 상을 받은 바 있다. 전통적인 방법으로 손질하는 스시와 사시미는 물론이고 스테이크와 치킨, 양 요리를 더해 퓨전으로 선보이는 곳이다. 해피 아워에는 모든 음료와 스시 롤이 50% 할인되며, 레인보우 롤이 가장 인기가 많다.

Map P.407-B3 | 주소 6831 Alii Dr. #78 Kailua-Kona | 전화 808-322-6400 | 홈페이지 www.restauranteur.com/kenichi/menu.htm | 영업 수~일 16:30~21:00(월~화요일 휴무, 해피 아워 화~일 16:30~18:00) | 가격 $9.5~40 | 주차 가능 | 예약 필요 | 가는 방법 코나 국제공항에서 19번 Queen Kaahumanu Hwy.를 타고 직진, 오른쪽에 Palani Rd.를 끼고 우회전한다. 도로 끝에서 Alii Dr. 방향으로 직진, 케아우호우 쇼핑센터 내에 위치. 쉐라톤 케아우호우 베이 리조트에서 5분 거리에 위치.

코나 마운틴 커피
Kona Mountain Coffee

코나 지역의 농장에서 재배한 커피 열매를 손으로 직접 수확해 만든 커피 브랜드. 1989년부터 2012년까지 코나 커피 컬처럴 페스티벌 Kona Coffee Cultural Festival에서 다수 수상하며 그 명성을 이어오고 있다. 코나 지역 이외에도 오아후의 힐튼 하와이안 빌리지에도 단독 매장을 갖고 있다.

Map P.406-A2 | 주소 73-4038 Hulikoa Dr. #5 Kailua-Kona | 전화 808-329-5005 | 홈페이지 www.konamountaincoffee.com | 영업 월~토 07:00~14:30(일요일 휴무) | 가격 ~$10 | 주차 가능 | 가는 방법 코나 국제공항에서 남쪽으로 2마일 정도 떨어진 곳.

케아우호우 쇼핑 센터
Keauhou Shopping Center

2개의 대형 슈퍼마켓을 포함, 각종 레스토랑과 극장이 모두 모여 있는 쇼핑 센터다. 근처 리조트에 묵는 사람들이 주로 이용하며 쇼핑 센터로 가는 길에 케아우호우 만을 내려다볼 수 있는 전망 포인트가 있다. 매주 토요일 08:00~12:00에 파머스 마켓이 열리며, 매주 금요일 18:00~19:00 사이에는 훌라 쇼가 진행된다. 매월 마지막 주 토요일 17:30~19:00에는 라이브 콘서트가 열린다.

Map P.407-B3 | 주소 78-6831 Alii Dr. Kailua-Kona | 전화 808-322-3000 | 영업 10:00~18:00 | 주차 무료 | 가는 방법 코나 국제공항에서 19번 Queen Kaahumanu Hwy.를 타고 직진, 오른쪽에 Palani Rd.를 끼고 우회전한다. 도로 끝에서 Alii Dr. 방향으로 직진.

Mia's Advice

빅 아일랜드에는 매년 4월 커다란 훌라 페스티벌이 열린답니다. 1주일 동안 진행되는 메리 모나크 페스티벌 Merry Monarch Festival은 하와이에서 가장 큰 훌라 경연 대회예요. 훌라의 역사와 전통을 널리 알리기 위한 것으로 경연 대회가 TV에서 중계되기도 합니다. 훌라 컨테스트 뿐 아니라 핸드메이드 아트 제품, 라이브 뮤직 등을 함께 즐길 수 있답니다. 더 자세한 내용은 merriemonarch.com에서 확인할 수 있어요.

역사적 유물부터 유명한 커피 농장까지
사우스 코나

©하와이 관광청

다른 지역에 비해 여행자의 발걸음이 뜸한 곳. 그만큼 조용하면서도 특별한 여행을 즐길 수 있다. 하와이를 처음 발견한 탐험가 제임스 쿡 선장의 동상이 있는 케알라케쿠아 베이 주립공원은 스노클링 명소로 잘 알려져 있는데, 물이 유달리 맑고 산호초와 열대어가 가득해 해양생물 보호구역으로 지정되어 있다. 현재 천연 자원과 문화 자원 관리차원에서 허가된 투어 업체만 스노클링이 가능하니 참고할 것. 그 외에도 하와이를 통틀어 가장 맛있는 커피가 나기로 유명한 지역인 코나 커피 농장이 모여 있으며, 특히 일부 농장에서는 무료로 참여할 수 있는 커피 농장 투어도 운영하고 있기 때문에 색다른 경험을 할 수 있다. 하와이 역사나 전통 문화에 관심이 있다면 푸우호누아 오 호나우나우 국립 역사공원이나 코나 히스토리컬 소사이어티에 들러 과거 하와이안들의 문화를 간접 체험해보는 것도 좋을 듯.

+ 공항에서 가는 방법

코나 국제공항에서 19번을 거쳐 11번 Hwy.를 타고 1시간 40분 정도 달리면 사우스 코나 지역이 나온다.

+ 사우스 코나에서 볼 만한 곳

케알라케쿠아 베이 주립 역사공원, 푸우호누아 오 호나우나우 국립 역사공원, 코나 히스토리컬 소사이어티, UCC 하와이, 그린웰 팜즈

사우스 코나의 볼거리

사우스 코나 지역에는 고대부터 1800년대까지 하와이의 역사가 살아 숨 쉬고 있다. 그런 까닭에 이 지역은 드라이브를 즐기면서 곳곳에 숨은 명소를 찾는 재미가 쏠쏠하다.

★★★★★

푸우호누아 오 호나우나우 국립 역사공원
Puuhonua O Honaunau National Historical Park

신성한 법을 어겼다는 이유만으로 '사형'을 선고 받는다면 어떤 기분이 들까? 고대 하와이의 카푸라는 제도에 따르면 추장의 그림자도 밟을 수 없고, 남녀가 함께 식사도 할 수 없었다. 이런 법을 어긴 자들이 유일하게 살아남을 수 있는 방법은 성지라고 여겨지던 푸우호누아 오 호나우나우로 피신하는 것이었다. 현재 역사공원 안에 당시의 모습을 복원해 관람객의 이해를 돕고 있다.

Map P.406-B4 | **주소** 1871 Trail Captain Cook | **전화** 808-328-2326 | **운영** 08:30~16:30 | **입장료** $20(차량당), $10(개인) | **주차** 무료(입장료에 포함) | **가는 방법** 카일루아-코나에서 11번 Mamalahoa Hwy.를 타고 직진하다 오른쪽 160번 Napoopoo Rd.(Keala Keawe Rd.)를 타고 직진. 오른쪽에 Honaunau Beach Rd.로 진입하면 입구가 보인다.

★★★★★

코나 히스토리컬 소사이어티
Kona Historical Society

과거 하와이안들의 삶을 직접 경험할 수 있는 곳. 1890년대 하와이 상점을 재현한 곳에서는 당시에 팔던 물건도 볼 수 있으며 코나 커피 리빙 히스토리 팜에서는 토크 스토리 타임이 있어 역사에 대한 이야기도 나눌 수 있다. 매주 목요일 10:00~13:000에는 박물관의 초원에서 전통적인 방식을 고수해 빵(포르투갈 스타일)을 굽는 체험을 직접 해볼 수 있다. 프로그램은 무료지만 빵은 구매해야 한다. 코로나19로 휴업 상태라 방문 전 미리 연락하는 것이 좋다.

Map P.406-B4 | **주소** 81-6551 Hawaii Belt Rd. Kealakekua | **전화** 808-323-3222 | **홈페이지** konahistorical.org | **운영** 월·화·목 10:00~14:00 | **입장료** 성인 $15, 5~12세 $5, 빵 $7 | **주차** 무료 | **가는 방법** 카일루아-코나에서 11번 Mamalahoa Hwy.를 타고 직진. 오른쪽에 위치.

로열 코나 박물관 & 커피 밀 Royal Kona Museum & Coffee Mill

하와이 전역에서 만날 수 있으며, 저렴한 라이온 커피와
프리미엄 급인 로열 코나 커피, 그밖에도 하와이안 아일
랜드 티 컴퍼니 등 3개의 브랜드를 가지고 있다. 뮤지엄
내에서는 커피의 역사를 한 눈에 알아볼 수 있게 전시해
놓았고, 다양한 커피 맛을 시음할 수 있다. 하이웨이 근처
에 있어 농장 투어에도 예약 없이 쉽게 참여할 수 있는 것
이 특징이다.

Map P.406-B4 | **주소** 83-5427 Mamalahoa Hwy. Captain
Cook | **전화** 808-328-2511 | **홈페이지** royalkonacoffee.
com | **운영** 월~금 09:00~16:00(토~일요일 휴무) | **입장료** 무료 | **주차** 무료 | **가는 방법** 카일루아-코나에서 11번
Mamalahoa Hwy.를 타고 직진. 오른쪽에 위치.

세인트 베네딕트 로만 성당 St. Benedict Roman Catholic Church

처음 사우스 코나에 카톨릭 교회가 세워진 것
은 1842년이었다. 이후 1880년 중반, 요한 베
르크만스 벨게 John Berchmans Velghe라는 벨
기에 신부가 하와이에 정착했다. 당시 그는
글을 읽을 줄 모르는 하와이 사람들을 위해
1899~1904년에 걸쳐 성당 벽면에 성서의 구
절들을 묘사해놓았다. 그 후로 이 교회는 페인
티드 처치 Painted Church라는 별명도 얻게 되
었다.

Map P.406-B4 | **주소** 84-5140 Painted
Church Rd. Captain Cook | **전화** 808-328-
2277 | **홈페이지** www.thepaintedchurch.
org | **운영** 화~목 09:30~15:30(미사 화·목·금
07:00, 토 16:00, 일 08:00, 10:00) | **입장료** 무
료 | **주차** 무료 | **가는 방법** 카일루아-코나에서 11번
Mamalahoa Hwy.를 타고 직진하다 오른쪽 160번
Napoopoo Rd.를 타고 직진. 중간에 Middle Keei
Rd.가 나오면 그 도로로 진입해 직진하다 오른쪽에
Painted Church Rd.로 직진.

Beach

사우스 코나의 해변

사우스 코나의 해변은 모래사장 대신 커다란 바위가 많아 아쿠아 슈즈를 챙기는 것이 좋다. 돌고래나 거북이를 볼 수 있어, 나만의 특별한 스노클링을 경험할 수도 있다.

케알라케쿠아 베이 주립 역사공원 Kealakekua Bay State Historic Park

1778년 하와이 원주민과 제임스 쿡 선장이 최초로 만난 곳으로 역사공원이라는 타이틀이 붙긴 했지만 따로 전시관 등이 있는 것은 아니다. 그러나 이 장소가 역사적으로 중요한 이유는 하와이 땅에 처음 발을 디뎠던 제임스 쿡 선장이, 이듬해에 이 곳에서 하와이 주민들에게 살해당했기 때문. 공원 앞에 위치한 케알라케쿠아 베이는 스노클링, 스쿠버 다이빙, 카약킹이 유명한 지역으로 이른 시간에는 돌고래가 나타나기도 한다.

Map P.406-B4 | 주소 160번 Puuhonua Rd. 도로 끝에 위치 | 운영 06:30~18:30 | 주차 무료 | 가는 방법 코나 국제공항에서 19번 Queen Kaahumanu Hwy.를 타고 직진, 코나 코스트 쇼핑 센터 Kona Coast Shopping Center가 있는 사거리에서 11번 Mamalahoa Hwy.에서 직진 후 160번 Napoopoo Rd. Pu'uhonua Rd.를 타고 가다 Lower Napoopoo Rd.를 타고 직진, 도로 끝에서 우측의 Beach Rd.로 진입.

빅 아일랜드의 역사적인 장소, 히키아우 헤이아우

케알라케쿠아 베이 앞에는 히키아우 헤이아우 Hikiau Heiau라는 거대한 제단이 있어요. 이 제단은 원래 고대 하와이안들이 희생물을 신께 바치던 신성한 신전이었죠. 1779년 제임스 쿡 선장이 이곳에 방문했을 당시 원주민들이 그를 후하게 대접했었는데요. 후에 제임스 쿡은 항해 중에 사망한 자신의 부하 직원 장례식을 이 제단에서 하와이 최초로 기독교식으로 올렸답니다. 안타깝게도 내부는 들어갈 수 없어요.

케오네엘레 코브 Keoneele Cove

호나우나우 베이 끝에 있는 작고 좁은 만으로 하얀 모래사장과 인접해 있다. 1900년대 초반에 경작되었던 오리지널 코코넛 나무숲이 남쪽 끝에 위치해 있으며, 1960년대 이후로는 공원 내에서 후킬라우 Hukilau(전통 방식의 그물 낚시)라고 이름 붙여진 페스티벌이 열릴 때마다 카누가 드나드는 곳으로 사용되고 있다. 거북이가 자주 나타나는 곳으로 유명하며 스노클링도 가능하다.

Map P.406-B4 | 주소 999 Honaunau(근처 Mc Clure Farms의 주소) | 운영 특별히 명시되진 않았지만. 이른 오전과 늦은 저녁은 피하는 것이 좋다. | 주차 무료 | 가는 방법 케알라케쿠아 베이 Kealakekua Bay에서 160번 Puuhonua Rd.를 타고 직진, 우측에 Ke Ala O Keawe 골목으로 진입. 도로 끝에 위치.

Activity

사우스 코나의 즐길 거리

하와이를 발견한 제임스 쿡 선장의 동상을 보기 위해선 카약을 타야 한다는 점이 재미있는데, 그 근처가 바로 스노클링으로 유명한 곳이다.

제임스 쿡 선장 동상
Captain James Cook Monument
★★★★★

케알라케쿠아 베이에서도 가장 유명한 스노클링 장소에 제임스 쿡 선장의 동상이 세워져 있다. 안타깝게도 육로로 이곳에 도착하는 방법은 없으며 카약이나 스노클링 투어를 통해서만 갈 수 있다. 몇 개의 업체들이 이 프로그램을 진행하고 있으며 투어는 4시간가량 소요된다.

+ 어드벤처 인 파라다이스
Adventures in Paradise

Map P.406-B4 | 주소 82-6038 Puuhonua Rd. Captain Cook | 전화 808-447-0080 | 홈페이지 www.bigislandkayak.com | 운영 07:30~15:30(오피스) | 요금 $88.95~99.95 | 주차 무료(근처 스트리트) | 가는 방법 카일루아-코나에서 11번 Mamalahoa Hwy.를 타고 직진. 160 Naoopoo Rd.로 진입해 직진. 케알라 케쿠아 베이에 위치.

+ 알로하 카약 Aloha Kayak Co.

Map P.406-B3 | 주소 79-7248 Mamalahoa Hwy. Honalo | 전화 808-322-2868 | 홈페이지 www.alohakayak.com | 운영 액티비티 08:00~16:30 | 요금 $99(3시간 30분) | 주차 무료(근처 스트리트) | 가는 방법 카일루아-코나에서 11번 Mamalahoa Hwy.를 타고 직진. Mamalahoa Hwy. 마일마커 114.

+ 코나 보이스 Kona Boys, Inc.

Map P.406-B3 | 주소 79-7539 Mamalahoa Hwy. Kealakekua | 전화 808-328-1234 | 홈페이지 www.konaboys.com | 운영 07:00~17:00(일요일 휴무, 카약&스노클링 07:00~11:30) | 요금 성인 $199, 18세 미만 $174 | 주차 무료(스트리트) | 가는 방법 카일루아 코나에서 11번 Mamalahoa Hwy.를 타고 직진. Hokukano Rd.를 지나자마자 왼쪽에 위치.

©하와이 관광청

사우스 코나의 먹거리

커피 농장 사이로 곳곳에 간단하게 끼니를 때울 수 있는 곳들이 있다. 외관은 소박해도 주인장의 손길에는 정성이 가득 들어있는 메뉴들이 많으니 섣부른 실망은 금물!

빅 제이크스 아일랜드 BBQ
Big Jake's Island BBQ
★★★★★

1969년에 오픈했다. 코나 커피 농장이 모여 있는 마말라호아 하이웨이 Mamalahoa Hwy.를 지나다 보면 숯불 냄새가 후각을 자극해 나도 모르게 차를 세우게 만든다. 커다란 드럼통 안에 치킨을 구워내는 주인이 혼자 주문을 받고, 음식을 만든다. 야외 테라스가 있으며, 치킨 이외에도 베이비 백 립, 핫도그, 샐러드 등을 판매한다. 메인 메뉴와 함께 코울슬로나 포테이토 맥, 베이크드 빈스와 함께 곁들여 먹으면 더 맛있다.

Map P.406-B4 | **주소** 83-5308 Mamalahoa Hwy. Captain Cook | **전화** 808-328-1227 | **영업** 금~일 11:00~16:00(월~목요일 휴무) | **가격** $8.50~30.95(BBQ 베이비 백 립 하프 $16.95) | **주차** 무료 | **예약** 불가 | **가는 방법** 카일루아-코나에서 11번 Mamalahoa Hwy.를 타고 직진, 왼쪽에 위치(마일마커 105~106).

케오키 사우스 코나 그라인즈
Keoki's South kona Grindz

100% 코나 커피를 판매하는 카페. 매장 내에 에스프레소 바가 있으며, 추가 비용을 내면 인터넷도 사용할 수 있다(1시간에 $10, 개인 노트북 소장 시 할인). 마카다미아 너트에 초콜릿이 덮인 케오키스 빅 아일랜드 돈키 볼도 유명하니 놓치지 말고 맛볼 것. 커피 이외에도 홈메이드 피자와 햄버거, 피시 앤 칩스 등이 있어 식사 대용으로도 좋다.

Map P.406-B4 | **주소** 83-5315 Mamalahoa Hwy. Captain Cook | **전화** 808-328-9000 | **홈페이지** www.southkonagrindz.com | **영업** 11:00~19:00 | **가격** $5.95~24.95(피시 앤 칩스 $16.95~24.95) | **주차** 무료 | **예약** 불가 | **가는 방법** 카일루아 코나에서 11번 Mamalahoa Hwy.를 타고 남쪽으로 직진, 오른쪽에 위치.

카알로아스 수퍼 제이스
Kaaloa's Super J's

여행자들 사이에서 소문난 맛집이다. 특히 라우라우 Laulau라는 메뉴가 유명한데 양념된 돼지고기를 타로 잎에 싸서 쪄낸 메뉴로, 오랜 시간 천천히 익혀 부드러운 육질을 느낄 수 있다. 밥과 샐러드가 곁들여져 한 끼 식사로 훌륭하다. 〈LA 타임즈〉와 각종 TV쇼에 소개될 만큼 유명세를 톡톡히 치르고 있다.

Map P.406-B4 | 주소 83-5409 Mamalahoa Hwy. Captain Cook | 전화 808-328-9566 | 영업 월·수~토 10:00~18:30(화·일요일 휴무) | 가격 $6.95~28.95 | 주차 무료 | 예약 불가 | 가는 방법 카일루아-코나에서 11번 Mamalahoa Hwy.를 타고 직진, 왼쪽에 위치.

테시마의 레스토랑
Teshima's Restaurant

1929년 테시마 할머니가 시작한 일본 가정식 레스토랑. 식당이 세워졌던 1920년대에는 미국인 여성에게만 투표권이 주어질 정도로 차별이 심했던 시기였는데, 일본인인 그녀가 레스토랑을 운영했다는 것 자체가 기적에 가까울 정도다. 지금은 그녀의 후손이 가업을 이어 받아 운영하고 있다. 새우튀김(런치&디너에만 판매)이 유명하지만 대체적으로 어떤 메뉴를 주문해도 실패하지 않는 맛이다.

Map P.406-B4 | 주소 79-7251 Hawai'i Belt Rd. Kealakekua | 전화 808-322-9140 | 홈페이지 teshimarestaurant.com | 영업 07:00~14:00, 17:00~21:00 | 주차 무료 | 가는 방법 카일루아-코나에서 11번 Mamalahoa Hwy.로 진입 직진 후 왼쪽에 위치.

하와이 코나, 자메이카 블루 마운틴, 예멘 모카는 세계 3대 커피다. 전 세계에서 사랑받고 있는 코나 커피는 빅 아일랜드 코나 지역에서 그 이름을 따 왔다. 한국에서는 100% 순수한 코나 커피를 맛볼 수 있는 기회가 적으므로 이번 기회에 코나 커피의 매력에 빠져보자.

• 코나 커피, 대체 왜 유명할까?

전 세계에서 사랑받고 있는 코나 커피는 1828년 선교사들이 커피나무를 하와이에 들여온 것이 시초가 되었다. 한국에서 순수한 코나 커피를 만나기 힘든 이유는 간단하다. 코나의 마우나 로아와 후알랄라이 산기슭 부근에서만 재배되는 희귀품종이기 때문이다. 사실 커피의 맛을 좌우하는 삼박자가 바로 태양 · 토양 · 물인데, 이 지역의 흙은 영양이 풍부하고 화산암이 있어 배수가 잘 되며, 태양이 뜨겁게 내리쬐고 비가 규칙적으로 내려 커피의 맛에 영향을 미친 것이다. 현재 사우스 코나에는 약 32km에 달하는 커피 농원이 들어서 있으며 각 농원마다 무료 견학은 물론이고 시음도 해볼 수 있다.

• 내 취향에 맞는 커피 찾기

코나 커피는 농가마다 잘 여문 열매만 수확하기 때문에 어느 농가에서도 품질이 균등하고 맛있는 커피가 탄생된다. 또한 하와이 주가 정한 등급이 있어 볶기 전의 그린 커피라 불리는 단계부터 크기와 무게에 따라 나뉘며 관리가 철저하다. 코나 커피는 신맛과 꽃향, 과일향이 나는 것으로 뒷맛이 깔끔한 것이 특징이다. 코나에서 재배되는 커피는 '말라비 카종'으로 생산과정은 다음과 같다. 우선 2~5월에 '코나 스노우'라고 불리는 하얀 커피 꽃이 핀 다음 열매를 맺는다. 열매는 처음에는 녹색이었다가 노란색, 주황색, 빨간색으로 바뀌며 마지막 단계에서 진한 빨간색으로 잘 여문 것만 채취한다. 그런 다음

열매 안에 들어 있는 원두만 채취해 12~24시간 발효한 후 깨끗한 물로 세척한다. 발효 과정을 거친 열매는 햇빛을 이용해 건조시킨 다음, 강-중-약의 세 등분으로 나눠 볶는다. 가장 강하게 볶은 커피가 카페인의 함유량이 제일 적다.

가장 맨 위 빨간 열매에서 총 10단계가 넘는 과정을 거쳐 소비자에게 제공된다

코나 커피 투어

알아두세요 코나의 커피 등급

- **프라임**: 작은 크기의 원두로, 맛이 진하며 가장 흔하게 볼 수 있다. 제일 저렴한 단계.
- **피 베리**: 대부분 열매 안에는 커피 원두가 2개씩 들어있는데, 간혹 1개가 들어있는 경우가 있다. 이런 것들만 모아 피 베리라고 칭하며, 밀도가 높아 농후한 맛과 향기를 풍기는 것이 특징이다.
- **NO 1**: 중간 크기의 원두. 부드럽지만 독특한 맛이 난다.
- **팬시**: 2번째로 큰 원두. 부드러우면서 과일 맛이 나는 게 특징이다.
- **엑스트라 팬시**: 가장 큰 원두. 최상등급이다. 달콤하고 부드러운 맛이 나며 향이 짙다.

UCC 하와이 UCC Hawaii
★★★★★

일본 커피 브랜드인 UCC에서 운영하고 있는 농장으로 일본 관광객의 방문이 끊이지 않는 곳. 다른 곳에 비해 조경이 잘 되어 있어 커피에 관심이 없는 사람이라도 산책하기 좋다. 커피 콩을 직접 볶는 로스트마스터 투어는 홈페이지에서 미리 날짜와 시간을 예약해야 한다. 투어 후에는 자신의 라벨을 붙인 100% 코나 커피 1/2파운드가 증정된다. 당일 예약 없이 방문해도 커피 시음은 가능하며, 커피 농장을 직접 둘러볼 수 있다.

Map P.406-B2 | 주소 75-5568 Mamalahoa Hwy., Holualoa | 전화 808-322-3789 | 홈페이지 www.ucc-hawaii.com | 영업 월~금 09:00~16:30(로스트 마스터 투어 09:30~15:00, 토 · 일요일 휴무) | 입장료 무료(로스트마스터 투어 시 $50, 12세 이상 2인 이상만 가능) | 주

차 무료 | 가는 방법 카일루아-코나에서 11번 Mamalahoa Hwy.를 타고 직진. 중간에 180번 Mamalahoa Hwy.를 타고 우회전 후 직진. 오른쪽에 위치.

코나 조 커피 Kona Joe Coffee

코나 조는 세계에서 첫 번째로 격자무늬의 커피농장을 운영한 곳으로, 그 특허권을 가지고 있다. 농장주의 이름이기도 한 코나 조는 모든 커피 제품에

Mia's Advice

최근 부쩍 많은 여행자들이 참여하고 있는 커피 농장 투어를 소개합니다. 투어를 운영하는 곳으로는 훌라 대디 코나 커피 Hula Daddy Kona Coffee(주소 74-4944 Mamalahoa Hwy., Holualoa)를 추천하는데요, 농장을 둘러보는 것은 물론 커피 시음과 원두 로스팅도 체험해볼 수 있습니다. 코나 팜 다이렉트 Kona Farm Direct(주소 75-5673 Mamalahoa Hwy., Holualoa)에도 로스팅까지 체험해볼 수 있는 농장 투어가 있어요. 최소 2LB(파운드) 커피를 주문하는 경우 이용할 수 있습니다. 투어를 희망할 경우 사전 예약은 필수예요.

이름을 새겨 넣고 판매하고 있다. 4가지 투어 중 농장도 둘러보고 직접 로스팅도 해볼 수 있는 콤바인 가이드 앤 로스팅 투어가 가장 인기가 많다. 소요 시간은 75분이며 직접 로스팅한 10온스 커피가 포함된다.

Map P.406-B3 | 주소 79-7346 Mamalahoa Hwy. Kealakekua | 전화 808-322-2100 | 홈페이지 www. konajoe.com | 영업 월~일 08:00~15:00 | 입장료 무료(투어 $25~549, 콤바인 가이드 앤 로스팅 투어 $119) | 주차 무료 | 가는 방법 카일루아-코나에서 11번 Mamalahoa Hwy.를 타고 직진, 오른쪽에 위치.

그린웰 팜즈 Greenwell Farms

1850년 헨리 니콜라스 그린웰이 창업한 오랜 전통의 농장. 자사 농원 외에도 200곳 이상의 커피 농원에서 원두를 수확해 그린웰 팜즈 브랜드로 판매하고 있다. H.N 그린웰 스토어 박물관이 이웃해 있으며 예약 없이 커피 농장 투어가 가능하다. 투어를 통해 커피의 전 생산과정을 들을 수 있다.

Map P.406-B3 | 주소 81-6581, Mamalahoa Hwy. Kealakekua | 전화 808-323-2295 | 홈페이지 www. greenwellfarms.com | 영업 월~일 08:30~17:00(농장 투어 09:00~15:00) | 입장료 무료 | 주차 무료 | 가는 방법 카일루아-코나에서 11번 Mamalahoa Hwy.를 타고 직진, 오른쪽에 위치.

도토루 마우카 메도우스 커피 팜
Doutor Mauka Meadows Coffee Farm

도토루 커피 브랜드에서 운영하는 커피 농장. 단순히 농장뿐 아니라 아름다운 정원까지 감상할 수 있는 곳으로, 아침에 산책하기 좋은 코스다. 운영시간 내 언제든 셀프 투어가 가능하며, 가든에서 아름다운 해안가를 바라보며 커피도 시음할 수 있다(코로나19로 임시 휴업 중이니 방문 전 문의하자).

Map P.406-B2 | 주소 75-5476 Mamalahoa Hwy. Holualoa | 전화 808-322-3636 | 홈페이지 www. maukameadows.com | 영업 09:00~16:00 | 입장료 $5 | 가는 방법 카일루아-코나에서 11번 Mamalahoa Hwy.를 타고 직진하다 왼쪽에 Ha'Awina St.를 타고 좌회전 후 다시 180번 mamalahoaHwy.를 타고 좌회전.

Mia's Advice

커피 축제가 열리는 홀루알로아 빌리지!
커피 농장이 모여 있는 홀루알로아 빌리지 Holualoa Village에는 매년 11월 빅 아일랜드의 커피 최대 수확기에 커피와 예술을 테마로 진행되는 페스티벌이 열린답니다. 꼭 11월이 아니더라도 홀루알로아 빌리지에는 다양한 아트 갤러리가 있어요. 홀루아로아 빌리지에 대해 좀 더 자세히 알고 싶다면 홈페이지 (www.holualoahawaii.com)를 방문해보세요!

특별한 해변이 숨겨져 있는

카우

©하와이 관광청

빅 아일랜드 최남단이자, 미국 최남단이기도 한 이곳에는 전 세계적으로 드문 녹색 모래가 있는 그린 샌드 비치와 바다 거북이가 살고 있는 블랙 샌드 비치가 있다. 일반적인 모래사장이 아닌 특별한 모래가 깔려 있는 해변에서 해수욕과 일광욕을 즐길 수 있어 매력적이다. 카우에서도 남쪽 끝에 위치한 사우스 포인트 또한 놓치지 말아야 하는 볼거리다. 간혹 푸른 바다 속으로 다이빙하는 관광객들을 볼 수 있다. 카우 역시 하와이 화산 국립공원을 끼고 있는데, 고지대 카우 사막에서는 킬라우에아 분화 활동으로 화산재에 갇힌 옛 전사들의 발자국을 확인할 수 있다. 산부터 바다까지 가로지르는 난코스 트랙은 워낙 길이 험하기 때문에 산을 좋아하는 사람들에게 승부욕을 불러일으키기도 한다. 이곳에 관광객의 발걸음이 뜸한 이유는 렌터카 회사에서 보험 제외 구역으로 설정해 놓았기 때문이기도 하다. 현지 여행사의 투어 프로그램 이용을 추천한다.

+ 공항에서 가는 방법

코나 국제공항에서 19번을 거쳐 11번 Hwy.를 타고 2시간가량 직진하다보면 카우 지역 근처에 다다른다.

+ 카우에서 볼 만한 곳

그린 샌드 비치, 푸날루우 블랙 샌드 비치, 사우스 포인트

알아두세요

미국 최남단, 사우스 포인트

카우에는 하와이의 최남단이자 미국 최남단인 사우스 포인트가 있다. 바다의 깊이를 가늠할 수 없는 파란 오션뷰와 낚시하는 사람들의 모습이 평화로워 보인다. 바위 구멍에서 바닷물이 들어왔다 빠져나가는 광경 또한 장관이다.

카우의
해변

파도가 용암을 침식해 만든 블랙 샌드 비치와 녹색 모래가 눈앞에 펼쳐지는 그린 샌드 비치를 동시에 만날 수 있는 곳으로 그 자체만으로도 독특한 느낌을 자아낸다.

★★★★★

푸날루우 블랙 샌드 비치
Punaluu Black Sand Beach

검은 모래로 뒤덮인 해변은 현무암이 모래 알갱이처럼 부서져 해안을 메우고 있다. 수영하기 힘든 장소이긴 하나 멸종위기에 처해 있는 녹색 바다거북을 자주 발견할 수 있는 곳으로, 거북이들이 알을 낳고 휴식을 취하는 곳이기도 하다. 화산 국립공원을 살펴보는 투어 프로그램에 빠지지 않고 함께 들러보는 장소다.

Map P.358-C4 | 주소 96-876 Government Rd., Pahala | 운영 특별히 명시되진 않았지만 이른 오전과 늦은 저녁은 피하는 것이 좋다. | 주차 무료 | 가는 방법 카일루아-코나에서 11번 Mamalahoa Hwy.(Hawaii Belt Rd.)를 타고 직진, 오른쪽에 Ninole Loop Rd.로 우회전(카일루아-코나에서 1시간 30분가량 소요).

★★★★★

파파콜레아 그린 샌드 비치 Papakolea Green Sand Beach

전 세계에 단 4개밖에 없는 그린 샌드 비치 중 하나. 감람석으로부터 올리브 녹색이 추출되었기 때문에 모래사장이 녹색빛을 띤다. 이 해변이 특별한 또 다른 이유는 찾아가기 쉽지 않기 때문. 길이 험해 4륜구동 차량만 이동이 가능하며, 렌터카 업체에서는 보험 제외 구역으로 설정해 놓았다. 도로 끝에서 현지인에게 약간의 팁($20)을 주고 그린 샌드 비치까지 가기도 하고, 약 1시간 소요되는 하이킹으로 걸어서 가는 방법도 있다. 마하나 비치 Mahana Beach라는 이름으로도 불리고 있다.

Map P.358-C4 | 주소 S Point Rd. | 운영 특별히 명시되진 않았지만 이른 오전과 늦은 저녁은 피하는 것이 좋다. | 주차 무료 | 가는 방법 카일루아-코나에서 11번 Mamalahoa Hwy.(Hawaii Belt Rd.)를 타고 직진, S Point Rd. 끝에서 비포장도로를 향해 30분가량 더 진입한다(카일루아-코나에서 1시간 47분가량 소요).

Hawaii Volcanoes Naional Park

하와이 화산 국립공원

©하와이 관광청

세계에서 유일하게 드라이브로 볼 수 있는 화산, 킬라우에아. 빅 아일랜드를 방문하는 여행자 중 대부분이 지금도 활동하는 화산을 보기 위해 이곳을 찾는다. 오래전부터 분화구가 점점 변하고 있으며, 1983년에 푸오 화산이 분출해 흘러내린 용암이 해안 도로를 막아 지금도 길에서 검은 용암을 발견할 수 있다. 하와이 화산 국립공원은 킬라우에아와 그 옆의 마우이 로아 산을 관리하고 있다. 입장료를 투입구에 넣으면 국립공원을 한 바퀴 휘돌아 검게 굳은 용암 위에 조성된 환상도로, 10.6마일의 '크레이터 림 드라이브'가 시작된다. 이 길 끝에서 걸으면 용암 상태에 따라서 빨갛게 달아오른 용암을 직접 눈으로 볼 수도 있다. 방문객 센터와 홈페이지에서 상태를 확인하고 찾아가자.

※ 2018년 5월에 발생한 대형 화산 폭발로 인해 간혹 입장이 제한되기도 한다. 방문 전 입장이 가능한지 홈페이지를 통해 미리 확인하자.

+ 공항에서 가는 방법

카일루아-코나에서 11번 Mamalahoa Hwy.(Hawaii Belt Rd.)를 타고 남동쪽으로 직진(카일루아-코나에서 2시간가량 소요)하면 하와이 화산 국립공원에 다다른다.

Mia's Advice

2008년 3월 할레마우마우 분화구의 화산 활동으로 인해 현재 재거 박물관부터 체인 오브 크레이터스 로드 전까지 구간 곳곳에 용암으로 길이 막힌 데드 엔드 로드 Dead End Road가 있으니 유의하세요.

하와이 화산 국립공원의 볼거리

하와이 화산 국립공원은 1987년 유네스코에서 세계유산으로 지정되었다. 천천히 드라이브하며 둘러보기 좋다. 공원에 입장하기 전에 가스(휘발유)를 가득 채워가자.

킬라우에아 비지터 센터 Kilauea Visitor Center

화산 모형과 지도 등이 준비되어 있어 화산 분화의 최신 정보를 알 수 있다. 공원 입구에서 차로 2분 정도 걸리며 09:00~16:00에는 1시간 간격으로 화산 활동을 기록한 20여 분짜리 영상이 상영된다. 참고로 화산 분화구는 해질녘 이후 더 제대로 볼 수 있다.

©하와이 관광청

Map P.427 | **주소** 1 Crater Rim Dr. Hawaii Volcanoes National Park | **전화** 808-985-6000 | **홈페이지** www.nps.gov/havo | **운영** 킬라우에아 비지터 센터 09:00~17:00, 카후쿠 유닛 Kahuku Unit 목~일 08:00~16:00(월~수요일 휴무) | **입장료** 차량당 $30, 개인 $15(1주일 유효, 15세 이하는 무료) | **주차** 무료

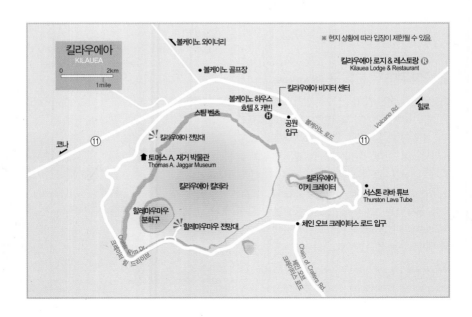

※ 현지 상황에 따라 입장이 제한될 수 있음.

킬라우에아 KILAUEA
0　　2km
1mile

볼케이노 와이너리

볼케이노 골프장

킬라우에아 로지 & 레스토랑 Ⓡ
Kilauea Lodge & Restaurant

볼케이노 하우스 호텔 & 캐빈 Ⓗ

킬라우에아 비지터 센터

스팀 벤츠

볼케이노 로드

공원 입구

힐로

코나　⑪

⑪

킬라우에아 전망대

토머스 A. 재거 박물관
Thomas A. Jaggar Museum

킬라우에아 칼데라

킬라우에아 이키 크레이터

서스톤 라바 튜브
Thurston Lava Tube

할레마우마우 분화구

할레마우마우 전망대

체인 오브 크레이터스 로드 입구

크레이터 림 드라이브
Crater Rim Dr.

체인 오브 크레이터스 로드
Chain of Craters Rd.

크레이터 림 드라이브 Crater Rim Drive

10.6마일에 이르는 이 드라이브 구간은 화산 국립공원을 한 바퀴 둘러볼 수 있는 코스다. 곳곳에 출입이 통제되는 구간이 있으니 비지터 센터에 들러 현재 상황을 확인 후 출발하는 것이 좋다.

Map P.427 | 주소 1 Crater Rim Dr. Hawaii Volcanoes National Park | 운영 09:00~17:00

ⓒ하와이 관광청

토머스 A. 재거 박물관 Thomas A. Jaggar Museum

ⓒ하와이 관광청

화산 활동과 지질학에 관한 전시 및 불의 여신 펠레 벽화 등을 볼 수 있는 박물관. 책과 기념품을 살 수 있는 숍도 있으며 야외 전망대에서는 거대한 킬라우에아 칼데라를 한 눈에 바라볼 수 있었던 곳. 2018년 화산 분화로 인한 지진 여파로 박물관은 이제 추억 속으로 간직하게 되었다. 일부 전시품은 파호아 라바 존 뮤지엄 Pahoa Lava Zone Museum으로 옮겨졌다. P.434 참고.

할레마우마우 분화구 Steam Vents

이곳은 불의 여신 펠레의 집으로 알려져 있다. 이곳은 계속 희뿌연 연기가 피어오른다. 용암이 식물의 뿌리를 녹여 비가 내리면 빗물이 그 사이를 타고 지하까지 스며드는데, 빗물이 뜨거운 용암석에 닿아 수증기로 변하기 때문이다. 강수량이 많은 지역에서 볼 수 있는 현상으로, 비지터 센터에서 차로 5분 거리에 있다. 근처 스팀 벤츠에서는 스팀을 맞으면 아픈 곳이 낫는다거나, 동전을 던지면 소원이 이뤄진다는 등의 재미 있는 속설도 전해지고 있는 곳이다.

Map P.427 | 주소 1 Crater Rim Dr. Hawaii Volcanoes National Park | 개방 09:00~17:00

ⓒ하와이 관광청

서스톤 라바 튜브 Thurston Lava Tube

하와이 화산 국립공원에서 가장 재미있는 장소로 500년 전에 형성된 곳이다. 입구는 열대 우림이며, 동굴 안으로 들어가면 새들이 지저귀는 소리를 들을 수 있다. 용암이 만들어낸 동굴의 가장 대표적인 형태로, 동굴 내 희미한 조명이 있어 걸을 수도 있다. 걸어서 동굴 반대편까지 가면 그 뒤의 동굴에는 조명이 없어 손전등이 필요하다. 길이는 약 0.8km. 호기심이 많은 사람이라면 도전해보자. 동굴을 빠져나오면 주차장까지 짧은 트레일이 이어진다. 동굴 안은 기온이 낮으니 긴팔 옷을 준비하는 것도 좋다.

©하와이 관광청

Map P.427 | **주소** 1 Crater Rim Dr. Hawaii Volcanoes National Park | **개방** 09:00~17:00

체인 오브 크레이터스 로드 Chain of Craters Road

©하와이 관광청

킬라우에아 화산 동쪽을 타고 해안으로 구불구불 이어진 도로. 이 도로의 끝까지 가면 도로를 덮친 용암이 굳어져 있다. 크레이터 림 드라이브에서 이곳 도로 끝까지 왕복 58km로, 약 3시간 정도 소요된다. 출발하기 전에 비지터 센터와 홈페이지에서 용암과 도로 상태를 확인하고 기름이 넉넉한지 체크할 것.

Map P.427 | **주소** 1 Crater Rim Dr. Hawaii Volcanoes National Park | **개방** 09:00~17:00

Mia's Advice

빅 아일랜드 화산 국립공원의 투어 중 차량과 헬리콥터 이외 특별한 투어 방법을 원한다면 자전거를 이용하는 방법도 있답니다. 가격은 $119~230 정도이며, 풀타임과 오전·오후 타임으로 나뉘어 있어요. 더 자세한 내용은 홈페이지(bikevolcano.com/hawaii-volcano-bike-tours)를 확인하세요.

하와이 화산 국립공원의 즐길 거리

활화산의 진면목을 보고 싶다면 헬기 투어와 라바 투어를 이용하자. 가격 대비 만족도를 따지면 멀리서 보는 헬기 투어보다 가까이에서 보는 라바 투어가 더 스릴 넘친다.

화산 투어
Volcano Tour

+ 디스커버 하와이 투어 Discover Hawaii Tour

Map P.359-D3 | 주소 인터넷으로만 예약 가능. | 전화 808-690-9050 | 홈페이지 www.discoverhawaiitours. com | 운영 06:00~19:30(오피스), 08:00~17:00(투어 시간, 입장료와 점심 식사 포함) | 요금 성인 $279, 3~11세 $269.99(가이드가 동행하는 차량 투어) | 가는 방법 힐로 호텔로 직접 픽업버스가 직접 옴.

+ 하와이 투어 Hawaii Tours

주소 55-541 Naniloa Loop, Laie(오아후에 위치) | 전화 808-379-3701 | 홈페이지 www.hawaiitours.com | 운영 08:00~17:00(오피스·프로그램 시간 07:00~15:45) | 요금 성인 $195~399, 12세 미만 $175~399(화산 관련 투어가 다양함. 프로그램에 따라 가격이 다름)

+ 사파리 헬리콥터스 Safari Helicopters

Map P.359-E2 | 주소 1353-1599 Kekuanaoa St. Hilo(인근 주소) | 전화 808-969-1259 | 홈페이지 www. safarihelicopters.com | 운영 07:45~17:30(오피스) |

요금 $309(홈페이지에서 예약 시 $264로 할인) | 가는 방법 힐로 국제공항 Commuter Air Terminal에서 출발.

+ 파라다이스 헬리콥터스 Paradise Helicopters

Map P.358-B2 | 주소 73-341 Uu St, Kailua-Kona | 전화 808-329-6601 | 홈페이지 paradisecopters. com | 운영 07:30~22:00(오피스) | 요금 $869(코나 또는 힐로에서 출발) | 가는 방법 힐로에서 출발 시 힐로 국제공항 Lobby 2에서 출발, 코나 국제공항 출발 시 Commuter Terminal 빌딩에서 출발.

+ 라바 오션 어드벤처스 Lava Ocean Adventures

Map P.359-E3 | 주소 14 Kalapana Kapoho Rd. Hilo | 전화 808-329-6601 | 홈페이지 www.seelava. com | 운영 07:00~19:00(오피스) | 요금 성인 $150, 4~12세 $125(17:30 출발, 라바 보트 2시간가량 탑승) | 가는 방법 파호아 지역의 아이작 할레 비치 파크 Isaac Hale Beach Park 주차장 내 미팅 포인트에서 만나 이동한다. 코로나19로 임시 휴업 중이니 예약 전 문의하자.

Mia's Advice

헬리콥터는 용암이 흐르는 것을 언제나 볼 수 있지만 다만 멀리서 볼 수 있죠. 반면 라바 보트 투어는 가까이에서 직접 볼 수 있다는 장점이 있지만 용암이 분출되는 때에만 가능하다는 단점이 있답니다.

화산 활동이 그대로 남아 있는
푸나~파호아

푸나는 하와이 동쪽 끝에 위치한 지역으로 화산의 여신 펠레의 작업실로 일컬어진다. 그 이유는 여러 차례 화산 활동으로 인해 마을이 소멸되었다가 다시 생성된 독특한 스토리를 가지고 있기 때문이다. 1990년 킬라우에아에서 흘러내린 용암은 칼라파나 마을과 카이무의 블랙 샌드 비치를 삼켜 버렸다. 지금도 전망대에 오르면 용암과 바다가 만나는 장관을 목격할 수 있다. 또한 라바 트리 주립공원에서는 1700년대 수목에 용암이 흘러 굳어진 모습을 둘러볼 수 있다. 파호아는 과거 제분소가 있던 마을로 지금은 소박한 건물과 레스토랑들이 늘어서 있다. 놓치지 말아야 할 것은 아이작 할레 비치 파크다. 2018년 화산 활동으로 인해 이전과 다른 모습이긴 하나 비치로 향하는 길이 너무 아름다워 드라이브 코스로 훌륭하다.

※ 2018년 5월 화산 활동으로 인해 일부 주변 환경이 바뀌는 등 상당한 변화가 생겼다.

+ 공항에서 가는 방법

빅 아일랜드 지도를 놓고 봤을 때 서쪽의 코나 국제공항에서 Mamalahoa Hwy.를 타고 가로질러 중간에 200번 Hwy.를 거쳐 Saddle Rd., Puainako St.를 지나 11번 Mamalahoa Hwy.에 진입하면 푸나 마을에 다다른다. 코나 국제공항에서는 2시간 정도 소요된다. 힐로 국제공항에서는 11번 Mamalahoa Hwy.에 진입하면 푸나 지역이 나오며 30분 정도 소요된다.

+ 푸나 & 파호아에서 볼 만한 곳

아이작 할레 비치 파크, 파호아 라바 존 뮤지엄

푸나~파호아의 볼거리

힐로에서 빅 아일랜드 남쪽으로 향하다 보면 만나게 되는 지역으로, 관광객들에게는 그저 신기하기만 한 화산 활동의 흔적을 곳곳에서 마주할 수 있다.

★★★★★
라바 트리 스테이트 모뉴먼트 공원 Lava Tree State Monument Park

0.7마일의 트레일이 있는 이 공원은 걷기 쉬워 누구나 가볍게 도전할 수 있다. 다만 아이들과 노약자는 성인의 도움이 필요하다. 1970년 용암이 이곳에 흘렀을 때 만들어진 나무화석이 특별한 볼거리다. 화장실과 피크닉 테이블, 비나 태양을 피할 수 있는 구조물이 있으며 공원 내 식수가 없는 관계로 물을 가져가는 것이 좋다.

©하와이 관광청

Map P.359-E3 | **주소** Pahoa-Pohoiki Rd.(132번 Hwy.) Pahoa | **전화** 808-961-9540 | **운영** 07:00~20:00 | **입장료** 무료 | **주차** 무료 | **가는 방법** 카일루아-코나에서 190번 Mamalahoa Hwy. (Hawaii Belt Rd., Volcano Rd.)를 타고 직진하다 오른쪽에 200번 Daniel K. Inouye Hwy.(saddle Rd.)로 우회전, 직진하다 Puainake St.로 진입한다. 11번 Hawaii Belt Rd., 130번 Keaau Pahoa Rd.를 지나 132번 Kapoho Rd.로 직진.

Mia's Advice

파호아 지역에서 간단하게 식사를 할 예정이라면 파호아 마켓 플레이스 안에 위치한 Pahoa Fresh Fish(위치 15-2662 Pahoa Village Rd. Pāhoa)를 추천해요. 갓 튀겨낸 피시 앤 칩스, 크랩 케이크, 치킨 등 무엇을 주문해도 기본 이상의 맛을 자랑한답니다.

푸나~파호아의 해변

푸나 지역에서 가장 인기 있는 아할라누이 비치 파크는 독특한 외관 때문에 여행자들의 만족도가 높은 데다 드라이브 도로가 아름다운 곳으로 이름 나 있다.

아이작 할레 비치 파크 Isaac Hale Beach Park

라바 트리 스테이트 모뉴먼트 공원 내 포호이키 베이 Pohoiki Bay를 끼고 있다. 이전에는 스노클링하기 좋은 곳으로 유명했으나 2018년 화산 활동 이후 주변이 모두 화산재로 바뀌어 현재 스노클링을 즐기긴 힘든 상태다. 다만 화산 작용으로 인해 데워진 물이 지열로 인해 높아져 온천처럼 따뜻한 물을 즐길 수 있다.

Map P.359-E3 | 주소 13-101 Kalapana Kapoho Beach Rd., Pahoa | 전화 808-961-8311 | 운영 일출 시~일몰 시 | 주차 무료 | 가는 방법 카일루아-코나에서 190번 Mamalahoa Hwy.(Hawaii Belt Rd., Volcano Rd.)를 타고 직진하다 오른쪽 200번 Daniel K. Inouye Hwy.(Saddle Rd.)로 우회전, 직진하다 Puainake St.로 진입한다. 11번 Hawaii Belt Rd., 130번 Keaau Pahoa Rd.를 거쳐 132번 Kapoho Rd.로 직진한다. 라바 트리 스테이트 모뉴먼트 공원 Lava Tree State Monument Park을 지나 Pahoa Pohoiki Rd. 끝에 위치(2시간 15분가량 소요).

알아 두세요

칼라파나 가는 길

1986년 쿠파이아나하에서 킬라우에아 화산의 용암이 흘러 파괴된 지역이 바로 칼라파나 Kalapana예요. 칼라파나 지역은 용암에 의해 대부분이 파괴되고 묻혔는데요, 2010년에는 용암 관찰 지역에서 용암의 모습을 눈앞에서 볼 수 있기도 했답니다. 당시에는 35가구만 남았었죠. 2018년 5월 화산이 다시 활동하며 용암이 파호아 지역까지 덮기도 했습니다. 용암 관찰 여부는 수시로 바뀌므로 하와이 화산 국립공원 홈페이지(www.hawaiistateparks.org, http://hvo.wr.usgs.gov/maps/)에서 확인하는 것이 좋아요.

화산과 함께 살아가는 파호아 마을의 화산 박물관, 파호아 라바 존 뮤지엄

하와이는 화산에 의해 지어졌고, 지금까지도 휴지기와 분출을 반복하고 있다. 그야말로 자연의 신비로운 힘을 관찰할 수 있는 최종 목적지인 셈. 다만, 2018년 전례 없는 분화로 인한 지진으로 화산 국립공원 내 토머스 A. 재거 박물관이 문을 닫거나 끊임없이 흐르는 용암으로 인해 파호아 지역의 일부 해변은 자취를 감추는 등 이곳에도 큰 변화가 생겼다. 하지만 파호아 지역 사람들은 마을 공동체를 대표해 비영리 단체인 메인스트리트 파호아 어소시에이션 Mainstreet Pahoa Association을 꾸렸고, 자원봉사자들은 일부 화산 흔적들을 모아 파호아 라바 존 뮤지엄 Pahoa Lava Zone Museum을 열었다. 이는 관광객들에게 조금이라도 볼거리를 제공하기 위함과 동시에 파호아 지역의 살아있는 역사를 보관하기 위함이다. 박물관에는 화산 국립공원 내에 있었던 토머스 A. 재거 박물관에 있던 일부 전시품이 전시돼 있으며, 화산 유물·문화·예술·역사 정보를 공유하고 있다.

Map P.359-E3 | **주소** 15-2959 Pahoa Village Rd. | **전화** 808-937-4146 | **운영** 11:00~17:00 | **주차** 무료 | **가는 방법** 카일루아 코나에서 190번 Mamalahoa Hwy.(Hawaii Belt Rd. Volcano Rd.)를 타고 직진하다 오른쪽 200번 Ganiel K. Inouye Hwy.(Saddle Rd.)로 우회전, 직진하다 Puainaka St.로 진입. 직진 후 오른쪽 Komohana St.로 우회전 후 W Kawailani St.를 끼고 좌회전, 다시 11번 Hawaii Belt Rd.를 끼고 우회전 후 직진. 이후 130번 Keaau Pahoa Bypass Rd.로 진입, 이후 Keeau Pahoa Rd.로 직진. 왼쪽에 위치.

파호아 라바 존 뮤지엄에서 추천하는 파호아 마을 드라이브

보다 많은 볼거리를 제공하기 위해 파호아 라바 존 뮤지엄에서는 두 가지 드라이브 코스를 정해 관광객들의 여행을 돕고 있다.

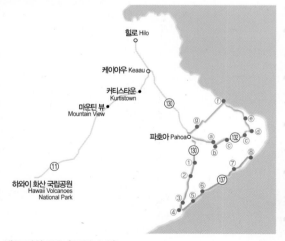

그린 라인 코스 (1시간 소요)
ⓐ Lava Tree State Park → ⓑ The 'Y' → ⓒ Drive Through Lava Chanel → ⓓ Green Crater and Ono Comers → ⓔ Old Goverment Beach Road → ⓕ Hawaiian Beaches Country Park → ⓖ Kahakai Blvd.

레드 라인 코스 (30분 소요)
① Steaming Cracks → ② 1955 Lava flows → ③ Star of the sea, 'Painted Church' → ④ Kaimu Beach Country Park → ⑤ Kapoho-Kalapana Coast Drive → ⑥ Kehena Lookout → ⑦ Mackenzie State Recreation Area → ⑧ Isaac Hale Beach Park, Pahoiki

하와이 주에서 두 번째로 큰 도시
힐로

하와이 전체를 통틀어서 호놀룰루 다음으로 규모가 큰 타운인 힐로는 소박한 로컬 타운이다. 1800년대에는 사탕수수 산업의 중심지였고, 다운타운 힐로가 건설되면서 지방정부 소재지가 되었다. 해마다 훌라 댄스 축제가 열리며 비가 내리는 날이 많아 풀과 꽃이 잘 자라는 지역적 특성을 가지고 있다. 폭포와 열대우림, 꽃이 가득한 지역으로 특히 빅 아일랜드 가운데에서도 강수량이 많은 특징을 가지고 있다. 계곡과 동굴 등의 탐험은 물론이고, 힐로 파머스 마켓과 퀸 릴리우오 칼라니 공원 등의 볼거리가 넘쳐나는 곳이다. 만약 빅 아일랜드의 방문 목적이 하와이 화산 국립공원에 맞춰져 있다면 공항과 호텔 역시 힐로 쪽을 이용하는 것이 좋다.

+ 공항에서 가는 방법

코나 국제공항에서 출발해 200번 Mamalahoa Hwy.에 진입하면 약 1시간 40분 정도 소요된다. 힐로 국제공항에서는 11번 Mamalahoa Hwy.를 거쳐 19번 Kamehameha Ave.에 진입해 15분 정도 소요된다.

+ 힐로에서 볼 만한 곳

힐로 파머스 마켓, 와일루쿠 리버 레인보우 폭포 주립공원, 퀸 릴리우오 칼라니 공원

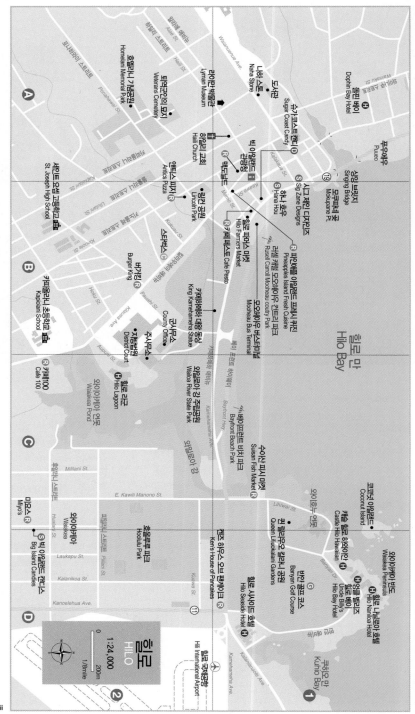

힐로 HILO

1:24,000

0 200m

0 1/8mile

A

도스턴
Do Stone

호멜라니 기념공원
Homelani Memorial Park

리아만스트리트
라이만 박물관
Lyman Museum

나하 스톤
Naha Stone

슈가코스트캔디 D
Sugar Coast Candy

하일리 교회
Haili Church

앤틱스 피자 R
Antics Pizza

빅 아일랜드
관광청 i

팩토리 R
Factory

시그 제인 디자인즈 S
Sig Zare Designs

하나 호우 S
Hana Hou

돌핀 베이
호텔 H
Dophin Bay Hotel

싱잉 브릿지
Singing Bridge

모쿠파네 곳
Mokupane Pt.

푸에오
Pueo

와이아누에누에 애버뉴
Waianuenue Ave.

링컨 공원
Lincoln Park

힐로 파머스 마켓
Hilo Farmers Market

파인애플 아일랜드 프레시 R
Pineapples Island Fresh Cuisine

러셀 카롤 모쿠파우 컨트리 파크
Russel Carol Mocheau couity Park

R 카페 페스토
Cafe Pesto

Hilo Bay
힐로 만

B

베테랑의 묘지
Veterans Cemetery

버거킹 R
Burger King

스타벅스
Starbucks

세인트 오셉 고등학교 血
St. Joseph High School

카피올라니 초등학교 血
Kapiolani School

킹 카메하메하 동상
King Kamehameha Statue

카운티오피스
County Offices

모쿠파우 버스터미널
Mocheau Bus Terminal

수이산 피시 마켓 R
Suisan Fish Market

C

카페100 R
Cafe 100

구청
District Court

주사무소

와이아케아 연못
Waiakea Pond

힐로 리군
Hilo Lagoon

와이아케아 강 주립공원
Wailoa River State Park

와일로아 강

와일로아 강 주립공원

베이프론트 비치 파크
Bayfront Beach Park

코코넛 아일랜드
Coconut Island

캐슬 힐로 하와이안 H
Castle Hilo Hawaiian

퀸 릴리우오칼라니 공원
Queen Iliuokalani Gardens

D

미요스 R
Miyo's

와이아케아
Waiakea

훌훌루 파크
Hoolulu Park

빅 아일랜드 캔디스 S
Big Island Candies

E. Kawili Manono St.

켄스 하우스 오브 팬케이크 R
Ken's House of Pancakes

힐로 시사이드 호텔 H
Hilo Seaside Hotel

반얀 골프 코스
Banyan Golf Course

엉클 빌리스
힐로 베이
Uncle Billy's
Hilo Bay Hotel

힐로 나니로아 호텔 H
Hilo Nanika Hotel

와이아케이 반도
Waiakea Peninsula

힐로 국제공항
Hilii International Airport

쿠히오 만
Kuhio Bay

1

2

힐로 HILO

힐로의 볼거리

힐로는 활기 넘치는 상점과 공원, 파머스 마켓 등 구경 거리가 많다. 연간 270일 이상 비가 내리는 지역이라 이른 아침에 무지개가 자주 뜨는 것도 이곳만의 특징이다.

★★★★★
힐로 파머스 마켓 Hilo Farmers Market

빅 아일랜드에서 가장 큰 힐로에서는 매일 파머스 마켓이 열린다. 1988년 4명의 농부 가 판매한 것이 시초가 되어 수·토요일에 는 200여 명 이상이, 다른 요일에는 30여 명이 참여. 지역 농부들이 직접 키운 채소 와 과일은 물론이고 홈메이드 꿀이나 쿠 키, 초콜릿 등을 저렴하게 판매한다. 그밖 에도 공예가들이 만든 지역 특산품 등 특 별한 물건들이 많아 볼거리가 가득하다.

Map P.436-B1 | **주소** 400 Kamehameha Ave. Hilo | **전화** 808-933-1000 | **홈페이지** www.hilofarmersmarket.com | **운영** 월~금 07:00~15:00, 토 08:00~16:00, 일 10:00~16:00 | **입장료** 무료 | **주차** 무료(힐로 파머스 마켓 앞 도로 혹 은 모오헤아우 파크 내) | **가는 방법** 힐로 국제공항에서 Airport Rd.를 타고 직진, 오른쪽 11 번 Mamalahoa Hwy.를 타고 우회전. 큰 교차로에서 19번 Kamehameha Ave. 방향으 로 좌회전 후 직진. 왼쪽에 위치.

Mia's Advice

힐로 파머스 마켓 근처 마모 스트리트 Mamo St.(Map P.436-B1)에는 바비큐와 태국요리 등 우리나라로 치면 포장마차처럼 자그마한 이동식 자동차에서 요리를 만들 어 판매하는 광경을 구경할 수 있어요. 한쪽에서는 흥겨 운 연주가 시작되고, 테이블이 여러 개 놓여 있어 시골 장 터 분위기가 연출되기도 하죠. 힐로 파머스 마켓 근처에 서 끼니를 해결하고 싶다면 이곳을 방문해도 좋아요.

러셀 캐럴 모오헤아우 컨트리 파크
Rusell Carroll Mooheau Coutry Park

힐로 파머스 마켓 건너편에 위치한 곳으로 커다란 반얀 트리 나무가
트레이드마크다. 공원 안에 Bandstand로 소규모 야외 공연장이 마
련되어 있는데, 간혹 이곳에서 하와이 컨트리 밴드의 공연이 이뤄지
기도 한다.

Map P.436-B1 | **주소** 203 Kilauea Ave. Hilo | **홈페이지** http://downtownhilo.com/mooheau-park-bandstand | **운영** 특별히 명시되진 않았지만 이른 오전과 늦은 저녁은 피하는 것이 좋다. | **입장료** 무료 | **주차** 무료 | **가는 방법** 힐로 국제공항에서 Airport Rd.를 타고 직진, 오른쪽에 11번 Mamalahoa Hwy.를 타고 우회전. 큰 교차로에서 19번 Kamehameha Ave. 방향으로 좌회전 후 직진. 오른쪽에 위치.

★★★★★
와일루쿠 리버 레인보우 폭포 주립공원
Wailuku River Rainbow Falls State Park

힐로 다운타운에서 가장 가까운 곳에 위치한 폭포. 와일루쿠 강물
이 거친 폭포가 되어 떨어지는 모습을 볼 수 있는 곳으로, 이곳에서
대부분 무지개를 볼 수 있다고 하여 무지개 폭포로 이름 지어졌다.
협곡은 열대 나뭇잎으로 무성하며 물은 야생에서 자라난 생강으로
인해 청록색을 띤다. 종종 현지인들의 결혼식이 이뤄지기도 한다.

Map P.359-E2 | **주소** 2-198 Rainbow Dr. Hilo | **운영** 08:00~10:00 | **입장료** 무료 | **주차** 무료 | **가는 방법** 힐로 국제공항에서 Airport Rd.를 타고 직진, 오른쪽 11번 Mamalahoa Hwy.를 타고 우회전. 큰 교차로에서 19번 Kamehameha Ave. 방향으로 좌회전 후 200번 Waianuenue Ave. 방향으로 좌회전. 다시 직진 후 Rainbow Dr. 방향으로 우회전.

와일루쿠 리버 보일링 팟스 주립공원
Wailuku River Boiling Pots State Park

비가 많이 오면 마치 강물이 휘몰아쳐 냄비 속에서 물이 끓는 것처럼
보이기도 하고, 자쿠지를 연상시키기도 한다고 하여 보일링 팟이라는
이름이 붙여졌다. 원한다면 폭포수가 떨어지는 곳까지 걸어갈 수 있는
데 직접 눈앞에서 그 장관을 보게 되면 훨씬 흥분된다. 단, 물이 불시에
늘어날 수 있기 때문에 수영은 금물이다.

Map P.359-E2 | **주소** 1766 Wailuku Dr. Hilo | **운영** 08:00~18:00 | **입장료** 무료 | **주차** 무료 | **가는 방법** 힐로 국제공항에서 Airport Rd.를 타고 직진, 오른쪽 11번 Mamalahoa Hwy.를 타고 우회전. 큰 교차로에서 19번 Kamehameha Ave. 방향으로 좌회전 후 200번 Waianuenue Ave. 방향으로 좌회전한다. 중간에 길이 좁아진 Waianuenue Ave.를 타고 직진하다 오른쪽에 Peepee Falls Rd.가 나타나면 우회전.

카메하메하 대왕 동상 King Kamehameha Statue

1963년에 만들어진 카메하메하 대왕 동상은 원래 카우아이 섬의 프린스빌 리조트 지역에 세워질 예정이었지만 카우아이 사람들이 카메하메하 대왕에게 정복당한 적이 없다는 이유로 거부했다. 그 후 빅 아일랜드에서 정치적으로 중심 역할을 했던 힐로에 동상이 세워져 아직까지도 힐로 사람들의 사랑을 받고 있다.

Map P.436-B1 | **주소** 774 Kamehameha Ave. Hilo(근처 주유소 주소) | **운영** 특별히 명시되진 않았지만 이른 오전과 늦은 저녁은 피하는 것이 좋다. | **입장료** 무료 | **주차** 무료 | **가는 방법** 힐로 국제공항에서 Airport Rd.를 타고 직진, 오른쪽 11번 Mamalahoa Hwy.를 타고 우회전. 큰 교차로에서 19번 Kamehameha Hwy. 방향으로 좌회전 후 운전하는 방향의 도로 건너편에 위치.

카우마나 동굴 Kaumana Cave

화산활동으로 인해 생긴 동굴. 동굴 입구까지 계단이 나 있다. 호기심이 많은 사람이라면 동굴 내부를 탐험해보는 것도 좋을 듯. 따로 조명이 없어 손전등이 반드시 필요하며, 모기에 물리기 쉬우니 뿌리는 모기약을 준비하는 것이 좋다. 관광객이 많지는 않으나 짝을 지어 동굴 내부를 살펴보는 커플이나 친구끼리 온 여행자들을 심심치 않게 발견할 수 있다.

손전등이 없다면 초입만 둘러보는 것이 좋다.

Map P.359-D2 | **주소** 1492 Kaumana Dr. Hilo(근처 주소) | **운영** 08:00~20:00 | **입장료** 무료 | **주차** 무료 | **가는 방법** 힐로 국제공항에서 Airport Rd.를 타고 직진, 오른쪽 11번 Mamalahoa Hwy.를 타고 우회전. 큰 교차로에서 19번 Kamehameha Ave. 방향으로 좌회전 후 200번 Waianuenue Ave. 방향으로 좌회전한다. 200번 Kaumana Dr.로 진입 후 직진. 오른쪽에 위치.

★★★★★
퀸 릴리우오칼라니 공원 Queen Liliuokalani Gardens

하와이의 마지막 여왕인 릴리우오칼라니의 이름을
따서 지은 곳이다. 1900년대 초반 인근의 사탕수수
플랜테이션에서 일하던 일본계 이민 1세대들이 만든
공원이다. 공원 안에는 무지개 다리와 일본식 석등,
탑, 찻집이 꾸며져 있어 아침에는 조깅코스로, 주말
에는 가족 단위의 피크닉 장소로 좋다. 공원 내에서
낚시를 하거나 아이들이 연못에서 노는 장면을 심심
치 않게 볼 수 있다.

Map P.436-C1 | **주소** 123 N Kuakini St. Hilo | **전화** 808-522-7060 | **운
영** 09:00~16:00 | **입장료** 무료 | **주차** 무료 | **가는 방법** 힐로 국제공항에서 Airport
Rd.를 타고 직진, 오른쪽 11번 Mamalahoa Hwy.를 타고 우회전. 큰 교차로에서 19
번 Kamehameha Ave. 방향으로 좌회전 후 두 번째 큰 사거리에서 오른쪽의 Lihiwai
St.로 우회전 후 직진.

코코넛 아일랜드 Coconut island

하와이어로 모쿠올라 Mokuola라고 불리는 이곳은 '힐링 아일랜드'
로 통한다. 아일랜드 중심은 고대 신전이었으며 법을 어긴 사람들
의 피난처이기도 했다. 현재 사람들의 피크닉 장소 혹은 바비큐를
즐기는 이벤트 장소로 사용되고 있으며, 이곳에서 수영과 점핑도
즐긴다. 섬은 넓은 다리와 연결되어 있는데, 이 다리 위에서 대부
분의 사람들이 힐로 다운타운을 감상하며 사진을 찍거나 가끔 나
타나는 거북이를 지켜보기도 한다.

Map P.436-C1 | **주소** 77 Kelipio Pl. Hilo | **운영** 특별히 명시되진 않았
지만 이른 오전과 늦은 저녁은 피하는 것이 좋다. | **입장료** 무료 | **주차** 무료 | **가는 방법** 힐로 국제공항에서 Airport Rd.를 타고
직진, 오른쪽 11번 Mamalahoa Hwy.를 타고 우회전. 큰 교차로에서 19번 Kamehameha Ave. 방향으로 좌회전 후 두 번
째 큰 사거리에서 오른쪽의 Lihiwai St.로 우회전 후 직진. 왼쪽의 Kelipio Pl. 끝에 위치.

파나에바 레인포레스트 동물원 & 가든
Panaewa Rainforest Zoo & Gardens

1978년 9월 공식적으로 문을 열어 지금까지 많은 이들의 사랑을 받고 있는
동물원이다. 미국에서 유일하게 열대 우림에 위치한 동물원으로, 일년에 약

125인치의 강수량을 자랑한다. 현재 200여 마리의 동물을 수용하고 있다.

Map P.359-E2 | **주소** 800 Stainback Hwy. Hilo | **전화** 808-959-9233 | **홈페이지** www.hilozoo.org | **운영** 10:00~15:00 | **입장료** 무료 | **주차** 무료 | **가는 방법** 힐로 국제공항에서 Airport Rd.를 타고 직진, 왼쪽 11번 Mamalahoa Hwy.를 타고 직진 후 오른쪽 Stainback Hwy.를 끼고 우회전.

마우나 로아 팩토리 & 비지터 센터 Mauna Loa Factory & Visitor Center

마우나 로아는 마카다미아 브랜드로 유명하다. 힐로 근처에 위치한 이곳은 공장인 동시에 방문자들을 위한 비지터 센터다. 2022년 9~10월 셀프 투어를 준비 중에 있으니 방문 전 홈페이지를 확인하자.

Map P.359-E2 | **주소** 16-701 Macadamia Rd. Keaau | **전화** 808-966-8618 | **홈페이지** www.maunaloa.com | **운영** 월~금 09:00~16:00 | **입장료** 무료 | **주차** 무료 | **가는 방법** 힐로 국제공항에서 Airport Rd.를 타고 직진, 왼쪽 11번 Mamalahoa Hwy.로 좌회전, 직진 후 다시 왼쪽의 Macadamia Nut Rd. 방향으로 좌회전.

라이만 박물관 Lyman Museum

1893년 선교사 데이비드 라이먼에 의해 세워진 미션하우스. 빅 아일랜드에서 가장 오래된 목조건물이다. 150년 전 하와이안들이 사용하던 가구와 일상용품 등을 전시해 당시의 생활상을 엿볼 수 있는 것이 특징. 갤러리는 자연의 신비를 알 수 있는 얼쓰 헤리티지 Earth Heritage와, 하와이안 역사를 담고 있는 아일랜드 헤리티지 Island Heritage로 나뉘어 있다. 그밖에도 사진 전시나 한국 조상들의 1930년대 가구와 생활 소품 등을 세팅해놓은 특별 전시도 볼 만하다.

Map P.436-A1 | **주소** 276 Haili St. Hilo | **전화** 808-935-5021 | **홈페이지** www.lymanmuseum.org | **운영** 월~금 10:00~16:30(토~일요일 휴무)) | **입장료** 성인 $7, 6~17세 $2 | **주차** 무료(박물관 앞 도로 혹은 Mission House 옆) | **가는 방법** 힐로 국제공항에서 Airport Rd.를 타고 직진, 오른쪽에 11번 Mamalahoa Hwy.를 타고 우회전. 큰 교차로에서 19번 Kamehameha Ave. 방향으로 좌회전 후 직진. 왼쪽 Haili St.를 끼고 다시 좌회전. 오른쪽에 위치.

힐로의 먹거리

옛 모습의 건물들이 늘어서 있는 한적한 마을인 힐로. 특히 이곳에는 오랜 전통을 가지고 있는 레스토랑이 많은 것이 특징이다.

미요스 Miyo's
★★★★★

1987년에 오픈해 지금까지 지역 주민들의 사랑을 받는 곳. 전체적으로 화이트 배경에 우드 톤의 인테리어 소품들을 매치, 깔끔한 인테리어를 선보인다. 일본 가정식을 맛볼 수 있는 곳으로, 샤부샤부, 덮밥, 메밀국수 등의 메뉴가 인기 있으며 특히 도시락이 이곳의 시그니처 메뉴다.

Map P.436-C2 | 주소 564 Hinano St., Hilo | 전화 808-935-2273 | 홈페이지 www.miyosrestaurant.com. | 영업 월~토 11:00~14:00, 16:30~20:30(일요일 휴무) | 가격 $9~21(콤비네이션 스페셜 도시락 $21) | 주차 무료 | 예약 필요 | 가는 방법 힐로 국제공항에서 Airport Rd.를 타고 직진, 큰 사거리를 지나 Kekuanaoa St.로 진입, 오른쪽 Hinano St.를 끼고 우회전. Manono Marketplace Shopping Center 내 위치.

켄즈 하우스 오브 팬케이크
Ken's House Of Pancakes

1971년에 문을 열어 지금까지도 그 명맥을 이어오고 있다. 간판 메뉴인 두터운 팬케이크는 그 종류도 다양한데, 스트로베리 팬케이크, 블루베리 팬케이크 이외에도 로컬스타일의 마카다미아 팬케이크, 프레시 바나나 팬케이크, 코코넛 팬케이크 등 다양한 메뉴가 있다. 그 외에도 오믈렛, 샌드위치, 햄버거, 스파게티, 스테이크, 사이민 등이 있으며 하와이가 뽑은 '베스트 패밀리 레스토랑'에 매년 선정되고 있다.

Map P.436-D1 | 주소 1730 Kamehameha Ave. Hilo | 전화 808-935-8711 | 홈페이지 www.kenshouseofpancakes.com | 영업 06:00~21:00 | 가격 $5.95~31.95 | 주차 무료 | 예약 불가 | 가는 방법 힐로 국제공항에서 Airport Rd.를 타고 직진, 오른쪽 11번 Mamalahoa Hwy.를 타고 우회전. 큰 교차로에서 19번 Kamehameha Ave. 방향으로 좌회전 후 왼쪽에 위치.

카페 페스토 Cafe Pesto
★★★★★

힐로에서 멋쟁이들이 모인다는 레스토랑. 피자, 파스타, 칼초네 등 이탈리아 요리를 기본으로 하되, 퓨전 하와이안 푸드를 동시에 선보이고 있다. 피체리아로 처음 문을 연 만큼 수제 도우를 화덕에 구워 만든 피자가 제일 유명하며 같이 곁들이는 메뉴로는 오가닉 샐러드인 볼케이노 미스트가 유명하다. 1912년에 건축된 옛 모습의 건물을 그대로 유지하고 있으며 세계 여행 정보 평가 사이트 'Zagat' 리뷰에도 소개될 만큼 우수 레스토랑으로 입소문 나있다.

Map P.436-B1 | 주소 308 Kamehameha Ave. #101 Hilo | 전화 808-969-6640 | 홈페이지 cafepesto.com | 영업 11:00~20:30 | 가격 런치 $8~19(볼케이노 미스트 샐러드 $14), 디너 $8~39 | 주차 무료(협소) | 예약 필요 | 가는 방법 힐로 국제공항에서 Airport Rd.를 타고 직진, 오른쪽 11번 Mamalahoa Hwy.를 타고 우회전. 큰 교차로에서 19번 Kamehameha Ave. 방향으로 좌회전 후 직진. 오른쪽에 위치.

카페 100 Cafe 100

1946년 오키나와에서 이주해 온 일본인이 오너인 레스토랑. 이곳이 유명세를 탄 이유는 최초의 로코모코 가게였기 때문이다. 30가지 이상의 로코모코

메뉴가 있으며 가격 또한 저렴하다. 로코모코란 하와이 사람들이 즐겨먹는 요리 중 하나로 흰 쌀밥 위에 햄버거를 올리고 그 위에 그레이비 소스를 두른 메뉴인데, 이곳에서만 매달 9,000개 이상의 접시가 판매된다. 카운터에서 주문한 뒤 근처 테이블에서 먹거나 테이크아웃 하는 방식으로 운영된다.

Map P.436-C2 | 주소 969 Kilauea Ave. Hilo | 전화 808-935-8683 | 홈페이지 cafe100.com | 영업 월~금 09:30~19:30(토~일요일 휴무) | 가격 $8~15.80(로코모코 $8) | 주차 무료 | 예약 불가 | 가는 방법 힐로 국제공항에서 Airport Rd.를 타고 직진, 사거리에서 Kekuanaoa St. 방향으로 직진 후 오른쪽 Kilauea Ave. 방향으로 우회전. 오른쪽에 위치.

수이산 피시 마켓
Suisan Fish Market

호텔과 레스토랑 등에 수산물을 납품하는 대형 회사이기도 하다. 참치와 크랩과 아쿠(가다랭이) 등 하와이 대표 해산물 이외에도 이른 아침에 이곳을 찾으면 보다 다양한 생선을 구입할 수 있다. 대부분 저렴한 가격대로 판매되며 한국인이 좋아할 만한 매운탕 재료들도 있다. 한쪽에는 간단한 테이블이 마련되어 있어 이곳에서 판매하는 양념된 스시를 덮밥으로 먹을 수도 있고, 포케도 판매한다.

Map P.436-C2 | 주소 93 Lihiwai St. Hilo | 전화 808-935-9349 | 홈페이지 www.suisan.com | 영업

월·화·목·금 09:00~15:00, 토 09:00~13:00(수·일요일 휴무) | **가격** 그날 시세에 따라 다름. | **주차** 무료 | **예약 불가** | **가는 방법** 힐로 국제공항에서 Airport Rd.를 타고 직진, 오른쪽 11번 Mamalahoa Hwy.를 타고 우회전. 큰 교차로에서 19번 Kamehameha Ave. 방향으로 좌회전 후 두 번째 큰 사거리에서 오른쪽의 Lihiwai St.로 우회전. 왼쪽에 위치.

앤틱스 피자 Antics Pizza

힐로의 피자 맛집. 팬더믹 피자, 소닉 더 베그헤드, 마리오스 하우스 파티 등 재미있는 피자 이름이 가득하다. 빌드 유어 오운 Build Your Own 시스템이 있어 피자 토핑을 원하는 대로 넣을 수 있다. 매장 내에 게임기가 있어 어린이가 있는 가족 여행자들에게 좋다.

Map P.436-B2 | **주소** 475 Kinoole St. Hilo | **전화** 808-769-4202 | **홈페이지** www.facebook.

---

com/AnticsPizza | **영업** 11:30~21:00 | **가격** $12.10~29.70 | **주차 불가** | **가는 방법** 힐로 국제공항에서 Airport Rd. kekuanaoa St.를 차례로 지나 오른쪽 Hawaii belt Rd.를 끼고 우회전 후 왼쪽 Mamalahoa Hwy.를 끼고 다시 좌회전. 직진 후 왼쪽 Ponahawai St.를 끼고 좌회전. 왼쪽에 위치. 링컨공원 건너편.

파인애플 아일랜드 프레시 퀴진
Pineapples Island Fresh Cuisine

힐로 다운타운에 위치한 이곳은 역사적으로 파인애플 빌딩이었던 곳에 터를 잡았다. 창문 없이 사방이 뚫려 있는 오픈 에어 레스토랑으로, 바비큐, 피시 앤 칩스, 베지 버거 등을 판매하고 있다. 파인애플 버거와 다이너마이트 포케 볼, 어니언 수프 등이 인기가 높다. 다양한 종류의 칵테일도 판매한다. 글루텐 프리, 비건 메뉴 등도 선보이고 있다.

Map P.436-B1 | **주소** 332 Keawe St. Hilo | **전화** 808-238-5324 | **홈페이지** pineappleshilo.com | **영업** 화~목·일 11:00~21:00, 금~토 11:00~21:30 (월요일 휴무) | **가격** $7~34(다이너마이트 피시 볼 $18, 파인애플 버거 $16) | **주차** 무료(협소) | **가는 방법** 힐로 국제공항에서 Airport Rd.를 타고 직진, 오른쪽 11번 Mamalahoa Hwy.를 타고 우회전한다. 큰 교차로에서 19번 Kamehameha Ave. 방향으로 좌회전 후 직진. 다시 Mamo St.를 끼고 좌회전 후 다시 Keawe St.를 끼고 우회전.

4000m 정상의 별천지
마우나 케아

©하와이 관광청

하와이어로 '하얀 산'을 뜻하는 마우나 케아는 해발 4,205m로, 해저로부터는 1만m가 넘어 해저부터 높이로는 세계에서 가장 높은 산인 셈이다. 날씨가 맑은 날이 많고 대기가 안정적이라 세계 각국의 천문대와 망원경이 산 정상 부근에 설치되어 있다. 한 겨울에는 눈도 볼수 있을 정도며 여름에 올라도 두꺼운 옷이 필요할 정도로 춥다. 산 정상까지는 사실 렌터카를 타고 오르기 힘들 만큼 도로 상황이 매우 나빠 4WD(사륜구동 차량)나 투어 프로그램을 이용하는데, 정상에 오르기 전 비지터 인포메이션 오니즈카 센터에서 액티비티가 진행된다. 직접 운행해서 정상까지 오르더라도 고산병 예방을 위해 비지터 인포메이션(오니즈카 센터)에서 휴식을 취하는 것이 좋다. 수분도 자주 보충해줘야 하며 일몰에서 일출까지는 헤드라이트의 점등이 금지된다. 천체 관측에 방해가 되기 때문.

이곳을 즐기는 방법에는 두 가지가 있다. 우선 이른 새벽에 출발해 별자리를 본 뒤 일출을 감상하는 것과 늦은 오후에 출발해 일몰을 감상하는 것. 전자의 경우라면 달과 별, 해를 시간대별로 감상하는 것은 물론이고 1~3월에는 하얗게 쌓인 눈도 감상할 수 있다는 장점이 있다. 이른 시간의 기상이 힘들다면 후자를 택하자. 17:00~18:00 정도에 비지터 센터에 도착하면 일몰과 함께 별자리를 감상할 수 있다.

Activity

마우나 케아의 즐길 거리

세계 각국의 천문대가 설치되어 있는 마우나 케아. 투어 프로그램을 이용, 산 정상까지 오를 수 있으며, 그곳에서의 경치는 마치 하늘에서 내려다보는 것 같다.

마우나 케아 비지터 인포메이션 센터(오니즈카 센터)
Mauna Kea Visitor Information Center

해발 2,800m에 있는 방문객 센터로 마우나 케아의 자연에 관한 전시와 산 정상에 오를 때 주의할 점 등을 소개한다. 투어 프로그램을 예약하지 못했다면 이곳까지 올라 준비된 망원경으로 달의 표면과 금성, 토성 등을 관찰할 수 있다. 뿐만 아니라 인포메이션 센터 주변에서 짧은 하이킹 코스를 즐길 수도 있다.

Map P.359-D2 | 주소 Mauna Kea Access Rd. | 전화

808-934-4550 | 홈페이지 www.ifa.hawaii.edu/info/vis/ | 운영 10:30~19:00 | 입장료 무료 | 주차 무료 | 가는 방법 힐로나 코나에서 각각 200번 Daniel K Inouye Hwy.(Saddle Rd.)를 타고 직진하다 Mauna Kea Access Rd.로 진입.

©하와이 관광청

비지팅 더 서밋 Visiting the Summit

마우나 케아 정상에 오르고 싶다면 여행사별 선라이즈 투어, 데이 투어, 서밋 투어(스타게이징 투어 혹은 나이트 투어라고도 함) 등을 이용할 수 있다. 그중 가장 인기 있는 서밋 투어는 별들의 향연을 즐길 수 있는 투어로, 화려한 우주쇼를 전문가의 해설과 함께 관찰할 수 있는 프로그램이다. 왕복 7~8시간 걸리며 우주를 마치 가까이에서 보는 것처럼 생생하게 체험할 수 있다. 가격은 대략 $240~270 사이이다. 마우나 케아 천문대 관측은 워낙 인기 있는 투어인 데다가 프로그램을 진행하는 업체가 많지 않기 때문에 적어도 2주 전에는 미리 예약을 완료하는 것이 좋다.

4WD차량으로 직접 오르는 방법도 있으나, 비포장 도로를 이용하기 때문에 다소 위험할 수 있으니 비지터 센터에서 만족하거나, 혹은 여행사의 프로그램을 예약하는 것을 추천한다. 고도가 높아 심장이나 호흡기 질환이 있거나 임산부, 노약자, 16세 이하 여행자는 정상에 오를 수 없으며 24시간 이내에 스쿠버다이빙을 한 사람 역시 오르지 않는 것이 좋다. 비지터 인포메이션 센터에서 마우나 케아 정상까지는 30분 정도 소요된다.

+ 알노츠 로지 & 하이킹 어드벤처스
Arnott's Lodge & Hiking Adventures

Map P.358-C2 | 주소 98 Apapane Rd. Hilo | 전화 808-339-0921 | 홈페이지 www.arnottslodge.com | 운영 07:30~22:00 | 요금 $240.35 | 주차 무료 | 가는 방법 힐로 국제공항에서 Airport Rd.를 타고 직진, 오른쪽 11번 Hawaii Belt Rd.를 타고 우회전. 큰 교차로에서 Kalanianaole Ave.를 끼고 우회전. 직진하다 왼쪽에 Apapane Rd.를 끼고 좌회전.

+ 하와이 포레스트 & 트레일
Hawaii Forest & Trail

Map P.358-C2 | 주소 74-5035B Queen Kaahumanu Hwy. Kailua-Kona | 전화 808-331-8505 | 홈페이지 www.hawaii-forest.com | 운영 월~금 06:30~18:00, 토~일 06:30~17:00 | 요금 $255~275(13세 미만 불가) | 주차 무료 | 가는 방법 코나 국제공항에서 19번 Queen Kaahumanu Hwy.를 타고 남쪽으로 직진. 왼쪽에 Honokohau St.를 끼고 좌회전하자마자 오른쪽에 위치.

©하와이 관광청

Accommodation
빅 아일랜드의 숙박

빅 아일랜드의 숙소는 크게 코나 지역과 힐로 지역으로 나눌 수 있다. 그중에서도 서쪽인 코나 지역은 날씨가 좋아 대부분의 리조트가 몰려 있다(숙박 요금은 2022년 7월 기준, 1박 기준 요금이며 택스 & 조식 불포함이다. 참고로, 하와이는 호텔에 따라 시즌별로 가격차가 심하다).

알아두세요

호텔을 결정하기 전 알아두면 좋은 정보

1 빅 아일랜드 여행 스케줄을 짤 때 볼거리 위주로 스케줄을 정리한 뒤 가장 근처에 있는 리조트를 정하는 것이 좋아요. 빅 아일랜드는 워낙 넓기 때문에 이동하는 데 시간이 많이 걸리거든요. 최대한 이동시간을 줄이고 싶다면 관심 있는 지역 근처에 위치한 리조트를 선택하는 것이 좋아요.
2 어린이를 동반한 가족이라면 힐튼 와이콜로아 베케이션 클럽 앳 와이콜로아 비치 리조트를 추천해요. 리조트 내 즐길 거리가 많아 마치 놀이동산을 연상케 할 정도거든요. 멀리 나가지 않아도 리조트 안에서 다양하게 시간을 보낼 수 있어요.

코트야드 바이 메리어트 킹 카메하메하스 코나 비치 호텔
Courtyard by Marriott King Kamehameha's Kona Beach Hotel
★★★★

아후에나 헤이아우 신전을 배경으로 역사적인 장소에 위치한 호텔. 2022년 최근 메리어트가 코나 비치 호텔을 인수하면서 새롭게 단장했다. 452개의 새로운 객실과 함께 아름다운 오션 뷰를 자랑한다. 카약을 빌려 카일루아 만의 바다를 탐험해도 좋고 맛집과 숍들로 분주한 카일루아 코나 거리를 산책하기에도 좋다. 신천 근처에서 진행되는 루아우 쇼 또한 유명하다.

Map P.397-A2 | **주소** 75-5660 Palani Rd. Kailua-Kona | **전화** 808-329-2911 | **홈페이지** www.marriott.com | **숙박 요금** $382~ | **리조트 요금** 없음 | **인터넷** 무료 | **주차** 유료(셀프 $25, 발레파킹 $32)

| **가는 방법** 코나 국제공항에서 19번 Queen Kahumanu Hwy.를 타고 남쪽으로 직진, 오른쪽에 Palani Rd.를 끼고 우회전.

포 시즌스 리조트 후알랄라이 앳 히스토릭 카우풀레후
Four Seasons Resort Hualalai at Historic Kaupulehu
★★★★

빅 아일랜드 가운데 최고급 럭셔리 리조트. 공항에서부터 리조트 직원의 환대를 받을 수 있다. 뿐만 아니라 유나이티드 에어라인이나 US에어웨이즈를 이용하는 승객은 공항에 포 시즌스 리조트 전용 라운지도 이용할 수 있을 정도. 리조트 내 총 3개의 레스토랑과 2개의 라운지가 있으며 퍼블릭 비치를 끼고 있다. 피트니스 센터에는 사우나와 스팀 룸이 마련되어 있다. 투숙하는 내내 고급 맞춤 서비스를 보장하는 곳이다.

Map P.406-A1 | **주소** 100 Kaupulehu Dr. Kailua-Kona | **전화** 808-325-8000 | **홈페이지** www. fourseasons.com/Hualalai | **숙박 요금** $884~ | **리조트 요금** 무료 | **인터넷** 무료 | **주차** 무료(셀프) | **가는 방법** 코나 국제공항에서 19번 Queen Kaahumanu Hwy.를 타고 직진, 왼쪽에 Kaupulehu Dr. 방향으로 좌회전.

아웃리거 카날로아 앳 코나
Outrigger Kanaloa at Kona
★★★

빌라 형태의 콘도미니엄으로 객실이 2층 혹은 3층으로 이루어져 있다. 총 3개의 수영장이 있는데 객실과 가까운 곳을 이용하면 되며, 야외에 바비큐 시설이 있다. 로비에 있는 수영장 한켠에는 탁구대도 마련되어 있다. 가족여행에 적합한 형태로 거실이 넓고, 천장에 팬이 달려 있어 추가요금을 내고 에어컨을 옵션으로 요청할 필요가 없다. 리조트 내 레스토랑이 따로 없으며, 숙소 근처에 퍼블릭 비치가 있다. 에어컨 사용 시 1박당 $20가 추가된다.

Map P.407-B4 | **주소** 78-261 Manukai St. Kailua-Kona | **전화** 808-322-9625 | **홈페이지** www. outrigger.com | **숙박 요금** $269~ | **리조트 요금** 없음 | **인터넷** 무료 | **주차** 무료(셀프) | **가는 방법** 코나 국제공항에서 19번 Queen Kaahumanu Hwy.를 타고 남쪽으로 직진, 코나 코스트 쇼핑 센터 Kona Coast Shopping Center가 있는 큰 사거리에서 11번 Mamalahoa Hwy.를 타고 직진, 오른쪽에 Kamehameha III Rd.를 타고 우회전. 오른쪽에 Manukai St. 방향으로 우회전.

힐튼 와이콜로아 빌리지
Hilton Waikoloa Village
★★★★

리조트 밖으로 나갈 필요가 없을 정도로 리조트 안에 모든 것이 다 있다. 무료 모노레일은 물론이고 미니 골프장과 미술관을 끼고 있으며, 돌고래와 함께 수영할 수 있는 아이들을 위한 돌핀 퀘스트 액티비티가 인기다. 그 외에도 수공예 수업, 워터 스포츠, 테니스 등을 즐길 수 있으며 리조트에서 출발하는 스노클링, 선셋 크루즈, 고래 관찰 투어 프

로그램 등이 있다. 레스토랑만 5곳이 있고, 메인 수영장과 라군 이외에도 각 타워마다 별도의 수영장이 갖춰져 있다.

Map P.385-A3 | **주소** 69-425 Waikoloa Beach Dr. Waikoloa Village | **전화** 808-886-1234 | **홈페이지** www.hilton.com | **숙박 요금** $506~ | **리조트 요금** $45(1박) | **인터넷** 무료 | **주차** $39(1박, 셀프), $55(1박, 발레파킹) | **가는 방법** 코나 국제공항에서 19번 Queen Kaahumanu Hwy.를 타고 직진, 왼쪽에 Waikoloa Beach Dr. 방향으로 좌회전.

와이콜로아 비치 메리어트 리조트 &스파
Waikoloa Beach Marriott Resort & Spa
★★★★

호텔 정면에는 커다란 수영장이 있으며, 호텔 뒤쪽으로는 산책로인 킹스 트레일이 이어진다. 레스토랑 및 쇼핑 센터가 모여 있는 킹스 숍스와 퀸스 마켓 플레이스가 가까워 이동이 편리하다. 스노클링 장비 대여가 가능하며, 매일 요가와 피트니스 클래스, 다양한 하와이 문화 수업 등이 있다. 또한 하와이를 포

함한 국제 통화가 매일 60분 무료 제공되며, 45분간 포토 세션을 통해 사진을 기념품으로 받을 수 있다.

Map P.385-A4 | **주소** 69-275 Waikoloa Beach Dr. Waikoloa Village | **전화** 808-886-6789 | **홈페이지** www.marriott.com | **숙박 요금** $599~ | **리조트 요금** $30(1박) | **인터넷** 무료 | **주차** $10(1박, 발레파킹) | **가는 방법** 코나 국제공항에서 19번 Queen Kaahumanu Hwy.를 타고 직진, 왼쪽에 Waikoloa Beach Dr. 방향으로 좌회전.

마우나 케아 비치 호텔 오토그래피 컬렉션
Mauna Kea Beach Hotel, Autograph Collection
★★★★★

카우나오아 비치를 끼고 있어 로맨틱한 일몰을 감상할 수 있는 곳. 이 호텔은 로렌스 S. 록펠러가 디자인해 세계 최고급 리조트로 손꼽혔을 정도였으나, 2006년 지진으로 인해 리노베이션을 거쳐야 했다. 하지만 현재 고급스러운 스파 프로그램과 골프 코스가 그 명성을 유지하고 있다. 특히 골프장의 경우 미국 내 50위 안에 들 정도로 골프장이 잘 관리되고 있다.

Map P.385-A3 | **주소** 62-100 Mauna Kea Beach Dr. Waimea | **전화** 808-882-7222 | **홈페이지** www.princeresortshawaii.com | **숙박 요금** $899~ | **리조트 요금** 없음 | **인터넷** $15(24시간) | **주차** $21(1박, 셀프) | **가는 방법** 코나 국제공항에서 19번 Queen Kaahumanu Hwy.를 타고 직진, 왼쪽에 Mauna Kea Beach Dr.를 끼고 좌회전.

페어몬트 오키드 하와이
The Fairmont Orchid Hawaii
★★★★

커다란 수영장이 럭셔리한 분위기를 연출하는 곳. 리조트 앞의 해변은 인공적으로 지어진 것으로 파도가 적어 아이들이 놀기 좋으며, 간혹 거북이를

볼 수 있을 정도로 스노클링하기 적당하다. 숙박 전 페어몬트 홈페이지에서 회원가입을 마치면 인터넷을 무료로 이용할 수 있다.

Map P.385-A3 | 주소 1 N Kaniku Dr. Kamuela | 전화 808-885-2000 | 홈페이지 www.fairmont.com/orchid-hawaii | 숙박 요금 $539~ | 리조트 요금 $35(1박, 숙박요금에 포함됨) | 인터넷 무료 | 주차 무료(1박, 셀프), $25(1박, 발레파킹) | 가는 방법 코나 국제공항에서 19번 Queen Kaahumanu Hwy.를 타고 직진, 왼쪽에 Mauna Lani Dr.를 끼고 좌회전 후 교차로에서 N Kaniku Dr.를 끼고 우회전.

애스톤 코나 바이 더 시
Aston Kona by the Sea
★★★

전 객실 오션 뷰로 투숙객의 만족도가 높은 곳. 주방에서 요리가 가능한 콘도미니움 스타일로 근처에 바비큐 시설을 갖추고 있다. 세탁 시설 및 전자레인지가 비치되어 있으며 플레이스테이션3가 설치되어 있어 저녁 시간에도 무료하지 않게 보낼 수 있다. 수영장 한켠에는 자쿠지가 마련되어 있어 하루의 피곤을 말끔히 해결할 수 있는 것 또한 이곳

만의 장점. 각종 DVD, 영화 프로그램, 하와이 시내 전화가 무료다.

Map P.407-A2 | 주소 75-6106 Alii Dr.Kailua-Kona | 전화 808-327-2300 | 홈페이지 astonkonabythesearesort.com | 숙박 요금 $339~ | 리조트 요금 $12.50(1박) | 인터넷 무료 | 주차 무료(셀프) | 가는 방법 코나 국제공항에서 19번 Queen Kaahumanu Hwy.를 타고 직진, 오른쪽에 Palani Rd.를 끼고 우회전, Alii Dr.를 타고 남쪽으로 직진.

볼케이노 하우스 호텔 & 캐빈
Volcano House Hotel &Cabin
★★

화산 국립공원 내 유일한 숙소. 호텔에는 총 33개의 객실 룸을 가지고 있어 이곳에서 1박을 하며 화산 국립공원을 둘러보기 좋다. 단, 예약을 서두를 것. 통나무집이라고 표현하면 좋을 캐빈은 보다 저렴한 가격으로 숙박할 수 있으며 피크닉 공간을 갖추고 있다. 호텔 내 무료로 자전거를 빌려 근처 서스톤 라바 튜브 등의 명소를 다녀올 수 있다.

Map P.427 | 주소 1 Carter Rim Dr. Hawaii National Park | 전화 808-756-9625 | 홈페이지 www.hawaiivolcanohouse.com | 숙박 요금 $235~, 캐빈 $80 | 리조트 요금 없음 | 인터넷 무료 | 주차 무료(셀프) | 가는 방법 카일루아-코나에서 11번 Mamalahoa Hwy.(Hawaii Belt Rd.)를 타고 직진. 화산 국립공원 비지터 센터 맞은편에 위치.

©하와이 관광청

KAUAI ISLAND
- 카우아이 섬 -

아티스트들이 사랑한 정원의 섬

영화 〈디센던트 The Descendants〉에서 조지 클루니는 하날레이 베이를 그 누구보다 섹시하게
달린다. 소설가 무라카미 하루키는 산문집 『달리기를 말할 때 내가 하고 싶은 이야기』에서
카우아이의 여름을 묘사하며 작가의 각별한 애정을 드러내기도 했다. 가든 아일랜드 Garden
Island라는 닉네임을 가진 카우아이를 여행할 때 필요한 것은 단 하나. 가공되지 않은 순수
한 마음, 카우아이를 받아들일 마음의 준비다. 카페와 레스토랑의 영업 시간이 제멋대로일
지라도, 표지판이 제대로 설치되어 있지 않아 한참을 헤맬지라도, 그 모든 것들을 즐길 준
비가 되어 있다면, 당신은 진정 카우아이에 맞춰진 여행자다.

카우아이 섬 기본 정보

500만 년이라는 오랜 세월 동안 만들어진 다이내믹한 경관과 짙은 녹음으로 와일드한 매력이 넘치는 섬, 카우아이. 카우아이는 '가든 아일랜드 Garden Island'라고 불릴 만큼 어딜 가도 녹음이 짙은 것이 특징이다. 워낙 섬의 규모가 작고 도로가 간편해 초보 여행자들도 쉽게 여행할 수 있다.

지형 마스터하기

원형에 가까운 형태의 카우아이. 시계 반대 방향으로 지역을 살펴보면, '태평양의 그랜드 캐니언'으로 불리는 와이메아 캐니언과 과거 사탕수수 플랜테이션 거점이었던 와이메아, 카우아이에 처음 발을 디딘 영국인 탐험가 제임스 쿡 선장과 선원들이 마을을 꾸며 살았다는 하나페페, 사탕수수 산업이 번성했었던 콜로아, 휴양을 즐기기 좋은 포이푸, 공항이 위치한 리후에, 하와이로 건너온 원주민이 가장 처음 마을을 형성한 와일루아 & 카파아, 킬라우에아 등대가 서 있는 킬라우에아, 고급 리조트 단지 프린스빌이 들어선 하날레이, 암벽화 등 역사적인 볼거리가 많은 나 팔리 코스트가 있다.

날씨

섬 중앙에 카와이키니 Kawaikini 산과 와이알레알레 Waialeale 산이 우뚝 솟아 있으며, 북서쪽에는 깊은 계곡이 펼쳐져 있다. 섬의 북쪽에서 불어오는 무역풍은 이 계곡과 만나 와이알레알레산 정상 부근에 연간 1만 2,000mm의 강수량을 기록한다. 그 영향으로 섬의 북동부도 비가 많이 내리고 아침, 저녁에는 구름이 많이 끼는 편. 하지만 남쪽에서 서쪽에 이르는 지역은 맑고 쾌청한 날씨를 자랑한다. 기후는 다른 섬에 비해 약간 서늘하지만 생활하기에는 좋다.

공항

한국에서 카우아이로 가는 직항 노선은 없고 호놀룰루 국제공항에서 주내선으로 갈아탄다. 카우아이에는 메인 공항인 리후에 공항이 있으며 오아후의 호놀룰루 국제공항에서 약 35분가량 소요된다. 프린스빌 공항은 프라이빗 공항이다.

공항에서 주변까지 소요시간

리후에 공항에서 근처 와일루아까지 15분, 카파아나 와일루아 폭포까지는 20분 정도 소요되며, 그밖에도 웬만한 관광지는 모두 30분 내외로 이동 가능하다. 단, 고급 리조트 단지인 프린스빌의 경우 45분, 와이메아 캐니언도 50분 정도 소요된다. 킬라우에아 등대는 16:00 이전에 입장해야 하므로 일정을 잘 잡을 것.

하에나 P.538
나 팔리 코스트 P.542
칼랄라우
칼랄라우 전망대
푸 오 킬라 전망대
코케에
550
와이메아 캐니언 전망대
와이메아 캐니
마나
와이메아
코케에 로드
552
550
케카하
카우무알리 하이웨이
50
와이메아
와이메아~하나페페 P.466
파칼라
하나페페 P.4

킬라우에아 등대

프린스빌 P.527 · 킬라우에아 P.523

하날레이 P.532 · 프린스빌 공항

카와이하우

아나훌라

웨이키우 산 · 케일리아

와이알레알레 산 · 카파아 P.517

와일루아 P.511

리후에 P.502 · 리후에 공항

칼라헤오 · 오마오

라와이 · 콜로아 P.481

포이푸 P.490

카우아이 섬 1일 예산

- **숙박비(2인)** $400~
- **교통비(소형 렌터카)** $200
- **식사(1인 3식)**
  브렉퍼스트 $25, 런치 $25, 디너 $50
- **액티비티(1인)** $200~
- **예상 1인 총 경비**(쇼핑 예산 제외)
  약 $700(한화 약 91만4,340원, 2022년 7월 기준)

알아두세요 카우아이 섬의 역사

하와이에서 가장 오래된 섬 카우아이는 원주민이 최초로 정착한 섬이에요. 1778년 영국의 위대한 탐험가 제임스 쿡 James Cook 선장이 하와이 제도 중 맨 처음 와이메아에 상륙했죠. 1795년 카메하메하 대왕이 하와이 제도를 통일할 때 카우아이 섬과 니하우 섬은 카우아이 해협(오아후 섬 사이에 있는 유속이 빠른 해협) 덕분에 왕실 군대의 공격을 피할 수 있었어요. 카메하메하 대왕의 하와이 통일 정책에 끝까지 반대하며 저항하다 결국 1810년, 카우무알리이 Kaumualii 왕이 전사한 후 카메하메하 대왕의 통치를 받게 되었죠. 현재 섬의 전체 면적 중 3%만 개발되고 나머지는 농업과 자연보호지역으로 보호받으면서 다른 섬에 비해 인간의 손길이 덜 닿은 섬이에요. 1982년과 1992년 대형 허리케인 때문에 타격을 입었으나 지금은 복구된 상태랍니다.

누구와 함께라면 즐거울까?

빈티지한 여행에 목말라 있는 사람이라면 카우아이는 단연 최적의 장소. 콜로아, 하나페페 등 역사가 깊은 곳이 많고 오래된 건물도 많아 오래전 카우아이 원주민들의 생활 방식을 느끼고 즐기기에 부족함이 없다.

여행 시 챙겨야 하는 필수품

카우아이는 호텔과 렌터카 바우처, 여행 가이드북만 있다면 따로 필요한 게 없을 정도. 하와이안 항공 탑승 시에는 카우아이 대형 지도도 받아볼 수 있으며, 슬리퍼만 신고도 와이메아 캐니언이나 와일루아 폭포 등을 모두 돌아볼 수 있다. 다만, 고사리 동굴을 탐험할 예정이라면 벌레 물린데 바르는 연고와 손전등을 준비하는 것이 좋다.

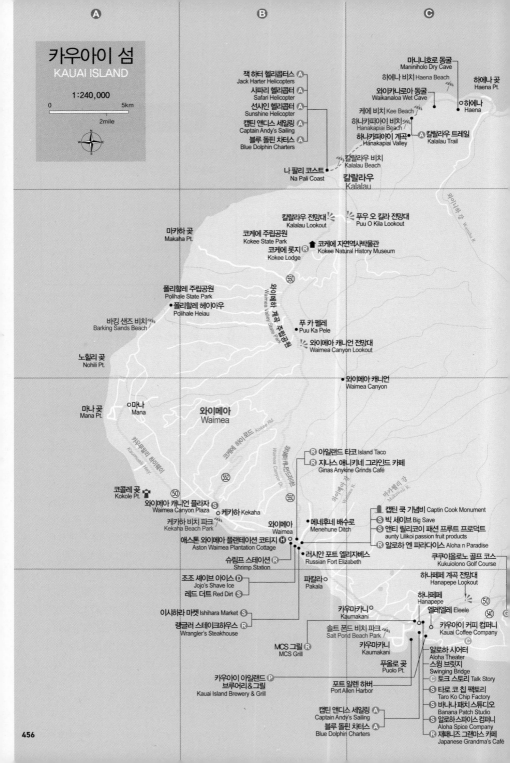

카우아이 섬
KAUAI ISLAND

1:240,000

0 .... 5km

2mile

마니니호로 동굴
Maniniholo Dry Cave
하에나 비치 Haena Beach
하에나 곳
Haena Pt.
와이카나로아 동굴
Waikanaloa Wet Cave
하에나
Haena
잭 하터 헬리콥터스
Jack Harter Helicopters
케에 비치 Kee Beach
사파리 헬리콥터
Safari Helicopter
하나카피아이 비치
Hanakapiai Beach
선샤인 헬리콥터
Sunshine Helicopter
하나카피아이 계곡
Hanakapiai Valley
칼랄라우 트레일
Kalalau Trail
캡틴 앤디스 세일링
Captain Andy's Sailing
블루 돌핀 차터스
Blue Dolphin Charters
칼랄라우 비치
Kalalau Beach
나 팔리 코스트
Na Pali Coast
칼랄라우
Kalalau

칼랄라우 전망대
Kalalau Lookout
푸우 오 킬라 전망대
Puu O Kila Lookout
마카하 곳
Makaha Pt.
코케에 주립공원
Kokee State Park
코케에 자연역사박물관
Kokee Natural History Museum
코케에 롯지
Kokee Lodge
폴리할레 주립공원
Polihale State Park
와이메아 계곡 주립공원
Waimea Valley State Park
폴리할레 헤이아우
Polihale Heiau
바킹 샌즈 비치
Barking Sands Beach
푸 카 펠레
Puu Ka Pele
와이메아 캐니언 전망대
Waimea Canyon Lookout
노힐리 곳
Nohili Pt.
와이메아 캐니언
Waimea Canyon
마나 곳
Mana Pt.
마나
Mana
와이메아
Waimea
코콜레 곳
Kokole Pt.
카우물리 하이웨이
Kaumualii Hwy.
코케에 하이웨이
Kokee Rd.
와이메아 캐니언 드라이브
Waimea Canyon Dr.
아일랜드 타코 Island Taco
지나스 애니카네 그라인드 카페
Ginas Anykine Grinds Café
캡틴 쿡 기념비 Captin Cook Monument
빅 세이브 Big Save
앤티 릴리코이 패션 프루트 프로덕트
aunty Lilikoi passion fruit products
알로하 엔 파라다이스 Aloha n Paradise
와이메아 캐니언 플라자
Waimea Canyon Plaza
케카하 Kekaha
쿠쿠이올로노 골프 코스
Kukuiolono Golf Course
케카하 비치 파크
Kekaha Beach Park
와이메아
Waimea
메네후네 배수로
Menehune Ditch
하나페페 계곡 전망대
Hanapepe Lookout
애스톤 와이메아 플랜테이션 코티지
Aston Waimea Plantation Cottage
러시안 포트 엘리자베스
Russian Fort Elizabeth
하나페페
Hanapepe
슈림프 스테이션
Shrimp Station
엘레엘레
Eleele
조조 셰이브 아이스
Jojo's Shave Ice
파칼라
Pakala
레드 더트 Red Dirt
카우아이 커피 컴퍼니
Kauai Coffee Company
이시하라 마켓 Ishihara Market
카우마카니
Kaumakani
랭글러 스테이크하우스
Wrangler's Steakhouse
솔트 폰드 비치 파크
Salt Pond Beach Park
알로하 시어터
Aloha Theater
MCS 그릴
MCS Grill
카우마카니
Kaumakani
스윙 브릿지
Swinging Bridge
토크 스토리 Talk Story
푸올로 곳
Puolo Pt.
타로 코 칩 팩토리
Taro Ko Chip Factory
카우아이 아일랜드
브루어리&그릴
Kauai Island Brewery & Grill
포트 알렌 하버
Port Allen Harbor
바나나 패치 스튜디오
Banana Patch Studio
캡틴 앤디스 세일링
Captain Andy's Sailing
알로하 스파이스 컴퍼니
Aloha Spice Company
블루 돌핀 차터스
Blue Dolphin Charters
재패니즈 그랜마스 카페
Japanese Grandma's Café

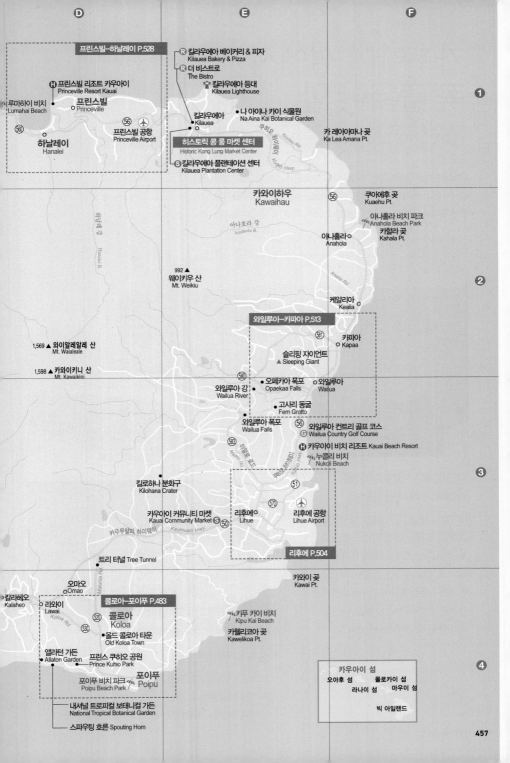

D　　　　　**E**　　　　　**F**

❶

프린스빌-하날레이 P.528

Ⓡ 킬라우에아 베이커리 & 피자
Kilauea Bakery & Pizza

Ⓡ 더 비스트로
The Bistro

Ⓗ 프린스빌 리조트 카우아이
Princeville Resort Kauai

프린스빌
Princeville

●킬라우에아 등대
Kilauea Lighthouse

●루마하이 비치
Lumahai Beach

㊺

프린스빌 공항
Princeville Airport

킬라우에아
Kilauea

●나 아이나 카이 식물원
Na Aina Kai Botanical Garden

카 레아아마나 곳
Ka Lea Amana Pt.

하날레이
Hanalei

㊽

히스토릭 콩 룽 마켓 센터
Historic Kong Lung Market Center

Ⓢ 킬라우에아 플랜테이션 센터
Kilauea Plantation Center

카와이하우
Kawaihau

㊺

쿠아에후 곳
Kuaehu Pt.

아나호라 강
Anahola R.

아나홀라 비치 파크
Anahola Beach Park

아나홀라
Anahola

카할라 곳
Kahala Pt.

992 ▲
웨이키우 산
Mt. Weikiu

케알리아
Kealia

❷

1,569 ▲ 와이알레알레 산
Mt. Waialeale

와일루아-카파아 P.513

슬리핑 자이언트
▲ Sleeping Giant

㊼

카파아
Kapaa

1,598 ▲ 카와이키니 산
Mt. Kawaikini

㊾

●오페카아 폭포
Opaekaa Falls

●와일루아
Wailua

와일루아 강
Wailua River

●고사리 동굴
Fern Grotto

와일루아 폭포
Wailua Falls

㊽

와일루아 컨트리 골프 코스
Ⓖ Wailua Country Golf Course

Ⓗ 카우아이 비치 리조트 Kauai Beach Resort

●누콜리 비치
Nukoli Beach

❸

킬로하나 분화구
Kilohana Crater

㊿

카우아이 커뮤니티 마켓
Kauai Community Market Ⓢ

㊿

리후에
Lihue

리후에 공항
Lihue Airport

트리 터널 Tree Tunnel

카와이 곳
Kawai Pt.

리후에 P.504

오마오
Omao

칼라헤오
Kalaheo

리와이
Lawai

콜로아-포이푸 P.483

콜로아
Koloa

키푸 카이 비치
Kipu Kai Beach

카웰리코아 곳
Kawelikoa Pt.

㊼

●올드 콜로아 타운
Old Koloa Town

앨러턴 가든
Allaton Garden

프린스 쿠히오 공원
Prince Kuhio Park

❹

포이푸 비치 파크
Poipu Beach Park

포이푸
Poipu

내셔널 트로피컬 보태니컬 가든
National Tropical Botanical Garden

스파우팅 호른 Spouting Horn

카우아이 섬

오아후 섬　　몰로카이 섬
라나이 섬　　마우이 섬

빅 아일랜드

카우아이 섬에서 꼭 즐겨야 할 BEST 5

워낙 작은 섬이라 조금만 부지런을 떨면 짧은 시간에 곳곳을 경험할 수 있다. 하지만 카우아이야말로 흐르는 시간을 천천히 즐기기 좋은 곳이다. 무리하지 않는 스케줄 내에서 카우아이를 즐겨보자.

BEST 1

자연이 주는 최고의 선물, 와이메아 캐니언 전망대

와이메아 캐니언 전망대는 '태평양의 그랜드 캐니언'이라 불릴 정도로 경치가 아름답다. 1,100m의 골짜기가 10km 이상 이어진 계곡은 웅장한 느낌을 자아낸다. 특히 강물이 침식해 붉은색과 녹색, 푸른색과 회색 등을 띠는 협곡이 아름다운 용암층을 만든다.

BEST 2

숲속의 색다른 경험, 고사리 동굴

보트나 카약을 타야 들어갈 수 있는 있는 고사리 동굴은 양치류 식물이 울창하게 뒤덮인 용암석 동굴이다. 과거 하와이 왕실 가족만 출입이 가능했던 곳으로 사방이 고요하다.

BEST 3

예술가들의 마을, 하나페페

카우아이에서 가장 작은 마을이면서 동시에 예술 갤러리가 모여 있는 곳. 조각가와 화가 등의 작품을 감상할 수 있으며, 매주 금요일 18:00~21:00에는 프라이데이 아트 나이트가 열려 라이브 공연이 펼쳐지는 등 한바탕 축제가 벌어진다.

BEST 4

해양 동물들을 눈 앞에서! 포이푸 비치 파크

미국 최고의 해변으로 꼽힌 바 있는 포이푸 비치. 근처에 쇼핑 센터와 레스토랑, 골프장이 모여 있어 여행자들에게는 최고의 장소다. 뿐만 아니라 멸종 위기종인 하와이 바다표범도 만날 수 있고, 특히 12~5월에는 운이 좋으면 혹등고래가 물을 내뿜는 광경도 볼 수 있다.

BEST 5

영혼을 맑게 해주는 나 팔리 코스트

카우아이에서 가장 유명한 해안선. 가슴이 터질 듯한 풍경을 자랑하지만 그만큼 감상하기가 쉽지 않다. 차량 진입이 불가능하기 때문이다. 장관을 감상하고 싶다면 칼랄라우 트레일을 걸어야 하는데, 기본 1박은 야영을 해야 할 만큼 코스가 까다롭다.

그밖에는 가이드가 동행하는 보트나 카약을 타고 투어하거나, 헬리콥터 투어로 숨 막히는 파노라마 뷰를 감상할 수 있다.

©하와이 관광청

카우아이 섬 팩토리 아이템
BEST ITEM

카우아이의 특징이라면 독특한 공장이 모여 있다는 것이다. 라퍼츠 아이스크림이나 타로 코 칩, 콜로아 럼과 같은 카우아이의 오리지널 브랜드를 놓치지 말자.

라퍼츠 아이스크림 Lappert's Ice Cream

라퍼츠는 인공색소 없이 100% 천연재료로 아이스크림을 만들며, 카우아이에서 시작해 전 세계적으로 알려진 브랜드다. 아직까지도 카우아이의 하나페페 지역에서 매일 신선한 아이스크림을 생산하고 있다.

슈가 케인 스낵(피넛 버터 쿠키)
Sugar Cane Snax

한 입 베어 물면 피넛 버터 향이 입안에 퍼져 도저히 유혹을 참기 힘들 정도다. 카우아이 마트 곳곳에서 만날 수 있으며 아이들 간식 또는 와인과 함께 곁들이기에도 훌륭하다.

사탕수수 공장

1835년 하와이에서 최초로 사탕수수 공장이 카우아이 콜로아 타운에 문을 열었다. 3,000여 곳에 달하던 공장은 이제 카우아이와 마우이에 각각 한 곳씩만 남은 상태. 현재 콜로아에는 최초의 사탕수수 공장을 기념하며 설탕 기념탑 Sugar Monument이 있다.

ⓒ하와이 관광청

타로 코 칩 Taro Ko Chips

타로는 하와이의 주식 전분으로, 카우아이의 대표 농작물이다. 하와이어로는 '칼로 Kalo'라고 불린다. 그중에서도 하나페페 올드 타운의 타로 코 칩 팩토리는 매일 아침 매장에서 갓 튀겨내는 것으로 유명하다. 고소하면서도 바삭해 간식으로 먹기 좋으며, 그중에서도 갈릭 솔트 맛이 인기가 좋다.

초코 닙스 Choco Nibs

하와이에서 나고 자란 카카오를 수확해 만든 초콜릿 하날레이 브랜드의 제품. 생강과 릴리코이, 마카다미아 너트, 바닐라 빈 등이 첨가된 제품들도 만나볼 수 있다. 카우아이 북쪽의 칭영 빌리지에 매장이 있다.

콜로아 럼 Koloa Rum

리후에의 킬로하나 플랜테이션에는 콜로아 럼 매장이 있다. 카우아이 지역에서 유일하게 럼 라이센스를 획득한 곳으로 미국 내 각종 대회에서 여러 차례 수상할 만큼 인정받았다.

나만의 여행 코스
BEST COURSE

카우아이는 짧은 시간에 여러 곳을 둘러볼 수 있을 만큼 효율적인 섬이다. 천천히 흐르는 시간에 몸을 맡기고 카우아이의 여유로운 순간을 만끽해보자. (여행 코스에서 제시된 예상 비용은 2022년 7월 기준으로 다소 변동이 있을 수 있습니다)

자연과 함께 다이나믹 2박 3일

1 Day

와이메아 캐니언 전망대 → 칼랄라우 전망대 → 코케에 자연역사박물관 → 와이메아 계곡

공항에서 나와 바로 차로 50분 정도 이동해 와이메아 캐니언 전망대로 향한다. 전망대를 살펴본 뒤에는 칼랄라우 전망대로 더 진입해 또 다른 카우아이의 원시적 협곡들을 감상한다. 그런 뒤에는 근처 코케에 자연역사박물관에서 자연재해를 겪었던 카우아이의 과거와 현재를 비교해보자. 코케에 자연역사박물관에서 550번 Hwy.를 타고 내려오다 보면 와이메아 계곡이 기다리고 있다.

예상 비용(1인) 렌터카 $200(소형차 보험 & 내비게이션 포함), +와이메아 캐니언 입장료 $5, 주차비 $10+칼랄라우 전망대 입장료 $5, 주차비 $10

2 Day

고사리 동굴 탐험 → 오페카아 폭포 → 나 팔리 코스트

이른 아침에 와일루아로 출발해 보트 투어를 통해 고사리 동굴 탐험에 나서보자. 보트에서 훌라춤을 감상하며 유유히 흐르는 와일루아 강을 지나면 신비스러운 고사리 동굴이 눈앞에 펼쳐진다. 근처에 위치한 오페카아 폭포도 놓치지 말자. 오후에는 헬기나 보트를 이용해 나 팔리 코스트를 둘러보자.

예상 비용(1인) 렌터카 $200(소형차 보험 & 내비게이션 포함), 고사리 동굴 보트 투어 성인 $27.73, 2~12세 $13.87(보트 투어), 나 팔리 코스트 헬기 투어 $300~400.

3 Day

하날레이 베이 or 포이푸 비치 파크

하날레이 베이나 포이푸 비치 파크에서 시간을 보낸다. 둘 다 카우아이에서 놓치기 아까운 해변이다. 두 곳 중 숙소와 가까운 곳을 선택해 하루 종일 여유롭게 바다를 즐겨보자.

예상 비용(1인) 렌터카 $200(소형차 보험 & 내비게이션 포함)

+1 Day

하루 일정이 더 추가된다면, 하와이 제도 중 최북단에 세워진 킬라우에아 등대를 방문한다. 국가에서 지정한 동물보호구역으로 다양한 바다새가 눈앞에 펼쳐진다.

하나페페 → 올드 콜로아 타운 → 포이푸 → 쿠쿠이울라 빌리지 쇼핑 센터

1 Day

예술가들이 사랑한 마을, 하나페페를 둘러본다. 오래된 건물과 사랑스러운 숍, 갤러리들이 모여 있으며 목조로 지어진 거대한 다리가 인상적인 마을이다. 워낙 동네가 자그마하기 때문에 둘러보는 데 1시간이면 충분하다. 50번 Hwy.에서 520번 Hwy.로 진입, 2㎞가량 펼쳐진 유칼립투스 가로수 길 트리 터널 Tree Tunnel을 드라이브 한다. 올드 콜로아 타운에 도착해 여유롭게 산책과 점심식사를 즐기자.

시간이 남는다면 근처 포이푸 지역의 쇼핑 센터 쿠쿠이울라 빌리지까지 둘러보는 것도 좋다.

예상 비용(1인) 렌터카 $200(소형차 보험 & 내비게이션 포함)

카파아 → 와이메아 캐니언 전망대

2 Day

장기 배낭여행자들이 묵고 있는 카파아 지역을 방문하자. 소박하지만 맛있는 레스토랑과 카페가 모여 있어 점심식사 하기에도 좋다. 올드 타운은 아니지만 여행을 좋아하는 사람들에게는 충분히 매력적인 분위기를 선사하는 곳. 공항으로 돌아가기 전, 카우아이의 심장과도 같은 와이메아 캐니언 전망대로 향해 가슴 벅찬 전망대를 감상하자.

예상 비용(1인) 렌터카 $200(소형차 보험 & 내비게이션 포함), +와이메아 캐니언 입장료 $5, 주차비 $10

+1 Day

시간이 남는다면 카우아이의 핵심이라고 할 수 있는 나 팔리 코스트를 감상하자.

예상 비용(1인) 렌터카 $200(소형차 보험 & 내비게이션 포함), 나 팔리 코스트 액티비티 비용 추가

카우아이 섬을 즐기는 노하우

HOW TO ENJOY KAUAI

1 모험심 많은 여행자를 유혹하는 카우아이
야외에서 캠핑하며 나 팔리 코스트를 즐기는 칼랄라우 트레일, 케에 비치 근처의 마니니호로 동굴 투어, 와이카나로아 동굴 투어 등. 쉽지 않은 도전이다. 만약 카우아이의 자연을 감상하고 싶다면 철저하게 준비하고 도전하자.

2 주말에만 열리는 특별한 이벤트
하나페페에는 카우아이의 자연을 그리는 다양한 출신의 아티스트들이 모여 매주 금요일 17:00~20:00에 프라이데이 아트 나이트를 운영한다. 그리고 매주 토요일 09:30~13:00에 리후에 공항 근처 카우아이 커뮤니티 칼리지에서는 KCC 파머스 마켓(주소 3 Kaumualii Hwy. Lihue)이 열린다. 로컬에서 나고 자란 신선한 과일과 채소를 맛볼 수 있다. 하날레이 커뮤티니 센터(P.518)에서도 매주 토요일 09:00~12:00에 파머스 마켓이 열린다.

3 운전이 미숙한 여행자에게 최고의 장소!
카우아이 전체가 개발에 대해 엄격해 대부분 2차선 도로다. 간혹 막히는 경우도 있지만 다른 섬에 비해 운전 시간이 길지 않고 도로가 어렵지 않아 가벼운 마음으로 드라이브를 즐길 수 있다.

4 제멋대로 영업시간
카우아이의 레스토랑 영업시간은 정말이지 들쑥날쑥하다. 원하는 레스토랑의 예약이 가능하다면 미리 하는 것이 좋고, 그렇지 않더라도 출발 전 레스토랑 영업시간을 필히 체크하자.

5 카우아이 여행을 계획했다면 렌터카 예약 먼저!
카우아이의 경우 렌터카 예약이 쉽지 않다. 방문하기 1~2달 전에 예약해 두는 것이 좋다. 가격도 비싸고 렌터카 차량도 많지 않기 때문이다. 렌터카를 먼저 예약한 뒤 항공권을 구매하는 것이 현명하다.

카우아이 섬 대중교통 A to Z

카우아이의 대중교통 수단인 버스는 노선이 간단하지만 운행 횟수가 적으므로 렌터카를 이용하는 편이 훨씬 경제적이다. 공항에 주요 렌터카 업체 사무실이 있지만 미리 예약하는 것이 좋다.

카우아이 버스 Kauai Bus

카우아이의 공공 버스는 월~금요일에 운행하고 있으며 현재 케카하 Kekaha, 콜로아 Koloa, 하날레이 Hanalei, 카파아 & 카파히 Kapaa & Kapahi, 리후에 Lihue, 와일루아 Wailua로 총 6개의 노선이 있다. 통근·통학하는 현지인을 대상으로 하고 있어 낮에는 운행 횟수가 적은 편. 노선도 여행자의 목적지와 맞지 않는 부분이 있어 버스로 이동하려면 이동 시간을 넉넉히 잡는 것이 좋다.

탑승 시 기타나 우쿨렐레, 부기보드나 스케이트보드는 휴대하고 탑승이 가능하나 캐리어나 오버사이즈의 백팩, 서프보드, 자전거 등은 금지되어 있다. 홈페이지에서 버스 정류장 어플리케이션을 다운받을 수 있으며, 버스 노선표도 다운로드 받을 수 있으니 참고하자.

- 운행시간 06:00~21:00(변동 가능)
- 이용요금 $2(1회)
- 문의 808-246-8110
- 홈페이지 www.kauai.gov/BusSchedules

▶ 주요 버스 노선도

노선	주요 정거장
케카하-리후에 Kekaha-Lihue no.100	케카하 네이버후드 센터 Kekaha Neighborhood CNTR-하나페페 퍼스트 유나이티드 처치 Hanapepe 1st United Church-쿠쿠이 그로브 Kukui Grove-리후에 코트하우스 Lihue Courthouse
콜로아 Koloa no.30	라와이 우체국 건너편 Across Lawai Post Office-콜로아 학교 Koloa School-포이푸 로드 Poipu Rd.-콜로아 로드 Koloa Rd.
하날레이-리후에 Hanalei-Lihue no.400	하날레이 센터 Hanalei Center-몰로아아 과일 스탠드 Moloaa Fruit Stand-케알리아 비치 건너편-Across Kealia Beach-카파아 스케이트 파크 Kapaa Skate Park-쿠쿠이 그로브 Kukui Grove
카파히 Kapahi no.60	카파아 스케이트 파크 Kapaa Skate Park-카파아 라이브러리 Kapaa Library-카파히 푸드 마켓 Kapahi food Market-카파아 중학교 Kapaa Middle School
리후에 Lihue no.70	쿠쿠이 그로브 Kukui Grove-월 마트 Wal Mart-리후에 가든 Lihue Garden-타깃 Target
와일루아 Wailua no.800	카파아 스케이트 파크 Kapaa Skate Park-와일루아 홈스테드 파크 Wailua Homsteads Park-쿠쿠이 그로브 Kukui Grove

택시 Taxi

공항에서 대기하고 있거나 대부분 콜택시로 운영되고 있다. 요금에는 두 가지 체계가 있다. 기본 요금은 1마일에 $3로, 마일마다 $3씩 더하는 요금이 있고, 2시간에 $120, 후에 15분마다 $15를 추가하는 요금이 있다. 대부분 밴으로 움직이는 경우가 많으며 공항에서 포이푸 지역까지는 대략 $43, 하날레이는 $120~150, 와일루아나 카파아 지역은 $30~40 정도다.

▶ 카우아이의 주요 택시 업체

+ **칼렉스 택시 LLC.** Carlex Taxi LLC.
  • **문의** 808-652-9332
+ **프린스빌 택시** Princeville Taxi
  • **문의** 808-635-4335
+ **카우아이 택시 컴퍼니** Kauai Taxi Company
  • **문의** 808-246-9554

렌터카 Rent a Car

카우아이를 짧은 시간 안에 입맛에 맞게 둘러보려면 렌터카는 필수다. 공항에서 픽업해 여행을 시작하고, 반납하면서 여행을 마무리하는 것이 좋다.

▶ 카우아이의 주요 렌터카 업체

카우아이의 경우 렌터카 구하기가 하늘의 별따기다. 카우아이 여행을 계획 중이라면 렌터카 예약을 먼저 한 뒤 항공권을 구매하는 것이 좋다.

+ **달러 렌터카** Dollar Rent a Car
  • **위치** 3273 Hoolimalima Pl. Lihue
  • **문의** 808-434-2226, www.dollar.com
+ **엔터프라이즈 렌트 어 카** Enterprise Rent a Car
  • **위치** 3276 Hoolimalima Pl, Lihue
  • **문의** 844-914-1553
+ **버젯 렌터카** Budget Rent a Car
  • **위치** 3285 Hoolimalima Pl. Lihue
  • **문의** 808-245-9031,
    www.budget.com

알아두세요 카우아이에서의 운전 상식

1 **길이 쉬운 카우아이** : 카우아이는 도로가 매우 단순해요. 따라서 내비게이션 없이도 기내에서 주는 지도나 렌터카 업체에서 제공하는 지도만으로도 충분해요. 하지만 표지판이 제대로 되어 있지 않은 곳이 많기 때문에 주의하며 운전해야 해요.

2 **좁은 길을 주의하세요** : 카우아이에는 리후에에서 북쪽 해안까지 잇는 56번 쿠히오 하이웨이 Kuhio Hwy.가 있어요. 이 간선도로는 프린스빌을 지나면 560번인 지방도로로 이어져 길이 좁아지니 조심하세요.

3 **카우아이의 1차선 다리** : 하날레이로 들어가는 부근에는 유명한 원 레인 브릿지 One Lane Bridge가 있어요. 차 한 대만 지나갈 수 있는데, 상대편에서 먼저 진입했다면 기다린 뒤 지나가야 해요. 카우아이의 끝인 케에 비치까지는 크고 작은 원 레인 브릿지가 여럿 있으며 철근, 석조, 목조 등 다리의 종류도 다양하니 서로 양보하면서 여유로운 마음으로 운전하세요.

와이메아 계곡으로 이어지는 관문

와이메아~하나페페

와이메아는 영국인 탐험가 제임스 쿡 선장이 하와이에 처음 상륙한 지점과 가깝다. 그 때문인지 와이메아 타운에는 제임스 쿡 동상이 자리 잡고 있다. 무엇보다 이 지역에서는 와이메아 캐니언 전망대를 빼놓을 수 없다. 여행자들이 카우아이를 찾는 가장 중요한 이유가 되기 때문이다. 미국 서부 애리조나에 있는 그랜드 캐니언과 비교할 수는 없으나 오랜 자연환경의 변화를 거치며 날것 그대로의 모습을 간직한 와이메아 캐니언은 감동을 주기 충분하다. 사실 이 지역은 과거 사탕수수 플랜테이션의 거점으로 번영했던 곳. 약 3km 정도의 백사장이 이어지는 케카하 비치는 파도가 높아 서핑과 부기보드를 즐길 수 있는 최적의 장소로 알려져 있다. 하지만 무엇보다 근처 하나페페 올드 타운을 놓치지 말자. 워낙 개성이 강해 따로 시간을 내 둘러보는 것이 좋다.

+ 공항에서 가는 방법

리후에 공항에서 570번 Ahukini Rd.를 타고 직진하다 Kuhio Hwy. 앞에서 좌회전해 56번 Kuhio Hwy.에 합류. 중간에 50번 Kaumualii Hwy.로 도로명이 바뀌면서 계속 직진하다보면 와이메아 타운에 진입한다. 공항에서 와이메아 타운까지 약 40분 정도 소요된다.

+ 와이메아~하나페페에서 볼 만한 곳

와이메아 캐니언 전망대, 칼랄라우 전망대, 하나페페 올드 타운, 포트 알렌 하버.

와이메아~ 하나페페의 볼거리

와이메아 캐니언 전망대로 가는 길은 험하지 않아 쉽게 둘러볼 수 있다. 시간이 넉넉하다면 칼랄라우 전망대까지 올라가보자. 훨씬 멋진 뷰를 마음에 담을 수 있다.

★★★★★
와이메아 캐니언 전망대 Waimea Canyon Lookout

많은 사람들이 찾는 카우아이의 명소. 1860년대에 하와이를 여행한 소설가 마크 트웨인은 이곳을 '태평양의 그랜드 캐니언'이라고 칭했다. 사실 크기로 비교하자면 그랜드 캐니언의 20분의 1이다. 영국의 지질학자 리처드 포티는 그랜드 캐니언의 경우 물이 깎아서 만든 것이지만 와이메아 캐니언은 용암이 빠져나간 자리에 땅이 내려앉아 생긴 협곡으로, 생성 원리가 달라 그 가치도 다르다고 지적했다. 어쨌든 이곳은 태양과 구름의 이동에 따라 시시각각 변하는 암석의 빛깔을 감상할 수 있다. 늦은 오후부터는 전망대 쪽 산의 그림자가 암석 표면에 드리워지므로 제대로 감상하려면 오전이나 정오 무렵에 가는 것이 좋다.

Map P.456-B2 | 주소 Waimea Canyon Dr. Waimea | 운영 특별히 명시되진 않았지만 이른 오전과 늦은 저녁은 피하는 것이 좋다. | 입장료 $5 | 주차 $10 | 가는 방법 리후에 공항에서 50번 Kaumualii Hwy.를 타고 직진, 오른쪽에 Waimea Canyon Dr.가 나오면 우회전 후 직진. 마일마커 10과 11 사이.

Mia's Advice

난이도 높은 주행 코스에 주의하세요

와이메아 캐니언 전망대까지 가는 길은 2개에요. 와이메아에서 오르는 Waimea Canyon Dr.가 있고 Kokee Rd.가 있어요. Waimea Canyon Dr.가 자연 경치를 감상하기에는 더 좋아요. Waimea Canyon Dr.로 가다보면 카우아이 특유의 빨간 흙으로 뒤덮인 레드 더트 폭포 Red Dirt Waterfall도 감상할 수 있어요. 산길은 의외로 휘발유를 많이 소비하니 출발하면서 주유를 가득 채워두는 것도 잊지 마세요.

★★★★★
칼랄라우 전망대 Kalalau Lookout

와이메아 캐니언이 있는 Kokee Rd.에서 좀 더 끝자락
까지 다다르면 광활한 뷰를 볼 수 있는 칼랄라우 전망
대가 있다. 나 팔리 코스트의 칼랄라우 계곡을 산 쪽에
서 바라볼 수 있는 곳으로 계곡의 반대편에는 나 팔리
의 검푸른 바다가 펼쳐진다. 이곳에는 유독 소나기가
자주 내리며 무지개도 흔히 볼 수 있다.

Map P.456-B2 | **주소** 3600 Kokee Rd. Kekaha(코케에 자연역사박물관 주소) | **운영** 특별히 명시되진 않았지만 이른 오
전과 늦은 저녁은 피하는 것이 좋다. | **입장료** $5 | **주차** $10 | **가는 방법** 리후에 공항에서 50번 Kaumualii Hwy.를 타고 직진,
오른쪽에 550번 Waimea Canyon Dr. 방향으로 직진 후 중간에 Kokee Rd.로 바뀌는 지점에서 계속 직진. 이곳에서 550
번 Kokee Rd.를 타고 7분 정도 더 진입.

코케에 자연역사박물관
Kokee Natural History Museum

코케에 주립공원의 식물과 야생 조류에 관한 자료를 전시하
고 있는 박물관. 특히 1992년 태풍 이니끼에와 관련된 비디오
를 상영해. 태풍 전과 후 달라진 코케에 주립공원의 모습을 비
교할 수 있다. 바로 옆 코케에 로지 Kokee Lodge에는 레스토랑이
있어 간단한 식사와 간식거리 등을 구입할 수 있다.

Map P.456-B2 | **주소** 3600 Kokee Rd. Kekaha | **전화** 808-335-9975 | **홈페이지** www.kokee.org | **운영** 월~
금 11:00~15:00, 토~일 10:30~16:00 | **입장료** 무료이나 약간의 기부금($1 정도)을 받고 있다. | **주차** 무료 | **가는 방법**
리후에 공항에서 50번 Kaumualii Hwy.를 타고 직진, 오른쪽에 550번 Waimea Canyon Dr. 방향으로 직진 후 중간에
Kokee Rd.로 바뀌는 지점에서 계속 직진.

캡틴 쿡 기념비 Captain Cook Monument

영국의 탐험가 제임스 쿡. 1778년 1월 20일 그가 이끈 레졸루션 호와 디스커버리호가 와이메아에
상륙해 처음에는 섬의 원주민들로부터 환영을 받았다. 이후 원주민과의 분쟁으로 전투를 벌이
다 이듬해 2월 14일 한 원주민의 돌창에 맞아 목숨을 잃었다. 이 동상은 그의 고향인 영국 휘트비
Whitby에 있는 오리지널 동상의 복제품이다.

Map P.456-B3 | **주소** 9894 Kaumualii Hwy. Waimea(이시하라 마켓 Ishihara Market 주소) | **운영** 24시
간 | **입장료** 무료 | **주차** 무료(스트리트 파킹 가능) | **가는 방법** 리후에 공항에서 50번 Kaumualii Hwy. 도로로 진입
해 직진, Panako Rd.를 지나 오른쪽에 위치. 이시하라 마켓 건너편 호프가드 파크 내에 위치.

와이메아~ 하나페페의 해변

솔트 폰드 비치 파크에서는 소금 채취 과정을 지켜볼 수 있다. 러시안 포트 엘리자베스는 1800년대 초반 러시아인들이 정착했던 곳으로, 역사적 의미가 깊다.

케카하 비치 파크 Kekaha Beach Park

약 3km 길이의 해변은 카우아이에서 가장 긴 백사장으로 유명하며 높은 파도가 인상적인 곳. 서쪽에서 일몰을 감상하기 가장 좋다. 맥아더 파크 MacArthur Park가 함께 있으며 주차장과 화장실, 바비큐가 가능한 피크닉 비치 파빌리온, 야외 샤워시설이 비치되어 있다. 건조한 지역이라 카우아이의 다른 지역에서 비가 내린다고 하더라도 이곳만큼은 햇살을 감상할 수 있다.

Map P.456-B3 | 주소 8343 Kaumualii Hwy. Kekaha(St. Theresa Parish 주소) | 운영 06:00~22:00 | 주차 무료 | 가는 방법 리후에 공항에서 50번 Kaumualii Hwy.를 타고 직진, St. Theresa Parish 성당이 나오면 계속 50번 Kaumualii Hwy.를 타고 2~3분 정도 오른쪽에 Amakihi Rd.가 나올 때까지 직진. 왼쪽에 위치.

러시안 포트 엘리자베스 Russian Fort Elizabeth

1815~1817년에 러시아인 이주민들이 정착한 곳이다. 항구에 쌓여 있는 큰 돌들을 이용해 직접 집을 짓고 살았다고 한다. 공원과 함께 검은 모래사장이 인상적인 해안가다. 당시 시대상을 설명해놓은 안내 표지판들이 있어 이해를 돕는다. 그밖에도 야외 화장실과 야외 샤워시설, 식수 등이 설치되어 있다.

Map P.456-B3 | 주소 9862 Kaumualii Hwy. Waimea(근처 주유소 주소) | 홈페이지 www.hawaiistateparks.org/parks/kauai/russian-ft-elizabeth.cfm | 운영 특별히 명시되진 않았지만 이른 오전과 늦은 저녁은 피하는 것이 좋다. | 주차 무료 | 가는 방법 리후에 공항에서 50번 Kaumualii Hwy.를 타고 직진, 주유소가 나오면 계속 7분 정도 직진, 와이메아 강을 건너면 오른쪽에 위치.

솔트 폰드 비치 파크 Salt Pond Beach Park

일광욕을 즐기는 사람들이 즐겨 찾는 해변. 특이
하게도 염전을 끼고 있어, 가까이에서 재래식으
로 소금을 채취하는 모습을 볼 수 있다. 현지인들
이 즐겨 찾는 바닷가로, 모래사장이 잘 정돈되어
있어 와이메아 캐니언에서 돌아오는 길에 잠시
들러 휴식을 취하기 좋다.

Map P.456-C4 | 주소 Lokokai Rd. Hwy. 50
Hanapepe | 홈페이지 www.hawaiiweb.com/salt-
pond-beach-park.html | 운영 특별히 명시되진 않았
지만 이른 오전과 늦은 저녁은 피하는 것이 좋다. | 주차 무
료 | 가는 방법 리후에 공항에서 50번 Kaumualii Hwy.를 타고 직진, 왼쪽에 Lele Rd. 방향으로 좌회전 후 직진하다 오른쪽
에 Lokokai Rd. 방향으로 우회전.

포트 알렌 하버 Port Allen Harbor

보트 크루즈나 나 팔리 코스트 체험 등을 위한 선박들이 모여 있는 항구. 총 34개의 정박지가 있고, 배를 묶
어둘 수 있는 6개의 밧줄 · 하역장 등이 설치되어 있으며 주변에 다양한 액티비티 숍들이 즐비해 있다. 이
곳에서 배를 타고 해양 스포츠를 즐기기 위해 길게 줄을 서는 관광객들을 흔히 볼 수 있다.

Map P.456-C4 | 주소 4300 Waialo Rd. Eleele | 전화 808-335-2121 | 운영 07:00~17:00(따로 정해져 있지 않
으며 대략적으로 항구에서 운영하는 액티비티 시간) | 주차 무료(근처 스트리트) | 가는 방법 리후에 공항에서 50번 Kaumualii
Hwy.를 타고 직진, 왼쪽에 Waialo Rd. 방향으로 좌회전.

와이메아~ 하나페페의 즐길 거리

나 팔리 코스트를 투어하고 싶다면 여행 일정의 반나절을 투자해야 한다. 하지만 자연이 주는 경이로움을 만끽하는 데 이보다 더 좋은 경험은 없을 듯.

스노클링 & 세일링
Snorkeling & Sailing

나 팔리 코스트는 카우아이 섬 북서부에 위치, 약 21km의 높이로 펼쳐진 절벽이다. 자동차로는 접근할 수 없으며, 포트 알렌 하버에서 보트 투어를 이용한다. 나 팔리 코스트의 숨 막히는 파노라마를 만끽할 수 있는 절호의 찬식 08:00에 시작해 14:00 정도에 끝나는 크루즈 투어에 참여, 푸른 태평양을 바라보며 일광욕을 즐기거나, 작은 보트로 옮겨 타서 나 팔리 코스트의 해안 동굴을 탐험하거나, 멋진 절경 아래에서 스노클링 등을 즐겨보자. 대부분 스노클링과 나 팔리 코스트 답사 투어에는 가벼운 식사가 포함된다.

+ 캡틴 앤디스 세일링 Captain Andy's Sailing

Map P.456-C4 | 주소 4353 Waialo Rd. #1A-2A Eleele | 전화 808-335-6833 | 홈페이지 www.

napali.com | 운영 06:45~15:00 | 요금 성인 $189~295, 6~12세 $159~255 | 주차 무료(근처 스트리트) | 가는 방법 리후에 공항에서 50번 Kaumualii Hwy.를 타고 서쪽으로 직진, 왼쪽에 웰컴 투 포트 앨런 사인 Welcome to Port Allen Sign이 보이면 좌회전. 541번 Waialo Rd.를 타고 직진하다 오른쪽에 카우아이 초콜릿 컴퍼니 Kauai Chocolate Company를 끼고 샛길로 진입하면 바로 보인다.

+ 블루 돌핀 차터스 Blue Dolphin Charters

Map P.456-C4 | 주소 4353 Waialo Rd. Eleele | 전화 808-335-5553 | 홈페이지 bluedolphinkauai.com | 운영 07:00~20:00 | 요금 성인 $165, 12~17세 $150, 8~11세 $135(홈페이지 예약 시 할인) | 주차 무료(근처 스트리트) | 가는 방법 리후에 공항에서 50번 Kaumualii Hwy.를 타고 서쪽으로 직진, 왼쪽에 웰컴 투 포트 앨런 사인 Welcome to Port Allen Sign이 보이면 좌회전. 541번 Waialo Rd.를 타고 직진하다 오른쪽.

Mia's Advice

보트 투어 시 멀미약은 필수. 배 타기 전에 먹어두세요. 시간은 고지된 시간보다 넉넉하게 잡는 것이 좋아요. 날씨가 흐리면 경치를 제대로 감상하기 어려워요. 예약하기 전에 일기예보도 잘 봐두세요. 자외선 차단제와 모자는 필수랍니다.

와이메아~ 하나페페의 먹거리

근사한 레스토랑은 없지만 도로 주변에 소박하게 즐길 수 있는 먹거리들이 있다. 새우 요리나 타코 요리 등이 근처에 모여 있어 입맛에 따라 고를 수 있다.

슈림프 스테이션 Shrimp Station

와이메아 캐니언에 오르기 전 허기진 배를 달래기 적당한 곳. 갈릭 슈림프, 케이준 슈림프, 타이 슈림프, 슈림프 타코, 슈림프 버거 등 다양한 새우 메뉴가 있다. 그중에서도 코코넛 슈림프가 가장 인기가 좋다. 야외 테라스에서 다른 이들과 어울려 식사해야 하는 것이 단점이지만, 맛있고 빠른 서빙으로 유명하다. 쿠히오 지역에도 2호점이 있다.

Map P.456-B3 | 주소 9652 Kaumualii Hwy. Waimea | 전화 808-338-1242 | 홈페이지 www.theshrimpstation.com | 영업 11:00~17:00 | 가격 $8~12.95(코코넛 슈림프 $12.95) | 주차 무료 | 예약 불가 | 가는 방법 리후에 공항에서 50번 Kaumualii Hwy.를 타고 직진, 러시안 포트 엘리자베스를 지나 왼쪽에 위치.

아일랜드 타코 Island Taco

도로변에 있어 찾기 쉽고 녹색 컬러의 외관이 눈에 띈다. 야외 테이블에서 여유롭게 타코를 맛볼 수 있다. 타코, 브리토, 퀘사딜라, 타코 샐러드 등을 판매하는 곳. 그중에서도 시어드 와사비 아히 타코가 인기인데, 하와이안 참치를 얇게 슬라이스 해 겨자 소스와 즐기는 매콤한 타코라 한국인들의 입맛에도 맞는다. 대부분의 메뉴가 저렴해 여행자에게는 매력적일 수밖에 없는 곳이다.

Map P.456-B3 | 주소 9643 Kaumualii Hwy. Waimea | 전화 808-338-9895 | 홈페이지 www.islandfishtaco.com | 영업 10:00~16:00 | 가격 $8.75~14.75(시어드 와사비 아히 타코 $12.75 | 주차 무료 | 예약 불가 | 가는 방법 리후에 공항에서 50번 Kaumualii Hwy.를 타고 직진, 러시안 포트 엘리자베스를 지나 오른쪽에 위치. 슈림프 스테이션 맞은 편.

조조 셰이브 아이스 Jojo's Shave Ice

와이메아에서 유일하게 셰이브 아이스를 맛볼 수 있는 곳. 외관상 문을 닫은 것처럼 보이지만 허름한 문을 열고 들어서면 칠판 가득 다양한 셰이브 아이스크림 메뉴가 적혀 있다. 60가지 시럽 중 원

하는 3가지 시럽을 고를 수 있으며, 맥 넛 아이스크림을 곁들이면 훨씬 더 맛있다. 하날레이에도 매장을 새로 오픈했다.

Map P.456-B3 | **주소** 9734 Kumualii Hwy. Waimea | **전화** 808-378-4612 | **홈페이지** jojosshaveice.com | **영업** 월~금 11:00~18:00, 토~일 11:00~19:00 | **가격** $5~10 | **주차** 무료 | **예약** 불가 | **가는 방법** 리후에 공항에서 50번 Kaumualii Hwy.를 타고 직진, 러시안 포트 엘리자베스를 지나 왼쪽에 위치.

랭글러 스테이크하우스
Wrangler's Steakhouse

1909년에 지어진 이곳은 중국인들이 드나들던 상점이었다. 카우아이에 이주해온 중국인들이 모여 차도 마시고 대화를 나누던 장소로, 1992년 이니키 태풍으로 부서진 건물을 재보수 한 곳. 현재는 스테이크하우스로, 점심에는 샐러드와 수프가 무료로 제공된다. 점심에는 저렴한 가격으로 스테이크를 맛볼 수 있으며 데리야키 비프와 새

우 & 야채 튀김, 김치가 제공되는 카우카우 틴 런치가 시그니처 메뉴다. 레스토랑에는 기프트숍이 마련되어 있다.

Map P.456-B3 | **주소** 9852 Kaumualii Hwy. Waimea | **전화** 808-338-1218 | **영업** 화~토 17:00~21:00 | **가격** 런치 $2~14(카우카우 틴 런치 $14), 디너 $7~36(시즐링 스테이크 $34) | **주차** 무료 | **가는 방법** 리후에 공항에서 50번 Kaumualii Hwy.를 타고 직진, 러시안 포트 엘리자베스를 지나 왼쪽에 위치. 셸 Shell 가스 스테이션 옆.

Mia's Advice

하와이 전통 고기인 칼루아 포크 위에 특제 소스를 뿌려 핫도그처럼 즐기는 메뉴를 포키스라고 부른답니다. 처음에는 푸드 트럭으로 시작해 점차 입소문이 나면서 지금 와이메아에 자리 잡게 되었어요. 하와이 스타일 핫도그를 만나고 싶다면 홈페이지(www.porkyskauai.com)를 클릭하세요! 메뉴 중 파인애플 렐리시가 가장 인기가 좋답니다.

주소 9899 Waimea Rd. Waimea | **전화** 808-631-3071 | **영업** 월~금 11:00~16:00, 토 11:00~15:00(일요일 휴무) | **가격** ~$10 | **주차** 무료 | **가는 방법** 리후에 공항에서 50번 Kaumualii Hwy.를 타고 직진, 러시안 포트 엘리자베스를 지나 왼쪽에 위치.

지나스 애니키네 그라인드 카페
Ginas Anykine Grinds Cafe

와이메아 캐니언을 오르기 전 조식을 먹는 곳으로 유명한 음식점. 현지인들에게 인기가 높은 맛집으로 아침부터 스테이크 메뉴를 맛볼 수 있는 점이 독특하다. 로코모코, 오믈렛, 프렌치 토스트 등의 아침 메뉴가 있다.

Map P.456-B3 | 주소 9691 Kaumualii Hwy. Waimea | 전화 808-338-1731 | 영업 화~목 08:00~14:00, 금 07:00~13:00, 토 08:00~13:00 (일~월요일 휴무) | 가격 $6.50~15(오믈렛 $10.95) | 주차 무료 | 가는 방법 리후에 공항에서 50번 Maumialii Hwy.를 타고 직진, 러시안 포트 엘리자베스를 지나 오른쪽에 위치.

알로하 엔 파라다이스
Aloha n Paradise

와이메아 지역에서 가장 팬시한 카페. 여행 중 시원한 아이스 아메리카노 한 잔이 생각난다면 이 집으로 가보자. 커피 외에도 스무디와 직접 만든 레모네이드, 이탈리안 소다 등의 음료 메뉴가 있다.

Map P.456-B3 | 주소 9905 Waimea Rd.

Waimea | 전화 808-320-8244 | 홈페이지 www. alohanparadise.net | 영업 월~금 06:30~14:00(토~일요일 휴무) | 가격 $3.50~6.25 | 주차 무료 | 가는 방법 리후에 공항에서 50번 Maumualii Hwy.를 타고 직진, 오른쪽 Panako Rd.를 끼고 우회전 하자마자 다시 우회전, 왼쪽에 위치.

MCS 그릴 MCS Grill

하나페페 지역에서 보기 드문 규모의 레스토랑. 햄버거, 샌드위치, 슈림프, 스테이크, 파스타 등의 메뉴를 판매한다. 치킨과 볶은 사이민 국수 요리가 나오는 MCS 콤보 메뉴가 인기가 높고, 디저트로는 따뜻한 파이 위에 아이스크림을 얹은 웜 프루트 코블로 위드 아이스크림이 유명하다.

Map P.456-C4 | 주소 1-3529 Kaumualii Hwy. Hanapepe | 전화 808-431-4645 | 홈페이지 mcsgrill.

com | **영업** 월~금 10:30~14:30, 16:30~20:30(토~일요일 휴무) | **가격** $6.50~28.95(MCS 콤보 $13.95, 웜 프루트 코블러 위드 아이스크림 $7.50) | **주차** 무료 | **가는 방법** 리후에 공항에서 50번 Kaumualii Hwy.를 타고 직진. 오른쪽에 위치.

| **주차** 무료(근처 스트리트) | **가는 방법** 리후에 공항에서 50번 Kaumualii Hwy.를 타고 직진. 왼쪽에 웰컴 투 포트 앨런 사인 Welcome to Port Allen Sign을 끼고 좌회전. 오른쪽의 Waialo Rd. 방향으로 진입.

카우아이 아일랜드 브루어리 & 그릴
Kauai Island Brewery & Grill
★★★★★

소형 양조장을 갖춘 펍. 직접 제조한 맥주는 모두 9가지로 간단한 안주거리와 수프, 샐러드와 샌드위치, 버거 등을 곁들일 수 있으며 갓 잡은 생선으로 만든 메뉴들도 인기가 높다. 맥주 이외에도 와인과 칵테일 등을 서빙하며, 대형 TV를 비치해놓아 각종 스포츠 게임을 시청할 수 있다.

Map P.456-C4 | **주소** 4350 Waialo Rd. Eleele | **전화** 808-335-0006 | **홈페이지** www.kauaiisland brewing.com | **영업** 11:00~21:00(해피 아워 15:00~17:00) | **가격** 하우스 비어 1파인트 $5.50, 식사 $10~20

카우아이 커피 컴퍼니
Kauai Coffee Company
★★★★★

하와이 최대 규모를 자랑하는 커피 농장. 카우아이 커피를 판매할 뿐 아니라 자그마한 뮤지엄이 있어 커피에 대한 역사도 알 수 있고, 다양한 커피를 무료로 시음할 수 있다. 커피 가짓수도 많은 데다 카페인, 디카페인으로 나누어져 있어 카페인이 부담스러운 사람들을 배려했다. 커피에 대한 다양한 정보를 들을 수 있는 커피 온 더 브레인은 일~금요일 10:00에 시작하며 참가비는 $25다. 홈페이지에서 미리 티켓을 예매해야 하며, 셀프 가이드 워킹 투어의 경우 예약 없이도 가능하다.

Map P.456-C4 | **주소** 870 Halewili Rd. Kalaheo | **전화** 800-545-8605 | **홈페이지** www.kauaicoffee.com | **영업** 월~금 09:00~17:00, 토~일 10:00~16:00 | **가격** $11~30 | **주차** 무료 | **예약** 불가 | **가는 방법** 리후에 공항에서 50번 Kaumualii Hwy.를 타고 직진. 왼쪽에 540번 Halewili Rd. 방향으로 좌회전. 왼쪽에 위치.

와이메아~ 하나페페의 쇼핑

한국인 입맛에 맞는 음식들을 구비해놓은 이시하라 마켓에서 도시락을 준비해보자. 또한 카우아이의 명물 레드 더트 셔츠는 여행자라면 관심 가는 아이템이다.

앤티 릴리코이 패션프루트 프로덕트
aunty Lilikoi passion fruit products

매장 문을 열고 들어서면 새콤 달콤한 패션프루트 향이 코끝을 찌른다. 이곳에서는 패션프루트를 이용한 시럽, 버터, 드레싱 소스, 주스 등 다양한 아이템을 만날 수 있다. 그중에서도 패션프루트 와사비 머스터나 패션프루트 시럽 등은 각종 대회에서 상을 받은 인기 아이템으로, 선물용으로도 좋다.

Map P.456-B3 | **주소** 9875 Waimea Rd.Waimea | **전화** 866-545-4564 | **홈페이지** www.auntylilikoi. com | **영업** 10:00~18:00 | **가격** $10~40(패션프루트 시럽 $10, 패션프루트 와사비 머스터드 $10) | **주차** 무료 | **가는 방법** 리후에 공항에서 50번 Kaumualii Hwy.를 타고 직진. 오른쪽 Panako Rd.를 끼고 우회전 후 바로 Waimeae Rd.를 끼고 좌회전. 오른쪽에 위치

레드 더트 Red Dirt

하와이의 명물 레드 더트 셔츠를 판매하는 곳. 1992년 이니키 태풍에 날아간 티셔츠가 화산 활동

의 부산물이었던 빨간색 흙에 더럽혀져 약 $2억 가량 손실을 입었다. 그 손해를 막기 위해 빨갛게 변한 티셔츠 위에 프린트를 해 판매한 것에서 유래가 되어 지금은 카우아이의 대표 기념품이 되었다.

Map P.456-B3 | **주소** 4490 Pokole Rd. Waimea | **전화** 800-736-1245 | **홈페이지** www.dirtshirt.com | **영업** 10:00~18:00 | **가격** $26.95(티셔츠) | **주차** 무료(근처 스트리트) | **가는 방법** 리후에 공항에서 50번 Kaumualii Hwy.를 타고 직진. 왼쪽에 웰컴 투 포트 앨런 사인 Welcome to Port Allen Sign을 끼고 좌회전. 왼쪽의 Waialo Rd. 방향으로 진입. 왼쪽에 위치.

Mia's Advice

와이메아 지역에는 빅 세이브 Big Save(Map P.456-B3)라는 대형 마트가 있어요. 각종 생필품과 조리된 음식을 판매하는데, 05:00~23:00까지 영업을 하기 때문에 여행자들이 들르기 좋아요.

예술가들의 마을, 하나페페 Hanapepe

과거에는 카우아이에서 가장 큰 마을 중 하나였으나 현재는 예술가들이 모여 사랑스러운 거리 분위기를 형성하고 있다. 아담한 커피숍과 소박한 갤러리가 모여 있는 카우아이의 올드 타운으로, 카우아이에서 빼놓을 수 없는 명소이기도 하다. 특히 금요일 밤에는 하나페페 타운에서 아티스트들의 축제가 벌어지니 여행 스케줄이 맞는다면 놓치지 말자.

하나페페 올드 타운의 소박한 매력

하나페페 타운은 1778년 카우아이 섬에 처음 발을 디딘 영국의 위대한 탐험가 제임스 쿡 선장과 선원들이 마을을 꾸며 살았던 곳이다. 하나페페는 하와이 말로 '부서진 만'이라는 뜻인데, 과거 편평했던 지역이 화산 활동으로 인해 그 균형이 깨지면서 하나페페 만이 생긴 것으로 추측된다. 하나페페는 1차 세계대전부터 1950년대 초까지 태평양 전선에서 훈련을 받던 병사와 수병들이 머물면서 카우아이에서 가장 북적거리는 마을이었으나 이후 점차 쇠퇴했다.

알로하 시어터 Aloha Theater를 포함한 이곳의 역사적인 건물들은 원래 모습을 잘 간직하고 있어, 디즈니 영화 〈릴로와 스티치 Lilo & Stitch〉의 배경이 되기도 했다. 빈티지한 서점인 토크 스토리 Talk Story나 태풍으로 무너진 집을 아름답게 꾸미기 위해 타일에 그림을 그리기 시작했다는 바나나 패치 스튜디오 Banana Patch Studio, 맛집으로 소문난 재패니즈 그랜마스 카페 Japanese Grandma's Café, 카우아이의 주요 농작물 타로를 칩으로 만들어서 판매하는 타로 코 칩 팩토리 Taro Ko Chip Factory는 모두 옛 건물을 그대로 살려서 활용한 것. 또 하나, 이곳에서 꼭 경험해 봐야 하는 것이 있는데 바로 스윙 브릿지 Swinging Bridge가 그것. 한 사람이 간신히 건널 수 있을 정도로 굉장히 좁은데, 걸을 때마다 흔들려 아찔한 기분마저 든다. 예전에는 원주민들이 물건을 팔러 오가던 다리라고 한다.

하나페페는 단 20분이면 둘러볼 수 있는 아담한 마을이지만 카우아이 여행에서 꼭 빼놓지 말아야 할 곳이

다. 타운 내 향신료를 판매하는 알로하 스파이스 컴퍼니 Aloha Spice Company 등 몇 군데 상점에서는 히스토릭 하나페페 워킹 투어 맵 Historic Hanapepe Walking Tour Map을 비치해두고 있다.

알로하 시어터 Aloha Theater

1936~1981년까지 매일 밤 영화나 공연이 이뤄졌던 곳. 원래 '시바이'라는 일본인의 퍼포먼스 공연장으로 지어졌으나 이후 점차 극장의 용도가 변경되었다. 2차 세계대전 중에는 수백 명의 군인들을 위한 공연이 열리기도 했다. 하나페페의 다른 건물들이 웨스턴 스타일인데 반해 알로하 시어터는 아르데코 스타일로 지어졌다. 아르데코 스타일은 1920~1930년대에 유행한 장식 미술의 한 양식으로 기하학적 무늬와 강렬한 색채가 돋보인다. 현재 외관만 유지되고 있으며 운영되고 있진 않다.

Map P.456-C4 | **주소** 3801 Iona Rd. Hanapepe | **주차** 무료(근처 스트리트) | **가는 방법** 리후에 공항에서 50번 Kaumualii Hwy.를 타고 직진. 오른쪽에 Hanapepe Rd.로 진입. 왼쪽에 Welcome Hanapepe Town 표지판을 끼고 직진 후 왼쪽에 위치.

토크 스토리 북스토어 & 카페 Talk Story Bookstore & Cafe

1920~1980년대까지는 '요시히루 스토어'라는 간판으로 잡화점을 운영했으나 이후 서점으로 변모했다. 현재 카우아이에서 가장 큰 중고서점으로 그 명맥을 유지하고 있다. 운이 좋으면 금요일 밤, 서점 앞마당에서 인디 밴드들의 공연을 감상할 수 있다.

Map P.456-C4 | **주소** 3785 Hanapepe Rd. Hanapepe | **전화** 808-335-6469 | **홈페이지** talkstorybookstore.com | **영업** 토 · 화~목 10:00~17:00, 금 10:00~20:00(일~월요일 휴무) | **주차** 무료(근처 스트리트) | **가는 방법** 리후에 공항에서 50번 Kaumualii Hwy.를 타고 직진. 오른쪽에 Hanapepe Rd.로 진입. 왼쪽에 Welcome Hanapepe Town 표지판을 끼고 직진 후 오른쪽에 위치.

바나나 패치 스튜디오 Banana Patch Studio

세라믹, 포터리, 파인아트 등 도자기와 타일에 직접 그림을 그려 넣어 작품으로 승화시키는 곳. 현재 20여 명 이상의 아티스트들이 소속되어 있으며 작품을 감상하는 것은 물론이고 직접 구매도 할 수 있다. 카우아이 집집마다 문 앞에 둔 'Mahalo For Removing Your Shoe(신발을 벗고 들어오세요, 감사합니다)' 문구가 새겨진 타일은 이곳의 시그니처 아이템이다.

Map P.456-C4 | **주소** 3865 Hanapepe Rd. Hanapepe | **전화** 808-335-5944 | **홈페이지** www.bananapatchstudio.com | **영업** 월~목 10:00~16:00, 금 10:00~20:00, 토 10:00~16:00(일요일 휴무) | **주차** 무료(근처 스트리트) | **가는 방법** 리후에 공항에서 50번 Kaumualii Hwy.를 타고 직진. 오른쪽에 Hanapepe Rd.로 진입. 왼쪽에 Welcome Hanapepe Town 표지판을 끼고 직진 후 오른쪽에 위치.

알로하 스파이스 컴퍼니 Aloha Spice Company

요리에 필요한 각종 향신료를 모두 판매하는 곳. 소금, 설탕, 후추는 물론이고 요리책 등 기념품으로 구입하면 좋을 만한 아이템들이 모여 있다. 요리에 관심이 많은 사람이라면 꼭 들러볼 것.

Map P.456-C4 | **주소** 3857 Hanapepe Rd. Hanapepe | **전화** 808-335-5960 | **홈페이지** www.alohaspice.com | **영업** 월~목 10:00~16:00, 금 10:00~20:00, 토 10:00~16:00 | **주차** 무료(근처 스트리트) | **가는 방법** 리후에 공항에서 50번 Kaumualii Hwy.를 타고 직진. 오른쪽에 Hanapepe Rd.로 진입. 왼쪽에 Welcome Hanapepe Town 표지판을 끼고 직진 후 오른쪽에 위치. 바나나 패치 스튜디오 옆.

★★★★★
스윙 브릿지 Swinging Bridge

1900년대 초반 하나페페 강을 건너기 위해 설치된 다리. 하나페페 강은 예전에 동네 주민들이 낚시를 하는 장소였다. 1992년 태풍 이니키 때문에 다리가 무너지면서 1996년 재건되었다. 한 명이 간신히 건널 정도로 좁은 데다가 걸을 때마다 흔들거리기 때문에 스윙 브릿지라는 이름이 지어졌다.

Map P.456-C4 | **주소** 3857 Iona Rd. Hanapepe | **운영** 24시간(일몰 후~일출 전에는 가급적 방문을 삼가자) | **주차** 무료(근처 스트리트) | **가는 방법** 리후에 공항에서 50번 Kaumualii Hwy.를 타고 직진. 오른쪽에 Hanapepe Rd.로 진입. 왼쪽에 Welcome Hanapepe Town 표지판을 끼고 직진 후 오른쪽에 위치. 알로하 스파이스 컴퍼니 바로 옆.

타로 코 칩 팩토리 Taro Ko Chip Factory

하와이 전통 작물인 타로 Taro와 고구마, 감자 등으로 만든 칩을 맛볼 수 있는 곳. 매일 아침 매장에서 갓 튀겨내서 고소하면서도 바삭하고 특히 갈릭 솔트맛이 인기가 좋다. 카우아이에서 꼭 맛봐야 하는 간식 중 하나다.

Map P.456-C4 | **주소** 3940 Hanapepe Rd. Hanapepe | **전화** 808-335-5586 | **영업** 08:00~17:00(일요일 휴무) | **가격** ~$10 | **주차 무료**(근처 스트리트) | **가는 방법** 리후에 공항에서 50번 Kaumualii Hwy.를 타고 직진. 오른쪽에 Hanapepe Rd.로 진입. 왼쪽에 Welcome Hanapepe Town 표지판을 끼고 직진 후 오른쪽에 위치. 하나페페 타운 초입에 위치.

재패니즈 그랜마스 카페 Japanese Grandma's Café

최근에 문을 연 곳으로, 현지인들의 사랑을 듬뿍 받고 있다. 초밥과 회, 튀김 등을 요리하는, 카우아이에서 몇 안 되는 일식 전문 레스토랑이다. 얇게 썬 연어에 폰즈 소스가 곁들여진 사케 유수쿠리나 포크 돈카츠가 인기 메뉴다.

Map P.456-C4 | **주소** 3871 Hanapepe Rd, Hanapepe | **전화** 808-855-5016 | **홈페이지** www.japanesegrandma.com | **영업** 수~월 11:00~15:00, 17:00~21:00(화요일 휴무) | **가격** $9~118(포크 돈카츠 $15.50, 사케 유수쿠리 $23) | **주차 무료** | **예약 필요** | **가는 방법** 리후에 공항에서 50번 Kaumualii Hwy.를 타고 직진. 오른쪽에 Hanapepe Rd.로 진입. 왼쪽에 Welcome Hanapepe Town 표지판을 끼고 직진. 하나페페 올드 타운 내 위치.

Mia's Advice

아티스트 마을이라고도 불리는 하나페페. 이 마을에만 총 15개의 갤러리가 있어요. 카우아이의 자연을 그리는 서로 다른 출신의 아티스트들이 모여서 형성된 것인데, 이들이 궁금하다면 매주 금요일 17:00~20:00에 열리는 '프라이데이 아트 나이트 Friday Art Night'를 경험해보세요. 작은 장터에는 볼거리가 많고, 갤러리에서 준비한 다과나 와인과 함께 아트 작품을 감상할 수 있어요(홈페이지 http://www.hanapepe.org/art-night).

옛 정취를 느낄 수 있는
콜로아

콜로아는 하와이의 플랜테이션 산업 발상지다. 1835년 처음으로 설탕 공장을 열고 하와이 전역에 설탕을 공급했다. 사실 하와이에서 설탕은 빼놓을 수 없는 아이템인데 설탕은 이민자들의 이주를 증가시켰고, 오늘날 하와이에 다양한 인종이 어울려 살 수 있는 밑거름이 되기도 했다. 1955년 카우아이의 마지막 설탕 공장이 문을 닫은 후에는 커피가 새로운 산업으로 주목받고 있다.

콜로아 지역으로 향하는 길은 나무 터널 Tree Tunnel로 불린다. 약 100년 전에 심은 유칼립투스 나무가 양쪽으로 2km 정도 빼곡히 들어서 있다. 울창한 나무터널은 드라이브하기 좋다. 콜로아 지역 가운데에서도 히스토릭 타운으로 손꼽히는 올드 콜로아 타운은 여행객들의 발길이 언제나 끊이지 않는 곳. 또 올드 콜로아 타운에서 포이푸 지역까지 문화, 역사 등 명소를 포함하는 콜로아 유적 트레일도 이곳 지역만의 장점이다.

+ 공항에서 가는 방법

리후에 공항에서 570번 Ahukini Rd.를 타고 직진하다 Kuhio Hwy. 앞에서 좌회전해 56번 Kuhio Hwy.에 합류. 중간에 50번 Kaumualii Hwy.로 도로명이 바뀌면서 계속 직진한다. 그런 다음 520번 Maluhia Rd.를 끼고 좌회전한다. 공항에서 콜로아 타운까지 약 23분 정도 소요된다.

+ 콜로아에서 볼 만한 곳

올드 콜로아 타운

콜로아의 볼거리

커다란 반얀 트리가 지키고 있는 올드 콜로아 타운은 녹음이 짙고, 오래된 숍들이 많은 데다 현지인들의 생활상을 엿볼 수 있는 자그마한 전시관이 있어 흥미를 끈다.

★★★★★
올드 콜로아 타운 Old Koloa Town

1830년 하와이에서 첫 번째로 사탕수수 공장이 성공적으로 운영된 곳이 바로 콜로아다. 하와이 전체의 사탕수수 산업을 번성시킨 곳이라고 해도 과언이 아닌 셈. 카우아이 섬의 화산 활동이 5만 년 전이라고 추정할 때, 이 콜로아 타운이 생긴 지는 고작해야 200년이 채 되지 않는다. 그럼에도 사탕수수 공장이 들어서고 5년 뒤에는 무려 2톤 가량의 생산량을 보였다. 콜로아 히스토리 센터에서는 콜로아의 사탕수수 산업이 번성하던 때의 생활상을 엿볼 수 있다. 콜로아 히스토리 센터 Koloa History Center는 과거에 '더 콜로아 호텔 The Koloa Hotel'이 있던 곳이다.

Map P.483-A1 | **주소** 5330 Koloa Rd. Koloa | **전화** 808-245-4649 | **홈페이지** www.oldkoloa.com | **운영** 09:00~21:00 | **입장료** 무료 | **주차** 무료(근처 스트리트) | **가는 방법** 리후에 공항에서 570번 Ahukini Rd.를 타고 직진하다 Kuhio Hwy. 앞에서 좌회전해 56번 Kuhio Hwy.에 합류. 50번 Kaumualii Hwy.로 도로명이 바뀌면서 계속 직진. 그런 다음 520번 Maluhia Rd.를 끼고 좌회전한다. 직진하다 왼쪽의 콜로아 파크 Koloa Park를 지나 530번 Koloa Road.를 끼고 좌회전.

트리 터널 Tree Tunnel

리후에 공항에서 나와 콜로아~포이푸 지역으로 가는 길목에는 놓치면 아까운 드라이브 코스가 있어요. 트리 터널 구간은 말 그대로 나무가 터널을 이루는 아름다운 풍경이 펼쳐지는 곳이에요. 유칼립투스 나무가 2km가량 되는 도로 양 쪽을 높게 휘감고 있는데요, 나무들 모두 100년 이상 되었지만 잘 가꾸어져 있어 신비로운 세계로 들어가는 듯한 기분이 들게 한답니다.

©하와이 관광청

Map P.457-D3 | **위치** 리후에 공항에서 570번 Ahukini Rd.를 타고 직진하다가 Kuhio Hwy. 앞에서 좌회전해 56번 Kuhio Hwy.에 합류. 50번 Kaumualii Hwy.로 도로명이 바뀌면서 계속 직진. Maluhia Rd. 방향으로 좌회전해 진입.

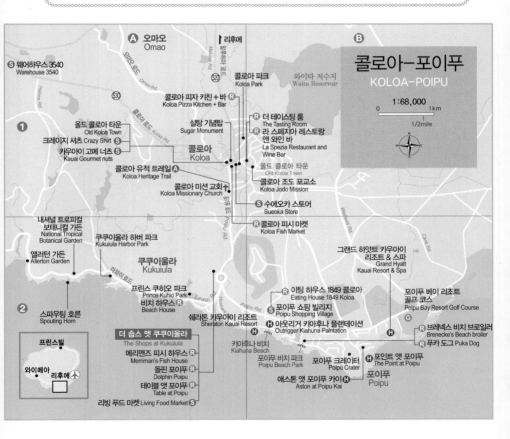

ⓐ 오마오
Omao

ⓑ 리후에

콜로아 파크
Koloa Park

와이타 저수지
Waita Reservoir

콜로아-포이푸
KOLOA-POIPU

1:68,000

0   1km

1/2mile

ⓢ 웨어하우스 3540
Warehouse 3540

콜로아 피자 키친 + 바 ⓡ
Koloa Pizza Kitchen + Bar

ⓡ 더 테이스팅 룸
The Tasting Room

ⓡ 라 스페지아 레스토랑 앤 와인 바
La Spezia Restaurant and Wine Bar

설탕 기념탑
Sugar Monument

올드 콜로아 타운
Old Koloa Town

크레이지 셔츠 Crazy Shirt ⓢ
카우아이 고메 너츠 ⓢ
Kauai Gourmet nuts

콜로아
Koloa

올드 콜로아 타운
Old Koloa Town

콜로아 유적 트레일
Koloa Heritage Trail

콜로아 조도 포교소
Koloa Jodo Mission

콜로아 미션 교회 ✝
Koloa Missionary Church

ⓢ 수에오카 스토어
Sueoka Store

ⓡ 콜로아 피시 마켓
Koloa Fish Market

내셔널 트로피컬 보태니컬 가든
National Tropical Botanical Garden

쿠쿠이울라 하버 파크
Kukuiula Harbor Park

앨러턴 가든
Allerton Garden

쿠쿠이울라
Kukuiula

그랜드 하얏트 카우아이 리조트 & 스파
Grand Hyatt Kauai Resort & Spa

프린스 쿠히오 파크
Prince Kuhio Park

비치 하우스
Beach House

ⓡ 이팅 하우스 1849 콜로아
Eating House 1849 Koloa

포이푸 쇼핑 빌리지
Poipu Shopping Village

포이푸 베이 리조트 골프 코스
Poipu Bay Resort Golf Course

ⓗ 아웃리거 키아후나 플랜테이션
Outrigger Kiahuna Palntation

ⓖ

ⓒ 스파우팅 호른
Spouting Horn

쉐라톤 카우아이 리조트
Sheraton Kauai Resort

ⓗ

ⓡ 브레넥스 비치 브로일러
Brenecke's Beach broiler

ⓡ 푸카 도그 Puka Dog

더 숍스 앳 쿠쿠이울라
The Shops at Kukuiula

키아후나 비치
Kiahuna Beach

프린스빌

와이메아 ●
리후에 ✈

메리맨즈 피시 하우스
Merriman's Fish House

돌핀 포이푸
Dolphin Poipu

테이블 앳 포이푸
Table at Poipu

리빙 푸드 마켓 ⓢ Living Food Market

포이푸 비치 파크
Poipu Beach Park

애스톤 앳 포이푸 카이
Aston at Poipu Kai

포이푸 크레이터
Poipu Crater

ⓗ 포인트 앳 포이푸
The Point at Poipu

포이푸
Poipu

콜로아의 즐길 거리

콜로아 타운에서 포이푸 지역까지는 사우스 쇼어라고 일컬어진다. 이곳에는 카우아이의 역사를 직접 체험할 수 있는 콜로아 유적 트레일의 액티비티가 있다.

콜로아 유적 트레일
Koloa Heritage Trail

콜로아의 문화, 역사를 모두 둘러볼 수 있는 콜로아 유적 트레일은 총 16km에 이른다. 차를 이용해 둘러보아도 좋고, 걷기에도 충분하다. 총 14개의 볼거리가 여행자들의 마음을 붙잡는데, 콜로아 미션 교회에서 스파우팅 호른까지 이어진다. 가이드가 동반하는 트레일 상품도 있으나 굳이 가이드가 없어도 여행자 스스로 산책이 가능하다.

Map P.485 | 주소 3370 Poipu Rd. Koloa(콜로아 미션

교회 주소) | 전화 808-742-6777(콜로아 미션 교회 전화번호) | 홈페이지 www.poipubeach.org | 운영 특별히 정해져 있진 않으나 대략 09:00~21:00 | 요금 없음 | 주차 무료(근처 스트리트) | 가는 방법 리후에 공항에서 570번 Ahukini Rd.를 타고 직진하다 Kuhio Hwy. 앞에서 좌회전해 56번 Kuhio Hwy.에 합류. 중간에 50번 Kaumualii Hwy.로 도로명이 바뀌면서 계속 직진한다. 그런 다음 520번 Maluhia Rd.를 끼고 좌회전한다. 직진하다 왼쪽의 콜로아 파크 Koloa Park를 지나 530번 Koloa Rd.를 끼고 우회전 후 다시 쉐브론 가스 스테이션을 끼고 Poipu Rd.로 좌회전. 왼쪽에 위치.

콜로아 유적 트레일의 볼거리

콜로아는 남쪽 해안가에서 역사적 의미가 가장 깊은 곳입니다. 1800년 중반, 하와이의 중심 산업이 고래에서 설탕으로 교체되면서 '슈가 붐 Sugar Boom'이 일었고, 콜로아는 하와이에서 처음으로 상업적인 설탕 농업이 이뤄진 곳이에요. 콜로아에서 포이푸에 이르는 지역에서 문화적, 역사적, 지질학적으로 의미 있는 볼거리 총 14개를 선정, 유적 트레일로 완성했답니다.

4 파우 아 라카 Pau a Laka (Moir Gardens)

1930년대 조성된 식물원. 다양한 선인장과 자그마한 연못으로 가꿔진 정원은 산책하기 아름답다.

주소 2253 Poipu Rd. Koloa(Outrigger Kiahuna Plantation 내 위치)

5 키하호우나 헤이아우 Kihahouna Heiau

고대 신성한 하와이의 사원 유적지. 약 1.6㎞에 이르는 거리로 곳곳에 잔디와 바위, 나무 등이 조화롭게 어울려 있다.

주소 1941 Poipu Rd. Koloa

7 케오넬로아 베이 Keoneloa Bay

카우아이에서 가장 오래된(200~600년대) 원주민 거주지. 근처에 위치한 그랜드 하얏트 카우아이 리조트 & 스파에서 이곳을 배경으로 웨딩 세레모니를 진행하고 있다.

주소 1571 Poipu Rd. Koloa (그랜드 하얏트 카우아이 리조트 & 스파 주소)

10 하파 로드 Hapa Road

1200년부터 하와이 사람인들이 거주했던 하파 로드. 콜로아 플랜테이션 데이 Koloa Plantation Day

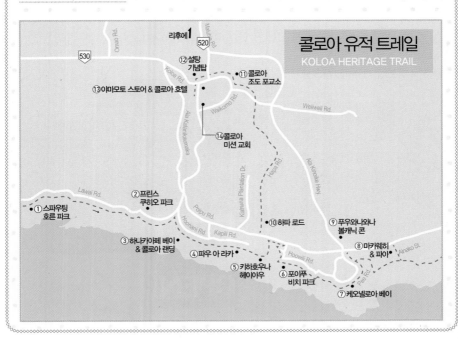

는 매년 7월에 콜로아 지역과 포이푸 지역에 걸쳐 열리는 축제로, 사탕수수 산업의 역사와 전통을 기념하기 위해 만든 행사다. 하와이 전통 놀이부터 요리 실습, 퍼레이드 등 다채로운 행사가 가득하다. 특히 축제일에는 이 하파로드에서 특별한 퍼레이드가 진행된다(홈페이지 www.koloaplantationdays.com).

주소 3141 Hapa Rd. Koloa(대략)

11 콜로아 조도 포교소 Koloa Jodo Mission

1910년대에 지어진 불교 사찰. 일본인 이민자들의 후원으로 지어졌으며 지금도 매주 일요일 10:30에 법회가 있고 일본어 수업도 진행한다.

주소 3480 Waikomo Rd. Koloa

12 설탕 기념탑 Sugar Monument

하와이 최초의 설탕 공장터에 세운 기념탑. 1841년에 세웠으며 설탕 산업의 주역이었던 8개 인종(하와이인, 유럽인, 중국인, 한국인, 일본인, 포루투갈인, 필리핀인 등)의 모습이 기념탑에 묘사되어 있다.

주소 3500 Maluhia Rd. Koloa

13 야마모토 스토어 & 콜로아 호텔 Yamamoto Store & Koloa Hotel

현재 올드 콜로아 타운이 있는 곳이 과거에는 야마모토 스토어와 콜로아 호텔로 운영되었다. 당시 상황을 이해하기 쉽도록 자그마한 뮤지엄을 운영하고 있다.

주소 5335 Koloa Rd. Koloa

14 콜로아 미션 교회 Koloa Missionary Church

카우아이 최초의 회중교단 교회로 현재까지도 그 명맥을 유지하고 있다. 매주 일요일 09:00에 예배를 드리고 있다.

주소 3370 Poipu Rd. Koloa

콜로아의 먹거리

콜로아 타운 곳곳에 레스토랑과 디저트 숍이 있다. 역사의 흔적이 묻어나는 마을에서 여유롭게 산책도 하고 맛있는 식사도 즐겨보자.

콜로아 피자 키친+바
Koloa Pizza Kitchen+Bar

이탈리아의 작은 레스토랑을 옮겨놓은 듯 피자, 치킨 윙, 오징어 튀김, 브레드 스틱 등의 메뉴를 맛볼 수 있다. 늘 입구에는 사람들이 줄을 서 이곳의 인기를 실감하게 한다. 피자 도우 위에 올리는 토핑을 다양하게 즐기고 싶다면 원하는 재료만 골라서 넣을 수 있는 커스텀 피자 추천한다. 바비큐 포크 피자나 페퍼로니 피자, 마르게리타 피자, 페스토 피자 등을 맛볼 수 있다. 한쪽에는 바가 마련되어 있어 원한다면 칵테일만 즐길 수 있다.

Map P.483-A1 | 주소 5408 Koloa Rd. Koloa | 전화 808-378-2239 | 홈페이지 koloapizzakitchen. com | 영업 금~수 11:00~21:00(목요일 휴무)| 가격 $10~43 | 주차 무료(근처 스트리트) | 가는 방법 리후에 공항에서 570번 Ahukini Rd.를 타고 직진하다 Kuhio Hwy. 앞에서 좌회전해 56번 Kuhio Hwy.에 합류. 중간에 50번 Kaumualii Hwy.로 도로명이 바뀌면서 계속 직진한다. 그런 다음 520번 Maluhia Rd.를 끼고 좌회전한다. 직진하다 왼쪽의 콜로아 파크 Koloa Park를 지나 530번 Koloa Rd.를 끼고 좌회전, 오른쪽에 위치.

콜로아 피시 마켓
Koloa Fish Market
★★★★★

콜로아 지역에서 현지인들에게 맛집으로 소문난 레스토랑. 하와이에서 꼭 맛봐야 하는 참치 샐러드인 아히 포키는 종류가 다양하며, 파운드 단위로 판매된다. 포케 볼 이외에도 닭 튀김, 새우 튀김 도시락, 갈비 치킨 등을 맛볼 수 있다.

Map P.483-A1 | 주소 3390 poipu Rd. Koloa | 전화 808-742-6199 | 영업 월~토 10:00~15:00(일요일 휴무) | 가격 ~$30(포케 볼 $11.99~23.39) | 주차 무료(근처 스트리트) | 예약 불가 | 가는 방법 리후에 공항에서 570번 Ahukini Rd.를 타고 직진하다 Kuhio Hwy. 앞에서 좌회전해 56번 Kuhio Hwy.에 합류. 중간에 50번 Kaumualii Hwy.로 도로명이 바뀌면서 계속 직진한다. 그런 다음 520번 Maluhia Rd.를 끼고 좌회전 후 직진한다. 그런 뒤 530번 Koloa Rd.를 끼고 우회전후 다시 Poipu Rd.를 끼고 좌회전. 왼쪽에 위치.

더 테이스팅 룸 The Tasting Room

다양한 와인을 보유하고 있으며, 와인과 함께 즐길 만한 메뉴들을 선보이고 있다. 안티초크 딥, 페스토 마히마히, 시어드 프라임 필렛, 테이스팅 룸 샐러드 등의 메뉴들이 있다. 매일 바뀌는 디저트 메뉴는 꼭 시도해 볼 것.

Map P.483-B1 | 주소 5476 Koloa Rd. Koloa | 전화 808-431-4311 | 홈페이지 www.tastingroomkauai. com | 영업 화~토 17:00~22:00(일~월요일 휴무) | 가격 ~$40(브레이즈드 숏 립 $30) | 주차 무료(근처 스트리트 파킹) | 예약 필요 | 가는 방법 리후에 공항에서 570번 Ahukini Rd.를 타고 직진하다 Kuhio Hwy. 앞에서 좌회전해 56번 Kuhio Hwy.에 합류. 중간에 50번 Kaumualii Hwy.로 도로명이 바뀌면서 계속 직진한다. 그런 다음 520번 Maluhia Rd.를 끼고 좌회전 후 직진한다. 그런 뒤 530번 Koloa Rd.를 끼고 우회전. 오른쪽에 위치.

라 스페지아 레스토랑 앤 와인 바
La Spezia Restaurant And Wine Bar

정통 이탈리안 요리를 맛볼 수 있는 레스토랑으로, 규모는 크지 않지만 맛과 분위기 모두 일품인 곳으로 소문났다. 식당 천장에 디자인이 제각기 다른 샹들리에가 눈에 띄며, 오래된 나무 바닥이 빈티지한 느낌을 더한다. 디너로는 라자냐 종류가 사랑받지만 그 외 어떤 메뉴를 주문해도 맛에서는 기본 이상의 만족도를 자랑한다. 토·일요일에는 브런

치 메뉴 중 블루베리 프렌치토스트가 가장 인기가 높다.

Map P.483-B1 | 주소 5492 Koloa Rd. Koloa | 전화 808-742-8824 | 홈페이지 www.laspeziakauai. com | 영업 화~토 17:00~21:00, 토~일 08:00~13:00(월요일 휴무) | 가격 $7~64(논나스 라자냐 $20) | 주차 무료(근처 스트리트) | 예약 6인 이상일 때 가능 | 가는 방법 리후에 공항에서 570번 Ahukini Rd.를 타고 직진하다 Kuhio Hwy. 앞에서 좌회전해 56번 Kuhio Hwy.에 합류. 중간에 50번 Kaumualii Hwy.로 도로명이 바뀌면서 계속 직진한다. 그런 다음 520번 Maluhia Rd.를 끼고 좌회전 후 직진한다. 그런 뒤 530번 Koloa Rd.를 끼고 좌회전한다. 오른쪽에 위치.

······· *Mia's Advice* ·······

최근 콜로아에는 하와이 대표 액티비티 중 하나인 집라인이 인기예요. 카우아이에서 가장 긴 길이를 자랑하는 곳이기도 하죠. 특히 이곳만의 자랑이라면 등에 라인을 연결하고 슈퍼맨처럼 손을 앞으로 뻗으면서 마치 하늘을 나는 것과 같은 체험을 할 수 있는 플라잉 카우아이안 프로그램이 있다는 거죠. 가격은 $149로, 08:15~16:30까지 체험이 가능해요. 자세한 문의는 홈페이지(http://www.koloazipline.com)를 이용해 주세요.

콜로아의 쇼핑

콜로아 타운에서는 지역 특성에 맞게 지인들을 위한 소소한 기념품을 사기 적당하다. 특히 아일랜드 숍 & 캔들 웍스는 핸드 메이드 제품이라 더욱 의미 있을 듯.

크레이지 셔츠 Crazy Shirt

20세기의 야마모토 스토어가 지금은 티셔츠 가게로 변신, 외관은 그대로 살려 두어 올드 콜로아 타운의 면모를 엿볼 수 있다. 아티스트들이 디자인한 캐주얼 프린트 티셔츠가 다양한데 특히 초콜릿이나 맥주, 동전, 코나 커피, 화산재 등으로 만든 염색약으로 염색한 티셔츠들도 찾아볼 수 있다. 크레이지 셔츠는 오아후에서도 흔히 만날 수 있는 브랜드이지만 이곳은 건물 외관이 낡고 오래된 소품들이 있어 기념촬영을 하기에도 좋다.

Map P.483-A1 | **주소** 5356 Koloa Rd. Koloa | **전화** 808-742-7161 | **홈페이지** www.crazyshirts. com | **영업** 10:00~18:00 | **주차** 무료(근처 스트리트) | **가는 방법** 리후에 공항에서 570번 Ahukini Rd.를 타고 직진하다 Kuhio Hwy. 앞에서 좌회전해 56번 Kuhio Hwy. 에 합류. 중간에 50번 Kaumualii Hwy.로 도로명이 바뀌면서 계속 직진한다. 그런 다음 520번 Maluhia Rd.를 끼고 좌회전한다. 직진하다 왼쪽의 콜로아 파크 Koloa Park를 지나 530번 Koloa Rd.를 끼고 우회전. 올드 콜로아 타운 옆에 위치.

카우아이 고메 너츠 Kauai Gourmet nuts

미식가들을 위한 견과류가 모두 모여 있다. 매콤한 버터와 럼이 가미된 견과류 믹스, 솔티드 토피 사탕 등이 유명하다. 카우아이의 특색이 가득 담긴 기념품으로 선물하기 좋은 견과류가 다양하게 비치되어 있다. 온라인 주문도 가능하다.

Map P.483-A1 | **주소** 5428 Koloa Rd. Koloa | **전화** 808-634-1456 | **홈페이지** kauaigourmetnuts.com | **영업** 10:00~18:00 | **주차** 무료(근처 스트리트) | **가는 방법** 리후에 공항에서 570번 Ahukini Rd.를 타고 직진하다 Kuhio Hwy.앞에서 좌회전해 56번 Kuhio Hwy.에 합류. 중간에 50번 Kaumualii Hwy.로 도로명이 바뀌면서 계속 직진한다. 그런 다음 520번 Maluhia Rd.를 끼고 좌회전한다. 직진하다 왼쪽의 콜로아 파크 Koloa Park를 지나 530번 Koloa Rd.를 끼고 우회전. 오른쪽에 위치.

Poipu

비치 리조트가 모여 있는
포이푸

올드 콜로아 타운을 지나면 만나게 되는 포이푸는 백사장의 아름다운 비치와 스노클링 명소로 현지인과 여행자 모두에게 사랑받는 지역이다. 특히 오래전 미국 최고의 해변으로 선정된 바 있는 포이푸 비치는 리조트 지역에 있을 뿐 아니라 카우아이에서 제일 좋은 쇼핑몰과 레스토랑이 모여 있어 지역적인 이점이 높다. 카우아이에서 가장 유명하면서도 안전한 해변으로 통한다. 특히 포이푸의 바다는 해양 동물을 보기에 최고의 위치이며, 간혹 스노클링을 하다가 하와이의 대표 물고기인 후무후무누쿠누쿠아푸아아를 볼 수도 있다. 스파우팅 호른은 하와이의 전설이 담긴 분수 구멍으로 자연이 만들어 낸 굉음이 굉장하다. 시간이 맞는다면 이곳에서 일몰을 감상해보자. 가슴 벅찬 감정을 느끼게 된다.

＊포이푸 역시 콜로아 지역에 포함되나. 워낙 포이푸만의 개성이 강해 따로 소개한다.

+ 공항에서 가는 방법

리후에 공항에서 570번 Ahukini Rd.를 타고 직진하다 Kuhio Hwy. 앞에서 좌회전해 56번 Kuhio Hwy. 에 합류. 중간에 50번 Kaumualii Hwy.로 도로명이 바뀌면서 계속 직진한다. 그런 다음 520번 Maluhia Rd.를 끼고 좌회전한 뒤 직진하면 Koloa Rd.가 나온다. 그곳에서 우회전 한 뒤 다시 좌회전하면 Poipu Rd.에 진입하게 된다. 공항에서 콜로아 타운까지 약 28분 정도 소요된다.

+ 포이푸에서 볼 만한 곳

포이푸 비치 파크, 스파우팅 호른, 내셔널 트로피컬 보태니컬 가든

포이푸의 볼거리

용솟음치는 물기둥을 볼 수 있는 스파우팅 호른, 쿠히오 왕자가 태어난 프린스 쿠히오 파크나 화려한 식물원을 갖추고 있는 내셔널 보태니컬 가든 등이 모여 있다.

★★★★★
스파우팅 호른 Spouting Horn

포이푸 비치로부터 서쪽으로 약 1.5km 떨어져 있는 곳에는 용암 바위 하나가 관광객의 눈길을 끈다. 바위 안에 생긴 구멍으로 바닷물이 차면서 압력에 의해 물기둥이 솟아오르는 것. 그 높이와 소리가 주는 웅장함 때문에 눈길을 뗄 수가 없다. 마치 자연이 만들어낸 분수 같기 때문. 아쉽게도 여행자들은 조금 떨어져서 이 광경을 바라볼 수 있다. 사실 스파우팅 호른을 가까운 위치에서 볼

수 있었으나, 오래 전 이 구멍의 거센 압력으로 사람이 빨려 들어간 후 전망대가 조금 멀리 설치되었다는 설이 있다.

Map P.483-A2 | **주소** 4425 Lawai Rd. Koloa(내셔널 트로피컬 보태니컬 가든 주소) | **운영** 일출 시~일몰 시 | **입장료** 없음 | **주차** 무료 | **가는 방법** 리후에 공항에서 570번 Ahukini Rd.를 타고 직진하다 Kuhio Hwy. 앞에서 좌회전해 56번 Kuhio Hwy.에 합류. 중간에 50번 Kaumualii Hwy.로 도로명이 바뀌면서 계속 직진한다. 그런 다음 520번 Maluhia Rd.를 끼고 좌회전한 뒤 직진하면 Koloa Rd.가 나온다. 그곳에서 우회전한 뒤 다시 좌회전하면 Poipu Rd.에 진입하게 된다. 직진 후 로터리에서 Lawai Rd.로 진입한다. 직진후 오른쪽의 내셔널 트로피컬 보태니컬 가든을 지나 조금 더 직진하면 왼쪽에 스파우팅 호른을 마주할 수 있다.

> **알아 두세요**
>
> 고대 하와이안들에게는 해안선을 지켜주는 카이카푸 Kaikapu라는 이름의 거대한 도마뱀이 있었어요. 사람들은 이 도마뱀을 무서워했는데 이유는 도마뱀이 해안에서 낚시나 수영을 하는 사람을 먹어치웠기 때문이죠. 하루는 어린 소년이 바다로 들어가 날카로운 막대기를 도마뱀의 입에 넣고 혀를 찔렀고, 곧바로 바위 아래로 헤엄쳐 작은 구멍을 통해 탈출했죠. 도마뱀은 그 소년을 쫓아오다 용암 통로에 몸이 끼었고 지금도 그 도마뱀은 그곳에서 고함을 지르며 입으로 물을 뿜어낸다는 전설이 있답니다.

★★★★★
내셔널 트로피컬 보태니컬 가든 National Tropical Botanical Garden

약 142만㎡의 광활한 부지를 갖춘 식물원. 트램을 타고 이동하면 1시간 30분~2시간가량 소요되는데 맥브라이드 가든 McBryde Garden과 앨러튼 가든 Allerton Garden으로 나뉘어져 있다. 맥브라이드 가든이 아마존의 밀림 같다면, 앨러튼 가든은 보다 로맨틱한 정원의 느낌이다. 특히 앨러튼 가든은 창설자 로버트 앨러튼이 디자인 해 예술적인 공간으로 꾸며졌다. 무엇보다 이곳의 트레이드 마크는 1946년에 심은 '모턴베이 피그 나무'인데 영화 〈쥬라기 공원〉에도 등장했던 나무로 무화과 나무의 일종. 뿌리 단면의 높이만 해도 1m가 넘어 웅장한 느낌마저 감돈다. 그 나무 이외에도 하와이의 귀중한 멸종 식물도 보호하고 있어 교육적으로도 가치 있는 곳. 앨러튼 가든은 유료 가이드 투어로 즐길 수 있다. 두 곳 모두 홈페이지를 통해 미리 예약하는 것이 좋다.

Map P.483-A2 | **주소** 4425 Lawai Rd. Poipu | **전화** 808-742-2623 | **홈페이지** www.ntbg.org | **운영** 화~토 09:00~16:30(일~월요일 휴무) | **입장료** 성인 $50, 6~12세 $25(앨러튼 가든), 성인 $30, 6~12세 $15(맥브라이드 가든) | **주차** 무료 | **가는 방법** 리후에 공항에서 570번 Ahukini Rd.를 타고 직진하다 Kuhio Hwy. 앞에서 좌회전해 56번 Kuhio Hwy.에 합류. 중간에 50번 Kaumualii Hwy.로 도로명이 바뀌면서 계속 직진한다. 그런 다음 520번 Maluhia Rd.를 끼고 좌회전한 뒤 직진하면 Koloa Rd.가 나온다. 그곳에서 우회전한 뒤 다시 좌회전하면 Poipu Rd.에 진입하게 된다. 직진 후 로터리에서 Lawai Rd.로 진입한다. 직진 후 오른쪽에 위치.

프린스 쿠히오 파크 Prince Kuhio Park

카우아이에서 쿠히오 왕자가 갖는 의미는 실로 크다. 그 이유는 1871년에 태어난 쿠히오 왕자가 하와이안의 마지막 왕위 계승자이기 때문이다. '국민의 왕자'라고도 불렸던 그가 태어난 곳이 바로 이곳. 그가 태어난 이후 점차 왕의 권력이 쇠퇴해지고, 쿠히오에게서 여성인 릴리오쿨라니로 왕위 계승권이 넘어가면서 하와이의 왕권 시대는 끝나게 되었다. 하지만 쿠히오 왕자의 생일인 3월 26일은 하와이 주의 공휴일로 모든 관공서가 문을 닫고, 그의 생일이 있는 주간에는 오아후 와이키키에서 퍼레이드를 열기도 한다.

Map P.483-A2 | **주소** 5050 Lawai Rd. Poipu(대략 주소) | **운영** 일출 시~일몰 시 | **입장료** 없음 | **주차** 불가 | **가는 방법** 리후에 공항에서 570번 Ahukini Rd.를 타고 직진하다 Kuhio Hwy. 앞에서 좌회전해 56번 Kuhio Hwy.에 합류. 중간에 50번 Kaumualii Hwy.로 도로명이 바뀌면서 계속 직진한다. 그런 다음 520번 Maluhia Rd.를 끼고 좌회전한 뒤 직진하면 Koloa Rd.가 나온다. 그곳에서 우회전한 뒤 다시 좌회전하면 Poipu Rd.에 진입하게 된다. 직진 후 로터리에서 Lawai Rd.로 진입한다. 직진 후 오른쪽에 위치해 있다.

Beach

포이푸의 해변

퍼블릭 비치가 흔하지 않은 카우아이에서 가장 유명한 비치가 있는 곳이 바로 포이푸다. 하와이에서만 볼 수 있는 몽크바다표범을 볼 수 있어 더 특별하다.

★★★★★
포이푸 비치 파크 Poipu Beach Park

전 세계 여행지를 소개하는 케이블 방송인 'Travel Channel'에서 미국 최고의 비치로 선정된 바 있다. 쇼핑과 다이닝, 골프에 관심이 많은 여행자들은 대부분 포이푸 리조트 단지 내에 머물기 때문에 근처에 위치한 이곳 역시 여행자들에게 인기가 많다. 12~5월에는 혹등고래와 거북이 등을 볼 수 있다. 하지만 포이푸 비치가 다른 비치에 비해 유명할 수 있었던 이유는 하와이에만 오직 1,200마리 정도 서식하고 있다는 몽크바다표범을 볼 수 있기 때문이다.

Map P.483-B2 | 주소 2179 Hoone Rd., Koloa | 운영 일출 시~일몰 시 | 주차 무료(근처 스트리트) | 가는 방법 리후에 공항에서 570번 Ahukini Rd.를 타고 직진하다 Kuhio Hwy. 앞에서 좌회전해 56번 Kuhio Hwy.에 합류. 50번 Kaumualii Hwy.로 도로명이 바뀌면서 계속 직진. 520번 Maluhia Rd.를 끼고 좌회전한 뒤 다시 Ala Kinoiki를 끼고 다시 좌회전 후 직진. Poipu Rd.를 마주보고 우회전한 뒤, Hoowili Rd.를 끼고 좌회전한다.

쿠쿠이울라 하버 파크 Kukuiula Harbor Park

규모가 작은 해변이긴 하나 보트가 정박할 수 있는 항구이기 때문에 지역 주민들에게 인기가 높다. 항구 뒤로 펼쳐진 해변은 바람이 불지 않는 샌디 비치로 이곳의 모래는 대부분 다른 곳에서 운반해온 것. 럭셔리 리조트 단지가 세워지기 전에 이곳을 발전시키기 위함이었다. 파도가 센 편이지만 방파제가 있어 수영이 가능하다.

Map P.483-A2 | 주소 4637 Amio Rd., Koloa(근처 주소) | 전화 800-262-1400 | 홈페이지 kauaibeachscoop. com | 운영 일출 시~일몰 시 | 주차 무료 | 가는 방법 리후에 공항에서 570번 Ahukini Rd.를 타고 직진하다 Kuhio Hwy. 앞에서 좌회전해 56번 Kuhio Hwy.에 합류. 중간에 50번 Kaumualii Hwy.로 도로명이 바뀌면서 계속 직진한다. 그런 다음 520번 Maluhia Rd.를 끼고 좌회전한 뒤 직진하면 Koloa Rd.가 나온다. 그곳에서 우회전한 뒤 다시 좌회전하면 Poipu Rd.에 진입하게 된다. 직진 후 로터리에서 Lawai Rd.로 진입한다. 직진 후 왼쪽의 Amio Rd.로 좌회전한다.

포이푸의 즐길 거리

카우아이 내 유명한 골프단지를 끼고 있는 포이푸. 환상적인 뷰를 가지고 있어 골프 마니아들 사이에서 손에 꼽히는 장소다.

포이푸 베이 리조트 골프 코스
Poipu Bay Resort Golf Course

리조트 단지인 포이푸의 해안선을 따라 펼쳐지는 골프 코스. 로버트 조지 주니어가 설계했다. 코스 곳곳에 고대 신전 등이 있어 시각적인 즐거움을 더한다. 하와이 골프 코스 Top 10으로 뽑히기도 했다. 1994~2006년에 PGA 그랜드 슬램 챔피언십이 열렸다. 총 18홀에 85개의 벙커, 5개의 물 해저드가 있으며 바다에서 불어오는 바람이 거세기로 유명하다. 뿐만 아니라 10~1월에는 필드에서 바다고래를 볼 수도 있다.

Map P.483-B2 | 주소 2250 Ainako St. Koloa | 전화 808-742-8711 | 홈페이지 www.poipubaygolf.com | 영업 일~화 08:00~18:00, 수~토 08:00~20:00 | 요금 $195 | 주차 무료 | 가는 방법 리후에 공항에서 570번 Ahukini Rd.를 타고 직진하다 Kuhio Hwy. 앞에서 좌회전해 56번 Kuhio Hwy.에 합류. 중간에 50번 Kaumualii Hwy.로 도로명이 바뀌면서 계속 직진한다. 그런 다음 520번 Maluhia Rd.를 끼고 좌회전한 뒤 직진하다 왼쪽의 Ala Kinoiki에 진입한다. 직진 후 Poipu Rd.를 마주보고 좌회전한 뒤 다시 오른쪽의 Ainako St. 방향으로 진입한다.

Restaurant

포이푸의 먹거리

포이푸 비치 파크 주변은 물론이고 쇼핑몰 단지에도 유명 레스토랑이 많다. 쇼핑과 관광을 즐기며 동시에 질 좋은 음식도 맛볼 수 있는 곳이 많이 있다.

브레넥스 비치 브로일러
Brennecke's Beach broiler

오픈한 지 20년 넘는 캐주얼 레스토랑. 포이푸 비치가 한 눈에 내려다보이는 2층 건물로 장작불에 구운 스테이크와 그릴 요리가 추천 메뉴. 아름다운 포이푸의 바다를 감상하며 로맨틱한 시간을 보내고 싶다면 점심시간에 가는 것이 좋다. 생선회와 슈림프 샐러드, 피시 앤 칩스 등 해산물부터 샌드위치, 버거, 립 등의 메뉴가 다양한 편. 코코넛 슈림프, 비어 배터드 피시 앤 칩스, 마카다미아 너트 크러스티드 프레시 캐치 등의 메뉴가 인기가 높다. 토~일요일에는 브런치 메뉴가 있다.

Map P.483-B2 | **주소** 2100 Hoone Rd. Koloa | **전화** 808-742-7588 | **홈페이지** www.brenneckes. com | **영업** 월~금 11:00~21:00, 토~일 09:00~21:00 | **가격** $7.50~58(코코넛 슈림프 $13, 비어 배터

드 피시 앤 칩스 $28) | **주차** 무료 | **가는 방법** 리후에 공항에서 570번 Ahukini Rd.를 타고 직진하다 Kuhio Hwy. 앞에서 좌회전해 56번 Kuhio Hwy.에 합류. 중간에 50번 Kaumualii Hwy.로 도로명이 바뀌면서 계속 직진한다. 그런 다음 520번 Maluhia Rd.를 끼고 좌회전한 뒤 다시 Ala Kinoiki를 끼고 다시 좌회전 후 직진한다. 그런 뒤 Poipu Rd.를 마주보고 우회전한 뒤, Hoowili Rd.를 끼고 좌회전한다. 왼쪽에 위치.

메리맨즈 피시 하우스
Merriman's Fish House

'농장에서 식탁으로'라는 콘셉트로 하와이 지역 색을 그대로 살린 레스토랑. 메뉴의 90% 이상을 지

역에서 나는 식재료를 가지고 요리를 한다. 쿠쿠이
울라 리조트단지를 넘어 산과 바다의 뷰를 감상할
수 있는 곳. 위층은 바, 아래층은 카페 스타일의 캐
주얼 다이닝이다. 와인 셀러에는 1,000병 이상의
와인을 보유하고 있다. 메인 메뉴로는 다이버 스캘
럽 & 카우아이 슈림프, 디저트로는 하와이안 몰튼
초콜릿 펄스가 최고의 메뉴로 손꼽힌다.

Map P.483-A2 | 주소 2829 Ala Kalanikaumaka
St. Koloa | 전화 808-742-8385 | 홈페이지 www.
merrimanshawaii.com | 영업 16:00~20:30(해피 아
워 16:00~17:00) | 가격 $9~62(다이버 스캘럽 & 카우아
이 슈림프 $46, 하와이안 몰튼 초콜릿 펄스 $14) | 주차 무
료 | 가는 방법 더 숍스 앳 쿠쿠이울라 내 위치.

돌핀 포이푸 Dolphin Poipu

캐주얼한 분위기로 레스토랑뿐 아니라 스시 라운
지, 피시 마켓도 함께 운영하고 있다. 생선과 랍
스터, 슈림프 등 해산물 요리를 메인으로 선보이
는 곳. 신선한 참치회를 판매하는 피시 마켓은
12:00~17:30까지 운영되고 있다.

Map P.483-A2 | 주소 2829 Ala Kalanikaumaka
St. Koloa | 전화 808-742-1414 | 홈페이지
thedolphinpoipu.com | 영업 수~금 12:00~20:00,
토~화 17:00~20:00 | 가격 ~$50 | 주차 무료 | 예약 필
요 | 가는 방법 더 숍스 앳 쿠쿠이울라 내 위치.

리빙 푸드 마켓 Living Food Market

뉴욕 한복판에서나 볼 수 있을 법한 시크하고 트
렌디한 식재료 마켓. 카우아이에서 좀처럼 보기 힘
든 세련된 인테리어를 자랑한다. 하날레이의 아쿠
다 레스토랑의 오너 셰프인 짐 모팻의 아이디어로
탄생한 마켓이다. 카우아이 내 가장 큰 규모의 오
가닉 마트로 식재료뿐 아니라 오가닉 와인도 판매
하고 있다. 마켓 옆 라나이에 아웃도어 레스토랑도
함께 운영하고 있어 버거, 타코, 아히 포케, 신선한
굴 등을 맛볼 수 있다.

Map P.483-A2 | 주소 2829 Ala Kalanikaumaka St. Koloa | 전화 808-742-2323 | 홈페이지 shoplivingfoods.com | 영업 월~목 08:00~21:00, 금~일 07:00~21:00 | 가격 $15~27 | 주차 무료 | 예약 불가능 | 가는 방법 더 숍스 앳 쿠쿠이울라 내 위치.

이팅 하우스 1849 콜로아
Eating House 1849 Koloa

하와이의 유명한 셰프 로이 야마구치가 콜로아에 선보인 레스토랑이다. 매장은 콜로아뿐 아니라 오 아후 섬의 와이키키와 카폴레이 지역에서도 만날 수 있다. 1849년 하와이에서 나고 자란 식재료만으로 하와이 요리를 만들었던 초기 레스토랑의 맛을 이어간다는 취지를 가지고 있다. 특히 1800년도 하와이는 포르투갈, 필리핀, 중국, 일본, 한국에서 온 이주민들이 모여 한 식탁에서 식사를 한 것처럼 다양한 맛을 즐길 수 있다는 것이 이곳만의 장점이다. 스테이크뿐 아니라 중국풍의 춘권(팝스티커) 등 동서양의 맛이 오묘하게 어우러져 있다. 디저트로는 초콜릿 셔플이 단연코 압권!

Map P.483-B2 | 주소 2829 Ala Kalanikaumaka St. A-201 Koloa | 전화 808-742-5000 | 홈페이지 www.eatinghouse1849.com | 영업 화~일 17:00~21:00(월요일 휴무) | 가격 $12~43(포크 앤 슈림프 팝스티커 $17, 초콜릿 셔플 $14) | 주차 무료 | 예약 필요 | 가는 방법 더 숍스 앳 쿠쿠이울라 내 위치.

테이블 앳 포이푸 Table at Poipu

23년간 카우아이 북쪽 해안가에서 요리 기술을 익힌 셰프 골든이 카우아이 식재료들을 이용해 신선한 메뉴를 선보이는 곳. 2021년에 새롭게 오픈한 맛집으로, 비주얼과 맛 두 가지를 모두 만족시키는 레스토랑이다. 프렌치 어니언 수프가 유명하며, 리조토, 패밀리 바비큐, 셰프 초이스 소시지, 스피니티 딥 등의 메뉴가 있다.

Map P.483-A2 | 주소 2829 Ala Kalanikaumaka St. Koloa | 전화 808-742-7037 | 홈페이지 tableatpoipu. com | 영업 화~토 17:00~21:00 | 가격 $14~42(본 인 폭찹 $31, 프렌치 어니언 수프 $14) | 주차 무료 | 예약 필요 | 가는 방법 더 숍스 앳 쿠쿠이쿨라 내 위치.

비치 하우스 Beach House
★★★★★

바닷가에 자리 잡은 이 레스토랑은 경치가 좋아 현지인은 물론이고 여행자들에게도 인기가 좋다. 하와이 전통 요리점으로 베스트 카우아이 레스토랑에 연속으로 선정될 정도. 아름다운 요리와 함께 태양이 바다에 잠기는 일몰을 감상해보자.

Map P.483-A2 | 주소 5022 Lawai Rd. Koloa | 전화 808-742-1424 | 홈페이지 www.the-beach-house.com | 영업 15:30~21:00(해피 아워 14:30~16:30) | 가격 $12~55(마카다미아 너트 버터 사우티드 프레시 하와이안 캐치 $48) | 주차 무료(근처 스트리트) | 예약 필요 | 가는 방법 리후에 공항에서 570번 Ahukini Rd.를 타고 직진하다 Kuhio Hwy. 앞에서 좌회전해 56번 Kuhio Hwy.에 합류. 중간에 50번 Kaumualii Hwy.로 도로명이 바뀌면서 계속 직진한다. 그런 다음 520번 Maluhia Rd.를 끼고 좌회전한 뒤 직진하면 Koloa Rd.가 나온다. 그곳에서 우회전한 뒤 다시 좌회전하면 Poipu Rd.에 진입하게 된다. 계속 Poipu Rd.를 따라 직진 후 로터리에서 Lawai Rd. 방향으로 진입한다. 직진 후 왼쪽에 위치.

푸카 도그 Puka Dog

로컬 스타일의 핫도그를 맛볼 수 있는 곳. 이집에서 핫도그를 주문하려면 네 가지 순서를 지켜야 한다. 첫째, 소시지를 정하고 둘째, 마일드부터 라바까지 맵기를 정한 뒤 셋째, 망고, 바나나, 파인애플 등의 소스를 정하고 마지막으로 머스터드나 피클 케첩 등을 선택하면 된다.

Map P.483-B2 | 주소 2100 Hoone Rd. Koloa | 전화 808-742-6044 | 홈페이지 www.pukadog.com | 영업 10:00~19:30 | 가격 $2~9.50(푸카 독 $9~9.50) | 주차 무료 | 가는 방법 P.495의 브레넥스 비치 브로일러 가는 방법과 동일.

:::::::::: *Mia's Advice* ::::::::::

대부분의 괜찮은 레스토랑은 쿠쿠이울라 빌리지에 모여 있어요. 특히 매주 수요일 15:30~18:00 사이에는 파머스 마켓이 열려요. 라이브 뮤직을 감상할 수 있으며, 전통적인 아트워크 작품이나 신선한 현지 과일, 커피, 잼, 치즈 등을 만날 수 있답니다. 셰프가 직접 시범요리를 선보이기도 하니 놓치지 마세요!

포이푸의 쇼핑

포이푸 중심에 있는 포이푸 쇼핑 빌리지는 규모는 작아도 다양한 레스토랑이 모여 있고, 새롭게 조성된 쿠쿠이울라 빌리지에서는 파머스 마켓이 열린다.

더 숍스 앳 쿠쿠이울라
The Shops at Kukuiula
★★★★★

캐주얼 브랜드인 토미 바하마, 하와이안 스타일의 여성 의류인 마히나, 스포츠 브랜드인 룰루 레몬 팝 업 숍 등이 있다. 감각적인 리빙 제품들이 모여 있는 So ha Living 이외에도 사진과 페인팅 작품들이 모여 있는 갤러리 등도 다수 있다. 그밖에도 카우아이에서 꼭 먹어봐야 하는 유명 레스토랑인 부바스 버거와 카우아이에서 가장 핫한 파인 파인 다이닝이 모여 있다. 공항 근처에 위치해 있어 오아후로 떠나기 전 가벼운 마음으로 둘러보기 좋은 곳이다.

Map P.483-A2 | **주소** 2829 Ala Kalanikaumaka St. Koloa | **전화** 808-742-0234 | **홈페이지** kukuiula. com/the-shops-at-kukuiula | **영업** 10:00~21:00 | **주차** 무료 | **가는 방법** 리후에 공항에서 570번 Ajukini Rd.를 타고 직진하다 Kuhio Hyw. 앞에서 좌회전, 56번 Kuhio Hwy.에 합류. 중간에 50번 Kaumualii Hwy.로 도로명이 바뀌면서 계속 직진한다. 그런 다음 520번 Maluhia Rd.를 끼고 좌회전한 뒤 다시 오른쪽 530번 Koloa Rd.를 끼고 우회전한다. 다시 왼쪽의 Ala Kalanikaumaka St.를 끼고 좌회전한 뒤 직진한다.

포이푸 쇼핑 빌리지
Poipu Shopping Village

리조트가 즐비한 포이푸 지역에서 관광객들의 사랑을 한 몸에 받고 있는 아웃도어 쇼핑몰. 리조트 룩을 선보이는 바이 더 시, 티셔츠 전문점인 크레이지 셔츠, 서프 전문 숍인 호놀루아 서프 컴퍼니 등의 매장이 있다. 매달 첫째, 셋째 주 화요일 15:30~18:00에 마켓이 열리고, 매주 월요일과 목요일 17:00에는 무료 하와이 전통 공연이 펼쳐진다.

Map P.483-B2 | **주소** 2360 Kiahuna Plantation Dr. Poipu | **전화** 808-742-2831 | **홈페이지** poipushoppingvillage. com | **영업** 월~토 09:30~21:00, 일 10:00~19:00 | **주차** 무료 | **가는 방법** 리후에 공항에서 570번 Ahukini Rd.를 타고 직진하다 Kuhio Hwy. 앞에서 좌회전해 56번 Kuhio Hwy.에 합류. 50번 Kaumualii Hwy.로 도로명이 바뀌면서 계속 직진. 520번 Maluhia Rd.를 끼고 좌회전한 뒤 직진하면 Koloa Rd.가 나온다. 그곳에서 우회전한 뒤 다시 좌회전하면 Poipu Rd.에 진입하게 된다. 계속 Poipu Rd.를 따라 직진 후 Kiahuna Plantation DR.를 끼고 좌회전. 오른쪽에 위치.

카우아이 핫 플레이스, 웨어하우스 3540 Warehouse 3540

콜로아 지역에서 조금 떨어진 곳에 위치한 크레이티브 커뮤니티 마켓플레이스. 카우아이에서 소규모로 운영되고 있는 브랜드들이 모여 창고형 오픈 마켓을 하나의 멋진 공간으로 꾸몄다. 의류, 홈 데코 & 주얼리 브랜드, 갤러리, 베이커리, 커피 트럭 등이 모여 있다. 가운데에는 커다란 테이블이 있어 쇼핑과 휴식을 동시에 즐길 수 있다. 입구에는 포케와 멕시코 & 베트남 푸드 트럭이 있어 간단한 식사도 가능하다. 상점마다 운영 시간이 조금씩 다르기 때문에 방문 전 홈페이지를 통해 확인하는 것이 좋다. 매달 첫째 주 금요일 10:00~19:30에 진행되는 알로하 프라이데이 이벤트에서는 더욱 다채로운 음식과 쇼핑을 즐길 수 있다.

Map P.483-A1 | 주소 3540 Koloa Rd.Kalaheo | 전화 808-346-1523 | 홈페이지 warehouse3540.com | 영업 월~토 10:00~16:00(일요일 휴무, 매월 첫째 금요일은 19:30까지 운영) | 주차 무료 | 가는 방법 리후에 공항에서 Ahukini Rd.를 끼고 직진하다. 왼쪽 56번 Kuhio Hwy.를 끼고 좌회전 후 직진, 중간에 50번 Kaumualii Hwy.로 도로명이 바뀌면서 계속 직진 후 왼쪽 Koloa Rd.를 끼고 좌회전. 오른쪽에 위치.

상점 리스트

+리필 카우아이 Refill.Kauai
생활용품 리필점. 핸드 솝, 핸드 서니타이저, 바디워시 등의 용품을 판매하며 리필도 가능.

+네이비 딜란 Navy Dylan
아트 · 홈 데코 · 선물 용품 전문점. 케냐의 아티스트 작품들을 만날 수 있다. 공정무역 브랜드.

+릴리 코이 Lily Koi
독점 디자인으로 선보이는 주얼리와 보석을 판매하는 브랜드.

+슈가 스쿨 Sugar Skull
케이크와 페이스트리, 간식 등을 맛볼 수 있는 곳.

+카하나나네아 솝 Kahanananea Soaps
직접 만든 비누와 직물 아이템들을 선보이는 곳.

+솔트 & 라이트 Salt & Light
스킨 케어, 뷰티 아이템뿐 아니라 직접 만든 스케이트 보드 데크를 판매하는 곳.

+로빈 맥코이즈 파인 아트
갤러리, 워킹 스튜디오 스페이스. 카우아이 곳곳의 유니크한 장소들을 오일 페인팅으로 작업한 결과물을 만날 수 있는 곳.

+하나코
타히티 진주와 핸드 메이드 아이템들을 선보이는 곳.

Lihue

카우아이 섬의 중심
리후에

카우아이의 메인 공항과 도서관, 은행 등 주요 건물들이 들어선 곳으로 그야말로 행정, 정치, 경제의 중심이라고 할 수 있다. 카우아이의 주요 공항인 리후에 공항이 있으며, 크루즈항인 나윌리윌리 항구가 있어 카우아이에서 가장 많은 방문객이 모이는 곳이기도 하다.

리후에에서 카우아이 박물관을 빼놓을 수 없는데 카우아이의 과거 역사, 문화, 라이프스타일을 한 눈에 살펴볼 수 있다. 이용객은 적어도 둘러볼 가치가 충분하고 교육적인 가치도 높다. 또한 이곳의 해변은 다양한 액티비티가 가능한 곳으로 칼라파키 비치는 바디서핑과 윈드서핑으로 사랑받는 곳이다.

+ 리후에의 교통 정보

카우아이 지도의 동쪽 지역에 위치해 있는 리후에에는 공항이 그 중심에 있다. 공항근처에는 바로 570번 Ahukini Rd.가 중심이 되어 대부분의 타운을 방문할 때 56번 Kuhio Hwy.가 중심이 된다. 와이메아, 콜로아, 포이푸 등은 공항에서 Kuhio Hwy. 앞에서 좌회전해야 한다. 그밖의 와일루아, 카파아, 킬라우에아, 프린스빌, 하날레이, 하에나 지역은 공항에서 오른쪽 51번 Kapule Hwy.를 타고 직진하다 중간에 56번 Kuhio Hwy.로 바뀌는 도로를 이용하면 된다.

+ 리후에에서 볼 만한 곳

카우아이 박물관, 칼라파키 비치, 킬로하나 플랜테이션.

리후에의 볼거리

거대한 폭포와 뮤지엄, 플랜테이션까지 다양한 볼거리가 가득한 곳. 공항 근처에서는 카우아이에 사는 현지인들의 삶을 조금 더 가깝게 느낄 수 있다.

★★★★★

킬로하나 플랜테이션 Kilohana Plantation

1936년 사탕수수 밭을 소유하고 있던 게일로드 Gaylord가 세운 저택. 여행자들이 넓은 잔디밭과 함께 정원 주변을 둘러볼 수 있도록 운영하고 있는 사탕수수 열차만 봐도 그 규모를 짐작할 수 있다. 하와이 섬에서 유일하게 숲속을 뚫고 지나가는 사탕수수 열차는 유독 아이들에게 인기가 좋은 편인데 40분 정도 가이드 투어가 함께하며, 중간에 멈춰 동물들에게 먹이를 주기도 한다. 사전 예약은 필수. 농장 내 콜로아 럼과 게일로즈 레스토랑이 유명하며, 2층에는 침실을 개조한 숍이 있는데 인테리어에 관심이 많다면 둘러봐도 좋다.

Map P.504-A1 | **주소** 3-2087 Kaumualii Hwy. Lihue | **전화** 808-245-5608 | **홈페이지** www.kauai.com/kilohanaplantation | **운영** 월~토 11:00~14:30, 17:30~20:30(사탕수수 열차 10:00~14:00(정시 출발)) | **요금** 사탕수수 열차 성인 $20, 3~12세 $14.50 | **주차** 무료 | **가는 방법** 리후에 공항에서 570번 Ahukini Rd.로 진입, 왼쪽의 Kuhio Hwy.를 끼고 좌회전한다. 중간에 50번 Kaumualii Hwy.로 도로명이 바뀌면서 계속 직진하면 오른쪽에 위치.

★★★★★
카우아이 박물관 Kauai Museum

하와이 왕족의 유산, 서양 문물의 유입에 따른 변화, 각국
에서 이주해온 이민자들의 생활상을 보여주는 사진과 도
구들이 전시된 윌콕스관과 그 후에 지어져 600만 년 전
섬의 탄생부터 현재까지의 지질학 자료와 생활 자료를 엿
볼 수 있는 라이스 관으로 나뉘어져 있다. 특히 메인 건물
인 윌콕스관은 용암으로 지어져 겉으로 보기엔 허름해 보
이나 하와이 전통 건축물을 그대로 보여주고 있다. 아티

스트들의 오리지널 작품과 당시 일본인 이주민들이 얼마나 많았는지를 보여주는 텍스타일 등이 흥미를 더
한다.

Map P.504-A1 | **주소** 4428 Rice St. Lihue | **전화** 808-245-6931 | **홈페이지** www.kauaimuseum.org | **운영**
월~금 09:00~16:00, 토 09:00~14:00 | **요금** 성인 $15, 13~17세 $12 | **주차** 무료(근처 스트리트) | **가는 방법** 리후에
공항에서 570번 Ahukini Rd.로 진입, 직진한 뒤 왼쪽의 Umi St.를 끼고 좌회전한다. 직진하다 오른쪽의 Rice St.를 끼고 우
회전하면 오른쪽에 위치.

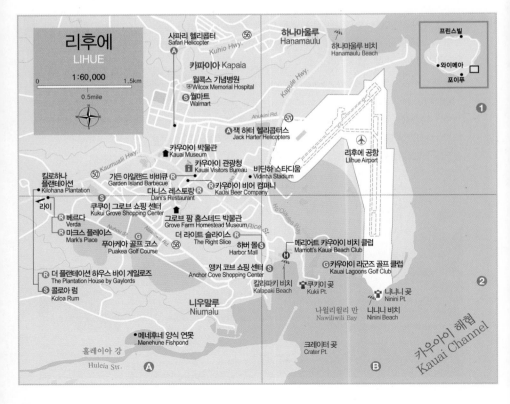

리후에의 해변

경이로운 자연을 감상할 수 있는 리후에의 해변은 실제로 관광객에게 널리 알려져 있지 않지만 액티비티를 좋아하는 지역 주민들에게는 유명하다.

칼라파키 비치 Kalapaki Beach

〈론리 플래닛〉에서 '종종 여행자들이 지나치는 곳이지만 로컬 서퍼나 부기보더들은 이곳의 파도를 재빠르게 타며 바다를 즐긴다'고 표현했던 비치. 그만큼 주변의 레스토랑에서 나오는 하와이안 뮤직을 배경으로 스탠드 업 패들이나 서프보드, 부기보드를 즐기는 사람들을 흔하게 발견할 수 있다. 초보자부터 전문가까지 수준에 맞춰 액티비티 프로그램을 즐길 수 있다.

©하와이 관광청

Map P.504-B2 | 주소 3474 Rice St. Lihue(대략 근처 주소) | 홈페이지 www.kalapakibeach.org | 운영 일출 시~일몰 시 | 주차 무료 | 가는 방법 리후에 공항에서 Ahukini Rd.에 진입한 뒤 왼쪽의 51번 Kapule Hwy.를 끼고 좌회전한 뒤 다시 왼쪽의 Rice St.를 끼고 좌회전 뒤 직진하면 오른쪽의 Habor Mall을 지나 왼쪽으로 칼라파키 비치가 보인다.

©하와이 관광청

니니니 비치 Ninini Beach

모래로 된 작은 만이 2개 있는데 그곳에서 스펙터클한 마운틴뷰를 감상할 수 있다. 1897년부터 가동 중인 무인 등대는 이곳의 랜드 마크다. 운이 좋다면 직원의 도움을 받아 등대 위에 오를 수도 있다. 수영과 스노클링을 하기 좋지만 서핑을 하기에는 물결이 좀 센 편이다.

Map P.504-B2 | 주소 3351 Ho'Olaulea Way Lihue(카우아이 라군즈 골프 클럽 주소) | 홈페이지 www.kalapakibeach.org | 운영 일출 시~일몰 시 | 주차 무료 | 가는 방법 리후에 공항에서 왼쪽의 Kapule Hwy.에 진입, 직진 후 왼쪽의 Ho'Olaulea Way로 좌회전해서 직진하면 왼쪽에 카우아이 라군즈 골프 클럽이 보인다. 카우아이 라군 골프 클럽 건너편에 비치 이용객을 위한 주차장이 있다.

리후에의 즐길 거리

가든 아일랜드라는 별명이 붙은 카우아이를 최대한 짧은 시간 안에 둘러보고 싶다면 헬리콥터 투어가 제격이다.

잭 하터 헬리콥터스
Jack Harter Helicopters

1962년 카우아이에 첫 번째 헬리콥터를 가져오면서 '가든 아일랜드 헬리콥터'로 유명해졌다. 다수의 영화 촬영을 도왔으며 〈쥬라기 공원〉 3편 촬영을 도왔다. 소요시간은 60~90분 정도이며 하나페페 계곡에 있는 폭포와 올로켈레 캐니언, 와이메아 캐니언, 나 팔리 코스트, 노스 쇼어 비치, 하날레이 계곡, 와일루아 폭포 등을 감상할 수 있다.

Map P.504-A1 | 주소 4231 Ahukini Rd. Lihue | 전화 808-245-3774 | 홈페이지 www.helicopters-kauai.com | 영업 08:30~16:00 | 요금 $339~506 | 주차 무료 | 가는 방법 리후에 공항에서 570번 Ahukini Rd.로 진입, 도로 왼쪽에 위치. 공항에서 3분가량 소요.

사파리 헬리콥터 Safari Helicopter

카우아이에서 25년 동안 헬리콥터 투어를 운영한 회사. 안전한 운행을 최우선으로 하며 패밀리 비즈니스로 운영되고 있다. 가장 인기 있는 투어는 나 팔리 코스트, 와이메아 캐니언 등을 감상하는 것으로 깎아지른 듯한 절벽과 거대한 산 사이에 있는 웅장한 폭포수를 볼 수 있다. 카우아이의 숨 막히는 자연 앞에 55분이라는 시간이 짧게만 느껴진다. 에코투어에는 올로켈레 캐니언이 추가되며, 카우아이 식물을 보다 자세히 볼 수 있도록 중간에 착륙이 1회 포함되어 있다.

Map P.504-A1 | 주소 3225 Akahi St. Lihue | 전화 800-326-3356 | 홈페이지 www.safarihelicopters.net | 영업 07:30~18:00 | 요금 폭포 사파리(55분) $264, 캐넌 랜딩 사파리(90분) $309 | 주차 무료 | 가는 방법 리후에 공항에서 570번 Ahukini Rd.로 진입, 왼쪽의 Akahi St.를 끼고 좌회전. 오른쪽에 위치.

리후에의 먹거리

공항에 도착하면 제일 먼저 마주하는 리후에에는 비교적 저렴한 로컬 식당부터 유명 레스토랑까지 다양한 종류의 음식점이 모여 있다.

가든 아일랜드 바비큐
Garden Island Barbecue

중국 스타일의 레스토랑. 오리, 치킨, 해산물 등의 재료를 이용한 메뉴가 대부분으로, 그중에서도 홍콩 스타일의 크리스피 치킨과 로스트 덕, 레몬 치킨 등이 눈길을 끈다. 깨끗한 주방과 넓은 실내 인테리어를 갖춰 주로 현지인들이 즐겨 찾는다. 런치 플레이트로 주문할 경우 마카로니 샐러드 등의 샐러드와 라이스가 제공된다.

Map P.504-A1 | 주소 4252 Rice St. Lihue | 전화 808-245-8868 | 홈페이지 www.gardenislandbbq.com | 영업 월~토 10:00~21:00, 일 11:00~21:00 | 가격 ~$31.95 | 주차 무료(근처 스트리트) | 예약 불가 | 가는 방법 570번 Ahukini Rd.로 진입, 왼쪽의 51번 Kapule Hwy.를 끼고 좌회전한다. 직진 후 오른쪽의 Rice St.를 끼고 우회전, 직진 후 도로 오른쪽에 위치.

다니스 레스토랑
Dani's Restaurant

브렉퍼스트, 런치 메뉴만 있는 곳이다. 특히 햄버거 스테이크에 대한 평이 좋다. 공항 근처인 데다가 가격대가 저렴해 여행자들뿐 아니라 현지인들도 즐겨 찾는 곳 중 하나다.

다만, 일찍 문을 닫기 때문에 이곳에서 식사를 하려면 서두르는 것이 좋다. 오믈렛, 핫케이크, 연어 메뉴 등도 있지만 다양한 현지식도 있어 하와이안 스타일의 식사를 맛볼 수 있다. 도로에 입간판이 있어 찾기 쉽다.

Map P.504-A1 | 주소 4201 Rice St. Lihue | 전화 808-245-4991 | 영업 월~금 05:00~13:00, 토 05:00~11:00(일요일 휴무) | 가격 ~$15 | 주차 무료 | 예약 불가 | 가는 방법 570번 Ahukini Rd.로 진입, 왼쪽의 51번 Kapule Hwy.를 끼고 좌회전한다. 직진 후 오른쪽의 Rice St.를 끼고 우회전, 직진 후 도로 왼쪽에 위치해 있다.

더 플랜테이션 하우스 바이 게이로즈 The Plantation House by Gaylords
★★★★★

사탕수수 산업이 호황을 이루던 1930년대 아름다운 대저택이었던 곳을 지금의 레스토랑으로 개조한 곳. 곳곳에 앤티크 가구들을 둘러보는 재미가 있다. 또한 야외 오픈 테라스에 테이블을 세팅해 킬로하나 플랜테이션을 감상하며 식사할 수 있다. 런치 메뉴로는 피시 앤 칩스가, 저녁 메뉴로는 샴페인 치킨, 미소야키 프레시 캐치, 데리야키 버거가 추천 메뉴.

Map P.504-A1 | 주소 3-2087 Kaumualii Hwy. Lihue | 전화 808-245-9593 | 홈페이지 www.kauai.com/gaylordskilohana | 영업 월~토 11:00~20:00(일요일 휴무)| 가격 런치$5~20(피시 앤 칩스 $18), 디너$5~95(샴페인 치킨 $35) | 주차 무료 | 예약 가능 | 가는 방법 리후에 공항에서 570번 Ahukini Rd.로 진입, 왼쪽의 Kuhio Hwy.를 끼고 좌회전한다. 중간에 50번 Kaumualii Hwy.로 도로명이 바뀌면서 계속 직진하다 오른쪽의 킬로하나 플랜테이션으로 진입한다. 킬로하나 플랜테이션 내 위치.

채식주의자 전용 메뉴까지 세심하게 갖추고 있다. 옥수수로 만든 토르티야 사이에 고기, 해산물, 치즈 등의 속 재료를 채워 구운 엔칠라다가 이곳의 대표 메뉴다.

Map P.504-A2 | 주소 4454 Nuhou St Ste501, Lihue | 전화 808-320-7088 | 홈페이지 www.verdehawaii.com | 영업 11:00~20:00 | 가격 $5~19(스테이크드 엔칠라다 $18) | 주차 무료 | 예약 불가 | 가는 방법 리후에 공항에서 570번 Ahukini Rd.로 진입. 왼쪽의 Kuhio Hwy.를 끼고 좌회전한다. 중간에 50번 Kaumualii Hwy.로 도로명이 바뀌면서 계속 직진하다가 왼쪽에 위치.

카우아이 비어 컴퍼니
Kauai Beer Company

카우아이를 대표하는 브루어리&펍. 자체 양조시설을 갖추고 있어 신선한 수제 맥주는 물론, 맛깔스러운 펍 요리까지 한데 즐길 수 있다.

맥주는 제조법에 따라 유로 다크, 비엔나, 아메리카 등의 맥주 종류를 갖추고 있는데, 리후에 라거, 블랙 리무진 맥주가 인기 메뉴다. 단품 메뉴인 KBC 버거와 피시 앤 칩스, 라이스 스트리트 로코

베르다 Verda

신선한 식재료를 엄선해 사용하는 멕시칸 레스토랑. 카우아이의 목장에서 100% 풀만 먹여 키운 소, 그리고 항생제 및 호르몬제를 쓰지 않고 기른 닭과 돼지고기로 건강한 요리를 선보인다. 글루텐 프리,

모코, 커리 칩스는 한 끼 식사로도 손색없다.

Map P.504-A1 | 주소 4265 Rice St. Lihue | 전화 808-245-2337 | 홈페이지 www.kauaibeer.com | 영업 월~토 12:00~21:00(일요일 휴무) | 가격 $5~17(시그니처 KBC 버거 $15.50) | 주차 무료 | 예약 불가 | 가는 방법 리후에 공항에서 570번 Ahukini Rd.로 진입. 왼쪽의 51번 Kapule Hwy.를 끼고 좌회전한다. 직진 후 오른쪽의 Rice St.를 끼고 우회전, 직진 후 도로 왼쪽에 위치.

마크스 플레이스 Mark's Place

주문 후 빠른 픽업, 저렴한 가격대에 맛있기로 소문난 테이크 아웃 레스토랑. 햄버거 스테이크, 데리야키 치킨, 치킨 커틀릿, 코리안 치킨 등의 메뉴를 도시락 스타일로 판매하며 그중 가장 인기있는 마크스 페이머스 믹스드 플레이트에는 치킨 카츠, 데리야키 비프, 비프 스튜, 마카로니 샐러드가 곁들여진다.

Map P.504-A2 | 주소 1610 Haleukana St. Lihue | 전화 808-245-2522 | 홈페이지 marksplacekauai.com | 영업 월~금 11:00~16:00(토~일요일 휴무) | 가격 $3.19~17.99(마크스 페이머스 믹스드 플레이트 $17.99) | 주차 무료 | 가는 방법 리후에 공항에서 570번 Ahukini Rd.로 진입. 직진 후 56번 Kuhio Hwy.를 끼고 좌회전 후 직진. 다시 Puhi Rd.를 끼고 좌회전 후 직진. 오른쪽 Hanalima St.를 끼고 우회전, 오른쪽에 위치.

카우아이 커뮤니티 마켓
Kauai Community Market

카우아이에서 나고 자란 신선한 채소와 과일 등을 맛볼 수 있는 곳. 그밖에도 꽃이나 식물, 빵이나 꿀 등 관광객들이 관심 있어 할만한 아이템이 가득하다. 카우아이를 대표하는 마켓으로 카우아이 커뮤니티 칼리지 내에서 열린다.

Map P.457-E3 | 주소 3 Kaumualii Hwy. Lihue | 전화 808-855-5429 | 홈페이지 www.kauaicommunitymarket.org | 영업 토요일 09:30~13:00 | 주차 가능 | 가는 방법 리후에 공항에서 570번 Ahukini Rd.로 진입. 직진 후 56번 Kuhio Hwy를 끼고 좌회전. 다시 직진 후 오른쪽에 위치.

> **알아두세요** 카우아이에는 다양한 전설이 전해져옵니다. 그중에서도 메네후네(하와이 난장이) Menehune 이야기를 빼놓을 수 없죠. 이들은 신화 속에 등장하는 인물로, 카우아이의 양어장을 하루 만에 만드는 특별한 시공기술을 가진 소인족이에요. 하와이 원주민들은 숲속에 살았던 이들을 기피했는데요. 오늘날 이 종족의 기술이 리후에 인근에 위치한 알레코코, 즉 메네후네 양어장 같은 하와이식 양어장에서 볼 수 있다고 전해지고 있어요.

리후에의 쇼핑

쿠쿠이 그로브 쇼핑 센터에서는 다양한 프로그램으로 여행자들을 맞이한다. 술을 좋아하는 사람이라면 킬로하나 플랜테이션의 콜로아 럼에도 들러서 시음해보자.

콜로아 럼 Koloa Rum
★★★★★

럼을 제조하는 데 있어 필요한 것은 바로 설탕, 이스트, 물이다. 그중 가장 중요한 설탕의 원료인 사탕수수를 재배한 카우아이 지역은 콜로아 럼이 탄생할 수밖에 없는 필수 조건을 갖춘 셈. 화이트 · 골드 · 다크 · 스파이시로 총 4가지 맛의 럼을 탄생시켰는데, 미국의 권위 있는 대회에서 총 8차례나 수상한 바 있다. 무료로 시음도 진행하고 있는데 선착순 16명씩 10시 15분부터 1시간 간격으로 이뤄지고 있다. 신분증이 있어야 시음에 참여할 수 있으니 반드시 여권을 챙길 것.

Map P.504-A1 | **주소** 3-2087 Kaumualii Hwy. Lihue | **전화** 808-246-8900 | **홈페이지** www. koloarum.com | **영업** 월~토 10:00~16:00(일요일 휴무) | **주차** 무료 | **가는 방법** 리후에 공항에서 570번 Ahukini Rd.로 진입, 왼쪽의 Kuhio Hwy.를 끼고 좌회전한다. 중간에 50번 Kaumualii Hwy.로 도로명이 바뀌면서 계속 직진하다 오른쪽의 킬로하나 플랜테이션으로 진입한다. 킬로하나 플랜테이션 내 위치.

쿠쿠이 그로브 쇼핑 센터
Kukui Grove Shopping Center

식사와 쇼핑, 두 가지를 모두 만족할 수 있는 쇼핑 센터. 2004년에 리모델링 후 수많은 점포들이 입점해 있는 대형 쇼핑 센터. 메이시스 백화점과 시어즈 백화점, 롱스 드러그 스토어 등 대형 매장과 카페, 레스토랑 등이 입점해 있다. 특히 일본 음식점 겐키 스시 Genki Sushi가 인기가 좋다. 금요일은 '알로하 프라이데이 나이트'로 18:00~19:30에 훌라 등 댄스 공연을 감상할 수 있다. 그밖에 아이들을 위한 댄스 스쿨이나 고등학교 스쿨밴드의 공연 등 홈페이지를 통해 다양한 즐길 거리가 업데이트 된다.

Map P.504-A2 | **주소** 3-2600 Kaumualii Hwy. Lihue | **전화** 808-245-7784 | **홈페이지** www. kukuigrovecenter.com | **영업** 월~토 09:30~19:00, 일 10:00~18:00 | **주차** 무료 | **가는 방법** 리후에 공항에서 570번 Ahukini Rd.로 진입, 왼쪽의 Kuhio Hwy.를 끼고 좌회전한다. 중간에 50번 Kaumualii Hwy.로 도로명이 바뀌면서 계속 직진하다 도로 건너편에 American Savings Bank를 지나 유턴, 오른쪽에 쿠쿠이 그로브 쇼핑몰을 마주할 수 있다.

하와이 역사가 시작된 곳
와일루아

하와이 제도 가운데 맨 처음 사람이 정착한 곳이 바로 카우 아이의 동쪽 지역이다. 그 때문에 주변에 많은 유적지와 전 설이 남아 있는 데다가 와일루아 하이웨이 Wailua Hwy. 근처 에는 크고 작은 쇼핑 센터가 들어서며 카우아이 관광의 거 점으로 활기를 띠고 있다.

무엇보다 와일루아 지역에는 카우아이에서 가장 인기가 높 은 동굴 탐험 액티비티가 있다. 와일루아 강은 카우아이에 서 유일하게 배가 다닐 수 있는 강으로, 배를 타고 화산암으 로 이뤄진 고사리 동굴을 둘러볼 수 있다. 배 안에서 라이브 연주와 훌라춤을 배울 수 있으며, 역사적으로도 유서가 깊 은 고사리 동굴은 신비한 분위기마저 흐른다. 뿐만 아니라 와일루아 강을 끼고 와일루아 폭포와 오페카아 폭포의 아름 다운 절경을 감상하기 좋다.

+ 공항에서 가는 방법

리후에 공항에서 오른쪽의 51번 Kapule Hwy.를 타고 직진. 중간에 56번 Kuhio Hwy.로 바뀌면서 계속 같 은 차선을 이용해 직진하다 와일루아 강 Wailua River을 지나면 와일루아 지 역에 도착한다. 공항에서 와일루아까 지 약 11분 정도 소요된다.

+ 와일루아에서 볼 만한 곳

고사리 동굴, 와일루아 폭포, 오페카 아 폭포

와일루아의 볼거리

고사리 동굴은 그 앞에서 키스를 하면 영원한 사랑이 이뤄진다는 전설 때문에 여러 커플이 즐겨 찾는 명소이며, 오페카아 폭포는 영화 촬영지로도 유명하다.

★★★★★
고사리 동굴 Fern Grotto

옛날에 왕족의 집회와 결혼식을 거행하던 동굴로 지금도 신비한 분위기가 감돈다. 동굴 내부를 모두 고사리가 덮을 만큼 풍부해 '고사리 동굴'로 이름 지어졌으나 1992년 이니키 태풍으로 인해 그 양이 줄어들었다. 육로는 없으며 하구에서 보트를 타고 이곳을 방문할 수 있다. 와일루아 강 하구 와일루아 마리나에서 출발하는 보트 투어는 와일루아 강을 지나면서 라이브 뮤직과 함께 훌라춤도 배울 수 있고, 와일루아 강의 역사도 들을 수 있다. 또한 고사리 동굴에 도착하면 그곳에서 엔터테인먼트 팀의 짧은 공연도 감상할 수 있다. 옛날에는 왕족만이 들어갈 수 있었던 와일루아 강에서 아름다운 자연을 감상하며 유유자적 시간을 즐겨보자. 고사리 동굴 투어와 루아우 쇼 패키지를 함께 운영하기도 한다. 고사리 동굴에서 키스를 하면 영원한 사랑이 이뤄진다는 전설이 있기 때문에 1년에 약 1,000회 가량의 결혼식이 거행된다.

Map P.513-A2 | **주소** 4559 Kuamoo Rd. Kapaa(와일루아 비지터 센터 대략 주소), 5971 Kuhio Hwy. Kapaa(와일루아 마리나 대략 주소) | **전화** 808-892-2082 | **홈페이지** www.ferngrottokauai.com | **운영** 09:30, 11:00, 14:00, 15:30(와일루아 마리나에서 보트 출발 시간) | **요금** 성인 $27.73, 2~12세 $13.87(보트 투어), 성인 $125, 7~13세 $35, 3~6세 $25(보트 투어+루아우) | **주차** 무료(보트가 출발하는 와일루아 마리나에서 무료 주차 가능하며, 보트 투어 티켓도 이곳에서 구입 가능) | **가는 방법** 리후에 공항에서 북쪽 방향으로 51번 Kapule Hwy. 진입, 직진 후 중간에 56번 Kuhio Hwy.로 도로명이 바뀌어도 계속 직진한다. 왼쪽의 Kuamoo Rd.로 좌회전해서 들어오자마자 왼쪽으로 보이는 녹색 건물이 와일루아 비지터 센터 Wailua Visitors Center이며 이곳에서 보트와 카약 등 액티비티를 예약할 수 있다.

고사리 동굴을 탐험하기 위한 보트 투어

와일루아 폭포 Wailua Falls

도로에서 80걸음만 걸으면 될 정도로 가까운 거리에서 폭포를
감상할 수 있다. 1977~1984년까지 유명 TV쇼 〈판타지 아일랜
드〉의 오프닝 장면으로 등장한 뒤 유명세를 탔다. 눈앞에서 드
라마틱하게 떨어지는 쌍둥이 폭포의 웅장함을 느낄 수 있는 곳
으로 '환상의 폭포'라는 닉네임을 가지고 있다. 고대에는 전사
들이 이 폭포에서 떨어져 내림으로써 자신의 용감함을 증명해
보이기도 했다고 한다.

Map P.457-E3 | **주소** 5550 Kuamoo Rd. Kapaa | **운영** 06:00~
19:00 | **요금** 없음 | **주차** 무료 | **가는 방법** 리후에 공항에서 570번
Ahukini Rd.로 진입해 직진한 뒤 왼쪽의 56번 Kuhio Hwy.로 우회전
해 직진한다. 그런 뒤 왼쪽의 583번 Maalo Rd.를 끼고 좌회전한 뒤 직진
하면 도로 오른쪽에 와일루아 폭포가 보인다.

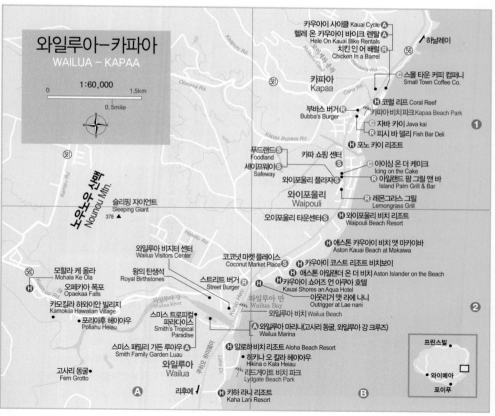

오페카아 폭포 Opaekaa Falls

1만 년 전 화산 분화구로부터 151걸음 정도 떨어진 거리에 위치해 있다. 오페 Opae는 하와이어로 '새우'라는 뜻인데 과거에는 이곳에 새우가 풍부했다는 설이 있다. 카우아이 지역 중 도로 근처에서 볼 수 있는 몇 안 되는 폭포 중 하나로, 1년 내내 폭포를 감상할 수 있다. 카파아 시내에서 가까운 위치에 있으며 다른 폭포에 비해 관광객이 덜 붐빈다. 엘비스 프레슬리가 주연한 영화 〈블루 하와이〉를 촬영한 곳으로도 유명하다.

Map P.513-A2 | **주소** Kuamoo Rd. Kapaa | **운영** 일출 시~일몰 시 | **요금** 없음 | **주차** 무료(근처 스트리트) | **가는 방법** 리후에 공항에서 북쪽 방향으로 51번 Kapule Hwy.에 진입, 직진 후 중간에 56번 Kuhio Hwy.로 도로명이 바뀌어도 계속 직진한다. 와일루아 강을 지나 왼쪽의 580번 Kuamoo Rd.를 끼고 좌회전 후 직진하면 오른쪽에 길가에 차를 세워두고 오페카아 폭포를 지켜보는 관광객들을 볼 수 있다.

와일루아 강 Wailua River

카우아이 최대의 강, 와일루아 강은 총 32km에 다다른다. 이 강은 카우아이 주민들에게 중요한 생명선이 되고 있는데 그 이유는 연간 강수량이 1만mm를 넘는 와이알레알레 산에 내리는 비가 와일루아 강이 되어 들판을 풍성하게 만들어 주기 때문. 과거에는 오로지 왕족만이 들어갈 수 있었던 왕족의 성지였던 곳이다.

Map P.513-A2 | **주소** Kuamoo Rd. Kapaa(오페카아 강 주소) | **운영** 일출 시~일몰 시 | **주차** 무료 | **가는 방법** 리후에 공항에서 51번 Kapule Hwy.에 진입, 직진 후 56번 Kuhio Hwy.로 도로명이 바뀌어도 계속 직진한다. 와일루아 강을 지나 왼쪽의 580번 Kuamoo Rd.를 끼고 좌회전 후 직진하면 오른쪽으로 오페카아 폭포를 보는 전망대가 있다. 오페카아 전망대로부터 언덕을 걸어 올라가 길을 건너면 와일루아 강 계곡과 내륙 평원이 보인다.

Travel Plus
슬리핑 자이언트

와이메아에서 카파아로 향하는 쿠히오 하이웨이 Kuhio Hwy. 왼쪽으로 보이는 것이 노우노우 산 Nounou Mountain이라는 바위산이에요. 하늘을 쳐다보고 누운 거인처럼 보인다고 하여 '슬리핑 자이언트 Sleeping Giant'라는 이름이 붙여졌어요.

와일루아의 해변

여행자들보다 현지인들이 더 즐겨 찾는 퍼블릭 비치가 모여 있는 곳. 따라서 여행자의 기분을 만끽할 수 있으며 주차하기도 어렵지 않다.

리드게이트 비치 파크 Lydgate Beach Park

스노클링과 하이킹을 하기 좋은 곳. 고대 하와이안 왕조가 은신처로 사용했을 만큼 화려한 경관을 자랑한다. 피크닉 시설이 잘 되어 있고, 무엇보다 수상 안전 요원들이 있어 아이들이 물놀이하기에도 안전하다. 간혹 운이 좋으면 해변에서 몽크바다표범을 만날 수 있다. 공용주차장과 공중 화장실, 샤워 시설이 3곳 설치되어 있다.

Map P.513-A2 | 주소 4470 Nalu Rd. Kapaa | 운영 07:00~18:00 | 주차 무료(근처 스트리트) | 가는 방법 리후에 공항에서 51번 Kapule Hwy. 진입, 직진 후 중간에 56번 Kuhio Hwy.로 도로명이 바뀌어도 계속 직진한다. 와일루아 골프 코스를 지나 오른쪽의 Leho Dr.를 끼고 우회전, 직진 후 다시 Nalu Rd.를 끼고 우회전한다. 오른쪽에 위치.

와일루아 비치 Wailua Beach

공용주차장이 없어 길가에 주차해야 하고, 특별히 해변을 보기 좋게 단장하진 않았어도 파도가 높아 서퍼들에게는 인기가 많은 곳이다. 간혹 보이는 거북이와 조약돌이 해변 분위기를 보다 따뜻하게 만든다. 여행자들의 발걸음이 뜸한 곳이라 프라이빗하게 태닝을 즐기기 좋다.

Map P.513-A2 | 주소 Kuhio Hwy. Kapaa | 홈페이지 www.kauai.com/beaches/wailua-beach | 운영 06:00~23:00 | 주차 무료(근처 스트리트) | 가는 방법 리후에 공항에서 51번 Kapule Hwy.에 진입, 직진 후 중간에 56번 Kuhio Hwy.로 도로명이 바뀌어도 계속 직진한다. 와일루아 강을 지나자마자 오른쪽에 위치.

와일루아의 쇼핑

여행 중 간단하게 식재료를 준비하고 싶다면 와이포울리 타운 푸드 랜드를 각종 액티비티를 예약하고 싶다면 코코 넛 마켓 플레이스를 찾는 것이 좋다.

코코넛 마켓 플레이스
Coconut Market Place

기프트숍과 캐주얼 부티크, 주얼리 갤러리와 레스 토랑 등이 모여 있는 쇼핑센터. 화요일과 목요일 09:00~13:00에는 파머스 오픈 마켓이 열리는데 신선한 과일과 야채, 코코넛, 커피, 레이 목걸이 등 을 판매한다. 그외에도 훌라 · 레이 만들기 · 우쿨 렐레 클래스 등이 열리니 홈페이지 이벤트난을 참 고할 것. 다양한 카우아이 액티비티를 예약할 수 있으며, 카우아이 비지터 센터도 이곳에 위치해 있 다. 정문 근처의 후킬라우 라나이 Hukilau Lanai 레스

토랑은 카우아이 동부 최고의 레스토랑으로 명성 이 자자하다.

Map P.513-A2 | **주소** 4-484 Kuhio Hwy. Kapaa | **전화** 808-822-3641 | **홈페이지** www.coconut marketplace.com | **영업** 월~토 09:00~ 20:00, 일 10:00~18:00 | **주차** 무료 | **가는 방법** 리후에 공항에서 51번 Kapule Hwy.에 진입, 직진 후 중간에 56번 Kuhio Hwy.로 도로명이 바뀌어도 계속 직진한다. 와일루아 강을 지나 오른쪽 Aleka Loop를 끼고 우회전하자마자 바로 한 번 더 우회전하면 왼쪽에 쇼핑몰 위치.

후킬라우 라나이의 외관

배낭여행자들의 메카
카파아

카우아이의 동쪽에 위치한 카파아는 맨 처음 하와이로 온 이주민들이 형성한 하와이 최초의 마을이다. 주요 관광지로 가기 좋은 지리적 조건 때문에 늘 교통 체증이 예상되는 곳이기도 하다. 특히 장기 배낭여행자들이 즐겨 찾는 것으로 유명한데, 때문에 여러 날 지내기에도 부담 없는 요금의 숙박시설과 저렴한 가격의 다양한 숍·레스토랑들이 모여 있다. 여행 일정 중 프린스빌, 하날레이, 하에나 등의 지역을 둘러볼 예정이라면 이곳에 들러 잠시 휴식을 취하는 것도 좋을 듯. 다양한 국적의 여행자들과 함께하며 배낭여행지로서 하와이의 매력을 느낄 수 있다. 특히 카파아는 해양 스포츠 숍들이 모여 있어 수상 스키나 카약 등을 하는 데 필요한 장비들을 빌리기도 쉽다. 아기자기한 분위기의 마을을 느긋하게 둘러보며 페인팅 작품을 감상하고, 기념품으로 알로하셔츠나 액세서리 등을 구입하는 재미를 느껴보는 것도 좋다.

+ 공항에서 가는 방법

리후에 공항에서 오른쪽의 51번 Kapule Hwy.를 타고 직진. 중간에 56번 Kuhio Hwy.로 바뀌면서 계속 같은 차선을 이용해 직진하다 와일루아 강 Wailua River을 지나 왼쪽의 Kapaa Bypass를 끼고 좌회전. 직진 후 로터리에서 581번 Olohena Rd.로 진입해 직진하면 카파아 지역에 도착한다. 공항에서 카파아까지 약 28분 정도 소요된다.

+ 카파아에서 볼 만한 곳

카파아 비치 파크

카파아의 해변

카파아에는 수영하기보다 눈으로 감상하기에 좋은 비치가 있다. 넓은 잔디공원이 있어 피크닉하기에도 적당하다.

카파아 비치 파크 Kapaa Beach Park

화이트 샌드 비치. 원래 조용한 해변인 데다가 아이들이 노는 장소이기 때문에 서핑을 하기에는 적합하지 않다. 주변에 바위가 많으며 한쪽에 바이킹 도로가 나 있어 근처 렌탈 숍에서 바이킹을 렌트해 자전거 도로를 달려 보는 것도 좋을 듯. 피크닉 테이블이 비치되어 있으며 좋은 좀 더 환경을 원한다면 남쪽 끝, 포노 카이 리조트 Pono Kai Resort 쪽 모래사장을 추천한다.

Map P.513-B1 | **주소** 4-1604 Kuhio Hwy. Kapaa | **운영** 일출 시~일몰 시 | **주차** 무료 | **가는 방법** 리후에 공항에서 51번 Kapule Hwy.에 진입, 직진 후 중간에 56번 Kuhio Hwy.로 '도로명이 바뀌어도 계속 직진한다. 도로 오른쪽에 포노카이 리조트가 위치해 있으며 바깥쪽으로 해변을 마주할 수 있다. 공항에서 15분 정도 소요된다.

카파아의 즐길 거리

장기 여행자가 많이 모이는 덕분에 유독 자전거 렌탈 숍이 많다. 특히 카파아 비치 파크 근처로 자전거 도로가 있어 안전하게 달릴 수 있다.

바이크 Bike

카파아 비치 파크를 신나게 달려볼 수 있는 절호의 찬스. 해변을 따라 자전거 도로가 나 있기 때문에 카파아 주변에는 유독 자전거 렌탈 숍이 많다. 가격대는 대부분 하루 기준이며 원한다면 반나절도 대여 가능하다. 초보자를 위해 2인이 함께 사용하는 자전거도 있다.

+ 카우아이 사이클 Kauai Cycle

Map P.513-B1 | 주소 4-934 Kuhio Hwy. Kapaa | 전화 808-821-2115 | 홈페이지 www.kauaicycle. com | 운영 월 09:00~16:00, 수~금 09:00~16:00, 토 09:00~14:00(화 · 일요일 휴무) | 요금 $50~250

| 주차 무료(근처 스트리트) | 가는 방법 리후에 공항에서 Ahukini Rd.를 거쳐 51번 Kapule Hwy., 56번 Kuhio Hwy.를 타고 직진, 오른쪽에 위치.

+ 헬레 온 카우아이 바이크 렌탈스
Hele On Kauai Bike Rentals

Map P.513-B1 | 주소 4-1302 Kuhio Hw. Kapaa | 전화 808-822-4628 | 홈페이지 www.kauaibeach bikerentals.com | 운영 화~일 11:00~17:00(월요일 휴무) | 요금 2시간 $25, 4시간 $40, 24시간 $60, 1주일 $160 | 주차 무료 | 가는 방법 리후에 공항에서 51번 Kapule Hwy.에 진입해 직진, 56번 Kuhio Hwy.를 지나서 계속 직진하면 도로 오른쪽에 위치.

카파아의 먹거리

카파아 지역은 미국인들도 카우아이를 여행할 때 빼놓지 않고 들르는 곳이다. 그만큼 세계 각국 스타일의 요리를 맛볼 수 있는 곳. 단, 출발 전 영업 시간을 미리 확인하자.

부바스 버거 Bubba's Burger
★★★★★

70년 전통의 버거 전문 레스토랑. 주문을 받은 즉시 만드는 시스템으로 카우아이산 쇠고기로 만든 패티는 지방이 적고 촉촉해 오리지널 햄버거의 맛을 느낄 수 있다. 살짝 구운 빵에 양파와 머스터드 소스, 토마토케첩만 넣은 옛날식 햄버거는 오픈 이래 지금까지 판매되고 있는 메뉴로, 한 번 맛보면 그 맛을 잊을 수 없다. 추가 요금을 내면 양상추, 토마토, 치즈 토핑을 추가할 수 있다.

Map P.513-B1 | 주소 4-1421 Kuhio Hwy, Kapaa | 전화 808-823-0069 | 홈페이지 www.bubbaburger.com | 영업 화~토 10:30~20:00(일~월요일 휴무) | 가격 $5.50~12.75(더블 부바 버거 $8.25) | 주차 무료 | 예약 불가 | 가는 방법 리후에 공항에서 북쪽 방향으로 51번 Kapule Hwy.에 진입, 직진 후 중간에 56번 Kuhio Hwy.로 도로명이 바뀌어도 계속 직진한다. 왼쪽에 Kapaa Bypass를 끼고 좌회전한 뒤 교차로에서 581번 Olohena Rd.를 끼고 우회전한다. 직진 후 Lehua St.를 끼고 좌회전한 뒤 다시 Kuhio Hwy.를 끼고 좌회전한다. 오른쪽에 위치.

피시 바 델리 Fish Bar Deli

캐주얼 다이닝 레스토랑. 튜나 벨리 피시 앤 칩스와 버터밀크 프라이드 치킨, 크리스피 케일 피자가 유명하다. 비건을 위한 샐러드와 빵 메뉴가 따로 있다.

Map P.513-B1 | 주소 4-1380 Kuhio Hwy. | 전화 808-378-2244 | 홈페이지 fishbardeli.com | 영업 수~월 12:00~21:00(화요일 휴무, 해피 아워 15:30~17:30) | 가격 $9~29(튜나 벨리 피시 앤 칩스 $24~29, 버터밀크 프라이드 치킨 $23) | 주차 불가 | 가는 방법 리후에 공항에서 Ahukini Rd를 타고 직진, 우회전해서 51번 Kapule Hwy.를 타고 직진한다. 중간에 56번 Kuhio Hwy.로 도로명이 바뀌면서 계속 직진. 오른쪽에 위치.

스몰 타운 커피 컴퍼니
Small Town Coffee Co.

Map P.513-B1 | 주소 4-1543 Kuhio Hwy. Kapaa | 전화 808-638-4799 | 홈페이지 www.small towncoffee.com | 영업 월~토 06:00~14:00(일요일 휴무) | 가격 ~$10 | 주차 무료 | 예약 불가 | 가는 방법 리후에 공항에서 북쪽 방향으로 51번 Kapule Hwy.에 진입, 직진 후 중간에 56번 Kuhio Hwy.로 도로명이 바뀌어도 계속 직진한다. 왼쪽에 위치.

카파아 지역을 지나가다가 한 눈에 들어오는 빨간색 푸드 트럭이 있다면, 바로 스몰 타운 커피 컴퍼니다. 커피와 스무디, 바나나 브레드, 베이글, 쿠키 등 티타임에 간단하게 곁들일 수 있는 먹거리를 판매하고 있다. 카파아 지역에서 가장 훌륭한 커피 맛을 자랑하는 곳이다.

치킨 인 어 배럴
Chicken In a Barrel
★★★★★

커다란 드럼통 안에 연기를 피우는 '스모크드 바비큐' 스타일로 치킨을 요리하는 테이크아웃 레스토랑. 캘리포니아 스타일을 새롭게 변형한 것. 35년

Mia's Advice

배낭여행자의 베이스캠프인 만큼, 카파아는 다양하게 미식을 즐길 수 있는 지역이에요. 책에 소개한 식당 외에도 양식, 하와이안, 아시안 퓨전 등 먹거리별로 레스토랑이 많아서 골라먹는 재미가 있어요. 수준급의 해산물 요리를 선보이는 샘스 오션 뷰 Sam's Ocean View(주소 4-1546 Kuhio Hwy, Kapaa)는 레스토랑 이름처럼 파노라마 오션뷰를 자랑해요. 바다를 바라보며 먹는 갈릭 슈림프나 아히 포케 나초가 일품이죠. 하와이 대표 음식인 포케와 도시락 세트를 원한다면 포노 마켓 Pono Market(주소 4-1300 Kuhio Hwy, Kapa'a), 아시안 퓨전 요리를 맛보고 싶다면 조투레스토랑 Jo2Restaruant(주소 4-971 Kuhio Hwy, Kapaa)을 추천해요. 인기 메뉴는 프라이드치킨, 시어드 오노 앤 랍스터, 프라이드 옥토퍼스랍니다.

동안 즐겨 해먹던 방법으로 2010년 숍을 오픈했다. 치킨 이외에도 돼지고기와 소고기, 립, 백 립 등의 BBQ 메뉴도 있다. 하날레이 칭영 빌리지 내 2호점이 있으며, 2호점에는 브런치 메뉴도 함께 취급하고 있다.

Map P.513-B1 | 주소 4-1586 Kuhio Hwy. Kapaa | 전화 808-823-0780 | 홈페이지 chickeninabarrel.com | 영업 월~토 11:00~19:30 | 가격 $4.20~38.85(치킨 인 어 배럴 플레이트 $15.10) | 주차 무료(근처 스트리트) | 예약 불가 | 가는 방법 리후에 공항에서 북쪽 방향으로 51번 Kapule Hwy.에 진입, 직진 후 중간에 56번 Kuhio Hwy.로 도로명이 바뀌어도 계속 직진한다. 오른쪽에 위치.

com | 영업 화~토 11:30~20:00(일~월요일 휴무) | 가격 $8~19(햄버거 $14) | 주차 무료(근처 스트리트) | 가는 방법 리후에 공항에서 Ahukini Rd.를 타고 나가 로터리에서 우회전, 51번 Kapule Hwy.를 타고 직진, 중간에 도로명이 56번 Kuhio Hwy.로 바뀌어서 계속 직진. 우측 Papaloa Rd.를 끼고 오른쪽 도로로 진입, 왼쪽 Lanikai St.를 끼고 좌회전 후 다시 56번 Kuhio Hwy.를 끼고 좌회전. 오른쪽 위치.

자바 카이 Java kai

여행 중 시원한 음료는 여행자들에게 단비와 같다. 이곳은 오가닉 로컬 스무디 주스가 인기인 카페. 다양한 과일과 채소를 섞어 몸에 좋은 건강 스무디를 판매한다. 스무디 한 잔으로 여행 중 신선한 비타민을 보충하자. 아침과 점심에는 샐러드, 와플, 샌드위치 등 식사 메뉴도 함께 판매하고 있으니 참고할 것.

Map P.513-B1 | 주소 4-1384 Kuhio Hwy. Kapaa | 전화 808-823-6887 | 홈페이지 www.javakaihawaii. com | 영업 월~토 06:00~18:00, 일 06:00~17:00 | 가격 $3~16.50(수퍼 걸 샌드위치 $14) | 주차 무료(근처 스트리트) | 예약 불가 | 가는 방법 리후에 공항에서 북쪽 방향으로 51번 Kapule Hwy.에 진입, 직진 후 중간에 56번 Kuhio Hwy.로 도로명이 바뀌어도 계속 직진한다. 오른쪽에 위치.

스트리트 버거 Street Burger

하와이에서 100% 풀만 먹고 자란 소고기로 패티를 만들고, 햄버거에 세트 메뉴로 함께 나오는 프렌치 프라이 역시 바다 소금을 이용해 만드는 곳으로 유명하다. 비건을 위한 햄버거와 양고기를 이용한 햄버거 등이 있으며, 말라사다 디저트는 잊지 말고 주문하자.

Map P.513-A2 | 주소 4-369 Kuhio Hwy. Kapaa | 전화 808-212-1555 | 홈페이지 streetburgerkauai.

최대 관광객이 방문하는
킬라우에아

킬라우에아 등대 때문에 유명해진 지역. 하와이 제도 최북단에 위치한 곳이다. 카우아이 최북단에 위치한 킬라우에아 등대는 15m 높이로, 1913년에 근처 바다를 항해하는 선박들을 위해 세워진 100년도 넘은 등대다. 현재는 일정 시간마다 발신된 전파를 포착, 선박의 위치를 알 수 있는 자동 비콘으로 대체되어 등대의 기능은 하지 않는다. 하지만 빨간 지붕의 하얀 등대와 주변 푸른 바다가 어우러진 풍경이 아름다워 아직까지도 한 해 평균 50만 명의 관광객이 찾는 명소다. 킬라우에아가 관광지로서 인기 있는 또 다른 이유 중 하나는 이곳이 국립 야생동물 보호지역으로 지정된 곳이기 때문. 특히 설치된 안내 표지를 따라 이곳에 사는 독특한 야생 조류들을 쉽게 관찰할 수 있는 것으로 유명하다. 허니무너라면 푸른 태평양을 배경으로 기념촬영을 하기에도 안성맞춤이다.

+ 공항에서 가는 방법

리후에 공항에서 오른쪽 51번 Kapule Hwy.를 타고 직진. 중간에 56번 Kuhio Hwy.로 바뀌면서 계속 같은 차선을 이용해 직진한다. 공항에서 킬라우에아에까지 약 38분 정도 소요된다.

+ 킬라우에아에서 볼 만한 곳

킬라우에아 등대, 히스토릭 콩 릉 마켓 센터

킬라우에아의 볼거리

카우아이 여행 기념사진에서 꼭 빼놓지 않고 등장하는 것이 바로 킬라우에아 등대이다. 랜드마크로서 역할을 충실히 하고 있는 이곳은 각종 조류들의 서식지이기도 하다.

★★★★★
킬라우에아 등대 Kilauea Lighthouse

1913년에 건립, 1976년까지 고래잡이 어선의 길잡이 역할을 한 등대로 카우아이 최고의 명소. 주변은 국립공원으로 국가 지정 동물보호구역이며 다양한 종류의 바닷새들을 눈앞에서 볼 수 있다. 비지터 센터에서는 조류에 대한 각종 자료와 전시물을 볼 수 있으며 등대 옆 건물에서는 무료로 망원경을 대여해준다. 겨울철엔 바다 위를 가로지르는 고래 떼를 볼 수도 있다.

Map P.457-E1 | **주소** 3580 Kilauea Rd. Kilauea | **전화** 808-828-0384 | **운영** 목~토 10:00~16:00(일~수요일 휴무) | **입장료** $10 | **주차** 무료 | **가는 방법** 리후에 공항에서 북쪽 방향으로 51번 Kapule Hwy.에 진입, 직진 후 중간에 56번 Kuhio Hwy.로 도로명이 바뀌어도 계속 직진하다 오른쪽에 Kilauea Rd.를 끼고 우회전. 도로 끝에 위치.

킬라우에아의 먹거리

킬라우에아에서는 레스토랑을 찾기가 쉽지 않다. 혹 여행 중 허기지다면 히스토릭 콩 룽 마켓 센터를 이용하는 것이 좋다.

더 비스트로
The Bistro

유로피안과 퍼시픽 림, 퓨전 메뉴들을 선보이는 다이닝. 지역에서 나는 식재료를 고집하는 셰프의 신념 덕분에 건강한 음식을 선사하고 있다. 특히 'Tasted of Hawaii 2011'에 이곳의 메뉴가 최고의 해산물 요리로 등극되기도 했다. 해피 아워에는 와인과 생맥주, 마이타이 칵테일을 절반 가격에 즐길 수 있다. 튀긴 생선에 아시안 슬로우와 와사비 아이올리가 얹어진 피시 로켓 요리는 꼭 맛봐야 하는 메뉴다.

Map P.457-E1 | **주소** 2484 Keneke St. Kilauea | **전화** 808-828-0480 | **홈페이지** www.thebistro hawaii.com | **영업** 15:00~20:30 | **가격** $8.50~31.50(피시 로켓 $13.90) | **주차** 무료 | **예약** 가능 | **가는**

방법 리후에 공항에서 북쪽 방향으로 51번 Kapule Hwy.에 진입, 직진 후 중간에 56번 Kuhio Hwy.로 도로명이 바뀌어도 계속 직진하다 오른쪽에 Kilauea Rd.를 끼고 우회전. 직진하다 오른쪽으로 보이는 히스토릭 콩 룽 마켓 센터 내 위치.

킬라우에아 베이커리 & 피자
Kilauea Bakery & Pizza

한번 맛보면 중독되는 빵과 신선한 재료를 이용한 홈메이드 피자를 맛볼 수 있는 곳. 글루텐 프리와 베지 피자가 있으며, 야외 테라스에서 호젓하게 식사를 즐기기 좋다.

Map P.457-E1 | **주소** 2484 Keneke St. Kilauea | **전화** 808-828-2020 | **홈페이지** www.kilaueabakery. com | **영업** 06:00~20:00 | **가격** $3.25~27.50 | **주차** 무료 | **예약** 불가 | **가는 방법** 리후에 공항에서 북쪽 방향으로 51번 Kapule Hwy.에 진입, 직진 후 중간에 56번 Kuhio Hwy.로 도로명이 바뀌어도 계속 직진하다 오른쪽에 Kilauea Rd.를 끼고 우회전. 직진하다 오른쪽으로 보이는 히스토릭 콩 룽 마켓 센터 내 위치.

킬라우에아의 쇼핑

역사적으로 오랫동안 유지된 콩 룽 마켓 센터에는 소박한 숍들이 모여 있어 꼭 쇼핑이 목적이 아니더라도 둘러보는 재미를 느낄 수 있다.

히스토릭 콩 룽 마켓 센터
Historic Kong Lung Market Center

킬라우에아 등대로 향하는 길에 만날 수 있는 마켓. 레스토랑은 물론이고, 주민들의 이벤트와 함께 지역에서 만든 코코넛 비누나 오리지널 아트 페인팅 · 디자이너 이브닝 드레스 등을 판매하는 곳이다. 마켓 입구에는 하와이의 여왕 릴리우오칼라니가 1881년 킬라우에아를 방문했을 때의 기록을 전시하고 있다.

Map P.457-E1 | **주소** 2484 Keneke St. Kilauea | **전화** 808-828-0504 | **홈페이지** konglungkauai.com | **영업** 06:00~21:00(매장에 따라 차이 있음) | **주차** 무료 | **가는 방법** 리후에 공항에서 북쪽 방향으로 51번 Kapule Hwy.에 진입, 직진 후 중간에 56번 Kuhio Hwy.로 도로명이 바뀌어도 계속 직진하다 오른쪽에 Kilauea Rd.를 끼고 우회전. 직진하다 보면 오른쪽에 위치.

킬라우에아 플랜테이션 센터
Kilauea Plantation Center

카우아이에서 가장 개성강한 숍들이 모여 있는 곳. 향수, 화장품, 의류나 액세서리가 모여 있는 헌터 개더 Hunter Gather, 커피와 쿠키, 초콜릿을 맛볼 수 있는 트릴로지 Trilogy, 신선한 로컬 생선을 맛볼 수 있는 킬라우에아 피시 마켓 Kilauea Fish Market 등을 만날 수 있다.

Map P.457-E1 | **주소** 4270 Kilauea Rd. Kilauea | **영업** 10:00~18:00(매장마다 조금씩 다름) | **주차** 무료 | **가는 방법** 리후에 공항에서 51번 Kapule Hwy.에 진입, 직진 후 중간에 56번 Kuhio Hwy.로 도로명이 바뀌어도 계속 직진하다 오른쪽 Kilauea Rd.를 끼고 우회전. 직진하다 보면 왼쪽에 위치.

Princeville

최고급 리조트 단지
프린스빌

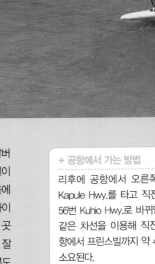

카메하메하 4세와 퀸 엠마 사이에 태어난 아들 프린스 알버트 카메하메하가 1860년 이 지역을 방문하면서 프린스빌이라는 이름으로 불리게 되었다. 프린스빌은 울창한 녹음에 둘러싸여 한적한 분위기를 느낄 수 있는 마을로, 카우아이에서도 부촌 지역으로 꼽힌다. 최고의 휴양지로 이름난 곳답게 아름다운 자연을 배경 삼아 최고급 리조트 단지가 잘 형성되어 있다. 깔끔하면서도 화려한 외관의 리조트와 콘도미니엄, 빌라 등이 모여 있는 리조트 단지에는 세계 일류 수준의 골프 코스가 갖춰져 있어 전 세계의 골프 마니아들을 사로잡는다. 주변에는 쇼핑 센터 · 레스토랑 등의 다양한 부대시설과 편의 시설이 모여 있어 조용하고 편안한 휴식과 다양한 여가 활동을 한 곳에서 즐길 수 있다. 또 주변 삼림과 어우러지는 광대한 목장은 프린스빌의 목가적인 매력을 배가시켜 이곳을 찾은 여행자들이 한층 더 여유로운 시간을 가질 수 있도록 한다.

+ 공항에서 가는 방법

리후에 공항에서 오른쪽의 51번 Kapule Hwy.를 타고 직진. 중간에 56번 Kuhio Hwy.로 바뀌면서 계속 같은 차선을 이용해 직진한다. 공항에서 프린스빌까지 약 47분 정도 소요된다.

+ 프린스빌에서 볼 만한 곳

프린스빌 쇼핑 센터, 카우아이 그릴

프린스빌의 해변

프린스빌 지역의 유일한 퍼블릭 비치로 애니니 비치가 있다. 윈드서핑 하기 좋고, 스노클링 하기에도 좋은 조건을 가지고 있다.

애니니 비치 Anini Beach

카우아이 노스 쇼어 지역에서 윈드서핑하기 최고의 장소로 커다란 산호초도 감상할 수 있다. 1992년 영화 〈허니문 인 베가스 Honeymoon in Vegas〉에 등장하기도 했다. 운이 좋다면 하와이 주 물고기인 후무후무누쿠누쿠아푸아아를 Humuhumunukunukuapua'a를 볼 수도 있다.

Map P.528-B1 | 주소 3727 Anini Rd. Kalihiwai(근처 대략 주소) | 운영 일출 시 ~일몰 시 | 주차 무료 | 가는 방법 리후에 공항에서 51번 Kapule Hwy. 진입, 중간에 56번 Kuhio Hwy.로 도로명이 바뀌고 계속 직진. 왼쪽 Kalihiwai Rd.를 끼고 우회전, 다시 왼쪽의 Anini Rd.를 타고 직진. 오른쪽에 위치.

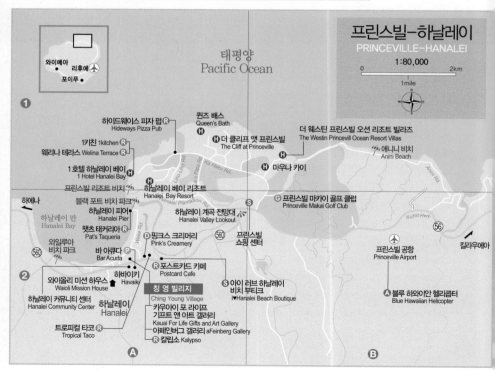

프린스빌의 즐길 거리

프린스빌에는 골프 코스는 물론이고, 헬리콥터 투어 등 기본적으로 가격대가 비싼 액티비티가 모여 있다.

블루 하와이안 헬리콥터
Blue Hawaiian Helicopter

차를 이용해 헬리콥터 이륙 장소로 이동해야 하는 다른 업체와 달리, 프린스빌 공항에 있어서 현장에서 바로 탑승이 가능하다는 장점이 있다. 와이메아 캐니언과 나 팔리 코스트 등을 돌아보는 프로그램으로 40~50분가량 소요된다. 카우아이뿐 아니라 오아후와 빅 아일랜드, 마우이에도 지점이 있으며 인터넷으로 예약하면 할인이 된다.

Map P.528-B2 | 주소 5-3541 Kuhio Hwy. Kilauea | 전화 808-245-5800 | 홈페이지 bluehawaiian.com | 영업 07:00~19:00 | 요금 $339 | 주차 무료 | 가는 방법 리후에 공항에서 51번 Kapule Hwy.에 진입. 직진 후 중간에 56번 Kuhio Hwy.로 도로명이 바뀌어도 계속 직진하다 왼쪽으로 보이는 프린스빌 공항 내 위치.

프린스빌 마카이 골프 클럽
Princeville Makai Golf Club

18개의 어워드에서 수상한 골프 코스로, 로버트 트렌트 존스에 의해 디자인 되었다. 산 쪽에 위치한 프린스빌 코스는 협곡과 열대림 등 카우아이의 대자연을 그대로 살린 아름답고 난이도 높은 코스이다. 총 27홀 규모의 골프장은 전체적으로 유러피안 스타일이며 오션과 레이크 코스, 우즈 코스로 나뉘어져 있다.

Map P.528-B2 | 주소 5-4280 Kuhio Hwy. Princeville | 전화 808-826-5001 | 홈페이지 www.makaigolf.com | 영업 08:05~12:30(티타임) | 요금 $241~315 | 주차 무료 | 가는 방법 리후에 공항에서 51번 Kapule Hwy.에 진입. 직진 후 중간에 56번 Kuhio Hwy.로 도로명이 바뀌어도 계속 직진. 오른쪽에 위치.

프린스빌의 먹거리

간단한 디저트나 베이커리를 원한다면 프린스빌 쇼핑 센터를, 우아한 식사를 원한다면 프린스빌 리조트 카우아이에 있는 레스토랑에서 럭셔리한 식사를 즐겨보자. 단, 예약은 필수다.

바 아쿠다 Bar Acuda

레스토랑 오너 짐 모팻과 셰프 한나, 케니 우디파가 함께 카우아이에서 나고 자란 신선한 재료로 만든 음식을 맛볼 수 있는 레스토랑. 재료에 따라 메뉴가 정기적으로 바뀔 수 있으니 서버에게 오늘의 메뉴를 추천받아도 좋다. 꼬치에 꽂아서 나오는 필레미뇽 스테이크의 인기가 좋다.

Map P.528-A2 | 주소 5-5161 Kuhio Hwy, Hanalei | 전화 808-826-7081 | 홈페이지 cudahanalei.com | 영업 화~토 17:30~21:30(일~월요일 휴무) | 가격 $9~29(필레 미뇽 스큐어 $22) | 주차 무료 | 예약 필요 | 가는 방법 리후에 공항에서 51번 Kapule Hwy.에 진입. 직진 후 중간에 56번 Kuhio Hwy.로 도로명이 바뀌어도 계속 직진. 왼쪽에 위치.

© Bar Acuda

하이드웨이스 피자 펍
Hideways Pizza Pub

온 가족이 가볍게 즐기기 좋은 이탈리안 레스토랑. 클래식 피자와 파스타, 칵테일 등의 메뉴가 있다. 피자는 10인치부터 16인치 대형 사이즈까지 주문이 가능하다. 팔리 케 쿠아 콘도 커뮤니티 Pali Ke Kua Condo Community에 위치해 있다.

Map P.528-A1 | 주소 5300 Ka Haku Rd. Princeville | 전화 808-378-4187 | 홈페이지 www.hideawayspizzapub.com | 영업 화~토 17:00~22:00 | 가격 $11.50~34 | 주차 무료 | 예약 10인 이상인 경우에만 예약 가능. | 가는 방법 리후에 공항에서 51번 Kapule Hwy.에 진입. 직진 후 중간에 56번 Kuhio Hwy.로 도로명이 바뀌어도 계속 직진하다 오른쪽 Ka Haku Rd.를 끼고 우회전. 오른쪽에 위치.

© Hideways Pizza Pub

프린스빌의 쇼핑

프린스빌 리조트 단지의 쇼핑 센터로는 프린스빌 쇼핑 센터가 유일하다. 지역 주민들이 간편하게 일처리를 볼 수 있는 각종 공공 기관도 모두 이곳에 모여 있다.

프린스빌 쇼핑 센터
Princeville Shopping Center

대형 마트인 푸드 랜드 Food Land는 물론이고 라퍼츠 아이스크림과 갤러리, 카페 등이 모여 있는 프린스빌 리조트 단지 내 쇼핑 센터. 뷰티 바와 헤어 살롱 등 뷰티 관련 숍은 물론이고 은행과 우체국, 카우아이 액티비티 등 35개의 숍과 레스토랑이 모여 있다. 매일 18:00~20:00에는 로컬 엔터테인먼트를 즐길 수 있다.

Map P.528-B2 | 주소 5-4280 Kuhio Hwy. Princeville | 전화 808-826-9497 | 홈페이지 www. princevillecenter.com | 영업 09:00~20:00(매장에 따라 차이가 있음) | 주차 무료 | 가는 방법 리후에 공항에서 51번 Kapule Hwy.에 진입, 직진 후 중간에 56번 Kuhio Hwy.로 도로명이 바뀌어도 계속 직진. 오른쪽에 위치.

바닷가를 끼고 있는 소박한 마을
하날레이

56번 고속도로를 타고 가면 마지막으로 나오는 마을. 아담한 크기의 빈티지한 카페, 숍, 레스토랑 등이 모여 있는 마을 분위기는 소박하고 조용하다. 특히 아름다운 곡선을 끼고 있는 하날레이 베이는 영화 〈디센던트〉와 〈소울 서퍼〉의 촬영지가 될 만큼 아름다운 풍경으로 유명하다. 뿐만 아니라 하날레이에는 다양한 아트 갤러리가 모여 있어 카우아이 전통 조각을 비롯한 공예품들을 구경할 수도 있다. 또 하날레이 커뮤니티 센터에서는 매주 토요일에 파머스 마켓이 열려 볼거리를 제공하며, 그밖에도 우쿨렐레 콘서트나 훌라 공연 등을 열어 하와이의 매력을 느낄 수 있게 한다.

+ 공항에서 가는 방법

리후에 공항에서 오른쪽의 51번 Kapule Hwy.를 타고 직진. 중간에 56번 Kuhio Hwy.로 바뀌면서 계속 같은 차선을 이용해 직진한다. 프린스빌 골프 코스를 지나면 하와이 하날레이 지역에 도착한다. 공항에서 하날레이까지 약 50분 정도 소요된다.

+ 하날레이에서 볼 만한 곳

하날레이 아트갤러리(하바이키, 카우아이 포 라이프 기프트 앤 아트 갤러리, 아페인버그 갤러리), 하날레이 커뮤니티 센터, 하날레이 피어

하날레이의 볼거리

토속 조각품들이 전시된 아트 갤러리가 곳곳에 있으며 하날레이 계곡 전망대에서는 타로 밭의 전경을 볼 수 있다. 도로가에 있어 드라이브 중 들르기 좋다.

하날레이 계곡 전망대 Hanalei Valley Lookout

물에 잠긴 땅에서 잘 자라는 타로는 카우아이의 주요 농작물로 하와이 주식인 '포이 Poi'를 만드는 데 사용된다. 포이란 타로의 뿌리를 굽거나 삶아 으깬 뒤 물을 넣어 점도를 조절한 요리로, 흔히 스프나 죽과 비슷한 형태다. 하와이에 공급되는 대부분의 타로는 카우아이에서 생산된 것이라고 해도 과언이 아닐 정도. 타로 농장은 사유지이기 때문에 허가된 농장 투어 참가자만 들어갈 수 있는 곳. 따라서 이 하날레이 계곡 전망대에서 감상하는 것을 추천한다.

Map P.528-A2 | **주소** 4280 Kuhio Hwy. Princeville(근처 대략 주소) | **운영** 일출 시~일몰 시 | **요금** 없음 | **주차** 무료 | **가는 방법** 리후에 공항에서 51번 Kapule Hwy.에 진입, 직진 후 중간에 56번 Kuhio Hwy.로 도로명이 바뀌어도 계속 직진. 오른쪽의 프린스빌 쇼핑 센터 지나자마자 왼쪽에 위치.

하날레이즈 컬처럴 커뮤니티 센터 Hanalei's Cultural Community Center

현지인과 여행자가 어울려 다양한 이벤트와 공연을 즐길 수 있는 곳이다. 훌라 쇼나 우쿨렐레 공연뿐 아니라 요가클래스와 여름에는 아이들을 위한 서머 프로그램과 하교 후 애프터 스쿨을 운영하고 있다. 매주 토요일 09:00~12:00에는 파머스 마켓도 열린다. 홈페이지에서 매달 열리는 이벤트의 내용을 미리 알 수 있으니 참고하자.

Map P.528-A2 | **주소** 5299 Kuhio Hwy., Hanalei | **전화** 808-826-1011 | **홈페이지** www.halehalawai.org | **운영** 토 09:30~12:00(파머스 마켓) | **입장료** 없음 | **주차** 무료 | **가는 방법** 리후에 공항에서 51번 Kapule Hwy. 에 진입, 직진 후 중간에 56번 Kuhio Hwy.로 도로명이 바뀌어도 계속 직진: 프린스빌 골프 코스 지나자마자 오른쪽 KaHaku Rd.를 끼고 우회전 후 오른쪽에 위치.

와이올리 미션 하우스 Waioli Mission House

선교사 아브너 & 루시 윌콕스의 집인 이곳은 1921년에 복원되어 국가사적지로 지정되었다. 내부에 있는 벽시계가 인상적인데, 1866년에 설치되어 지금까지도 정확한 시간을 가리키는 시계로 유명하다. 화산암 굴뚝과 고급 소재인 코아로 만든 가구 등 당시 하와이의 인테리어 문화를 잘 반영하고 있다. 미션 하우스 앞에는 1834년에 세워진 와이올리 후이아 교회가 있는데, 이곳의 스테인드글라스 창문 역시 볼 만하다. 2022년 여름, 코로나19로 인해 잠시 운영이 중단되었으니 방문 전 문의할 것.

Map P.528-A2 | **주소** 5-5373 Kuhio Hwy. Hanalei | **전화** 808-826-1528 | **운영** 화·목·토 09:00~15:00 | **주차** 무료 | **가는 방법** 리후에 공항에서 오른쪽의 51번 Kapule Hwy.를 타고 직진. 중간에 56번 Kuhio Hwy.로 바뀌면서 계속 같은 차선을 이용해 직진한다. 오른쪽의 칭 영 빌리지 쇼핑 센터를 조금 더 지나 왼쪽에 위치.

© 하와이 관광청

Beach

하날레이의 해변

여러 영화의 배경이 될 만큼 아름다운 뷰를 가지고 있다. 여행 기념사진을 촬영하기 안성맞춤이며, 일출을 만끽하기 에도 좋다.

★★★★★
하날레이 피어 Hanalei Pier

하날레이 베이의 비옥한 토지는 고대 하와이안들이 타로를 키우던 장소였다. 1892년 하날레이 피어가 생긴 이래 낚시나 수영, 음악 연주를 위한 모임 장소 로 카우아이의 인기 있는 랜드 마크가 되었다. 뿐만 아니라 현지인들의 가족 캠핑 장소로 유명하며, 특 히 하날레이 강가에서는 카약을 탈 수 있다. 1957년 영화 〈남태평양〉으로 주목을 받았으며, 그 이후로도 〈디센던트〉, 〈소울 서퍼〉 등의 촬영지로 유명하다.

Map P.528-A2 | 주소 End of Weke Rd. Hanalei | 운영 일출 시~일몰 시 | 주차 무료 | 가는 방법 리후에 공항에서 오른 쪽의 51번 Kapule Hwy.를 타고 직진. 중간에 56번 Kuhio Hwy.로 바뀌면서 계속 같은 차선을 이용해 직진한다. 다시 560 번으로 고속도로 번호가 바뀌며, 오른쪽의 칭 영 빌리지 Ching Young Village 쇼핑 센터가 보이면 오른쪽 Aku Rd.로 우회 전한다. 그런 뒤 다음 골목에서 Weke Rd.를 끼고 도로 끝까지 가면 바다가 보인다.

하날레이의 먹거리 & 쇼핑

레스토랑은 물론이고 분위기 좋은 카페들이 모여 있는 곳. 여행 후 저녁시간을 호젓하게 보내고 싶다면 이곳을 찾아도 좋다.

트로피컬 타코 Tropical Taco

멕시칸 타코 요리를 맛볼 수 있는 레스토랑. 처음에는 웨건 차량에서 주문을 받아 그 안에서 직접 만들어 판매하면서 입소문을 탔다. 지금은 그 웨건의 외형을 본떠 마치 레스토랑 안에 그 자동차가 들어있는 듯한 재미있는 인테리어를 보여주는 곳. 현재 타코 이외에도 부리토, 팻잭, 퀘사딜라, 토르티야 등의 메뉴를 선보이고 있다. 스페셜 메뉴는 생선 튀김과 함께 타로 프라이가 곁들여서 나오는 피시 & 칩스.

Map P.528-A2 | 주소 5-5088 Kuhio Hwy. Kilauea | 전화 808-827-8226 | 홈페이지 www.tropicaltaco. com | 영업 화~목 · 토~일 11:00~15:00(월 · 금요일 휴무) | 가격 $8~21(피시 앤 칩스 $20) | 주차 무료(근처 스트리트) | 예약 불가 | 가는 방법 리후에 공항에서 오른쪽의 51번 Kapule Hwy.를 타고 직진. 중간에 56번 Kuhio Hwy. 로 바뀌면서 계속 같은 차선을 이용해 직진한다. 다시 560번으로 고속도로 번호가 바뀌며 칭 영 빌리지 Ching Young Village 쇼핑 센터 전 오른쪽에 위치.

포스트카드 카페 Postcard Cafe

직접 가든에서 키운 신선한 허브를 이용하며 바나나, 파파야, 아보카도, 라임 역시 오가닉 재료를 사용하는 레스토랑. 육류는 일체 사용하지 않으며 화학조미료 역시 사용하지 않는 등 엄격하게 비건(고기뿐 아니라 우유와 달걀도 먹지 않는 엄격한 채식주의자) Vegan 다이닝을 지키고 있다. 파스타와 스프링 롤, 오가닉 그린 샐러드와 초콜릿 파이 등의 메뉴가 있다. 건강을 위해 식단을 챙겨야 하는 여행자나 여성 여행자들이 만족할 만한 요리와 분위기를 제공한다.

Map P.528-A2 | 주소 5-5089 Kuhio Hwy. Hanalei | 전화 808-826-1191 | 홈페이지 postcardscafe. com | 영업 화~토 17:00~21:00(일~월요일 휴무) | 가격 $15~39 | 주차 무료 | 예약 필요 | 가는 방법 리후에 공항에서 오른쪽의 51번 Kapule Hwy.를 타고 직진. 중간에 56번 Kuhio Hwy.로 바뀌면서 계속 같은 차선을 이용해 직진한다. 다시 560번으로 고속도로 번호가 바뀌며 칭 영 빌리지 Ching Young Village 쇼핑 센터 전 왼쪽에 위치.

칼립소 Kalypso

2005년 카우아이의 랜드 마크로 잘 알려진 노스 쇼어의 지로스 레스토랑에서 일하던 두 친구가 의기투합해 차린 레스토랑. 피시 & 칩스와 슈림프 타코, 파인애플과 생강 소스가 곁들어진 훌리훌리 치킨과 파스타 등의 메뉴가 있다. 또한 누들과 소스, 새우나 생선, 치킨 또는 채소를 정해 내 입맛에 맞는 칼립소 파스타를 주문할 수 있다.

Map P.528-A2 | 주소 5-5156 Kuhio Hwy. Hanalei | 전화 808-826-9700 | 홈페이지 kalypsokauai.com | 영업 월·수~금 14:30~21:00, 토 10:00~21:00, 일 08:00~21:00(화요일 휴무, 해피 아워 15:00~17:30) | 가격 $7~32(칼립소 파스타 $20) | 주차 무료 | 예약 불가 | 가는 방법 리후에 공항에서 오른쪽의 51번 Kapule Hwy.를 타고 직진. 중간에 56번 Kuhio Hwy.로 바뀌면서 계속 같은 차선을 이용해 직진한다. 다시 560번으로 고속도로 번호가 바뀌며 오른쪽으로 보이는 칭 영 빌리지 Ching Young Village 쇼핑 센터 내 위치.

칭 영 빌리지 Ching Young Village

오래전 중국의 청산이라는 지역에서 이주해온 이민자를 '칭 영 홈'이라고 부르는 것에서 지금의 '칭 영'이라는 말이 유래되었다. 처음에는 카파아 지역에서 다른 이주민들과 함께 상점과 레스토랑을 운영하다 1906년 지금의 자리에서 자그마한 상점을 운영하기 시작하면서 사업을 점차 늘려나갔다. 현재

는 하와이안 음악 CD를 판매하는 숍부터 기프트숍, 해양 스포츠 관련 오피스, 레스토랑 등 40여 개의 매장이 모여 있는 야외 쇼핑몰의 모습을 갖췄다.

Map P.528-A2 | 주소 5-5190 Kuhio Hwy. Hanalei | 전화 808-826-7222 | 홈페이지 www.ching youngvillage.com | 영업 07:00~20:30 | 주차 무료 | 가는 방법 리후에 공항에서 오른쪽의 51번 Kapule Hwy.를 타고 직진. 중간에 56번 Kuhio Hwy.로 바뀌면서 계속 같은 차선을 이용해 직진한다. 다시 560번으로 고속도로 번호가 바뀌며 오른쪽에 위치.

아름다운 자연경관을 품고 있는
하에나

하에나 주립공원을 비롯해 물이 맑은 케에 비치가 위치해 있는 곳. 케에 비치는 물이 유달리 맑은 데다가 물살도 잔잔해 스노클링 하기에 제격인 곳으로 유명하다. 케에 비치 근처에서는 칼랄라우 트레킹이 가능하다. 칼랄라우 트레일은 케에 비치에서 시작해 5개 계곡을 지나 칼랄라우 비치까지 총 거리가 약 18㎞ 정도 된다. 이곳이 유명한 이유는 하늘 위나 바다에서만 감상할 수 있는 나 팔리 코스트를 육상으로 접근할 수 있는 유일한 방법이기 때문. 길이 험준하고 코스가 힘들고 까다로워 풀코스를 걸으려면 따로 허가를 받아야 하지만 칼랄라우 비치에 도착해서 보는 나 팔리 코스트의 모습이 장엄하고 아름다워 트레킹을 좋아하는 여행객이라면 도전해볼 만하다. 그밖에도 케에 비치로 가는 길목에서 두 개의 동굴을 만날 수 있는데, 신비한 느낌마저 감도는 동굴의 모습에 많은 관광객들이 찾는다.

+ 공항에서 가는 방법

리후에 공항에서 오른쪽의 51번 Kapule Hwy.를 타고 직진. 중간에 56번 Kuhio Hwy.로 바뀌면서 계속 같은 차선을 이용해 직진한다. 킬라우에아와 프린스빌, 하날레이 지역을 지나 해안을 따라 달리면 도로 끝 하에나 지역에 도착한다. 공항에서 하에나까지 약 1시간 7분 정도 소요된다.

+ 하에나에서 볼 만한 곳

마니니호로 동굴, 와이카나로아 동굴, 케에 비치, 칼랄라우 트레일

하에나의 볼거리

하에나에는 신기한 동굴이 2개 있는데, 깊이 들어가긴 힘들어도 초입에서 동굴 내부를 볼 수 있다. 또한 나 팔리 코스트를 감상할 수 있는 칼랄라우 트레일도 유명하다.

마니니호로 동굴 Maniniholo Dry Cave

바닷가를 끼고 있는 몇 안 되는 동굴 중 하나. 300 야드의 깊이로 원래는 그 규모가 상당했으나 1957년 쓰나미로 인해 부분적으로 모래가 채워졌다. 하와이의 전설에서는 메네후네 Menehune라는 소인들의 추장이 자신들이 잡은 물고기를 훔쳐가는 초자연의 괴물 아쿠아 Aqua로부터 안전하게 자신들을 지키기 위해 이 동굴을 팠다고 전해진다.

Map P.456-C1 | **주소** 5-7878 Kuhio Hwy. Kilauea | **전화** 808-241-4909 | **운영** 일출 시~일몰 시 | **요금** 없음 | **주차** 무료(근처 스트리트) | **가는 방법** 리후에 공항에서 오른쪽의 51번 Kapule Hwy.를 타고 직진. 중간에 56번 Kuhio Hwy.로 바뀌면서 계속 같은 차선을 이용해 직진한다. 다시 560번으로 고속도로 번호가 바뀌면서 계속 직진한다. 하에나 비치 건너편.

와이카나로아 동굴 Waikanaloa Wet Cave

길가에 위치한 이 동굴은 바다 속에서 파도에 깎인 것으로 불의 여신인 펠레가 연인을 위해 만들었다가 물이 고이자 버렸다는 전설이 있다. 동굴 안 물은 온도가 차서 수영은 금지다. 스쿠버 다이버들에 의해 담수어나 해수어가 살지 않는 것으로 밝혀졌다.

Map P.456-C1 | **주소** 5-8101 Kuhio Hwy. Hanalei(대략 근처 주소) | **운영** 일출 시~일몰 시 | **요금** 없음 | **주차** 무료(근처 스트리트) | **가는 방법** 리후에 공항에서 오른쪽의 51번 Kapule Hwy.를 타고 직진. 중간에 56번 Kuhio Hwy.로 바뀌면서 계속 같은 차선을 이용해 직진한다. 다시 560번으로 고속도로 번호가 바뀌며 마니니호로 동굴 지나서 위치.

칼랄라우 트레일 Kalalau Trail

18km에 이르는 하이킹 코스. 영화 〈퍼펙트 겟어웨이〉의
주요 무대가 되기도 했다. 세계적으로 아름다운 트레킹
코스로 소문난 덕분에 항상 관광객이 모이는 곳이다.
칼랄라우 트레일은 케에 비치에서 시작해 5개의 계곡
을 지나 칼랄라우 비치까지 이어진다. 트레킹 도중 열
대식물과 하나카피아이 비치, 나 팔리 코스트의 전경을
감상할 수 있다. 등반자를 위한 기본 시설이 없으며, 왕
복하는 경우 1박 2일이 소요된다. 대부분 하나코아 계곡

Hanakoa Valley에서 야영을 하고 이튿날 칼랄라우로 향하는 일정인데, 야영을 하려면 리후에에 있는 하와이
주립공원 사무소에서 캠핑 허가증을 받아야 한다. 그렇기 때문에 반나절 코스로 왕복 3시간 가량 걸리는
하나카피아이 밸리까지 도전하는 이들이 더 많다. 방문 30일 전부터 홈페이지(www.gohaena.com)에서 예
약 및 결제해야 하며 셔틀버스와 입장권을 함께 판매하는 티켓이 가장 구매하기 쉽다. 셔틀버스의 경우 픽
업은 06:30 Waipa, 07:00 Haena State Park에서 시작하며 20~30분 간격으로 이뤄진다.

Map P.456-C1 | **주소** End of Kuhio Hwy., Hanalei | **전화** 808-274-3444 | **홈페이지** www.kalalautrail.com |
운영 일출 시~일몰 시(1박할 경우 미리 허가증 필요) | **요금** $5(캠핑 허가비 1인당 $25, 셔틀버스+입장료 $60) | **주차** 무료(근
처 스트리트) | **가는 방법** 리후에 공항에서 오른쪽의 51번 Kapule Hwy.를 타고 직진. 중간에 56번 Kuhio Hwy.로 바뀌면서
계속 같은 차선을 이용해 직진한다. 다시 560번으로 고속도로 번호가 바뀌며 도로 끝 케에 비치 건너편에 위치.

Mia's Advice

1 하에나 비치 앞에는 간단한 스낵을 판매하는 푸드
트럭이 있어요. 셰이브 아이스와 로컬 과일 등을 판
매하고 있죠. 안타깝게도 이 트럭이 항상 상주하는
것은 아닌 데다가 트럭 외에는 근처에 음식물을 판매
하는 곳이 없으니 하에나 지역을 여행할 때는 미리
간식을 준비하는 게 좋아요.

2 케에 비치는 쿠히오 하이웨이 Kuhio Hwy. 끝에 위치
하고 있어요. 여행자들에게 인기가 좋은 데 비해 주
차장이 협소해요. 대부분 케에 비치로 가는 길 양쪽
으로 차를 세워두고 해변까지 걸어가죠. 케에 비치에
가까워지면 길가에 걸어가는 사람들을 볼 수 있어요.
렌터카로 이동하는 여행자라면 참고하세요.

하에나의 해변

멋진 해변이 많은 곳이지만 그만큼 여행자들도 응집해 있는 곳이다. 간혹 교통체증이 예상되며, 주차하기가 어려울 수도 있다.

하에나 비치 Haena Beach

트로피컬 정글을 만날 수 있는 이곳은 하얀 모래 사장과 터키석 컬러의 바닷물을 마주할 수 있는 곳이다. 스펙터클한 일출을 배경으로 사진 찍기 좋으며, 라이프 가드가 있어 안전하다. 수영과 스노클링이 가능하며 겨울에는 서핑하기 좋다. 캠핑을 원하는 경우에는 미리 허가를 받으면 가능하다.

Map P.456-C1 | 주소 5-8101 Kuhio Hwy. Hanalei(대략 근처 주소) 4444 Rice St. Suite 106 Lihue(캠핑 관리실) | 운영 일출 시~일몰 시 | 요금 무료 (캠핑 허가비 1인당 $20) | 주차 무료 | 가는 방법 리후에 공항에서 오른쪽의 51번 Kapule Hwy.를 타고 직진. 중간에 56번 Kuhio Hwy.로 바뀌면서 계속 같은 차선을 이용해 직진한다. 다시 560번으로 고속도로 번호가 바뀌며 오른쪽에 위치.

★★★★★
케에 비치 Kee Beach

쿠히오 하이웨이 Kuhio Hwy. 끝자락에 위치한 이곳은 새하얀 모래사장과 에메랄드빛 바다가 펼쳐진 곳이다. 한여름에는 얕은 곳에서 수영과 스노클링을 즐기기 좋지만 겨울에는 파도가 높으니 조심할 것.

Map P.456-C1 | 주소 End of Kuhio Hwy. Hanalei | 운영 일출 시~일몰 시 | 주차 무료 | 가는 방법 리후에 공항에서 오른쪽의 51번 Kapule Hwy.를 타고 직진. 중간에 56번 Kuhio Hwy.로 바뀌면서 계속 같은 차선을 이용해 직진한다. 다시 560번으로 고속도로 번호가 바뀌며 도로 끝 왼쪽에 위치.

Na Pali Coast

신이 내린 선물
나 팔리 코스트

©하와이 관광청

수백만 년 전에 섬이 생겨난 이후 비바람이 암석을 깎고 태평양의 거친 파도가 해안선을 갉아먹었다. 대자연이 만들어 낸 모습 그대로 남아 있는 나 팔리 코스트. 27km의 해안선을 따라 마주하는 나 팔리 코스트는 그야말로 자연의 위대함을 온몸으로 보여주는 듯하다. 차량을 이용한 접근이 불가능하다는 점이 오히려 매력적으로 느껴지는 이곳에서 우리가 할 수 있는 것은 그저 자연에 대한 경외심을 표현하는 것 뿐. 참고로 나 팔리는 하와이어로 '절벽, 벼랑'을 의미하며 어떤 투어를 선택하느냐에 따라 나 팔리 코스트를 감상할 수 있는 포인트도 조금씩 다르다.

+ 나 팔리 코스트의 교통 정보

나 팔리 코스트를 직접 체험하기 위해선 칼랄라우 트레일을 이용하거나, 헬리콥터 액티비티나 세일링 보트를 탑승해야만 한다. 안타깝게도 차량을 이용한 방법은 없다.

+ 나 팔리 코스트에서 볼 만한 곳

나 팔리 코스트(칼랄라우 트레일, 요트 투어, 헬기 투어)

나 팔리 코스트의 즐길 거리

카우아이의 유명 액티비티 중 하나인 나 팔리 코스트 투어. 반나절의 시간이 소요되는 만큼 자연의 아름다움을 곳곳에서 만날 수 있다.

나 팔리 코스트 Na Pali Coast
★★★★★

카우아이 섬의 하이라이트는 나 팔리 코스트다. 와이메아 캐니언이나 와일루아 폭포 등 30분 정도 운전하면 간단하게 둘러볼 수 있는 다른 곳과는 달리 나 팔리 코스트만큼은 여행자들에게 그 발걸음을 쉽게 허락하지 않는다. 나 팔리 코스트를 즐기는 방법은 총 3가지. 1박 2일에 걸쳐 칼랄라우 트레일을 걷거나, 포트 알렌 하버에서 요트를 타고 해안선을 따라 항해하며 바다에서 바라보거나, 헬기 투어를 이용해 하늘에서 내려다보는 것.

포트 알렌 하버에서 출발하는 요트 투어는 절벽을 타고 흐르는 폭포와 파도에 깎인 해안 동굴은 물론이고 나 팔리 앞 바다에 정박하여 스노클링도 즐길 수 있다. 반면 하늘에서 내려다보는 헬기 투어는 깎아 세운 듯한 몇 개의 능선은 물론이고 와이알레알레 분화구까지 둘러볼 수 있다.

+ 칼랄라우 트레일 Kalalau Trail

Map P.456-C1 | 주소 End of Kuhio Hwy., Hanalei | 전화 808-274-3444 | 홈페이지 www.kalalautrail. com | 운영 일출 시~일몰 시(1박할 경우 허가증 필요) | 요금 $5(캠핑 허가비 1인당 $25, 셔틀버스+입장료 $60, www.gohaena.com에서 미리 예매) | 주차 무료(근처 스트리트) | 가는 방법 리후에 공항에서 오른쪽의 51번 Kapule Hwy.를 타고 직진. 중간에 56번 Kuhio Hwy.로 바뀌면서 계속 같은 차선을 이용해 직진한다. 다시 560번으로 고속도로 번호가 바뀌며 도로 끝 케에 비치 건너편에 위치.

포트 알렌 하버에서 보트에 탑승하는 관광객들

+ 잭 하터 헬리콥터스 Jack Harter Helicopters

Map P.456-B1 | 주소 4231 Ahukini Rd. Lihue | 전화 808-245-3774 | 홈페이지 www.helicopters-kauai.com | 영업 08:00~21:00 | 요금 $339~506(프로그램에 따라 차이 있음. 홈페이지 예약 시 할인) | 주차 무료 | 가는 방법 공항에서 570번 Ahukini Rd.로 진입, 도로 왼쪽에 위치해 있다. 공항에서 3분 정도 소요.

+ 사파리 헬리콥터 Safari Helicopter

Map P.456-B1 | 주소 3225 Akahi St. Lihue | 전화 800-326-3356 | 홈페이지 www.safarihelicopters.net | 영업 07:30~18:00 | 요금 $309~359 | 주차 무료 | 가는 방법 공항에서 570번 Ahukini Rd.로 진입, 왼쪽의 Akahi St.를 끼고 좌회전. 오른쪽에 위치해 있다.

+ 블루 하와이안 헬리콥터
Blue Hawaiian Helicopter

Map P.456-B1 | 주소 5-3541 Kuhio Hwy. Kilauea | 전화 808-245-5800 | 홈페이지 bluehawaiian.com | 영업 07:00~19:00 | 요금 $339 | 주차 무료 | 가는 방법 리후에 공항에서 북쪽 방향으로 51번 Kapule Hwy.에 진입, 직진 후 중간에 56번 Kuhio Hwy.로 도로명이 바뀌어도 계속 직진하다 왼쪽 프린스빌 공항 내 위치.

+ 캡틴 앤디스 세일링 Captain Andy's Sailing

Map P.456-B1 | 주소 4353 Waialo Rd. #1A-2A Eleele | 전화 808-335-6833 | 홈페이지 www.napali.com | 운영 06:45~15:00 | 요금 성인 $189~295, 6~12세 $199~255 | 주차 무료(근처 스트리트) | 가는 방법 리후에 공항에서 50번 Kaumualii Hwy.를 타고 서쪽으로 직진, 왼쪽에 웰컴 투 포트 앨런 사인 Welcome to Port Allen Sign이 보이면 좌회전. 541번 Waialo Rd.를 타고 직진하다 오른쪽에 카우아이 초콜릿 컴퍼니 Kauai Chocolate Company를 끼고 샛길로 진입하면 바로 보인다.

+ 블루 돌핀 차터스 Blue Dolphin Charters

Map P.456-B1 | 주소 4353 Waialo Rd. Eleele | 전화 808-335-5553 | 홈페이지 www.kauaiboats.com | 운영 07:00~20:00 | 요금 성인 $167.57~254.05(프로그램에 따라 차이 있음. 홈페이지 예약 시 할인) | 주차 무료(근처 스트리트) | 가는 방법 리후에 공항에서 50번 Kaumualii Hwy.를 타고 서쪽으로 직진, 왼쪽에 웰컴 투 포트 앨런 사인 Welcome to Port Allen Sign이 보이면 좌회전. 541번 Waialo Rd.를 타고 직진하다 오른쪽에 블루 돌핀 차터스가 보인다.

요트 투어로 바라본 나 팔리 코스트

카우아이 섬의 숙박

카우아이에서 프린스빌 단지에는 최고급 호화 호텔들이 즐비하다. 그밖에 공항 주변 리후에 지역에 리조트가 많으며 카파아 지역은 저렴한 B&B Bed & Breakfast가 많아 장기 여행자들이 투숙하는 곳이다(호텔 숙박 요금은 2022년 7월 기준. 1박 기준 요금이며, 택스 & 조식 불포함이다. 참고로 하와이는 호텔에 따라 시즌별로 가격 차이가 심한 편이다).

알아두세요 호텔을 결정하기 전 알아두면 좋은 정보

1 카우아이의 경우 다른 이웃 섬에 비해 호텔의 수가 많지 않기 때문에 선택이 폭의 좁은 것이 사실이에요. 여행책에 소개되어 있는 호텔 이외에 저렴한 곳을 원한다면 배낭여행객이 모여 있는 카파아 지역에서 알아보는 것이 좋아요.

2 호텔 가격은 최소 단위인 1박 1실을 기준으로 했으며 대부분의 호텔이 2인과 가격이 동일합니다. 일부 호텔은 60일 이전에 예약 시 할인된 가격을 제공하기도 하며, 호텔 투숙 가격은 호텔 홈페이지를 기준으로 하였습니다.

카우아이 비치 리조트 & 스파
Kauai Beach Resort & Spa
★★★★

공항에서 6분 거리에 위치한 호텔로 지리적으로 카우아이를 여행하기 편리하다. 4개의 야외 수영장과 인공 모래사장, 워터 슬라이드 등 아이들이 놀기에 최적화되어있다. 국내 숙박 예약 사이트인 호텔스닷컴과 협업 중인 곳으로 투숙 시 적립이 되어 10박 투숙 시 1박 무료 혜택은 물론이며, VIP Access 숙박 시설로 스파 할인이나 객실 이용 상황에 따라 체크아웃 2시간 연장 또는 무료 객실 업그레이드, 이른 체크인 등이 가능하다.

Map P.457-E3 | **주소** 4331 Kauai Beach Dr. Lihue | **전화** 808-245-1955 | **홈페이지** www.kauaibeachresortandspa.com | **숙박 요금** $424~ | **리조트 요금** $25(1박) | **인터넷** 무료 | **주차** $24(1박, 셀프) | **가는 방법** 리후에 공항에서 Ahukini Rd.를 타고 직진하다 Kapule Hwy.를 끼고 우회전, 직진 후 오른쪽 Kauai Beach Dr.를 끼고 우회전 후 직진.

1 호텔 하날레이 베이
1 Hotel Hanalei Bay
★★★★★

프린스빌 리조트 카우아이에서 새롭게 상호명을 바꿨다. 이곳은 2018년 세계적인 여행 잡지 콘데나스트 트래블러에서 독자들이 선정한 하와이 최고의 리조트 중 하나로 꼽힌 바 있다.

인피니티 풀을 갖추고 있으며 푸푸 포아 샌디 비치를 끼고 있어 서프보드나 패들보드, 카약 등을 즐길 수 있다. 또한 마카이 골프 클럽과도 가까이 있어 액티브한 여행자들에게 더할 나위 없이 좋다. 부대시설인 24시간 휘트니스 센터와 고급 스파인 밤포드 웰니스 스파 Bamford Wellness Spa도 이곳의 자랑이다. 리조트 내 자리한 1 키친 1 Kitchen, 바다가에 자리한 웰리나 테라스 Welina Terrace 등이 인기가 많다.

Map P.528-A1 | **주소** 5520 Ka Haku Rd. Princeville | **전화** 833-623-2111 | **홈페이지** www.princevilleresorthawaii.com | **숙박 요금** $1359~ | **리조트 요금** $25.95(1박) | **인터넷** 무료 | **주차** $35(1박, 발레파킹) | **가는 방법** 리후에 공항에서 51번 Kapule Hwy.를 타고 가다 56번 Kuhio Hwy.로 진입, 북쪽으로 직진하다 우측에 Ka Haku Rd. 방향으로 우회전.

쉐라톤 카우아이 리조트
Sheraton Kauai Resort
★★★★

눈앞에 백사장이 펼쳐져 있어 해안가 산책로에서 호젓한 시간을 보낼 수 있는 리조트. 스노클링하기 좋으며 검은 용암 바위가 사이에 있다. 쉐라톤 전용 침대로 맞춤형 디자인에 여분의 침구가 숙면을 보장한다. 2개의 수영장이 있으며, 슬라이드와 스파 욕조를 즐길 수 있다. 하와이 지역 내 통화는 무료이며, 훌라와 우쿨렐레, 레이 만들기 등의 클래스가 있다.

Map P.483-B2 | **주소** 2440 Hoonani Rd. Koloa | **전화** 808-742-1661 | **홈페이지** marriott.com | **숙박 요금** $446~ | **리조트 요금** $31.25(1박) | **인터넷** 무료 | **주차** $10(1박, 발레파킹, 단 첫 날은 무료) | **가는 방법** 공항에서 570번 Ahukini Rd.를 타고 직진하다 왼쪽의 50번 Kuhio Hwy.(Kaumualii Hwy.) 방향으로 좌회전한다. 520번 Maluhia Rd.를 끼고 좌회전한다. Koloa Rd.를 타고 우회전 후 다시 Poipu Rd. 방향으로 좌회전한다. 교차로를 지나 Lawai Rd. 방향으로 가다 Hoonani Rd.를 끼고 좌회전 후 직진. 오른쪽에 위치.

와이포울리 비치 리조트
Waipouli Beach Resort
★★★★

콘도미니엄 스타일의 숙소. 욕실이 넓고 주방시설을 갖춘 룸이 있어 가족이나 친구들과 함께 머물기 좋다. 객실 내 세탁기와 건조기가 비치되어 있어 장기 투숙에도 안성맞춤. 카드키 대신 번호키를 이용, 리조트 객실과 수영장을 부여된 번호를 받아

누르고 들어가는 시스템. 수영장 내에는 2개의 슬라이드가 설치되어 있다. 리조트 근처에 대형 마트 세이프웨이 Safeway가 있어 장보기에도 편리하다.

Map P.513-B2 | **주소** 4-820 Kuhio Hwy. Kapaa | **전화** 808-823-1401 | **홈페이지** www.waipoulibeach resort.com | **숙박 요금** $205~ | **리조트 요금** $26(1박) | **인터넷** 무료 | **주차** 무료(셀프) | **가는 방법** 하나페페에서 콜로아 방향으로 50번 Kaumualii Hwy.를 타고 직진하다 530 Koloa Rd.를 끼고 우회전 후 Poipu Rd.를 끼고 다시 우회전한다. Kapili Rd.를 끼고 우회전 후 Hoonani Rd. 방향으로 좌회전한다.

메리어트 카우아이 비치 클럽
Marriott's Kauai Beach Club
★★★★

칼라파키 비치에 위치한 리조트로 챔피언십 골프 코스와 피트니스 센터 이외에도 테니스 코트 등이 있어 다양한 여가 활동이 가능하다. 뿐만 아니라 카우아이 최대 규모의 수영장으로도 주목받고 있

다. 곳곳에는 자쿠지가 마련되어 있어 여독을 풀기에 좋다. 60분간 국제 통화와 사진촬영 서비스가 무료로 제공된다.

Map P.504-B2 | **주소** 3610 Rice St. Lihue | **전화** 808-818-3500 | **홈페이지** www.marriotthawaii.com | **숙박 요금** $463~ | **리조트 요금** $30(1박) | **인터넷** 무료 | **주차** 무료(셀프) | **가는 방법** 리후에 공항에서 51번 Kapule Hwy.를 타고 포이푸 방향으로 내려오다 왼쪽에 51번 Rice St.이 보이면 직진.

그랜드 하얏트 카우아이 리조트 & 스파
Grand Hyatt Kauai Resort & Spa
★★★★★

숨겨진 프라이빗 라군 Lagoon에서 카약을 이용할 수 있으며, 일반 리조트에서는 보기 힘든 정원과 연못 등의 조경이 압권. 최근 보수공사를 마쳐 다른 리조트에 비해 쾌적하며, 객실 내부는 클래식한 스타일로 휴식을 취하기 적합하다. 라나이에서 태평양의 전망을 내려다볼 수 있다.

Map P.483-B2 | **주소** 1571 Poipu Rd. Koloa | **전화** 808-742-1234 | **홈페이지** kauai.hyatt.com | **숙박 요금** $859~ | **리조트 요금** $40(1박) | **인터넷** 무료 | **주차** 무료 (셀프, 1박) | **가는 방법** 리후에 공항에서 50번 Kaumualii Hwy.에서 서쪽으로 직진, 왼쪽에 520번 Maluhia Rd.로 좌회전한다. 왼쪽 Ala Kinoiki 차선으로 진입하고 정면에 Poipu Rd.가 보이면 좌회전한다.

하와이 여행의 기술

ⓒ어진화

하와이 여행의 Q & A

하와이로 여행 장소를 결정했다면 본인의 여행 스타일을 고려해 스케줄과 예산을 결정하자. 여행을 떠나기 전 가장 기본적인 것들을 결정하는 데 있어 도움이 되는 팁들을 모았다.

약하고 준비하는 자유여행 FIT. 여행이 처음이거나 언어가 자유롭지 못하다면 패키지여행이 좋고, 반대로 여행의 경험이 많거나 혹은 영어가 자유롭다면 자유여행이 더 편리하다. 여행사에 항공권과 숙박 예약, 간단한 스케줄이 포함된 반자유여행 상품과 항공권과 숙박만 예약한 에어텔 상품에 공항 픽업, 드롭만 포함된 상품도 있다.

Mia's Advice

최근에는 패키지여행과 자유여행을 혼합한 반자유여행을 즐기는 사람들도 많아요. 반자유여행은 여행사에서 항공권과 숙박 예약을 도우며 하루나 이틀 정도만 가이드가 함께 하는 여행 스타일이에요. 해외여행이 처음이라면 반자유여행을 추천해요.

Q 언제부터 여행을 준비하는 것이 좋을까요?
A 기본적으로 하와이 여행을 위해선 전자여권을 준비해야 하고, 여행 비자가 없을 경우 ESTA 등록을 해야 한다(P.552 참고). 그런 뒤 항공권과 호텔을 예약해야 하므로 적어도 3개월 전부터 여유를 두고 준비하는 것이 좋다.

Q 패키지여행과 자유여행 중 어느 것이 좋을까요?
A 해외여행의 스타일에는 두 종류가 있다. 바로 왕복 항공권과 숙박, 현지 식사나 가이드가 포함된 패키지여행과 여행에 필요한 모든 것을 스스로 예

Q 성수기와 비수기는 언제인가요?
A 하와이의 성수기는 6~9월, 12~1월이며 그중에서도 연휴 전과 7~8월에 가격이 일제히 오른다. 단, 이 시기에도 출발 일에 따라 차이가 있게 마련! 주말보다 주중의 항공권이 더 저렴하다. 가능하면 여행객이 몰리는 성수기를 피해 평일에 출·도착하는 스케줄을 짠다면 비용을 조금이나마 절약할 수 있다.

Q 오아후와 이웃 섬, 무엇이 다른가요?
A 오아후는 하와이의 주도(州都)가 있는 중심지이

며, 오아후에서 비행기를 타고 이동하는 마우이, 빅 아일랜드, 카우아이 등을 이웃 섬이라 부른다. 대부분의 하와이를 방문하는 여행자에게 고민이 있다면, 오아후만 돌아볼 것이냐, 이웃 섬까지 둘러볼 것이냐일 것이다.

해외여행이 익숙하지 않은 사람들은 오아후만 둘러보는 것이 좋고, 렌터카를 이용한 자유여행이 가능하다면 이웃 섬도 추가하는 것이 좋다. 비싼 이웃 섬 숙박과 렌터카 비용을 절약하면서 이웃 섬 여행을 원한다면 오아후에 묵으면서 원데이 투어 One day tour를 이용해도 좋다. 하루만 이웃 섬을 둘러보는 코스로 오아후에서 새벽 비행기로 출발해 저녁 비행기로 돌아오는 스케줄이다. 와이키키 현지여행사에서 항공편과 현지 가이드를 포함한 투어 예약이 가능하다.

Q 여행 예산은 얼마나 준비해야 할까?

A 여행 예산에 가장 큰 비중을 차지하는 왕복 항공권은 직항의 경우 유류할증료 포함 1인당 160~200만 원 정도다. 오아후에서 이웃 섬으로 이동하는 항공권은 왕복 20~30만 원 선으로 예상하면 된다.

숙박은 리조트가 와이키키 내에 위치해 있어도 가격이 천차만별인데 중저가의 경우 1박에 $300 정도, 고급 리조트는 $600 이상이다.

렌터카 역시 하와이 여행에 빼놓을 수 없는 예산. 차종에 따라 비용 차이가 있고, 사용일 기준으로 책정된다. 소형급 차종은 1일 $200 정도다. 보험과 내비게이션, 주차비, 주유비와 함께 투숙할 호텔의 1일 주차비도 함께 고려하자.

식비의 경우 저렴한 곳은 $20 내외이며, 캐주얼 레스토랑의 경우 $30 내외, 고급 레스토랑은 $50~100 정도로 예산을 잡는 것이 좋다. 물론 이 금액에 15~20% 추가되는 팁도 고려하자. 유명 레스토랑마다 특정 시간에 저렴한 가격으로 식사를 제공하는 '해피 아워 Happy Hour'가 있으니, 알뜰 여행자라면 시간을 맞춰 활용해보자. 만약의 경우를 대비한 예비비로 총 예산의 10%를 더 가지고 출발하는 것이 좋다.

▶ **하와이 여행 총 예산**(1인, 4박 6일 기준)

국제선 왕복 항공권	160~200만 원
이웃 섬 왕복 항공권	20~30만 원
숙박 (4박, 2인 1일 기준)	160~320만 원
렌터카(4일)	104만 5,000만 원
식비(5일)	50~100만 원
쇼핑	100~200만 원
투어 및 액티비티	20~50만 원
기타	50~100만 원
합계	**664만 5,000원~ 1천104만 5,000원**

▶ **1일 예산 내역**(1인 기준, 팁 별도)

아침식사	3만 2,000원
점심식사	3만 2,000원
저녁식사	6만 5,000원
렌터카	15만 원
액티비티	20만 원
쇼핑	20만 원
기타	10만 원
합계	**77만 9,000원**

DUE TO BAGGAGE SIMILARITY, PLEASE MATCH YOUR CLAIM CHECK WITH BAG.

Aloha! Welcome to Hawaii

Assistance available for all arriving military personnel at the USO located between Baggage Claim Areas E & F.

여행 전 준비해야 하는 서류

여행 계획을 세우는 것과 동시에 필요한 서류도 준비하는 것이 좋다. 전자 여권은 토 · 일요일과 공휴일을 포함하면 발급까지 최소 일주일 정도 걸리기 때문에 늦지 않게 미리 준비하자.

1. 여행의 시작, 여권 만들기

해외에서 신분증명서가 되는 여권. 출발 날짜에 늦지 않도록 여권 발급 기관을 방문해 신청하자. 여권을 보유하고 있더라도 유효기간이 6개월 미만이라면 반드시 여권을 연장해야 한다. 여권은 장애인과 18세 이하 미성년자를 제외하고는 본인이 직접 신청해야 한다.

▶여권 발급 절차
신청서 작성→발급 기관 접수→신원 조회→각 지방 경찰청 조회 결과 회보→여권 서류 심사→여권 제작→여권 교부

▶필요 서류
- 여권 발급 신청서(외교통상부 홈페이지에서 다운로드 받거나 각 구청 여권과에 비치)
- 여권용 사진 1매(6개월 이내에 촬영한 사진)
- 신분증(사진이 부착된 주민등록증이나 면허증. 분실 시 주민등록 발급 신청 확인서로 대체됨)
- 병역 관련 서류(미필자만 해당)

▶서류의 기타사항
미성년자는 여권 발급 신청서, 여권용 사진 1매와 함께 법정 대리인 동의서, 미성년자의 기본 증명서, 가족관계 증명서 등 가족관계 또는 친족관계 확인 가능 서류가 필요하다. 또 여권용 사진의 경우 가로 3.5cm, 세로 4.5cm인 6개월 이내 촬영한 상반신 정면 탈모사진이어야 하고, 머리의 길이(정수리부터 턱까지)가 3.2~3.6cm이어야 하고 바탕색은 흰색이어야 한다. 흑백이나 보정 사진, 저품질 인화지는 사용할 수 없다.

Mia's Advice

25세 이상의 병역의무자는 여권 발급을 위해 병무청에서 발급하는 국외여행허가서가 필요해요. 병무청 홈페이지 www.mma.go.kr→병무민원포털→국외여행/체제민원에서 '인터넷 국외여행허가신청'을 클릭하세요. 직접 병무청에 방문하지 않아도 온라인으로 신청 · 출력이 가능하답니다.

▶여권 발급 장소
여권 발급과 신청은 발급 기관을 방문해 신청서를 제출해야 한다. 서울시 25개 구청과 각 광역시청, 그리고 각 도청에서 발급 가능하다. 발급 이후 직접 수령 또는 우편 배송이 가능하다.
- 외교부 여권 예약 접수 서비스 문의
  www.passport.go.kr

▶ 여권 발급 수수료

여권 종류	구분	기간	국제교류기여금	수수료
전자 여권	복수여권 (성인)	10년	1만5,000원	26면 3만 5,000원 58면 3만8,000원
	복수여권 (8~18세)	5년	1만2,000원	26면 3만 원 58면 3만3,000원
	복수여권 (8세 미만)	5년	–	26면 3만 원 58면 3만3,000원
	복수여권	5년 미만	–	26면 1만5,000원
	단수여권	1년	5,000원	1만5,000원
비전자 여권	긴급여권	1년	5,000원	1만5,000원~4만8,000원

2. 미국 여행의 필수,
전자여행허가 ESTA 만들기

6개월가량 미국을 여행할 수 있는 여행 비자를 가지고 있다면 상관없지만, 그렇지 않다면 따로 ESTA를 발급받아야 한다. ESTA는 여행 비자 없이 미국을 여행할 수 있는 일종의 허가증으로, ESTA 공식 사이트를 통해 발급받는다.

> · **홈페이지** http://esta.cbp.dhs.gov

▶ ESTA란?

Electronic System for Travel Authorization의 약자로, 전자 여행 허가 시스템이다. 예전에는 단기 여행일지라도 미국 비자를 위해서 많은 비용과 시간을 들여야 했는데, 2008년 11월 사전 전자여행 허가제로 인해 비자 없이도 간소화된 인증으로 입국

공항에서 여권 유효기간이 만료된 사실을 알았다면!

인천공항 영사 민원 서비스 센터에서는 긴급한 사유(비즈니스, 직계존속가족의 경조사, 유학 관련)의 당일 출국자에 한해 심사한 뒤 타당하다고 판단되면 긴급 단수여권(1년 유효)발급 업무를 해주고 있어요. 단, 일반 여행자나 허니문의 경우에는 해당되지 않아요. 필요한 준비물은 당일 출발 항공권과 최근 만료 여권, 여권용 사진 1매와 함께 긴급 여권 신청 사유서, 병역관계서류(해당자) 가족관계 기록 사항에 관한 증명서 등이 필요해요. 때에 따라 친족 사망 또는 위독에 대한 사유를 증명할 수 있는 서류를 요청하기도 해요. 이

서비스는 여권 유효 기간이 지났거나 만료일을 앞둔 경우에만 해당하며 분실이나 집에 두고 온 경우는 해당되지 않아요.

- · **위치** 인천국제공항 3층 중앙 F, G 카운터 뒤쪽
- · **운영** 평일 월~금 09:00~17:00
- · **발급비** 5만3,000원($53, 친족 사망 또는 위독 관련 증빙서류 제출 시 2만 원 또는 $20), 수수료는 일반 여권 발급 수수료와 동일.
- · **문의** 02-3210-0404

자격을 가질 수 있게 되었다.

▶발급 조건

대한민국의 국민이거나 국민의 자격이 있는 동포, 사업상 혹은 관광 목적으로 여행 기간이 90일 이하인 자, 현재 방문 비자를 가지고 있는 자여야 한다.

▶발급받는 법

ESTA 공식 홈페이지를 클릭, 상단의 한국어 서비스를 선택한다. 서식에 따라 조건에 맞게 기입한다. 여권 정보와 여행 정보도 입력해야 하므로 반드시 여권을 발급받은 이후에 신청해야 한다. 여행 정보는 신청번호를 저장해두었다가 추후 변경할 수 있으며 유효 기간은 2년이다. 신용카드로 결제해야 하고, 수수료는 1인당 $14.

▶홈페이지 이용 방법

Step 1 홈페이지 첫 화면 상단에 있는 한국어를 선택, 화면 오른쪽 '신규 신청서'를 클릭. 신청 요건을 확인하고 '개인 신청서'를 선택한다. 보안 통지가 뜨면 확인 후 '확인 & 계속'을 클릭한다.

Step 2 홈페이지에 표시된 권리포기각서를 읽고 하단의 '예, 정보를 읽고 이해했으며 이 조건에 동의합니다'에 표시한 뒤 '다음' 버튼을 클릭. 동일하게 'Travel Promotion Act of 2009' 공지글도 확인한 뒤 '예, 본인은 위 정보를 읽고 이해하였으며 이러한 조건에 동의합니다'를 표시하고 '다음'을 클릭한다.

Step 3 신청서는 영어로 작성하며, 붉은색 별표가 표시된 항목은 필수로 입력해야 한다. 신청인 정보, 여행 정보, 자격요건질문을 순서대로 작성 완료하고 화면 아래 '다음' 버튼을 클릭한다. 미국 내 연락처는 머물 숙소 주소와 연락처를 기입한다.

Step 4 신청한 내역을 다시 한 번 확인한다.

Step 5 신용카드로 결제해 신청 완료하기.

Step 6 신용카드 결제완료 후, 허가 승인을 확인하고 결제 영수증을 출력 혹은 다운로드 한다.

> **알아두세요**
> ESTA를 받기 위해서는 반드시 전자여권을 소지하고 있어야 해요. 이전 여권을 소지하고 있다면 전자여권으로 교체해야 한답니다.

항공권 & 숙박 예약하기

패키지여행이라면 여행사 직원과 상담 후 결정할 수 있지만, 처음부터 끝까지 스스로 여행 스케줄을 짜는 자유여행자라면 항공권과 숙박을 예약하는 것이 하와이 여행의 첫 관문일 수 있다.

1. 항공권 구입하기

알뜰 여행은 모든 자유여행자의 소망. 저렴하게 항공권을 구입하고 싶다면 항공권 비교 사이트를 활용하자. 사이트마다 제시하는 항공사가 조금씩 다를 수 있다. 원하는 날짜와 시간, 항공사 등 조건을 충족하는 곳에서 예약하도록 한다.

이웃 섬까지 여행한다면 주내선 항공편도 미리 예약해두는 것이 좋다. 오아후에 도착한 후 이웃 섬으로 바로 이동할 예정이라면 갈아탈 시간을 고려해 2시간 정도 여유를 두는 것이 좋고, 이동 거리가 짧으며 비교적 연착이 없는 하와이안 항공을 추천한다. 주내선 예약은 하와이안 항공(www.hawaiianairlines.co.kr)이나 익스피디아(www.expedia.com)를 이용하자.

> **· 항공권 비교 사이트**
> + 와이페이모어 www.whypaymore.co.kr
> + 인터파크투어 tour.interpark.com
> + 지마켓 www.gmarket.co.kr
> + 온라인투어 www.onlinetour.co.kr
> + 웹투어 www.webhtour.com
> + 투어캐빈 www.tourcabin.com

▶ **항공권 구매 절차**
홈페이지 접속 → 원하는 날짜와 목적지 지정 → 항공권 검색(인천 국제공항 ICN, 호놀룰루 국제공항 HNL) → 금액과 노선, 유류할증료와 택스 포함 금액 확인 → 가장 적합한 항공권 선택 → 탑승자 정보 입력 → 결제 시한 확인 → 결제 시한 내 결제 → 결제 확인 → 이메일로 전자항공권 E-Ticket 수령 → E-Ticket 출력

> **· 하와이 취항 항공사**
> + 대한항공 1588-2001, kr.koreanair.com
> + 아시아나항공 1588-8000, www.flyasiana.com
> + 하와이안 항공 02-775-5552,
>   www.hawaiianairlines.co.kr

Mia's Advice

하와이는 워낙 인기가 높은 지역이라 특별히 항공권이 저렴할 때가 없어요. 다만 주말보다 주중이 저렴해요. 평일 출발편의 경우 때때로 대형 여행사에서 가까운 시일에 떠나는 땡처리 항공권이 나오기도 하니 전화로 문의해보는 것이 좋아요.

2. 숙박 예약하기

하와이에서 만족스런 여행을 하기 위해서는 숙박시설의 종류를 미리 알고, 내 취향에 맞게 선택하는 것이 중요하다.

▶호텔 Hotel

와이키키에는 수영장 · 스파 · 피트니스 클럽 등을 갖춘 호텔이 대부분이다. 1박에 $200의 저렴한 호텔부터 $1000을 웃도는 최고급 호텔까지 가격은 천차만별.
하와이 호텔은 대부분의 객실이 트윈룸 Twin Room으로, 퀸 사이즈 침대 2개가 놓여 있다. 2인이 함께 사용할 수 있는 퀸 사이즈 침대 2개가 있어 의아할 수도 있다. 그래도 원베드룸 One Bedroom보다는 트윈룸의 객실 면적이 넓다는 게 장점이다. 저가형 호텔로는 아쿠아 계열 회사의 인지도가 높으며(호텔명에 아쿠아가 들어감), 중저가형 호텔의 경우 홀리데이 인 비치코머, 파크 쇼어, 애스톤(호텔명

리조트 요금 Resort Fee

하와이의 호텔에는 호텔 비용 외에도 리조트 요금이 따로 있어요. 리조트 요금이란 리조트급 호텔들이 리조트 부대시설 이용 요금을 별도로 받은 것에서 시작되었는데요. 한국인들에게는 다소 낯선 요금 체계이지만, 숙박하려면 무조건 지불해야 하기 때문에 호텔 예약 시 리조트 요금도 꼭 체크해서 예산을 짜야 합니다. 리조트 요금은 대략 1박당 $30~40 정도랍니다.

에 애스톤이 들어감) 등의 계열이 만족도가 높은 편이다.

▶콘도미니엄 Condominium

객실이 넓고 부엌 · 거실 · 식당 등 공간이 나누어 구성되어 있고, 세탁기와 건조기 등도 갖춰져 있어 가족 단위 여행에 적합하다. 장기 투숙 시 할인 혜택을 받을 수 있어 1주일 이상 머무를 경우 경제적이다. 와이키키의 콘도미니엄 숙소로는 아웃리거 Outrigger, 애스톤 Aston 계열이 인기가 높다.

▶베케이션 하우스 Vacation House

단독주택을 빌리는 형태를 말한다. 가구와 식기 등 필요한 생활용품을 갖추고 있으며, 콘도미니엄보다 프라이빗하게 휴가를 즐길 수 있다는 장점이 있다.

▶게스트 하우스 Guest House

한인 민박으로는 와이키키에서 자가용으로 15분, 버스로 40분 정도 소요되는 하와이 민박(hawaiiguesthouse.app-talk.co.kr), 다이아몬드 헤드 하우스(카카오톡 아이디 Jungja52) 등이 있다.

하와이 호텔 예약 노하우 완전 정복

하와이 여행 예산에서 가장 큰 부분을 차지하는 것 중 하나가 숙박이다. 호텔 예약을 어떻게 하느냐에 따라 여행의 만족도가 달라진다고 해도 과언이 아니다. 가성비 높은 호텔을 예약할 수 있는 노하우와 예약 전 알아두면 좋을 정보들을 모아 소개한다.

가장 저렴한 때를 노려라

안타깝게도 하와이 호텔은 늘 성수기다. 그중에서도 미국에서 가장 대표적인 휴일인 독립기념일, 추수감사절, 크리스마스 시즌과 여름방학 기간인 6~7월은 가격대가 더 높을 수 있다. 묵고 싶은 호텔이 있다면 호텔 예약 애플리케이션을 통해 상시 가격대를 살피면서 변화를 지켜보는 것도 방법이다. 하와이 호텔은 가격이 정해져 있지 않고 변동이 심하다는 것을 알아두자.

칼라카우아 애비뉴(Kalakaua Ave.) vs 쿠히오 애비뉴(Kuhio Ave.)

칼라카우아 애비뉴는 와이키키의 메인 거리이고, 여기서 한 블록 뒤에 위치한 거리가 쿠히오 애비뉴. 거리상 별 차이는 없지만 호텔 가격 차이는 천차만별. 특히 칼라카우아 애비뉴에서도 와이키키 비치를 끼고 있는 호텔일 경우엔 가격이 훨씬 높아질 수 있다. 조금 더 저렴한 가격대의 호텔을 찾는다면 쿠히오 애비뉴에 위치한 호텔 중심으로 알아보는 것을 추천한다.

결제 전 꼭 체크해야 하는 것들

예약을 확정짓기 전, 취소와 환불 규정을 꼼꼼하게 확인해야 한다. 날짜 변경 가능 여부 및 취소 시 수수료 등은 얼마인지 미리 알아두는 것이 좋다. 또한 체크인, 체크아웃 시간도 잘 알아두어야 한다. 대부분의 하와이 호텔 체크인 시간은 15:00, 체크아웃 시간은 11:00~12:00 사이이다. 항공편 도착 시간과 호텔 체크인/체크아웃 시간을 정확하게 알아보고 여행 계획을 세우는 것이 좋다. 간혹 여행 예약 애플리케이션에서 VIP 등급이거나 힐튼 또는 메리어트 계열 호텔의 멤버십 등급이 VIP인 경우 이른 체크인과 체크아웃 시간 연장을 요청해 보는 것도 방법이다. 간혹 방 청소가 일찍 끝난 방이 있는 경우 이른 체크인이 가능하기도 하니, 하와이에 도착하면 가장 먼저 호텔 체크인 가능 여부부터 알아보자.

호텔비 외에도 비교해야 할 금액이 있다

렌터카를 사용할 계획이라면 주차비 체크를 잊지 말자. 렌터카를 하루만 사용할 계획이라면 상관없지만 2~5일가량 사용할 예정이라면, 호텔에 지불하는 주차비가 큰 부담이 될 수 있다. 호텔에 따라 렌터카 비용이 1박당 $30~50나 되기 때문이다. 또한 결제 시 숙박료에 리조트 요금이 포함돼 있는지 혹은 체크인할 때 따로 지불해야 하는지도 미리 살펴보자. 당장 지불하는 금액이 적은 것 같아도 추후 체크아웃 시 결제해야 하는 추가 요금을 생각하면 호텔 선택이 달라질 수 있다.

객실 카테고리를 파악하자

객실 넓이와 종류가 같더라도 보이는 경치에 따라 가격 차이가 크다. 산 쪽이 보이는 마운틴뷰 Mountain View나 도로쪽을 바라보고 있는 시티뷰 City View의 가격대가 저렴한 반면, 바다가 보이는

오션뷰 Ocean View는 바다가 얼마큼 보이느냐에 따라 가격대가 달라진다. 파셜 오션뷰 Partial Ocean View(바다가 살짝 보이는 정도), 오션뷰 Ocean View, 오션 프런트 Ocean Front 순서로 가격대가 높아진다. 또한 일부 호텔에서는 객실의 라나이 Lanai(발코니)의 유무에 따라 가격이 달라지기도 한다.

대가족인 경우 호텔 커넥팅 룸 혹은 콘도미니엄의 투 베드를 알아보자

대가족인 경우 객실을 연결해서 사용할 수 있는 커넥팅 룸을 예약하면 효율적이다. 다만 커넥팅 룸을 예약하고 싶다면 호텔에 직접 문의하는 것을 추천한다. 콘도미니엄인 경우 원 베드룸은 4명 사용이 최대이지만, 투 베드룸의 경우 6명까지 투숙이 가능하다. 따라서 가족 구성원이나 인원수에 따라 알맞은 숙소를 찾는 것도 비용을 줄일 수 있는 노하우다.

예약 시 위생 및 청결 관련 안내 제공받기

코로나19 이후 어느 때보다 객실 상태가 중요해졌다. 호텔스닷컴 등의 숙소 예약 애플리케이션을 이용하면 숙박 시설에 대한 위생 및 청결 관련 안내 기능이 있다. 이를 통해 원하는 호텔의 청결도를 체크해 보는 것도 잊지 말자.

Mia's Advice

호텔에 대한 모든 것, 호텔스닷컴

Hotels.comRewards™

전 세계 90개국 50만 개 이상의 숙박 시설을 제공하는 호텔스닷컴 애플리케이션을 이용하면 마음에 딱 맞는 숙소를 찾을 수 있다.

1 딱 맞는 숙소를 찾기 위한 '검색 필터' 기능

호텔스닷컴은 수백 개의 숙박 시설에 대한 다양한 검색 필터를 제공한다. 고객 평점, 결제 방식, 숙박 시설 유형 등 원하는 필터를 설정해 숙소를 검색할 수 있다. 또한 출장, 가족 여행 등과 같은 필터도 제공해 여행의 TPO(시간, 장소, 경우)에 맞는 숙소를 제공하기도 한다.

2 유연한 '예약 옵션' 제공

대부분의 호텔에서 '무료 취소'와 같은 유연한 예약 옵션을 제공해 예상치 못한 상황에서도 여행객들이 안심할 수 있도록 하고 있다. 여행 계획이 변경되는 경우, 사용자는 숙박 예약을 간편하게 취소할 수 있다. 단, 환불 금액 및 환불 절차에 소요되는 시간은 예약 유형과 결제 방법에 따라 상이하다.

3 호텔스닷컴의 치트키 '리워드 프로그램'

업계 최고 수준의 고객 로열티 프로그램인 호텔스닷컴의 리워드. 사용자들은 숙박을 즐기는 동안 리워드를 쌓아 또 다른 숙박 혜택을 누릴 수 있다. 리워드 숙박 혜택은 1박마다 1개의 스탬프를 적립, 10개의 스탬프를 완성하면 1박이 제공되는 서비스로, 이전 10박의 평균 가격에 해당하는 호텔을 무료로 예약할 수 있다(전체 이용 약관 참고). 또한 호텔스닷컴이 제공하는 비밀 가격으로 10% 추가 할인 혜택도 받을 수 있다. Silver 및 Gold 회원은 숙박 품질과 서비스가 검증된 VIP Access 숙박 시설에서 추가 여행 혜택을 받을 수 있다.

※ **Silver 회원** : VIP Access 숙박 시설에서 무료 아침 식사, Wifi 또는 스파 바우처 등 다양한 여행 혜택을 받을 수 있다. 또한 고객 지원 서비스를 제공하는 전담팀이 있어 대기 시간 없이 문의사항을 우선적으로 해결할 수 있다.

Gold 회원 : VIP Access 숙박 시설에서 객실 이용에 따라 무료 객실 업그레이드, 이른 체크인, 체크아웃 연장 혜택을 받을 수 있다.

환전 & 신용카드 사용의 달인 되기

여행지에서 가장 중요한 것은 무엇보다 돈, 현금이다. 환전한 달러를 남기지 않으려면 달러와 신용카드를 적절히 사용하는 것이 좋다.

1. 효과적인 환전이란!

정신없이 여행을 준비하다보면 공항에서 비행기 타기 직전에 환전하기 마련이다. 하지만 조금만 부지런을 떨면 환전 수수료를 최대한 할인받을 수 있다.

▶ 은행 애플리케이션

가장 높은 환율 우대를 받을 수 있는 방법. 리브(국민 은행), 위비 뱅크(우리 은행), 쏠 SOL(신한 은행) 등 은행의 환전 전용 애플리케이션을 통해 최대 90%까지 환율 우대를 받을 수 있으며, 해당 은행의 이용자가 아니라도 환전이 가능하다. 모바일로 환전 신청을 한 뒤 가상 계좌로 바로 입금하면 완

Mia's Advice

은행별 환전 수수료, 기본 우대율, 최대 우대율 등을 비교하고 싶다면 은행연합회 외환길잡이(exchange.kfb.or.kr) 홈페이지를 이용하세요. 은행별로 비교 분석 할 수 있어서 훨씬 편해요.

료! 인천국제공항이나 기타 원하는 지점에서 수령할 수 있다. 다만 1일 최대 환전 한도가 100만원이기 때문에 그 이상을 원할 경우 며칠에 걸쳐 환전 신청을 해야 한다는 점이 단점. 은행에 따라 신청 당일은 수령이 불가할 수 있으니 2~3일 전에 하는 것이 좋고, 수령 시에는 본인 신분증을 필히 지참할 것.

▶ 인터넷 환전

인터넷 뱅킹으로 편리하게 환전을 신청한 뒤 공항에서 직접 수령하는 방법이다. 은행사에 따라 환전 시 여행자 보험에 가입하거나, 환율을 기존에 공지된 금액보다 좋게 받거나, 마일리지 적립 등 다양한 혜택을 받을 수 있다.

▶ 환전 수수료 할인받기

큰돈은 아니지만 조금이라도 수수료를 아끼고 싶다면 여행 관련 인터넷 커뮤니티 등에서 구할 수 있는 환전 수수료 할인 쿠폰을 이용하자. 주거래 은행일 경우 조금 더 할인을 해주기도 하고, 은행에 따라 일정 금액 이상 환전 시 여행자 보험을 들어주기도 한다.

▶ 환전 시 달러는 어떻게 바꿀까

$20와 $10 지폐는 각각 10~20장 사이, $1는 20~30장 정도로 바꾸고 나머지 금액은 대부분은 $100과 $50 위주로 바꾸는 것이 좋다.

▶하와이 현지에서 환전이 필요하다면

현지에서 원화를 달러로 환전하고 싶다면 와이키키 중심 인터내셔널 마켓플레이스 International Marketplace 내 환전소(Currency Exchange International)를 찾으면 된다.

- **운영시간** 11:00~19:00
- **문의** 808-664-0216

---

2. 체크카드 & 신용카드 사용하기

해외에서는 체크카드 수수료율이 신용카드보다 높다고 생각하기 쉽다. 그러나 최근에는 신한 체인지업 체크카드나 하나 비바X 체크카드, 우리 ONE 체크카드는 수수료가 없는 체크카드다. 이런 체크카드와 신용카드를 적절히 이용하자. 해외에서 신용카드 결제 후 4~5일 후에 국내 카드사로 거래 내역이 청구되며, 청구된 날짜의 환율을 기준으로 결제 대금이 부과된다.

▶해외 사용을 위해 출국 전 확인할 것

1 신용카드 앞면 국제 브랜드 로고를 꼭 확인하자. 해외에서는 VISA, Master Card, JCB, Amex 등 업무 제휴가 된 카드만 사용이 가능하다.

2 1일 사용 한도와 유효 기간을 미리 확인하자. 한도 초과 시 거래가 정지되며, 해외 체류 중에는 카드 유효 기관이 경과하더라도 분실·도난 위험 때문에 새로 발급된 카드 발송이 불가능하다.

3 출국 전 신용카드 결제일 및 결제 대금을 확인해 연체로 인한 불이익을 방지하자.

4 출입국 정보 활용 동의 서비스(카드 이용자가 귀국한 후 해외에서 승인요청이 들어올 경우 카드사가 거래 승인을 거부해주는 서비스)와 SMS 문자 서비스를 활용하자. 만약 해외에서 신용카드 정보

알아두세요 현지에서 신용카드로 결제할 경우 달러를 기준으로 결제하는 것이 유리해요. 원화로 결제하면 달러가 원화로 바뀌면서 3~8%가량의 수수료를 추가 부담하게 되기 때문이죠. 또한 상점에서 신용카드로 결제할 때 점원이 카드를 다른 곳으로 가져간다면 반드시 동행해 결제하는 걸 직접 눈으로 확인하세요. 카드 위조나 변조를 방지할 수 있어요.

가 유출되더라도 부정 사용 피해를 예방할 수 있다.

5 여권상 영문 이름과 신용카드상 영문 이름이 일치하는지 확인하고 카드 뒷면에 반드시 서명하자. 영문 이름이 다르거나, 본인 서명과 카드 서명이 일치하지 않으면 결제가 거부될 수 있다.

・국내 신용카드사 분실신고 번호 및 홈페이지

+ **KB국민카드**
  82-2-1588-1688, www.kbcard.com
+ **롯데카드**
  82-2-2280-2400, www.lottecard.co.kr
+ **비씨카드**
  82-2-950-8510, www.bccard.com
+ **삼성카드**
  82-2-2000-8100, www.samsungcard.com
+ **신한카드**
  82-2-1544-7000, www.shinhancard.com
+ **하나카드**
  82-2-1800-1111, www.hanaskcard.com
+ **현대카드**
  82-2-3015-9200, www.hyundaicard.com
+ **우리카드**
  82-2-2006-5000, www.wooricard.com

여행자 보험에 대한 모든 것

여행 중 생길 수 있는 만일의 불상사를 대비해 여행자 보험은 필수다. 특히 미국은 병원비가 비싸고, 렌터카 도난 사고도 종종 발생하기 때문에 일정 부분이라도 보상받을 수 있는 여행자 보험을 가입하는 것이 좋다. 단기 체류(3개월 이내), 장기 체류(3개월~1년 미만, 1년 이상) 등 여행 기간에 맞춰 가입할 수 있다.

1. 보험 가입 방법

보험 설계사를 통하거나 보험사 홈페이지, 인천 국제공항 출국장 등에서 가입할 수 있다. 여행친구Tip (www.trippartners.co.kr)이나 여행자 클럽(www.touristclub.co.kr)과 같은 애플리케이션으로 공인인증서 없이 간단하게 가입하는 상품도 생겼다.

가격은 여행 국가, 가입 기간에 따라 다르지만 대략 1주일 기준 1만~3만원 사이다. 최근에는 코로나19 확진 시 검사비, 치료비 보장이 포함되어 있는 보험도 많으니 꼼꼼히 살펴볼 것. 그 밖에도 인슈플러스(www.insuplus.co.kr)에 가입하면 해외 병원을 대신 예약해주고, 간호사가 한국말로 의료 통역은 물론, 병원비를 대신 지불과 함께 간단하게 의사와 원격 화상 진료까지 받을 수 있다. 24시간 의료지원 상담이 가능한 것도 장점이다.

보험사	콜센터	우리말 도움 서비스
메리츠	1566-7711	82-2-3140-1760
한화	1566-8000	82-2-3140-1707
롯데	1588-3344	82-2-3140-1718
MG	1588-5959	82-2-3140-1740
흥국	1688-1688	82-2-6260-7995
삼성	1588-5114	82-2-3140-1777
현대	1588-5656	-
LIG	1544-0114	82-2-3140-1717
동부	1588-0100	82-2-3140-1722
AIG	2260-6800	82-2-3140-1788
농협	1644-9000	82-2-511-1913
에이스	1566-5800	82-2-3140-3500

Mia's Advice

1 우리말 도움 서비스란 해외에서 사고 발생 시 현지 병원 안내, 진료 예약 등 의료지원 및 기타 보상 서비스를 한국어로 제공하는 것을 의미해요.

2 우리나라에는 해외여행자 등록제 '동행'이 있어요. 동행이란 해외여행자가 신상정보, 국내비상연락처, 현지 연락처, 여행 일정 등을 외교통상부 홈페이지에 등록해두면 여행자가 불의의 사고를 당한 경우 등록된 정보를 기준으로 영사 조력이 가능하도록 하는 제도랍니다. 여행 목적지의 안전 정보를 이메일로 받아볼 수 있으며 사고 발생 시 가족에게도 신속하게 연락이 된답니다. 동행은 외교통상부 홈페이지(www.0404.go.kr)에서 등록하면 됩니다.

2. 보험 적용 내역

주요 보장 내역은 사고 중 사망하거나 후유장애, 상해나 질병, 우연한 사고로 타인에게 손해를 미치거나 비행기 납치, 테러 등에 따른 피해 등이 있다. 다만 전쟁, 가입자의 고의로 자해하거나 형법상의 범죄, 가입자가 직업이나 동호회 활동 목적으로 전문 등반, 스쿠버다이빙 등 위험한 활동을 하는 도중 발생한 손해 등은 보상받지 못한다. 그 외 다음과 같은 부분은 약관에 포함되어있으면 훨씬 광범위하게 손해를 보장받을 수 있으니 가입 전 반드시 확인하자.

▶비행기 지연

최근 비행기 지연으로 인해 여행에 차질이 생길 경우 '지연 보상'을 해주는 보험 약관을 체크하는 여행객이 늘어나고 있는 추세. 따라서 지연 및 보상(수화물 포함), 분실물, 결항, 물품파손 보상 등에 관한 약관을 살펴보자.

항공편이 4시간 이상 지연 및 취소되거나 또는 피보험자가 과적에 의해 탑승이 거부되어 예정 시간으로부터 4시간 내에 대체적인 수단이 제공되지 못하는 경우, 피보험자의 수화물이 항공편의 예정된 도착시간으로부터 6시간 이내에 도착하지 못하는 경우 등 약관에 구체적으로 명시되어 있다. 이 경우 호텔비와 식비 등의 영수증을 챙겨 한국 입국 후 제출하면 보상받을 수 있다. 대표적으로 삼성 화재, 에이스, 여행자 클럽 등이 비행기 지연에 관련된 약관이 있다.

▶렌터카 이용 관련

렌터카를 이용할 경우 렌터카 업체가 가입한 보험 이외에도 여행자 보험 자체에 렌터카 부분이 포함되어 있는 경우도 있다. 동부 화재의 경우 여행지에서 렌터카를 이용하다 사고 발생 시 보상 지원이 가능하다.

3. 해외여행보험 가입 시 유의사항

보험 가입 시 작성하는 청약서에 여행지(전쟁 지역 등) 및 여행 목적(스킨스쿠버, 암벽등반 여부 등), 과거의 질병 여부 등 건강 상태 및 다른 보험 가입 여부 등을 사실대로 기재해야 한다. 사실대로 알리지 않을 경우 보험금 지급이 거부될 수 있다. 또한 보험회사가 보상하지 않는 손해 등 세부 사항은 보험 계약 체결 전에 해외여행보험 약관을 통해 미리 확인해 두어야 한다.

4. 사고유형별 필요 조치

▶상해사고 또는 질병 발생 시
① 보험사 우리말 도움 서비스로 연락해 사고 접수.
② 의료기관 진료시 향후 보험금 청구를 위해서 진단서 및 영수증 등을 발급.
③ 약국에서 약을 구입해 복용한 경우 영수증 구비.

▶휴대품 도난사고 발생 시
① 도난 사실을 현지 경찰서에 신고하고 사고증명서 수령. 경찰서에 신고할 수 없는 상황에는 목격자, 여행 가이드 등으로부터 진술서 확보.
② 공항 수하물 도난 시에는 공항안내소에, 호텔에서 도난 시에는 프런트 데스크에 신고하여 확인증 수령.

▶그밖의 사고 발생 시
보험금 청구 시 현지에서 구비해야 할 서류를 준비하여 보험사에 청구한다. 사고 유형별로 필요한 서류는 각 보험사 홈페이지를 통해서 확인하자.

면세점 쇼핑하기

1. 면세점 쇼핑 가이드

면세점 쇼핑 시 자신의 정확한 출국 정보(출국 일시, 출국 공항, 항공 & 편명)와 여권이 필요하다. 출국일 기준으로 1달 전부터 구매가 가능하다.

▶시내 면세점

구매 금액 별로 상품권 혹은 할인 등의 혜택을 받을 수 있다. 시내 면세점 쇼핑 시에는 여권을 지참해야 하고, 항공의 출 · 도착 정보를 정확하게 알아야 한다. 구입 물건은 출발 당일 공항 내 면세품 인도장을 이용하며, 구입 영수증을 지참해야 한다.

+ **롯데 면세점 본점** 서울시 중구 남대문로 81 롯데백화점본점 9~12층, 1688-3000
+ **롯데 면세점 코엑스점** 서울시 강남구 봉은사로 524 코엑스인터컨티넨탈서울, 1688-3000
+ **롯데 면세점 월드타워점** 서울시 송파구 올림픽로 300 롯데월드몰 에비뉴엘동 8~9층, 1688-3000
+ **동화 면세점** 서울시 종로구 세종대로 149, 1688-6680
+ **신라 면세점** 서울시 중구 동호로 249, 1688-1110
+ **현대백화점 면세점 본점** 서울시 강남구 영동대로 82길 19 향진빌딩, 1811-6688
+ **현대백화점 면세점 무역센터점** 서울시 강남구 테헤란로 517 현대백화점 무역센터점 8~10층, 1811-6688
+ **신세계 면세점 명동점** 서울시 중구 퇴계로 77 신세계백화점 본점 신관 8~12층, 1661-8778
+ **신라아이파크 면세점** 서울시 용산구 한강대로23길 55 아이파크몰 3~7층, 1688-8800

▶인터넷 면세점

인터넷 면세점은 각종 할인 쿠폰과 적립금 이벤트 등을 통해 오프라인보다 저렴하게 구입할 수 있다. 인터넷 면세점에서 구입한 물건은 출발 당일 공항 내 면세품 인도장에서 수령한다. 이때 구입 영수증을 반드시 지참해야 한다(대부분 출국 6시간 전까지 구매 가능. 롯데 면세점은 인천국제공항에서 출국 3시간 전, 김포국제공항에서 출국 5시간 전까지 당일 구매 가능).

+ **롯데 면세점** www.lottedfs.com
+ **동화 면세점** www.dwdfs.com
+ **신라 면세점** www.dfsshilla.com
+ **신세계 면세점** www.ssgdfs.com
+ **갤러리아 면세점** www.galleria-dfs.com

2. 세관 관련 팁

내국인이 구입할 수 있는 면세품의 총 한도액은 $3000까지. 국내에 입국하는 내 · 외국인(시민권자 포함)의 면세 범위는 $600까지이며, 출국 시 구입한 면세품과 해외 구입 물품을 포함하여 $600를 초과할 경우 세관 신고 후 세금을 납부해야 한다. 인천 국제공항에서 내는 세금이 궁금하다면 관세청 홈페이지(https://www.customs.go.kr)에 구매한 아이템과 금액을 입력하면 납부해야 하는 세금을 알 수 있다.

Mia's Advice

시내 면세점이나 인터넷 면세점에서 구매한 제품을 공항에서 수령하지 못한 경우에는 환불 조치가 된답니다(면세품은 24시간 픽업 가능).

출발 전 짐 꾸리기

개인적으로 챙겨야 하는 필수품은 꼼꼼히 체크해서 챙기고 현지에서 구입하기엔 비싸거나 구하기 어려운 물건은 출발 전에 준비하는 것이 좋다. 하와이 여행 시에는 필요한 것 위주로 최소한의 짐을 꾸리는 것이 좋다. 대부분의 생필품은 와이키키 내에서 구매가 가능하다.

▶필수품
여권, 현금, 항공권, 신용카드, 여행자 보험증, 호텔이나 렌터카 바우처, 운전면허증(렌터카 이용 시. 국제운전면허증이 아닌 국내에서 발급된 운전면허증만 취급한다), 110V용 멀티 어댑터.

▶추천용품
각종 서류 복사본(여권과 항공권, ESTA), 증명사진, 선글라스, 모자, 벌레 퇴치 스프레이, 수영복, 비치 샌들 혹은 아쿠아 슈즈, 선크림, 가벼운 카디건 등의 겉옷.

▶있으면 편리한 것들

ABC 스토어에서 판매하는 방수 팩

비상약(종합감기약, 해열진통제, 소염제, 항생제가 포함된 피부연고, 소화제, 일회용 밴드, 벌레 물린 데 바르는 약 등), 속옷, 세면도구, 화장품, 여행 가이드북, 카메라, 비닐봉지, 세탁용품세트, 우비, 방수 수납 팩, 미니승압기, 여행용 공유기(인터넷을 많이 사용하는 경우), 손전등(동굴탐험 시 필요) 등.

▶화물칸에 넣을 것과 기내에 들고 탈 것들
비행기 화물칸에 무료로 맡길 수 있는 짐은 좌석 클래스에 따라 다르다. 대한항공과 아시아나항공, 하와이안 항공 이코노미 클래스의 경우 2개(각 중량이 23kg 이내, 최대 3변의 합이 158cm 이내)다. 기내에 들고 탈 짐은 핸드백이나 카메라, 노트북 등의 소지품을 제외한 1인당 1개까지(중량이 10kg 내외, 최대 3변의 합이 115cm 이내)가능하다.

기내에 들고 탈 가방에는 지갑, 여권, 현금 등의 귀중품과 가이드북, 겉옷, 비상약 등을 넣어두자. 현지에서 구입한 각종 물품으로 귀국 시 짐이 늘어날 수 있으므로 출발 시에는 가방에 약간의 여유를 두는 것이 좋다.

▶제한적으로 기내 반입 가능한 품목

소량의 개인용 화장품인 경우 용기당 100ml 이하, 1인당 총 1L 용량의 비닐 지퍼백 1개, 여행 중 필요한 개인 의약품(의사의 처방전 등 관련 증명서 제시), 항공사의 승인을 받은 의료용품, 1인당 2.5kg 이내의 드라이아이스, 휴대용 전자기기에 사용되는 리튬 또는 리튬 이온 전지(시간당 전력이 100Wh를 초과하는 배터리는 위탁수하물 탑재 불가).

인천국제공항 가이드

공항에 들어섰다면 바로 여행이 시작된 것. 인천국제공항에 가는 법부터 비행기를 타기까지의 모든 과정을 잘 알아두어 시작부터 헤매지 않도록 하자.
- **인천국제공항** 1577-2600, www.airport.or.kr

1. 인천국제공항 가는 법

▶공항 리무진
서울 시내나 경기도 주요 도시에서 인천국제공항으로 가는 가장 편리한 방법은 공항 리무진을 이용하는 것이다. 물론 전국 각지에서도 리무진 노선이 운행되고 있다.
집과 가까운 리무진 버스 노선은 홈페이지에서 미리 확인하고, 첫차 시간과 막차 시간을 알아두자. 요금은 노선마다 조금씩 다르며, 현금과 교통카드로 선불 탑승이 가능하다. 종점인 인천국제공항에서 하차하면 된다.

- **홈페이지** www.airport.kr
- **공항행 리무진 운행 시간** 04:20~23:00(노선별 운행 시간은 홈페이지 참고)
- **리무진 요금** 5,000~4만5,600원(노선별 운행 요금은 홈페이지 참고)

▶공항철도
공항철도는 서울 도심과 공항을 바로 연결해주는 교통편으로 서울역에서 출발한다. 지하철 1·2·4·5·6·9호선, KTX와도 연결되어 있기 때문에 편리하다. 공항철도는 직통열차와 일반열차로 나뉜다. 직통열차는 서울역에서 인천국제공항까지 43분 걸리며 일반열차는 1시간가량 걸린다. 현재 인천공항 1터미널역과 인천공항 2터미널역이 나뉘어져 있으므로 탑승 전 하차 지점을 반드시 확인하자.

- **문의** 코레일 공항철도 032-745-7320
- **요금** 일반열차 4,750원, 직통열차 9,500원 (서울역 기준)

알아 두세요 인천국제공항에는 2개의 터미널이 있습니다. 제2여객터미널을 사용하게 되는 항공사는 대한항공, 델타항공, 에어프랑스, KLM 네덜란드 항공, 가루다인도네시아, 아에로멕시코, 아에로플로트 러시아항공, 샤먼항공, 중화항공이에요. 공항 리무진이나 공항 철도를 이용할 경우 제2여객터미널 정류장에서 하차하세요. 두 여객터미널을 오가는 셔틀버스로 이동 시 소요시간은 약 20여 분이에요. 참고로 대한항공 공동 운항편을 이용할 경우, 실제 운항 항공사가 위의 4개 항공사인 경우에만 제2여객터미널에서 수속 및 출국 심사를 진행하니 여행 전 미리 확인하세요.

2. 출국 수속하기

인천국제공항에 도착하면 3층 출발층에서 수속이 시작된다. 여러 사람들로 뒤엉킨 데다가 각종 매장과 카운터로 복잡해서 초보 여행자들은 길 잃고 헤매기 쉽다. 하지만 생각보다 수속 절차는 간단하니 미리 잘 숙지해서 당황하지 않도록 하자.

Step 1 인천국제공항 3층 출국장 진입

내국인은 출국할 때 출국 카드를 별도로 작성하지 않아도 된다. 패키지여행자라면 해당 여행사의 미팅 장소가 어디인지 확인하고, 자유여행자라면 본인이 탑승하는 항공편의 체크인 카운터가 어디인지 중간 중간 놓인 대형 화면을 통해 확인하자.

Step 2 항공사 카운터 체크인 & 수화물 부치기

항공사 카운터에 가서 여권과 E-Ticket을 제출한다. 일행이 있으면 함께 수속한다. 창가석 Window seat이나 통로석 Aisle seat 중에 선호하는 자리가 있다면 요청하자. 기내에는 귀중품과 소지품 등을 넣은 휴대용 가방이나 기내용 트렁크만 남기고 큰 트렁크는 위탁 수하물로 부친다(기내 휴대 가능한 짐은 P.546 참고). 탑승권 Boarding Pass을 받고 이동해야 할 탑승 게이트 안내를 받는다.

Step 3 클레임 태그 보관하기

탑승권과 함께 받은 화물보관 증서 Baggage Claim Tag는 잃어버리지 않게 잘 챙긴다. 수하물이 분실되어서 착륙 후 찾을 수 없을 때 이 클레임 태그가 있어야 짐을 찾을 수 있다. 수하물을 부치고 탑승 수속을 마쳤다면 잠시 항공사 카운터에 머물며 수하물에 문제가 없는지 확인한다. 별도의 호출이 없다면 문제가 없는 것.

Step 4 출국장 입장

수하물을 부친 뒤 출국장 입구에서 여권 및 탑승권 Boarding Pass을 제시해 본인 여부 확인 후 출국장 안으로 들어간다.

Step 5 세관검사

보안검사와 휴대품 검사를 받는다. 고가품(30만 원 이상)은 사전 신고를 해야 귀국 시 과세대상에서 제외되고 도난 시 보험처리의 자료가 된다. 뿐만 아니라 여행 시 소지하고 있는 모든 화폐(원화, 미화 등)를 합친 금액이 미화 $10,000 상당 금액일 경우 세관에 신고해야 불이익이 없다.

Step 6 출국심사

출국심사(법무부 출입국 관리 사무소) 창구로 이동해 탑승권과 여권을 제출하면 심사 후 여권에 출국 스탬프 날인 후 되돌려준다.

알아
두세요

동절기에 활용하면 좋은 외투 보관 서비스

한국의 한겨울에 하와이 여행이 성수기인 가장 큰 이유는 아마도 놀기 좋은 날씨의 유혹 때문이죠. 겨울에 여행을 떠날 때 가장 짐이 되는 것은 바로 두꺼운 외투. 출발할 때 입었던 외투를 버릴 수도 없고, 그렇다고 한여름인 하와이까지 챙겨가기도 불편해요. 그럴 땐 항공사의 코트 룸 서비스를 이용하세요. 이 서비스는 아시아나항공와 대한항공의 국제선 이용객에게만 해당됩니다. 대한항공 이용객은 인천국제공항 제1여객터미널 3층 A지역에 위치한 한진택배 카운터에서, 아시아나항공 이용객은 제1여객터미널 지하 1층 서쪽 크린업에어에서 신청할 수 있어요. 겨울철에만 한시적으로 운영되며, 운영 시간은 24시. 1인당 외투 한 벌을 5일간 무료로 보관할 수 있어요(5일 이후로 1일당 2,000~2,500원 추가). 일반 이용객의 경우 5일간 외투 1벌 기준 요금 1만 원, 1일 연장 시 2,000원 추가.

3. 공항에서 라운지 이용하기

출국 심사대를 통과한 뒤 면세점에서 쇼핑하고 싶진 않은데 이륙 시간까지 여유가 있다면, 라운지에서 여행 전 휴식을 취하는 것도 좋다. 이코노미 좌석을 이용해도 라운지를 이용할 수 있는 방법은 있다. Priority Pass 카드라고 하여 라운지의 전 세계 멤버십 카드를 만들어서 이용할 수 있는 것. 카드를 발급받으려면 홈페이지(www.prioritypass.co.kr)에서 회원가입 후 카드를 신청하면 된다. 카드와 항공권을 가지고 해당 라운지 데스크에 제출하면 이용할 수 있다. 카드사에서도 일정 자격조건이 되면 무료로 발급해준다.

Priority Pass를 이용해 입장할 수 있는 라운지

4. 인천 국제공항 100배 즐기기

인천국제공항 제1여객터미널 1층 밀레니엄 홀과 면세구역 3층 중앙에서는 매일 클래식 연주나 오페라 공연 등이 펼쳐진다. 공연 스케줄은 인천국제공항 홈페이지(www.airport.kr)에서 미리 확인할 수 있다. 뿐만 아니라 탑승동 3층 중앙 121번 게이트 부근에는 한국전통문화센터가 운영되고 있다. 출국 수속을 완료하고 탑승동을 이용하는 경우에만 방문이 가능하며 이곳에서의 체험 프로그램은 외국인 여행객만 이용 가능하다. 07:00~22:00에 운영되며 궁중 문화, 전통 미술, 전통 음악, 인쇄 문화 등을 살펴볼 수 있다.

―하와이 여행 출발편―

하와이 여행의 Key, 렌터카 정복하기

하와이 여행에서 빼놓을 수 없는 것 중 하나가 바로 렌터카다. 오아후를 가이드 없이 둘러볼 계획이라거나 이웃 섬을 1박 이상 둘러볼 계획이 있다면 렌터카에 대한 정보를 꼼꼼히 챙기는 것이 좋다.

1. 렌터카를 이용하려면?

한국에서 출발 전 하와이에서 이용할 렌터카를 미리 예약할 수 있다. 현지에 도착해 상황에 맞춰 움직이고 싶다면 하와이에서도 쉽게 렌터카를 대여

할 수 있다.

▶한국에서 예약하기
현지에서 예약해도 되지만 성수기에는 원하는 차종을 선택할 수 없을 지도 모른다. 한국에서 미리

예약하면 사전 할인이나 여행자 할인 등의 혜택을 주는 업체도 있어 경제적이다. 운전에 자신 있더라도 보험 처리는 풀 커버리지 Full Coverage(종합 보험으로, 사고 시 대인·대물·자기 차량·자기 신체에 대한 보상이 다 포함됨) 보험을 옵션으로 선택하도록 한다. 하와이가 초행길이라면 내비게이션 역시 추가 선택하자. 예약을 하고 입금이 확인되면 바우처 Voucher를 발송해준다. 현지에서 제출해야 하는 것이니 꼭 프린트해서 챙길 것. 국내에서 예약할 경우 풀 커버리지 보험과 내비게이션 비용까지 포함해서 대략 $100~200 사이이다(선결제 기준, 차종에 따라 차이 있음).

+ **주요 렌터카 업체의 한국 연락**
- 달러 Dollar 02-753-9114, www.dollarrentacar.kr
- 알라모 Alamo 02-739-3110, www.alamo.co.kr
- 허츠 Hertz 02-797-8000, www.hertz.co.kr

▶**하와이에서 예약하기**

주차비가 비싼 오아후의 와이키키에서는 렌터카를 1~2일 정도만 이용하는 사람이 많다. 주로 오아후에서 이용하는데, 그 이유는 1~2일이면 충분

+ **오아후 주요 렌터카 업체**
- 달러 렌터카
  위치 300 Rodgers Blvd. Honolulu(호놀룰루 국제공항) 영업 05:30~24:00 문의 866-434-2226
- 알라모 렌터카
  위치 300 Rodgers Blvd. Honolulu(호놀룰루 국제공항) 영업 05:00~23:00 문의 844-913-0736
- 허츠 렌터카
  위치 2424 Kalakaua Ave. Honolulu(하얏트 리젠시 와이키키)
  영업 08:00~15:30 문의 808-971-3535
- 버짓 렌터카
  위치 2330 Kalakaua Ave. Honolulu (인터내셔널 마켓플레이스)
  영업 08:00~15:30 문의 808-672-2368

히 둘러볼 수 있기 때문. 쇼핑을 원한다면 3~4일 일정으로 대여하는 것이 좋다. 1일 이상 대여할 경우에는 호텔 내 주차비도 추가되니 꼭 확인할 것.

2. 꼭 알아둬야 할 하와이 교통 법규

▶**거리와 속도를 마일로 표시**

미국에서는 자동차의 속도를 표시할 때 시속 km/h 대신 마일 mile로 표시한다. 1마일은 약 1.6km/h. 차량에 표시된 속도가 '50'이라면 80km/h 정도의 속도라는 것을 알아두자.

▶**하와이 도로는 우측 통행**

하와이는 우리나라와 마찬가지로 운전석이 왼쪽에 있으며 도로는 우측 통행이다.

▶**빨간불일 때도 우회전이 가능**

신호가 빨간불이더라도 일시 정지한 후 안전상 문제가 없다면 우회전을 해도 된다. 다만 'NO TURN ON RED'라는 표지판이 있는 경우에는 우회전을 할 수 없다. 우회전할 때는 왼쪽 방향에서 오는 차를 주의하자.

▶**안전벨트 착용은 필수**

하와이에서 안전벨트는 법률에 의해 의무적으로 착용하도록 되어 있으며 위반할 경우 $102의 벌금이 부과된다. 물론 동승자도 의무적으로 착용해야 한다. 동승자 벨트 미착용 시 같은 금액의 벌금이 부과된다.

▶**정차 중인 스쿨버스는 추월 금지**

앞에 스쿨버스가 정차하고 있을 때는 빨간 정지 사인이 꺼지고 차가 출발할 때까지 뒤에서 계속 정차한 채 기다려야 한다. 반대 방향 차도 마찬가지로 정차한다.

▶ **제한속도 엄수**
과속 단속을 자주 하고 있으니 표지판에 명시된 제한속도를 반드시 지키자.

▶ **보행자를 최우선으로**
횡단보도 앞에서는 보행자를 우선하도록 법률로 정하고 있다. 보행자가 시야에 들어오면 일단 정지하자.

▶ **히치하이킹 금지**
무전배낭여행에서 종종 써먹을 듯한 히치하이킹 Hitchhiking. 도로에서 다른 사람의 차를 얻어타고

렌터카 예약 시 유의할 점

1 하와이에서 렌터카를 이용할 때 국제운전면허증은 허용되지 않아요. 한국에서 발급된 운전면허증만이 가능하니 반드시 한국에서 소지하던 운전면허증을 준비하세요.

2 반납 시 차량의 가스(미국에서는 휘발유를 가스 gas라고 칭한다)를 채우지 않고 반납하는 옵션이 있어요. 경제적으로 따져봤을 때 효율적이지 못하니 반납 전에 직접 가스를 채우겠다고 말하는 것이 좋아요. 보통의 차량은 가스를 가득 채우는 데 $70~80 정도에요.

3 공항에서 렌터카를 픽업해 내내 이용하는 이웃 섬과 달리 오아후에서는 전체 일정 가운데 1~2일 정도만 렌터카를 이용해요. 물론 공항에서 픽업해 와이키키의 업체에 반납할 수도 있지만 그런 경우 추가 요금이 든답니다. 제일 저렴하게 렌터카를 이용하려면 1~2일 정도만 이용하고, 같은 장소에서 픽업·반납하는 것이 좋아요.

4 신용카드는 필수! 신용카드가 없으면 렌터카를 대여할 수 없는 업체도 있어요. 또한 빌리더라도 보증금을 직접 현금으로 지불해야 하는 경우도 있으니 예약 단계에서 미리 알아보고 준비하세요.

5 와이키키에서 렌터카 반납 시 업체에 따라 공항 택시를 할인된 가격으로 이용할 수 있는 쿠폰을 주기도 해요. 할인가는 조금씩 차이는 있으나 약 $25 정도로, 호텔에서 픽업이 가능하니 관심 있다면 렌터카 업체에 문의하세요.

6 한국에서 예약한 뒤 하와이 현지에서 바우처 Voucher를 렌터카 업체에 제출하면, 다양한 옵션을 설명하곤 해요. 내비게이션을 이미 선택했음에도 태블릿 PC를 권하거나, 가스를 채워서 반납하지 않고 그냥 차를 운전하고 쓰던 상태로 바로 반납하는 옵션을 유도하기도 해요. 참고로 말하자면 한국어 내비게이션으로도 이동하는 데에 어려움이 없으며(단, 주소는 영어로 입력해야 함), 가스는 직접 주유해서 반납하는 편이 훨씬 저렴해요.

7 공항에서 렌터카 업체 사무실까지 수시로 셔틀버스가 오가며, 공항 근처에 위치한 대부분의 렌터카 업체 사무실은 05:00~07:00에 오픈해서, 21:00~23:30 정도까지 영업한답니다.

8 보다 쉽게 렌터카를 예약하고 싶다면 트래블직소(www.traveljigsaw.co.kr)를 방문해 보세요. 트래블직소는 하와이뿐 아니라 전 세계 6,000여 개 이상 지역의 저렴한 렌터카를 찾을 수 있도록 도와주는 사이트에요. 한국어 서비스도 제공하고 있습니다. 단 최종 금액을 확인하자마자 바로 결제하지 말고 외국 렌터카 사이트와 가격을 비교하는 것을 잊지 마세요.

이동하는 것이다. 하와이에서는 히치하이킹이 법률로 금지되어 있다. 차에 탄 사람과 태운 사람 모두에게 벌금이 부과된다.

▶정지 표지판

운전 중 빨간 STOP(정지) 표지판이 있다면 무조건 3초 이상 정지한 후 출발해야 한다. 브레이크를 살짝 놓으며 앞으로 천천히 움직이는 것도 금지.

▶양보

만약 도로 위에 YIELD(양보)라는 표지판이 보이면 표지판이 있는 도로 쪽의 차량이 진입할 때 양보해야 한다.

▶주차 위반

오아후의 와이키키, 다운타운 등 관광객들이 많이 몰리는 지역에서는 주차위반 단속을 철저히 한다. 주차위반 티켓을 받는 경우도 있지만, 견인을 당할 수도 있으니 반드시 지정된 주차장에 주차하도록 한다.

▶경찰의 단속을 받을 경우

교통법을 위반하거나 과속할 경우 경찰차가 뒤에서 파란 불빛을 쏘며 쫓아오며 단속 받았음을 알

린다. 한국처럼 사이렌을 울리지 않는 것이 다르다. 경찰차가 다가오면 차를 도로 옆 공간에 세운 뒤, 차에서 내리지 말고 창문을 내려 손을 핸들 위에 보이게 놓는다. 탑승자가 차에서 내릴 경우 공격으로 간주해 일이 심각해진다. 경찰관에게 여권과 한국 운전면허증을 제시하면 벌금 용지인 티켓 Ticket을 받게 된다. 벌금은 신용카드나 현금으로 납부할 수 있다. 과속의 정도가 심할 경우에는 법원에 출두해야 할 수도 있으니 조심하자.

> ∙∙∙∙∙∙∙∙∙∙ *Mia's Advice* ∙∙∙∙∙∙∙∙∙∙
>
> 하와이에서는 아이와 동승 시 안전벨트를 의무적으로 착용하도록 법률로 정해져 있어요. 아이들을 뒷좌석에 태우더라도 반드시 안전벨트를 착용해야 해요. 3세까지는 카시트를, 7세(신장 약 145cm, 체중 18kg 이하)까지는 부스터 시트가 필요해요. 렌터카 업체에서 추가 옵션으로 빌릴 수 있답니다(1일 약 $12~20). 한국에서 사용하고 있는 것을 가져와도 되지만, 하와이 주의 규정에 맞는지 사전에 확인하도록 하세요. 또한 12세 이하의 아이를 보호자 없이 차 안에 혼자 두는 것도 법률로 금지하고 있어요. 잠깐이라도 아이를 차에 혼자 두지 마세요.

3. 주차하기

전 세계 사람들이 '최고의 휴양지'로 손꼽는 하와이. 수많은 사람이 몰리는 만큼 특히 호놀룰루에서는 주차할 장소를 찾기 어렵다. 길거리마다 동전을 넣고 이용하는 코인 파킹 Coin Parking은 늘 자동차들로 가득하고, 퍼블릭 파킹 Public Parking은 찾기 쉽지 않다. 또 운이 나쁘면 불법 주차라며 견인해 가기 일쑤. 하지만 방법만 잘 알면 호놀룰루에서의 주차도 쉽게 정복할 수 있다.

▶코인 파킹 Coin Parking

Step 1 장소 찾기

길거리에 허리보다 조금 높이의 기계가 설치되어 있다. 코인 파킹 주차장이다. 기계가 세워진 곳 옆으로 빈 주차 공간이 있다면 테두리에 맞게 주차하자.

Step 2 주차 가능 시간 체크하기

코인 파킹 기계가 있는 곳을 살짝 올려다보면 맥시멈(최대 주차 가능한) Maximum 시간이 적혀 있다. 대부분 1~2시간이 많으며, 주차 가능한 시간이 "7AM~6PM"라고 적혀 있다면 그 사이에만 동전을 넣으면 된다. 그 외 시간은 무료. 단, 표지판 아래 빨간 글씨로 토우(견인) Tow 시간이 적혀 있다면 그 시간에는

Step 3 꼭 차를 다른 곳으로 이동해야 한다. 시간을 어길 경우 견인 당할 수 있다.

기계에 동전 넣기

주차할 때 한 가지 더 알아둬야 하는 것은 동전 가운데에도 ¢25, 즉 쿼터(25센트) Quarter가 필요하다는 것. 대부분 쿼터 하나에 10분이다. 기계에 쿼터를 넣으면 주차가 가능한 시간이 기계에 표시되며, 대부분 기계는 최대 1~2시간까지 주차를 허용한다. 간혹 신용카드로 계산이 가능한 기계도 있다.

동전을 넣으면 주차 가능 시간이 표시된다.

▶퍼블릭 파킹 Public Parking

장소 찾기

Step 1 'PARKING' 표지판이 보이면 그곳에 들어가서 먼저 주차 공간을 찾는다.

Step 2 주차 위치 확인하기

퍼블릭 파킹은 무인주차장이 대부분. 빈 공간에 주차한 뒤에는 내 차가 주차된 장소의 번호가 바닥에 적혀 있으니 꼭 기억해두자. 혹 번호가 없는 곳이라면 차가 주차된 곳의 위치를 잘 확인해두는 것이 좋다.

주차 장소의 번호

Step 3 기계에 돈 지불하기

주차하고 나면 주차장 근처에 'Pay Here' 표지판이 보인다. 그곳에 설치된 기계에서 선불로 주차비를 지급한다. 먼저 주차된 곳의 번호를 누르고(기계에 따라 차량 번호를 입력하기도 한다). 주차장마다 다르지만 기계 근처에 적혀 있는 주차 요금을 확인한다. 주차 시간을 누르고 그에 맞는 금액을 지불한다. 영수증이 나오면 이 영수증을 운전자석 앞의 유리창(대시보드 위)에 잘 보이게 두면 된다. 최근에는 바코드를 이용해 인터넷으로 지불할 수 있도록 하는 곳도 생겼다.

Mia's Advice

저렴하게 주차하는 법

와이키키 해변 끝에 위치한 호놀룰루 동물원 Honolulu Zoo은 시간당 $1.50, 와이키키 중심에 위치한 로열 하와이안 센터는 1시간 무료, 센터 내 레스토랑이나 상점에서 주차 도장을 받으면 이후 2시간 은 시간당 $2를 지불하면 됩니다. 주차 도장을 받고 3시간이 지났다면 그 이후로는 시간당 $6가 부 과됩니다. 알라 와이 블러바드 Ala Wai Blvd.와 몬사랏 애비뉴 Monsarrat Ave.는 밤에만 무료 주차가 가 능하니 기억해 두세요. 단, 도로마다 이른 아침에 견인해가는 시간이 표시되어 있으니 꼭 체크하세 요. 그 밖에도 와이키키의 로스 Ross 매장에서 상품 구매 시, 2시간까지 무료로 주차할 수 있으며 이 후에는 30분당 $3를 내야 해요. 알라 모아나 센터, 워드센터, 월마트 등은 무료 주차가 가능하니 쇼 핑 센터에 주차하는 것도 방법일 수 있어요. 힐튼 하와이안 빌리지에 투숙하는 경우 리조트 내 주차 하기 보다 근처 알라와이 보트 하버(주소 1651 Ala Moana Blvd. Parking)에 주차하는 편이 훨씬 저렴 해요. 시간당 $1.50 정도 한답니다.

4. 주유하기

렌터카를 반납하기 전 필수 코스. 주유 역시 방법 만 알면 아주 쉬운데 한국에서 셀프 주유를 해본 적이 있다면 도움이 될 것이다.

▶현금으로 주유하기

주유소 주유 기계 앞에 차를 주차한 뒤 시동을 끈 다. 그런 다음 내 차가 있는 주유구의 번호를 확 인하고, 사무실 또는 상점 안에 들어가 카 운터 앞에서 원하는 금액을 말한다. 주유 를 많이 해야 하는 경 우(눈금 하나 정도 남

① 차를 세운 곳의 번호 숙지.

았다고 치면) $50~60 정도면 충분하다. 자신의 차가 세워진 기계 번호와 함께 다음과 같이 말한 다. 예를 들어 2번 주유구에서 $40를 주유하고 싶 다면, "넘버 투, 포티 달러스, 플리즈 Number two(2), forty(40) dollars, please."라고 말하면 된다. 차에 따 라 약간씩 차이가 있지만, 차에 주유구 오픈 버튼 이 없을 땐 주유구를 살짝 누르면 뚜껑이 열린다. 그 안에 노란 버튼을 화살표 방향으로 돌려 연 다 음 주유기를 갖다 대고 손잡이의 튀어나온 버튼을 누르면 주유가 된다.

▶신용카드로 주유하기

기계를 통해 카드로도 결제할 수 있다. 국내 신 용카드를 카드 지급기에 넣었다가 빼면 바로 상 세 내용이 찍힌다. 이때 화면에서 "Is this a debit

② 주유소 내 상점에서 주유를 주문한다.

③ 돈을 지불하고 화면의 지시 대로 버튼을 누른다.

④ Regular 버튼을 누른다.

⑤ 주유구에 주유한다.

Mia's Advice

1 만약 $40를 지불했는데 $30 정도만 주유되고 꽉 찬 'FULL' 상태가 되어서 나머지 $10을 돌려받아야 한다면, 결제했던 카운터에 가서 "체인지, 플리즈 Change, please,"라고 말하면 된답니다.

2 휴대폰 사용 시 나오는 전자파가 급유기 등 주유소 장비를 교란시켜 스파크를 일으키며 그 불똥으로 인해 폭발 위험이 있어요. 주유소에서는 전화기 사용이 금지되어 있답니다.

3 주유 시 주유버튼이 가격대별로 가장 저렴한 레귤러부터 고급 휘발유인 프리미엄으로 나뉘어져 있답니다. 버튼에 가격이 표시되어 있으며 가장 낮은 금액의 버튼(레귤러 버튼)을 누르면 된답니다.

주유할 때는 화면을 보면서 원하는 금액이 되었을 때 스톱 Stop 할 것. 가득 채우는 'FULL' 주유를 원하면 주유 기계가 멈출 때까지 주유하면 된다.

5. 견인을 당한 경우

혹시라도 길가에 주차를 했다 견인을 당했다면 경찰에 전화(911)해 Police department와 통화를 요청한다고 말하고 차량 번호를 말하면 차가 견인된 장소의 위치를 건네받을 수 있다. 만약 차량 번호를 모른다면 렌터카 회사에 전화해 물어야 하는 번거로움이 있다. 그런 뒤 견인된 장소로 찾아가 견인료 약 $150(요금은 견인 지역에 따라 다를 수 있으며 현금 지불만 가능할 수 있음)와 차 보관료, 벌금 등을 지불하고 차량을 돌려받는다. 시간당 차량을 보관한 보관비가 추가되기 때문에 최대한 빨리 찾는 것이 좋다.

card(체크카드입니까)?" 라고 물으면 'No' 버튼을 누른다. 그런 다음 ZIP CODE(우편번호)를 묻는다면 미국 내 거주하는 주소가 없으니 그냥 'ENTER' 버튼을 누른다. 그래도 다음 창으로 넘어가지 않는다면 와이키키의 ZIP 코드인 '96814'를 누른다. 그후, 기타 질문에는 맞는 대답을 하면 된다. 기계의 간단한 질문이 끝나면 원하는 가솔린의 버튼을 누르라는 멘트 'Push Grade Button'가 나온다. 이때부터는 현금으로 주유하는 것과 방법이 같다. 그런 뒤 'Regular' 버튼을 눌러 주유하면 된다. 카드로

6. 렌터카를 운전하다 사고를 당했다면

여행하다 사고를 당했다면 차를 도로 우측에 세워 안전을 확보한 뒤 911에 전화해 경찰에게 사고 사실을 알린다. 그런 다음 현장에 경찰이 출동하길 기다린 후 경찰에게 사고 증명서 Accident Report를 받아 렌터카 반납 시 함께 제출하자. 견인해야 할 정도의 사고가 났다면 렌터카 사무실로 전화해 내용을 설명하고 견인을 부탁해야 한다. 그밖에 과속이나 신호 위반 등으로 교통위반 티켓을 받게 되면 교통즉결재판소에 벌금을 지불하거나 우편환으로 송금해야 한다.

S.O.S! 사건 · 사고 대처 요령

여행지에서 불미스러운 일이 생긴다면 그것만큼 당황스러운 일도 없다. 여행의 추억이 최악이 되지 않도록 최대한 침착하게 사고에 대처하자.

1. 여권을 도난이나 분실했을 때

호놀룰루에 위치한 총영사관에 신고한 뒤 단수 여권을 재발급 받아야 한다. 영사관 옆 민원실에 비치된 여권 재발급 신청서 1매와 증명사진 1매(2x2, 얼굴 길이 2.5~3.5cm, 흰색 배경, 양쪽 귀가 다 보이고 치아가 보이지 않아야 하며, 흰색 옷 착용 불가), 현지 경찰이 발행해준 여권 분실 신고서 Police Reporter, 영사관에 비치된 여권분실경위서, 신분증(주민등록증)을 구비한 뒤 수수료 $53(현금) 정도와 함께 신청해야 한다. 소요기간은 약 1박 2일 정도.

대한민국 영사관

+ **주 호놀룰루 대한민국 총영사관**
- 위치 2756 Pali Hwy. Honolulu
- 문의 808-595-6109(여권, 비자 등 민원 업무)
- 홈페이지 http://usa-honolulu.mofa.go.kr/
- 운영 월~금 08:30~16:00(점심시간 12:00~13:00)

▶이웃 섬에서 여권을 분실했다면!

영사관은 오아후에 있기 때문에 만약 이웃 섬에서 여권을 분실했다면 우선 근처 경찰서에서 현지 경찰이 발행해준 여권 분실 신고서 Police Reporter를 받는 것이 좋다. 중요한 것은 경찰이 여권 분실 신고서에 작성된 내용을 경찰서에 직접 등록하지 않으면 소용이 없다는 것. 오아후로 넘어온 후 경찰이 등록한 사실을 확인할 수 있도록 여권 분실 신고서를 작성해준 경찰의 이름과 연락처를 받아두는 것이 좋다. 그 여권 분실 신고서와 본인 이름이 영문으로 적혀 있는 신용카드만 있으면 이웃 섬에서 오아후로 이동할 수 있다. 오아후 도착 후 바로 영사관에 가서 여권 분실 신고 및 재발급을 신청하는 것이 좋다.

▶와이키키 내 경찰서

와이키키 호텔 바로 건너편, 모아나 서프라이더 웨스틴 리조트 & 스파 Moana Surfrider Westin Resort & Spa 옆에 위치. 와이키키 중심에 있는 경찰서다. 주간에는 경우에 따라 한국어 지원도 받을 수 있으며 신고 절차를 밟는 데 어렵지 않을 만큼 친절한 편이다.

- Map P.100-C3
- 위치 2425 Kalakaua Ave. Honolulu
- 문의 808-529-3801

2. 신용카드를 도난이나 분실했을 때

곧바로 신용카드사의 도난 및 분실센터에 신고하고 정지해야 추가 피해를 막을 수 있다. 도난 및 분실센터는 24시간 운영되고 있으므로 시차와 상관없이 연락 가능하다. 게다가 2020년 신용카드 분실 일괄 신고 서비스가 생기면서 분실한 카드 회사 중 한 곳과 통화하면서 다른 카드 분실 신고도 동시에 요청할 수 있게 되었다.

외환카드	011+82+2+524+8100
신한카드	011+92+2+1544+7000
BC카드	011+82+2+950+8510
현대카드	011+82+2+3015+9200
롯데카드	011+82+2+2288+2400
국민카드	011+82+2+1588+1688
하나카드	011+82+2+1800+1111
삼성카드	011+82+2+2000+8100
씨티카드	011+82+2+2004+1004

▶현금을 몽땅 분실했다면!

한국에서 KB국민은행, 혹은 IBK기업은행 등의 외환사업부를 통해 미국 웨스턴 유니온 Western Union으로 금액을 송금한다. 이때 받는 사람의 여권상 영문 이름을 알고 있어야 한다. 송금하고 3시간 정도 후에 가까운 웨스턴 유니온에 가서 여권을 보여주면 한국에서 송금 Remittance 해온 돈을 달러로 받을 수 있다.

- 위치 2370 Kuhio Ave. Honolulu 또는 2150 Kalakaua Ave. Honolulu
- 운영 월~일 08:00~20:00

3. 갑자기 몸이 아파 병원에 가야 할 때

여행을 하다보면 음식을 급하게 먹어 체하기도 하고, 혹은 물이 바뀌어서 배탈이나 설사로 고생하기도 한다. 미국은 약국에서 약을 마음대로 살 수 없다. 의사 처방전이 없으면 약 구입이 불가능하다. 감기약이나 소화제 등 간단한 의약품은 와이키키 내 ABC 스토어에서 구입할 수 있다. 상황이 위급한 경우에는 힐튼 하와이안 빌리지 와이키키 비치 리조트 Hilton Hawaiian Village Waikiki Beach Resort와 쉐라톤 와이키키 Sheraton Waikiki, 쉐라톤 프린세스 카이울라니 Sheraton Princess Kaiulani에 있는 STRAUB 병원을 방문하자. 병원 운영 시간은 월~금요일, 08:00~16:00이다. 병원비가 비싼 편이라 진찰을 받는 데 기본 $100~200의 비용이 든다.

- 문의 808-973-5250

알아두세요 하와이에서 사고 시 필요한 서류

하와이에서 불미스러운 일로 사고가 발생해 보험회사에서 보상받기 위해서는 서류가 필요해요. 상해나 질병의 경우 의사 소견서나 진단서, 치료비 명세서 Detailed Account와 영수증, 처방전 Medical Certificate 및 약 구입 영수증을 챙겨야 합니다. 사고의 경우라면 목격자 확인서와 본인 사고 진술서 등의 사고 증명서 Accident Report가 필요해요. 도난의 경우는 경찰이 작성해준 도난 신고서 Police Report, 파손된 물건의 사진, 분실 품목 구입 영수증을 챙겨두는 것이 좋습니다.

위급 시 필요한 영어 한 마디

여행의 매력은 숨겨진 보물 같은 명소를 발견하거나 우연히 만난 사람과 친구가 된다거나 의외의 사건을 경험하는 것에 있다고도 할 수 있다. 하지만 원치 않는 사고를 겪게 되기도 하는 것이 여행이다. 낯선 곳에서 당황하지 않고 여행을 잘 마무리 하려면 유용한 한 마디 정도는 알아두는 것이 좋다.

1. 렌터카 사고 시 필요한 영어회화

견인차를 불러야겠어요.	We need to call a tow truck.
견인된 제 차를 찾으려고 합니다.	My car was towed, I'd like to reclaim it.
충돌사고를 당했어요.	I've had a car accident.
교통사고를 당했어요.	I was hit by a car.
경찰을 불러 주세요.	Please call the police.
사고 증명서를 주세요.	Please give me the accident report.
구급차를 불러주세요.	Please call an ambulance.
제 과실이 아닙니다.	It's not my fault.
신호를 위반하셨네요.	You disobeyed a traffic signal.

2. 아플 때 병원에서 필요한 영어회화

목이 아파요.	I have a sore throat.
삼키기가 힘들어요.	I have difficult swallowing.
머리가 아파요.	I have a headache.
감기에 걸렸어요.	I have a cold.
고열이 있어요.	I have had a high fever.
코가 막히고 숨쉬기 힘들어요.	I have a stuffy nose so it's hard to breathe.
머리가 쪼개질 듯 아파요.	I have a splitting headache.
어지러워요.	I feel dizzy.
변비가 있어요.	I have a constipation.
설사를 해요.	I have diarrhea.
식은땀이 나요.	I have cold sweats.

3. 약국에서 필요한 영어단어

소화제	Digestant	변비약	Constipation
감기약	Cold medicine	지사제	antidiarrhotica

하와이어로 인사하기

하와이에서는 영어보다도 하와이어로 인사하면 훨씬 친밀감이 높아진다. 공항이나 호텔에서 체크인을 할 때, 혹은 레스토랑에서 주문할 때도 하와이어로 인사해보자. 반갑게 웃는 하와이 사람들을 더 자주 보게 될 것이다.

하와이어란?

하와이어는 사모아어, 타히티어와 함께 말레이폴리네시아어족 폴리네시아어파에 속하는 언어다. 음절이 모두 모음으로 끝나며 자음의 연속이 없는 폴리네시아어의 특징을 나타내고 있다. 모음은 a, i, o, u가 사용되며, 자음은 h, k, l, m, n, p, w만 사용된다.

▶ 하와이식 인사

Aloha	[알로하]	안녕하세요, 사랑해요.
Mahalo	[마할로]	고맙습니다.
A'ole Pilikia	[아올레 필리키아]	괜찮습니다. 천만에요.
E komo mai	[에 코모 마이]	환영합니다.
Pomaika'i	[포마이카이]	행운을 빕니다.
Ono loa	[오노 로아]	굉장히 맛있습니다.
Nani	[나니]	아름답습니다.
Hilahila	[힐라힐라]	부끄럽습니다.
Mai ho'okaumaha	[마이 호오카우마하]	걱정마세요.

▶ 알아두면 편리한 하와이 단어

Kane	[카네]	남자	La	[라]	태양
Wahine	[와히네]	여자	Kai	[카이]	바다
Keiki	[케이키]	어린이	Pali	[팔리]	절벽
Kamaaina	[카마아이나]	하와이 현지주민	Monana	[모나나]	바다, 태양
Alkane	[알카네]	친구들	Ua	[우아]	비
Ohana	[오하나]	가족	Anuenue	[아누에누에]	무지개
Haole	[하올레]	백인	Mauna	[마우나]	산
Poke	[포키]	생선회	Makai	[마카이]	바다쪽
Ahi	[아히]	참치	Ewa	[에바]	산쪽
Mano	[마노]	상어	Wailele	[와일렐레]	폭포
Luau	[루아우]	하와이식 정찬	Heiau	[헤이아우]	신전
Poi	[포이]	하와이 전통 타로죽	Pua	[푸아]	꽃
Lanai	[라나이]	베란다	Lani	[라니]	천국

빅 아일랜드

하와이 슈팅스타 스냅 사진
Hawaii Shooting Star Snap Photo
SAVE $30!

본 쿠폰을 가지고 스냅 사진 예약 시, 프로그램에 따라 한 커플당 $30씩 할인 받을 수 있습니다.
하와이 슈팅스타의 다른 할인 및 프로모션과 중복 사용이 불가합니다.

• 유효 기간 ~2023년 12월 31일까지

루스 크리스 스테이크 하우스
Ruth's Chris Steak House
$23 상당 애피타이저 무료 제공!

본 쿠폰을 가지고 메인 메뉴 2개 주문 시 $23 상당의 애피타이저를 무료로 제공합니다.
테이블당 1개 제공, 다른 할인 및 프로모션과 중복 사용이 불가합니다(하와이 전 지점 사용 가능).

• 유효기간 ~2023년 12월 31일까지

선셋 스모크하우스 바비큐
Sunset Smokehouse BBQ
음료 1병 또는
사이드 메뉴 제공

본 쿠폰을 가지고 Brisket 1파운드 주문 시, 음료 1병 또는 사이드 메뉴 1개를 무료로 제공합니다.
주문 시 본 쿠폰을 담당 서버에게 제시하시기 바랍니다. 다른 할인 및 프로모션과 중복 사용이 불가합니다.

• 유효 기간 ~2023년 12월 31일까지

해피 파머시
Happy Pharmacy
슈즈 $10 할인

해피 파머시 내 SAS 매장에서는 핏 플랍 슈즈를 판매하고 있습니다.
본 쿠폰을 가지고 매장 방문 시 SAS에서 판매되고 있는 슈즈 정가에서 $10를 할인해드립니다.
다른 할인 및 프로모션과 중복 사용이 불가합니다.

• 유효 기간 ~2023년 12월 31일까지

Friends Hawaii

하와이 슈팅스타 스냅 사진
Hawaii Shooting Star Snap Photo

· 홈페이지 문의 www.hawaiishootingstar.co.kr

루스 크리스 스테이크 하우스
Ruth's Chris Steak House

Complimentary appetizer (up to $23) with the purchase of two entrees.
One per table. Not valid with other promotions or discounts (RCSH All Islands)
Expiration : December 31, 2023.

선셋 스모크하우스 바비큐
Sunset Smokehouse BBQ

Present the coupon to receive to receive one bottle drink or
1 side with purchase of 1 pound of brisket.
Not valid with other promotions or discounts. (Expiration: December 31, 2023)

· 주소 443 Cooke St. Honolulu

해피 파머시
Happy Pharmacy

· 주소 1441 Kapiolani Blvd. Suite 304, Honolulu
· 운영 월~금 08:30~17:00, 토 08:30~13:00(일요일 휴무)
· 문의 808-955-9500